中国陆地表层研究回顾与展望

总主编 宋长青 冷疏影

土壤科学三十年

从经典到前沿

宋长青 等著

2016年·北京

图书在版编目（CIP）数据

土壤科学三十年：从经典到前沿/宋长青等著. —北京：商务印书馆，2016
（中国陆地表层研究回顾与展望）
ISBN 978-7-100-12399-0

Ⅰ.①土…　Ⅱ.①宋…　Ⅲ.①土壤学　Ⅳ.①S15

中国版本图书馆 CIP 数据核字（2016）第 166516 号

土壤科学三十年：从经典到前沿
宋长青　等著

商 务 印 书 馆 出 版
（北京王府井大街 36 号邮政编码 100710）
商 务 印 书 馆 发 行
北京新华印刷有限公司印刷
ISBN 978-7-100-12399-0

2016 年 8 月第 1 版　　开本 880×1240　1/16
2016 年 8 月北京第 1 次印刷　　印张 23 1/4

定价：338.00 元

内 容 简 介

本书采用文献计量学分析结合定性分析的研究方法，分析土壤学发展的总体态势，并对土壤学 30 年发展的过程进行系统阐述。从国家自然科学基金投入、中外土壤学教育、国际合作网络以及中国与世界主要国家双边合作的特点进行较为详尽的介绍。本书采用美国科学信息研究所（Institute for Scientific Information，ISI）建立的引文索引数据库、中国科学引文数据库（Chinese Science Citation Database，CSCD）和国家自然科学基金委员会（National Natural Science Foundation of China，NSFC）项目信息来源——国家自然科学基金委员会地球科学部地学一处的项目数据库，通过提取主流期刊文献关键词的方法，对土壤学 4 个分支学科，即土壤地理学、土壤物理学、土壤化学和土壤生物学进行了全面量化分析，深入阐释了 4 个分支学科近 30 年的发展特征、研究方向的演进以及推动学科不断深化的动力。通过对 NSFC 资助项目的分析，回顾土壤学分支学科人才的成长历程和基金资助成果的国际影响。通过定量与定性的综合分析方法，阐明了各分支学科面临的挑战以及近期应关注的核心领域和方向。

本书可供从事土壤学、生态学、地理学和环境科学研究的科研人员参阅。

总　　序

陆地表层是由水、土、气、生等自然要素及人文要素共同组成的复杂综合体。作为宏观科学重要研究领域，陆地表层已成为地球科学研究的核心方向，并受到学术界和全社会的广泛关注。随着社会、经济的不断发展，人类活动方式日趋多样、活动强度日趋加大、活动范围日趋扩展，使得陆地表层环境承受的压力越来越大。过度的农业开发造成不同程度的生态退化，大规模的工业生产带来类型多样的环境污染，快速城市化给社会公共服务提出严峻挑战，进而产生一系列城市社会问题。一方面，广泛的社会需求为陆地表层研究注入了不竭的动力；另一方面，在当今地球系统科学蓬勃发展之际，以自然和人文构成的陆地表层系统研究已经成为新世纪备受关注的学科。

过去几十年，陆地表层研究取得了长足进步，中国科学家在该领域做出了大量为国际学术界所关注的卓越成就。长期以来，国家自然科学基金对该领域发展给予了高度重视和稳定的经费支持，为引领陆地表层研究方向、推动国际合作做出了重要贡献。然而，如何全面精细刻画学科领域的研究进展？如何评价中国陆地表层研究的特色与贡献？如何理解学科发展的动力源泉？如何评价资助机构的引领作用？如何认识学科发展面临的挑战和机遇？均为评价学科发展的普遍难题。为了更有针对性地支持这一领域的研究，充分发挥科学基金的资助效率，客观、准确把握这些问题的内在本质，是国家自然科学基金制定发展战略和资助战略的关键。“中国陆地表层研究回顾与展望”丛书给出我们的一些理解、探索问题的方法和重要的结论。

“丛书”以阐述学科发展历程和研究进展为目的，全面发掘了影响学科发展的多重要素。首先，关注陆地表层研究的人才培养状况，对国内外代表性教育机构的组织架构、课程设置和教授专业背景等进行对比分析，从而为理解学科交叉研究的水平和发展趋势奠定了基础。其次，将国际合作作为重要分析背景，探讨主要国家在国际合作体系中的地位和作用，从而使我们清楚地了解到，各国在陆地表层研究中的角色转换以及我国在该领域不同研究方向中所处的国际地位及优势。

“丛书”以文献计量分析为重要手段，分层次、分领域探讨了学科发展历程和取得的成就。文章发表是科学研究成果最直接的表达方式，文献计量分析是全面回溯科学研究成果最有效的手段。全书采用国内外英文文献、国内中文文献和国家自然科学基金项目申请与资助信息作为基础分析数据，再现了过去30年国内外陆地表层研究不同发展阶段的特点、研究进展和发展动力。在学科和领域分析过程中，将陆地表层相关主体学科划分为自然地理学、人文地理学、地理信息科学、环境地理学、土壤地理学、土壤物理学、土壤化学、土壤生物学等二级学科进行分析；并在此基础上划分9个战略问题和28个领域分别进行文献计量分析和质性分析，详细阐述了发展态势、发展过程、主要进展、发展动力、机遇与挑战。同时，“丛书”提炼文献成果的资助机构信息，客观评价了国家自然科学基金在陆地表层研究过程中的积极作用与贡献。

陆地表层是一个复杂巨系统，作为地球科学重要的研究方向，长期以来得到国家自然科学基金多种项目类型的支持。一大批优秀科研人员潜心研究，勇于探索，积极开展国际合作，在国内外学术舞台展示了中国在该领域的研究成就。从文献检索结果发现，30年来，国家自然科学基金资助的成果大幅度增长，在国际学术界受到科学基金资助的具有影响力研究成果的绝对数量和相对数量都呈逐年增加态势。

全面、客观地评价学科发展是国家自然科学基金的重要工作之一。它既是对以往资助工作成效的总结，也是筹划未来资助工作的基础。在科学基金管理过程中，应该不断创新和完善科学发展的评价方法，为实现科学基金的卓越管理探索新的途径，切实推进我国基础研究和学科的发展与进步。

“中国陆地表层研究回顾与展望”丛书总主编

国家自然科学基金委员会地球科学部副主任

宋长青

2015年11月19日

序 言

陆地表层是由水、土、气、生等自然要素及人文要素共同组成的复杂综合体。作为宏观科学重要的研究领域，陆地表层已成为地球科学研究的核心对象。土壤不仅是某种物质或某种独立的自然历史体，而且是具有特殊结构和功能的地球系统的一个圈层，从陆地表层的观点出发，土壤不仅是研究土壤物质的本身，而是朝向研究土壤与地球圈层的关系及人类生存环境的“土壤圈”方向转变，它是陆地表层地球科学研究的核心，也是现代土壤学发展的新动向。随着社会、经济与人类活动的不断发展及影响，土壤学与陆地表层系统研究均已成为新世纪备受关注的重要学科。

我国的陆地表层研究，包括土壤学的系统研究，长期以来一直得到国家自然科学基金委员会的高度重视和稳定的经费支持，并为引领其研究方向、推动国际合作做出了重要贡献。

当前，为了更有针对性地支持这一领域的研究，充分发挥自然科学基金的资助效率，并客观、准确地把握这些问题的内在本质，编制出版了“中国陆地表层研究回顾与展望”丛书，具有重要时代意义。

“丛书”再现了过去30年国内外陆地表层研究不同发展阶段的特点、研究进展和发展动力，将陆地表层相关主体学科划分为自然地理学、人文地理学、地理信息科学、环境地理学、土壤地理学、土壤物理学、土壤化学、土壤生物学等二级学科进行分析；并在此基础上划分9个战略问题和28个领域，以文献计量分析为重要手段，分层次、分领域探讨了学科发展历程和取得的成就，客观评价了国家自然科学基金在陆地表层领域发展过程中的积极作用与贡献。

土壤学作为陆地表层研究中的重要学科，随着时代的发展被赋予了新的内涵。首先，我国土壤科学事业的发展是与国际土壤科学的研究相互交流与呼应的，从当今国际与我国土壤学的发展趋势看，研究的内容与内涵已从单一到综合、从现象到本质、从学科到领域、从顶天到立地、从上天到下地、从基础到实际、从研究到产学研开发、从传统到现代、从开放到交流，最后从国内走向与国际相结合。其次，从土壤学当前学科的发展特点看，时间与空间特性的跨度更大，数量与质量（定量与定性）的显著度更明显，宏观与微观的结合更加延伸，学科的交叉与结合更突出，资源与环境的管理、规划及修复更统一，科学研发面临的农业与环境、民生健康与安全的任务更加紧迫。因此，在这种新形势下，今后应充分结合我国土壤学研究的实际与国情，瞄准土壤科学研究的国际前沿，贯彻习总书记与中央对科技界提出的5项任务：一是着力推动科技创新与经济社会发展紧密结合，让市场真正成为配置创新资源的力量，让企业真正成为技术创新的主体；二是着力增强自主创新能力，关键是要大幅提高自主创新能力，努力掌握关键核心技术；三是着力完善人才发展机制，最大限度地支持和帮助科技人员创新创业，努力形成有利于创新人才成长的育人环境；四是着力营造良好政策环境，加大资本市场对科技型企业的支持力度；五是着力扩大科技开放合作，要深化国际交流合作，充分利用全球创新资源，在更高起点上推进自主创新，并同国际科技界携手努力为应对全球共同挑战做出应有贡献。最终使我国土壤科学研究水平有一个大的提升和跨越。

该书对土壤学 4 个分支学科发展动态进行深入探索，编写方法先进，框架结构科学，论证分析准确，不仅能够为国家科学基金的卓越管理探索新的途径，更将在促进和提升我国土壤科学研究发展上发挥典范与引领作用。同时，这也是一本值得向大家推荐的供土壤学、生态学、地理学和环境科学领域科研人员的重要参考书。作为多年从事土壤学研究的科技工作者，在此，我愿对该书编写人员的辛勤劳动与书籍出版表示祝贺！祝愿你们今后在切实推进我国基础研究和学科的发展与进步上不断取得新成就！

土壤科学的发展已有 180 余年，我国近代土壤科学，在吸收国际土壤科学研究经验的基础上，伴随着自然科学和社会发展，通过对“土壤圈”及其物质循环与土壤资源、土壤环境及质量与土壤生态农业的深入研究，已在理论与实践上取得重大成就，今后在“土壤科学战略发展研究”的指导与推动下，我国土壤科学研究必将对人类生存与自然环境的改善做出新的、更大的贡献。

赵其国

2016 年 3 月 10 日

前　言

土壤在人类文明历史演进中的作用正如母亲养育孩子，给予了人类无私的奉献、呵护和教诲。在人类社会发展初期，土壤以其类型丰富的特质为人类基本物质供给提供了多种必需生活物品的选择。土壤长期而无私的供给，带来了不同区域人类早期的富足，滋养和哺育了农耕文明并载入人类发展史册，构成了当今社会文明得以蓬勃发展的基础。进入工业化时代，现代技术激发了机械动力的迅速发展，拓展了人类在更广阔空间内的流动性和可达性，使人类得以在更广域的空间获取更多的土壤产品：来自于以土壤为基础的物质供给。虽然，这一时期土壤产品不是工业文明的主要标志，但由土壤养育的环境逐渐成为人类的精神需求，基于土壤并植根于土壤的文化成为当今人类的精神财富。进入后工业化时代，伴随着经济的快速发展，一些不合理的人类活动不断触及和突破土壤承受的阈值，造成了多种形式的土壤退化和功能衰减，同时，严重损伤水、大气和生态环境。土壤以其顽强的自我恢复能力承担着人类活动带来的直接压力，调节着其他环境要素带来的恶性胁迫。土壤正在并将持续为创造地球文明发挥不可替代的作用。由于土壤在人类文明进程中的重要作用，以土壤为核心研究对象的土壤学成为科学之林中最悠久的学科之一。

作为一门具有悠久历史的学科，土壤学经历了从传统土壤学到现代土壤学的成功蜕变，成长为当今自然科学体系中的重要组成部分。一方面，土壤学经历了几个世纪的发展、创新、再发展的循序提升，成功地完成了理论、方法和技术体系的构建、应用与更叠，并在科学不同的发展阶段发挥了与时代相随、相伴、相助的作用，成为科学之林的“经典”学科；另一方面，土壤学本身是更贴近人类生产、生活的科学，其不同阶段的发展、跨越与社会的发展紧密相连，进而成为与时代共生的“前沿”学科。因而，土壤学在人类历史发展的长河中一直备受科学界和社会各界的关注。当今，社会环境纷繁复杂，自然系统失稳多变，土壤成为人—地复杂巨系统中的核心要素之一，是传递人类活动胁迫自然与自然系统反馈的重要载体和介质。随着科学进入系统思维时代，作为构建自然科学、社会科学和人文科学的纽带，土壤学已成为地球系统科学中的“焦点”学科，学科方向不断拓展，形成了关注土壤、水文、生态、环境等于一体的综合学科。由于土壤学在科学发展过程和解决社会经济问题中的重要性，采用全新的研究方法，全面、客观地回顾和总结国内外土壤科学取得的成就、发展动力、存在问题与未来挑战已经成为全面提升土壤学研究水平的关键。

本书在全面、系统地论述了土壤学发展总体态势的基础上，深入阐释了土壤学 4 个分支学科，即土壤地理学、土壤物理学、土壤化学和土壤生物学，近 30 年的发展特征、研究方向的演进以及推动学科不断深化的动力。通过对科学基金资助项目的分析，回顾土壤学分支学科人才的成长历程和基金资助成果的国际影响。通过定量与定性的综合分析，阐明了各分支学科面临的挑战与近期应关注的核心领域和方向。

本书以文献计量学定量分析为主并结合定性分析等多种研究方法，力求客观、准确地评述土壤学4个分支学科的发展动态、成就和走向。写作过程中作者利用美国科学信息研究所（ISI）创建的引文索引数据库（Web of Science），对被科学引文索引（Science Citation Index，SCI）收录的中、外学者论文的关键词进行多种数学统计分析，从文献计量学的角度阐述了近30年国际土壤学的主流方向和研究进展，明晰了中国科学家这一时期关注的国际热点并探索未来的发展方向。利用中国科学引文数据库（CSCD），分析了中国科学家近30年发表的中文论文关键词，深入阐述了这一时期中国科学家关注的土壤学问题以及富有中国区域特色的研究工作。利用国家自然科学基金委员会（NSFC）30年申请和资助项目数据，分析了NSFC对我国土壤学发展的作用与贡献以及在NSFC支持下中国土壤学所展现的国际影响。本书在写作过程中以数据分析为基础，着力分析了中国土壤学各分支学科的研究特色、国际贡献地位以及未来的发展前景。

本书共分6章，各章撰写人分别为：第1章：宋长青；第2章：李永涛、宋长青、谭文峰；第3章：赵玉国；第4章：彭新华；第5章：谭文峰；第6章：贾仲君。其中，第2.1节“国际土壤学的基本发展态势”由谭文峰、吴龙华、邹建文、颜晓元、张金波、褚海燕、王玉军、姚槐应、贾仲君完成，关键词检索式的最终确认工作由宋长青完成。全书结构设计、统稿以及图表美化工作由宋长青完成。英文文献数据分析工作由裴韬完成，中文文献数据分析和基金项目分析工作由高锡章完成。冷疏影参与全书构思与部分章节的审议工作，郑袁明负责会议研讨的组织工作。此外，参与本项工作研讨、写作和资料整理的人员还有：史志华、金成伟、杨蓓、杨敏、黄传琴、逯亚峰、刘小茜、王力、王永君等。以上参编人员来源：国家自然科学基金委员会、中国科学院南京土壤研究所、华中农业大学、华南农业大学、南京农业大学、南京师范大学以及中国科学院城市环境研究所。

本书在讨论与编写过程中得到了中国科学院地理科学与资源研究所资源与环境信息系统国家重点实验室、华中农业大学资源与环境学院、中国科学院南京土壤研究所、中国科学院城市环境研究所以及中国科学院水利部水土保持研究所的大力支持，在此向给予我们大力支持的单位以及沈仁芳、朱永官、刘国彬、黄巧云、傅伯杰等表示衷心的感谢！同时感谢中国土壤学会给予的热情鼓励和无私帮助！

本项工作由一批活跃在国际土壤学界的青年科学家完成，作为主编，我为他们高度的工作热情、忘我的工作精神、精湛的学术造诣所深深打动，在此向他们表示崇高的敬意。本书主要采用检索特定期刊关键词的分析方法，从整体把握全球与中国土壤学的发展态势与演变趋势，故对各学科分支部分方向和个别作者的研究成果无法详尽表述。对书中存在的纰漏和不足之处，敬请读者批评指正。

宋长青

2016年5月

目　录

第1章　土壤学发展动态的文献计量分析方法

学科发展动态研究是了解学科发展特点、总结科学成就、把握学科发展方向、剖解学科发展动力最有效的手段和方法。准确地把握学科发展动态，科学地评价取得的科学成就，对推动学科进步、提升学科现实水平具有重要的意义。

1.1　土壤学发展动态文献计量分析的特点

土壤学是一门历史发展悠久、内容涉猎广泛的综合性学科，经历了几个世纪的发展。土壤学从服务于农业生产需求的角度关注土壤，逐渐到从服务于生态和环境的角度关注土壤。土壤学研究内容的不断拓展，给土壤学发展动态的研究带来更多困难和不确定性。传统的定性分析方法已经无法科学、准确地评述发展动态。

文献计量学是“以文献体系和文献计量特征为研究对象，采用数学、统计学等计量方法，研究文献情报的分布结构、数量关系、变化规律和定量管理，并进而探讨科学技术的某些结构、特征和规律的一门学科”。历经几十年的发展后，文献计量学已经成为行之有效的学科发展分析工具。在运用这一工具开展土壤学近30年的学科发展动态分析过程中展现了与以往不同的如下特点。

（1）实现了从定性分析到定量分析的跨越

传统的学科发展动态分析更多地采用以典型领域、突出成就为特点的分析方法，以研究者的已有知识积累为基础形成感性的认识。而文献计量分析则是在定性分析的基础上，通过大量已发表成果的数据统计，总结概括学科发展的动态，能够更加准确、客观地发掘科学成就的内涵、学科成长的潜力方向、学科发展的动力基础等，是对传统的分析方法的突破。

（2）实现了从典型领域分析到学科全面分析的跨越

随着科学的发展，各学科不断充实、拓展，学科的内涵越来越丰富，在同源学科基础上，不断涌现出交叉学科、新兴学科。传统的典型领域的分析方法对全面认识学科发展动态具有很大局限性。文献计量分析充分利用发表的文献属性特征和学术信息，能够全方位地了解和认识学科发展的整体状况，敏锐地识别学科发展过程中不断涌现出的新兴方向，更好地把握学科发展的方向。

（3）实现了从静态分析到过程分析的跨越

学科发展一般都经历了起源—发展—分化—整合的过程。传统定性分析的方法能够刻画特征时段学科发展的状态，但缺乏对学科发展过程的表达能力。科学发展到今天，积累了大量长时间序列的文献成果，并以数字文献的形式加以保存，为文献计量分析提供了宝贵的分析材料。通过选取有效的分析方法，能够科学地总结、认识学科发展的演化进程、发展阶段以及发展趋势。

1.2 土壤学发展动态文献计量分析的数据来源

文献计量分析的基础是数据，而数据的选择依据决定于分析的目的。本书的目的是以土壤传统学科为分析对象，阐述土壤各学科的发展动态、国内外土壤学发展的特点以及国家自然科学基金对土壤学发展的影响，据此目的在文献计量分析过程中选择不同的数据来进行有针对性的分析。

1.2.1 国际土壤学发展动态分析的数据来源

为了从文献计量分析的角度阐述近30年国际土壤学的发展动态，本书确定了如下的数据来源与期刊范围。

（1）SCI/SSCI 引文数据库

Web of Science 是 Institute for Scientific Information（ISI）建立的引文索引数据库，该数据库为 Thomson Reuters 公司旗下的产品。科学引文索引（Science Citation Index，SCI）是 Web of Science 中三大引文数据库中的一种。SCI 共包含 5 600 多种期刊。本书的研究工作以该数据库作为数据源，以 SCI 论文题录数据作为分析对象。

（2）国际土壤学期刊的选择

SCI 数据库中涵括了土壤学所有的国际著名刊物，其收录的学术论文记录了国际土壤学近30年的发展动态，能够较为全面、客观地反映土壤学发展的演进过程及驱动力。据此，本书围绕土壤学的 4 个分支学科，包括土壤地理学、土壤物理学、土壤化学和土壤生物学，通过 SCI 检索工具，遴选出 70 种代表土壤学及其分支学科的期刊用于数据分析。具体遴选步骤如下：①针对土壤学的 4 个分支学科，经过专家分析获得能够基本反映各分支学科主要研究内容的关键词，并制定相应的分支学科检索式；②利用该检索式分析 Web of Science™ Core Collection 核心数据库收录的相关期刊，分析学科论文占该期刊总发文量的比例，比例越高，该期刊越能较好地反映该分支学科的发展过程；③从 SCI 数据库收录期刊中筛选获得与各分支学科关联度较高的期刊，共计获得 70 种土壤科学 SCI 主流期刊（表 1-1）。土壤地理学期刊 14 种，发文占比平均约为 12.0%，最高为 *Geoderma*，达 33.5%；土壤物理学期刊 25 种，发文占比平均约为 19.5%，最高为 *Vadose Zone Journal*，达 45.2%；土壤化学期刊 28 种，发文占比平均约为 18.4%，最高为 *Clays and Clay Minerals*，达 55.0%；土壤生物学期刊 29 种，发文占比平均约为 29.9%，最高为 *Soil Biology & Biochemistry*，达 88.5%。同时，70 种期刊均被 SCI 数据库收录，未被社会科学引文数据库 SSCI 收录。

此外，为了确保这些期刊在土壤学研究方面的代表性，本书进一步分析了 SCI 数据库本身定义的 34 种土壤学期刊，发现其中 26 种期刊已经被上述 70 种期刊所涵盖（表 1-1）。本书中未分析其他 8 种期刊的原因包括：①部分期刊被 SCI 收录时限较短，仅于 2013 年起被收录，其核心数据不能全面反映 1986～2015 年土壤学相关领域的发展动态；②部分期刊的总被引频次较低，所有论文的总被引最高为 654 次，最低仅为 115 次，代表性不强。

表 1-1　国际土壤学 70 种 SCI 主流期刊

序号	期刊全称	期刊 ISSN	5-Year 影响因子*	创刊年份（年）	所属学科
1	*Advances in Agronomy*	0065-2113	6.177	1949	3
2	*Agricultural Water Management*	0378-3774	2.822	1976	2
3	*Agriculture，Ecosystems & Environment*	0167-8809	3.869	1983	3，4
4	*Applied and Environmental Microbiology*	0099-2240	4.49	1953	4
5	*Applied Clay Science*	0169-1317	3.138	1985	3
6	*Applied Microbiology and Biotechnology*	0175-7598	4.14	1975	4
7	*Applied Soil Ecology**	0929-1393	2.95	1994	4
8	*Australian Journal of Soil Research*	1838-675X	1.275	1963	1
9	*Biogeochemistry*	0168-2563	4.121	1984	3
10	*Biology and Fertility of Soils**	0178-2762	3.074	1985	4
11	*Canadian Journal of Soil Science**	0008-4271	1.269	1957	1，2，3，4
12	*Catena**	0341-8162	3.007	1973	1，2，3
13	*Chemical Geology*	0009-2541	4.425	1966	3
14	*Clay Minerals*	0009-8558	1.2	1964	3
15	*Clays and Clay Minerals**	0009-8604	1.67	1952	3
16	*Colloids and Surfaces A: Physicochemical and Engineering Aspects*	0927-7257	2.494	1993	3
17	*Colloids and Surfaces B：Biointerfaces*	0927-7765	4.226	1993	3
18	*Communications in Soil Science and Plant Analysis**	0010-3624	0.605	1970	3
19	*Earth Surface Processes and Landforms*	0197-9337	3.11	1976	2
20	*Environmental Microbiology*	1462-2912	6.78	1999	4
21	*Environmental Microbiology Reports*	1758-2229	3.56	2009	4
22	*Environmental Pollution*	0269-7491	4.306	1987	3
23	*Environmental Science & Technology*	0013-936X	6.277	1967	3
24	*Eurasian Soil Science**	1064-2293	0.581	2003	1
25	*European Journal of Soil Biology**	1164-5563	2.269	1998	4
26	*European Journal of Soil Science**	1365-2389	2.94	1950	1，2，3，4
27	*FEMS Microbiology Ecology*	0168-6496	4.27	1990	4
28	*FEMS Microbiology Letters*	0378-1097	2.25	1977	4

续表

序号	期刊全称	期刊 ISSN	5-Year 影响因子*	创刊年份（年）	所属学科
29	*Frontiers in Microbiology*	1664-302X	3.92	2010	4
30	*Geochimica et Cosmochimica Acta*	0016-7037	4.798	1950	3
31	*Geoderma**	0016-7061	3.349	1967	1，2，3
32	*Geomicrobiology Journal*	0149-0451	2.17	2000	4
33	*Geomorphology*	0169-555X	3.167	1987	1，2
34	*Geotechnique*	0016-8505	2.175	1948	1
35	*Global Change Biology*	1354-1013	8.60	1995	4
36	*Hydrological Processes*	0885-6087	3.089	1987	2
37	*Hydrology and Earth System Sciences*	1027-5606	3.916	1997	2
38	*International Agrophysics*	0236-8722	1.167	1993	2
39	*International Journal of Sediment Research*	1001-6279	1.26	1986	2
40	*The ISME Journal*	1751-7362	9.30	2007	4
41	*Journal of Applied Microbiology*	1364-5072	2.66	1938	4
42	*Journal of Colloid and Interface Science*	0021-9797	3.583	1966	3
43	*Journal of Hydrology*	0022-1694	3.678	1963	2
44	*Journal of Microbiological Methods*	0167-7012	2.35	1983	4
45	*Journal of Plant Nutrition and Soil Science**	1436-8730	2.227	1922	2，3，4
46	*Journal of Soil and Water Conservation**	0022-4561	1.963	1981	2
47	*Journal of Soils and Sediments**	1439-0108	2.287	2001	2，3
48	*Land Degradation & Development**	1085-3278	2.065	1989	2
49	*Microbes and Environments*	1342-6311	2.27	1976	4
50	*Microbial Ecology*	0095-3628	3.66	1974	4
51	*Microbiological Research*	0944-5013	2.14	1994	4
52	*Molecular Ecology*	0962-1083	6.54	1992	4
53	*Mycorrhiza*	0940-6360	3.22	1991	4
54	*New Phytologist*	1469-8137	7.37	1902	4
55	*Nutrient Cycling in Agroecosystems**	1385-1314	2.02	1996	3
56	*Pedobiologia**	0031-4056	2.06	1961	4
57	*Pedosphere**	1002-0160	1.735	1990	1，2，3
58	*Plant and Soil**	0032-079X	3.71	1949	4
59	*Quaternary International*	1040-6182	2.446	1989	1
60	*Science of the Total Environment*	0048-9697	3.906	1972	3
61	*Soil & Tillage Research**	0167-1987	3.277	1980	1，2
62	*Soil Biology & Biochemistry**	0038-0717	4.785	1969	4
63	*Soil Research**	1838-675X	1.275	1963	2，3
64	*Soil Science**	0038-075X	1.205	1916	1，2，3

续表

序号	期刊全称	期刊 ISSN	5-Year 影响因子*	创刊年份（年）	所属学科
65	*Soil Science and Plant Nutrition**	0038-0768	1.174	1955	3
66	*Soil Science Society of America Journal**	0361-5995	2.35	1921	1，2，3，4
67	*Soil Use and Management**	0266-0032	2.29	1985	1，2，3
68	*Transactions of the Asae***	0001-2351	0	1958	2
69	*Transactions of the Asabe***	2151-0032	1.105	1958	2
70	*Vadose Zone Journal**	1539-1663	2.799	2002	2

注：表中数据均截至 2015 年 4 月。“所属学科”中，1 为土壤地理学，2 为土壤物理学，3 为土壤化学，4 为土壤生物学；期刊所属分支学科的划分依据为：各分支学科发文量占该期刊总发文量的比例，具体标准见正文。*该刊物在 SCI 数据库学科类别（Category）中被归类至土壤学（Soil Science）；**1971～2005 年期刊名为 *Transactions of the Asae*，从 2006 年起，期刊改名为 *Transactions of the Asabe*。

1.2.2　中国土壤学发展动态分析的数据来源

为了从文献计量分析的角度阐述近 30 年中国土壤学的发展特征，本书确定了如下数据来源与中文期刊范围。

（1）CSCD 引文数据库

CSCD 论文题录数据来源于中国科学引文数据库（Chinese Science Citation Database，CSCD）。CSCD 创建于 1989 年，收录中国数学、物理、化学、天文学、地学、生物学、农林科学、医药卫生、工程技术和环境科学等领域出版的中英文科技期刊千余种。2015～2016 年度 CSCD 收录来源期刊 1 200 种，其中中国出版的英文期刊 194 种、中文期刊 1 006 种。CSCD 来源期刊分为核心库和扩展库两部分，其中核心库含 872 种期刊、扩展库含 328 种期刊。研究工作以该数据库作为数据源，以 CSCD 论文题录数据作为分析依据。

（2）中国土壤学期刊的选择

本书土壤学中文期刊皆来自 CSCD，共计 148 种期刊（表 1-2）。类似于土壤学国际 SCI 主流刊物的遴选，中文期刊的选择策略如下。首先，采用“土壤”作为主题词，通过国家知识基础设施（China National Knowledge Infrastructure，CNKI）检索系统，分析 CSCD 收录各个期刊的“土壤”相关发文量及其占该期刊总发文量的比例，比例越高，表明该期刊土壤学研究的代表性越强。其次，根据土壤相关论文占比，将土壤学期刊初步分为 6 大类，包括：①土壤学主导的核心期刊 4 种，其中土壤相关论文占比 63.4%～82.8%；②土壤学相关的主要期刊 17 种，其中土壤相关论文占比 20.0%～44.5%；③土壤学相关的重要期刊 75 种，其中土壤相关论文占比 5.0%～18.6%；④土壤学相关的农业大学校刊 20 种，其中土壤相关论文占比 6.3%～10.2%；⑤土壤学相关的林业大学校刊 11 种，其中土壤相关论文占比 4.9%～12.1%；⑥土壤学应用研究的相关期刊 21 种，其中土壤相关论文占比 7.3%～51.2%。此外，通过专家判断并设置土壤学分支学科检索式，检索发现以上 148 种 CSCD 期刊能够较好地反映土壤地理学、土壤物理学、土壤化学和土壤生物学的主要研究机构与研究团队。

表 1-2 CSCD 148 种土壤学及相关期刊

序号	期刊全称	创刊年份（年）	发文总量（篇）	土壤论文（篇）	土壤论文占比（%）
1	《土壤学报》	1948	3 998	3 311	82.8
2	《土壤通报》	1957	6 676	5 222	78.2
3	《土壤》	1958	4 927	3 594	72.9
4	《水土保持学报》（原《土壤侵蚀与水土保持学报》）	1987	5 000	3 170	63.4
5	《植物营养与肥料学报》	1994	2 756	1 227	44.5
6	《生态环境学报》（原《热带亚热带土壤科学》《土壤与环境》《生态环境》）	1992	4 910	2 122	43.2
7	《农业环境科学学报》（原《农业环境保护》）	1981	7 267	3 044	41.9
8	《中国水土保持科学》	2003	1 605	632	39.4
9	《灌溉排水学报》（原《灌溉排水》）	1974	2 370	896	37.8
10	《干旱地区农业研究》	1983	4 653	1 697	36.5
11	《水土保持通报》	1981	5 218	1 743	33.4
12	《应用生态学报》	1990	7 799	2 529	32.4
13	《中国生态农业学报》（原《生态农业研究》）	1993	4 427	1 365	30.8
14	《水土保持研究》	1985	6 218	1 896	30.5
15	《生态学报》	1981	10 472	2 880	27.5
16	《植物生态学报》（原《植物生态学与地植物学丛刊》《植物生态学与地植物学学报》）	1963	3 320	856	25.8
17	《生态与农村环境学报》（原《农村生态环境》）	1985	2 555	645	25.2
18	《干旱区研究》	1984	2 969	702	23.6
19	《生态学杂志》	1982	6 747	1 488	22.1
20	《中国沙漠》	1981	3 894	829	21.3
21	《草业学报》	1990	2 755	550	20.0
22	《湿地科学》	2003	765	142	18.6
23	《草地学报》	1991	2 269	420	18.5
24	《农业工程学报》	1985	12 400	2 065	16.7
25	《干旱区资源与环境》	1987	5 649	883	15.6
26	《山地学报》（原《山地研究》）	1983	2 988	466	15.6
27	《应用与环境生物学报》	1995	3 077	459	14.9
28	《环境科学》	1976	10 395	1 537	14.8
29	《第四纪研究》	1985	1 681	245	14.6
30	《环境科学学报》	1981	6 093	865	14.2
31	《自然资源学报》	1986	3 000	420	14.0

续表

序号	期刊全称	创刊年份（年）	发文总量（篇）	土壤论文（篇）	土壤论文占比（%）
32	《生态毒理学报》	2006	1 161	159	13.7
33	《干旱区地理》（原《新疆地理》）	1978	3 309	449	13.6
34	《中国草地学报》（原《中国草原》《中国草地》）	1979	4 137	547	13.2
35	《环境化学》	1982	5 383	700	13.0
36	《中国烟草科学》（原《中国烟草》）	1979	2 935	380	12.9
37	《中国农业气象》（原《农业气象》）	1979	3 268	401	12.3
38	《中国岩溶》	1982	2 107	223	11.3
39	《草业科学》（原《中国草原与牧草》《中国草业科学》）	1984	7 338	818	11.1
40	《农药学学报》	1999	1 594	175	11.0
41	《农业系统科学与综合研究》	1985	2 371	259	10.9
42	《环境科学研究》	1977	4 456	486	10.9
43	《核农学报》	1980	3 828	403	10.5
44	《地理科学》	1981	3 342	351	10.5
45	《长江流域资源与环境》	1992	3 306	347	10.5
46	《中国环境科学》	1994	5 578	540	9.68
47	《大豆科学》	1982	3 546	342	9.64
48	《地理研究》	1982	3 675	344	9.36
49	《生态科学》	1982	2 308	211	9.14
50	《地理科学进展》（原《地理译报》）	1955	3 133	269	8.59
51	《生物多样性》	1993	1 689	142	8.41
52	《冰川冻土》	1979	3 889	325	8.36
53	《中国烟草学报》	1992	1 840	153	8.32
54	《中国环境监测》	1985	4 935	401	8.13
55	《农业现代化研究》	1980	4 622	374	8.09
56	《资源科学》（原《自然资源》）	1977	4 891	385	7.87
57	《玉米科学》	1992	4 187	329	7.86
58	《岩矿测试》	1982	3 520	273	7.76
59	《麦类作物学报》	1981	5 529	427	7.72
60	《地球与环境》（原《地质地球化学》）	1973	5 280	404	7.65
61	《环境科学与技术》	1980	8 496	650	7.65
62	《地球科学进展》（原《地球科学信息》《中国科学院地学情报网网讯》）	1986	5 013	379	7.56
63	《热带作物学报》	1980	4 010	298	7.43
64	《水利学报》	1956	6 923	502	7.25
65	《中国油料作物学报》（原《中国油料》）	1979	3 865	279	7.22
66	《中国科学：地球科学》	1996	3 222	232	7.20

续表

序号	期刊全称	创刊年份（年）	发文总量（篇）	土壤论文（篇）	土壤论文占比（%）
67	《物探与化探》	1957	4 705	337	7.16
68	《遥感学报》	1986	2 281	161	7.06
69	《西北植物学报》（原《西北植物研究》）	1981	7 353	506	6.88
70	《气候与环境研究》	1996	1 271	87	6.85
71	《水资源与水工程学报》（原《西北水资源与水工程》）	1990	2 595	176	6.78
72	《植物资源与环境学报》（原《植物资源与环境》）	1992	1 500	100	6.67
73	《环境工程学报》（原《环境科学丛刊》《环境科学进展》《环境污染治理技术与设备》）	1980	8 727	577	6.61
74	《微生物学报》	1953	6 231	404	6.48
75	《植物保护学报》	1962	3 304	210	6.36
76	《中国生物防治学报》（原《生物防治通报》《中国生物防治》）	1985	2 478	155	6.26
77	《地理学报》	1934	4 743	295	6.22
78	《遥感技术与应用》	1986	2 573	159	6.18
79	《棉花学报》	1989	2 157	133	6.17
80	《农药》	1958	10 112	623	6.16
81	《作物学报》	1962	6 041	370	6.12
82	《安全与环境学报》	1994	4 557	279	6.12
83	《茶叶科学》	1964	1 833	112	6.11
84	《城市环境与城市生态》	1988	2 496	152	6.09
85	《环境污染与防治》	1979	6 493	390	6.01
86	《农业机械学报》	1957	10 179	607	5.96
87	《植物病理学报》	1955	3 383	194	5.73
88	《微生物学杂志》	1981	3 943	225	5.71
89	《中国水稻科学》	1986	2 185	124	5.68
90	《热带亚热带植物学报》（原《华南植物学报》）	1992	1 863	105	5.64
91	《中国农业科技导报》	1999	2 835	157	5.54
92	《地球化学》	1972	2 623	144	5.49
93	《菌物学报》（原《菌物系统》《真菌学报》）	1982	2 991	161	5.38
94	《果树学报》（原《果树科学》）	1984	4 120	216	5.24
95	《热带地理》	1980	2 696	140	5.19
96	《微生物学通报》	1974	7 607	382	5.02
97	《中国农业大学学报》	1955	5 294	538	10.2
98	《沈阳农业大学学报》（原《沈阳农学院学报》）	1956	4 479	447	9.98

续表

序号	期刊全称	创刊年份（年）	发文总量（篇）	土壤论文（篇）	土壤论文占比（%）
99	《西北农林科技大学学报（自然科学版）》（原《西北农业大学学报》）	1956	8 429	840	9.97
100	《华中农业大学学报》（原《华中农学院学报》）	1956	4 730	454	9.60
101	《南京农业大学学报》	1956	4 049	369	9.11
102	《吉林农业大学学报》	1979	5 116	463	9.05
103	《河北农业大学学报》	1959	4 626	408	8.82
104	《四川农业大学学报》（原《四川农学院学报》）	1983	2 941	252	8.57
105	《山东农业大学学报（自然科学版）》	1955	3 412	288	8.44
106	《云南农业大学学报（自然科学版）》	1986	3 555	294	8.27
107	《江西农业大学学报》	1979	5 587	456	8.16
108	《甘肃农业大学学报》	1959	3 689	294	7.97
109	《东北农业大学学报》（原《东北农学院学报》）	1957	5 476	433	7.91
110	《华南农业大学学报》（原《华南农学院学报》）	1959	3 461	270	7.80
111	《湖南农业大学学报（自然科学版）》（原《湖南农学院学报》）	1951	5 160	396	7.67
112	《河南农业大学学报》（原《河南农学院学报》）	1960	3 761	286	7.60
113	《西南大学学报（自然科学版）》（原《西南农学院学报》《西南农业大学学报》）	1984	6 751	513	7.60
114	《福建农林大学学报（自然科学版）》（原《福建农学院学报》《福建农业大学学报》）	1957	3 491	261	7.48
115	《内蒙古农业大学学报（自然科学版）》（原《内蒙古农牧学院学报》）	1980	4 334	306	7.06
116	《安徽农业大学学报（自然科学版）》（原《安徽农学院学报》）	1957	3 791	237	6.25
117	《林业科学》	1955	6 963	845	12.1
118	《林业科学研究》	1988	3 776	444	11.8
119	《北京林业大学学报》（原《北京林学院学报》）	1979	5 916	675	11.4
120	《西北林学院学报》	1984	4 706	518	11.0
121	《浙江农林大学学报》（原《浙江林学院学报》）	1981	3 438	347	10.1
122	《东北林业大学学报》（原《东北林学院学报》）	1957	7 985	757	9.48
123	《森林与环境学报》（原《福建林学院学报》）	1960	2 541	238	9.37
124	《中南林业科技大学学报》（原《中南林学院学报》）	1981	4 485	398	8.87
125	《南京林业大学学报（自然科学版）》	1958	4 692	407	8.67
126	《浙江林业科技》	1972	4 710	297	6.31
127	《世界林业研究》	1988	2 626	129	4.91
128	《中国土壤与肥料》（原《土壤肥料》）	1972	4 606	2 357	51.2
129	《中国农学通报》	1985	22 406	2 631	11.7

续表

序号	期刊全称	创刊年份（年）	发文总量（篇）	土壤论文（篇）	土壤论文占比（%）
130	《西北农业学报》	1992	5 974	678	11.3
131	《华北农学报》（原《河北农学报》）	1962	6 803	743	10.9
132	《西南农业学报》（原《四川农业学报》《农业科学导报》）	1985	6 411	647	10.1
133	《浙江农业学报》	1989	3 131	294	9.39
134	《上海农业学报》	1985	3 360	282	8.39
135	《江苏农业学报》	1985	3 338	226	6.77
136	《吉林农业科学》	1960	4 304	517	12.0
137	《新疆农业科学》	1957	10 538	1 110	10.5
138	《山西农业科学》	1961	9 305	980	10.5
139	《中国农业科学》	1951	14 218	1 363	9.59
140	《黑龙江农业科学》	1979	8 059	761	9.44
141	《辽宁农业科学》（原《辽宁农业科技》）	1960	6 013	532	8.85
142	《贵州农业科学》	1972	10 181	892	8.76
143	《河南农业科学》（原《河南农林科技》）	1974	13 379	1 080	8.07
144	《湖南农业科学》（原《农业科技资讯》）	1972	9 907	777	7.84
145	《江苏农业科学》（原《江苏农业科技》）	1973	16 381	1 229	7.50
146	《湖北农业科学》（原《华中农业科学》）	1955	18 016	1 350	7.49
147	《广东农业科学》	1965	15 339	1 078	7.03
148	《南方农业学报》（原《广西农业科学》）	1959	9 718	710	7.31

注：表中数据截至 2015 年 1 月。

1.2.3 科学基金资助分析的数据来源

NSFC 项目信息来源于国家自然科学基金委员会地球科学部地学一处的项目数据库，该数据库收集 1998～2015 年全部 D01 代码的申请项目数据，缺少 1986～1997 年申请项目数据。数据库收集了 1986～2015 年全部资助项目数据，项目类型包括：①研究项目系列：面上项目、重点项目、重大项目、重大研究计划、国际（地区）合作研究项目；②人才项目系列：青年科学基金项目、优秀青年科学基金项目、国家杰出青年科学基金项目、创新研究群体科学基金项目、地区科学基金项目、海外及港澳学者合作研究基金项目、外国青年学者研究基金项目；③环境条件项目系列：联合基金项目、合作交流项目、留学人员短期回国工作讲学项目、主任基金项目、科学出版资助项目等。申请和资助项目信息包含 20 多个字段，可分为 5 类：①申请人及合作者；②题目、关键词和摘要；③依托单位与合作单位；④项目分类信息；⑤项目资助信息。

1.3　土壤学科发展动态文献计量分析的属性数据

文献数据包含多种属性，首先需要了解不同属性的含义，然后根据不同的分析需求，选取不同文献属性数据进行分析。

1.3.1　SCI/SSCI 引文数据库土壤学文献的主要属性

（1）作者及其国家（地区）、机构

SCI/SSCI 论文中的作者包括第一作者（C1 的第一行）、通讯作者（RP）、一般作者（C1 中除第一作者和通讯作者之外的作者）3 种类型。C1 和 RP 字段均包含国家（地区）和机构的信息。在确定国家（地区）发文总量时，需要判断一篇论文的归属国（地区）。本书采用第一作者或通讯作者所在国家（地区）这一标准。例如，中国学者的发文量定义为第一作者或通讯作者的国家为中国的文章总数。在计算研究机构的发文总量时，则根据第一作者或通讯作者所属的机构进行统计。

（2）关键词

关键词主要包含 3 种类型：作者关键词（DE）、系统关键词（ID）和标题关键词（TI）。作者关键词为论文作者给出的用于标识论文研究范围以及特点的关键词；系统关键词是期刊本身根据文章的特点给出的用于论文分类的关键词；标题关键词则是根据已生成的关键词列表（由作者关键词加系统关键词或直接由作者关键词生成）进行匹配，从标题中抽取得到的关键词。作者关键词直接反映论文的亮点及分类信息；系统关键词反映论文的分类信息，与作者关键词相比，缺少亮点信息；标题关键词则反映论文标题的核心内容。需要说明的是，在 Web of Science 数据库中，不是每篇论文均包含作者关键词和系统关键词，有时二者都有，有时只有其中一类。

由于研究的目标不同，在做文献分析时关键词的选取方案也不尽相同。如欲了解学科发展的整体信息，可以针对 3 种关键词的并集进行分析；而欲针对研究的亮点进行分析，则可选择作者关键词进行分析。前者虽然综合考虑了 3 种关键词，信息较为全面，但由于系统关键词往往只包含分类信息（类似“soil”或“water”），过多的此类关键词会冲淡论文的亮点或特色信息；后者只考虑了作者关键词，可以突出研究的特色，但存在信息不够全面的弱点，尤其是在作者关键词不全时，会漏掉一部分文献的信息。在本书中，主要针对论文的作者关键词进行分析，为了弥补作者关键词缺失的不足，采用如下策略：在论文缺失作者关键词时，则使用系统关键词；而当作者关键词和系统关键词都缺失时，则使用标题关键词。

（3）资助机构及经费来源

资助机构及经费来源是指 SCI/SSCI 论文题录中的 FU 字段所包含的论文成果资助机构（如 NSFC）或者经费来源的研究项目（如“自然科学基金项目”）、研究计划（如“大陆钻探计划”）等信息。资助机构及经费来源信息主要用于评价科学研究资助机构对科研成果产出的贡献。本书在统计 NSFC 资助的国际期刊论文数时采用的方法是：通过论文标注的 NSFC 项目批准号及 NSFC 土壤科学资助项目负责人姓名等多种匹配方式进行过滤，力求能准确估算 NSFC 土壤科学项目资助的发表论文数。

（4）引用次数

引用次数（TC）记录该论文截至检索日期被其他论文引用的次数，其大小反映该论文被同行关注的程度。在一定时段内引用次数靠前的论文被定义为高引论文。在本书中，高引论文的确定需要两个参数：一是统计的时段；二是排名的阈值。本书定义的高引论文是指在某统计时段内引用次数排名靠前的 N 篇论文或前 S%的论文。统计时段以及阈值可根据研究目的的不同选择不同的值。

1.3.2 CSCD 引文数据库土壤学文献的主要属性

（1）作者及其机构

CSCD 论文中的作者包括第一作者、通讯作者、一般作者 3 种类型。每个作者均包含所在机构的信息。

（2）标题、关键词和摘要

在 CSCD 中，每篇论文只有作者提供的关键词。CSCD 的文献检索主要分为两种类型：一是标题检索，即查找标题中与检索式匹配的论文；二是主题检索，即在标题、关键词和摘要中查找与检索式匹配的论文。本书采用的是主题检索。

（3）资助信息

资助信息为该论文成果的资助机构或者经费来源的研究项目、研究计划等信息。CSCD 论文的资助信息主要用于评价国内科学研究资助机构对科研成果产出的贡献。本书在统计 NSFC 资助的国内论文数时，同样采用论文标注的 NSFC 项目批准号及 NSFC 土壤科学资助项目负责人姓名等多种匹配方式进行过滤。

（4）引用次数

引用次数记录该论文截至检索日期被其他论文（限于 CSCD 收录的论文）引用的次数。引用次数代表该论文被同行关注的程度。

1.3.3 NSFC 申请及资助数据库的主要属性

（1）申请人及合作者

这些信息包含申请人的姓名、性别、出生年月、职称、民族、学历等以及合作者的姓名、职称等信息，主要用于分析项目申请人（承担者）的年龄、职称等的规律。

（2）题目、关键词和摘要

这些信息包含项目的题目、关键词和项目摘要，主要涵盖了项目的研究内容。在土壤科学的文献分析中，通过题目、关键词和摘要的信息可以对项目进行区分与分类，用于评价资助机构对学科发展、人才培养等方面的支持作用。

（3）依托单位与合作单位

依托单位为申请人申请项目时所依托的单位，合作单位是项目合作者所在的单位。在本书中，单位信息主要用于分析土壤科学各学科资助的优势单位以及资助项目、被资助人的区域分布。

（4）项目分类信息

分类信息主要包括项目的资助类别、学科代码、研究方向等，可用于统计和分析不同类型项目的分布及资助情况、各学科下三级学科的项目申请和资助情况。

（5）项目资助信息

主要包括项目是否有资助、资助金额、资助编号等信息，可用于统计各种类型或研究方向的项目资助率、资助额度、资助强度等信息。

1.4　分支学科及热点领域确定

1.4.1　分支学科的确定

土壤学经过一百多年的发展，已经形成了较为成熟的学科体系，本书根据传统的土壤学划分法将之划分为土壤地理学、土壤物理学、土壤化学和土壤生物学 4 个次一级学科加以论述。

1.4.2　热点领域的确定

土壤学研究领域是经过长期研究、探索并以特定学术成就为标志的研究范畴，研究领域随时间演进和区域特点有所改变与传承。热点研究领域则是指在一定时段内被科学界和社会广泛关注的土壤学研究领域，热点研究领域的确定到目前为止尚没有明确的定义。本书在确定热点研究领域时以文献关键词分析为基础，将近 30 年划分为 1986～1995 年、1996～2005 年、2006～2015 年 3 个时段，根据各时段关键词的聚类特征确定热点领域，通过这种方法确定的热点研究领域更具体、随时间的演化特征更加明显。

1.5　土壤学发展动态文献计量分析的主要图表解析

文献计量分析结果的重要表现形式是图和数字表格，因此，深入了解图的生成过程和数据的处理方法，对理解学科发展动态多重内涵具有重要意义。

1.5.1　论文关键词共现关系图

论文关键词共现关系图可用于分析研究领域内的热点主题。本书中关于关键词的共现关系图均采用陈超美（Chaomei Chen）博士开发的 CiteSpace 软件制作。在该类图中，每个节点代表一个关键词，如果两个关键词在同一篇文献中出现，则在这两个节点之间存在一条边（连线），边的权重等于两个关键词共现的次数。据此，一组文献中的关键词共现关系就形成了以关键词为节点、以共现关系为边的网络图（陈悦等，2014：1～163）。

如图 1-1 所示，图中的节点为关键词。节点半径的大小代表关键词的词频，节点以树轮的形式表达了该关键词在不同时间的演化规律。其中，每圈年轮的宽窄代表某一年该关键词出现的频次，树轮的色调代表年份，越暖色的年轮说明年份越晚，而年轮从里到外的顺序代表关键词出现的时间从老到新。此外，如节点的某圈呈现红色，则表示节点在某时段爆发或剧增（burst），反映出该节点处于研究的前沿，例如图中的 biochar；节点外包围有紫色的圆圈，代表该节点具有较高的中介中心度（betweeness centrality），表明该节点位于关键词网络较为中心的位置，是网络各部分的过渡，例如图中的 bioavailability。两个节点之间的连线表示两个关键词在同一篇文章中共同出现过。多个关键词通过连线相连且聚集在一起就表示研究的热点。例如，图 1-1 中的 heavy metal，speciation，bioavailability，biodegradation 等关键词聚集在一起反映了土壤污染化学方向的研究，而 organic carbon，carbon sequestration，aggregate stability，iron，oxidation 等聚集在一起则可以理解为土壤关键过程与全球变化的研究。

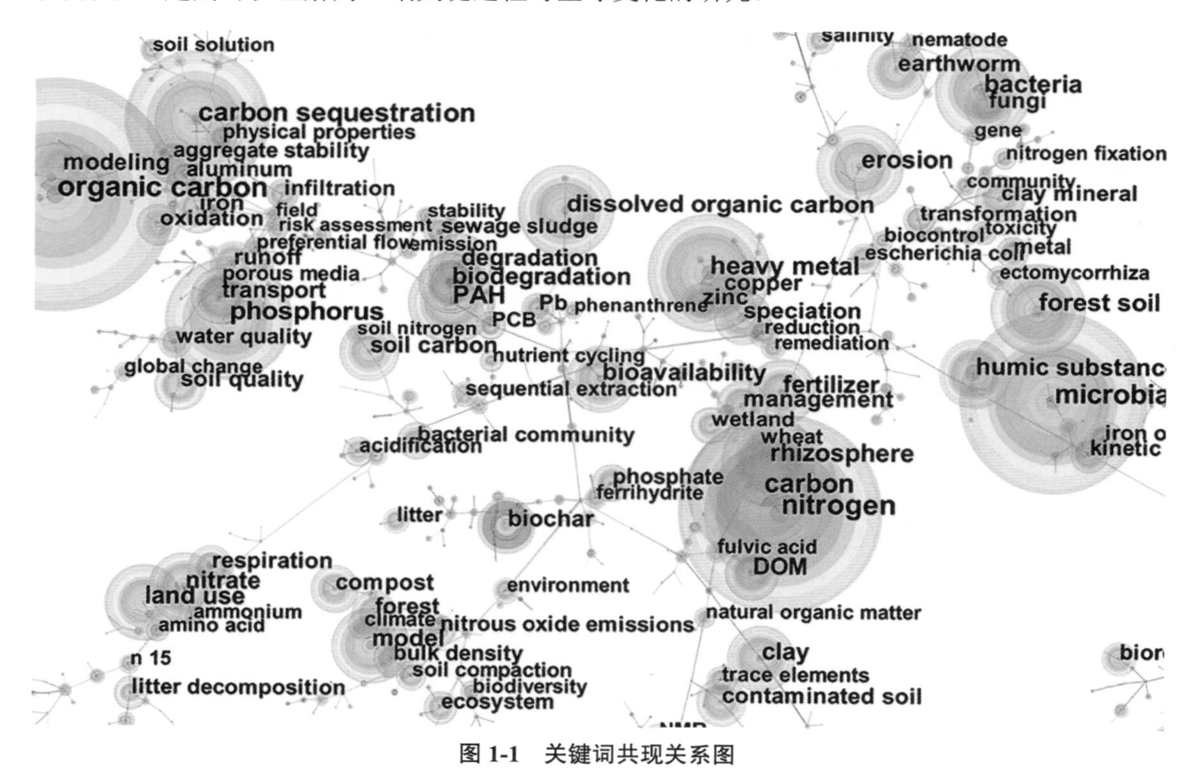

图 1-1　关键词共现关系图

1.5.2　中国作者合作网络图

在此类图中，节点代表作者，节点年轮的大小代表作者某年度的发文量，而节点的爆发则代表作者在某年的发文量陡增。节点之间的连线代表作者之间存在合作关系。作者合作网络图用于分析不同学科领域内的主要研究团队、团队之间的合作关系和知名学者等。如果多位作者具有一定的发文量，同时在图中从聚在一起，则可以此识别出某领域的重要研究团队。本书在第 3 章至第 6 章的“*.4.3 NSFC 与土壤**学人才队伍建设”中，针对 SCI 主流期刊中国作者合作网络和 CSCD 中文核心期刊作者合作网络分别制图，图名以“**作者合作网络”表示。

1.5.3　全球合作网络图

该图出现在“2.4.1　全球合作网络”中，图中的节点代表国家，节点的大小为国家的度（即与该国家有合作论文发表的国家数目）。国家之间连线的粗细代表作者中包含连线两端国家的论文数目，连线越粗，代表两个国家之间合作的文章越多。此外，如果某个国家与其他国家的合作关系越强、越广泛，其在网络中就位于越靠近中心的位置，网络中心度就越高（即节点的颜色越红；否则，颜色越青）。全球合作网络图用于显示不同国家在研究方面的合作强度以及国家在整个研究网络中所处的位置。

1.5.4　国家（地区）中心度排名

国家（地区）中心度（closeness centrality）排名用于衡量不同国家（地区）在合作网络中所处的位置。中心度的值越高，代表所处的位置越靠近中心。在网络中，中心度被定义为某节点到网络中其他节点平均最短距离的倒数，其含义是该节点到其他节点的平均可达性，计算公式如下：

$$C_c(i)=\frac{n-1}{\sum_{i=1,(i\neq j)}^{n}d(i,j)}$$

其中，i、j 为网络中节点编号，n 为网络节点数目，$d(i,j)$为网络中 i、j 两节点之间的距离（Okamoto et al.，2008）。在本书第 2 章“2.4.1　全球合作网络”中，国家发文的中心度是采用 Pajek 软件进行计算的，而包含“中心度”的图形则采用 Gephi 软件绘制。表名为“表 2-19　2000 年、2014 年土壤学 TOP20 国家（地区）的国际合作网络中心度”，图名以“图 2-22　2000 年土壤学主流期刊 SCI 论文作者国际合作网络”和“图 2-23　2014 年土壤学主流期刊 SCI 论文作者国际合作网络”表示。

1.5.5　关键词时序图

在土壤学 4 个分支学科 SCI/SSCI 主流期刊中、外作者研究热点关键词对比分析中，首先需要区分出中国作者和其他区域作者，然后分别统计出中、外作者使用每个关键词词频占统计时段（例如，选择每两年一个时段）分支学科发文量的百分比。以每个关键词的发文百分比总和排序，遴选出近 30 年排名 TOP15 的关键词，制作热点关键词时序对比图。图中圆圈的大小代表该词的词频占统计时段发文量的比例。该关键词百分比既可用于分析每两年在 30 年期间关键词使用的变化情况，同时也可用于分析中国作者对该关键词使用的贡献及其在年份间的变化。在热点关键词时序对比图中，为了更清晰地表达不同年份之间的数量变化关系，对该时段词频百分比最小的年份添加了数字标注。图中采用双坐标，左侧为外国作者关键词百分比，右侧为中国作者关键词百分比（为方便阅读，中国作者的关键词时序图进行了放大处理）；同时以颜色区分不同关键词，左右两侧相同的关键词采用相同颜色，不同的关键词则使用不同的颜色。

参考文献

Okamoto, K., W. Chen, X. Y. Li. 2008. Ranking of closeness centrality for large-scale social networks. *Frontiers in Algorithmics*. Berlin Heidelberg: Springer.

陈悦、陈超美、胡志刚等：《引文空间分析原理与应用 CiteSpace 实用指南》，科学出版社，2014 年。

第2章　土壤科学30年发展的总体概况

土壤科学是认知土壤的发生过程、空间分布规律以及人类干扰导致的土壤各种功能变化的物理、化学和生物学机理，为土壤资源合理利用和管理提供科学依据的学科。为了剖析国内外土壤科学30年来发展的总体概况，本章利用文献计量学方法定量分析了近30年来国内外发表的土壤科学文献，根据文献数量和关键词的时间变化特征，定量描述了土壤科学7个核心领域的发展态势，提出了相关领域的未来发展走向；通过聚类图分析，科学、客观、定量地描述了土壤科学发展的脉络，把握学科发展前沿；回顾了近30年来国家自然科学基金委员会对土壤科学研究的投入情况、中外土壤科学教育的历史与现状、土壤科学研究机构和学会组织的发展与壮大，评估了科研经费、教育、机构等方面在我国土壤科学发展中的推动作用；以土壤科学SCI主流期刊论文作者的全球合作网络、发文量TOP20国家（地区）中自主研究与国际合作研究情况以及中国开展国际合作的主要研究领域，剖析了中国土壤科学研究的国际合作方向。

2.1　国际土壤学的基本发展态势

土壤是人类赖以生存和发展的基石，是保障人类食物与生态环境安全的重要物质基础。当前，全球面临着资源紧张、能源短缺、环境污染和气候变化等重大挑战，就如何协调和发挥土壤的生产功能、环境保护功能、生态工程建设支撑功能和全球变化缓解功能等，有必要从定量的角度探讨30年来土壤科学不同领域的发展特点。因此，本节选取代表不同领域的部分关键词组合来确定英文检索式，运用Web of Science数据库，对1986～2015年的英文文献进行检索；根据文献数量和关键词的时间变化特征，定量描述土壤科学不同领域的发展态势，并提出相关领域的未来发展走向。

2.1.1　土壤学服务农业生产研究是永恒主题

国以民为本，民以食为天。围绕粮食生产，人类一直以利用自然、改造自然来推动社会的进步与发展。土壤作为农业生产最核心的要素，一直以来被视为是农业生产和粮食安全的基石，成为维持地球上生命系统的关键，更是养活全球日益增长的人口和提高人们生活质量的保障。20世纪以来，由于人类生存与发展空间的不断扩展以及土壤长期利用带来的可耕种土壤面积减少和土壤质量退化等问题，使得土壤对农业生产的保障能力正经历着严峻的考验。因而，围绕土壤支撑农业生产的土壤学研究一直受到科学界的广泛重视。如何理解和认识土壤的演化过程、如何科学有效地利用土壤、如何保护土壤可持续的生产能力、如何保障高强度利用背景下的土壤安全，成为土壤科学面临的前沿科学问题。基于农业生产在人类社会发展过程中的重要性和科学体系中的重要地位，土壤学服务农业生产成为土壤学研究的重要命题。

为了从定量的角度探讨 30 年来土壤学服务农业生产的研究特点，选取了能够代表农业生产的部分关键词组合确定英文检索式，运用 Web of Science 数据库对 1986～2015 年的英文文献进行检索。在确定检索式的过程中主要考虑以下因素：**以农业生产中的小麦、玉米、水稻、棉花、大豆等农作物为核心，突出影响作物生长过程的限制因素、主控过程和资源代价，稳定实现作物高产高效的土壤条件、环境因子及其调控途径，达到土壤与农业生产、生态环境的可持续发展等相关关键词作为检索式的基础**。最终形成如下检索式：("soil*") and ("producti*" or "yield" or "grain yield" or "biomass" or "nutrient*" or "growth" or "agriculture" or "agricultur* ecosystem*" or "agroecosystem*" or "sustainable agriculture" or "precision agriculture" or "tillage" or "fertilization" or "fertilizer*" or "crop straw" or "crop residue" or "manure" or "facilit* agriculture" or "greenhouse" or "food" or "food security" or "food safety" or "sustainabl*" or "fertility" or "degradation" or "deterioration" or "constraint*" or "rehabilitation" or "amelioration" or "erosion" or "acidification" or "compaction" or "salinization" or "alkalinity" or "water logging" or "drought") or ("crop" or "rice" or "wheat" or "corn" or "maize" or "soybean" or "barley" or "cotton" or "fibre plant*")。

近 30 年来，以"soil"为关键词，在 Web of Science 数据库中共检索到国际英文文献 455 033 篇；以上述土壤学服务农业生产研究的英文检索式共检索到 105 856 篇，平均占比为 23.3%，远高出其他 6 个发展态势（占比为 3.6%～11.2%，数据见本章 2.1.2～2.1.7 节），**该研究领域发展态势的发文量在土壤科学中占绝对优势**。通过对 30 年间该态势发文量的分析，可粗略看出土壤学服务农业生产研究在不同阶段的发展状况（图 2-1 中柱状图）。1986～1990 年，年发文量仅为 785～1 130 篇，处于初始阶段，该阶段国际整体发文量较少；1991～2000 年，年发文量由 2 195 篇缓慢增长到 2 929 篇；2001 年以来，年发文量从 2 989 篇快速增长到 7 277 篇，增长近 1.5 倍。这种发文量快速增加的趋势除了与国际整体发文量大幅增长密切相关外，更体现了土壤学服务农业生产的重要性。为了便于比较不同时期土壤学服务于农业生产研究的贡献，计算了不同年份该发展态势占土壤科学发文总量的比例（图 2-1 中折线图）。近 30 年来，该发展态势的占比整体处于下降趋势，变化幅度不大，变化范围为 21.8%～27.8%，但不同阶段变化幅度具有一定差异：1986～1990 年处于较高占比阶段，虽然发文量较少，但土壤学服务农业生产研究的发文量占比较大；1991～1996 年为缓慢下降阶段，这一阶段的总发文量呈缓慢上升趋势，即增加的文章中，关于土壤学服务农业生产研究相对较少；1997 年以来为平稳发展阶段。由此可见，**随着总发文量的持续快速增加，本研究领域的发文量也随之增多，二者增加的幅度几乎一致，这表明土壤学服务农业生产一直是土壤科学研究的永恒主题，但不同阶段的关注点有所不同。**

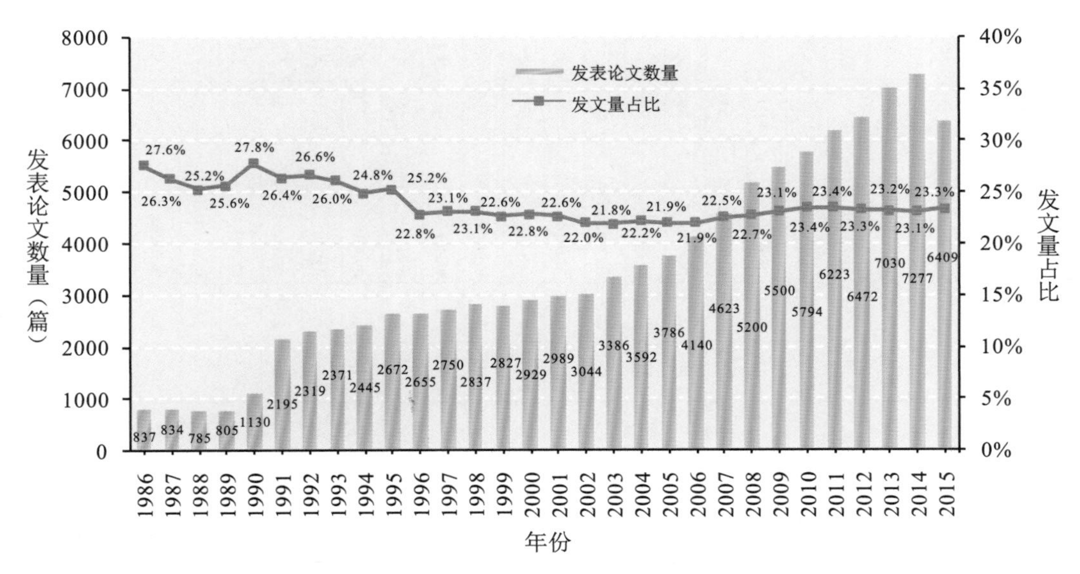

图 2-1　土壤学服务农业生产研究的发文量及占土壤学发文总量的百分比

注：①论文数量指以检索式检索的篇数；②论文占比指以检索式检索的论文数占以“soil”为关键词检索的论文数量的比值。

表 2-1 是以 5 年为间隔的各时段 TOP20 高频关键词，反映了该领域的研究热点。不同时段均关注的关键词有生长（growth）、产量（yield）、植物（plants）、小麦（wheat）、玉米（maize）、氮（nitrogen）、磷（phosphorus）、水（water）、有机质（organic matter）、施肥（fertilization）、系统（systems），基本涵盖了土壤学服务农业生产的全过程，主要包括作物的生长与产量、主要作物类型、土壤养分与肥力、土壤施肥与管理 4 个方面，可见**合理施肥、提升地力、关键作物、追求高产一直是农业生产研究的主要目标**。但在不同阶段，新出现的高频关键词略有不同：①1986～1990 年，出现了厩肥（manure）、尿素（urea）、反硝化（denitrification）等关键词，表明此阶段是以氮素为主、其他养分（nutrients）为辅，注重有机肥施用的传统农业生产，在管理上以粗放型的强调提高土壤利用强度的研究为主；②1991～1995 年，出现了根系（roots）、玉米（corn）、大麦（barley）、冬小麦（winter-wheat）、耕作（tillage）、大田（field）、矿化（mineralization）、模型（model）等关键词，表明此阶段关注于作物生长与模型模拟、土壤耕作管理与养分的转化，开始加强特殊的土壤过程研究，在管理上更注重土壤保护的研究；③1996～2000 年，土壤耕作管理（roots，tillage）是继上一阶段以来重点关注的方面，新出现了动力学（dynamics）、微生物（microbial）等关键词，反映出此阶段注重地下与地上部分相结合，开展土壤微观过程对农业生产影响的研究；④2001～2005 年，新出现了植被（vegetation），再次出现大田（field），表明土壤科学开始关注大田作物生产模型，强调农业生产环境条件的研究；⑤2006～2010 年，新出现了质量（quality）、生产率（productivity）等关键词，表明此阶段生产质量与生产效率并重，开始考虑粮食生产的市场因素，放弃了盲目生产、单纯追求产量的模式；⑥2011～2015 年，新出现了气候变化（climate change）、生态系统（ecosystems）、

表 2-1　土壤学服务农业生产研究不同时段 TOP20 高频关键词

时段	1986～1990 年			1991～1995 年			1996～2000 年			2001～2005 年			2006～2010 年			2011～2015 年		
发文量（篇）	4 391			12 002			13 998			16 797			25 257			33 411		
序号	关键词	频次	%	关键词	频次	%	关键词	频次	%	关键词	频次	%	关键词	频次	%	关键词	频次	%
1	**nitrogen**	34	0.77	**growth**	984	8.20	**nitrogen**	1 421	10.15	**nitrogen**	1 764	10.50	**nitrogen**	2 503	9.91	**nitrogen**	3 025	9.05
2	**growth**	30	0.68	**nitrogen**	925	7.71	**growth**	1 278	9.13	**growth**	1 557	9.27	**growth**	2 258	8.94	**yield**	3 005	8.99
3	**yield**	23	0.52	**yield**	657	5.47	**yield**	893	6.38	**yield**	1 210	7.20	**yield**	2 099	8.31	**growth**	3 001	8.98
4	**phosphorus**	20	0.46	**plants**	604	5.03	**plants**	826	5.90	**plants**	1 075	6.40	management	1 795	7.11	management	2 551	7.64
5	**plants**	17	0.39	**wheat**	508	4.23	**wheat**	655	4.68	**phosphorus**	890	5.30	**plants**	1 687	6.68	**plants**	2 468	7.39
6	**fertilization**	16	0.36	**fertilization**	479	3.99	**fertilization**	632	4.51	**fertilization**	844	5.02	**fertilization**	1 385	5.48	**systems**	1 970	5.90
7	**wheat**	11	0.25	**phosphorus**	392	3.27	**phosphorus**	611	4.36	management	843	5.02	**systems**	1 348	5.34	**fertilization**	1 912	5.72
8	**water**	11	0.25	**water**	372	3.10	**water**	551	3.94	**wheat**	784	4.67	**phosphorus**	1 245	4.93	**phosphorus**	1 593	4.77
9	**maize**	11	0.25	roots	339	2.82	**systems**	479	3.42	**systems**	727	4.33	**wheat**	1 235	4.89	**wheat**	1 591	4.76
10	sugar beet	9	0.20	**systems**	283	2.36	model	459	3.28	**water**	655	3.90	**organic matter**	1 108	4.39	**organic matter**	1 534	4.59
11	**organic matter**	8	0.18	corn	260	2.17	tillage	436	3.11	dynamics	645	3.84	**water**	1 082	4.28	**water**	1 485	4.44
12	winter-wheat	8	0.18	**maize**	252	2.10	roots	427	3.05	model	601	3.58	dynamics	954	3.78	climate change	1 357	4.06
13	manure	8	0.18	temperature	249	2.07	dynamics	417	2.98	**organic matter**	573	3.41	model	916	3.63	quality	1 276	3.82
14	urea	8	0.18	tillage	230	1.92	**organic matter**	406	2.90	tillage	570	3.39	**maize**	889	3.52	dynamics	1 256	3.76
15	**systems**	7	0.16	field	227	1.89	**maize**	405	2.89	**maize**	560	3.33	quality	865	3.42	**maize**	1 238	3.71
16	photosynthesis	7	0.16	model	223	1.86	corn	383	2.74	roots	485	2.89	tillage	804	3.18	model	1 198	3.59
17	nutrients	7	0.16	barley	213	1.77	management	375	2.68	corn	480	2.86	roots	730	2.89	productivity	1 143	3.42
18	salinity	7	0.16	**organic matter**	207	1.72	ecosystems	375	2.68	temperature	474	2.82	temperature	687	2.72	biomass	1 072	3.21
19	pH	7	0.16	winter-wheat	204	1.70	nitrate	360	2.57	vegetation	410	2.44	microbial biomass	687	2.72	ecosystems	1 033	3.09
20	denitrification	7	0.16	mineralization	201	1.67	microbial	358	2.56	field	399	2.38	productivity	627	2.48	diversity	994	2.98

注：表中加粗的关键词表示在所有时段中都有出现。

多样性（diversity）等关键词，表明近 5 年来农业生产活动已处于全球变化、生态系统中的农业与生态环境可持续发展阶段，强调土壤可持续能力的研究。由上可见，**土壤学服务农业生产研究过程中，由早期的传统有机肥农业、追求高产农业，过渡到与环境要素相结合、追求高品质农业，逐渐发展到农业与环境、生态的可持续发展阶段。**

土壤肥力是农业生产稳定发展的根本保证。近 30 年土壤学服务农业生产研究中出现的 TOP20 关键词中，与土壤肥力密切相关的有氮（nitrogen）、磷（phosphorus）、水（water）、有机质（organic matter）、施肥（fertilization）等。土壤肥力是土壤各种性质的综合表现，在农业生产过程中提高土壤肥力无疑是一项重要的基本工作。氮（nitrogen）在关键词频次和时序占比上都占据重要地位，说明过去 30 年氮一直是土壤学研究工作者重点关注的对象，是土壤肥力的决定因素；此外，磷和有机肥也是土壤肥力研究的热点。**土壤科学工作者在明确土壤改良途径、分析农业生产利弊因素、提高土壤肥力等方面的工作为农业生产稳定发展提供了保证。**

主要粮食作物研究是提高农业生产力的关键。关键词频次时序排名 TOP20 的主要有植物（plants）、小麦（wheat）、玉米（maize）（表 2-1），说明**粮食作物一直是土壤科学工作者重点关注的对象。**粮食生产是农业生产的主体，在人类经济和社会发展中占有重要地位。小麦、玉米、大豆等是土壤科学工作者重点关注作物，且主要研究这些作物的产量与氮、磷、钾等养分元素间的供应关系。对比 30 年中关键词产量（yield）占比时序，我们发现其一直处于第 2～3 位，说明**养分的高效利用和主要粮食作物产量的提高是土壤学服务农业生产的关键。**

土壤综合管理是高产高效现代农业生产的保障。关键词频次时序排名 TOP20 的管理（management）、系统（systems）、模型（model）、耕种（tillage）、质量（quality）、温度（temperature）、生产力（productivity）都与土壤—作物系统综合管理密切相关。面对人口增加、粮食单产徘徊以及集约化农业环境代价日益加剧的严峻局面，将高产和高效结合、持续提高作物单产，是现代农业发展的唯一选择。近 10 年高频关键词管理（management）占比时序的显著增加，充分说明在小麦、玉米、大豆等主要粮食种植模式下，土壤—作物系统综合管理迫在眉睫；而土壤肥力要素中水（water）和施肥（fertilization）占比时序的持续增加，说明高产作物水肥利用效率的提高是综合管理模式的关键所在。可见，**开展养分高效管理、水分高效利用和作物高产栽培等技术集成创新的土壤综合管理是高产高效现代农业生产的保障。**

健康土壤带来健康生活，在以高产为唯一目的的农业耕作体系下，土壤状况已离理想土壤越来越远。因此，从土壤本身所具有的生物质生产、营养物质和水的储转、生物多样性、原料来源等功能，应对全球土壤的食品安全挑战，达到创建“土壤安全工程”的目的，既是保护土壤安全的屏障，也是保护生态环境安全、民生安全、整个国家及民族安全的坚实基础。作为研究土壤的物质运动规律及其与环境间相互关系的科学，未来土壤科学将会进一步加强“土壤—作物—环境”的互作研究，以绿色农业为核心，获得高产、优质的农业产量，保持清洁的环境和生物多样性；同时，围绕土壤安全这一核心，实行农田土壤质量管控，协调发展土壤的生产功能、环境保护功能、生态支撑功能，保证粮食安全，最终达到**土壤学服务于“高产、优质、高效、绿色、环保”的农业生产目标，土壤学服务农业生产研究将是永恒主题。**

2.1.2 土壤污染与修复研究成为重要方向

随着工业化和城市化的不断发展，工矿采、选、冶“三废”，药品与个人护理品以及农用化学品的大量使用，导致进入土壤的污染物类型与数量逐渐增多，由此引起的土壤污染问题也日趋严峻。土壤污染将导致土壤生物活性和土壤肥力降低、农产品产量和品质下降，并通过食物链传递、直接暴露接触等途径危害人体健康。因此，土壤污染与修复在维持土壤功能，保障生态环境、农产品安全和人体健康等方面具有重要意义，也日渐受到人们重视。探明土壤污染特征、污染物溯源、土壤污染风险评价以及修复受污染的土壤，恢复其功能，成为土壤科学面临的前沿科学问题。鉴于土壤污染与修复在保障人体健康、维护生态系统平衡中的重要性和科学体系中的重要地位，**土壤污染与修复已成为土壤学研究的重要命题**。

为定量化论述30年来土壤污染与修复研究的发展态势和特点，选取能够代表“土壤污染与修复”的部分关键词组合确定英文检索式，运用Web of Science数据库，对1986～2015年的英文文献进行检索。在确定检索式的过程中主要考虑以下因素：**以传统的无机污染物、典型有机污染物、农药类污染物、纳米颗粒和个人护理物品等为代表的新兴污染物，以及抗生素、抗性基因等生物污染物为主要污染物类型，结合土壤污染修复和治理相关的主要技术方法等**。在此基础上综合形成最终检索式：(("contaminat*" or "pollut*") and "soil*") and ("metal" or "trace element" or "radionuclid*" or "rare earth" or "*cide*" or "liposomes" or "surfactant" or "polyelectrolyte" or "nano*" or "ARG" or "antibiotic" or "POPs" or "PAH*" or "PPCPs" or "PBDE*" or "PCB*" or "PCP" or "pathogen*" or "petroleum hydrocarbon*" or "*hormone*" or "*remediat*" or "*accumulator" or "recovery" or "elution" or "washing" or "phytoextract*" or "restorat*" or "*sorption" or "desorption")。

近30年来，以“soil”为关键词，在Web of Science数据库中共检索到国际英文文献455 033篇；以上述土壤污染与修复的英文检索式共检索到17 248篇，平均占比为3.8%。通过对30年间该态势发文量的分析，可大致看出土壤污染与修复研究在不同阶段的发展状况（图2-2中柱状图）。1986～1990年，年发文量仅为6～30篇，处于初始阶段；1990年以后呈现快速增长，年发文量从30篇增长到1 418篇，增长近46.3倍。这种发文量快速增加的趋势除与国际整体发文量大幅增长相关外，更体现了土壤污染问题越来越受到重视。为便于比较不同时期土壤污染与修复研究的贡献，计算了不同年份该发展态势占土壤科学发文总量的比例(图2-2中折线图)。近30年来，该发展态势的占比整体处于上升趋势，从1986年的0.2%上升至2015年的5.0%，但不同阶段变化幅度具有一定差异：1986～1990年为比例较低阶段，发文量较少，土壤污染问题关注度不高；1991～2005年为占比快速增长阶段，这一阶段总发文量也在增加，但土壤污染与修复研究的论文数增加幅度更大；2006年之后，占比增加趋势减缓，但土壤污染与修复研究的年发文量呈线性增加。由此可见，**随着总发文量的持续快速增加，该研究领域的发文量也随之增多，且增长的幅度大于总发文量的增幅，这表明虽然不同阶段土壤学研究的关注点有所不**

同，但土壤污染与修复研究已成为重要方向。

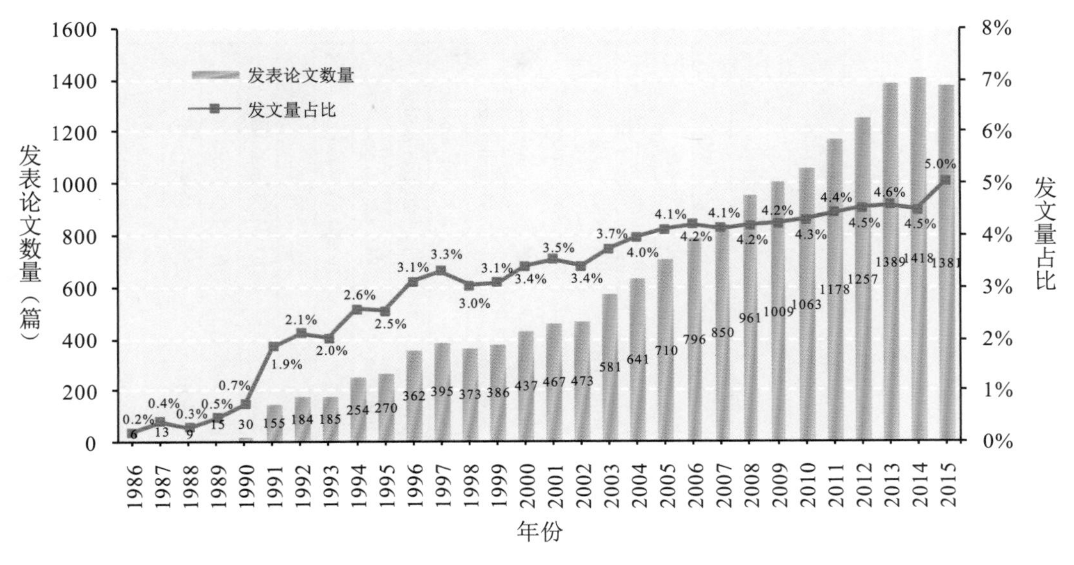

图 2-2　土壤污染与修复研究的发文量及占土壤学发文总量的百分比

注：①论文数量指以检索式检索的篇数；②论文占比指以检索式检索的论文数占以"soil"为关键词检索的论文数量的比值。

表 2-2 是以 5 年为间隔的各时段 TOP20 高频关键词，大致反映了各时段的研究热点。不同时段均关注的关键词有重金属（heavy metal）、吸附（sorption）、污染（pollution，contamination）、沉积物（sediments）、水（water）、铅（Pb）、镉（Cd）、有机污染物（pesticide，PCBs，hydrophobic pollutants，PAHs）、修复（remediation，bioremediation）等，表明土壤污染与修复一直是近 30 年学者们研究的热点。但在不同阶段，新出现的高频关键词略有不同。①1986～1990 年，虽然重金属（heavy metal）出现频次最多，占 18.16%，但与其他时段相比，这一阶段出现了农药（pesticide）、多氯联苯（PCBs）、疏水性污染物（hydrophobic pollutants）、多氯代二苯并呋喃（PCDFs）等多种有机污染物，表明该时段土壤重金属污染与有机污染是学者们共同重点关注的内容。②1991～1995 年，生物降解（biodegradation）、降解（degradation）、吸附（adsorption，sorption）、迁移（transport）等关键词的出现频次上升（从 TOP20 外上升至 TOP20 内），表明基于上一时段的研究，学者们开展了对土壤有机污染物的降解过程及机制的探讨，同时研究了重金属在土壤环境中的吸附、迁移行为，为后一阶段的生物修复（bioremediation）奠定了基础。值得一提的是，水（water）的词频迅速上升至该时段的首位，占 8.97%，表明这一时期土壤污染对水环境质量安全的影响开始受到学者们的广泛关注。③1996～2000 年，重金属（heavy metal）重新跃居首位，占 13.11%，表明土壤重金属污染仍然是土壤污染研究的重要内容，重金属元素主要包括镉（Cd）、锌（Zn）、铅（Pb）、铜（Cu）。而生物修复（bioremediation）的词频迅速上升，表明这一时段学者们开展了大量的关于土壤污染的生物修复的研究。有机污染物多环芳烃（PAHs）继上一时段继续上升，而农药（pesticide）的词频下降，表明土壤有机污染物的

表 2-2　土壤污染与修复研究不同时段 TOP20 高频关键词

时段	1986～1990 年			1991～1995 年			1996～2000 年			2001～2005 年			2006～2010 年			2011～2015 年		
发文量（篇）	43			1 048			1 953			2 872			4 679			6 623		
序号	关键词	频次	%	关键词	频次	%	关键词	频次	%	关键词	频次	%	关键词	频次	%	关键词	频次	%
1	**heavy metal**	8	18.61	**water**	94	8.97	**heavy metal**	256	13.11	**heavy metal**	580	20.19	**heavy metal**	854	18.25	**heavy metal**	1 814	27.39
2	**pollution**	7	16.28	adsorption	80	7.63	**water**	183	9.37	contaminated soils	458	15.9	contaminated soils	544	11.63	contaminated soils	1 350	20.38
3	**contamination**	7	9.30	**pollution**	76	7.25	contaminated soils	163	8.35	**Cd**	307	10.69	phytoremediation	538	11.50	phytoremediation	836	12.62
4	pesticide	4	9.30	**heavy metal**	72	6.87	biodegradation	162	8.29	bioremediation	274	9.54	PAHs	535	11.43	PAHs	765	11.55
5	PCBs	4	9.30	**sorption**	72	6.87	degradation	152	7.78	phytoremediation	270	9.40	**Cd**	501	10.71	**Cd**	716	10.81
6	Zn	4	9.30	biodegradation	62	5.92	bioremediation	152	7.78	PAHs	269	9.37	degradation	481	10.28	bioremediation	688	10.39
7	**sorption**	3	6.98	degradation	61	5.82	**pollution**	149	7.63	biodegradation	267	9.30	**sediments**	464	9.92	biodegradation	679	10.25
8	**sediments**	3	6.98	**Cd**	56	5.34	adsorption	149	7.63	Zn	Z	9.23	biodegradation	453	9.68	degradation	675	10.19
9	**Pb**	3	6.98	**sediments**	54	5.15	**sediments**	147	7.53	**sediments**	262	9.12	**contamination**	436	9.32	**contamination**	619	9.35
10	hydrophobic pollutants	3	6.98	**contamination**	52	4.96	**sorption**	146	7.48	**pollution**	246	8.56	bioremediation	418	8.93	**sediments**	605	9.13
11	groundwater	3	6.98	transport	49	4.68	**Cd**	139	7.12	degradation	242	8.43	**water**	408	8.72	accumulation	594	8.97
12	**Cd**	3	6.98	pesticides	48	4.58	PAHs	123	6.30	**Pb**	234	8.15	**Pb**	388	8.29	remediation	580	8.76
13	AAS	3	6.98	Cu	46	4.39	Zn	114	5.84	**water**	228	7.94	**pollution**	386	8.25	plants	562	8.49
14	**water**	2	4.65	Zn	44	4.20	transport	113	5.78	plants	224	7.80	plants	367	7.84	**water**	526	7.94
15	sewage sludge	2	4.65	groundwater	40	3.82	**Pb**	110	5.63	**sorption**	220	7.66	accumulation	362	7.74	**Pb**	487	7.35
16	remediation	2	4.65	bioremediation	38	3.62	**contamination**	106	5.43	**contamination**	198	6.89	adsorption	362	7.74	**pollution**	486	7.34
17	radionuclides	2	4.65	PAHs	37	3.53	Cu	106	5.43	adsorption	189	6.58	remediation	360	7.69	removal	481	7.26
18	PCDFs	2	4.65	**Pb**	35	3.34	pesticide	90	4.61	Cu	189	6.58	**sorption**	351	7.50	**sorption**	465	7.02
19	PCDDs	2	4.65	contaminated soils	34	3.24	remediation	85	4.35	remediation	187	6.51	Zn	319	6.82	adsorption	459	6.93
20	organic pollutants	2	4.65	natural sediments	34	3.24	plants	81	4.15	bioavailable	178	6.20	Cu	308	6.58	bioavailability	382	5.77

注：表中加粗的关键词表示在所有时段中都有出现；“polycyclic aromatic-hydrocarbons”缩写为“PAHs”，“polychlorinated biphenyls”缩写为“PCBs”。

种类格局在发生变化。④2001～2005 年，出现了植物修复（phytoremediation）这一关键词，表明在生物修复（bioremediation）的基础上，植物修复在该阶段开始兴起。尽管有机污染物出现的种类减少，但土壤有机污染物的生物降解研究热度依然不减。⑤2006～2010 年，多环芳烃（PAHs）的频次与前阶段相比明显上升，表明多环芳烃等典型有机污染物越来越得到重视，而植物修复（phytoremediation）频次的上升表明植物修复仍是这一阶段的主要修复手段。⑥2011～2015 年，新出现了去除（removal），同时植物（plants）、积累（accumulation）等关键词频次较前阶段明显上升，表明此阶段学者们开始考察植物对污染物的吸收积累能力、农作物对污染物积累而产生的环境健康风险等，这一阶段在植物修复技术得到进一步发展的同时，土壤污染的风险评估也得到越来越多的重视。综上所述，随着经济的快速发展、人类对土壤污染的认识不断加深及对环境质量要求的不断提高，学者们开创并发展了一系列土壤污染修复技术，为提高土壤质量和生产力，保障农业可持续发展提供了理论依据和技术支持。

探明土壤污染的特征和风险是污染控制与修复的前提。近 30 年来土壤污染与修复研究中出现的关键词排名 TOP20 中，关键词农药（pesticide）、多氯联苯（PCBs）、疏水性污染物（hydrophobic pollutants）、多环芳烃（PAHs）、重金属（heavy metal）、锌（Zn）、镉（Cd）、铜（Cu）、铅（Pb）等与土壤污染物类型有关。其中，重金属（heavy metal）词频近 30 年来一直排名前列，多环芳烃（PAHs）词频排名随时间显著上升，表明土壤中以多环芳烃、重金属为代表的污染物引起了人们的高度关注。确定土壤污染物的来源、类型与污染程度是污染控制和修复工作的基础。关键词吸附（adsorption）、生物降解（biodegradation）、运移（transport）、降解（degradation）与污染物在土壤中的归趋过程和机制有关，这些过程包括吸附—解吸、沉淀—溶解、氧化—还原、配位—解离、降解等。土壤污染是动态过程，污染物对土壤质量、生物及人类的影响取决于污染物在土壤中的反应过程与归趋。关键词植物（plants）、积累（accumulation）、水（water）、地下水（groundwater）、生物有效性（bioavailability）等与土壤污染对生态系统和人类健康的危害及潜在风险有关，对土壤污染进行系统地风险评价有助于人们客观地认识土壤污染的现状及危害，为污染控制与修复工作提供指导思想。研究和认识土壤污染的状况、污染的环境过程以及对人群健康和生态系统造成的危害，是控制和修复污染土壤环境、恢复污染土壤生产和生态功能、合理利用土壤资源的前提。

土壤污染修复是土壤再利用的必要过程。关键词频次时序排名 TOP20 的生物修复（bioremediation）、植物修复（phytoremediation）、修复（remediation）、生物降解（biodegradation）、生物有效性（bioavailability）都与土壤污染修复密切相关。污染物的过量输入破坏了土壤功能，威胁着人类的健康和生存。而土壤是人类赖以生存的物质基础，污染土壤的修复（remediation）和再利用符合当今的发展战略需求，有利于经济的发展和社会的和谐稳定。土壤污染修复技术伴随土壤污染而产生，从最初的单一物理修复、化学修复技术发展到生物修复（bioremediation）、植物修复（phytoremediation）和植物—物化联合修复技术体系，新型高效的污染土壤修复技术的开发与推广仍将是土壤修复的重要内容，是土壤环境科学服务于社会生产的关键。

清洁、健康的土壤关系着农业、环境、生态可持续发展和人体健康，在工农业快速发展背景下，有毒有害物质进入土壤环境，土壤污染状况日益严重。针对土壤环境污染问题，围绕保障农产品质量安全、生态安全、人体健康，系统研究土壤科学基础理论、方法、关键技术及设备，有助于促进土壤环境科学和技术发展，形成土壤环保新兴产业，促进土壤环境保护、生态建设与经济社会可持续发展。在研究土壤内部各组分、性质、功能、条件及其时空变异性的同时，加强研究土壤内、外部环境要素间的相互作用、循环、效应及其调控机制与原理研究。面向农业生产、环境保护、生态建设和安全健康，土壤污染与修复是现代土壤科学与技术的重要研究方向。

2.1.3　土壤学与全球变化研究联系更加紧密

土壤作为地球表面圈层，是支撑人类生存活动和陆地生态系统可持续的基础，也是与岩石圈、大气圈、水圈和生物圈紧密联系的界面圈层。20 世纪以来，人类活动引起的大气温室气体攀升、温度升高、土壤酸化、氮沉降等全球变化问题日益加剧，已成为当今人类社会面临的重大环境问题。其中，土壤生物驱动的元素生物地球化学循环过程是全球变化的重要驱动力之一。一方面，土壤作为陆地生态系统的巨大碳氮库，在生态系统循环过程中，通过生成或消耗温室气体（CO_2、CH_4、N_2O 等）以及其他气体（如 NH_3、NO_x），直接或者间接地影响着气候变化；另一方面，全球变化通过降雨、温度和养分沉降等变化，影响生态系统的生产力及其稳定性，进一步对土壤过程产生影响。因此，20 世纪以来，随着全球变化的加剧，陆地生态系统在减缓全球变化中的重要性以及对全球变化的响应研究得到重视，土壤科学与全球变化研究联系日趋紧密。

为了定量地反映近 30 年来土壤学与全球变化研究的关联性，选取了能够代表全球变化因子的部分关键词组合确定英文检索式，运用 Web of Science 数据库对 1986～2015 年的英文文献进行检索。在确定检索式的过程中主要考虑以下因素：**以碳（C）、氮（N）、硫（S）等元素为核心，以土壤元素循环过程为主线，围绕温室气体、气候变暖、大气 CO_2 浓度升高、酸化、沉降等气候变化关键因子，从影响、减缓和响应等方面反映土壤科学在全球变化研究中的重要性。**最终形成如下检索式：("soil*")　and　("global change" or "climate change" or "global warming" or "global warming potential" or "GWP" or "nitrogen deposition" or "sulfate deposition" or "acidification" or "soil carbon cycl*" or "soil nitrogen cycl*" or "greenhouse gas" or "GHG" or "methane" or "CH_4" or "nitrous oxide" or "N_2O" or "carbon dioxide" or "CO_2" or "ozone" or "O_3" or "free air carbon dioxide" or "FACE" or "soil respiration" or "NO_x" or "carbon sequestration" or "biochar" or "SOC" or "organic carbon" or "carbon pool" or "carbon stock" or "carbon sequestration*" or "nitrogen pool*")。

近 30 年来，以“soil”为关键词，在 Web of Science 数据库中共检索到国际英文文献 455 033 篇；以上述土壤科学与全球变化研究的英文检索式共检索到 22 402 篇，平均占比为 4.9%，略高于土壤污染与修复研究发展态势（发文 17 248 篇，占比为 3.8%）以及土壤多学科、交叉学科创新研究发展态势的发文量（发文 16 555 篇，占比为 3.6%），**表明土壤学与全球变化研究联系更加紧密已成为土壤学研究发展的重要态势之一**。通过对 30 年间该态势发文量的分析，可进一步看出土壤学与全球变化研究联系在不同阶段的发展状况（图 2-3 中柱状图）。1986～1989 年，年发文量仅为 52～69 篇，处于初始阶段，该阶段国际整体发文量也较少；1990～1998 年，年发文量由 113 篇快速增长到 571 篇，增长 4.1 倍左右；1999～2003 年，年发文量有所回落；2004 年以后，年发文量持续增长，尤其是 2008 年以后，年发文量超过 1 000 篇，进入快速增长期。这种发文量快速增长的趋势除了与国际整体发文量大幅增长密切相关外，更体现了土壤科学与全球变化研究联系日趋紧密。为了便于比较不同时期土壤科学与全球变化研究联系的相对紧密程度，计算了不同年份该发展态势占土壤科学发文总量的比例（图 2-3 中折线图）。近 30 年来，该发展态势的占比整体呈现持续上升趋势，由起始阶段的不到 2%上升到 2015 年的 7.3%，但不同阶段变化幅度具有一定差异：1986～1990 年处于较低占比阶段，在 3%以下波动；1991～1998 年为占比快速上升阶段，这一阶段的总发文量占比增加了 1 倍，由 1991 年的 2.2%增长到 1998 年的 4.6%；1999～2008 年为发文占比相对稳定阶段，在 4%～5%徘徊；2009 年以后发文占比进入持续快速增长阶段。由此可见，**随着总发文量的持续快速增加，本研究领域的发文量也随之增多，且该领域的发文量增加速度快于总发文量，这意味着土壤学与全球变化研究的联系越来越紧密，虽然在不同阶段两者联系的关注点有所不同。**

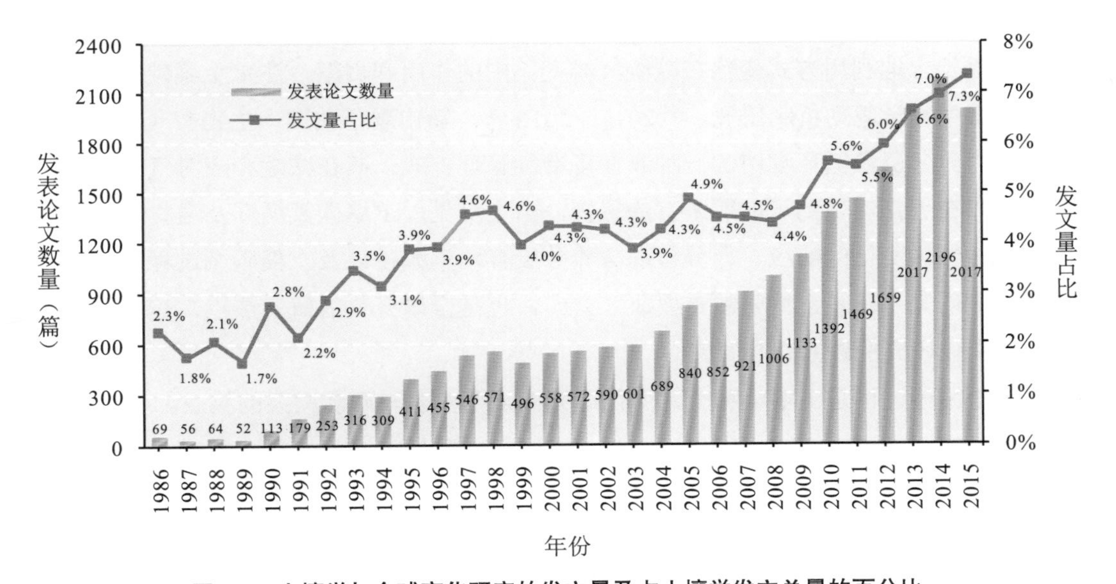

图 2-3　土壤学与全球变化研究的发文量及占土壤学发文总量的百分比

注：①论文数量指以检索式检索的篇数；②论文占比指以检索式检索的论文数占以“soil”为关键词检索的论文数量的比值。

表 2-3 是以 5 年为间隔的各时段 TOP20 高频关键词，反映了其研究热点。不同时段均关注的关键词有土壤碳（carbon）和氮（nitrogen）、土壤呼吸（respiration）、反硝化过程（denitrification）、二氧化碳（carbon dioxide）、甲烷（methane）和氧化亚氮（nitrous oxide）排放（emissions）与通量（fluxes）、森林（forest）、温度（temperature）和模型（model），基本反映了**土壤碳氮**

循环过程及温室气体排放一直是土壤科学与全球变化研究关注的重点方向和两者联系的核心。但在不同阶段，新出现的高频关键词略有不同。①1986～1990年，出现了湿地（wetlands）、稻田（paddy）、土壤有机碳（organic carbon）、产甲烷菌（methanogenesis）等关键词，表明此阶段**土壤碳氮循环过程和温室气体排放研究是全球变化研究的重点方向，尤其关注湿地和稻田甲烷产生与排放研究**。此外，该阶段还出现了土壤酸化（acidification）关键词，表明**土壤酸化也是该阶段全球变化研究关注的热点问题**。②1991～1995年，新出现了气候变化（climate change）和臭氧（ozone），表明此阶段**开始关注陆地生态系统对气候变化因子如温度（temperature）、臭氧（ozone）、大气 CO_2 浓度升高（elevated CO_2）等的响应**。此外，该阶段新出现施肥（fertilization）、硝化过程（nitrification）两个关键词且氮（nitrogen）、反硝化过程（denitrification）等关键词关注度上升，**表明该阶段更加重视土壤氮循环过程和 N_2O 排放研究**。③1996～2000年，土壤碳氮循环和气候变化因子是继上一阶段以来重点关注的方面，新出现了水分（water）、氧化（oxidation）和分解（decomposition）等关键词，反映出此阶段**注重全球变化背景下生态系统碳氮水循环过程的耦合研究，在关注土壤温室气体排放的同时，加强了土壤有机碳分解及甲烷氧化的微观机制研究**。④2001～2005年，此阶段关键词与1996～2000年时段并无明显变化，但二氧化碳（carbon dioxide）、大气 CO_2 浓度升高（elevated CO_2）、土壤呼吸（respiration）等关键词关注度大幅上升，意味着**该阶段更加关注土壤碳循环研究**。⑤2006～2010年，新出现了土壤碳汇（carbon sequestration）、土壤微生物（microbial）、土地利用（land use）等关键词，表明此阶段**重视土壤碳汇效应以及土地利用方式变化在减缓气候变化中的作用和贡献，注重土壤碳氮循环及温室气体排放的微生物学驱动机制研究**。⑥2011～2015年，新出现了关键词生物炭（biochar），表明**生物炭作为养分资源循环利用的一种农业可持续管理方式，其在减缓和应对气候变化方面的农业应用潜力在近几年受到了前所未有的重视**。由上可见，**土壤碳氮循环及温室气体排放、土壤碳氮过程对气候变化的响应、养分管理与养分废弃物资源化以及土壤碳氮过程的微生物学驱动机制与模型研究**等既是土壤学的重要研究方向，也是全球变化的研究热点，充分体现了**土壤科学与全球变化研究的联系日趋紧密**。

土壤碳氮循环过程是土壤学和全球变化研究的重要内容与两者联系的核心。近30年土壤学与全球变化研究排名TOP20的关键词中，与土壤碳氮密切相关的有土壤碳（carbon）和氮（nitrogen）、土壤有机碳（organic carbon）、反硝化过程（denitrification）、硝化过程（nitrification）、土壤碳汇（carbon sequestration）、土壤有机碳分解（decomposition）或土壤呼吸（respiration）等，以及土壤碳氮过程中二氧化碳（carbon dioxide）、甲烷（methane）和氧化亚氮（nitrous oxide）等温室气体排放通量（emission，fluxes）。土壤有机碳是土壤肥力的核心，土壤碳氮循环过程是土壤养分周转的基本过程，与土壤肥力和养分利用效率紧密相关，无疑是传统土壤学研究的重要领域。另外，土壤有机碳积累及其碳汇效应是保障农业可持续和减缓气候变化的有效途径。土壤碳氮循环过程中产生的气态损失成为大气温室气体（CH_4 和 N_2O）攀升的重要来源，土壤具有巨大的固碳和温室气体减排潜力，是全球变化研究领域的核心内容。**土壤碳氮循环研究正**

表 2-3　土壤学与全球变化研究不同时段 TOP20 高频关键词

时段	1986～1990 年			1991～1995 年			1996～2000 年			2001～2005 年			2006～2010 年			2011～2015 年		
发文量（篇）	221			1 468			2 626			3 292			5 304			9 358		
序号	关键词	频次	%	关键词	频次	%	关键词	频次	%	关键词	频次	%	关键词	频次	%	关键词	频次	%
1	**methane**	4	1.81	**carbon dioxide**	267	18.19	**carbon dioxide**	529	20.14	**carbon dioxide**	667	20.26	**carbon dioxide**	915	17.25	**nitrous oxide**	1 807	19.31
2	**fluxes**	4	1.81	elevated CO_2	119	8.11	**nitrogen**	315	12.00	elevated CO_2	460	13.97	**respiration**	745	14.05	climate change	1 474	15.75
3	**nitrous oxide**	4	1.81	**nitrogen**	111	7.56	**emissions**	241	9.18	**respiration**	421	12.79	**nitrous oxide**	691	13.03	**carbon dioxide**	1 331	14.22
4	**denitrification**	3	1.36	**denitrification**	89	6.06	elevated CO_2	417	15.88	**nitrogen**	317	9.63	climate change	681	12.84	organic carbon	1 122	11.99
5	**emissions**	3	1.36	**emissions**	88	5.99	**temperature**	222	8.45	**fluxes**	297	9.02	carbon sequestration	566	10.67	carbon sequestration	1 076	11.50
6	wetlands	3	1.36	**temperature**	87	5.93	**fluxes**	221	8.42	**temperature**	281	8.54	elevated CO_2	536	10.11	**respiration**	1 028	10.99
7	acidification	3	1.36	**forest**	82	5.59	**denitrification**	218	8.30	**nitrous oxide**	272	8.26	**nitrogen**	483	9.11	biochar	1 007	10.76
8	**nitrogen**	2	0.90	responses	70	4.77	climate change	212	8.07	climate change	268	8.14	**temperature**	439	8.28	microbial	819	8.75
9	**carbon**	2	0.90	ecosystems	65	4.43	responses	187	7.12	**forest**	257	7.81	**fluxes**	371	6.99	**nitrogen**	791	8.45
10	methanogenesis	2	0.90	**respiration**	63	4.29	**model**	185	7.04	ecosystems	245	7.44	**forest**	371	6.99	**carbon**	740	7.91
11	paddy	2	0.90	**model**	62	4.22	**nitrous oxide**	174	6.63	**model**	226	6.87	**model**	365	6.88	**temperature**	616	6.58
12	**carbon dioxide**	2	0.90	climate change	60	4.09	water	173	6.59	**denitrification**	217	6.59	ecosystems	354	6.67	**fluxes**	576	6.16
13	elevated CO_2	2	0.90	nitrification	51	3.47	**forest**	167	6.36	**emissions**	214	6.50	**denitrification**	345	6.50	**model**	557	5.95
14	**forest**	1	0.45	**fluxes**	48	3.27	ecosystems	167	6.36	grassland	198	6.01	**carbon**	338	6.37	ecosystems	550	5.88
15	**model**	1	0.45	**nitrous oxide**	47	3.20	oxidation	161	6.13	**carbon**	180	5.47	**emissions**	326	6.15	**forest**	520	5.56
16	**respiration**	1	0.45	**methane**	47	3.20	**carbon**	152	5.79	responses	168	5.10	grassland	312	5.88	**denitrification**	511	5.46
17	grassland	1	0.45	**carbon**	44	3.00	**respiration**	139	5.29	water	163	4.95	microbial	311	5.86	land use	505	5.40
18	**temperature**	1	0.45	organic carbon	43	2.93	**methane**	127	4.84	**methane**	161	4.89	organic carbon	304	5.73	**emissions**	500	5.34
19	responses	1	0.45	fertilization	39	2.66	fertilization	135	5.14	fertilization	158	4.80	**methane**	270	5.09	fertilization	499	5.33
20	organic carbon	1	0.45	ozone	37	2.52	decomposition	126	4.80	decomposition	157	4.77	land use	259	4.88	**methane**	493	5.27

注：表中加粗的关键词表示在所有时段中都有出现。

从提高土壤肥力以服务于农业生产的土壤内循环研究，向减缓气候变化的土壤温室气体源汇效应的生态系统循环研究拓展，其构成了土壤学和全球变化研究的联系纽带与核心交汇。

土壤碳氮过程对气候变化的响应成为土壤学和全球变化研究的热点问题。关键词频次时序排名 TOP20 的土壤碳（carbon）和氮（nitrogen）过程、土壤呼吸（respiration）以及气候变化（climate change）因子如温度（temperature）、臭氧（ozone）和大气 CO_2 浓度升高（elevated CO_2）、响应（responses）等关键词，说明土壤碳氮过程对气候变化的响应成为土壤科学和全球变化研究的热点问题，如土壤呼吸对温度升高响应的敏感性、陆地生态系统碳收支对气候变化的响应、大气 CO_2 施肥效应的土壤氮素有效性限制等，都是近年来气候变化研究关注的热点。说明**在关注土壤碳氮循环和温室气体排放对气候变化贡献及固碳减排潜力的同时，土壤科学和全球变化都十分重视土壤碳氮过程对气候变化响应的研究。**

土壤养分资源管理及废弃物资源化利用在促进农业可持续和减缓气候变化中的作用日益受到重视。关键词频次时序排名 TOP20 的土壤有机碳（organic carbon）、施肥（fertilization）、生物炭（biochar）等关键词都与土壤养分资源管理及废弃物资源化利用有关，说明**土壤养分资源管理及废弃物资源化利用在促进农业可持续和减缓气候变化中的作用日益受到重视。**面对人口增加、粮食可持续高产、养分资源消耗以及集约化农业环境代价日益加剧的严峻局面，通过养分资源管理和废弃物资源化利用，提高养分资源利用效率，是现代农业可持续发展的必然选择。此外，土壤养分资源管理及废弃物资源化利用也有利于增加土壤碳汇和实现温室气体减排，从而减缓气候变化，增加陆地生态系统对气候变化的适应性。可见，**土壤养分资源管理及废弃物资源化利用已成为保障农业高产、养分资源高效利用和温室气体减排三者协同的有效途径。**

土壤碳氮循环的微生物学机制及模型研究是土壤学和全球变化研究的国际前沿。频次时序排名 TOP20 的关键词包括土壤微生物（microbial）和模型（model），表明土壤科学和全球变化研究都十分强调微观机制与宏观过程模型模拟研究。近年来，土壤微生物分子检测技术的快速发展及其与土壤碳氮生物地球化学循环模型研究方法的结合应用，前所未有地揭示了土壤碳氮循环过程的微生物高度多样性、生态功能及其作用机制。一方面，极大地丰富了对土壤肥力和土壤养分循环过程与机制的认识，为提高土壤肥力和土壤养分循环研究提供了新思路；另一方面，为完善和发展土壤碳氮生物地球化学循环过程模型充实了新内容，有利于更加全面地了解土壤碳氮生物地球化学循环过程对气候变化的驱动与响应机制。因此，**土壤碳氮转化的微生物分子生态学与碳氮微量气体通量等表观过程的耦联机制、土壤微生物驱动的元素生物地球化学循环模型模拟研究成为土壤学和全球变化研究的国际前沿。**

土壤是农业生产的基础，是人类赖以生存的基石，也是人类食物与生态环境安全的保障。土壤学服务于农业可持续发展的同时，土壤碳氮循环过程及其固碳减排潜力与途径研究已成为国际科学界服务于全球变化控制的重要研究方向。**在全球变化和社会可持续发展的大背景下，土壤学面临新的挑战和机遇。一方面，土壤学承载着农业可持续、固碳减排和适应气候变化的多重使命；另一方面，全球变化研究为土壤学发展提供了新的机遇和方法，拓展了土壤科学研究的外延。因此，土壤学与全球变化研究联系日趋紧密已成为土壤学发展的基本态势之一。**通过土壤科学与全球变化研究日趋紧密的联系，**形成了以土壤碳氮循环过程为核心，以土壤固碳与温室气体减排、气候变化响应、微生物学机制及模型研究为重点内容的学科交叉态势**。作为服务于农业可持续发展的基础科学，又是研究土壤生物源物质循环以及农学环境效应的科学，未来土壤科学将会进一步加强与全球变化研究的联系，**以减缓和适应气候变化为目标，以农业高产、养分资源高效和环境安全为核心，重点加强土壤微生物学微观机制和表观过程模型模拟研究，实现微观更“微”，宏观更“宏”**；同时，**围绕构建气候和环境友好型可持续农业，加强养分资源科学管理和废弃物资源化利用，协调发展土壤的生产功能、生态支撑功能和环境保护功能，保障粮食和生态环境安全，是当代土壤学服务人类社会可持续发展的重大任务。**

2.1.4　土壤宏观过程与微观机理研究持续深化

土壤环境的变化体现在宏观过程的改变，而宏观过程又是由微观机理所决定。因而，理解和认识土壤宏观过程和微观机理及其与农业生产及环境的关系一直受到科学界的广泛关注。

为了从定量的角度探讨 30 年来土壤宏观过程与微观机理的研究特点，本节运用 Web of Science 数据库，对 1986～2015 年的英文文献分别进行宏观与微观方面的检索。在确定宏观过程的检索式时，着重考虑了**土壤演化、土壤侵蚀、土壤水文过程以及流域生态过程等宏观过程的相关关键词**，形成如下检索式：("soil*") and ("soil evolution" or "soil survey" or "soil map*" or "soil erosion" or "hydrolog* process*" or "watershed* management*" or "land use change" or "water balance" or "soil degradation" or "ecological process" or "spatial distribution")。在确定微观机理的检索式的过程中主要考虑**以突出和反应土壤物理结构微观变化、元素循环过程和生物机理的相关关键词**作为检索式的基础，最终形成如下检索式：("soil*") and ("soil structure" or "aggregate stability" or "surface charge" or "quantum calculation" or "nitrogen biogeochemi*" or "nitrogen fix*" or "denitrify*" or "phytoremediation" or "*rhizosphere" or "microbial mechanism*")。

近 30 年来，以“soil”为关键词，在 Web of Science 数据库共检索到国际英文文献 455 033 篇；以上述土壤宏观过程的英文检索式共检索到 29 511 篇，平均占比为 6.5%，表明该领域在土壤学研究中具有相当的地位。通过对 30 年间该态势发文量的分析，可粗略看出土壤宏观过程研究在不同阶段的发展状况（图 2-4 中柱状图）。1986～1990 年，年发文量仅为 49～101 篇，处于初始阶段，该阶段国际整体发文量也较少；1991～2000 年，年发文量由 307 篇缓慢增长到 718 篇；2001 年以来，年发文量从 740 篇快速增长到 2 335 篇，增长近 2.2 倍。这种发文量快速增长的趋势与国际整体发文量大幅增长密切相关，它也体现了土壤宏观过程研究的重要性。为了便于比较不同时期土壤宏观过程研究的贡献，计算了不同年份该发展态势占土壤科学发文总量的比例（图 2-4 中折线图）。近 30 年来，该发展态势的占比整体呈现上升趋势，增长幅度十分明显，范围为 1.6%～8.5%，但不同阶段变化幅度略有差异：1986～1988 年处于最低占比阶段，发文量较少，土壤宏观过程研究的发文量占比较小；1989～1999 年为持续上升阶段，这一阶段的总发文量呈缓慢上升趋势，即增加的文章中关于土壤宏观过程的研究相对较多；2000 年以来为持续上升阶段，随着总发文量的持续快速增加，本研究领域的发文量也随之增多，二者增大的幅度几乎一致。这表明土壤宏观过程的研究在土壤科学研究中持续深化。

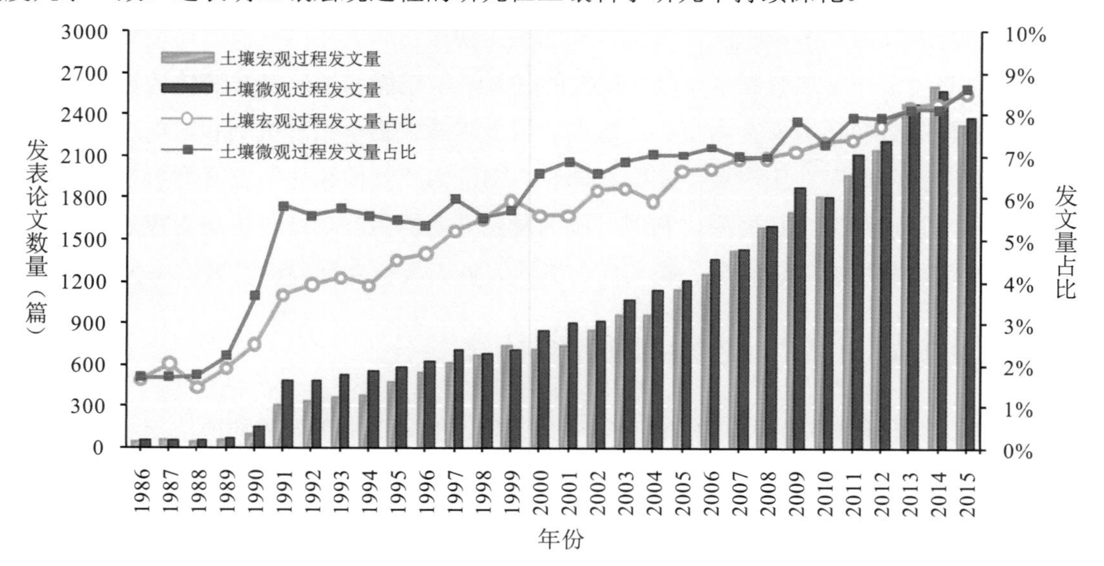

图 2-4　土壤宏观过程与微观机理研究的发文量及占土壤学发文总量的百分比

注：①论文数量指以检索式检索的篇数；②论文占比指以检索式检索的论文数占以“soil”为关键词检索的论文数量的比值。

以上述反映土壤微观机理的英文检索式共检索到 31 614 篇，平均占比为 6.9%，在 7 个方面的研究态势中位列第 3，仅低于土壤服务农业生产（23.2%）和土壤原位观测与野外定位试验（11.2%）的发展态势。在过去 30 年里，与宏观过程研究类似，1986～1990 年，年发文量很少，该阶段国际整体发文量也较少；1990 年后，年发文量呈现飞跃式的增加，1991～2000 年，年发文量由 483 篇逐步增长到 846 篇，该阶段年均发文量是 1986～1990 年的 8.2 倍；2001 年以来，年发文量呈现了更为快速的上升趋势，由 2001 年的 909 篇增加到 2015 年的 2 374 篇，年均增长量为 127 篇，2014 年发文量更是达到了 2 564 篇的高点。这种发文量快速增加的趋势一方面与国际整体发文量大幅增长密切相关，另一方面更体现了土壤微观机理研究正日益受到关注。从微观机理发展态势占土壤科学发文总量的比例可看出，近 30 年来，该发展态势的占比与年发文量呈现相似的趋势，1986～1990 年占比较低，在 1.7%～3.6%波动， 1990 年后呈现了阶梯式的快速增长，之后一直保持比较稳定的增长速度，至 2015 年，该发展态势的占比达到了 8.6%。该发展态势占比的不断升高显示了微观机理研究越来越受到人们的关注，正逐步成为土壤科学研究的重点。

表 2-4a 是以 5 年为间隔的土壤宏观过程研究不同时段 TOP20 高频关键词，反映了研究热点的变化。不同时段均关注的关键词除土壤（soil）之外，有土壤侵蚀（soil erosion）、侵蚀（erosion）、模型（model）、水（water）和氮（nitrogen），表明借助于模型模拟工具，对土壤水氮运移和土壤侵蚀进行刻画，从而进行合理的水氮管理、防治水土流失，一直是土壤宏观过程研究的主要关注对象。但在不同阶段，新出现的高频关键词略有不同：①1986～1990 年，出现了蒸散

（evapotranspiration）、蒸发（evaporation）、流量（flow）、地下水（groundwater）、土壤湿度（soil-moisture）、水分平衡（water balance）、沉积物（sediment）等关键词，表明此阶段关注更多的是水分平衡和垂直迁移；②1991～1995 年，出现了地表径流（runoff）、降水（rainfall）、下渗（infiltration）、空间分布（spatial-distribution）、转移（transport）、管理（management）、植被（vegetation）、模拟（simulation）和系统（systems），表明此阶段开始关注水分的横向迁移、空间分布特征及模型模拟，同时开始关注植被因子与侵蚀过程关系的研究，并开始注重研究对象的系统性；③1996～2000 年，土壤水分运移、平衡及空间分布是继上一阶段以来持续关注的方面，新出现了森林（forest）、耕作（tillage）、动态（dynamics）等关键词，反映出此阶段在关注土壤侵蚀过程动态变化的同时，开始研究森林生态系统以及耕作管理方式对土壤侵蚀的影响；④2001～2005 年，新出现了土地利用方式（land-use）、土地利用方式转变（land-use change）、变异性（variability）、气候变化（climate-change）等关键词，表明土壤科学研究开始关注全球气候变化和土地利用方式改变对气候变化与土壤侵蚀的影响；⑤2006～2010 年，加强了土地利用方式改变对土壤侵蚀和全球气候变化的影响研究，新出现了流域（catchment）、影响（impact）和有机质（organic-matter），表明此阶段研究对象尺度以流域和生态系统为主，同时关注大尺度的水土流失与碳氮收支以及各种因素对土壤碳库的影响；⑥2011～2015 年，新出现高频关键词中国（China），表明近 5 年来中国在气候变化、土地利用方式转变、农业管理方式及流域管理、土壤侵蚀等宏观过程研究的力量增强，产出大幅增加。由上可见，土壤宏观过程的研究由早期的土壤侵蚀和水文过程为主体，过渡到过程的空间分布及模型模拟研究，逐渐发展到更加关注气候变化、土地利用方式转变、流域氮素管理等人类社会面临的新型环境问题。

水土流失是土壤宏观过程研究的重要主题。近 30 年土壤宏观过程研究中出现的排名 TOP20 的关键词中，与水土流失密切相关的有土壤侵蚀（soil erosion）、地表径流（runoff）、侵蚀（erosion）、水（water）、水平衡（water balance）、土壤湿度（soil moisture）、沉积物（sediment）等。由于土壤侵蚀是土地退化和水土流失的主要方面，加强对土壤侵蚀过程及调控机制的研究无疑是保护土壤资源的重要举措。过去 30 年，与水相关的关键词频次和时序占比都占据着重要地位，说明水文过程不仅作为土壤侵蚀的关键影响因素，同时与水分运移相关的溶质运移也一直是土壤学研究工作者重点关注的对象。由于土壤侵蚀、水涝、土壤板结、地表硬化及土壤盐渍化等是当前威胁世界土壤资源的主要因素，迫切需要加强对土壤侵蚀和水文过程的发生过程与机理、土壤水土流失治理与调控技术等方面的深入研究。

模型模拟是土壤宏观过程研究的重要手段。关键词频次时序排名 TOP20 中有模型（model）、空间分布（spatial-distribution）、动力学（dynamics）、系统（systems）和变异性（variability）等词，说明土壤宏观过程的动态变化、时空分布、变异性及系统性研究一直是土壤科学工作者的重点关注对象，其中模型模拟在研究中起到了关键作用。基于对土壤侵蚀、水分和溶质运移

表 2-4a 土壤宏观过程研究不同时段 TOP20 高频关键词

时段	1986～1990 年			1991～1995 年			1996～2000 年			2001～2005 年			2006～2010 年			2011～2015 年		
发文量（篇）	319			1 885			3 299			4 670			7 800			11 538		
序号	关键词	频次	%	关键词	频次	%	关键词	频次	%	关键词	频次	%	关键词	频次	%	关键词	频次	%
1	**soil**	6	1.88	**soil**	178	9.44	**soil**	421	12.76	**soil erosion**	637	13.64	**soil erosion**	1 132	14.51	**soil erosion**	1 697	14.71
2	**soil erosion**	5	1.57	**soil erosion**	144	7.64	**soil erosion**	398	12.06	**model**	536	11.48	**soil**	949	12.17	**soil**	1 300	11.27
3	**erosion**	5	1.57	**model**	116	6.15	**model**	310	9.40	**soil**	520	11.13	**model**	816	10.46	land-use change	1 256	10.89
4	**model**	4	1.25	**erosion**	114	6.05	runoff	212	6.43	**erosion**	358	7.67	land-use change	690	8.85	**model**	1 130	9.79
5	water balance	3	0.94	runoff	83	4.40	**erosion**	194	5.88	runoff	352	7.54	runoff	609	7.81	climate-change	980	8.49
6	evapotranspiration	3	0.94	water balance	65	3.45	water balance	181	5.49	land-use change	284	6.08	**erosion**	552	7.08	management	860	7.45
7	evaporation	3	0.94	systems	62	3.29	vegetation	139	4.21	vegetation	272	5.82	management	529	6.78	runoff	856	7.42
8	**water**	2	0.63	rainfall	59	3.13	**water**	139	4.21	water balance	269	5.76	land-use	470	6.03	land-use	828	7.18
9	yield	2	0.63	growth	58	3.08	**nitrogen**	135	4.09	**nitrogen**	259	5.55	vegetation	466	5.97	spatial-distribution	814	7.05
10	soil-moisture	2	0.63	**water**	57	3.02	forest	122	3.70	**water**	219	4.69	dynamics	407	5.22	**erosion**	715	6.20
11	**nitrogen**	2	0.63	yield	56	2.97	spatial-distribution	115	3.49	management	216	4.63	**water**	402	5.15	impact	679	5.88
12	carbon	2	0.63	vegetation	52	2.76	simulation	110	3.33	forest	205	4.39	systems	382	4.90	China	676	5.86
13	sediment	2	0.63	**nitrogen**	51	2.71	infiltration	106	3.21	variability	197	4.22	forest	375	4.81	vegetation	660	5.72
14	flow	2	0.63	infiltration	47	2.49	sediment	104	3.15	land-use	192	4.11	climate-change	375	4.81	catchment	610	5.29
15	deposition	2	0.63	sediment	43	2.28	growth	98	2.97	dynamics	191	4.09	spatial-distribution	375	4.81	dynamics	589	5.10
16	groundwater	2	0.63	simulation	41	2.18	evapotranspiration	95	2.88	soil-moisture	184	3.94	**nitrogen**	375	4.81	**water**	587	5.09
17	moisture	2	0.63	spatial-distribution	39	2.07	rainfall	93	2.82	systems	180	3.85	water balance	368	4.72	variability	571	4.95
18	surface	2	0.63	management	38	2.02	systems	92	2.79	sediment	179	3.83	catchment	341	4.37	sediment	537	4.65
19	site	2	0.63	evapotranspiration	38	2.02	tillage	90	2.73	spatial-distribution	168	3.60	impact	340	4.36	systems	529	4.58
20	microorganisms	2	0.63	transport	37	1.96	dynamics	89	2.70	climate-change	165	3.53	organic-matter	339	4.35	**nitrogen**	522	4.52

注：表中加粗的关键词表示在所有时段都有出现。

等宏观过程发生发展机制与影响因素的理解，设计与开发的土壤侵蚀和水文过程模型，提升了对水土流失的时空动态进行模拟及趋势预测能力。

应对全球气候与环境变化是未来宏观土壤过程研究服务于社会的重要方面。关键词频次时序排名 TOP20 的土地利用方式转变（land-use change）、气候变化（climate change）、土地利用（land use）、有机质（organic matter）、气候（climate）都与全球气候变化密切相关。自 2001 年来高频关键词气候变化（climate change）和土地利用方式变化（land-use change）占比时序的显著增加，充分说明影响全球气候变化的土壤宏观过程日益成为研究重点。近十多年里，流域（catchment）、管理（management）、氮（nitrogen）一直是高频关键词，反映出流域氮素管理在应对土壤酸化、水体富营养化、空气污染等系列环境问题中的重要地位及作用。此外，值得注意的是，近 5 年关键词中国（China）的高频出现，说明中国土壤科学工作者在应对气候与环境变化方面的研究增多，贡献日益突出。

作为土壤宏观过程研究的重要主题，水、土、氮素的流失对土壤资源和生态环境的负面影响将是制约社会、经济与环境协调发展的关键因素。开展和持续深化以土壤侵蚀及水文过程为主的土壤宏观过程机制研究，注重不同尺度氮素的管理，进一步提高全球或区域性气候变化背景下模型的预测能力是防治水土流失、提高资源利用效率的有效途径。因此，作为土壤科学研究的主要命题之一，未来需进一步加强土壤宏观过程、人类活动与气候变化相互关系的研究，以保证和改善土壤质量为目标，获得可持续的土壤管理方式，为应对粮食安全和全球变化的挑战提供保障。

表 2-4b 是土壤微观机理研究方面以 5 年为间隔的各时段 TOP20 高频关键词。不同时段均关注的关键词除土壤（soil）之外，还有固氮（nitrogen-fixation）、植物（plants）、生长（growth）、有机质（organic matter）、氮（nitrogen）、根际（rhizosphere）和细菌（bacteria），显示了氮素转化过程在微观机理研究中的重要地位，同时植物根际是研究重点关注的区域，而且养分—植物—微生物之间的关系也是微观机理研究的主要内容。但在不同阶段，新出现的高频关键词略有不同：①1986～1990 年，出现了土壤有机质（organic matter）、碳（carbon）、磷（phosphorus）、生物量（biomass）等关键词，表明此阶段是以土壤肥力相关研究为主，注重土壤肥力因素的变化过程；②1991～1995 年，出现了根（roots）、根瘤菌（rhizobium）、豆科植物（legumes）、接种（inoculation）等关键词，表明此阶段关注于生物固氮的研究，试图揭示固氮微生物与植物相互作用的机理，并开始通过人工干扰来提高土壤系统的生物固氮能力；③1996～2000 年，新出现了植物修复（phytoremediation）、土壤—结构相互作用（soil-structure interaction）、团聚体稳定性（aggregate stability）等关键词，反映出此阶段土壤污染修复开始受到关注，对于土壤结构的研究也更加深入，土壤微结构研究逐渐受到重视；④2001～2005 年，在植物修复（phytoremediation）进一步受到关注的同时，新出现了重金属（heavy metal）、多样性（diversity）、污染土壤（contaminated soils）、锌（zinc）等关键词，表明土壤污染问题，尤其是重金属污染问题正日益受到关注，同时对于土壤生物多样性和生态问题的研究逐步开展；⑤2006～2010 年，

表 2-4b　土壤微观机理研究不同时段 TOP20 高频关键词

时段	1986～1990 年			1991～1995 年			1996～2000 年			2001～2005 年			2006～2010 年			2011～2015 年		
发文量（篇）	272			2 622			3 571			5 240			8 076			11 727		
序号	关键词	频次	%	关键词	频次	%	关键词	频次	%	关键词	频次	%	关键词	频次	%	关键词	频次	%
1	**soil**	12	4.41	**soil**	542	20.67	**soil**	785	21.98	**rhizosphere**	1 133	21.62	**rhizosphere**	1 613	19.97	**soil**	2 338	19.94
2	**nitrogen-fixation**	11	4.04	**rhizosphere**	439	16.74	**rhizosphere**	723	20.25	**soil**	1 074	20.50	**soil**	1 593	19.73	**rhizosphere**	2 309	19.69
3	**plants**	10	3.68	**nitrogen-fixation**	324	12.36	**nitrogen-fixation**	365	10.22	**plants**	653	12.46	phytoremediation	1 232	15.26	phytoremediation	1 786	15.23
4	**growth**	10	3.68	**growth**	230	8.77	**plants**	329	9.21	phytoremediation	644	12.29	**plants**	970	12.01	**plants**	1 518	12.94
5	**nitrogen**	10	3.68	**plants**	198	7.55	**growth**	326	9.13	**nitrogen-fixation**	431	8.23	heavy metal	738	9.14	heavy metal	1 135	9.68
6	**rhizosphere**	9	3.31	**bacteria**	183	6.98	**bacteria**	257	7.20	**growth**	391	7.46	**growth**	626	7.75	diversity	972	8.29
7	wheat	8	2.94	roots	167	6.37	roots	249	6.97	roots	357	6.81	**nitrogen-fixation**	569	7.05	**growth**	965	8.23
8	microorganisms	7	2.57	nodulation	153	5.84	**nitrogen**	198	5.54	heavy metal	316	6.03	contaminated soils	545	6.75	contaminated soils	817	6.97
9	**bacteria**	6	2.21	**nitrogen**	144	5.49	wheat	160	4.48	**bacteria**	307	5.86	**organic matter**	532	6.59	**nitrogen-fixation**	789	6.73
10	soil structure	6	2.21	wheat	129	4.92	biological control	156	4.37	**organic matter**	288	5.50	diversity	528	6.54	**bacteria**	768	6.55
11	biological control	5	1.84	N_2 fixation	112	4.27	soil structure	137	3.84	**nitrogen**	275	5.25	roots	493	6.10	accumulation	764	6.51
12	nodulation	5	1.84	biological control	97	3.70	carbon	136	3.81	diversity	241	4.60	accumulation	479	5.93	**organic matter**	738	6.29
13	**organic matter**	4	1.47	rhizobium	92	3.51	nodulation	136	3.81	contaminated soils	237	4.52	**bacteria**	456	5.65	cadmium	609	5.19
14	carbon	3	1.10	**organic matter**	89	3.39	**organic matter**	135	3.78	carbon	235	4.48	cadmium	417	5.16	roots	597	5.09
15	phosphorus	3	1.10	strains	87	3.32	populations	131	3.67	aggregate stability	226	4.31	aggregate stability	397	4.92	SSI	593	5.06
16	water	3	1.10	legumes	87	3.32	microorganisms	130	3.64	accumulation	225	4.29	**nitrogen**	380	4.71	MC	579	4.94
17	microbial biomass	3	1.10	inoculation	86	3.28	phytoremediation	129	3.61	zinc	201	3.84	phytoextraction	377	4.67	**nitrogen**	560	4.78
18	strains	3	1.10	microorganisms	85	3.24	SSI	126	3.53	phosphorus	195	3.72	carbon	338	4.19	aggregate stability	556	4.74
19	biomass	3	1.10	soil structure	81	3.09	denitrification	121	3.39	microorganisms	195	3.72	phosphorus	321	3.97	plant growth	525	4.48
20	biocontrol	3	1.10	water	79	3.01	aggregate stability	117	3.28	biological control	193	3.68	management	317	3.93	phytoextraction	521	4.44

注：表中加粗的关键词表示在所有时段都有出现。“soil-structure interaction”缩写为“SSI”，“microbial communities”缩写为“MC”。

土壤污染问题依然是此阶段关注的重要问题，但新出现了镉（cadmium）、植物提取（phytoextraction）和管理（management）等关键词，表明此阶段土壤污染修复的研究开始由机理研究向应用研究发展；⑥2011～2015 年，土壤污染研究的关注程度进一步提高，同时新出现了高频词微生物群落（microbial communities），表明近 5 年对于土壤污染的研究持续深入，同时土壤微生物在污染物修复中的作用受到更多的关注。由上可见，土壤氮素的转化始终贯穿于土壤微观机理研究，表明氮素在农业生产中的重要作用。但是微观机理研究由开始的关注土壤肥力和营养，逐渐发展到对于土壤健康和生态的研究，显示出土壤微观机理研究由单一研究向系统和整体研究的发展趋势。

氮素转化过程是土壤微观机理研究始终关注的重要问题。近 30 年土壤微观机理研究中出现的排名 TOP20 的关键词中，与土壤氮素转化密切相关的有固氮（nitrogen-fixation）、氮（nitrogen）、氮固定（N_2 fixation）、反硝化作用（denitrification）和根瘤菌（rhizobium）。氮素不仅是农业生产中重要的营养元素，而且一些氮素形态（如 NH_3、NO 等）也是重要的环境污染物，所以氮素在土壤中的迁移和转化一直是土壤微观机理研究的重要方面。明确氮素在土壤中的迁移转化规律及其影响因素，对于提高氮素利用率、减少环境污染都有重要的意义。

植物根际是土壤微观机理研究的重要区域。根际（rhizosphere）在关键词频次时序排名始终靠前，自 1991 年起更是一直排在前两位，同时与植物根际相关的根（roots）的排名也比较靠前，显示了植物根际一直是土壤微观机理研究的热点。根际是受植物根系活动影响的根表土壤微区，根际土壤受到植物根系的强烈影响，其物理结构、化学组成和生物特性等都与原土体显著不同。因此，探索植物根际营养元素的转运、转化以及植物—微生物相互作用的机理，可以为改善植物对营养元素的吸收、利用，提高植物的抗病和抗逆能力提供重要的理论依据。

土壤健康和土壤微生态是土壤微观机理研究未来的重要方向。2000 年之后，与土壤健康相关的关键词植物修复（phytoremediation）开始出现在关键词频次时序排名的 TOP20，而后又出现了重金属（heavy metal）、污染土壤（contaminated soils）、锌（zinc）、镉（cadmium）和植物提取（phytoextraction）与土壤健康密切相关的关键词，并且排名不断上升。表明进入 21 世纪以来，土壤污染问题（尤其是重金属污染）日益受到关注，揭示污染物在土壤中的变化、迁移规律，进一步探索土壤污染治理方法成为研究的热点问题。与此同时，与土壤生态相关的关键词多样性（diversity）开始出现在词频时序排名 TOP20 的关键词中，并且排名不断提高， 2010 年后又出现了关键词微生物群落（microbial communities），加之关键词细菌（bacteria）的持续出现，说明生态学的观念逐步被引入到土壤学的研究中，土壤微生物群落与多样性日益受到关注。以上说明土壤微观机理的研究正逐步由土壤肥力要素研究向土壤健康研究转变，同时，由单一的、独立的土壤要素向整体的、系统的研究发展，土壤逐渐被看作一个有机的整体。

土壤微观机理研究是明确土壤营养元素迁移、转化的重要手段，不但关系到土壤的肥力和健康，同时与生态环境保护息息相关。随着社会和土壤科学的不断发展，土壤微观机理研究在保持以氮素转化和根际研究为核心的同时，研究重点逐步由土壤肥力向土壤健康和土壤生态转变。土壤中除植物外的其他生物要素如微生物逐渐受到重视，未来对于土壤微观机理的研究将会融合生态学观点，以系统、整体的观点对土壤物理化学要素和生物要素间的关系进行深入研究，最终为发展可持续的、环境友好的生态高值农业提供支撑。

2.1.5　土壤多学科、交叉学科创新研究不断涌现

土壤是地球演化的产物，人类赖以生存生活的载体，是岩石母质、微域地形、区域气候、时间过程和各种生物共同作用下形成的复杂历史自然体。土壤的这一本质特性，决定了**土壤学是服务于人类社会发展的应用基础学科，多学科交叉是土壤学最重要的特征**。18世纪工业革命以来，人类活动对土壤干扰日益加剧，农业生产、环境污染、全球变化和生态环境可持续发展成为当前国际社会亟须应对的重大共性问题，得到了世界各国政府的持续关注，**社会与公众需求已经成为现代土壤科学发展的重要推动力**。近30年来，计算科学、信息科学、生命科学、物理、化学和地球科学等基础学科的先进技术快速发展，多学科的理论突破为现代土壤学研究提供了新思维，形成了以物质形态、化学属性和生物功能为中心的独特理论与研究方法，催生了一系列的土壤交叉学科，极大地提升了土壤学的认知水平和社会服务能力。随着人类社会和学术界对土壤学整体认识水平的不断提升，多学科交叉研究不仅为土壤学带来了新的机遇，也为应对国家重大需求提供了重要的理论和技术支撑。

为了从定量的角度探讨30年来土壤交叉学科的研究发展特点，我们选取了能够代表土壤交叉学科的主要关键词组合，形成英文检索式，运用Web of Science数据库，对1986～2015年的英文文献进行检索，力图解析30年来土壤多学科、交叉学科创新研究不断涌现（以下简称“土壤交叉学科”）的发展态势。在确定检索式的过程中主要考虑以下因素：**土壤学内部分支学科如土壤地理、土壤化学、土壤物理与土壤生物学之间的融合与交叉；土壤学与其他基础学科如分子生物学、化学、物理学、数学等的相互渗透**。我们**以土壤学各分支学科为核心，突出各分支学科独特的先进技术手段等相关关键词**作为检索式的基础，最终形成如下检索式：("soil*") and (("functional genomics" or "T-RFLP" or "metagenomics" or "metatranscriptomics" or "pyrosequencing" or "high-throughput sequencing" or "NanoSIMS" or "stable isotope probing" or "microbial biogeography") or ("soil molecular ecology" or "functional gene*" or "soil 41etagenomics*") or ("soil sensing" or "remote sensing" or "GIS" or "digital elevation model") or ("biophysics" or "hydropedology" or "isotope hydrology" or "XTM") or ("molecular mechanism" or "metal speciation" or "XAS" or "synchrotron" or "quantum calculation") or ("in-situ remediation" or "ex-situ remediation"))。

近30年来，以“soil”为关键词，在Web of Science数据库中共检索到国际英文文献455 033篇；采用上述土壤交叉学科的英文检索式则检索获得16 555篇，平均占比为3.6%。通过对30年间该态势发文量的分析，可粗略看出土壤交叉学科研究在不同阶段的发展状况（图2-5中柱状图）。1986～1990年，年发文量不到20篇，处于初级发展阶段，同时该阶段的国际整体发文量偏低；1991～2000年，年发文量由78篇缓慢增长至297篇；2001年以来，年发文量从331

篇快速增长到 1 809 篇，增长近 4.5 倍。这种发文量的快速增加，不仅反映了土壤学研究得到学术界的广泛关注，整体发文量大幅增长，更体现了交叉学科在土壤基础科学和应用基础研究方面的重要性。为了便于比较不同时期交叉学科研究的贡献，计算了不同年份土壤交叉学科发展态势占土壤学发文总量的比例（图 2-5 中折线图）。近 30 年来，尽管土壤交叉学科发展态势在整个土壤学科的比例较低，但是每年的发文量持续增加，特别是近 10 年，发文量的增速迅速增加，年均增加速率名列前茅，在 7 个发展态势中仅略低于土壤学与全球变化。上述趋势**预示着交叉学科的关注度直线上升，极大地推动了我们对土壤学内部过程和功能表征的深入认识，其持续增加的趋势将可能进一步提升土壤学的研究水平，为应对土壤学发展不同阶段的社会和经济热点问题提供强有力的支撑**。

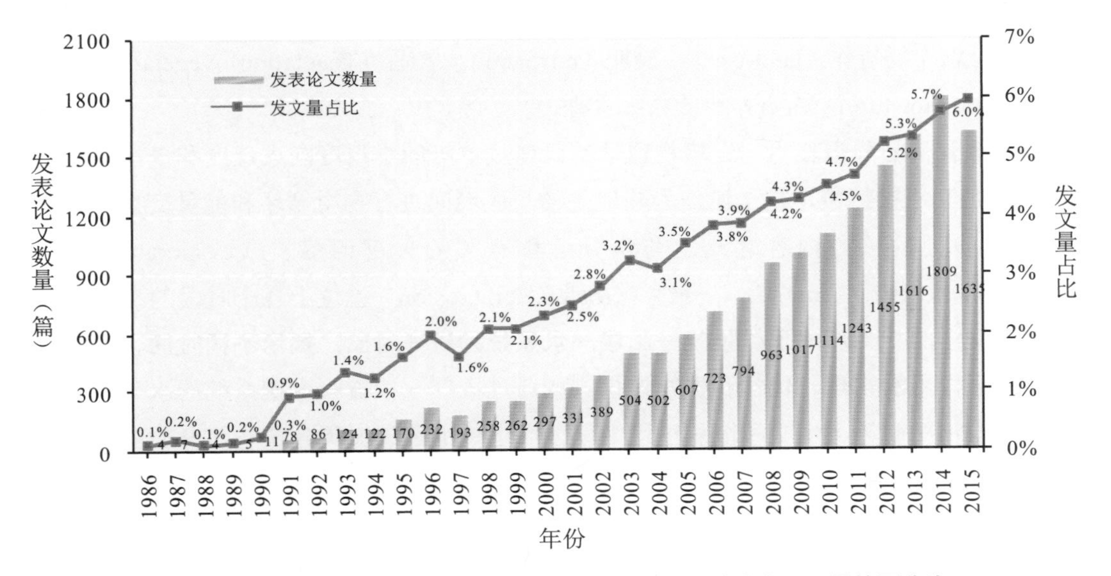

图 2-5 土壤多学科、交叉学科研究的发文量及占土壤学发文总量的百分比

注：①论文数量指以检索式检索的篇数；②论文占比指以检索式检索的论文数占以“soil”为关键词检索的论文数量的比值。

表 2-5 是以 5 年为间隔的各时段 TOP20 高频关键词，反映了其研究热点。不同时段均关注的关键词有地理信息系统（GIS）、遥感（remote sensing）、土壤水分（soil-moisture）、植被（vegetation）、水（water）。**遥感技术、GIS 技术以及新近迅猛发展的 GPS 技术（该关键词处于 TOP20 外），这些关键词表明自土壤学诞生之初，以土壤资源研究为核心的地理学始终是土壤学关注的应用基础问题。遥感、全球定位系统、地理信息系统等先进技术的突破，为土壤地理科学的发展提供了新的技术手段，注入了新的活力。土壤遥感与信息学已经成为土壤学的重要分支学科，土壤学在研究范围、内容、性质和方法学等方面有了新的飞跃**。与传统的土壤化学、土壤物理学相比，土壤遥感与信息学科在研究土壤对象时，更加关注空间位置和地理背景对土壤发生发育、土壤性状、土壤质量和过程变化的重要性。地理信息系统（GIS）、遥感（remote sensing）常与模型（model）、反射（reflectance）、发射（emission）、光谱（spectral）等关键

词结合在一起，这些关键词与土壤遥感信息学的研究手段及特点密切相关，这些关键词在后几个时段不断涌现。近年来，土壤遥感与信息得到广泛的应用，利用遥感光谱开展土壤资源环境的调查与检测、分析森林（forest）的植被覆盖度（vegetation，vegetation index）等，研究了土壤侵蚀（soil erosion）的动态变化（dynamics）、流域径流（runoff）和泥沙土壤动态变化的计算机模拟（simulation），应用高光谱进行土壤及作物中重金属（heavy metal）污染物的调查。土壤的光谱特征是由土壤本身的性质决定的，利用土壤光谱（spectral）反射（reflectance）特性实现对土壤性质如有机质含量、土壤含水量（soil moisture）、土壤质地、土壤结构等的快速监测；同时，这些新技术的发展极大地拓展了土壤学服务农业生产的科学内涵，产生了精准农业研究领域。精准农业就是将土壤遥感与信息学、生态学、土壤肥力、作物模拟模型（model）等基础学科有机结合起来，实现农业生产的全过程对农作物、土壤和水分从宏观到微观的实时监测，以实现对农作物耕作（land-use）、施肥（nitrogen）、植保（vegetation，vegetation index）、水分管理（soil moisture，water）等的精细管理。

关键词组合特征分析表明，土壤物理学的研究从单一的小尺度向大尺度和多尺度演变，而水（water）是其连接纽带，是土壤作为陆地生物与环境间进行物质循环和能量交换的载体，并成为土壤学研究的核心内容之一。与水分运移有关的关键词蒸发（evaporation）、蒸腾（transpiration）、径流（runoff）、侵蚀（erosion, soil erosion）也位于各个时段的TOP20，表明**土壤学与水文学的交叉形成了以景观—土壤—水系统为研究对象，揭示不同时间、空间尺度的土壤与水相互作用的物理、化学和生物过程**。如通过大气—植被—土壤系统的水分输移过程及其能量交换与物质循环、水文和地貌过程中侵蚀搬运使土壤碳氮磷含量与组分的变化，以及对全球生源要素循环影响，乃至全球气候变化驱动机制。其特色表现在学科交叉和尺度间数据的有效联结，实现土壤孔隙—土体—流域—区域甚至全球范围内的空间尺度相互交换。

不同时段关键词组合分析表明，传统的土壤化学学科关注点具有鲜明的时代特征，并反映了当时的社会需求热点。在1986～1990年这一阶段，关键词如温度（temperature）、水分（moisture）、耕作保护（tilth conservation）和光合作用（photosynthesis）等频次较高，表明传统的农业化学研究仍是这一时期的主要内容，在一定程度上反映了土壤学作为农业生产和生态系统初级生产力的重要承载体，得到了学术界和国际社会的广泛关注。1991～1995年，土壤环境及界面化学过程则成为新的交叉学科热点，出现了重金属（heavy metal）关键词，并且随着时间的推移，在1996～2000年、2001～2005年、2006～2010年以及2011～2015年不同时段，重金属（heavy metal）出现的频次也越来越高，表明人们对土壤污染与健康的关注度越来越高；同时也出现了大量与农业面源污染相关的关键词，如径流（runoff）等。先进谱学技术显著推动了土壤化学交叉学科的发展，与关键词模型（model）、动力学（dynamics）、模拟（simulation）等的出现较为一致。特别是近20年，傅里叶红外光谱（FTIR）、X射线光电子能谱（XPS）、原子力显微镜（AFM）以及基于同步辐射的X射线吸收光谱、量子化学计算等被广泛应用于土壤学和土壤化学的分支学科，使得环境土壤学可以在分子水平上探讨污染物的土壤界面过程及其作用机制。此外，地理学的先进手段如遥感技术也被应用于污染土壤化学研究，特别利用一些高分辨率的遥感（remote sensing）光谱技术，从宏观的角度研究污染物的地球化学过程。土壤化学的众多交叉学科中环境土壤学得到了特别的重视，**环境土壤学是土壤学、环境科学、生态学、生物地球化学、化学、生物学多学科的交叉学科，从环境科学和土壤圈物质循环的角度与观点出发，着眼于土壤质量的保护、利用和改善，研究土壤和环境的协调关系、土壤的可持续利用**，分析技术的提高推动了环境土壤学的快速发展。

进一步的关键词组合特征分析表明，土壤生物学成为新兴前沿热点。生态学、地理学和生物学等学科与土壤学交叉研究的增加趋势明显，分支学科不断涌现，如土壤组学、分子土壤生态学、土壤宏基因组学、土壤转录组学、土壤生物地理学等。在 1986～1990 年时段，土壤交叉学科的整体词频较低，几乎未能检测到土壤生物相关的关键词。在 1991～1995 年时段，土壤生物的关键词频次偏低且大多零星分布，如生物群落（microbial communities）、细菌（bacteria）、植物（plant）、根际（rhizosphere）、种群（population）、产量（yield）、生态（ecology）、农业（agriculture）等（上述关键词频次在 TOP20 外），这一时期的土壤生物学研究仍然沿袭了传统生态学的内容，更多侧重于农业生产及保护性耕作带来的土壤生态环境效应，这一趋势在 1996～2000 年阶段得到进一步发展。然而，在 2001～2005 年时段，土壤生物学爆发性增长成为研究热点，16S-rRNA 基因作为地球生物分类的关键标靶，为土壤微生物分类提供了一种事实上可操作的技术手段，解决了微生物难以观察和获取的难题，同时导致这一时期的微生物多样性研究明显增加。这一发展态势在 2006～2010 年时段表现得更加突出。与上一阶段相比，2006～2010 年，多样性（diversity）词频最高增幅近 2.4 倍，达到 262 次，排名第 6 位。此外，各种分子标靶技术相关的关键词不断涌现，如末端限制性片段长度多样性（T-RFLP），与前几个时段相比，关键词微生物群落（microbial communities）大幅增加。2007 年出现了高通量测序技术并被引入土壤生物学研究，关键词焦磷酸测序（pyrosequencing）成为 2011～2015 年时段土壤生物学研究的重要驱动力，成为土壤学与信息科学、生物学、化学、物理学和生态学等学科交叉的核心纽带。**近 10 年来，信息科学、系统科学、计算机科学、现代分子生物学技术多学科和交叉学科的先进技术及研究理论在土壤生物学中得到广泛应用，从广度和深度等方面极大地推动了土壤生物学的研究**，在污染土壤（contaminated soil）的生物修复、土壤质量的生物学指标建立、土地利用（land-use）与温室气体排放、主要生物化学过程与土壤养分释放等方面均取得了重要进展，促进了土壤科学的发展。

多学科交叉不仅推动了传统的土壤地理、物理、化学和生物学研究，更赋予了土壤学研究鲜明的时代特征。以气候变化（climate-change）为例，自 1996～2000 年时段起，特别是 2011～2015 年时段，气候变化（climate-change）也成为热点和高频关键词，表明近年来随着全球气候变暖，海平面上升，**全球土壤变化是土壤学研究的战略重点。全球土壤变化是指在自然与人为条件下，土壤圈及其在地球系统各圈层中物质的迁移与转化规律**。应对气候变化的挑战，催生了土壤碳循环与固碳研究在全球的兴起。

国际土壤学研究已在基础理论创新上有所突破，新技术、新方法的应用成为土壤学发展的重要手段，土壤学的交叉学科不断涌现，如：土壤遥感与信息学、土壤发生学、水文土壤学、环境土壤学、工程土壤学、分子环境土壤化学、环境土壤化学、污染生态学、土壤污染化学、

表 2-5 土壤多学科、交叉学科研究不同时段 TOP20 高频关键词

时段	1986～1990 年			1991～1995 年			1996～2000 年			2001～2005 年			2006～2010 年			2011～2015 年		
发文量（篇）	20			580			1 242			2 333			4 611			7 758		
序号	关键词	频次	%	关键词	频次	%	关键词	频次	%	关键词	频次	%	关键词	频次	%	关键词	频次	%
1	**GIS**	3	1.5	**GIS**	70	12.07	**GIS**	260	20.93	**GIS**	509	21.82	**GIS**	858	18.61	**GIS**	1 179	15.20
2	**remote sensing**	2	1.0	model	49	8.45	**remote sensing**	162	13.04	**remote sensing**	344	14.74	**remote sensing**	643	13.94	**remote sensing**	903	11.64
3	**soil-moisture**	1	5	**remote sensing**	47	8.10	model	149	12.00	model	317	13.59	model	482	10.45	diversity	792	10.21
4	**vegetation**	1	5	evapotranspiration	31	5.34	**vegetation**	91	7.33	**vegetation**	151	6.47	**vegetation**	305	6.61	model	713	9.19
5	vegetation index	1	5	**water**	27	4.66	**soil-moisture**	75	6.04	**soil-moisture**	147	6.30	**soil-moisture**	266	5.77	**soil-moisture**	494	6.37
6	temperature	1	5	**vegetation**	26	4.48	classification	44	3.54	**water**	87	3.73	diversity	262	5.68	microbial communities	482	6.21
7	dynamics	1	5	**soil-moisture**	24	4.14	**water**	38	3.06	16S- rRNA	82	3.51	heavy metal	198	4.29	**vegetation**	334	4.31
8	climate	1	5	reflectance	21	3.62	simulation	38	3.06	diversity	77	3.30	16S-rRNA	190	4.12	**water**	315	4.06
9	evaporation	1	5	radiation	16	2.76	sediments	37	2.98	reflectance	77	3.30	**water**	181	3.93	heavy metal	309	3.98
10	moisture	1	5	emission	15	2.59	surface	36	2.90	runoff	77	3.30	microbial communities	170	3.69	16S-rRNA	307	3.96
11	satellite data	1	5	surface	14	2.41	runoff	35	2.82	nitrogen	77	3.30	T-RFLP	157	3.40	climate-change	303	3.91
12	calibration	1	5	leaf-area index	13	2.24	erosion	34	2.74	heavy metal	75	3.21	soil erosion	153	3.32	land-use	298	3.84
13	conservation	1	5	heavy metal	12	2.07	prediction	33	2.66	erosion	75	3.21	vegetation index	142	3.08	bacterial communities	284	3.66
14	canopy reflectance	1	5	vegetation index	12	2.07	reflectance	33	2.66	forest	72	3.09	land-use	140	3.04	prediction	262	3.38
15	**water**	1	5	erosion	12	2.07	forest	31	2.50	simulation	72	3.09	contaminated soils	140	3.04	classification	241	3.11
16	photosynthesis	1	5	spectral reflectance	12	2.07	climate	31	2.50	prediction	71	3.04	prediction	137	2.97	dynamics	230	2.96
17	transformation	1	5	transpiration	12	2.07	evapotranspiration	30	2.42	vegetation index	69	2.96	forest	130	2.82	soil erosion	220	2.84
18	transpiration	1	5	classification	10	1.72	digital elevation model	29	2.33	classification	68	2.91	classification	127	2.75	pyrosequencing	204	2.63
19	microwave	1	5	simulation	10	1.72	vegetation index	28	2.05	soil erosion	67	2.87	dynamics	127	2.75	ecosystems	204	2.63
20	avhrr data	1	5	prediction	9	1.55	heavy metal	27	2.17	land-use	57	2.44	runoff	119	2.58	evapotranspiration	201	2.59

注：表中加粗的关键词表示在所有时段都有出现。

土壤修复、分子微生物学、微生物分子生态学、生物地理学等，**交叉学科的发展给现代土壤学发展带来了新的活力**。地球关键带是多学科交叉研究的战场，土壤过程与演变研究向地球关键带扩展，成为地球系统科学的一部分。关键带土壤学的研究将整合微生物学、水文学、生态学、环境科学、地球化学、地质学、地貌学和大气科学的知识与技术，考虑土壤过程、功能和服务，将土壤学研究与地球科学接轨，土壤学解决地球各圈层交互作用、农业与面源污染物、土壤与全球变化、跨界面和跨流域环境污染及控制等问题的能力将大大增强。

2.1.6　土壤原位观测与野外定位试验成为研究的重要手段

土壤学是认知自然和人为活动下土壤组成、性质、过程、功能及其发生发展规律的应用基础学科。土壤学研究最早是围绕其本质特征和属性展开的，研究者通过实验室仪器和模拟装置对土壤的物理、化学、生物学等性质进行定量、定性测定，或利用微宇宙及盆栽试验对土壤肥力和污染程度进行分析评价。土壤原位观测技术及野外定位试验给土壤学研究带来了新的视角，是推动土壤学科发展的关键驱动因素。同位素标记、同步辐射、遥感等测试技术的应用为原位条件下揭示土壤过程和功能提供了机遇；长期定位研究则为加深理解和预测人类活动对土壤生态系统的综合效应提供了基础。

为了从定量的角度探讨近 30 年来土壤原位观测和野外定位试验的发展趋势与特点，选取了能够代表该态势的部分关键词组合确定英文检索式，运用 Web of Science 数据库，对 1986～2015 年的英文文献进行检索。在确定检索式的过程中，主要考虑以下因素：**以长期试验田、场地修复和关键带等定位试验对象为核心，在土壤地理、土壤物理、土壤化学和土壤生物方面主要原位观测技术基础上，结合土壤在水土保持、土壤肥力和环境保护等方面的功能**。最终形成以下的检索式："soil*" and ("long-term ecological" or "long-term fertili*" or "long term field" or "field experiment" or "watershed*" or "site remediation" or "natural restoration" or "organic agriculture" or "monitored natural attenuation" or "in situ*" or "real time observation" or "eddy tower" or "FTIR" or "XPS" or "AFM" or "XAS" or "EXAFS" or "XANES" or "NMR" or "STM" or "XRF" or "synchrotron" or "pulselabel*" or "continuous label*" or "FISH" or "fluorescence in situ hybridization" or "Cs-137" or "Pb-210*" or "cesium-137" or "lead-210" or "gage station" or "hydro* station" or "lysimeter" or "isotopic label*" or "trace experiment" or "eddy covariance" "monitoring well" or "soil spectral reflect*" or "runoff field" or "ground penetrating radar" or "weighable lysimeter" or "time-domain reflectometry" or "TDR" or "frequency-domain reflectometry" or "critical zone observatory" or "CZO" or "real-time monitoring")。

近 30 年来，利用上述土壤原位观测与野外定位试验的英文检索式共检索到论文 50 933 篇，占以“soil”为关键词检索到的文献量（455 033 篇）的 11.2%，发文比例仅次于土壤学服务农业生产发展态势（占比为 23.3%），远高于其他 5 个发展态势（占比为 2.9%～6.5%），说明原位观测与野外长期定位试验已成为土壤学研究的重要手段。通过对该态势 30 年间发文量的分析，可大致看出土壤原位检测与野外长期定位试验研究在不同阶段的发展状况（图 2-6 中柱状图）。1986～1990 年，相关总发文量仅为 295 篇，线性增长到 2011～2015 年的 18 026 篇，增长近 60 倍。这种发文量快速增长的趋势除了与国际整体发文量大幅增长密切相关外，也体现了原位观测与野外定位试验已日益成为土壤学研究的重要手段。为了便于比较不同时期该态势研究的相对贡献，计算了不同年份原位与野外定位试验相关论文占土壤科学发文总量的比例（图 2-6 中折线图）。近 30 年来，该发展态势的占比变化幅度巨大，范围为 0.9%～13.1%，整体一直呈上升趋势，但不同阶段变化幅度呈现明显差异。1986～1990 年处于初始阶段，此阶段不仅相关发文量很少，原位观测与野外定位试验研究的发文比例也极低（0.9%～3.4%）。1991～2000 年，该态势的论文发文比例呈现快速发展，1991 年的发文占比急速上升至 7.9%，此后一直稳定增长到 2000 年的 11.4%。2000 年以来该态势呈现平稳发展趋势。由此可见，1990～2000 年是本研究领域发文量和发文比例均快速增长的阶段。此后，发文量一直稳定增长，但发文比例相对稳定在较高水平，这说明从 20 世纪 90 年代以来，原位观测与野外定位试验开始广泛应用于土壤学领域，目前已成为土壤过程与功能研究的关键和主要手段。

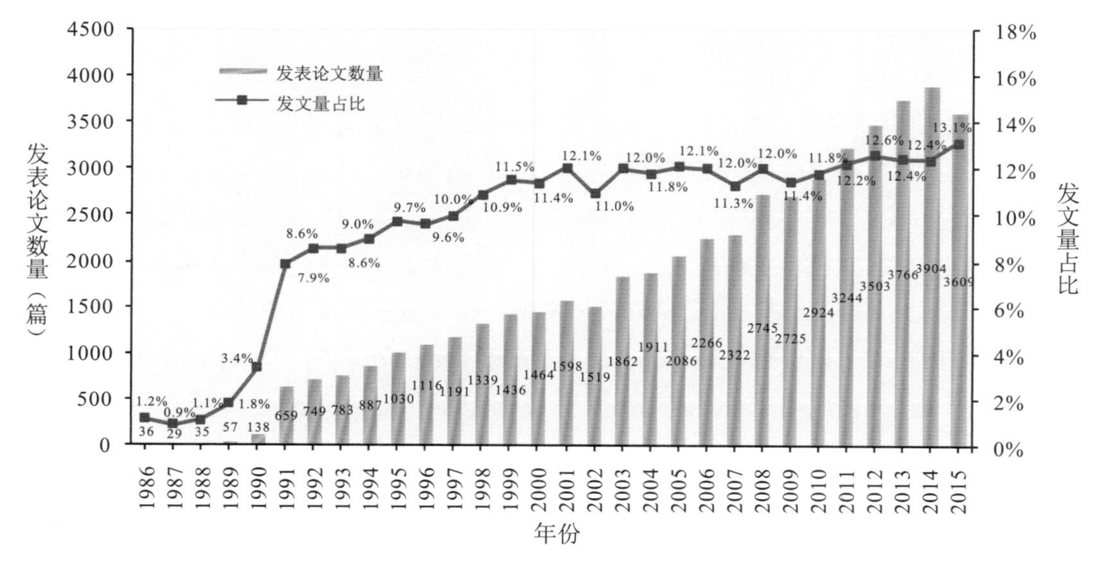

图 2-6　土壤原位观测与野外定位试验研究的发文量及占土壤学发文总量的百分比

注：①论文数量指以检索式检索的篇数；②论文占比指以检索式检索的论文数占以“soil”为关键词检索的论文数量的比值。

表 2-6 是以 5 年为间隔的各时段 TOP20 高频关键词，反映了其研究热点。不同时段均关注的关键词有碳（carbon）、氮（nitrogen）、有机质（organic-matter）、生长（growth）、水（water）、沉积物（sediments）和植物（plants），说明**野外田间试验主要关注土壤碳氮循环、作物生长和水土流失效应 3 个方面**。1990 年以后，各阶段包含的关键词还有模型（model）、系统（systems）、动态（dynamics）、磷（phosphorus）等，揭示了原位观测与野外定位试验**除关注土壤肥力外，还注重结合模型，分析土壤过程与功能的动态变化**。在不同时段，出现的高频关键词略有不同：

表 2-6　土壤原位观测与野外定位试验研究不同时段 TOP20 高频关键词

时段	1986～1990 年			1991～1995 年			1996～2000 年			2001～2005 年			2006～2010 年			2011～2015 年		
发文量（篇）	259			4 108			6 546			8 976			12 982			18 026		
序号	关键词	频次	%	关键词	频次	%	关键词	频次	%	关键词	频次	%	关键词	频次	%	关键词	频次	%
1	**carbon**	6	2.32	**water**	191	4.65	**nitrogen**	372	5.68	model	571	6.36	model	857	6.60	model	1 171	6.50
2	**nitrogen**	5	1.93	**nitrogen**	184	4.48	**water**	369	5.64	**nitrogen**	565	6.29	**nitrogen**	792	6.10	**nitrogen**	977	5.42
3	fertilization	5	1.93	model	145	3.53	model	336	5.13	**water**	520	5.79	**sediments**	682	5.25	**organic-matter**	921	5.11
4	erosion	5	1.93	**growth**	133	3.24	**sediments**	275	4.20	**sediments**	460	5.12	**water**	659	5.08	**water**	894	4.96
5	**water**	4	1.54	**sediments**	119	2.90	**growth**	230	3.51	**organic-matter**	393	4.38	**organic-matter**	590	4.54	management	869	4.82
6	**sediments**	4	1.54	systems	95	2.31	**organic-matter**	208	3.18	**carbon**	319	3.55	management	543	4.18	**sediments**	838	4.65
7	deposition	4	1.54	**plants**	94	2.29	Cs-137	205	3.13	**growth**	311	3.46	**carbon**	525	4.04	systems	780	4.33
8	**organic-matter**	3	1.16	fertilization	92	2.24	transport	202	3.09	dynamics	306	3.41	systems	507	3.91	climate-change	738	4.09
9	**growth**	3	1.16	Cs-137	91	2.22	**carbon**	196	2.99	systems	303	3.38	dynamics	476	3.67	**carbon**	707	3.92
10	mineralization	3	1.16	transport	87	2.12	dynamics	182	2.78	Cs-137	285	3.18	heavy metal	466	3.59	heavy metal	690	3.83
11	nitrate	3	1.16	**organic-matter**	85	2.07	**plants**	174	2.66	runoff	276	3.07	runoff	449	3.46	yield	635	3.52
12	wheat	3	1.16	**carbon**	83	2.02	phosphorus	165	2.52	phosphorus	273	3.04	transport	429	3.30	dynamics	632	3.51
13	oxidation	3	1.16	phosphorus	83	2.02	nitrate	165	2.52	transport	264	2.94	phosphorus	426	3.28	**growth**	612	3.40
14	humic acids	3	1.16	deposition	82	2.00	fertilization	159	2.43	**plants**	248	2.76	**growth**	424	3.27	**plants**	606	3.36
15	evapotranspiration	3	1.16	mineralization	76	1.85	systems	157	2.40	time-domain reflectometry	243	2.71	yield	385	2.97	runoff	582	3.23
16	evaporation	3	1.16	forest	75	1.83	runoff	155	2.37	sorption	241	2.68	**plants**	373	2.87	soil moisture	566	3.14
17	**plants**	2	0.77	dynamics	72	1.75	forest	152	2.32	management	234	2.61	contaminated soils	352	2.71	land-use	552	3.06
18	soil moisture	2	0.77	wheat	70	1.70	temperature	151	2.31	adsorption	228	2.54	vegetation	349	2.69	quality	539	2.99
19	forest	2	0.77	ecosystems	69	1.68	degradation	147	2.25	ecosystems	226	2.52	forest	339	2.61	phosphorus	532	2.95
20	ecosystems	2	0.77	degradation	65	1.58	time-domain reflectometry	143	2.18	forest	223	2.48	degradation	338	2.60	catchment	521	2.89

注：表中加粗的关键词表示在所有时段都有出现。

①1986～1990 年，出现了施肥（fertilization）、矿化（mineralization）、侵蚀（erosion）、沉积（deposition）等关键词，表明此阶段原位观测与野外定位试验主要关注土壤养分转化和土壤侵蚀问题；②1991～1995 年，除新出现模型（model）和系统动态监测（system，dynamics）方面的关键词外，还出现了铯-137（Cs-137）、运输（transport）等关键词，表明此阶段原位观测与野外定位试验等系统分析技术已得到快速发展，同位素等新兴研究方法已普遍应用于土壤过程研究；③1996～2000 年，关键词与上一阶段基本相同，但占比、频次均明显增加，表明此阶段原位观测与野外长期定位试验手段得到进一步重视和应用；④2001～2005 年，模型（model）关键词比例上升到第 1 位，反映出此阶段已强调结合模型模拟来监测和分析土壤过程与功能变化；⑤2006～2010 年，关键词田间管理（management）频次大幅提升，新出现了重金属（heavy metal）等关键词，表明此阶段田间管理实践优化成为野外试验的重点关注内容，并在野外条件下开展了大量有关土壤重金属污染评价与防治方面的研究工作；⑥2011～2015 年，气候变化（climate-change）关键词频次上升到第 8 位，表明此阶段全球气候变化与土壤生态的关联机制已成为研究热点。综上所述，**土壤原位观测与野外定位试验从方法和内容上均发展迅速，观测方法从传统农田肥料试验发展到后来同位素监测和系统模型分析，内容也从最早注重作物生长和水土流失发展到土壤环境和生态功能监测。**

土壤肥力与施肥管理是土壤原位观测和野外定位试验的经典主题。近 30 年，本研究态势关键词排名 TOP20 的氮（nitrogen）、有机质（organic-matter）、碳（carbon）、磷（phosphorus）、土壤湿度（soil moisture）、施肥（fertilization）、管理（management）、植物（plants）、生长（growth）、产量（yield）等，说明土壤养分循环与作物生产一直是土壤科学工作者关注的主要内容。氮（nitrogen）和有机质（organic-matter，1996 年后）的关键词频次和时序占比一直处于 TOP5，说明土壤碳氮周转是土壤肥力研究的核心和关键。

土壤侵蚀与溶质迁移研究是土壤原位观测和野外定位试验的重要方向。关键词排名 TOP20 的水（water）、沉积物（sediments）、径流（runoff）、运输（transport）、植被（vegetation）等均与土壤水分和养分迁移密切相关。为了明确水土流失与土壤特性及植被之间的联系机制，原位和长期野外观测已成为最有效的研究手段。

土壤环境质量与生态功能演变是原位观测和野外定位试验的新兴领域。词频时序排名 TOP20 的关键词中包含重金属（heavy metal）、退化（degradation）、气候变化（climate change）等，说明土壤科学工作者在重视土壤肥力和土壤侵蚀等传统主题的同时，也高度关注土壤污染效应、土壤生态与全球气候变化等领域。近年来，与土壤重金属污染和全球气候变化有关的关键词占比显著增加，已成为原位观测和野外定位试验的研究热点。

应用模型与同位素示踪技术是土壤原位观测和野外定位试验的通用方法。关键词频次和时序排名 TOP20 的还包括模型（model）、铯-137（Cs-137）和系统（systems），说明上述方法是原位观测和野外定位试验的主要手段。自 2001 年以来，模型（model）关键词占比时序一直排名第 1 位，说明应用系统模型成为预测土壤过程与功能的核心手段。

当今土壤学科的快速发展，很大程度上依赖于新兴测试技术和研究方法的应用。自 20 世纪

90年代以来，随着大量原位和定位分析手段的导入，土壤学研究得以从实验室的理化分析走向野外的长期定位观测。稳定同位素、同步辐射、遥感遥测、系统模型等关键技术的应用均极大地提高了土壤过程和功能的原位监测能力。原位观测和长期定位试验的结合已成为当今系统认知土壤特性的重要手段，使土壤物理化学试验走向生物学过程试验、土壤肥料试验走向生态系统试验、单一环境因素试验走向整合和网络试验。

2.1.7　土壤多样性与土壤生态服务功能研究逐步得到重视

土壤是生命之本，孕育了地球1/4的生物多样性，是地球初级生产力最重要的承载体。2015年联合国粮农组织批准通过了《世界土壤宪章》，强调了土壤资源的重要性，认为“土壤多样性与土壤生态服务功能”是人类福祉不可分割的部分，在应对粮食保障、水源安全、能源供给和生态文明建设方面具有重要意义。然而，近30年来，人类活动的范围和强度不断扩大，土壤资源的承压能力正在接近临界极限，产生并激化了一系列的环境问题，如土壤退化、环境污染、气候变化等，严重制约经济和社会的可持续发展。2014年*Science*刊文认为，人类文明的高度进化导致土壤退化成为一种全球共性问题，以中国为例，灭绝的土壤高达22种，而88种土壤处于濒危状态。尽管具体的数量存在一定的争议，但**维护健康可持续的土壤多样性与土壤生态服务功能，不仅成为土壤科学面临的严峻挑战，也是未来地球科学、地理学、生态学、地理学和生物学等多学科的重要交叉前沿，得到了世界各国政府和学术界的高度关注。**

为了从定量的角度探讨自1986年以来30年中土壤多样性与生态系统服务功能的研究特点，选取了能够代表土壤多样性与土壤生态系统服务功能的主要关键词组合，制定了英文检索式，然后针对Web of Science数据库，对1986～2015年的SCI英文文献进行检索。在确定检索式的过程中主要考虑以下因素：**针对土壤多样性的检索，首先采用“soil*”关键词，将所有检索内容限定在“土壤”相关的研究工作，然后采用经典土壤地理学的土壤多样性（pedodiversity）专有名词，结合土壤学常见的多样性（diversity）名词进行检索，以期涵括土壤理化性质为基础的土壤类型多样性，同时兼顾非土壤学领域中的土壤多样性视角。针对土壤生态系统服务功能的检索，同样将所有的研究工作限定在“土壤（soil*）”，然后针对土壤生态系统服务功能的核心模块，包括生态恢复、物质转化、食物网络、养分水分涵养、污染修复、农业生产、土壤改良7个方面，**最终形成检索式。①针对土壤多样性的检索式：("soil*") and ("pedodiversity" or "diversity" or "pedodiversities" or "diversities")。②针对土壤生态服务功能的检索式：("soil*") and ("ecosystem service" or "ecological service" or "ecosystem service trade-offs" or "ecosystem sustainability" or "ecosystem function" or "ecosystem process" or "ecosystem security" or "ecosystem productivity" or "biodiversity" or "functional diversity" or "ecological risk" or "ecological restoration" or "ecological footprint" or "ecological deterioration" or "ecological rehabilitation" or "ecological resilience")。

针对Web of Science数据库的检索结果表明，近30年来，土壤多样性与土壤生态服务功能逐步得到重视，是未来的重要发展趋势。以“soil*”为关键词，在1986～2015年时段的Web of Science数据库中共检索到国际英文文献455 033篇；而以上述土壤多样性与土壤生态系统服务功能的英文检索式共检索到39 840篇，平均占比为9.2%，其中土壤多样性方向占比6.3%，土壤生态系统服务功能占比2.9%。发文量分析结果清晰地展示了该方向在最近30年的飞速发展历程（图2-7）。1990年之前的4年，土壤多样性相关论文仅15篇，年占比在0.2%以下；而土壤生态服务功能方向尚没有论文发表，到1990年才出现第1篇，表明在20世纪90年代之前该方向尚未引起足够关注或仍处于萌芽状态。1990年后，该方向进入一个飞速发展的新阶段。年发文量的纵向比较分析表明，土壤多样性相关的研究论文从1990年的24篇剧增至2015年的2 661篇，增幅高达110倍；土壤生态服务功能方向更是从1990年的1篇增加至2015年的1 368篇，增幅极为显著。从整个土壤学的横向角度分析，也得到类似的结果。就土壤多样性的研究而言，年发文量占比从1990年的0.6%大幅增长至2015年的9.7%，增幅达15倍以上；而在土壤生态服务功能方向，年发文量占比从1990年的不到0.1%迅速攀升至2015年的5.0%。2015年两个方向的相关论文在土壤学所有论文中占比高达14.7%。土壤多样性与土壤生态服务功能的文献计量分析表明，近30年来，**土壤多样性与生态系统服务功能的相关研究发展非常迅速，不仅实现了从无到有的突破，还实现了从弱到强的转变，展示了强劲的发展动力，成为土壤学研究的新热点，迅速跻身土壤学重要的发展态势之一，是面向未来解决农业生态和环境等领域重大国际需求的重要内容。**

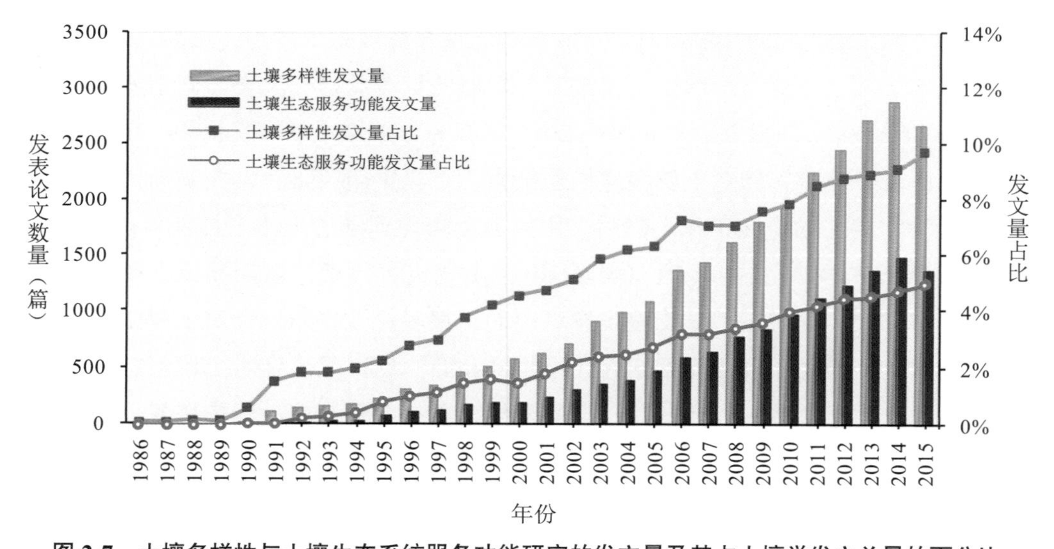

图2-7 土壤多样性与土壤生态系统服务功能研究的发文量及其占土壤学发文总量的百分比

注：①论文数量指以检索式检索的篇数；②论文占比指以检索式检索的论文数占以“soil”为关键词检索的论文数量的比值。

针对土壤多样性与土壤生态服务功能检索结果，以5年为间隔对TOP20的高频关键词作时序分析，能够较好地反映土壤多样性与土壤生态服务功能的研究热点及其演变过程（表2-7a、表2-7b）。近30年来一直受到密切关注的关键词有：多样性（diversity）、土壤（soil）、细菌（bacteria）、生物多样性（biodiversity）、生态系统（ecosystems）、群落（communities）、森林（forest）、氮（nitrogen）、植被（vegetation）、动力学（dynamics）、植物（plants）、模式（patterns），基本涵盖了土壤多样性与土壤生态系统服务功能的重要方面。这些高频词表明土壤类型多样性和物种多样性仍然是土壤多样性研究的核心，而以森林生态系统为代表的地上部分植被则是土壤生态服务功能研究的主要对象。但是，30 年来新的高频关键词也在不断涌现：①1986～1990 年，该方向发文量极少，仅 28 篇，除了土壤多样性（diversity, soil）两个关键词的出现频率为 4 次外，其他关键词由于频次太少尚未显示出明显的规律性（表 2-7a）；②1991～1995 年，在上个 5 年的基础上，出现了演替（succession）、竞争（competition）、群落（populations）、生长（growth）、生物量（biomass）、物种多样性（species-diversity）、干扰（disturbance）、分解（decomposition）、生态风险评价（ecological risk assessment）等关键词，表明此阶段开始关注土壤中生物的竞争及演替以及他们在有机质分解中的作用，并出现了土壤生态系统风险评价的相关研究（表 2-7b）；③1996～2000 年，除群落（populations）、生长（growth）、物种多样性（species-diversity）、干扰（disturbance）等关键词继续受到关注外，新出现了 DNA、保护（conservation）、模型（model）、管理（management）、生产力（productivity）等关键词，反映出此阶段土壤多样性的研究开始转入基于核酸测序的深层次研究，而土壤生态服务功能的研究开始注重土壤管理及其保护对土壤生产力的影响（表 2-7b）；④2001～2005 年，新出现了 16S 核糖体—RNA（16S ribosomal-RNA）、梯度凝胶电泳（gradient gel-electrophoresis）、微生物群落（microbial communities）、群落结构（community structure）、功能多样性（functional diversity）等关键词，表明该阶段基于核酸 DNA 序列分析的微生物群落结构研究得到快速发展，并且微生物的功能多样性研究也受到密切关注，成为土壤生物多样性研究新的驱动力（表 2-7a）；⑤2006～2010 年，除了微生物结构与功能研究继续受到关注外，根际（rhizosphere）开始从之前的 40 名左右跻身 TOP20 的行列，气候变化（climate-change）也从之前的几十名甚至一百名开外跃升至 TOP20，表明分子技术大发展及全球气候变化不断加剧的背景下，传统的根际土壤学研究获得新生，重新成为关注热点和研究前沿（表 2-7a、表 2-7b）；⑥2011～2015 年，根际（rhizosphere）及气候变化（climate-change）的关注度继续上升。此外，TOP20 关键词中新出现了生态服务（ecosystem services）、土地利用（land-use）等关键词，表明近 5 年来生态服务功能开始真正成为土壤学研究的一个热点词受到关注，而土地利用这一传统研究方向也开始和土壤的生态服务功能相结合（表 2-7a、表 2-7b）。值得注意的是，由于新一代高通量测序方法（pyrosequencing）的出现，过去十余年间曾经非常流行的微生物多样性研究方法热度逐渐下降，变性梯度凝胶电泳（DGGE）在该阶段已跌至第 43 名。由上可见，**土壤多样性的研究在分子生物学技术大发展的带动下，经历了由宏观到微观、由粗放到精细的发展历程；而生态系统服务功能的研究，由早期的风险评估，过渡到通过土壤管理增加生产力，并逐渐发展到全面研究不同土地利用模式下土壤的生态服务功能，向可持续发展的良性轨道不断迈进。**

研究方法的不断进步是土壤多样性与土壤生态服务功能研究的内在驱动力。近 30 年，土壤多样性与生态系统服务功能中出现的关键词排名 TOP20 中，与研究方法相关的关键词有 16S 核糖体—RNA（16S ribosomal-RNA）、生长（growth）、生物量（biomass）、梯度凝胶电泳（gradient

表 2-7a　土壤多样性研究不同时段 TOP20 高频关键词

时段	1986～1990 年			1991～1995 年			1996～2000 年			2001～2005 年			2006～2010 年			2011～2015 年		
发文量（篇）	28			894			2 258			4 354			8 206			12 958		
序号	关键词	频次	%	关键词	频次	%	关键词	频次	%	关键词	频次	%	关键词	频次	%	关键词	频次	%
1	**diversity**	4	5.33	**diversity**	176	4.71	**diversity**	637	4.84	**diversity**	1 557	5.20	**diversity**	3 331	5.61	**diversity**	5 375	5.68
2	**soil**	4	5.33	**soil**	146	3.91	**soil**	436	3.31	**soil**	900	3.01	**soil**	1 788	3.01	**soil**	2 700	2.85
3	litter	3	4.00	vegetation	61	1.63	communities	222	1.69	communities	498	1.66	biodiversity	978	1.65	biodiversity	1 515	1.60
4	populations	2	2.67	communities	56	1.50	biodiversity	211	1.60	biodiversity	489	1.63	communities	943	1.59	communities	1 474	1.56
5	forest	2	2.67	populations	53	1.42	vegetation	182	1.38	vegetation	341	1.14	microbial communities	622	1.05	microbial communities	1 146	1.21
6	ecology	2	2.67	succession	48	1.28	populations	180	1.37	16S ribosomal-RNA	333	1.11	vegetation	592	1.00	ecosystems	831	0.88
7	succession	2	2.67	growth	47	1.26	**bacteria**	143	1.09	populations	309	1.03	16S ribosomal-RNA	592	1.00	**bacteria**	789	0.83
8	fungi	2	2.67	dynamics	46	1.23	forest	143	1.09	dynamics	279	0.93	populations	534	0.90	plants	777	0.82
9	fauna	2	2.67	competition	46	1.23	growth	131	0.99	**patterns**	257	0.86	community structure	529	0.89	vegetation	770	0.81
10	density	2	2.67	plants	43	1.15	**patterns**	127	0.96	**bacteria**	254	0.85	**bacteria**	466	0.78	community structure	718	0.76
11	**bacteria**	1	1.33	**patterns**	43	1.15	succession	117	0.89	plants	243	0.81	ecosystems	466	0.78	management	714	0.75
12	**patterns**	1	1.33	forest	43	1.15	ecosystems	116	0.88	gradient gel-electrophoresis	243	0.81	plants	461	0.78	16S ribosomal-RNA	681	0.72
13	identification	1	1.33	species-diversity	43	1.15	plants	115	0.87	growth	238	0.79	species richness	461	0.78	species richness	679	0.72
14	species-diversity	1	1.33	**bacteria**	39	1.04	dynamics	114	0.87	community structure	235	0.78	dynamics	447	0.75	**bacterial** communities	670	0.71
15	biomass	1	1.33	disturbance	37	0.99	species-diversity	114	0.87	nitrogen	233	0.78	growth	439	0.74	patterns	658	0.69
16	microorganisms	1	1.33	nitrogen	33	0.88	microorganisms	107	0.81	species-diversity	229	0.76	grassland	439	0.74	nitrogen	654	0.69
17	conservation	1	1.33	ecology	30	0.80	nitrogen	101	0.77	identification	228	0.76	forest	426	0.72	rhizosphere	643	0.68
18	roots	1	1.33	biomass	28	0.75	identification	99	0.75	microbial communities	218	0.73	gradient gel-electrophoresis	410	0.69	grassland	641	0.68
19	environment	1	1.33	decomposition	26	0.70	disturbance	97	0.74	species richness	218	0.73	**patterns**	398	0.67	dynamics	640	0.68
20	decomposition	1	1.33	strains	26	0.70	DNA	95	0.72	grassland	218	0.73	rhizosphere	398	0.67	forest	625	0.66

注：表中加粗的关键词表示在所有时段都有出现。

表 2-7b 土壤生态系统服务功能研究不同时段 TOP20 高频关键词

时段*	1991～1995 年			1996～2000 年			2001～2005 年			2006～2010 年			2011～2015 年		
发文量（篇）	187			839			1 802			3 869			6 582		
序号	关键词	频次	%	关键词	频次	%	关键词	频次	%	关键词	频次	%	关键词	频次	%
1	**biodiversity**	38	4.96	**biodiversity**	317	7.29	**biodiversity**	706	6.42	**biodiversity**	1 442	5.88	**biodiversity**	2 250	5.39
2	**soil**	26	3.39	**soil**	130	2.99	**soil**	319	2.90	**diversity**	700	2.85	**diversity**	1 190	2.85
3	**diversity**	16	2.09	**diversity**	106	2.44	**diversity**	310	2.82	**soil**	648	2.64	**soil**	1 082	2.59
4	**ecosystems**	12	1.57	**ecosystems**	82	1.89	**communities**	208	1.89	**communities**	386	1.57	**communities**	607	1.45
5	**dynamics**	12	1.57	**communities**	81	1.86	**vegetation**	182	1.65	**vegetation**	372	1.52	management	535	1.28
6	biomass	12	1.57	**forest**	72	1.66	**ecosystems**	140	1.27	**ecosystems**	315	1.28	climate-change	533	1.28
7	succession	12	1.57	**nitrogen**	54	1.24	**nitrogen**	138	1.25	**forest**	288	1.17	**vegetation**	515	1.23
8	decomposition	11	1.44	**vegetation**	53	1.22	**forest**	129	1.17	management	278	1.13	conservation	491	1.18
9	**communities**	10	1.31	**dynamics**	49	1.13	**dynamics**	121	1.10	species richness	272	1.11	**ecosystems**	485	1.16
10	**nitrogen**	10	1.31	**patterns**	47	1.08	grassland	115	1.05	functional diversity	252	1.03	**forest**	436	1.04
11	**vegetation**	9	1.17	decomposition	46	1.06	species richness	106	0.96	conservation	239	0.97	species richness	412	0.99
12	climate-change	9	1.17	**plants**	45	1.03	management	105	0.95	**nitrogen**	235	0.96	functional diversity	412	0.99
13	growth	9	1.17	conservation	44	1.01	**patterns**	102	0.93	grassland	234	0.95	land-use	412	0.99
14	**forest**	8	1.04	populations	44	1.01	**plants**	102	0.93	climate-change	226	0.92	grassland	383	0.92
15	**patterns**	8	1.04	model	40	0.92	biomass	101	0.92	community structure	225	0.92	**nitrogen**	368	0.88
16	**plants**	8	1.04	management	39	0.90	conservation	100	0.91	**dynamics**	217	0.88	ecosystem services	352	0.84
17	plant-communities	8	1.04	biomass	38	0.87	functional diversity	99	0.90	**patterns**	216	0.88	**patterns**	347	0.83
18	ecological risk assessment	8	1.04	growth	36	0.83	productivity	96	0.87	productivity	193	0.79	**plants**	336	0.80
19	ecology	7	0.91	succession	35	0.80	disturbance	89	0.81	**plants**	191	0.78	microbial communities	326	0.78
20	disturbance	7	0.91	productivity	34	0.78	growth	87	0.79	microbial communities	188	0.77	**dynamics**	318	0.76

注：表中加粗的关键词在所有时段都有出现。*土壤生态系统服务的相关论文最早报道于 1991 年，故未获得 1986～1990 年关键词的数据（采用"ecosystem service*" and "soil*"检索式，对 SCI 科学引文数据库进行主题检索）。

gel-electrophoresis）等。土壤多样性进展很大程度上依赖于研究方法的进步。过去 30 年，遥感和信息技术快速发展，如地理信息系统（GIS）、遥感（remote sensing）与模型（model）等，显著推动了土壤类型多样性的研究。但值得注意的是，这些技术的使用仍然局限在传统土壤地理学的研究领域，需要更多地开展土壤多样性理论体系的探索。与之相对应的文献计量分析结果是土壤多样性（pedodiversity）在 30 年间词频总量仅为 52 次，但近年来出现了明显的增加，特别是土壤地理学家正在更多地尝试将生物多样性的理论引入土壤地理学和土壤多样性的研究。生态学的一些关键概念，如物种丰度、群落结构、物种—多样性、物种—面积规律等，将更多地与地理学的主题包括微地形、演化、景观、尺度和成土过程紧密结合，显著推动土壤多样性的研究。这一发展趋势也在很大程度上得益于以 DNA 测序为代表的先进技术出现革命性突破，极大地推动了土壤生物学研究。事实上，土壤生物学的研究已经超越了传统的生物量和区系定性研究，从土壤生物化学表观通量的粗放式分析，跨越到了基于核酸指纹图谱分析的分子阶段。此外，土壤氮（nitrogen）在关键词频次和时序占比中都占据重要地位，但在 1995 年之前与有机质和养分转化共同出现，表明该阶段更多侧重于农业生产中氮肥施用对土壤多样性和生态服务功能的影响；而在 1995～2005 年阶段则更多强调氮素过量施用导致的农业面源污染，2005 年土壤氨氧化的生物驱动机制出现了重大突破，在一定程度上使得近 10 年氮素的生态环境效应成为研究热点。总而言之，关键词组合特征分析表明，**过去 30 年，土壤多样性研究发展迅速，并与土壤生态服务功能紧密关联，在不同时段围绕土壤地理调查、土壤肥力保育、土壤风险评价和生物多样性保护等开展大量研究。同时，技术的进步也表明土壤多样性与生态服务功能逐渐得到重视，未来在土壤障碍消减、土壤生态改良、土壤污染防控与全球变化适应等方面将会发挥越来越重要的作用。**

土壤多样性及其涵盖的物种及功能多样性是土壤发挥生态系统服务功能的基础。TOP20 的关键词包括多样性（diversity）、生物多样性（biodiversity）、物种多样性（species-diversity）、微生物多样性（microbial diversity）、功能多样性（functional diversity），说明土壤生态服务功能的研究一直离不开土壤多样性的研究，两者密不可分。土壤类型的多样性及物种的多样性决定了其功能的多样性，并且进一步构成了地球上丰富多彩的陆地生态系统，而丰富的多样性则是应对并解决目前复杂多变生态环境问题的基础，很难想象单一的土壤及生物类型能够为人类提供充足的生态福祉。事实上，关键词综合特征分析表明，近年来的土壤多样性内涵已经得到极大的拓展和外延，更多地利用生态学的理念和方法开展研究，运用类似于生物种类，如包括生态系统和栖息环境的方式考虑土壤类型，综合考虑土壤地质构造、地貌类型、理化性状、不同成土条件以及土壤功能等方面，定量化描述土壤的空间变异性和分布格局问题。因此，**土壤多样性与土壤生态服务功能可涵括的内容包括土壤类别多样性、土壤功能多样性、土壤发生多样性和土壤性状多样性等，未来采用多学科、交叉学科的理论和视角，更深刻地理解土壤组成多样性及其功能多样性，将是更好地发挥土壤生态服务功能的重要前提和基础。**

土壤多样性与土壤生态系统服务功能逐步得到重视，并成为土壤学和生态学等多学科、交叉学科未来重要的发展趋势。土壤是地球生命赖以生存和繁育的载体，是连接有机界与无机界的中心环节，土壤的生态服务功能更是人类生存与现代文明的基础。高强度的人类活动已经改变了土壤原有的组成，人类面临的生态环境问题其根源在于土壤或者与土壤紧密相关，最终的解决也离不开土壤多样性的维系和土壤生物服务功能的可持续发展。土壤多样性与土壤生态服务功能研究已成为世界各国政府和学术界的共识。TOP20 的关键词涉及土壤生态系统服务功能研究的方方面面，包括管理（management）、生态系统（ecosystems）、气候变化（climate-change）、保护（conservation）、土地利用（land-use）、生态功能（ecosystem function）、恢复（restoration）等。这表明当前的土壤多样性与土壤生态服务功能研究已不再局限于粮食及原材料初级产品生产这一直接的土壤服务功能，而是拓展到了全球变化大背景下，如何通过土壤多样性与土壤生态服务功能研究，实现科学的土地管理、保护及恢复受损生态系统，充分发挥土壤生态服务功能的间接价值，改善气候调节、涵养水源，维持土壤肥力、吸收及降解污染物等。因此，理解和认识土壤的组成多样性与功能多样性，维护土壤健康的生态系统服务功能，成为土壤科学面临的严峻挑战。**土壤多样性与土壤生态系统服务功能的综合研究则为土壤学的发展提供了新的契机，将土壤物理、化学和生物的微观过程与土壤生态服务功能的多尺度研究系统整合，以便更准确地预测并调控土壤生态系统的演替方向及其可持续发展潜力，更好地服务于人类社会的可持续健康发展。**

2.2　近 30 年土壤学及其分支学科发展的总体特征

土壤学作为典型的传统学科，在其发展过程中受其他传统学科体系不断发展和完善的影响，一些新的研究思路、研究方法和研究手段等持续被引入土壤学研究领域；同时，其他学科研究者开始涉足土壤学的研究，使学科交叉渗透频繁，新兴领域蓬勃发展。中国土壤学的发展以满足国家和社会发展需求为主要驱动力，而关注土壤内部“关键过程”的核心主题研究却略显薄弱，使得学科发展的原动力略显不足。因此，如何科学、客观、定量描述土壤学发展的脉络，是当前迫切需要思考的问题。本节解析了国内外土壤学近 30 年不同时期发展历程和研究进展，促进中国土壤学研究迈上新的台阶。

2.2.1　国际土壤学发展过程解析

近 30 年共检索到 362 340 篇国际英文文献，1986～1995 年、1996～2005 年和 2006～2015 年的文献数量分别占总文献数量的 18.1%、31.5%和 50.4%，呈快速增长趋势。文献计量的网络图谱可较好地反映关键词在文献中出现的频次、关键词间的关联。图 2-8、图 2-9 和图 2-10 分别为不同时段土壤学国际文献计量网络图谱。3 个时段土壤学发展的脉络差异较大：图谱脉络随时间推移由树枝状向网状发展，关键词间的距离逐渐减小、分异程度降低，不同研究领域间的交叉融合不断增强。关键词的词频在一定程度上反映了土壤学研究的主要热点领域：过去 30 年，随着年限的增加，关键词出现的频次逐渐增多，特别是 1996～2005 年较前 10 年频次增加了 3～

4 倍，土壤学在此阶段受关注的程度上升趋势最为显著（表 2-8）。

表 2-8 国际土壤学不同时段 TOP20 高频关键词

时段	1986～1995 年		1996～2005 年		2006～2015 年	
序号	关键词	频次	关键词	频次	关键词	频次
1	nitrogen fixation	124	**nitrogen**	505	organic matter	758
2	**nitrogen**	114	organic matter	501	**nitrogen**	632
3	wheat	102	erosion	424	**phosphorus**	618
4	**rhizosphere**	99	**microbial biomass**	403	erosion	508
5	**microbial biomass**	94	**phosphorus**	372	**microbial biomass**	502
6	**maize**	79	**rhizosphere**	296	organic carbon	451
7	**phosphorus**	78	tillage	290	heavy metal	408
8	^{15}N	77	**maize**	274	**rhizosphere**	340
9	nodulation	73	heavy metal	260	**maize**	326
10	root	71	denitrification	259	decomposition	326
11	nitrification	67	earthworm	258	nitrous oxide	310
12	aluminum	65	nitrous oxide	247	soil respiration	308
13	kaolinite	61	decomposition	238	arbuscular mycorrhiza	300
14	barley	61	wheat	227	earthworm	299
15	nitrate	59	adsorption	220	water content	289
16	decomposition	56	nitrate	212	adsorption	272
17	earthworm	54	nitrification	208	tillage	269
18	smectite	54	mineralization	184	wheat	266
19	soybean	50	root	180	grassland	263
20	N mineralization	50	arbuscular mycorrhiza	180	nitrification	252

TOP10 均出现氮（nitrogen）、微生物量（microbial biomass）、根际（rhizosphere）、磷（phosphorus）、玉米（maize）等，表明这些领域或内容一直是研究热点，持续受到关注；随着时间的推移，有机质（organic matter）、侵蚀（erosion）、重金属（heavy metal）逐渐成为高频关键词，这些研究领域越来越受到重视。由此可见，土壤学在早期以土壤肥力主导的农田土壤学研究，逐渐发展为以生态环境为核心的问题导向研究，土壤生物主导的土壤过程研究越来越受到重视。

（1）主要以农田土壤为对象，以农业生产为目标的应用基础研究时期（1986～1995 年）

1986～1995 年国际文献计量网络图谱中聚成了 5 个相对独立的研究聚类圈（图 2-8），聚类圈之间相对离散。根据圈中的高频关键词可归纳为土壤肥力、营养元素、土壤矿物、土壤氮素、生物固氮 5 个方面，其中有 3 个聚类圈和土壤氮素研究有关，但它们所关注的内容不同。在聚类圈内出现了玉米（maize）、小麦（wheat）、大麦（barley）、大豆（soybean）等作物高频关键词，说明该时期的土壤学主要是围绕大田作物开展的氮（N）、磷（P）、钾（K）等大量营养元素的研究，其中又以土壤氮循环为核心。此外，土壤根际也是研究热点，研究涉及营养元素有效性与土壤根际微域环境间的关系（Boekhold et al.，1993：85～96；Jones and Darrah，1994：247～257）。可见，该时期是以土壤肥力主导的农田土壤学研究。

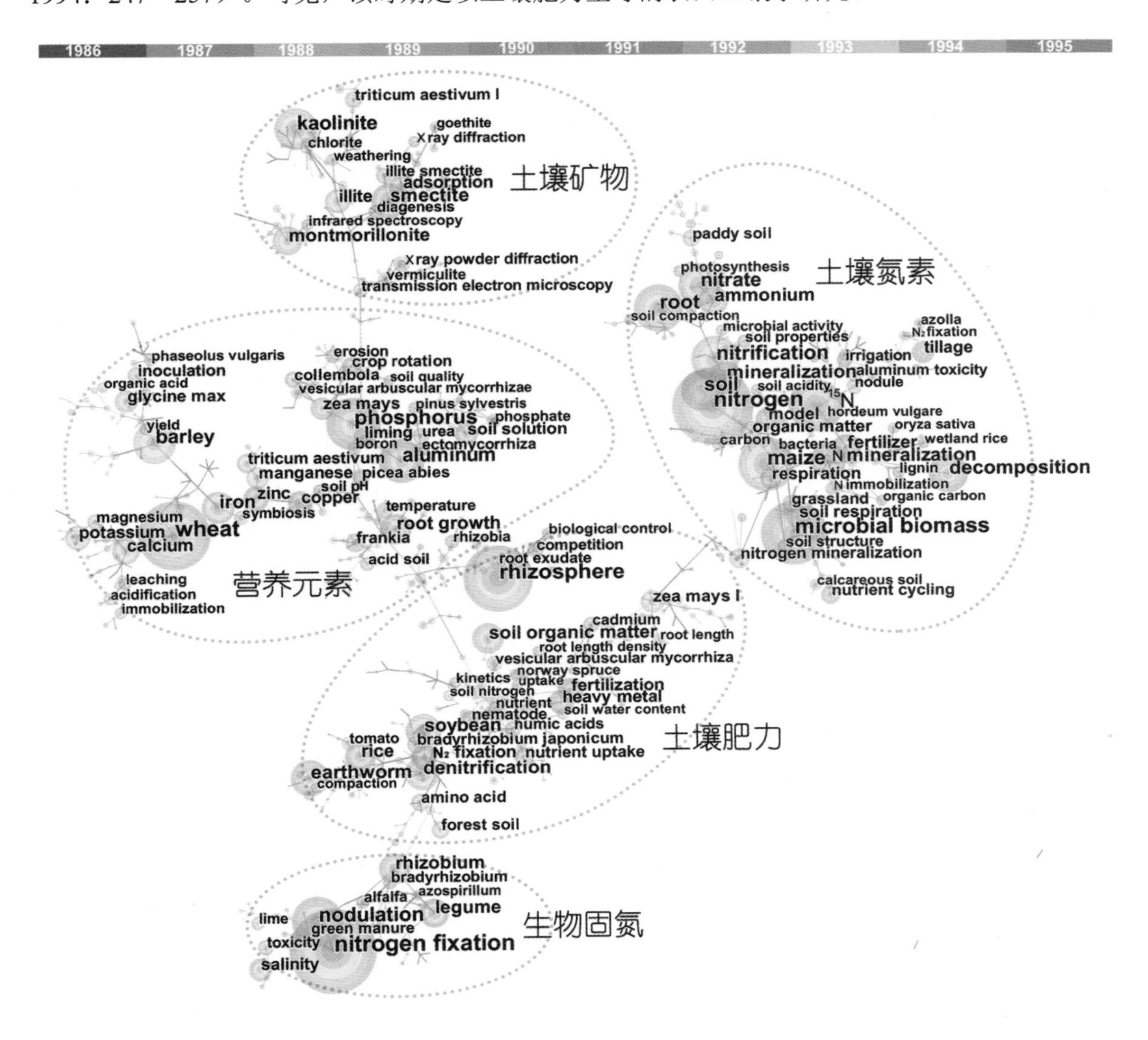

图 2-8　1986～1995 年国际土壤学 SCI 期刊论文关键词共现关系

土壤氮循环研究主要集中在生物固氮和氮的形态转化。文献计量网络图谱显示，生物固氮领域以豆科植物与根瘤菌共生固氮为主，从基因和分子水平上开展固氮酶的结构、催化机制的研究。农田土壤氮素循环主要以小麦、大麦和大豆为研究载体，利用同位素 ^{15}N 标记技术，集中开展氮的形态转化研究（Cabon et al.，1991：161～169；Binnerup and Sørensen，1992：2375～2380）。在明确土壤氮素循环方式及其影响因素的基础上，建立反硝化作用的随机模型和与氨挥发的逻辑经验模型，预测氮素的动态循环过程，探讨农田土壤生态系统中氮素在大气—作物—土壤循环中的关键过程（Parkin and Robinson，1989：72～77；Petersen et al.，1992：239～255；Hassink et al.，1993：105～128；Demeyer et al.，1995：261～265）。土壤矿物聚类圈中主要围绕高岭石、蒙脱石和伊利石等矿物，利用X射线衍射（XRD）和电子显微镜（EM）等技术，建立了一套完善的次生黏土矿物鉴定与半定量分析方法，研究了土壤形成过程中矿物的演化特点，探讨了土壤组分对重金属、表面活性剂等的吸附—解吸过程（Zevin et al.，1995）。

（2）以农田和自然土壤为对象，土壤关键过程与土壤肥力并重的研究时期（1996～2005年）

1996～2005年国际文献计量图谱呈网状，可将年轮圈大致分成4个聚类圈，分别为土壤养分、土壤有机碳与全球变化、土壤侵蚀、土壤重金属的化学行为（图2-9）。与前10年相比，此阶段国际土壤学研究TOP20高频词中与氮（N）、磷（P）有关的土壤肥力关键词频次进一步增加，在这20年间，养分循环与高效利用始终是研究重点。同时在TOP20高频词中出现了侵蚀（erosion）、耕作（tillage）、重金属（heavy metal）、氧化亚氮（nitrous oxide）、吸附（adsorption）、丛枝菌根（arbuscular mycorrhiza）等关键词（表2-8），意味着国际土壤学开始关注水土流失、土壤污染、温室气体排放等生态环境问题，研究重点由土壤肥力主导的农田土壤学研究转向以生态环境为核心的问题导向研究。

在土壤有机碳与全球变化的聚类圈中，以土壤生物驱动的土壤有机碳转化与固定成为主要研究内容，建立了农田、草地、湿地、林地等陆地生态系统碳氮动态过程的系列模型（Li et al.，2000：4369～4384）；农业土壤有机碳库的变化及其对陆地生态系统和大气中CO_2、CH_4、N_2O的源汇效应受到重视，西方国家已将固碳农业作为环境管理的导向，如美国的“Carbonbank”计划（Beare et al.，1994：787～795；Fisher et al.，1994：236～238；Smith and Powlson，2000：428～429）。文献计量图谱显示土壤侵蚀研究中，土壤结构、团聚体稳定性、土壤容重、土壤耕作等直接或间接反映土壤物理性状的指标与土壤侵蚀关系的研究明显加强，土壤养分与土壤物理的交叉增多。土壤侵蚀模型研究得到快速发展，构建和完善了诸如USLE、RUSLE等经验模型以及EUROSEM、WEPP、GUEST等过程模型（Merritt et al.，2003：761～799）。这一时期重点开展了镉（Cd）、铜（Cu）、锌（Zn）等重金属在土壤组分上的静态吸附行为研究，结合表面光谱技术分析了重金属元素的表面配位、化学形态（Bradl，2004：1～18），开发了系列机理量化模型（Hiemstra and van Riemsdijk，1996：488～508；Kinniburgh et al.，1996：1687～1698），加深了对金属离子在环境中行为的理解。

（3）围绕土壤环境过程与全球变化的土壤物质循环和微观机理研究时期（2006～2015年）

相比前两个10年的文献计量网络图谱，2006～2015年最大的特点是研究节点增多且相对集中，各研究领域间的交叉融合明显增强。聚类圈图谱显示现有研究主要集中在以土壤碳为主线的全球变化、养分循环与微生物多样性、土壤质量等。本时期出现了以微生物多样性为主要内容的聚类圈，其他聚类圈中都或多或少地包含与微生物有关的关键词，加强了微生物在土壤过程中的作用研究，特别是生物技术[如变性梯度凝胶电泳（DGGE）、磷酸脂肪酸生物标记法（PLFA）]在土壤学中的应用（图2-10）。

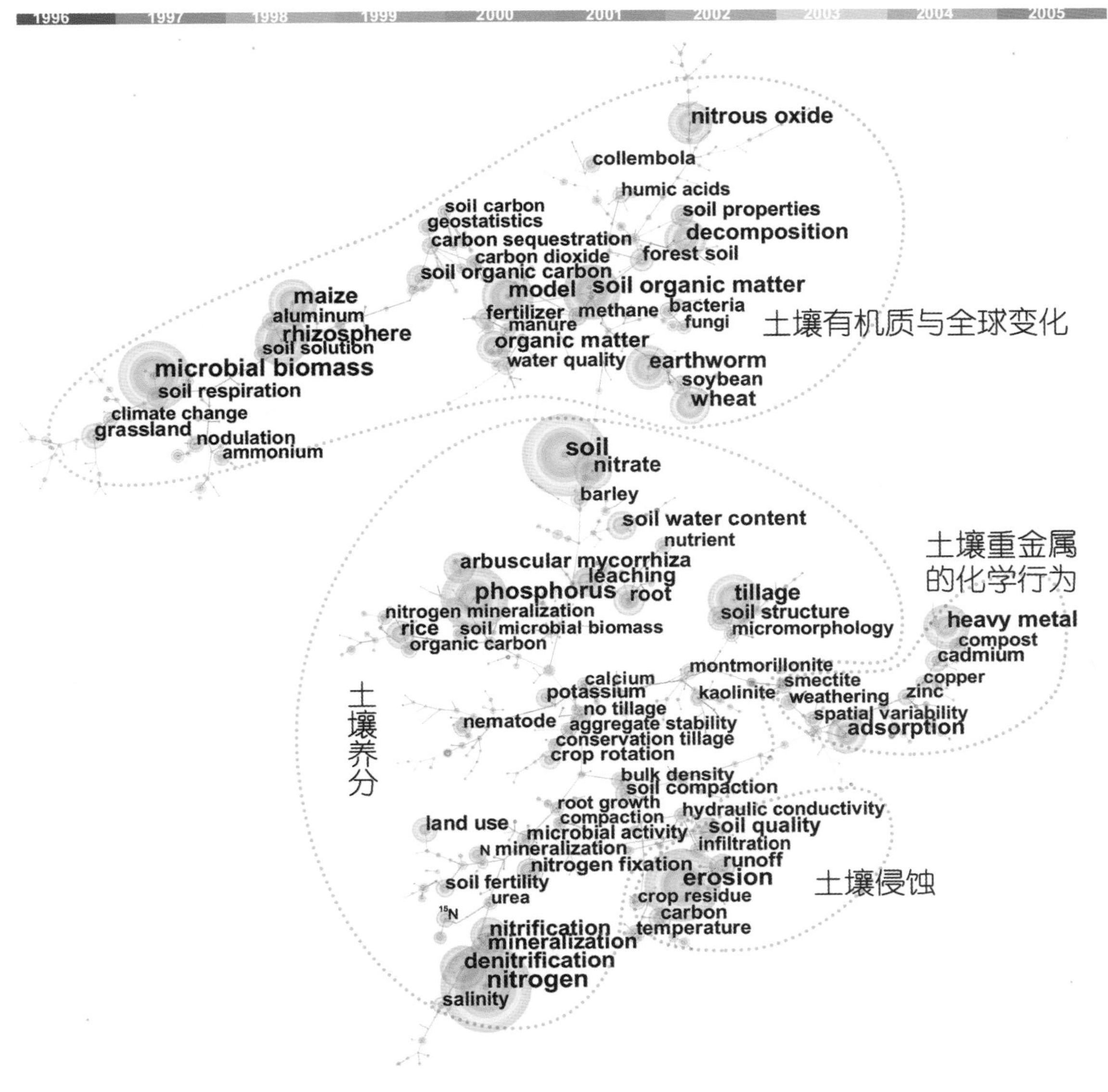

图 2-9　1996～2005 年国际土壤学 SCI 期刊论文关键词共现关系

有机质（organic matter）、土壤呼吸（soil respiration）、草地（grassland）、有机碳（organic carbon）和分解（decomposition）等与碳循环有关的词汇都出现在 TOP20 高频关键词中（表 2-8），表明作为地球表层系统中最大的碳储库，土壤碳汇的研究不断加强，在深化“固碳农业”的同时逐渐重视草地生态系统的固碳效应（Shrestha and Stahl，2008：173～181；Wang et al.，2014：212～215）。全球变化研究聚类圈中首次出现关键词生物炭（biochar），并在土壤改良、水土保持、温室气体减排以及污染环境修复等方面都展现出应用潜力。有机质（organic matter）、氮（nitrogen）、磷（phosphorus）仍居高频关键词的前 3 位（表 2-8），表明以土壤肥力为中心的土壤养分与元素的转化仍是国际土壤学的研究重点；由于土壤微生物研究的加强，其关注点转向养分元素的生物地球化学循环过程研究。此外，植物修复作为有效净化水土资源的绿色环保方法越来越受到重视，文献计量网络图谱中显示微生物介导的植物修复理论与技术的研究成为目前土壤重金属污染治理研究中的生长点（Aafi et al.，2012：261～274）。而土壤侵蚀研究聚类圈向全球变化研究聚类圈靠拢，圈中最大的关键词侵蚀（erosion）年轮圈相对独立，与土壤物理性质（soil structure，bulk density）、耕作管理（no tillage）等关键词节点距离较远，表明近 10 年来土壤侵蚀研究由侵蚀机理研究逐步向时空尺度上的侵蚀过程研究转变（de Vente et al.，2013：16～29；Shruthi et al.，2014：262～277）。

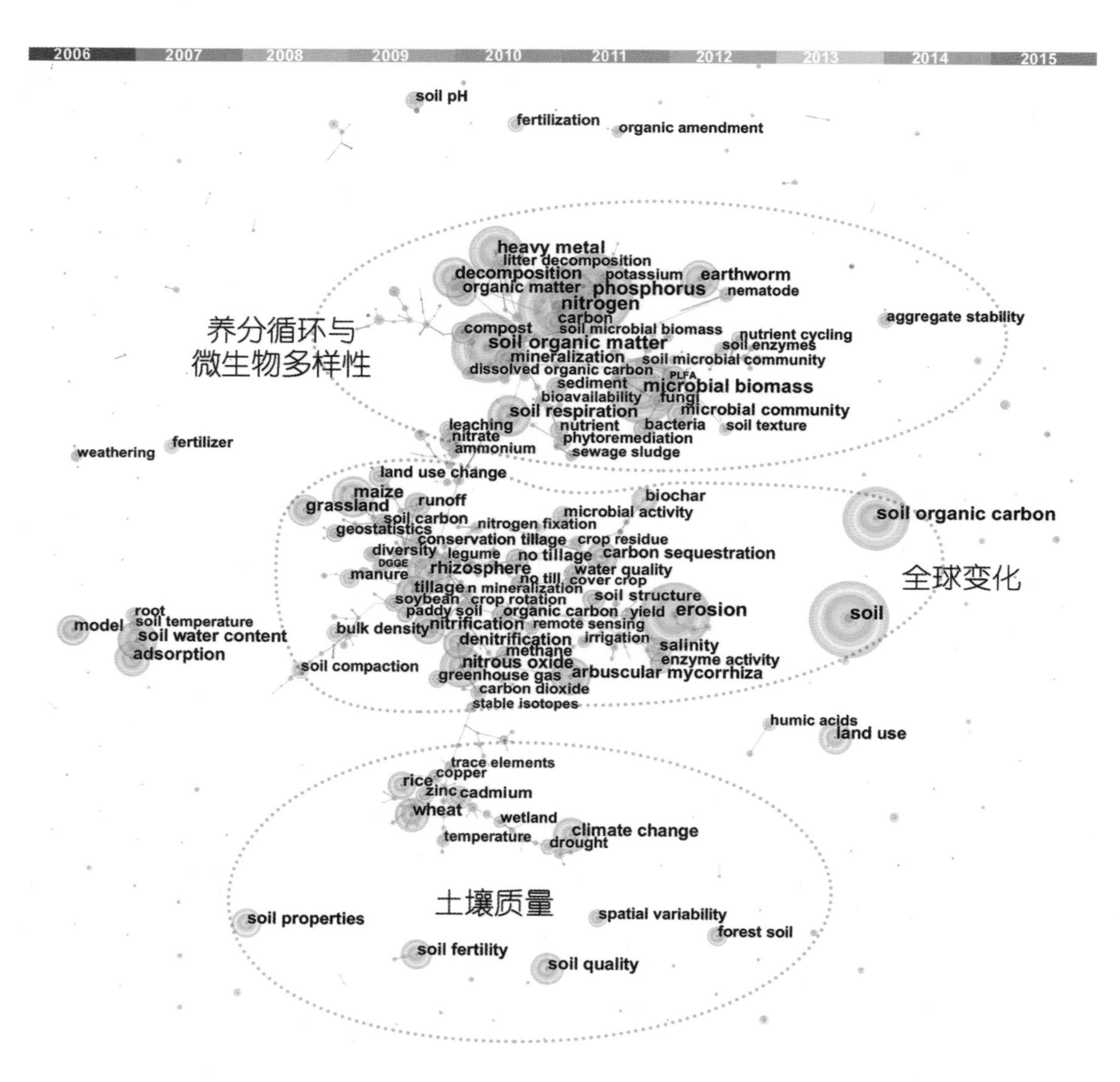

图 2-10　2006～2015 年国际土壤学 SCI 期刊论文关键词共现关系

2.2.2 中国土壤学发展过程解析

近 30 年发表与土壤有关的文献从 CSCD 中共检索到 63 463 余篇，1986～1995 年、1996～2005 年和 2006～2014 年 3 个时段文献数量分别占总数量的 12%、26%和 62%，整体呈快速上升趋势，特别是 2006～2014 年加速增长，其数量占了全部文献的 62%。中国土壤学文献计量网络图谱中各个年轮圈非常明确，随着年限的增长，年轮圈越来越大，圈内所包含的内容越来越复杂，学科间的综合增强，但年轮圈间的关联向离散发展（图 2-11～13）。近 30 年不同时段出现频次较高的关键词有土壤侵蚀、土壤水分、土壤肥力；随着时间的推移，重金属、土壤养分、土壤微生物逐渐成为高频关键词（表 2-9），表明土壤学在发展过程中对土壤微生物的作用与功能的研究加强，国家和社会发展的需要逐渐成为土壤学研究的主要驱动力。可见，中国土壤学在 1986～1995 年以区域土壤研究为重点，进而发展为以土壤养分与肥力、重金属污染、水土流失等重大问题为导向的土壤学研究，当前主要表现为学科间交叉不断加强的土壤学研究。

表 2-9　中国土壤学不同时段 TOP20 高频关键词

时段	1986～1995 年		1996～2005 年		2006～2014 年	
序号	关键词	频次	关键词	频次	关键词	频次
1	土壤侵蚀	88	土壤水分	461	重金属	1 807
2	土壤肥力	86	土壤侵蚀	437	土壤养分	1 167
3	土壤水分	82	重金属	382	土壤水分	1 145
4	红壤	58	土壤肥力	370	土壤侵蚀	764
5	紫色土	57	土壤养分	329	土壤微生物	721
6	黄土高原	56	地理信息系统	259	土壤有机碳	682
7	石灰性土壤	54	黄土高原	223	产量	679
8	水稻	54	土壤微生物	206	土壤酶活性	626
9	水稻土	54	红壤	197	土壤肥力	549
10	小麦	48	水土保持	183	镉	546
11	重金属	42	镉	174	土壤呼吸	544
12	吸附	41	水土流失	166	空间变异	527
13	微量元素	40	小麦	164	黄土高原	488
14	土壤养分	39	水稻	164	吸附	477
15	水土流失	38	吸附	163	玉米	437
16	水土保持	37	冬小麦	159	土地利用	425
17	锌	34	玉米	157	空间分布	409
18	土壤微生物	32	水稻土	155	有机碳	397
19	镉	30	产量	154	土壤含水量	391
20	玉米	30	磷	146	地理信息系统	387

注：前两个时段为 10 年的数据，第三个时段为 2006～2014 年的数据。

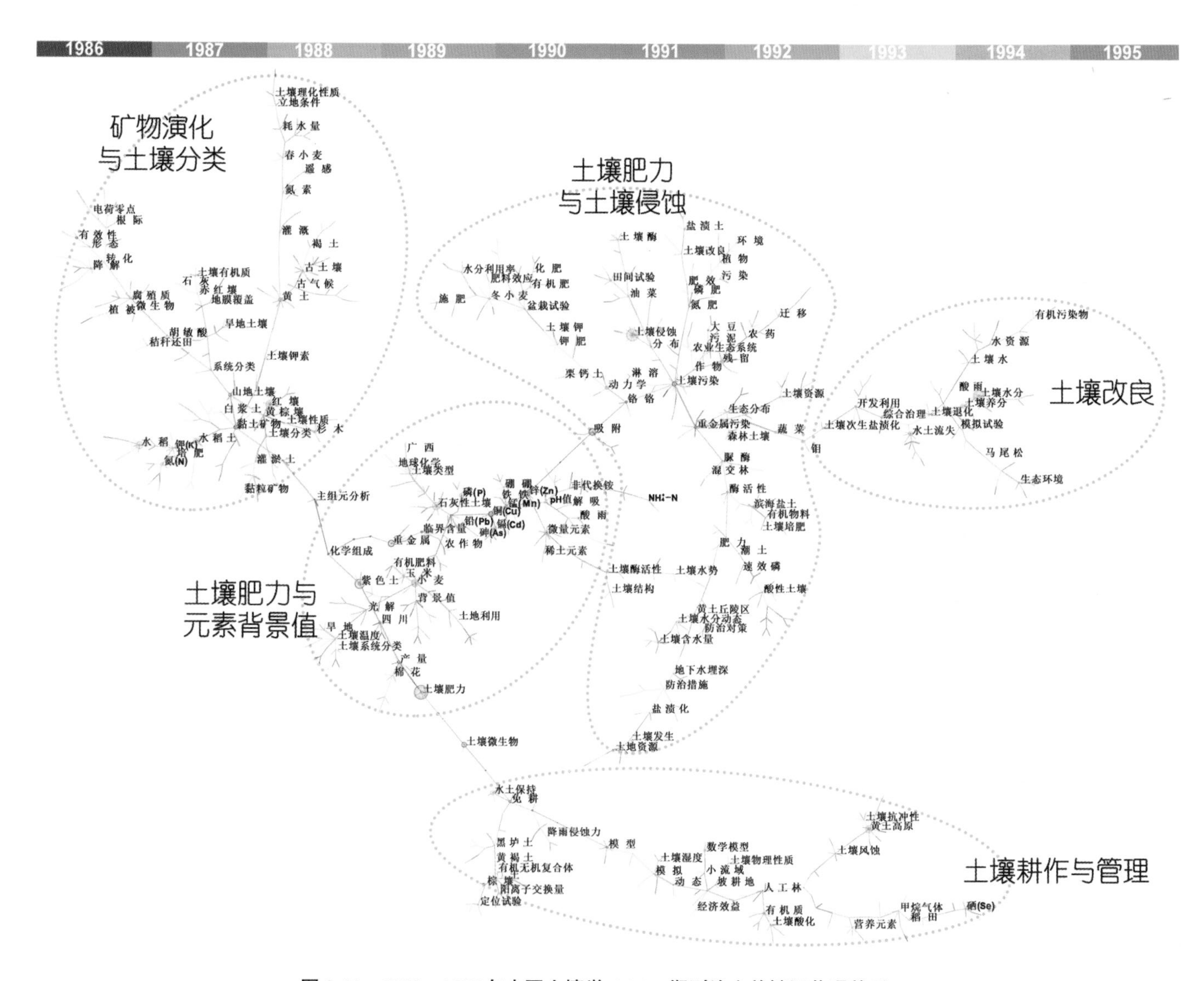

图 2-11　1986～1995 年中国土壤学 CSCD 期刊论文关键词共现关系

（1）以作物高产和土壤保肥为目标的基础土壤学研究时期（1986～1995 年）

1986～1995 年网络图谱中年轮圈最大且与其他年轮圈交叉最为频繁的关键词是土壤肥力、土壤水分、土壤侵蚀，以红壤、紫色土、黄土、石灰性土壤和水稻土为研究对象（图 2-11）。但对不同区域土壤的关注内容不同：红壤以土壤特性和退化为主，水稻土侧重于发生分类、土壤培肥，紫色土以土壤肥力为主，黄土重点关注土壤侵蚀与水土保持、古气候。这些区域典型土壤的研究为中国土壤学科在系统分类、肥力与改良、土壤侵蚀与水土保持等方面的研究奠定了基础。

年轮圈的交叉显示土壤肥力相关研究中，主要以旱地和稻田土壤为研究对象，采取定位试验、田间试验、模拟试验，研究了秸秆还田、有机物料、施肥等对土壤有机质、肥料利用率、作物产量的影响。这些研究提出了一系列提高土壤肥力的培肥措施，并利用微团聚体、腐殖质特性、土壤酶活性等指标来评价培肥效果。土壤退化方面主要针对南方不同类型退化红壤的时空变化，研究不同退化过程的形成机理、恢复与重建退化红壤的长期试验示范模式，同时建立红壤退化的预测预报体系（赵其国，1995：281～285）。完善了中国土壤侵蚀的分类分区系统，初步阐明了坡面土壤侵蚀过程，特别是关于黄土坡面侵蚀方式演变过程及机理，流域泥沙来源界定、小流域水土流失综合治理等方面的研究已经达到或接近世界先进水平。

（2）高强度土壤利用下的土壤学应用基础研究时期（1996～2005 年）

图 2-12 显示 1996～2005 年土壤学研究的方向比较集中，相对较大的年轮圈主要是土壤养分与肥力、重金属污染、水土流失，几乎涵盖了绝大部分的研究内容。土壤水分、土壤侵蚀、重金属、土壤肥力、土壤养分也成为这 10 年出现频率前 5 位的关键词，与 1986～1995 年的高频关键词相比，频次增加了近 5 倍，说明中国土壤学在 1986～2005 年的主要科学问题比较一致，即首要的问题是土壤养分与肥力。但由于高强度土壤利用条件下造成的环境问题日益突出，中国在土壤肥力与养分循环方面的工作中，加强了施肥的环境效应研究：①有机碳、甲烷、二氧化氮、气候变化的年轮圈与土壤肥力充分交融，开始注意到高产与环境的协调；②氮、磷、钾、微量元素、有效性、根际成为高频关键词，冬小麦、玉米、产量间的连线错杂、密集，表明提高肥料利用效率、微量元素的根际过程受到重视（张福锁等，2007：687～694）。

土壤水分位于最大年轮圈的中心，与可持续发展、植被、坡耕地、土地利用、空间变异、地理信息系统、水土流失、地统计学、黄土丘陵区、三峡库区等高频关键词交融在一起，表明以三峡库区和黄土丘陵区为主要区域，利用多种方法和手段对不同土地利用方式下土壤的水分问题展开了大量研究。同时开展了土壤—植物—大气连续体（SPAC）中的水分运动研究，提出了水流通量与水势差关系的假设，建立了作物根系吸水模式，为中国北方旱区农业节水开辟了新的途径（邵明安和黄明斌，2000；康绍忠等，1998）。从经典统计学到地统计学，使土壤水空间变异性的研究逐步由定性的经验描述走向定量的理论分析，为农田精确灌溉，水分、盐分的监测和管理提供了科学依据。中国在土壤侵蚀过程与动力机制、环境效应等方面的研究取得长足进步，流域泥沙来源界定、小流域水土流失综合治理等方面的研究仍保持世界先进水平（冷疏影等，2004：1～7）。从文献计量网络图谱还可看到，土壤污染与修复年轮圈面积较大，包含了重金属、农药、多环芳烃、植物修复等众多高频词汇，表明 20 世纪末中国经济的快速发展使得土壤环境与健康、土壤污染控制与修复备受关注。20 世纪 90 年代中叶，中国开始在重金属污染土壤的植物修复以及农药、石油和多环芳烃污染土壤的微生物修复等方面取得显著进展。90 年代后期，重金属污染土壤的超积累植物修复研究在全国兴起，也带动了电动修复、化学锁定修复等土壤修复方法的研究，研发了砷（As）、铜（Cu）、锌（Zn）等重金属污染土壤的植物修复技术，建立了植物修复示范工程，为土壤修复技术的实际应用做出了示范（韦朝阳和陈同斌，2001：1196～1203；周启星和孙铁珩，2004：1698～1702；骆永明等，2005：230～235）。

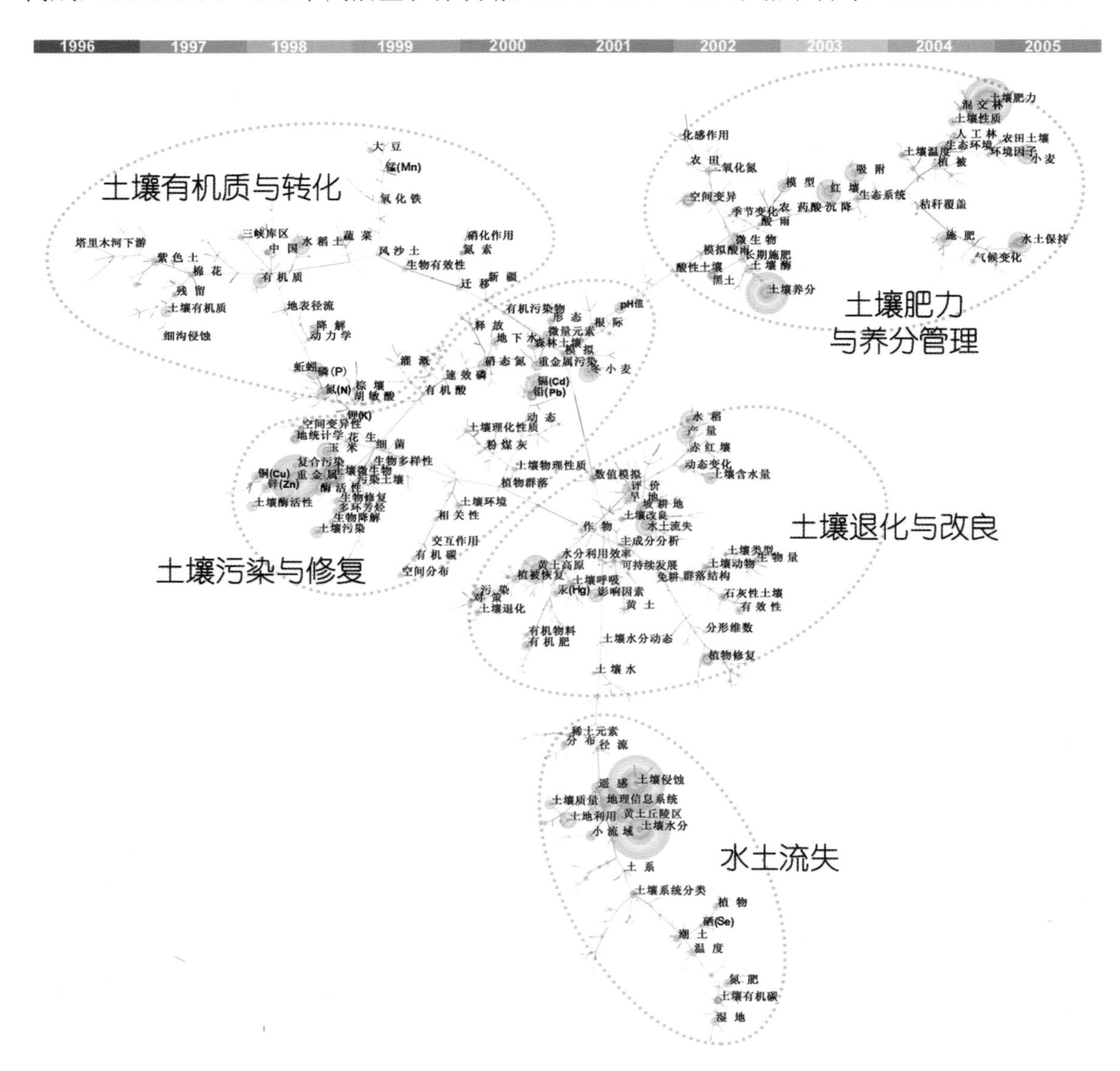

图 2-12　1996～2005 年中国土壤学 CSCD 期刊论文关键词共现关系

（3）围绕农业生产和环境功能的土壤、环境过程及农田管理的系统研究时期（2006～2014 年）

与前两个 10 年的文献计量网络图谱相比，2006～2014 年最大的特点是研究节点的数量变少，但高频关键词的大年轮圈与小年轮圈间的交叉和融合明显增强（图 2-13）。图谱中最大的年轮圈包含了重金属、土壤含水量、水分利用效率、碳储量、秸秆还田、作物产量、耕作方式、土壤健康风险、小麦、大豆、蔬菜、富集系数等众多高频关键词，表明这 10 年不仅关注肥力、产量、水分等传统土壤学的问题，还关注人为活动产生的环境效应方面的研究，例如土壤改良剂、长期施肥、施肥措施与结构对作物产量和重金属含量、形态特征的影响，作物水分利用效率、耕作方式、退耕还林的水土保持效应等，从而实现人类活动和生态环境的协调发展。

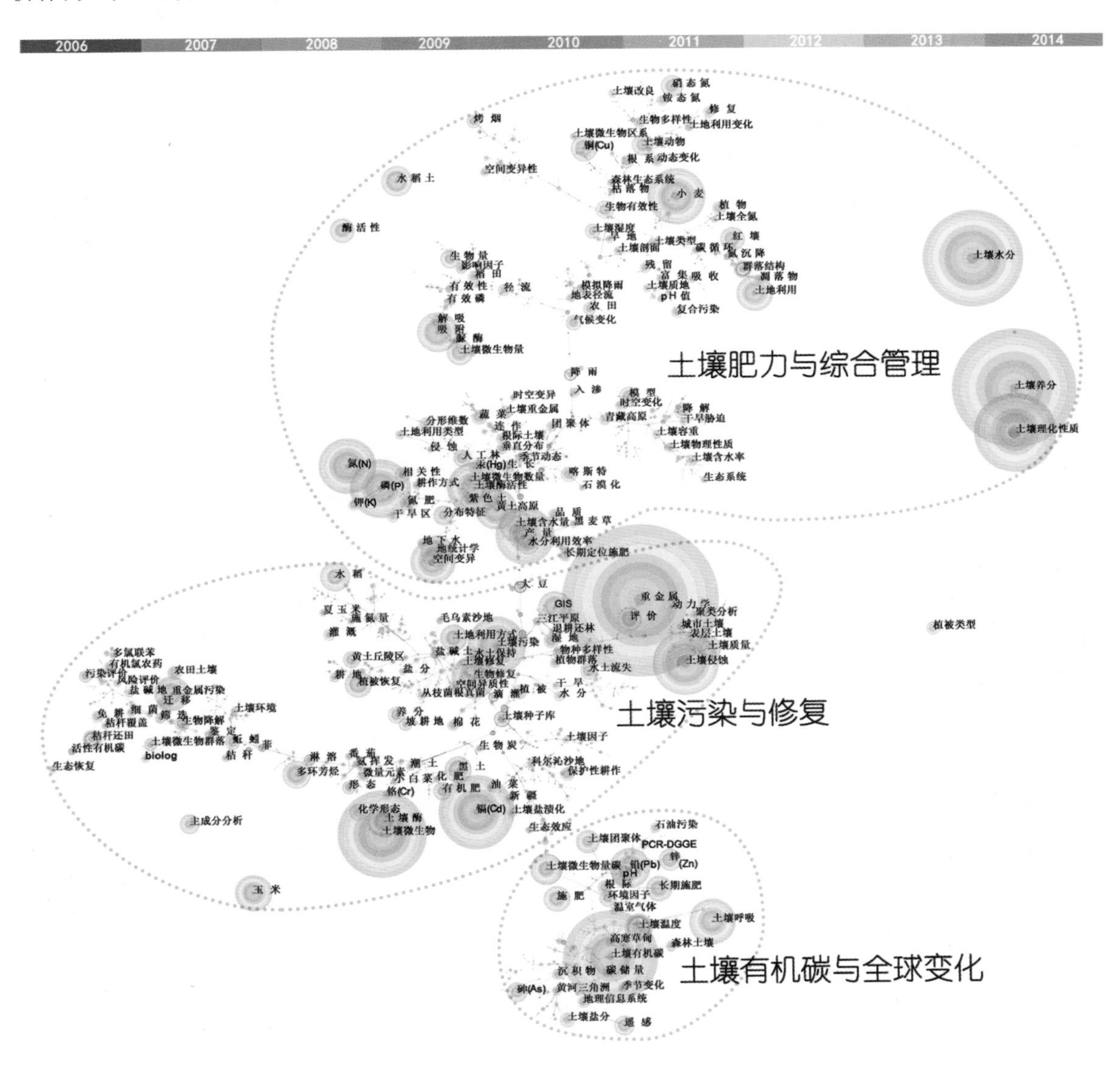

图 2-13　2006～2014 年中国土壤学 CSCD 期刊论文关键词共现关系

网络图谱中的高频词还包括地理信息系统、空间变异等，表明信息技术在养分资源综合管理中得到应用，促进了传统施肥向养分资源综合管理的转变；依据复杂侵蚀环境和侵蚀发生过程的研究，提出中国土壤侵蚀因子评价指标和方法，不同尺度各因子对土壤侵蚀的影响和坡面、流域等尺度的侵蚀产沙传递关系，形成了适合复杂环境侵蚀预报模型构建的理论与方法。网络图谱中许多年轮圈（长期定位施肥、土壤团聚体、土壤修复、植被恢复）都与微生物（活性、群落结构、酶活性、生物量）交叉，土壤微生物参与土壤关键过程的研究众多，成为土壤关键元素生物地球化学循环的引擎。在2005年国家自然科学基金委员会地球科学部组织召开的“土壤生物与土壤过程”研讨会精神的推动下，国内主要土壤学研究单位提出了大量具有交叉性和前沿性的研究课题（宋长青等，2013：1087～1105）。对土壤氮素转化微生物学机制（贺纪正和张丽梅，2013：98～108）、土壤温室气体排放的微生物学机制（刘鹏飞和陆雅海，2013：109～122）、土壤有机质的周转与肥力演变（李玲等，2007：669～674）、土壤矿物表面与微生物相互作用机理（荣兴民等，2011：331～337）、土壤中污染物生物转化的微生物学机制（马强等，2008：1～8）、土壤微生物污染与控制机理等方面开展了系列深入的研究，提升了中国土壤微生物学研究的国际地位。

2.2.3 国际及中国土壤学近30年发展特征

近30年来，国际土壤学研究文献数量快速增长，特别是2006～2015年的发文量占了近30年发文总量的48.7%，从其发展脉络可看出，国际土壤学研究受到了学科发展和社会需求的双重驱动。土壤过程、演变和功能研究从传统的农田土壤学向地球关键带扩展，通过对关键带土壤的物质形成与大气、水、生物、岩石的交换和循环等研究，为理解陆地表层系统变化过程与机理提供基础信息，并使其融入地球系统科学。土壤学研究借助系统科学新思维、物质科学新技术等进一步推动土壤学的认知水平和分析能力，使其宏观上更“宏”、微观上更“微”；同时，土壤学与其他科学以及土壤学分支学科间的交叉越来越明显，从而衍生出新的学科点。土壤生物学的研究逐渐发展为土壤学研究的热点和前沿，成为土壤物质循环的主要驱动者和土壤生态系统的核心。

从文献计量分析的结果也发现，中国土壤学与国际土壤学的发展脉络存在差异。国际土壤学的发展更强调学科基础，即土壤学发展的内在驱动因素，在此基础上突出全球变化、环境污染等与人类福祉密切相关的新兴学科。而中国土壤学在发展过程中突出了区域特色，以土壤地力提升、土壤侵蚀与水土保持、土壤污染与修复等问题导向研究更加明确。随着研究深入，国内外都强调过程与机理，通过机理揭示现象，并且生物的作用越来越明显。学科之间不断交叉、渗透与融合，并促进了土壤学领域的科学发现和新兴交叉学科的产生。

从总体上看，中国土壤学带有明显的区域特色，学科齐全。近30年来的研究取得了显著的进步，在国际上SCI论文数量所占比例由1986～1995年的0.6%上升到2006～2015年的14.0%。在研究的深度与广度上都有不同程度的发展，研究目标从自然土壤向与人类活动密切相关的农业、资源和环境等方面转化，研究的时空尺度从全球、区域和流域到土链、田块、颗粒、结构、分子、原子等方面转化，研究手段则不断地借助于高新技术向信息化、数字化、网络化和集成化转变。但整体上仍处于跟踪国际前沿的水平，引导国际土壤学研究方向的原创性研究成果较少。因此，未来中国土壤学研究任重道远，中国土壤学者还需继续努力，把握学科前沿，不断提高自身的科研竞争力。

2.3　中国土壤学发展的相关背景分析

本节介绍了近 30 年来 NSFC 对土壤学研究的投入情况、土壤学教育的发展史及国内外现状比较、土壤学研究机构和学会组织，以全面厘清中国土壤学在经费、教育、机构等方面的发展现状与趋势。

2.3.1　NSFC 土壤学经费投入

（1）NSFC 土壤学研究资助经费情况

NSFC 是国家支持中国基础研究的主要渠道之一。自 1986 年国家自然科学基金委员会成立以来，在各类基金项目的连续支持下，土壤学从起步到成长，不断发展壮大，已经逐步发展成为包括土壤地理学、土壤物理学、土壤化学、土壤生物学、土壤侵蚀与水土保持、土壤肥力与土壤养分循环、土壤污染与修复、土壤质量与食物安全等主要研究方向的学科体系。在这 30 年中（统计数据源自国家自然科学基金委数据库，时间截至 2015 年 10 月），NSFC 资助的土壤学项目数量、资金总额和资金强度等逐年提升，在促进中国土壤学全面均衡协调发展、基础研究水平提高、国际合作交流及人才培养方面发挥了重要作用。

从 NSFC 土壤学资助数量和经费总额情况来看（图 2-14），1986 年至 2015 年 10 月，NSFC 共资助土壤学各类项目 2 593 项，资助总经费 114 215.2 万元。从时间变化趋势上来看，1986 年 NSFC 成立伊始共资助土壤学各类项目 11 项，到 2015 年资助各类项目数量达到高峰 299 项，约是 1986 年的 27 倍、2000 年的 10 倍，与 2014 年项目数量基本持平。30 年来项目数量逐年增加，年均增长率为 12.1%。项目数的增长大体可以分为以下几个阶段：1986～1988 年项目数均在 10 项左右；1989～2001 年项目数为 20～35 项，变化幅度较小，年均增长率为 4.8%；2002～2007 年开始稳步增长，年均增长率为 8.8%；2008 年开始项目数迅速增长，由 2008 年的 122 项增长到 2012 年的 282 项，年均增长率为 23.3%；2012 年以后项目数的增长幅度保持稳定，到 2015 年只增加了 17 项，年均增长率为 2.0%。在资助项目数量快速增加的同时，NSFC 土壤学资助资金也在迅猛增长。1986 年土壤学各类项目资助资金总计 51 万元，2000 年为 739.2 万元，2015 年为 18 073.8 万元，是 1986 年的 354 倍、2000 年的 25 倍。2001 年 NSFC 土壤学年度资助总资金达到 1 155.4 万元，首次超过 1 千万元。其后的资金增长速度进一步加快，2006 年达到 3 155 万元，2010 年达到 8 227.1 万元，2011 年突破 1 亿元，达到 1.2 亿元，2011 年后保持在 1 亿元以上。从资助资金的年均增长率来看，30 年的年均增长率为 22.4%，增长最快的时段是 2009～2012 年，年均增长率为 49.7%，近 3 年资助资金增长幅度变缓，年均增长率为 5.2%。

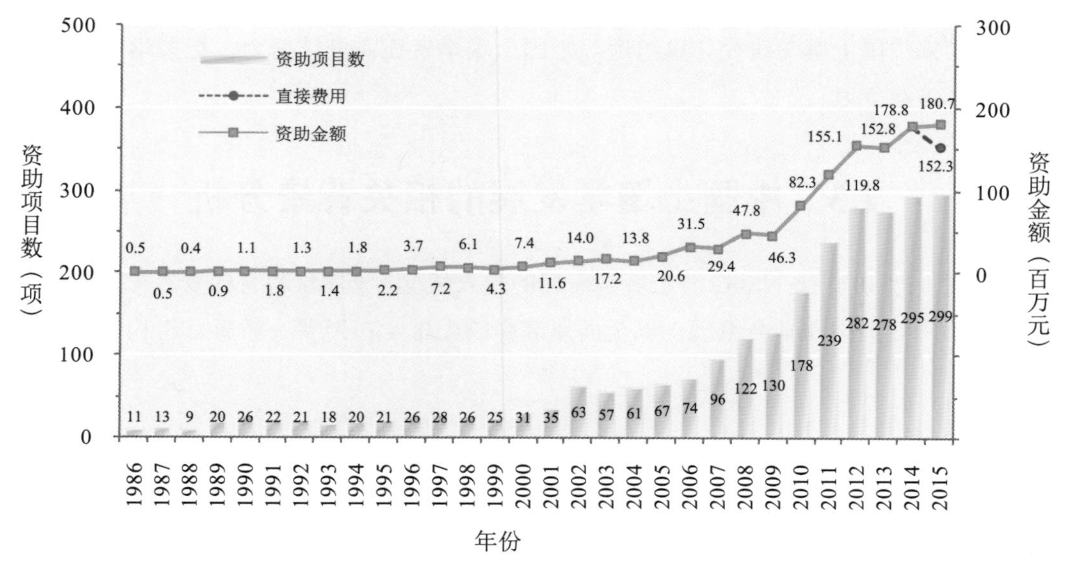

图 2-14　1986～2015 年中国土壤学研究获 NSFC 资助项目数量和经费数量

注：①创新研究群体项目当年新批准项目和延续资助项目分别计算；②杰出青年科学基金项目资金为当年批准资金与后续追加资金之和；③重大项目数量只计申请代码为 D0105 土壤学的项目，重大项目资金只计申请代码为 D0105 土壤学的课题；④2015 年总资金为估算值；⑤统计数据源于国家自然科学基金委数据库，时间截至 2015 年 10 月。

需要说明的是，2015 年 NSFC 首次将资助资金分为直接费用和间接费用。直接费用拨款到项目负责人，而间接费用拨款到项目依托单位统一管理，对外公布的项目资助资金均为直接费用。为了能与 1986～2014 年资助资金进行对比，本书将 2015 年资助项目的直接费用按比例换算为总资金，其中杰出青年科学项目单项资助资金为 400 万元（包含固定间接费用 50 万元）、优秀青年科学项目单项资助资金为 150 万元（包含固定间接费用 20 万元），其他各类项目的单项资助资金均按照直接费用除以 0.84～0.85 得到。因此，土壤学 2015 年资助资金及资助强度数据可能存在少量误差。据统计，2015 年土壤学资助直接费用 15 233.3 万元，按照各类项目分别估算并最终合计的结果，共资助资金 18 073.8 万元（图 2-14）。

30 年间 NSFC 对土壤学的资助资金整体保持增长趋势，且从 2001 年开始资助资金的增幅逐年增大。其原因一方面是由于各种类型项目的资助数量和单项资金明显增加；另一方面也是由于土壤学得到重点项目、重大项目、杰出青年科学基金项目、国际（地区）合作研究项目和创新研究群体科学基金项目等资金额度较大的项目资助，使得当年总资金比前一年上涨明显。就重点和重大项目而言，1997 年资助的 242 万元、1998 年资助的 220 万元、2002 年资助的 220 万元、2003 年资助的 430 万元、2005 年资助的 130 万元、2008 年资助的 690 万元、2010 年资助的 2 849 万元、2011 年资助的 1 490 万元、2012 年资助的 1 860 万元、2014 年资助的 2 111 万元和 2015 年资助的 1 771 万元，均使当年土壤学资助总资金较其上一年明显增长。就创新研究群体科学基金项目而言，针对“土壤及其界面过程”（项目批准号：406210001）在 2006 年资助的 500 万元也使当年土壤学资助总资金较其上一年明显增长。此外，国家杰出青年科学基金项目与优秀青年科学基金项目的年度资助数量和资金也会影响到资助总额。2010～2012 年连续 3 年土壤学资助资金较上一年明显增长，主要原因是面上项目资助数量和强度的稳步增长。2015 年较 2014 年土壤学资金变幅很小，且这两年在资助项目的分布上发生了变化。较前一年，2015 年面上项目在数量上增加了 17 项，但是在资金额度上却减少了 1 030 万元。

（2）NSFC 土壤学基金主要项目类型经费分布

从 NSFC 土壤学资助类型分布的总体情况来看，2001～2015 年 NSFC 对土壤学的资助在重点项目、面上项目、青年科学基金和地区科学基金的资助项目数（占总项目数的比例）分别为 42 项（1.8%）、934 项（41.0%）、894 项（39.3%）、196 项（8.6%），资助经费（含追加）分别为 11 390.7 万元（10.3%）、55 948.2 万元（50.8%）、21 766.6 万元（19.8%）、8 542.2 万元（7.8%），平均单项资助金额分别为 271.2 万元、59.9 万元、24.3 万元、43.6 万元。从项目数量来看，由高到低依次为面上、青年、地区、重点；从资助金额来看，依次为面上、青年、重点、地区；从平均单项资助金额来看，依次为重点、面上、地区、青年。由此可见，NSFC 资助土壤学的项目里，面上项目资助数量最多，经费所占比例最大，范围广，覆盖面大，代表了土壤学研究最重要的力量和研究水平。重点项目资助范围小，但经费支持强度高，代表着中国土壤学研究的最高水平，维持重点项目稳定的资助是中国赶超国际水平的关键。因受所在区域的限制，近 15 年来地区科学基金项目较少，其项目数和金额仅占 8.6%与 7.8%。土壤学的资助可向地区倾斜，以保证全国的土壤学研究能力能够得到整体的提高。青年科学基金项目的项目数和资助金额分别占 39.3%和 19.8%，相较于前 15 年有了大幅度提高，提高青年科学基金项目的资助比例是提高中国未来土壤学研究水平的关键。

从 NSFC 资助土壤学各类型项目分布的时间变化上来看，NSFC 资助土壤学各单类项目占全类项目比例也随着时段逐渐变化。以每 5 年一个时段统计，面上项目占全部类型项目的比例在 NSFC 成立最初几年较高，1986～1990 年所占的比例为 81.0%，并连续 15 年维持在 60%以上，其后逐年降低，2011～2015 年所占的比例为 37.3%；重点项目占全部类型项目的比例随时段的变化情况是，1991～1995 年比例为 1.0%，经过 1996～2000 年的峰值 3.7%以后，逐渐降低，到 2011～2015 年这一比例降至 2.0%；地区科学基金项目占全部类型项目的比例在 1986～1990 年为 6.3%，经过 2001～2005 年的低谷 3.9%，在 2011～2015 年达到峰值 10.2%，在其余时段其比例均在 7.2%～7.8%；自 NSFC 在 1994 年设立杰出青年科学基金项目以来，这一项目占全部类型项目的比例逐年下降，到 2011 年以后这一比例维持在 1%以下，这是由于在土壤学资助数量逐年增长的同时，为保证人才质量，杰出青年基金项目数量并未随之增长。这表明这一项目申请竞争的激烈，也使杰出青年科学基金项目成为多数机构评估人才的重要考核指标。30 年来，青年科学基金项目占全部类型项目的比例在 1986～1990 年为 12.7%，其后逐年增长，2011 年以后达到峰值 45.3%，这一变化表明国家在不断提高青年科学基金项目的资助数量，加强对年轻研究人员资助力度，保证科研后备人才的成长。

30 年来，在 NSFC 土壤学资助项目数量和资金总体增加的背景下，其各类型项目的资助经费额度的变化幅度略有差异（表 2-10）。以每 5 年一个时段统计，其中面上项目资金占土壤学当年总资金比例在 1986～1990 年最高，达到 86.1%，1991～1995 年降为 69.9%，在经历了 1996～2000 年最低值 47.0%以后，最近 10 年已缓慢增长至 50.0%左右。而青年科学基金项目资金所占比例由最初 5 年的 8.8%，增长到 1991～1995 年的 16.9%左右，在 1996～2000 年又降至 12.9%，随后持续增长，2001～2005 年为 16.7%，2006～2010 年为 19.1%，2011～2015 年达到顶峰 20.3%。

表 2-10　1986～2015 年土壤学获 NSFC 资助主要项目类型的经费数量（万元）

项目类别	1986～1990 年	1991～1995 年	1996～2000 年	2001～2005 年	2006～2010 年	2011～2015 年
研究项目系列						
面上项目	290.6	588.5	1 345.5	4 028	11 818	40 102.2
重点项目	0	65	500	580	1 719	9 091
重大项目	0	0	42.0	200	1 000	360
重大研究计划	0	0	0	390	305	515
国际（地区）合作研究项目	0	0	0	335	590	492
人才项目系列						
青年科学基金项目	29.8	142.0	369	1 286	4 536	15 944.6
优秀青年科学基金项目	0	0	0	0	0	1 400
国家杰出青年科学基金	0	0	460	520	1 400	2 800
创新研究群体科学基金	0	0	0	0	1 050	0
地区科学基金项目	17	46.1	133	216	1 060	7 266.2
海外及港澳学者合作研究基金	0	0	0	0	60	0
外国青年学者研究基金	0	0	0	0	0	90
环境条件项目系列						
联合基金项目	0	0	0	0	0	295
合作交流	0	0	1.2	127.8	82.9	126.8
留学人员短期回国工作讲学	0	0	0	0	2.5	3.5
高技术探索	0	0	0	0	0	0
主任基金	0	0	14	35	104	134
优秀国家重点实验室研究项目	0	0	0	0	0	0
科普项目	0	0	0	0	0	0
科学出版资助项目	0	0	0	5.5	0	0
重点学术期刊	0	0	0	0	0	0

注：①创新研究群体项目每年新批准项目和延续资助项目分别计算；②杰出青年科学基金项目资金为当年批准资金与后续追加资金之和；③重大项目数量只计申请代码为 D0105 土壤学的项目，重大项目资金只计申请代码为 D0105 土壤学的课题；④2015 年总资金为估算值；⑤杰出青年科学基金设立于 1994 年，创新研究群体科学基金项目设立于 2000 年，优秀青年科学基金项目设立于 2012 年；⑥统计数据源于国家自然科学基金委数据库，时间截至 2015 年 10 月。

地区科学基金项目资金所占比例有过一次低谷和一次高峰，分别是 2001～2005 年的 2.8%和 2011～2015 年的 9.2%，其余时段基本在 4.5%～5.5%。NSFC 青年基金项目是为了促进青年科技工作者成长，培养和造就具有发展潜力的优秀青年科技人才的资助项目，申请者的年龄限定在 35 周岁以下。NSFC 地区基金项目主要是为了加强对部分边远地区、少数民族地区等科学研究基础薄弱地区科技工作者的支持，稳定、吸引和培养这些地区的科技人才，扶植和凝聚优秀人才，支持他们潜心探索，为区域协调发展和国家创新体系建设服务。NSFC 对这两项基金项目资助数量的分配比例主要依赖于申请项目所占的比例，而对于单项资助经费金额两项目之间差异并不大。在 NSFC 成立 30 年来，青年科学基金和地区科学基金项目的总项目数量与总资助经费占全部类型项目的比例逐年升高，反映了土壤学在青年科学基金和地区科学基金项目申请方面日益活跃，表明 NSFC 对青年和欠发达地区科研后备人才的培养，为土壤学良好的学科发展态势奠定了基础。

面上项目、青年科学基金项目和地区科学基金项目一直是 NSFC 支持的主体。以 3 类项目总体计算，1986～1990 年土壤学 3 类项目资助总资金占 100%，随后持续下降，在经过 1996～2000 年最低谷 64.5%以后，持续增长，2011～2015 年达到 80.5%。重点项目资助资金所占比例有两个时段比较高，分别是 1996～2000 年的 17.5%和 2011～2015 年的 11.6%，在 1986～1990 年没有重点项目，其余时段均在 7.5%左右。造成这种比例结构变化的原因：一方面，由于 NSFC 宏观政策的引导，即保证面上项目、青年科学基金项目和地区科学基金项目的资金比例不低于 60%，使科学研究人员有足够的自由探索空间，并保证科研后备人才的成长；另一方面，自 2002 年起，NSFC 地球科学部改变了此前由学科规划提出当年重点项目资助方向的模式，实施按领域资助重点项目的管理模式，由学部统筹五年规划并提出重点项目资助方向，学科不再自行确定重点项目的资助规模。

土壤学获得重点项目数量和资助经费占地球科学部的比例在不同阶段也有变化。其中，重点项目数量和资助经费在经历 2001～2005 年的低谷（分别为 2.8%和 2.4%）后，其所占地球科学部的比例逐渐增加，2006～2010 年所占比例分别为 3.2%和 3.4%，2011～2015 年所占比例均为 7.4%。自 2007 年起，NSFC 地球科学部增加了重点项目的领域数量，由此前的 6 个领域增加为 2007～2011 年的 10 个领域。新增的“陆地表层系统变化过程与机理”和“人类活动对环境变化的影响及其调控原理”相比于之前的“区域可持续发展”领域拓展了土壤学研究内容，直接使得 2007～2011 年土壤学获得的重点项目由 2002～2006 年的 5 项（580 万元）增加为 14 项（3 209 万元）；此外，自 2012 年起，NSFC 地球科学部重点项目领域的数量增加到 11 个，土壤学相关的项目领域名称由“人类活动对环境变化的影响及其调控原理”和“水循环与水资源”，改为“人类活动对环境影响的机理”和“水土资源演变与调控”，丰富和细化了重点资助的研究方向，进一步拓展了土壤学项目的申请空间。土壤学 2012～2015 年仅 4 年就获得重点项目 23 项（7 268 万元），远超 2007～2011 年重点项目的数量和资金。

（3）NSFC 土壤学基金资助强度

30 年来，国家对科学基金总体经费的投入和单项科研项目的资助强度持续增加，为广大科研工作者的科学研究提供了强有力的经济支持。各类项目的资助强度整体呈现增加的趋势，2011 年以来增加尤为明显（表 2-11）。2011～2015 年面上项目、重点项目和地区科学基金项目的单项平均资助强度已分别达到 77.1 万元/项、324.7 万元/项和 51.2 万元/项，分别为 1991～1995 年的 9.2 倍、5.0 倍和 8.9 倍，为 1996～2000 年的 4.9 倍、3.2 倍和 3.8 倍，为 2001～2005 年的 2.5 倍、2.8 倍和 2.6 倍，为 2006～2010 年的 1.9 倍、1.7 倍和 2.1 倍；青年科学基金项目的单项资助强度虽不及上述项目类型，但也从 1986～1990 年的 3 万元/项大幅上升到 2011～2015 年的峰值

表 2-11　1986～2015 年土壤学获 NSFC 资助主要项目类型的强度（万元 / 项）

项目类别	1986～1990 年	1991～1995 年	1996～2000 年	2001～2005 年	2006～2010 年	2011～2015 年
研究项目系列						
面上项目	4.5	8.4	15.8	31.5	41.3	77.1
重点项目	—	65	100	116	191	324.7
重大项目	—	—	42	200	250	360
重大研究计划	—	—	—	78	152.5	171.7
国际（地区）合作研究项目	—	—	—	167.5	98.3	282.9
人才项目系列						
青年科学基金项目	3.0	6.2	14.8	24.7	21.5	25.3
优秀青年科学基金项目	—	—	—	—	—	116.7
国家杰出青年科学基金	—	—	76.7	104	200	311.1
创新研究群体科学基金	—	—	—	—	525	—
地区科学基金项目	3.4	5.8	13.3	19.6	24.7	51.2
海外及港澳学者合作研究基金	—	—	—	—	30	—
外国青年学者研究基金	—	—	—	—	—	18
环境条件项目系列						
联合基金项目	—	—	—	—	—	98.3
合作交流	—	—	1.2	1.9	4.4	4.7
留学人员短期回国工作讲学	—	—	—	—	1.3	1.8
高技术探索	—	—	—	—	—	—
主任基金	—	—	4.7	8.8	14.9	20
优秀国家重点实验室研究项目	—	—	—	—	—	—
科普项目	—	—	—	—	—	—
科学出版资助项目	—	—	—	5.5	—	—
重点学术期刊	—	—	—	—	—	—

注：①创新研究群体项目每年新批准项目和延续资助项目分别计算；②杰出青年科学基金项目资金为当年批准资金与后续追加资金之和；③重大项目数量只计申请代码为 D0105 土壤学的项目，重大项目资金只计申请代码为 D0105 土壤学的课题；④2015 年总资金为估算值；⑤杰出青年科学基金设立于 1994 年，创新研究群体科学基金项目设立于 2000 年，优秀青年科学基金项目设立于 2012 年；⑥统计数据源于国家自然科学基金委数据库，时间截至 2015 年 10 月。

25.3 万元/项。2015 年面上项目、重点项目、地区科学基金项目和青年科学基金项目的单项平均资助强度按直接费用计分别为 65.5 万元/项、295.2 万元/项、42.9 万元/项和 20.2 万元/项，比 2014 年分别减少 21.2 万元、56.7 万元、7.4 万元和 5.6 万元。其中面上项目单项资助强度减少主要是由于 2015 年面上项目资助数量比 2014 年增加了 17 项，而面上项目资助经费却减少了 1 030 万元，因此降低了单项资助强度。

30 年来，NSFC 不仅重视研究类项目的资助强度，而且多次提高人才类项目的资助强度。国家杰出青年科学基金项目的批准单项资金由 1994 年设立时的 60 万元逐步调整至 1999 年的 80 万元、2002 年的 100 万元、2006 年的 200 万元和 2014 年的 400 万元。创新研究群体科学基金项目的批准单项资金由 2000 年设立时的 360 万元逐步调整至 2006 年的 500 万元、2011 年的 600 万元和 2014 年的 1 200 万元（同时由 3 年期改为 6 年期）。优秀青年科学基金项目的批准单项资金由 2012 年设立时的 100 万元调整至 2015 年的 150 万元。

（4）NSFC 土壤学基金资助率

资助率是资助项目数量占申请项目数量的比例，受资助原则和申请状况的共同制约。从近 5 年 NSFC 土壤学主要项目类型（面上、重点、青年、杰青、优青、地区）资助率的分布上来看（表 2-12），NSFC 对青年科学基金项目的资助率最高（30.8%），然后依次为面上（25.3%）、地区（24.4%）、重点（21.5%）、优青（12.8%）、杰青（10.2%）。面上、青年、地区和重点项目的资助率较高，均超过 20%，保证了中国土壤学科研工作健康的发展态势。而 1994 年设立的国家杰出青年基金项目和 2012 年设立的国家优秀青年基金项目在近 5 年的资助率均在 10%左右，表明这两个项目申请的竞争比较激烈。优青和杰青项目在设立伊始就受到土壤学科研工作者的高度关注，在 NSFC 不断加大对这两项基金项目资助力度以及许多机构把这两项基金项目负责人作为重要的人才评价指标的背景下，科研工作者对于优青和杰青项目申请的竞争还将持续并更加激烈。

表 2-12　1986～2015 年土壤学获 NSFC 资助主要项目类型的资助率（%）

项目类别	1986～1990 年	1991～1995 年	1996～2000 年	2001～2005 年	2006～2010 年	2011～2015 年
研究项目系列						
面上项目	100	100	27.3	17.1	19.6	25.3
重点项目	—	100	100	27.8	14.8	21.5
重大项目	—	—	—	—	50	—
重大研究计划	—	—	—	14.3	66.7	60
国际（地区）合作研究项目	—	—	—	33.3	32.1	13.5
人才项目系列						
青年科学基金项目	100	100	34.2	27.8	27.1	30.8
优秀青年科学基金项目	—	—	—	—	—	12.8
国家杰出青年科学基金	—	—	37.5	19.2	12.1	10.2
创新研究群体科学基金	—	—	—	0	66.7	0
地区科学基金项目	100	100	33.3	16.7	23	24.4
海外及港澳学者合作研究基金	—	—	—	—	66.7	0
外国青年学者研究基金	—	—	—	—	60	60

续表

项目类别	1986～1990 年	1991～1995 年	1996～2000 年	2001～2005 年	2006～2010 年	2011～2015 年
环境条件项目系列						
联合基金项目	—	—	—	0	0	10.3
合作交流	—	—	100	92.3	67.7	59.8
留学人员短期回国工作讲学	—	—	—	—	100	—
高技术探索	100	100	40	—	—	—
主任基金	100	100	100	96.2	89.7	96.1
优秀国家重点实验室研究项目	—	100	100	100	100	100
科普项目	—	—	—	5.6	60	100
科学出版资助项目	—	—	—	50	—	—
重点学术期刊	—	—	—	—	0	100

注：①表中“—”表示当年没有申请项目，故不计算资助率；②重大项目为极少量申请，故不计算资助率；③1986～1995 年没有申请项目信息，故表中显示 1986～1995 年资助项目和申请项目相同，即资助率以 100%代替；④统计数据源于国家自然科学基金委数据库，时间截至 2015 年 10 月。

从 NSFC 土壤学各类项目资助率的时间变化来看（表 2-12），总体波动和部分项目变化幅度明显。首先，杰出青年科学基金项目的竞争最为激烈，资助率自 1996～2000 年的 37.5%下滑至 2011～2015 年的 10.2%；其次是 2012 年新设立的优秀青年科学基金项目，资助率为 12.8%，说明设立仅 4 年竞争就异常激烈；再次是重点项目，从 2001～2005 年的 27.8%下降到 2006～2010 年的 15%左右，2011～2015 年又回升到 21.5%，说明重点项目在重大基础研究中的作用日益突出。申请者近年来在申请杰出青年科学基金项目、优秀青年科学基金项目和重点项目时遇到的竞争呈现出越来越激烈的趋势，造成这种激烈竞争的原因可能有两种：一是由于青年人才成长迅速，累积到一定阶段使得申请者基数逐年增加；二是现阶段许多机构与研究院所的科研考核机制把获得杰出青年基金和优秀青年基金项目作为重要的人才考核指标，把重点项目负责人作为晋升教授或研究员的重要考核指标，使得越来越多的研究人员把申请这些项目作为重要的目标并积极参与竞争。在研究类项目中，重大研究计划项目的资助率在近些年来有显著的提升，由 2001～2005 年的 14.3%增加到 2006～2010 年的 66.7%，在 2011～2015 年缓慢回落至 60.0%，造成重大研究计划项目资助率巨大提升的原因有两个：一是近年来 NSFC 对基金项目的资助力度逐渐增加；二是重大研究计划项目一般持续时间较长，在申请初期竞争比较激烈，导致资助率低，经过几年的资金资助和科研积累，在后期具备申请条件的机构和人员会大幅减少，使得资助率显著上升。

（5）NSFC 土壤学资助项目负责人年龄分布

从 NSFC 土壤学基金项目负责人人数和年龄分布看，总人数在不断上升，由 1986～1995 年的 181 人升至 1996～2005 年的 419 人，而近 10 年更是增长迅速，人数达到 1 981 人。其中 50 岁以下项目负责人数量的增长最显著，由 1986～1995 年的 80 人增加到 2006～2015 年的 1 831 人；而 50 岁以上的项目负责人数量在 1996～2005 年到达低谷的 55 人，由于近 20 年 NSFC 资助项目数量的大量增加，人数又回升至 150 人，且主要是由于 51～55 岁项目负责人的数量显著增加。从不同时段项目负责人年龄的主要分布来看，1986～1995 年全部类型项目负责人的年龄多为 51～60 岁（39.8%），1996～2005 年多为 31～45 岁（73.5%），而在近 10 年 45 岁以下的项目负责人的比例达到了 80%以上，且主要集中在 31～35 岁（33.5%）。从项目负责人年龄结构的整体变化趋势来看，中年研究人员比例有所降低，年轻研究人员比例在上升，说明从事土壤学科研的年轻力量正在兴起，且成长迅速。

我们以面上项目和重点项目为例，分析项目负责人年龄分布随时间的变化情况（图 2-15a、图 2-15b）。面上项目不同年龄负责人的数量随时间增长的变化规律与全部类型项目整体情况基本一致，项目负责人的数量由 1986～1995 年的 134 人上升到 2006～2015 年的 806 人，50 岁以

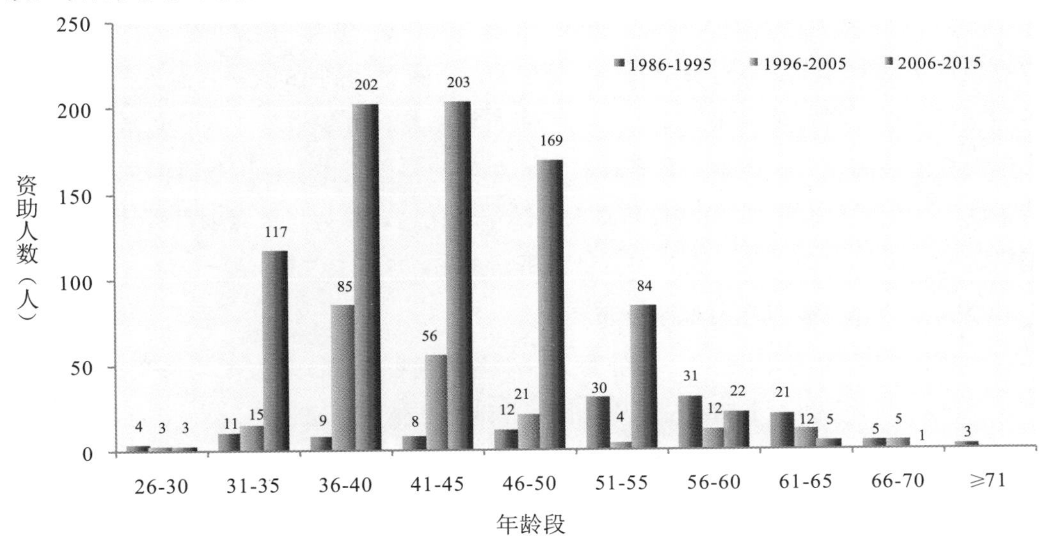

图 2-15a　1986～2015 年土壤学获 NSFC 资助面上项目负责人年龄分布

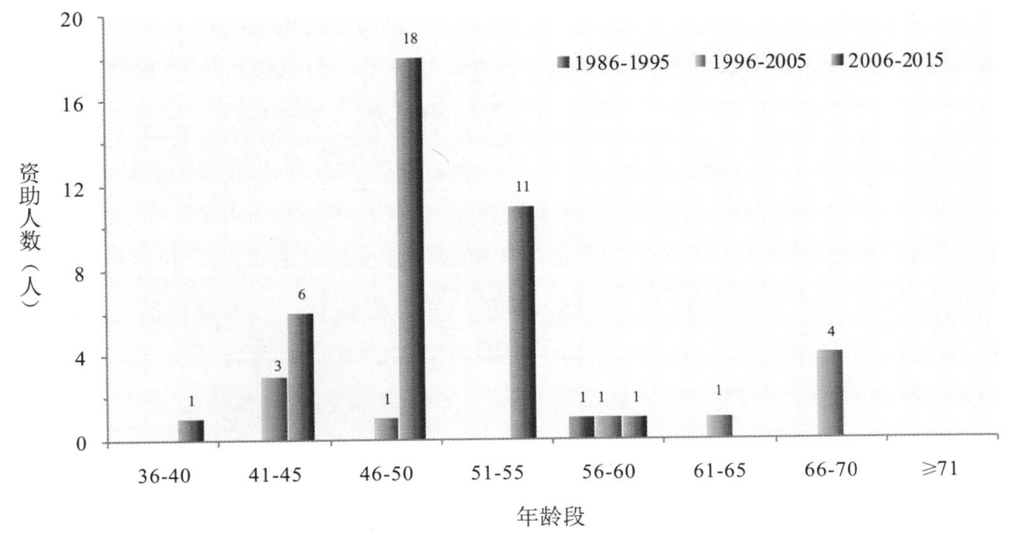

图 2-15b　1986～2015 年土壤学获 NSFC 资助重点项目负责人年龄分布

注：统计数据源于国家自然科学基金委数据库，时间截至 2015 年 10 月。

下项目负责人数量的增长是主要原因。30 年来，面上项目负责人的年龄总体上呈现年轻化趋势。1986～1995 年面上项目负责人集中在 51～60 岁，年龄普遍偏大；1996～2005 年集中在 36～45 岁，年龄迅速降低；最近 10 年分布在 36～45 岁的仍最多，但同时在 31～35 岁、46～50 岁及 51～60 岁也多有分布，甚至在 56～60 岁也有一定比例，而年龄在 30 岁以下和 60 岁以上的面上项目负责人的数量较少。面上项目负责人的年龄分布宽，一方面说明年轻研究人员成长快，执行 NSFC 青年科学基金项目以后可以接续面上项目继续研究；另一方面也说明面上项目具有比较大的吸引力，对团队的稳定发展具有重要作用。

重点项目负责人总人数由 1986～1995 年的 1 人增至 2006～2015 年的 37 人。从不同年龄段的项目负责人数量所占比例随时间的变化来看，重点项目负责人显著呈年轻化趋势，50 岁以下人数在 1986～1995 年几乎没有，1996～2005 年占 40%，近 10 年占 67.6%。近 10 年，46～50 岁的重点项目负责人已经成为土壤学研究的骨干力量，人数达到 18 人，占总人数的 48.6%；50 岁以下的项目负责人中，46～50 岁 18 人，41～45 岁 6 人，40 岁以下 1 人。重点项目代表着中国土壤学研究的最高水平，申请所需条件较高，早年的科研工作者经过长时间的科研积累满足了申请条件，人数也随之增加；而项目负责人年龄年轻化这一趋势与重点项目资助数量的增加、现今年轻研究人员起点高、成长快的大背景有密切关系。

（6）NSFC 土壤学资助项目地区分布

1986～2015 年的 30 年间 NSFC 共资助土壤学各类项目 2 593 项，平均每个省市约 84 项，共有 326 个机构的受资助人 1 788 人。从项目所在地分布情况看（图 2-16a），各地区的项目数量呈现不均衡分布，项目数排名前 5 位的省份包括江苏省、北京市、陕西省、湖北省和辽宁省，这 5 个省份项目总数占全国的 54.8%，且单个地区项目数均超过全国项目总数的 5%，分别为 21.4%、14.0%、8.3%、5.7%和 5.5%。从资助经费的分布情况看，排名前 5 位的省份包括江苏省、北京市、陕西省、湖北省和浙江省，这 5 省份的项目资金占全国的 56.0%，且单个地区项目经费均超过全国资金总额的 5%，分别为 21.4%、14.5%、8.7%、6.1%和 5.3%。虽然现阶段全国不同省市地区的项目数还不是很均衡，但是从近几年 NSFC 投入的情况看，国家正在加强对地区科学基金项目和青年科学基金项目的投入，以改善项目和经费分布不均衡的现状。30 年来，从事 NSFC 土壤学研究人数（项目负责人）最多的前 5 个省份分别为江苏省、北京市、陕西省、辽宁省和广东省，均在 100 人以上。这 5 个省份从事 NSFC 土壤学研究总人数占全国的 50.5%，获得资金占 54.9%。这些在项目数量、资助经费和从事人员数量上排名靠前的省份集中分布了中国土壤学领域的一些重要研究机构。比如，中国科学院的南京土壤研究所、沈阳应用生态研究所、水土保持研究所、地理科学与资源研究所、广州地球化学研究所以及广东省生态环境与土壤研究所等，中国农业科学院的农业环境与可持续发展研究所、农业资源与农业区划研究所等，高等院校包括中国农业大学、南京农业大学、西北农林科技大学、沈阳农业大学、华南农业大学等。从事 NSFC 土壤学研究人数最少的为青海省和黑龙江省，其次为西藏自治区。

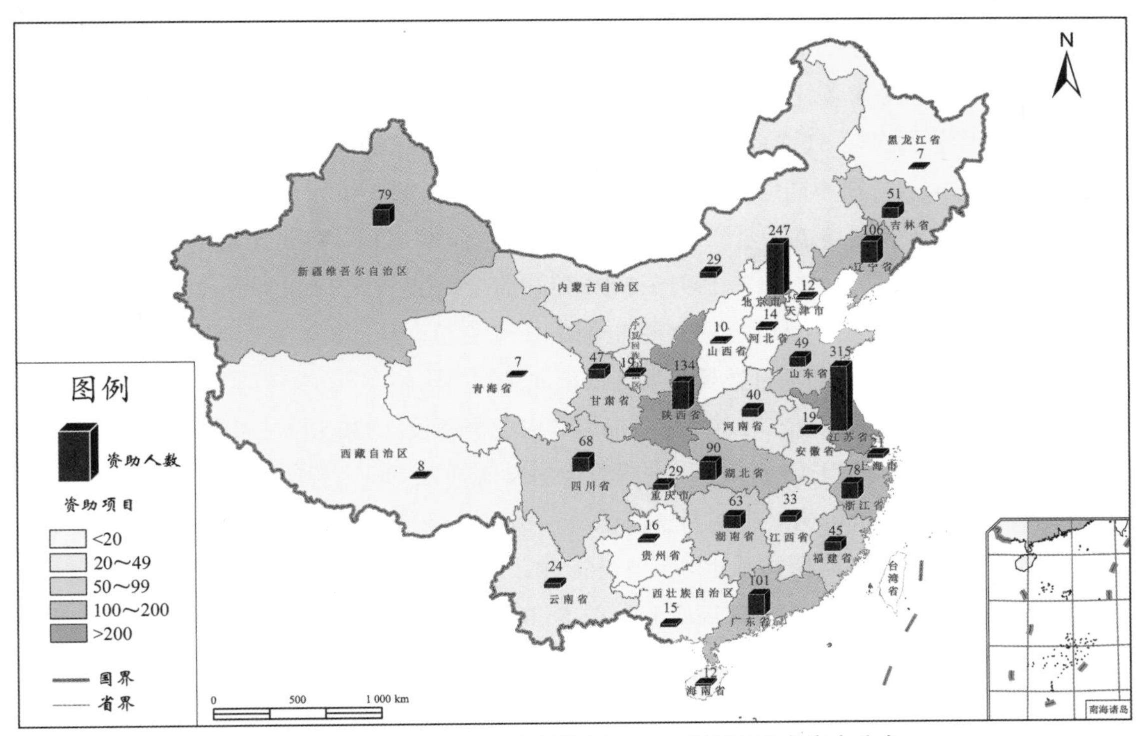

图 2-16a　1986～2015 年土壤学获 NSFC 资助项目负责人分布

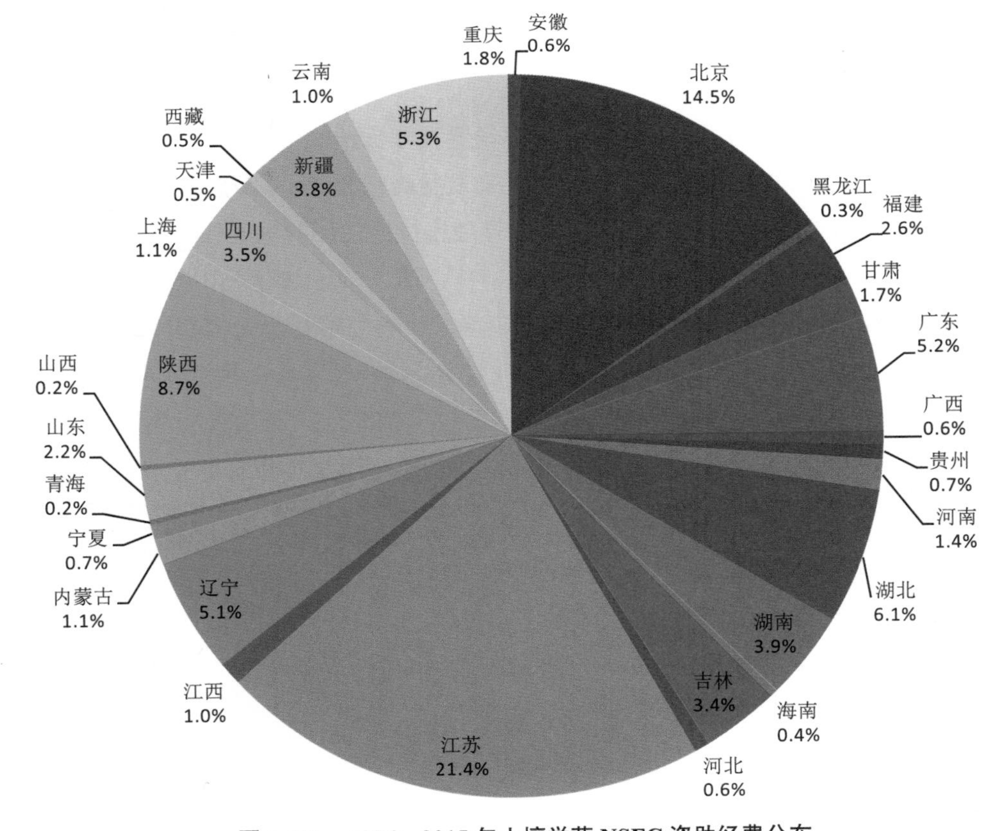

图 2-16b　1986～2015 年土壤学获 NSFC 资助经费分布

注：统计数据源于国家自然科学基金委数据库，数据截至 2015 年 10 月。

而在西北的新疆维吾尔自治区，利用地区基金等各类基金项目支持，土壤学的研究工作开展得十分广泛，全区共有 8 个依托单位的 79 人主持过 NSFC 土壤学项目 104 项，获得总资金 4 302.6 万元，资金总额位居全国 31 个省（区、市）的第 9 位，人数位居第 7 位。

从土壤学各类项目在不同地区分布的时间变化上看，以每 5 年为一个时段，1986～1990 年 NSFC 土壤学资助项目只覆盖了全国（港澳台除外）的 14 个省份，由于土壤学的研究具有区域性的特点，项目覆盖范围越来越广，1991～1995 年覆盖全国 15 个省份，1996～2005 年为 22 个，在最近 10 年，土壤学资助项目已经完全覆盖全国 31 个省份。从土壤学各类项目承担机构来看，30 年来不同性质机构承担的项目数量由高到低依次是：中国科学院（954 项）>省属非农业类院校（373 项）>部属农业类院校（366 项）>部属非农业类院校（330 项）>省属农业类院校（258 项）>省属农业类科研机构（105 项）>中国农业科学院（72 项）>省属非农业类科研机构（71 项）>部属非农业类科研机构（中国科学院除外，57 项）>部属农业类科研机构（中国农业科学院除外，7 项）。研究院所共承担项目 1 266 项，略少于高校承担的 1 327 项，但是在资助经费上研究院所的 58 169.2 万元却高于高校的 56 046.1 万元。在承担土壤学项目的 211 所高等院校中，虽然“211”院校的数量（65 所）少于非“211”院校（146 所），但是“211”院校在承担的项目数量（811 项）和经费（36 663.7 万元）上均高于非“211”院校（分别为 516 项和 19 382.4 万元）。

2.3.2 中外土壤学教育

土壤学高等教育管理结构、学科体系、课程设置及师资结构不仅直接影响土壤学人才培养的方向和质量，在很大程度上也关系到土壤学未来发展的路径和生命力。创建符合学科发展趋势的土壤学教育体系，是推进中国土壤学高等教育健康持续发展的重要保障。因此，根据 2014 年国内外高校官方网站信息，我们以澳、英、美、荷、德 5 个土壤学强国的顶尖高校为参照，以中国 3 个农业资源与环境国家一级重点学科拥有单位——中国农业大学、南京农业大学和浙江大学为代表，从土壤学高等教育的组织架构、专业设置、课程体系以及师资状况等角度对中外 6 个代表性国家的 19 所典型高校进行对比分析，以厘清中国和国际一流高校土壤学高等教育的异同与差距。借鉴国外高水平大学的先进经验，明确中国土壤学高等教育的发展方向，进一步提升中国土壤学高等教育的水平。

（1）组织架构和专业设置

高等教育的组织架构体系和专业设置体现了不同高校学科的主要办学指导思想与基本理念，也直接决定了学科研究和人才培养的主导方向。选取的国内外 19 所典型高校大多数专业采用由总到分的组织管理体系，由学校到学院、学系再到专业的垂直逐级管理。相对而言，土壤专业受专业规模所限，其组织架构并非完全呈现明晰的三级管理结构，而专业设置也受其办学模式、学科定位、学科发展方向、资源配置等因素的影响，呈现出不同的办学特色（表 2-13）。

表 2-13　2014 年代表性国家典型高校土壤学科专业组织架构

国家	学校名称	学院名称	学系/教研组	专业设置	专业方向或课程
澳大利亚	昆士兰大学	农业与食品科学学院	土壤科学研究组	土壤与植物科学	（课程）土壤环境
				作物生产	（课程）土壤植物关系学
	澳大利亚国立大学	环境与社会学院	水与土壤科学研究组	资源与环境管理	（课程）资源与环境
				土壤与土地管理	（课程）植被与土壤
	阿德莱德大学	农业、食品与酿酒学院	农业科学系	农业科学	（方向）土壤科学
英国	雷丁大学	农业、政策与发展学院	土壤研究中心	农业科学	（课程）土壤生态与功能；土壤生物地理学
	诺丁汉大学	生命科学学院	植物与土壤交互研究组	农业科学	（课程）土壤科学；植物与土壤环境
				农业与环境科学	（课程）土壤科学；土壤与水科学
美国	威斯康星大学麦迪逊分校	农业与生命科学学院	土壤科学系	土壤科学	（方向）环境系统；草场与土地；土壤情报学；田间作物
			农艺学系	农艺学	（课程）土壤环境化学
	加州大学戴维斯分校	农业与环境科学学院	陆地、大气、水资源中心	环境科学与管理	（方向）自然资源管理；地理信息科学；湿地科学；土壤与生物地球化学
	普渡大学	农学院	土壤与土地利用研究组	自然资源与环境科学	（方向）新兴环境问题；环境决策与分析；土地资源
			农艺学系	土壤与水科学	（课程）环境与土壤化学；土壤生态学
				农艺学	（方向）作物与土壤管理
	德克萨斯农工大学	土壤与粮食学院	土壤作物科学系	植被与环境土壤学	（方向）作物学；土壤与水；植物与环境
	康奈尔大学	农业与生命科学学院	土壤与作物科学研究组	农业科学	（课程）土壤可持续利用
				环境科学与可持续发展	（课程）土壤可持续利用
				土壤科学	（课程）土壤可持续利用
	宾州州立大学	农业科学学院	环境土壤科学研究组	农业科学	（方向）环境科学；土壤科学
				环境资源管理	（课程）土壤生态学
荷兰	瓦赫宁根大学	环境科学组	土壤质量系	土壤、水与大气	（课程）大气—水—土壤交互
				水土管理	（课程）土地退化与治理
德国	慕尼黑理工大学	生命科学学院	土壤科学研究所	农业与园艺科学	（课程）植被与土壤
	霍恩海姆大学	农业科学学院	土壤科学与土地评价研究所	农业科学	（课程）土壤科学原理
	吉森大学	农业科学、营养学与环境管理学院	土壤科学与保护研究所	农业科学	（课程）土壤科学与水平衡
				营养科学	（课程）土壤养分管理
				环境管理	（课程）土壤与景观生态学
	基尔大学	农业科学与营养学院	植物营养与土壤科学研究所	农业科学	（课程）土壤生态学

续表

国家	学校名称	学院名称	学系/教研组	专业设置	专业方向或课程
中国	中国农业大学	资源与环境学院	土壤和水科学系	资源环境科学	（方向）农业土壤改良；农田水分管理；土壤水养运移；土壤资源管理
	南京农业大学	资源与环境学院	土壤与生态学系	农业资源与环境	（方向）土壤碳氮循环；土壤生态学；土壤养分；土壤污染过程
	浙江大学	环境与资源学院	资源科学系	农业资源与环境 资源环境科学	（方向）土壤环境控制；土壤资源调查；土壤物理；土壤化学

从组织体系来看，澳、英、美、荷、德 5 国高校土壤学教育表现出多样性，组织架构更强调横向结构上的综合性。由于国外高校在组织机构设置方面具有较高自主权，能够根据自身定位和学科发展灵活设置，其学科定位特色鲜明，整体上具有差异化的特点，因而土壤学相关专业从属的学院类别差别较大，主要为农业类、生命科学类和环境类学院（表 2-13）。其土壤学教育大多依托学院进行跨系开展以利于学科融合，与土壤学系不一定是直接对应关系。例如，美国威斯康星大学麦迪逊分校和德克萨斯农工大学的土壤学专业隶属于对应的土壤科学系，而普渡大学的土壤与水科学专业属于农学院的农艺学系。从专业设置来看，国外多数高校土壤学并未形成一个独立的专业，是作为一个专业方向或主干课程而包含在农业科学、资源环境等相关专业当中。澳、英、德 3 国高校的专业设置比较传统，侧重土壤科学的农业服务功能。土壤学没有独立设置专业，而是涵盖在其他学科专业内，如雷丁大学和阿德莱德大学的农业科学专业等。整体来说，交叉融合是国外高校专业设置的重要趋势，国外高校普遍重视土壤学与传统的农业科学、新兴的环境科学、生命科学等的深入交叉发展。其中，美国部分高校的专业设置比较全面系统，以土壤学为基础，与农学、环境科学等学科深入交叉融合。如德克萨斯农工大学开设了植被与环境土壤学专业，普渡大学开设了自然资源与环境科学专业等。荷兰高校的专业设置则相对简单，相关专业主要设置在环境科学组（学院），主要体现土壤学科与环境学科的深度融合。从专业方向或课程来看，土壤学课程主要由土壤学相应的学系、研究组、研究所、研究中心承担，如澳大利亚的昆士兰大学、美国的康奈尔大学和荷兰的瓦赫宁根大学。受学科精细化的影响，美国部分高校设置了与土壤学更为密切的三级专业方向，如土壤与生物地球化学、土壤情报学等。部分高校在农业类、环境类等专业中也设置了土壤学相关的三级方向或大量土壤学课程。除个别高校外，澳、英、德 3 国典型高校则很少设置三级专业方向。

相对而言，中国高校的土壤学科建设与本科教育的名称存在错位问题，土壤学教育的组织架构基本统一，专业设置根据办学方向有所侧重。在学科建设和研究生教育方面，中国高校的土壤学科作为农业资源与环境一级学科下的一个独立的二级学科，多设立于农业院校资源环境学院的土壤科学或资源科学系等相关学系，进行土壤学专业的研究生教育。但在本科教育方面，土壤学并没有单独的专业设置，通常是与植物营养学科一起整合成农学类的农业资源与环境专业，或生态环境类的资源环境科学专业进行授课。专业设置的重点与方向根据各高校的办学理念，体现不同的专业和区域特色。比如，中国农业大学土壤学教育的办学方向以北方旱作农业土壤改良、土壤水盐转移、土壤水分管理与节水灌溉技术为主；南京农业大学的土壤学教育更侧重于土壤养分循环与生态调控；而浙江大学在土壤环境控制方面特色鲜明。总体而言，中国土壤学教育正从传统的农业科学向与环境科学、地球科学和资源科学等多学科交叉融合的方向发展。

（2）课程设置与特色课程

根据选取的 6 个代表性国家的 19 所典型高校 2014 年官方网站信息，我们统计了其土壤学所在的一级学科专业在专业课程、非专业课程、方法类课程、实践类课程以及讲座或讨论课程的设置数量和配比（图 2-17）。受专业培养目标和指导思想影响，各国典型高校中不同类型课程的数量存在较为明显的差异。从课程总量上看，从澳大利亚国立大学土壤与土地管理专业的 12 门课程到荷兰瓦赫宁根大学土壤、水与大气专业的 53 门课程，数量差异明显。其中，中、美、荷 3 国的课程数量较多，都在 30 门课以上，而英、澳、德 3 国的课程数量较少，都在 30 门以下。从课程类型看，澳、英、美、荷、德 5 国高校的专业课比重普遍高于中国。比如，英国的两所高校专业课平均占比达到 84%，而中国的两所典型高校只占 28%。这一方面体现了国外教育更注重专业理论和知识体系的构建；另一方面，其专业领域更广泛，除了传统的土壤肥料、食品、作物等专业课程外，还扩展到如生物统计学、物理与农业气象学、食品安全、农业工程等方面的课程。相比之下，中国典型高校土壤学专业课程设置主要集中于农业资源的管理与利用、农业环境保护、生态农业建设等相关领域。同时，中、美、德、荷的部分高校的非专业课比重很大，在 30%～50%，但课程方向各有侧重。中国非专业课中语言类、政治类、法律类等课程数量较多，而国外高校非土壤学专业课中数学类、经济类、管理类课程占有较大比例。

理论素养与应用技能相结合，两者平衡发展是人才培养的关键，因而各国高校土壤学课程均涵盖了一定比例（7%～33%）的应用性课程，包括方法类、实践类及讲座或讨论 3 类课程。但各国典型高校对应用技能培养的侧重点各有不同。中、荷高校对方法类课程尤为重视，方法类课程涵盖了化学、气象、地质、统计学等实验，比重为 13%～21%，显著高于其他 4 国的 3%～12%，体现了对科学素质的高要求。国外部分高校非常注重实践课程与社会需求的结合，设置了一些职业导向性课程。如英国的雷丁大学在第三学年设置了为期一年的工业实习，以期实现从知识学习到实际运用、从发现问题到解决问题的良性反馈。此外，英、荷、中 3 国普遍对土壤学知识的应用更为重视，设置了较多的实践类课程，如 Practical Farm Analysis、Practice of Biological Control、Practical Plant Nutrition、土壤地理与调查、资源环境野外实习等。美国高校开设的实践类课程较少，主要因为其实践环节多设立于专业课程之中，无法分类统计。中国与美英两国在土壤学教育方面的另一个差别体现在讲座或讨论课的设置上。作为应用类课程的重要类别，美国的威斯康星大学和普渡大学、英国的诺丁汉大学均将此类课程列入主要课程体系，体现了在知识学习中对学生参与的重视。而德、澳、中、荷 4 国均未将讲座类课程列入培养方案。

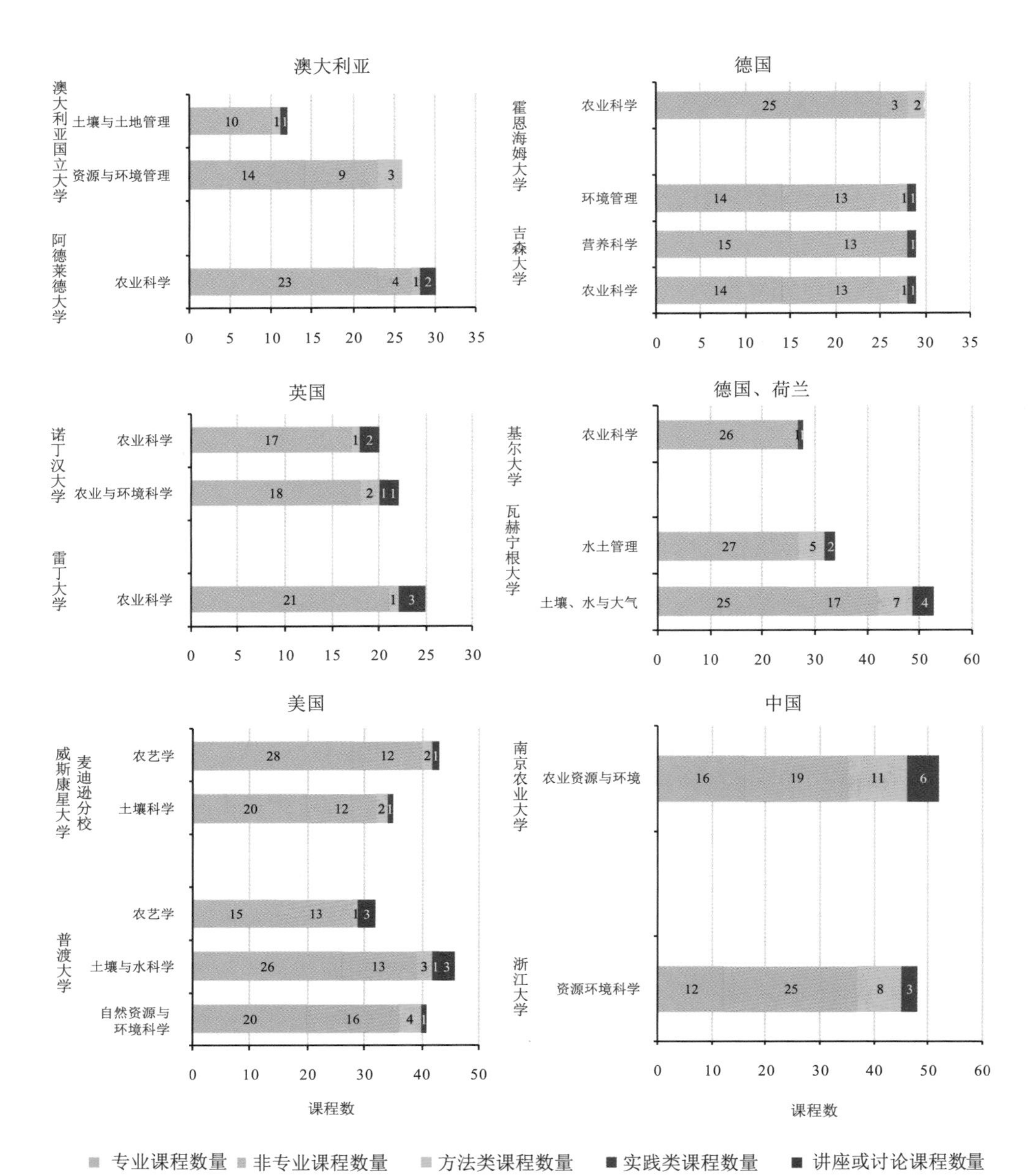

图 2-17　2014 年代表性国家典型高校土壤学课程设置

土壤学专业特色性课程一定程度上反映了国家发展阶段以及科学发展的需求，也反映了培养学生的综合素质和满足学生个性化和多元化发展的需求。从表 2-14 中可直观地看出，国外高校土壤学特色性课程在土壤学多个分支学科和方向上较为均衡。美、德、澳、英、中 5 国高校在生态类、植物营养类、环境类、水环境等各个方向均有开设相应的特色课程，注重培养学生综合素质。荷兰高校特色课程主要侧重于基础类课程，注重土壤、环境、作物之间的有机联系。中国高校主要开设方法类、技术类等特色性课程，注重分析方法、实验技术和实践能力的培养，而与理论素养相关的课程较薄弱，这与中国土壤学科发展的应用需求导向有关，也在一定程度上受制于高等教育就业率导向政策的影响。

表 2-14　2014 年代表性国家典型高校土壤学特色性课程设置

类别	课程内容	美国	澳大利亚	英国	荷兰	德国	中国
土壤生物与生态功能	土壤生物	√	√				√
	生态系统与生态学	√	√			√	
	土壤生态与功能			√		√	
	生态系统工程						√
土壤肥力与植物营养	土壤养分管理	√	√				
	植物生理科学			√		√	
	土壤农化分析实验						√
土壤资源与环境修复	污染物及其转化	√		√		√	
	土壤污染修复	√	√	√			
	土壤退化治理	√			√		
	资源信息技术						√
	环境类实验						√
土壤/水/植物交互作用	土壤与植物	√	√	√		√	
	土壤与水资源	√	√	√		√	√
	植物—土—水交互				√		√

（3）教授背景

教授背景对于土壤学课程教学的知识结构、学科外延拓展以及学术交流与合作均具有明显的影响。在学科交叉融合的大背景下，不同专业背景教授的参与对土壤学教育未来发展方向必将起到重要作用。由于 6 国高校的专业组织架构和专业设置差异较大，土壤学专业可能分属多个学系，或只是某个专业的分支方向，因而难以准确统计专业授课教授的数量及其学科背景。因此，我们根据官方网站信息对 6 个代表性国家 19 所高校土壤学科所在学院的教授情况进行了统计（图 2-18a），这更多是反映土壤学教育在其整个学院中的比重。总体上，美、澳、德 3 国被统计高校的非土壤学科背景的教授所占的比例高于中、荷、英 3 国。美国普渡大学、威斯康星大学麦迪逊分校、宾夕法尼亚州立大学、康奈尔大学，澳大利亚阿德莱德大学，德国霍恩海姆大学、慕尼黑理工大学、基尔大学和吉森大学等高校的土壤学教授大部分是非土壤专业背景，他们的专业背景包括环境学、生态学、农学、地理学等，土壤学科背景的教授所占的比例在 5%左右。而这一比例在被统计的荷兰、英国和中国的高校中相对较高，比如荷兰的瓦赫宁根大学、英国的诺丁汉大学、美国的加州大学戴维斯分校、中国的中国农业大学和南京农业大学的这一比例都超过 25%。这说明中、荷、英 3 国代表性高校的教授背景与其他 3 个国家相比土壤学专业性更强，而美、澳、德 3 国的专业多元化特征更强。

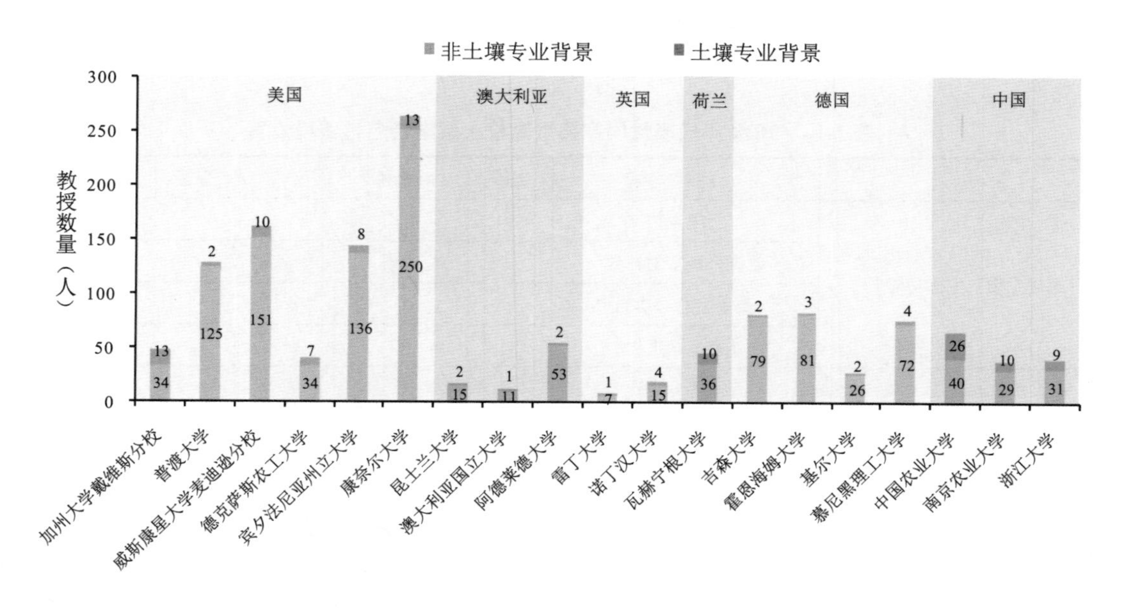

图 2-18a　2014 年代表性国家典型高校开设土壤学专业学院的教授专业背景

我们根据所设专业与土壤学科的紧密程度，选择开设土壤学专业较明确的 9 所典型高校，进一步分析了其学系或研究所（中心）教授的背景（图 2-18b）。结果表明，高校所设专业与土壤学内涵越接近，具有土壤学背景的教授比例越高。中国高校南京农业大学、浙江大学相关学系土壤专业背景教授的比例分别高达 90%和 55%，中国农业大学土壤和水科学系的所有 12 位教授均具有土壤专业背景。与中国情况相似，荷兰瓦赫宁根大学土壤质量系和美国威斯康星大学土壤科学系的这一比例也很高，分别为 100%和 73%，这主要与两所高校开设了与土壤学密切相

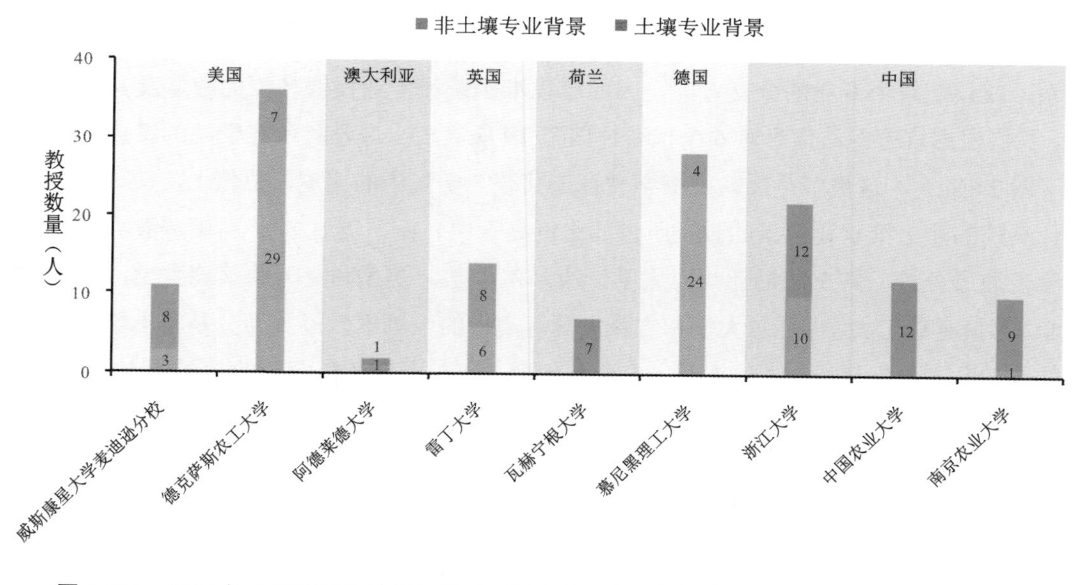

图 2-18b　2014 年 9 所典型高校相关学系（研究所、中心）从事土壤学研究的教授专业背景

关的专业有关，如土壤科学、水土管理等。而慕尼黑理工大学、德克萨斯农工大学的这一比例较低。德克萨斯农工大学的土壤作物科学系仅有不到 20%的教授具有土壤专业背景。综上所述，土壤和非土壤专业教授比例主要受高校专业设置和组织架构的影响，但我们仍应重视教授学科背景过于单一可能会对土壤学教育的发展产生不利影响。

（4）基本认识

通过对比分析澳大利亚、英国、美国、荷兰、德国和中国 6 个代表性国家 19 所顶尖高校的土壤学高等教育的学科组织方式、学科体系设置、学科课程设置和教授学科背景 4 个方面，我们可获得如下基本认识。第一，各国高校土壤学的学科组织方式与专业设置存在显著差异，中、美高校普遍实行由学校、学院、学系到专业的纵向结构进行统一组织与管理，而国外部分高校学院到专业的架构模式反映了土壤学发展的学科交叉需求，对于学科未来发展和资源分配具有促进作用。第二，土壤学科专业设置方面，德、澳、英 3 国高校侧重土壤专业的农业服务功能，中、美、荷 3 国高校则更强调土壤学与新兴学科的交叉融合。第三，课程体系设置方面，国外高校普遍重视土壤学科专业基础及专业领域拓展，而中国高校专业课程比重较低，不利于专业素养的提升；此外，中、荷、英 3 国非常重视应用实践类课程，反映了以职业和研究需求为导向的人才培养方式。第四，6 国高校土壤学科专业所在学院的教授普遍具有多元专业背景，涵盖了环境科学、生态学、分子生物学等方面，与学科交叉融合的趋势一致。

2.3.3　中国土壤学高等教育机构及其科研状况

（1）中国土壤学高等教育发展历程和培养模式

根据高等农业院校农业资源与环境专业教学指导委员会的《农业资源与环境专业发展战略研究报告》和《高等学校本科农业资源与环境专业规范》，土壤学专业高等教育最早可追溯到 20 世纪初，在高等院校设立的农艺化学门，经过一个多世纪的不断发展，逐渐从土壤肥料学、土壤与农业化学、土壤与植物营养、农业资源利用专业等专业名称，发展成为当前农业资源与环境专业和资源环境科学专业的主要部分。

1904 年，清政府的《奏定大学堂章程》规定，京师大学堂分 8 科 46 门，其中农科大学设农学、农艺化学、林学和兽医 4 门。农艺化学门的主课包括有机化学、分析化学、地质学、土壤学、肥料学、农艺化学实验、作物、土地改良论、生理化学、发酵化学和化学原论等。1923 年，国立北京农业大学成立农艺化学系，是当时国内院校仅有的农艺化学系，1927 年农艺化学系更名为农业化学系。1923～1949 年，全国院校陆续成立了农艺化学系或农业化学系等相关专业机构，包括国立北京农业大学（1923 年）、广东大学（1924 年，华南农业大学前身）、金陵大学农学院（1930 年，南京农业大学前身）、中央大学农学院（1932 年，南京大学和东南大学前身）、浙江大学农学院（1939 年）和西北农学院（1939 年）。1926 年，广东大学改名为中山大学并在农科中设农林化学系，邓植仪教授 1935 年在中山大学研究院设立土壤学部，并开始招收土壤学硕士研究生。1946 年，北京大学农学院设立土壤肥料学系。1949 年，北京大学农学院、清华大学农学院和华北大学农学院合并成立北京农业大学后，仍保留土壤肥料学系。上述专业培养了侯光炯、夏之骅、熊毅等中国第一批土壤与农业化学人才。

到1952年院系调整时，全国有7所农业院校建立了土壤与农业化学系，包括北京农业大学、南京农学院、沈阳农学院、华中农学院、西南农学院、西北农学院和华南农学院。1955年后，河北农业大学、内蒙古农牧学院、甘肃农业大学和福建农学院先后在农学系内成立了土壤农业化学专业，浙江农业大学也在1956年重建了土壤与农业化学系。到1959年，中国共建立12个土壤农化系或专业。上述院校中，北京农业大学和南京农学院的土化系面向全国招生，5所院校面向5个大区招生，其他5所面向所在省份招生。1952～1959年，全国12个土壤农化系或专业共培养本专业本/专科生5 436人，平均每年培养679人。随后，在第一次全国土壤普查工作的推动下，全国13所农业大学或农学院中，又新建了土壤农业化学系或专业。20世纪50年代是中国历史上土壤学教育的第一次大发展时期，全国共设立 25 个农业化学系或专业。其后的1961～1962年，中国共培养土壤学本/专科生1 919人，1965～1969年不完全统计共培养土壤学本/专科生4 800人，平均每年960人。

1978年以后，全国恢复重建了北京农业大学、南京农业大学、浙江农业大学等20所高校土壤农化系或专业。到80年代初又恢复和重建了广西、云南、贵州、甘肃4个省（区）农业大学的土壤农业化学系和专业。至1986年，全国有24个土壤农业化学系或专业。因此，20世纪80～90年代是中国历史上土壤学教育的第二次大发展时期，据统计，1978～1993年共培养土壤学本/专科生12 689人，平均每年培养793人。1952～1998年，中国总计培养土壤学本/专科生28 864人。其间，部分院校将土壤农业化学专业更名为土壤与植物营养学专业。1998年，教育部公布了新的大学本科专业目录后，大多数相关院校基本上在土壤与农业化学专业或土壤与植物营养学专业的基础上组建了农业资源与环境专业。2002年，浙江大学为了招生的需要，再次将农业资源与环境专业更名为资源环境科学专业（2008年起，该校农学门类的农业资源与环境专业恢复招生），在理学门类招生。随后，中国农业大学、华南农业大学、西北农林科技大学和吉林农业大学等院校先后更名。这些学校的专业名称虽然改了，但内涵和农业资源与环境专业相比变化不大。

2000年后，开设农业资源与环境专业的高校数量快速增加。截至2014年12月，开设农业资源与环境、资源环境科学专业的高校共 59 所。但是各高校根据自身特点，其内涵各有不同。一类高校如中国农业大学、上海交通大学、华南农业大学、沈阳农业大学、宁夏大学等，其资源环境科学专业设置和农业资源与环境专业的内涵相似。其他几所理工类、师范类和综合类大学的资源环境科学专业主要是结合环境科学与工程类和地理类专业所开设的，和农业资源与环境内涵差异很大，基本没有开设土壤学课程或只有少量相关课程，包括华南理工大学、浙江海洋学院、九江学院等，这些大学未计入本次调查的高校当中。

农业资源与环境专业的培养模式包括培养目标、培养要求和主干课程等多层含义。按照与新专业目录配套的专业规范，农业资源与环境专业的培养目标，是培养具备农业资源与环境方面的基本理论、基本知识和基本技能，能在农业、土地、环保、农资等部门或单位从事农业资源管理及利用、农业环境保护、生态农业、资源遥感与信息技术的教学、科研、管理等工作的高级科学技术人才。该专业的培养要求，就是培养学生学习农业资源的管理及利用、农业环境保护、农业生态、资源信息技术等方面的基本理论和基本知识，受到农业资源调查与规划、土壤肥力和植物营养与施肥技术等方面的基本训练，具有农业资源高效和可持续利用、对农业资源和环境进行信息化管理等方面的基本能力。毕业生应获得以下几方面的知识和能力：具备扎实的数学、物理、化学等基本理论知识；掌握农业资源与环境科学的基本理论；掌握农业资源的管理与利用、农业环境保护、土壤改良、生态农业建设等方面的基本知识；掌握农业资源调查、环境质量评价、化学及现代仪器分析等方面的方法与技术；具备农业可持续发展的意识和基本知识，了解资源与环境的科学前沿及发展趋势；熟悉资源管理与利用、环境保护的有关方针、政策和法规。

农业资源与环境专业的主干课程包括：土壤学、植物营养学、土地资源学、资源遥感与信息技术、农业环境学、农业气象学、生态学、水土保持学。主要实践性教学环节包括：教学实习、生产实习、课程设计、毕业论文（毕业设计）、科研训练、生产劳动、社会实践等，一般安排 25～30 周。新的教学计划加强了通用基础阶段的教学，在专业基础和专业课教学阶段，增加了土地资源、水资源、资源环境信息技术、资源环境分析技术以及生态学和环境科学等方面的课程，并设置了主干课程和选修课程两部分。目前，本专业的教学改革仍处于一个过渡阶段，大多数院校的课程仍以农业生产服务的课程为主。这是从中国国情出发的必然选择，因为，在保证粮食安全的前提下，兼顾资源与环境方面的问题，将是中国农业在今后相当长的一个阶段的主要任务。

（2）中国高等院校涉及土壤学教育的院系分布

根据 2014 年 12 月我们组织的问卷调查统计结果，国内开设与土壤科学本科教育相关的农业资源与环境专业或资源环境科学专业的高校总共有 59 所（表 2-15）。其中 8 所高校开设的资源环境科学专业属于环境科学与工程类，12 所高校开设的农业资源与环境专业属于地理科学类。因此，有 39 所开设农业资源与环境专业或资源环境科学专业的高校计入本次统计之列。其中“985”高校 5 所，“211”高校 12 所，其他各类普通高校 22 所。按照学校类型划分，综合类高校 13 所，农林类高校 26 所。

从学科建设情况看，涉及土壤科学教育的 39 所高校相关院系具有一级学科博士点的有 23 所高校，占到 39 所高校总数的 59%。5 个“985”高校中仅有北京师范大学资源学院没有一级学科博士点，“211”高校中东北农业大学、广西大学、海南大学、宁夏大学和西藏大学相关学院没有一级学科博士点。普通高校中安徽农业大学、福建农林大学、甘肃农业大学、河北农业大学、湖南农业大学、华南农业大学、吉林农业大学、内蒙古农业大学、山东农业大学、山西农业大学、沈阳农业大学、新疆农业大学 12 所农林类高校相关学院均设有一级学科博士点。这说明中国土壤科学相关专业相对集中在农林类高校。39 所高校相关院系全部设有硕士点，总数为 213 个，平均每个学校 5.5 个，其中“985”高校硕士点平均为 7 个。

表 2-15　中国涉及土壤学的高等教育机构

学校名称	学校类型	院（系）名称	一级学科博士点（个）	硕士点（个）	教授人数（人）	获得博士学位人数（人）	招博士生人数（人）	招硕士生人数（人）	本科专业数（个）
中国农业大学*	“985”院校	资源与环境学院	2	12	61	127	71	147	6
西北农林科技大学*	“985”院校	资源环境学院	2	7	29	83	34	163	6
浙江大学*	“985”院校	资源科学系	1	1	14	28	17	37	2
北京师范大学*	“985”院校	资源学院	0	6	20	40	30	27	1
上海交通大学*	“985”院校	农业与生物学院	3	9	50	124	35	105	5
吉林大学	“985”院校	植物科学学院	0	1	2	9	2	7	1
华南理工大学	“985”院校	轻工与食品学院	2	9	56	155	98	214	4
华中农业大学*	“211”院校	资源与环境学院	2	7	23	84	37	159	4
南京农业大学*	“211”院校	资源与环境科学学院	2	6	39	90	52	157	4
东北农业大学*	“211”院校	资源与环境学院	0	2	8	12	2	20	1
四川农业大学*	“211”院校	资源环境学院	1	6	18	45	5	115	9
广西大学*	“211”院校	农学院	0	4	5	16	3	22	1
贵州大学*	“211”院校	资源与环境工程学院	1	7	18	34	11	89	7
海南大学*	“211”院校	农学院	0	2	3	8	0	8	1
宁夏大学*	“211”院校	农学院	0	1	3	7	0	12	1
青海大学*	“211”院校	农牧学院	1	3	17	12	3	27	3
石河子大学*	“211”院校	农学院	2	17	22	64	23	132	8
西藏大学*	“211”院校	资源与环境学院	0	1	4	4	0	1	4
西南大学*	“211”院校	资源环境学院	1	11	26	70	23	103	7
安徽科技学院	其他	城建与环境学院	0	0	4	17	0	0	7
安徽农业大学*	其他	资源与环境学院	1	3	9	14	3	31	4
北京农学院*	其他	植物科技学院	0	1	3	9	0	10	1
福建农林大学*	其他	资源与环境学院	1	7	12	19	4	37	4
甘肃农业大学*	其他	资源与环境学院	1	4	8	19	8	46	5
广东海洋大学	其他	农学院	0	7	34	44	0	35	11
河北科技师范学院	其他	生命科技学院	0	0	2	2	0	0	1
河北农业大学*	其他	资源与环境科学学院	1	7	15	20	3	39	2
河南工程学院	其他	资源与环境学院	0	0	4	24	0	0	3
河南科技大学	其他	农学院	0	5	12	67	0	30	5
河南科技学院	其他	资源与环境学院	0	1	7	29	0	1	3
河南农业大学*	其他	资源与环境学院	0	5	8	30	0	28	3
黑龙江八一农垦大学*	其他	农业资源与环境系	0	3	3	6	32	1	1
黑龙江大学	其他	农业资源与环境学院	0	1	5	23	0	10	3
湖北工程学院	其他	环境科学系	0	0	5	6	0	0	1
湖北工业大学	其他	资源与环境工程学院	0	2	7	27	0	21	2

续表

学校名称	学校类型	院（系）名称	一级学科博士点（个）	硕士点（个）	教授人数（人）	获得博士学位人数（人）	招博士生人数（人）	招硕士生人数（人）	本科专业数（个）
湖南农业大学*	其他	资源环境学院	1	6	20	45	8	64	6
华南农业大学*	其他	资源环境学院	2	12	44	110	40	173	5
吉林农业大学*	其他	资源与环境学院	1	4	22	44	6	64	5
江西农业大学*	其他	国土资源与环境学院	0	2	3	13	1	5	1
九江学院	其他	化学与环境工程学院	0	0	9	52	0	0	5
陇东学院	其他	农林科技学院	0	0	13	5	0	0	1
南京信息工程大学	其他	应用气象学院	0	2	10	66	10	70	3
内蒙古民族大学	其他	农学院	0	0	8	10	0	0	1
内蒙古农业大学*	其他	生态环境学院	1	2	6	10	2	25	1
青岛农业大学*	其他	资源与环境学院	0	3	10	48	0	23	2
三明学院	其他	资源与化工学院	0	0	14	18	0	0	5
山东农业大学*	其他	资源与环境学院	2	12	13	43	7	70	6
山西农业大学*	其他	资源环境学院	1	5	12	21	2	57	5
沈阳农业大学*	其他	土地与环境学院	1	8	16	55	16	109	4
塔里木大学	其他	植物科学学院	0	0	2	2	0	0	1
西南林业大学	其他	环境科学与工程学院	1	2	8	23	1	38	5
新疆农业大学*	其他	草业与环境科学学院	1	5	13	31	4	40	5
扬州大学*	其他	环境科学与工程学院	0	6	14	36	0	51	5
玉溪师范学院	其他	资源环境学院	0	0	14	10	0	0	9
云南农业大学*	其他	资源与环境学院	0	9	8	22	0	53	5
长江大学*	其他	农学院	0	1	3	10	1	3	1
浙江农林大学*	其他	环境与资源学院	0	4	16	41	1	41	6
中南民族大学	其他	资源与环境学院	0	0	4	24	0	0	4
仲恺农业工程学院*	其他	环境科学与工程学院	0	2	6	13	0	13	3

注：高校选择依据中国教育在线网站查询结果，少数高校经过招生简章确认。相关数据源于 2014 年 12 月编者组织的问卷调查统计结果。39 所高校参与统计分析并以*标识。

从专业招生情况看，2014 年 39 所高校相关院系招收本科生共 8 163 人，其中与土壤科学相关的农业资源与环境专业及资源环境科学专业共招收本科生 2 432 人，占总数的 30%。土壤科学相关的两个专业本科生教育以普通院校为主，具体来说，“985”高校招收 180 人，平均 36 人/校；“211”高校招收 686 人，平均 57 人/校；普通高校招收 1 566 人，平均 71 人/校。从研究生教育情况看，硕士研究生的培养以非“985”高校为主。博士研究生的培养中，2014 年“985”和“211”高校招生人数分别为 187 人和 159 人，平均分别为 37 人/校和 13 人/校；普通高校招生 138 人，平均每校招生博士研究生仅 6 人，不及“211”高校的一半，不到“985”高校的 1/6。

本科生和研究生在不同类型高校之间招生人数的差异主要源于高校职能分工的不同，5 所“985”高校和部分“211”高校属于研究型大学，这些高校提供全面的学士学位计划，但更把研究放在首位，致力于硕士研究生和博士研究生的教育，因此，研究生相对较多，本科生较少，而教研型和教学型普通高校正好相反。

从师资队伍情况看，39 所高校相关院系中，教学科研人员 2 324 人，行政管理人员 303 人，工程实验人员 285 人。其中，具有正高级职称 624 人，副高级职称 888 人。“985”高校中正高级、副高级和中级或其他职称人员所占的比例分别为 37.5%、36.9%和 25.7%。“211”高校中正高级、副高级和中级或其他职称人员所占的比例分别为 25.5%、44.9%和 29.6%。其他普通高校正高级、副高级和中级或其他职称人员所占的比例分别为 23.3%、34.5%和 42.2%。39 所高校中正高级、副高级和中级或其他职称人员中具有博士学位的人数分别为 402 人、446 人和 659 人，平均每个高校分别为 80 人、37 人和 30 人。“985”高校具有博士学位的职工的比例高达 80.4%，而普通高校不足 30%。39 所高校中设置科研岗的单位有 24 所，比例占到一半以上，反映了相当多的高校对土壤科学等相关专业科学研究的重视。

从高层次人才情况看， 39 所高校相关院系拥有土壤学非双聘中国科学院院士仅 1 人，为中国农业大学石元春教授；拥有“千人计划”11 人，一半以上分布在“985”高校；杰出青年基金获得者 10 人，其中 9 人任职于“985”和“211”高校，仅 1 人任职于普通高校；拥有长江学者 9 人，其中 8 人在“985”和“211”高校，仅 1 人任职于普通高校；拥有“万人计划”5 人，其中 4 人任职于“211”高校，1 人任职于沈阳农业大学。总体而言，高层次人才主要集中在中国农业大学、浙江大学、华中农业大学、上海交通大学和南京农业大学等“985”高校及“211”高校。

（3）中国土壤学高等教育所在院系科研经费来源

根据编者的问卷调查统计结果，2014 年 39 所高校相关院系共获得各级各类科研经费 7 亿多元。其中，从科技部（厅）等科技部门获得计划类应用项目经费的资助为 2.44 亿元，占总经费的 34%；从国家或地方自然科学基金委获得基础类研究经费 1.69 亿元，占总经费的 24%；通过地方政府和企业等其他途径获得技术服务类项目经费为 2.40 亿元，占总经费的 34%；从教育部（厅）等教育部门获得的科研经费最少，为 0.57 亿元，仅占总经费的 8%（图 2-19）。从科研经费组成来看，源于自然科学基金委和科技部（厅）的经费资助是高校土壤学基础理论研究与应用技术研发的主要来源，占总经费的 58%。教育部（厅）的资助相对有限，而来自企业、地方政府为解决具体技术问题的研发投资也是促进土壤学科发展的重要驱动力。

不同类别高校的科研经费来源构成存在较大差异。“985”高校所获经费远远超过其他高校，每所“985”高校年均经费是“211”高校的 2.1 倍，是其他普通高校的 3.6 倍。“985”高校所获经费占总额的 1/4，其近 50%经费源自科技部（厅）等重大科技计划项目，表明“985”高校在解决国家重大科技攻关方面具有显著优势。“211”高校从各途径所获经费比例较为均衡，除教育部（厅）外的 3 种途径所占比例均在 24%～32%，但其从教育部（厅）和基金委获得经费的比例在各类院校中也是最高，表明了作为教育部直辖单位，“211”高校在基础研究和应用基础研究中的重要作用。其他普通高校科研经费的最主要来源是地方政府和企业等其他途径，比例高达 47%，表明了普通高校服务地方的区域特色。

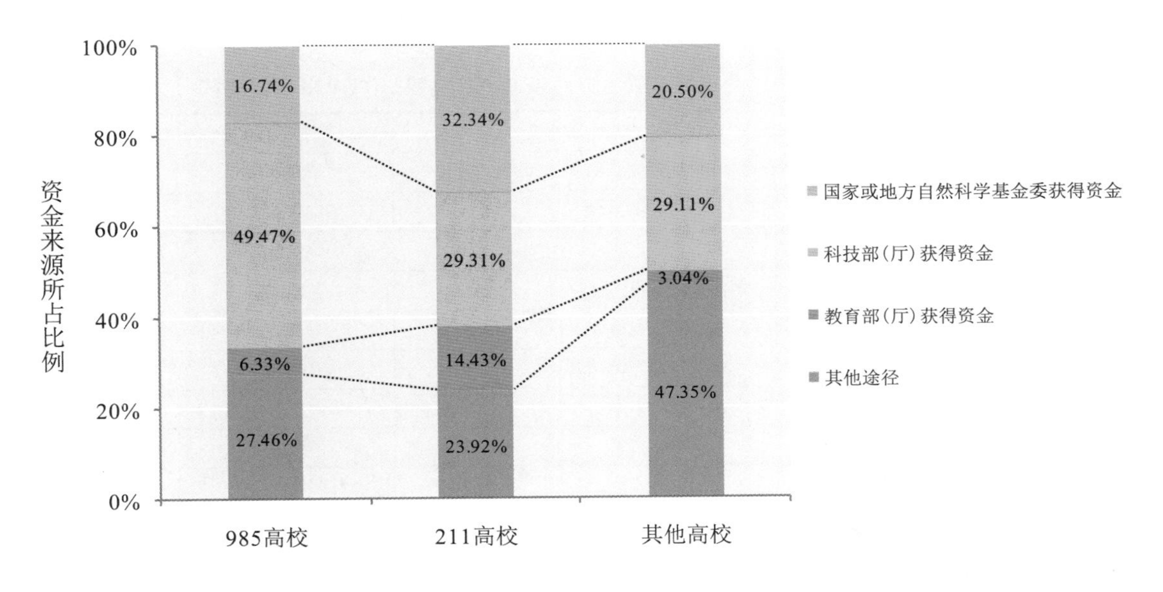

图 2-19　2014 年中国高校涉及土壤学教育的院系科研经费来源构成

不同类型科研资金的分布情况也表现出差异悬殊的特点。科技部（厅）资金中 37%用于支持 5 所“985”高校，而支持 22 所普通高校的资金仅占 33%。国家或地方自然科学基金委将近一半的资金用于资助 12 所“211”高校。教育部门高达 65%的资金用于“211”高校的经费资助，而资助 22 所普通高校的经费不足 15%。由于大部分普通高校属于教研型或教学型大学，在国家重大科技计划项目和基础研究中较“985”和“211”高校处于相对劣势，因此普通高校多倾向于发展与地方政府和企业合作的产学研模式，用于解决土壤学科发展和应用领域中的实际问题。

（4）NSFC 土壤学资助项目 TOP20 高等院校

作为中国基础研究的重要资助渠道，NSFC 对某个学科的资助可以反映国家对该学科的重视程度。1986 年至今（统计数据源自国家自然科学基金委数据库，时间截至 2015 年 10 月），国家自然科学基金委对土壤学（D0105）领域科研项目的资助力度不断加大，资助经费额度每 10 年增加一个数量级，反映了国家对土壤学的重视程度在不断提高。

各个高校某个学科受 NSFC 资助的力度大小是其学科实力的直接体现。从最近 30 年获得 NSFC 土壤学科项目资助的 TOP20 高等院校情况（表 2-16）看，华中农业大学、浙江大学、西北农林科技大学、中国农业大学、南京农业大学、沈阳农业大学、北京师范大学、南京师范大学、西安理工大学和新疆农业大学 10 所高校土壤学科受 NSFC 资助力度相对稳定（其中南京师范大学并未开设土壤学科相关的本科专业）。这 10 所高校中，有“985”高校 4 所，“211”高校 3 所，有 6 所是农林类高校。TOP20 高校中农林类占 50%，表明中国土壤学的基础研究力量主要集中在农林类高校。长期占据 TOP5 的是华中农业大学、中国农业大学、西北农林科技大学和浙江大学这 4 所高校，其科研基础好、实力突出，是土壤学 8 个研究领域中的传统强校。

表 2-16　1986～2015 年土壤学获 NSFC 资助项目经费的 TOP20 高等院校

1986～1995 年		1996～2005 年		2006～2015 年	
依托单位	经费（万元）	依托单位	经费（万元）	依托单位	经费（万元）
华中农业大学	63	浙江大学	833	华中农业大学	4 838
西北农林科技大学	58	华中农业大学	569	中国农业大学	4 739
浙江大学	57	西北农林科技大学	516	浙江大学	4 086
中国农业大学	38	北京师范大学	485	南京农业大学	3 190
沈阳农业大学	30	中国农业大学	475	西北农林科技大学	1 860
南京农业大学	16	南京农业大学	386	华南农业大学	1 693
东北师范大学	14	福建师范大学	133	西南大学	1 686
南京师范大学	12	华东师范大学	110	沈阳农业大学	1 415
新疆农业大学	12	新疆农业大学	109	北京师范大学	1 142
江西农业大学	11	西安理工大学	96	南京师范大学	762
西安理工大学	10	吉林农业大学	96	湖南农业大学	729
河北农业大学	10	扬州大学	90	中山大学	633
北京师范大学	9.	沈阳农业大学	74	清华大学	565
四川大学	9	宁夏大学	63	福建师范大学	511
河南农业大学	8	西南农业大学	60	西安理工大学	488
吉林农业大学	8	华南农业大学	60	新疆农业大学	474
云南大学	7	上海大学	58	内蒙古农业大学	462
中山大学	7	西南大学	56	南京信息工程大学	461
湖南师范大学	5	四川大学	55	浙江农林大学	425
北京交通大学	5	南京师范大学	50	北京大学	404

注：资料源自 1986～2015 年国家自然科学基金委员会数据库，时间截至 2015 年 10 月。

土壤学科受 NSFC 资助力度排名 TOP20 高校中历年来有一半波动较大。一些高校排名呈下滑趋势，如沈阳农业大学从最初的第 5 名退至 1996～2005 年的第 13 名，近 10 年有所回升，排第 8 名。东北师范大学和江西农业大学，在 1986～1995 年分别排第 7 名和第 10 名，最近 20 年均未进入 TOP20。另外 5 所同样从 1986～1995 年的前 20 名下滑至 20 名以后的高校是河北农业大学、河南农业大学、云南大学、湖南师范大学和北京交通大学。最近 20 年土壤学发展较快的高校是华南农业大学和湖南农业大学。华南农业大学从最初的非 TOP20，逐渐上升为 1996～2005 年的第 16 名和 2006～2015 年的第 6 名。湖南农业大学最近 10 年发展迅速，从前 20 年的不知名一跃位居 2006～2015 年的第 11 名。中山大学从 1986～1995 年的第 18 名到 1996～2005 年的非 TOP20，于 2006～2015 年回升至第 12 名。

近年来，随着科技人才流动和学科交叉融合，特别是土壤学成为地球科学、环境科学和农业科学等相关领域的研究热点，一些未设立土壤学相关专业，但科研实力雄厚的综合性院校，如中山大学、北京大学、清华大学和南京师范大学等，积极介入土壤学研究领域，获得了越来越多的 NSFC 资助。

2.3.4　土壤学会

（1）土壤学会历史回顾

自 1945 年 12 月 25 日成立至 1954 年 7 月重新成立中国土壤学会的前后 10 年，是中国土壤学会的初创时期。土壤学会成立时会员仅有 58 人，其后会员数量逐年增加，到 1951 年已经达到 345 人。中华人民共和国成立后，土壤学会在 1954 年 7 月重订会章，发展逐渐步入正轨。土壤学会分别于 1954 年（北京）、1956 年（南京）和 1963 年（沈阳）召开了第一、二、三次全国会员代表大会。从 1966 年开始，土壤学会被迫停止活动长达 12 年之久，于 1978 年 1 月重新恢复活动。1979 年土壤学会全国会员已经达到 4 000 人，并正式加入国际土壤学会，成为该会的理事国。1979 年和 1983 年分别在成都和西安召开了第四次和第五次全国会员代表大会，极大地推动了改革开放后中国土壤学科的发展。

（2）土壤学会分支机构演变及其学术活动

土壤学会按学科分支设立专业委员会或工作组，成立之初仅有土壤分类、土壤农化、土壤微生物和土壤教育 4 个专业委员会和盐渍土、水稻土 2 个工作组。到 1987 年第六次全国代表大会时，学会下设 9 个专业委员会、1 个专业工作组、2 个期刊编辑部。近 30 年，学会分支机构的设置也随着土壤学科的发展而不断变化（表 2-17）。总体上看，土壤物理、土壤化学、土壤生物及生物化学、土壤—植物营养与施肥、土壤发生分类与土壤地理、盐碱土、土壤侵蚀与水土保持、森林土壤以及土壤肥力 9 个分支是土壤学较为传统的研究领域，因而分别设立专业委员会。1987 年，土壤信息只成立了一个工作组，随后在 1995 年发展成土壤遥感与信息专业委员会。土壤生态直到 1991 年才与土壤肥力一起组成土壤肥力与生态专业委员会，2004 年后独立为土壤生态专业委员会。1995 年土壤环境污染与防治专业委员会首次设立，1996 年改名为土壤环境专业委员会，2012 年土壤修复独立为专业委员会。从土壤学会专业委员会的演变可以看出，近 30 年土壤环境、土壤生态、土壤遥感与信息等研究方向的发展从无到有，再逐渐成熟。

近 30 年，中国土壤学会全国会员代表大会每 4 年举办一次，至今已经举办了 12 届。表 2-18 列举了近 12 届中国土壤学会全国会员代表大会的举办时间、地点、参会人数与大会主题。参会人数从 1983 年的 504 人增长到 2012 年的 1 700 多人；大会的主题也从土壤肥力到土壤质量，再到生态环境和社会发展，显示着土壤科学研究方向的变化。1991 年第七次全国会员代表大会，台湾和香港的学者也应邀参会，海峡两岸的同行相逢聚会，大大促进了两岸土壤学界的沟通和交流。1995 年第八次全国会员代表大会与首届海峡两岸土壤肥料学术交流研讨会同期举行，随后两岸土壤学界每两年举行一次研讨会，使两岸的交流更加密切。

表 2-17　1987～2015 年中国土壤学会分支机构

时段	1987～1991 年	1991～1995 年	1995～1999 年	1999～2004 年	2004～2008 年	2008～2012 年	2012～2015 年
专业委员会	土壤物理	土壤物理	土壤物理	土壤物理	土壤物理	土壤物理	土壤物理
	土壤化学	土壤化学	土壤化学	土壤化学	土壤化学	土壤化学	土壤化学
	土壤生物及生物化学	土壤生物和生物化学	土壤生物和生化	土壤生物和生物化学	土壤生物和生化	土壤生物与生物化学	土壤生物与生物化学
	土壤—植物营养与施肥	土壤—植物营养与施肥	土壤—植物营养与施肥（植物营养与土壤养分、肥料与施肥、土壤生物工程 3 个专业）	土壤—植物营养与施肥	土壤—植物营养	土壤—植物营养	土壤—植物营养
	土壤发生分类与土壤地理	土壤发生分类与土壤地理	土壤发生分类与土壤地理	土壤分类与土壤地理	土壤发生分类与土壤地理（土壤地质）	土壤发生分类与土壤地理（土壤地质）	土壤发生分类与土壤地理专业（土壤地质）
	盐碱土	盐碱土	盐碱土	盐碱土	盐碱土	盐碱土	盐碱土
	土壤侵蚀与土壤保持	土壤侵蚀与水土保持	土壤侵蚀与水土保持	土壤侵蚀与水土保持	土壤侵蚀与水土保持	土壤侵蚀与水土保持	土壤侵蚀与水土保持
	森林土壤	森林土壤	森林土壤	森林土壤	森林土壤	森林土壤	森林土壤
	土壤肥力	土壤肥力与生态	土壤肥力与生态	土壤肥力与生态	土壤生态	土壤生态	土壤生态
	土壤信息工作组	土壤信息科学工作组	土壤遥感与信息	土壤遥感与信息	土壤遥感与信息	土壤遥感与信息	土壤遥感与信息
		土壤环境污染与防治	土壤环境污染与防治（1996 年更名为土壤环境）	土壤环境	土壤环境	土壤环境	土壤环境
					土壤肥力与肥料筹委会	土壤肥力与肥料	土壤肥力与肥料
							土壤修复
工作委员会	教育工作	教育工作	土壤肥料科技推广普及工作	土壤肥料科技推广普及工作	教育工作	教育工作	教育工作
	土壤学名词审定	土壤学名词审定	教育工作	教育工作	科普工作	科普工作	科普工作
	科普工作	青年工作	土壤学名词审定工作	青年工作	青年工作	青年工作	青年工作
			青年工作		土壤学名词审定工作	土壤学名词审定工作	名词工作
							土壤质量标准化工作
编辑委员会（部）	《土壤学报》	《土壤学报》	《土壤学报》	《土壤学报》	《土壤学报》	《土壤学报》	编辑工作
	《土壤通报》	《土壤通报》	《土壤通报》	《土壤通报》	《土壤通报》	《土壤通报》	《土壤学报》
					PEDOSPHERE	*PEDOSPHERE*	《土壤通报》
						《水土保持学报》	*PEDOSPHERE*
						《干旱区研究》	《水土保持学报》
							《干旱区研究》

注：资料来源于中国土壤学会。

表 2-18　中国土壤学会历届全国会员代表大会

届次	时间	地点	参会人数	大会主题
1	1954 年 7 月 16～28 日	北京	参会近 300 人	
2	1956 年 12 月 1～8 日	南京	参会 110 人，旁听 200 余人	
3	1963 年 8 月 15～24 日	沈阳	参会代表 91 人，列席 32 人	
4	1979 年 11 月 16～23 日	成都	参会 240 人，列席 118 人	
5	1983 年 11 月 27～12 月 3 日	西安	参会 504 人	十分珍惜每寸土地，合理利用每寸土地
6	1987 年 11 月 6～12 日	南昌	参会 504 人	保护土壤资源，提高土壤肥力
7	1991 年 10 月 21～25 日	长沙	参会 700 余人	土壤，面临 11 亿人民生存的新挑战
8	1995 年 11 月 3～7 日	杭州	参会 600 余人	民以食为天，食以土为本
9	1999 年 10 月 19～22 日	南京	参会 900 余人	迈向 21 世纪的土壤科学——提高土壤质量，促进农业持续发展
10	2004 年 7 月 27～29 日	沈阳	参会 1 000 余人	面向农业与环境的土壤科学
11	2008 年 9 月 24～27 日	北京	参会 1 800 余人	土壤科学与社会可持续发展
12	2012 年 8 月 20～22 日	成都	参会 1 700 余人	面向未来的土壤科学

注：资料来源于中国土壤学会。

除全国会员代表大会外，土壤学会及其各个专业委员会为推动中国土壤学科的快速发展举办了大量的学术活动。据不完全统计，1983～2012 年，土壤学会及其各委员会共举办学术活动累计 248 场（其中包含国际学术活动 22 场），参会人数累计 26 856 人（图 2-20）。举办学术活动的场次和参与人数在 2000 年以后显著增加。这些学术活动包括土壤学会会务工作会议、专业学术讨论会、专业培训班、青少年科技夏令营，也包括由土壤学会主办或协办的国际会议。形式多样的学术活动活跃了学术气氛，促进了国内外土壤科学工作者的交流，向大众普及了土壤学知识，推动了土壤学科的快速发展。

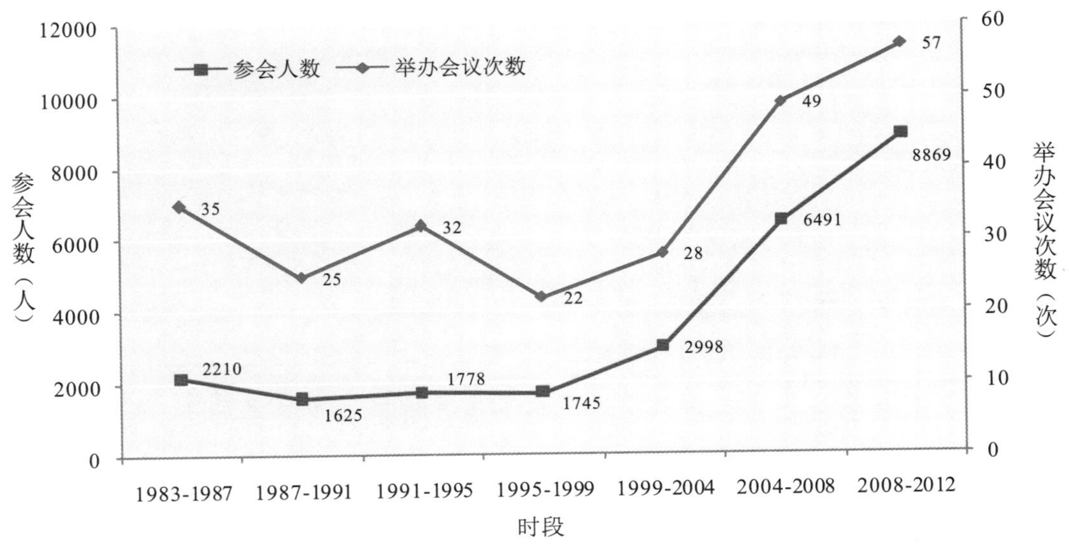

图 2-20　1983 年以来中国土壤学会举办的学术活动

注：资料来源于《中国土壤学会 60 年》、土壤学会官方网站以及土壤学会办公室提供的资料。部分会议参加人数缺失，未计入统计。

为方便学术交流，学会在成立之初就筹备出版《土壤通讯》，于 1947 年正式出版，在 1957 年更名为《土壤通报》，并成为正式出版刊物（双月刊）。《土壤通报》是由中国土壤学会主办、沈阳农业大学承办的土壤科学学术期刊。1948 年土壤学会创办《土壤学会会志》，1952 年更名为《土壤学报》。《土壤学报》在 1956 年前为半年刊，1957 年后改为季刊，2002 年以后改为双月刊。*PEDOSPHERE* 于 1991 年创刊，起初为季刊，2005 年以后改为双月刊，并于 2003 年被 SCI 数据库收录，成为中国土壤学科唯一的 SCI 来源期刊，2014 年影响因子上升到 1.50。从 2004 年起，*PEDOSPHERE* 改由中国土壤学会、中国科学院南京土壤研究所以及土壤与农业可持续国家重点实验室共同主办。《水土保持学报》创刊于 1987 年，自 2005 年起由中国土壤学会和中国科学院/水利部水土保持研究所联合主办。《水土保持学报》创办之初为季刊，2001 年后改为双月刊。该刊是中国水土保持与土壤侵蚀领域具有影响的最高级别刊物。《干旱区研究》创刊于 1984 年，2006 年开始由季刊改为双月刊。2009 年开始由中国土壤学会和中国科学院新疆生态与地理研究所联合主办。进入 21 世纪初，上述 5 种期刊每年刊登论文数量开始快速增长（图 2-21）。截至 2014 年，《土壤通报》、《土壤学报》、*PEDOSPHERE*、《水土保持学报》和《干旱区研究》每年刊登的论文数量分别为 257 篇、185 篇、101 篇、346 篇和 181 篇，较 1995 年分别增长了 1.04 倍、2.14 倍、1.20 倍、4.58 倍和 1.55 倍。近 10 年，《水土保持学报》和《干旱区研究》每年刊登论文数量一直保持上升趋势，《土壤学报》和 *PEDOSPHERE* 则分别保持每年 170 篇和 100 篇左右的稳定态势，而《土壤通报》处于一个逐年减少的趋势。这些刊物为中国土壤学工作者提供了学术交流的平台，大力推动了中国土壤学科的发展。

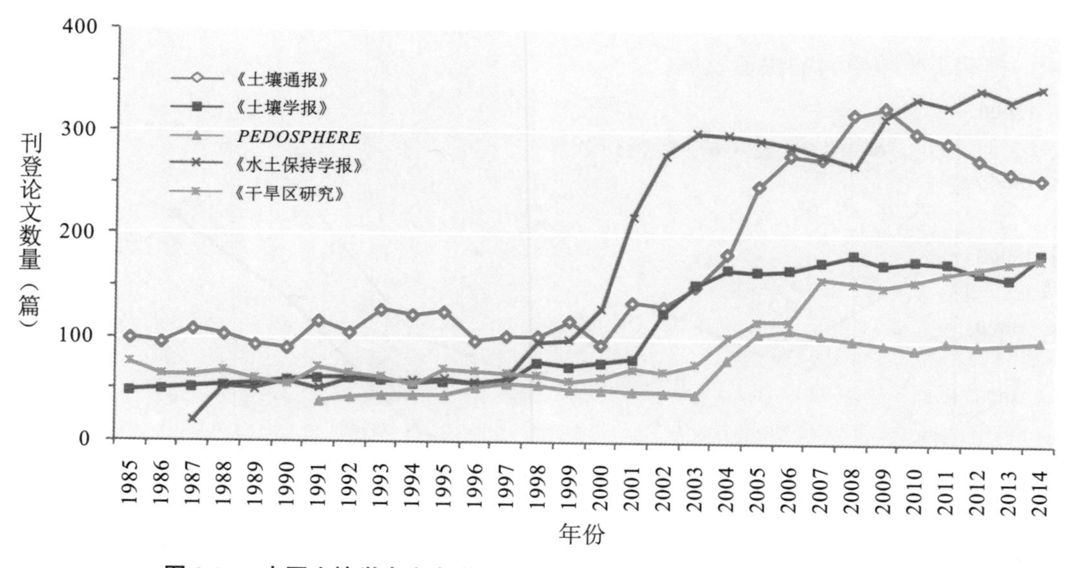

图 2-21　中国土壤学会主办学术期刊每年刊登论文数量随时间变化情况

2.4　中国土壤科学研究与主要国家合作的方向解析

本节以 Web of Science 为数据源，从 70 种土壤科学 SCI 主流期刊论文作者的全球合作网络、发文量 TOP20 的国家（地区）自主研究与国际合作研究情况、中国与主要合作国家（地区）共同关注的研究领域等角度，阐述土壤科学的国际合作情况。SCI 主流期刊中不同国家（地区）发文数量及引用频次等数据仅统计通讯地址中出现该国家（地区）名称的“第一作者”或“通讯作者”的论文；中国与主要合作国家（地区）共同关注的研究领域以中外双方合作发表的所有论文为分析对象。

2.4.1　全球合作网络

据统计，2000 年中国土壤科学先后与 24 个国家（地区）开展了合作研究，到 2014 年，土壤科学领域的国际合作已增加至 69 个国家（地区）。图 2-22 和图 2-23 分别显示了 2000 年和 2014 年土壤科学国际合作的整体格局，制图选取的合作频次阈值分别为 3 次和 6 次，节点代表国家（地区），连线代表国家（地区）间的合作。节点颜色代表合作网络中国家（地区）的中心度，颜色越红代表中心度越大，颜色越青代表中心度越小；节点大小代表节点的度，即与该国家（地区）合作的国家（地区）数量，节点越大代表与之合作的国家（地区）越多；连线的粗细代表国家（地区）间合作论文频次的多少，连线越粗代表双边合作论文频次越多。

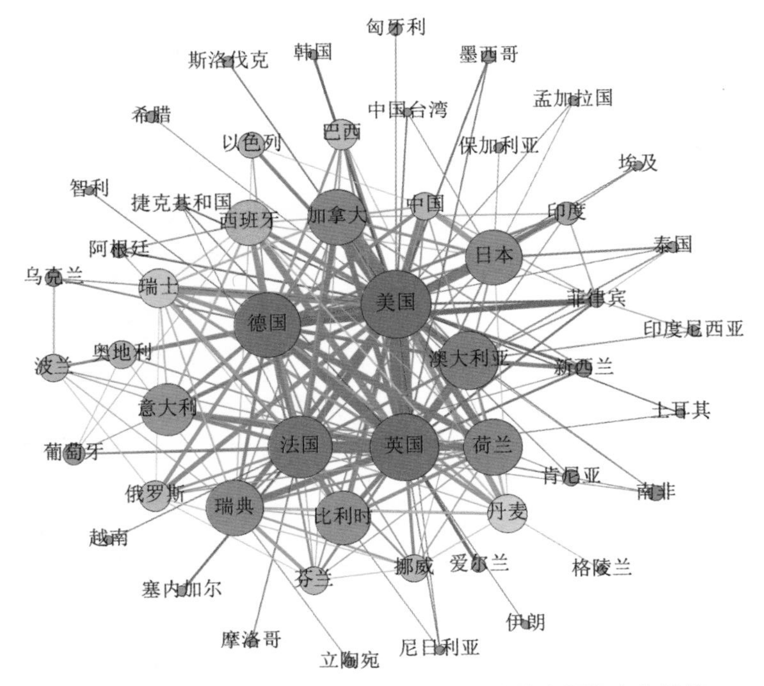

图 2-22　2000 年土壤学主流期刊 SCI 论文作者国际合作网络

注：2000 年合作频次的阈值为 3 次，等于或大于阈值的合作才以连线显示。

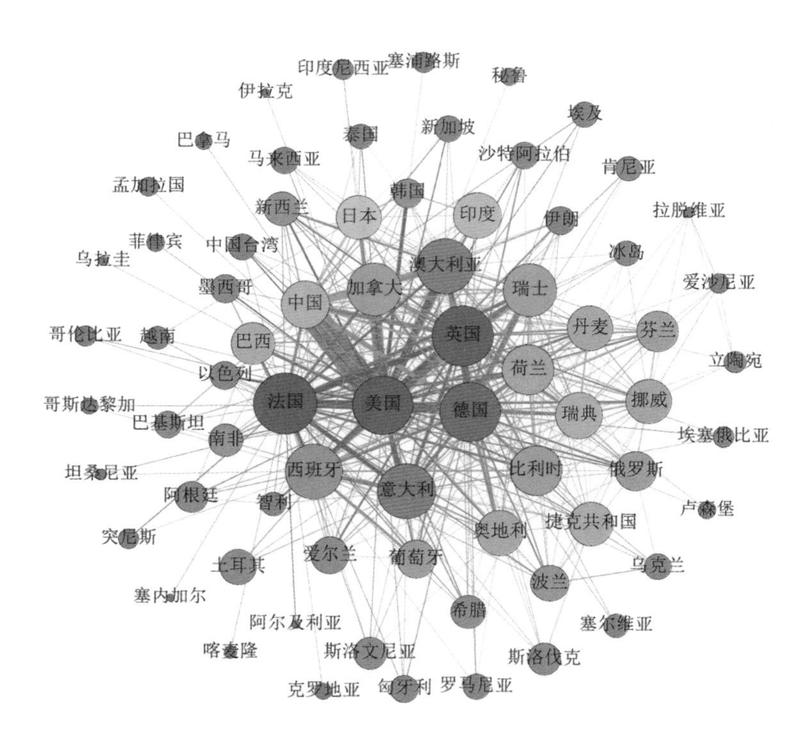

图 2-23　2014 年土壤学主流期刊 SCI 论文作者国际合作网络

注：2014 年合作频次的阈值为 6 次，等于或大于阈值的合作才以连线显示。

土壤科学的国际合作格局由 2000 年的简单网络联系发展为 2014 年的多极化、复杂网络联系。2000 年，美国、英国、德国、法国 4 国构成了国际合作网络的中心，澳大利亚、荷兰、意大利、日本、瑞典、比利时等第二层次国家与上述 4 个核心国家合作紧密；而中国处于第二层次合作网络的边缘，且合作的国家（地区）不广泛，主要合作国为美国和日本，在合作国家（地区）数量方面甚至低于巴西、丹麦、西班牙、瑞士和俄罗斯。经过 15 年的发展，2014 年，美国、英国、法国、德国仍处于国际合作的核心位置，但集中度与第二层次国家距离进一步接近。澳大利亚、加拿大、意大利、西班牙、荷兰、瑞士、比利时、中国等的国际合作也日益广泛，合作的国家（地区）数量与中心国家（地区）水平趋近；中国已经摆脱了主要与美国、日本合作的单一局面，与英国、澳大利亚、德国、加拿大等发展了广泛合作。同时，2014 年的合作网络中亚洲国家（地区）数量明显增多，印度、中国台湾、韩国、马来西亚、泰国、越南、巴基斯坦、新加坡等均在加强合作。

“中心度”代表了处于国际合作网络重要节点位置的国家（地区）其合作对象（国家或地区）的广泛程度。中心度排序越靠前，说明该国家（地区）直接或间接合作的国家（地区）数量越多，其对网络格局的形成和结构的稳定性贡献则越大。对比 2000 年和 2014 年结果可以发现（表 2-19），美国、英国、法国、德国和澳大利亚一直占据着合作网络的核心地位，主导着土壤科学国际合作的发展格局；意大利、西班牙、瑞士、印度、中国等国家的中心度上升速度很快，中国的中心度从 2000 年排名第 17 位提升到第 12 位，主要得益于加强了与网络核心国家（地区）的合作；荷兰、瑞典、日本和俄罗斯的中心度下降速度较快。因此，针对中国土壤学科的发展问题，应深入思考如何构建一个重点突出且合作广泛的国际合作网络。

表 2-19　2000 年、2014 年土壤学 TOP20 国家（地区）的国际合作网络中心度

年份	2000 年		2014 年	
排名	国家（地区）	整体中心度	国家（地区）	整体中心度
1	美国	0.742 3	美国	0.835 2
2	英国	0.707 6	法国	0.794 6
3	法国	0.672 2	英国	0.765 6
4	德国	0.664 8	德国	0.731 3
5	澳大利亚	0.608 0	意大利	0.706 7
6	荷兰	0.605 0	澳大利亚	0.703 3
7	比利时	0.599 0	西班牙	0.686 9
8	意大利	0.596 1	比利时	0.677 4
9	加拿大	0.593 1	加拿大	0.677 4
10	日本	0.590 2	瑞士	0.677 4
11	瑞典	0.587 4	荷兰	0.671 2
12	西班牙	0.578 9	中国	0.653 3
13	瑞士	0.565 4	日本	0.639 1
14	俄罗斯	0.557 6	印度	0.633 6
15	巴西	0.555 0	瑞典	0.628 2
16	丹麦	0.555 0	巴西	0.625 5
17	中国	0.547 5	捷克共和国	0.625 5
18	奥地利	0.547 5	奥地利	0.620 3
19	挪威	0.542 6	丹麦	0.620 3
20	芬兰	0.542 6	挪威	0.617 6

注：TOP20 国家（地区）按照整体中心度遴选。

2.4.2　国际合作与自主研究

以论文的作者属于单一国家（地区）代表“自主研究”、论文的作者属于多个国家（地区）代表“国际合作”，以第一作者或通讯作者的通讯地址国别统计该篇论文隶属的国家（地区），非第一作者或通讯作者论文不计入表 2-20 和表 2-21 中。从 2000～2002 年和 2012～2014 年两个不同时段土壤科学 SCI 论文数量最多的 TOP20 国家（地区）的统计结果看（表 2-20），国际合作在土壤科学国际成果发表中的作用日益增强。2012～2014 年 SCI 发文总量排名 TOP20 的国家（地区）中，英国、德国、西班牙、法国、加拿大、意大利、比利时、丹麦等 12 个国家的国际合作论文比例均比 2000～2002 年增加 10 个百分点以上；排名 TOP10 的国家（地区）的国际合作发文比例比 2000～2002 年平均提高 11 个百分点，其中，除日本外，其余 9 个国家（地区）均处在国际合作网络中心位置且具有较高的中心度。2012～2014 年中国土壤学 SCI 论文数量排名已上升至第 2 位，其中国际合作论文比例增加了 2.6 个百分点。另外，从各国国际合作与自主研究的份额对比看，自主研究仍然是土壤学的主要研究模式。2012～2014 年 SCI 发文总量排名 TOP20 的国家（地区）的自主研究比例平均为 62.7%，国际合作比例平均为 37.3%；自主研究比例低于国际合作研究比例的国家有瑞士和比利时；自主研究比例与国际合作研究比例相当的国家有荷兰和丹麦；自主研究比例超过国际合作研究比例不足 20 个百分点的国家有英国、法国、德国和瑞典。

表 2-20　两时段土壤学主流期刊 SCI 论文数量 TOP20 国家（地区）自主研究与合作研究

国家（地区）	2000～2002 年					2012～2014 年				
	SCI/SSCI 数量排名	自主研究		国际合作		SCI/SSCI 数量排名	自主研究		国际合作	
		论文数量（篇）	份额（%）	论文数量（篇）	份额（%）		论文数量（篇）	份额（%）	论文数量（篇）	份额（%）
美国	1	7 326	83.1	1 493	16.9	1	9 281	74.9	3 113	25.1
中国	10	598	71.7	236	28.3	2	6 535	69.1	2 927	30.9
德国	3	1 522	68.6	695	31.4	3	2 023	57.2	1 516	42.8
英国	2	2 252	72.5	853	27.5	4	1 586	54.3	1 333	45.7
法国	5	1 294	70.6	540	29.4	5	1 650	57.4	1 223	42.6
西班牙	8	907	76.0	287	24.0	6	1 682	62.2	1 022	37.8
加拿大	6	1 251	76.3	388	23.7	7	1 700	64.8	922	35.2
澳大利亚	7	962	71.7	380	28.3	8	1 507	61.8	930	38.2
日本	4	1 644	82.9	340	17.1	9	1 776	75.9	563	24.1
意大利	11	622	76.2	194	23.8	10	1 136	61.7	705	38.3
印度	16	483	84.7	87	15.3	11	1 401	81.8	312	18.2
瑞士	13	420	59.8	282	40.2	12	519	44.2	655	55.8
荷兰	9	581	64.8	316	35.2	13	584	50.3	576	49.7
韩国	19	325	81.9	72	18.1	14	784	70.1	334	29.9
巴西	18	309	74.3	107	25.7	15	740	68.1	346	31.9
瑞典	14	429	66.0	221	34.0	16	415	52.9	370	47.1
比利时	17	280	64.8	152	35.2	17	343	45.7	408	54.3
丹麦	15	404	70.1	172	29.9	18	318	49.3	327	50.7
波兰	23	203	71.0	83	29.0	19	474	73.7	169	26.3
俄罗斯	12	665	86.7	102	13.3	20	496	78.9	133	21.1

注：TOP20 国家（地区）按照 2012～2014 年 SCI 论文量降序排列遴选。

2000 年以来，中国作者共发表土壤科学 SCI 论文 23 768 篇，其中中外合作发文 6 394 篇，占 26.9%。中外合作论文发表比例逐年增加。其中，中国和美国合作发文量最多，2014 年为 547 篇，占中外合作发文总量的 46%；与中国合作发表论文较多的国家包括澳大利亚、加拿大、英国、德国、日本和法国，分别占中外合作发文总量的 11.8%、10.0%、6.3%、5.4%、4.4%和 4.0%；与中国合作发文数量排在 TOP10 的国家（地区）还包括荷兰、新西兰和中国台湾，分别占中外合作发文总量的 2.7%、2.4%和 1.9%。

表 2-21 是 2000～2014 年土壤科学 SCI 主流期刊高引论文统计表，此处高引论文的定义是每 3 年时段（2000～2002 年及 2012～2014 年）被引用次数排名在前 5%的论文数量。从表 2-21 数据看，高引论文数量排名 TOP20 的国家（地区）中，美国、德国、瑞典和新西兰在 2000～2002 年和 2012～2014 年两个时段均分别保持高引论文数量在第 1、3、13 和 20 位，其余国家（地区）

表 2-21　两时段土壤学主流期刊 SCI 高引论文数量 TOP20 国家（地区）自主研究与合作研究

国家（地区）	2000～2002 年					2012～2014 年				
	高引论文排名	自主研究		国际合作		高引论文排名	自主研究		国际合作	
		论文数量（篇）	份额（%）	论文数量（篇）	份额（%）		论文数量（篇）	份额（%）	论文数量（篇）	份额（%）
美国	1	1 125	81.6	254	18.4	1	635	69.7	276	30.3
中国	14	54	73.0	20	27.0	2	331	69.5	145	30.5
德国	3	207	69.0	93	31.0	3	99	50.3	98	49.7
英国	2	280	68.6	128	31.4	4	90	46.2	105	53.8
法国	4	150	67.6	72	32.4	5	70	44.3	88	55.7
西班牙	7	71	65.7	37	34.3	6	72	48.3	77	51.7
澳大利亚	6	99	69.7	43	30.3	7	65	43.9	83	56.1
加拿大	5	118	65.6	62	34.4	8	64	52.0	59	48.0
瑞士	10	55	55.6	44	44.4	9	45	45.9	53	54.1
荷兰	8	60	56.6	46	43.4	10	28	40.0	42	60.0
意大利	12	62	77.5	18	22.5	11	36	52.9	32	47.1
印度	16	32	80.0	8	20.0	12	55	82.1	12	17.9
瑞典	13	51	66.2	26	33.8	13	27	50.0	27	50.0
丹麦	11	55	66.3	28	33.7	14	20	42.5	27	57.5
韩国	17	33	84.6	6	15.4	15	27	60.0	18	40.0
日本	9	80	77.7	23	22.3	16	30	69.8	13	30.2
比利时	15	32	72.7	12	27.3	17	12	34.3	23	65.7
奥地利	21	15	55.6	12	44.4	18	10	31.2	22	68.8
挪威	24	13	54.2	11	45.8	19	6	19.4	25	80.6
新西兰	20	19	65.5	10	34.5	20	10	40.0	15	60.0

注：TOP20 国家（地区）按照 2012～2014 年高引 SCI 论文量降序排列遴选。

各自的排名均发生了变化。中国、西班牙、瑞士、意大利、印度、韩国、奥地利和挪威的排名均在前进，其中中国的排名前进了 12 位，印度、韩国、奥地利和挪威的排名分别前进了 4 位、2 位、3 位和 5 位；英国、法国、加拿大、澳大利亚、荷兰、丹麦、日本、比利时的排名均在下降，其中日本排名后退 7 位，加拿大和丹麦后退 3 位。高引论文总体上以自主研究和国际合作并重，2012～2014 年 SCI 高引论文数量排名 TOP20 国家（地区）的自主研究比例平均为 49.6%、国际合作平均比例为 50.4%；表 2-21 中高引论文的国际合作平均比例高于表 2-20 中 SCI 论文总数的国际合作平均比例 13.1 个百分点，一定程度上说明国际合作推动了土壤学科高引论文的产生。

2.4.3 中国开展国际合作的主要领域

2000 年以来，美国、英国、德国和法国长期占据土壤科学国际合作网络的中心位置（图 2-24），他们与包括中国在内的许多国家（地区）开展了土壤科学的合作研究。在综合考虑土壤科学中各个国家的国际合作网络中心度、影响力、与中国合作的密切程度及特点的基础上，本书选择美国、英国、德国、澳大利亚、加拿大和日本为合作对象，以 70 种土壤科学 SCI 主流期刊论文为数据源，统计 1986～2015 年发文机构所在国家为中国、美国、英国、德国、澳大利亚、加拿大、日本的论文数量；根据期刊侧重的研究领域将其划分为土壤污染与环境行为、土壤生物学、全球变化与土壤生态系统、土壤水文过程与侵蚀、土壤肥力与养分循环、土壤信息科学与资源管理，统计中美、中英、中德、中澳、中加、中日合作论文的研究领域分布；将论文的作者关键词通过 CiteSpace 软件聚类，分别分析中国与上述 6 个国家在主要合作领域的研究主题。

（1）中美合作

图 2-24 显示了中国土壤科学与美国合作发表 SCI 论文的主要领域。依据 Web of Science 数据源的文章检索目录，统计各期刊中发文数量，排序发文期刊；提取发文机构，统计各机构发文数量，然后排序。双方共合作发表论文 4 658 篇，论文发表在 69 种期刊，使用作者关键词 11 644 次。发文数量前 10 个期刊合作发文 2 436 篇，占中美合作发文总数的 52.3%。其中发文最多的是 *Environmental Science & Technology*，合作发文 732 篇。前 10 个期刊中 5 个侧重土壤污染与环境行为研究、2 个侧重土壤生物学研究、2 个侧重土壤肥力与养分循环研究、1 个侧重土壤水文过程与侵蚀研究。共有 369 个中国机构参与中美合作研究，合作发文数量最多的前 10 个中国机构包括浙江大学、中国农业大学、北京大学、清华大学、中国科学院大学、中国科学院南京土壤研究所、南京大学、中国地质大学（武汉）、中国科学院地理科学与资源研究所、成都理工大学，共发表论文 1 901 篇（次），占合作发文 6 716 篇（次）的 28.3%，其中发文最多的浙江大学合作发文 266 篇。在研究区域选择方面，中国（China）、美国（United States）、华南（South China）、黄土高原（Loess Plateau）、青藏高原（Tibetan Plateau）、长江（Yangtze

River）、北京（Beijing）、华北（North China）、内蒙古（Inner Mongolia）、亚洲（Asia）、中国南海（South China Sea）等区域关键词出现的频次超过 10 次。

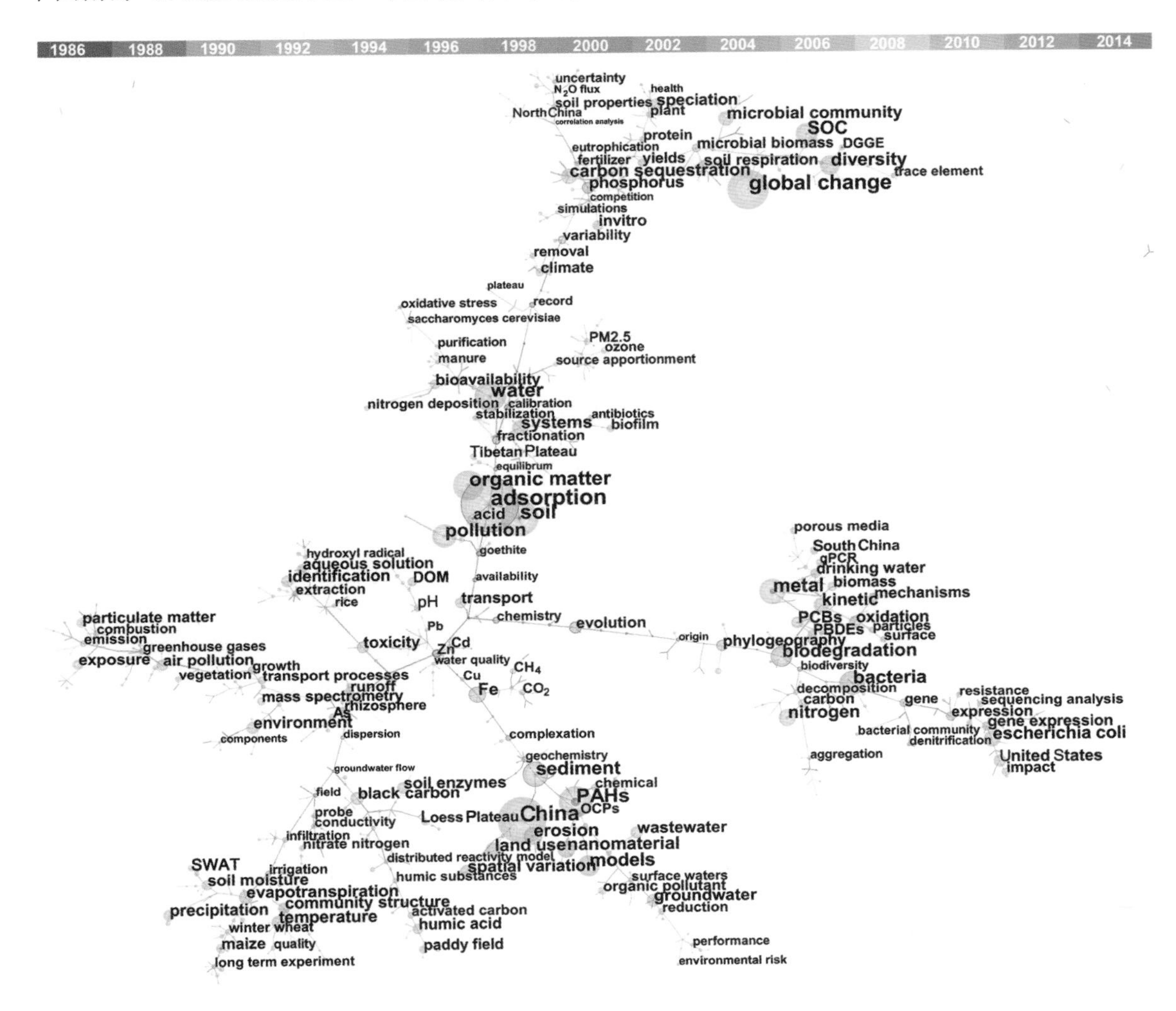

图 2-24　中美两国在土壤学主流期刊合作发表 SCI 论文关键词共现关系

①土壤污染与环境行为。土壤污染与环境行为是中美土壤科学合作研究的最大领域，主要针对土壤（polluted soil）及其相关圈层如大气（atmosphere，air pollution）、水（water，wastewater，drinking water，groundwater，surface waters）、沉积物（sediment）等环境介质中的污染开展了大量合作研究。关注较多的主题包括：第一，化石燃料的燃烧（combustion）、排放（emission）、暴露（exposure）、传输（transport processes）、颗粒物（particulate matter）及其副产物使用对土壤生态环境的影响（environmental risk，impact）；第二，土壤（polluted soil，paddy field）、沉积物（sediment）及水体（surface waters，drinking water，groundwater）中的重金属（heavy metal）污染，以重金属（Cd，Cu，Pb，Zn）、砷（As）污染及其形态（fractionation，speciation）、有效性（availability，bioavailability，toxicity，rice）以及化学过程（adsorption，complexation，equilibrium， reduction，oxidation，stabilization，kinetic）研究最多；第三，土壤及周围环境介质中的各类有机污染（organic pollutant），以多环芳烃（PAHs）、多氯联苯（PCBs）研究最多，除此以外还包括多溴联苯醚（PBDEs）、持久性有机污染物（POPs）、抗生素（antibiotics）、有机氯农药（OCPs）等的化学行为（chemistry，oxidation）、微生物学效应（biodegradation，biodiversity，resistance，gene expression）和环境风险（environmental risk）等。其中，污染物的界面化学是中美土壤科学合作相当深入的主题，主要包括有机污染物（organic pollutant，PAHs，PCBs，OCPs）、重金属元素（Cd，Cu，Pb，Zn）、类金属（As）在土壤及溶液（aqueous solution）中有机质（organic matter，humic substances，DOM）、氧化铁（Fe，goethite）、纳米颗粒（nanomaterial）等界面上的吸附（adsorption）、络合（complexation）、分散（dispersion）等地球化学行为（chemistry，geochemistry，evolution，transport）及其模拟（distributed reactivity model），挖掘土壤中影响污染物有效性、形态的因子（pH，DOM，hydroxyl radical）及机理（mechanisms，identification）。中美土壤环境污染研究合作发表论文最多的 5 个期刊包括：*Environmental Science & Technology*，*Geochimica et Cosmochimica Acta*，*Science of the Total Environment*，*Environmental Pollution*，*Journal of Colloid and Interface Science*。

②土壤生物学。土壤生物学是中美土壤科学长期合作的重要领域，研究主题包括土壤微生物量（microbial biomass）、活性（soil enzymes，soil respiration）、多样性（diversity）、群落结构（bacterial community，microbial community，DGGE，sequencing analysis）及丰度（abundance，qPCR）对环境条件改变（soil pollution，moisture，metal，organic pollutant，fertilizer，global change）的响应，以及土壤微生物活动在土壤生态系统中的重要意义（biodegradation，denitrification，decomposition，resistance，carbon，nitrogen，aggregation）。中美土壤生物学研究合作发表论文最多的 3 个期刊包括：*Applied and Environmental Microbiology*，*Applied Microbiology and Biotechnology*，*Soil Biology & Biochemistry*。

③全球变化与土壤生态系统。全球变化也是中美土壤科学合作的重要领域，研究主题包括温室气体排放（CO_2，CH_4，N_2O，greenhouse gases）与全球变暖（global warming，temperature，heat）、气候变化（climate change）、植被恢复 / 演替（vegetation）、城市化进程（urbanization）、氮沉降（N_2O flux，nitrogen deposition）等对土壤性质（soil properties）、土壤碳氮磷循环（SOC，carbon sequestration，phosphorus）、土壤微生物活性及多样性（diversity，soil respiration，microbial biomass，DGGE，microbial community）、植物生长（plant，yields）的影响及其生态效应的模拟（erosion，emission，aerosol，simulation，uncertainty）。中美全球变化研究合作发表论文最多的 3 个期刊包括：*Global Change Biology*，*Plant and Soil*，*Environmental Science & Technology*。

④土壤水文过程与侵蚀。研究主题多围绕气候变化和人类管理（irrigation，wastewater irrigation，management）作用下的地表与地下水文过程（groundwater flow，runoff，catchment，erosion）及其模拟（SWAT，hydrological model）、土壤水分的变化过程（soil moisture，infiltration，evapotranspiration）、土壤水分利用率（use efficient），以及土壤水分对作物生长（maize，winter wheat，yields，quality，long term experiment，field）、土壤性质（conductivity，soil enzymes，probe）

等的影响。中美土壤水文学研究合作发表论文最多的 3 个期刊包括：*Journal of Hydrology*，*Hydrological Processes*，*Agricultural Water Management*。

⑤土壤肥力与养分循环。研究主题多为长期施肥（fertilizer）、添加有机质（organic matter，manure）、水分管理（irrigation）、不同耕作方式（tillage，conservation tillage，no tillage）等农田管理措施下，土壤肥力（fertility，nutrient，soil properties，structure，phosphorus，activated carbon，nitrogen，nitrate）的改变和土壤氮磷钾等养分的植物利用（maize，winter wheat，rice，yields）、养分转化的机理（rhizosphere，decomposition）及其环境效应（N_2O flux，carbon sequestration，runoff，eutrophication）。中美土壤肥力和养分循环研究合作发表论文最多的 3 个期刊包括：*Plant and Soil*，*Soil Science Society of America Journal*，*Soil Science*。

⑥土壤信息科学与资源管理。研究主题多为遥感收集、定量分析地表参数（net primary production，leave area，vegetation cover，land surface，soil moisture，temperature，water，soil organic carbon，protein，dust，visibility），进行模型运算（models，calibration，algorithm）、空间分析和不确定性分析（spatial variation，spatial prediction，uncertainty）等。土壤分类及制图（taxonomy，mapping）、土地利用评估（land use，land change）、耕地质量评估及农作物产量估算（soil quality，cropping，yields）、土地覆被调查（vegetation）、农业水分监测（irrigation，soil moisture）、水土流失研究（erosion，aerosol，Loess Plateau）、碳氮收支平衡研究（storage，emission，soil carbon，nitrogen）是土壤信息科学应用研究的主要方面。MODIS、LiDAR、hyperspectral、landsat 等数据是主要遥感数据源。中美土壤信息科学研究合作发表论文最多的 3 个期刊包括：*Hydrological Processes*，*Hydrology and Earth System Sciences*，*Geoderma*。

（2）中英合作

图 2-25 显示了中国土壤科学与英国合作发表 SCI 论文的主要领域。双方共合作发表论文 1 010 篇，论文发表在 60 种期刊，使用作者关键词 3 082 次。前 10 个期刊合作发文 529 篇，占中英合作发文总数的 52.4%。其中发文最多的是 *Environmental Science & Technology*，合作发文 105 篇。前 10 个期刊中 6 个侧重土壤污染与环境行为研究、2 个侧重土壤生物学研究、1 个侧重土壤肥力与养分循环研究、1 个侧重全球变化与土壤生态系统研究。共有 180 个中国机构参与中英合作研究，合作发文数量最多的前 10 个中国机构包括中国农业大学、中国科学院生态环境研究中心、南京农业大学、北京大学、中国科学院广州地球化学研究所、兰州大学、中国科学院南京土壤研究所、中国农业科学院、浙江大学、中国科学院城市环境研究所，共发表论文 413 篇（次），占合作发文 1 383 篇（次）的 29.9%，其中发文最多的中国农业大学合作发文 57 篇。在研究区域选择方面，中国（China）、青藏高原（Tibetan Plateau）等区域关键词出现的频次超过 10 次，华南（South China）、长江（Yangtze River）、华北（North China）、巴基斯坦（Pakistan）、西孟加拉（West Bengal）、内蒙古（Inner Mongolia）等区域关键词出现的频次超过 5 次。

①土壤污染与环境行为。土壤污染与环境行为研究是中英土壤科学合作研究最多的领域。研究内容包括：第一，土壤（polluted soil，paddy field）及周围环境介质（sediment，lake sediment，

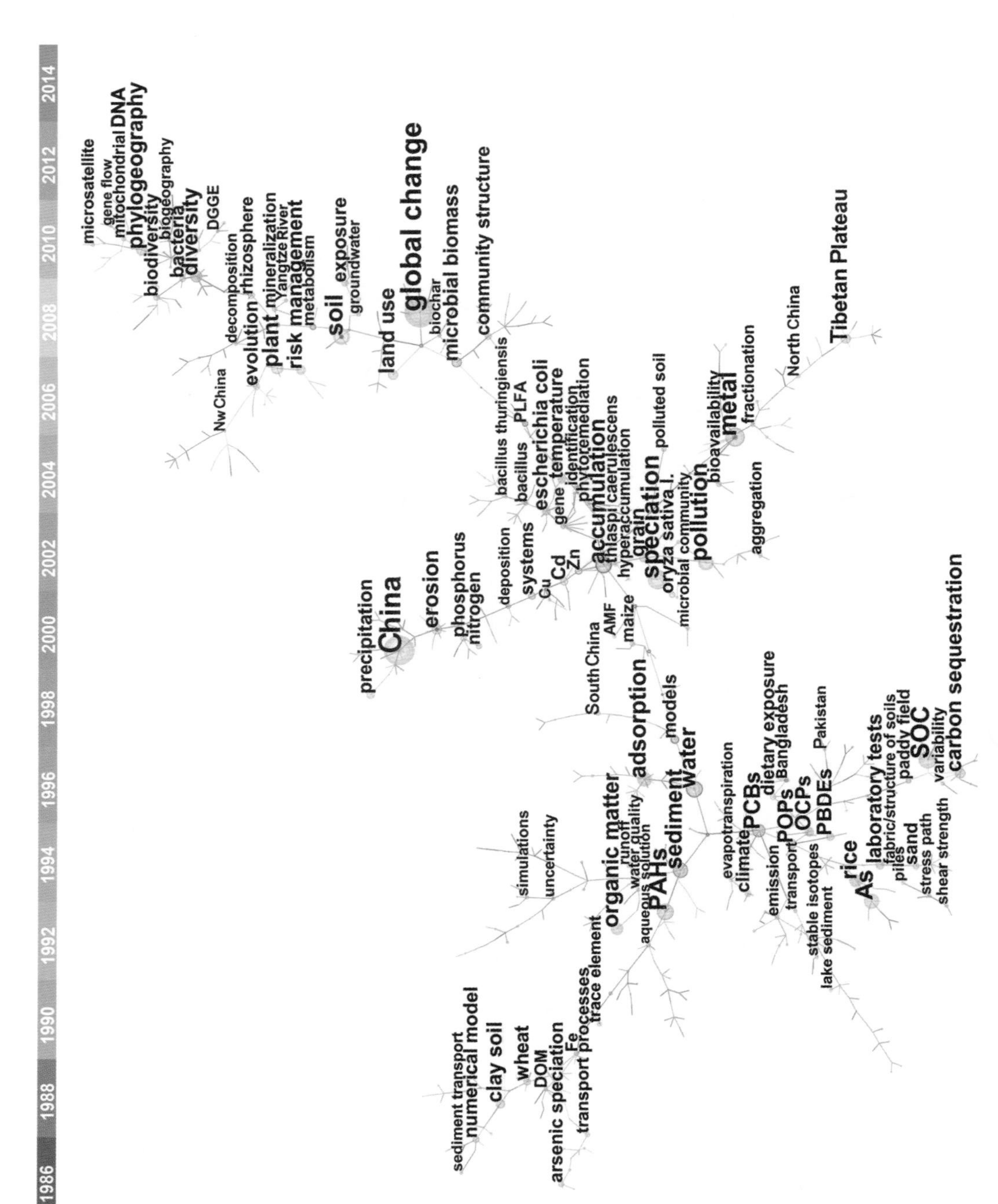

图 2-25　中英两国在土壤学主流期刊合作发表 SCI 论文关键词共现关系

water，surface water，aqueous solution）中污染元素（metal，trace element，pollution，Cd，Cu，Zn，As，Hg）或其他元素（boron，chlorine，bromine）的界面地球化学过程（adsorption，DOM，Fe，hematite，organic matter，clay，nanoparticle，speciation，distribution，fractionation，transport processes，geochemistry）、有效性（availability，bioavailability）、生态毒性和风险（mortality，toxicity，human intake，risk modeling）、生物累积（accumulation，hyperaccumulation，translocation factor），尤其是水稻体内的富集（rice，grain，*Oryza Sativa L.*）及超富集植物的生物提取（phytoremediation，phytoextraction，*Thlaspi Caerulescens*）研究较多；第二，有机污染（PAHs，PCBs，POPs，OCPs，PBDEs）在土壤中及相关环境介质中的分布（distribution）、暴露（exposure，dietary exposure）、交换迁移（air-soil exchange，mobility）和累积（accumulation）等情况。另外，针对气溶胶（polluted dust，aerosol dust pollution）的组成及特征（molecular characterization，chemical composition，Ultra-High-Resolution Mass Spectrometry）、传输（transport）及模拟（GOCART model，simulations）也开展了少量合作研究。一些较新的研究手段，如薄膜扩散梯度技术（DGT）和同位素分析技术（stable isotopes，isotope signature）也较多应用到这些合作研究中。中英土壤环境污染研究合作发表论文最多的 5 个期刊包括：*Environmental Science & Technology*，*Geochimica et Cosmochimica Acta*，*Environmental Pollution*，*Science of the Total Environment*，*Chemical Geology*。

②土壤生物学。研究主题包括：第一，土壤生物学指标（microbial biomass，biodiversity，diversity，bacteria，community structure，microbial community，earthworm，nematode）在一定自然条件下或环境诱导下（fertilizer，tillage，organic matter，amended，biochar，land use change，plant restoration，polluted soil，coal mine，As，nanoparticle）的响应以及微生物活动对土壤生态系统的重要意义（soil carbon，nitrogen cycle，denitrification，nitrification，degradation，aggregation，reclamation），采用的手段多为熏蒸浸提法（fumigation extraction techniques）、DGGE、PLFA、qPCR 和同位素标记（C-13 labelling，C-14 continuous labelling）等；第二，中英双方在根际土壤微生物水平基因转移（rhizosphere，lateral gene transfer，nodulate）、转基因作物对根际微生物的影响（transgenic plants，rhizosphere）、生物地理学（biogeography）等方面开展了较多深入的合作。中英土壤生物学研究合作发表论文最多的 3 个期刊包括：*Soil Biology & Biochemistry*，*Plant and Soil*，*FEMS Microbiology Ecology*。

③全球变化与土壤生态系统。主要研究主题包括：温室气体排放（CO_2 flux，N_2O，CO_2 emission，greenhouse gas emission，carbon footprint）、全球变暖（global warming，anthropogenic heat）、气候变化（climate change）等与碳氮循环（soil carbon，carbon sequestration，carbon cycle，CO_2 production，nitrogen deposition，nitrogen cycle）、水资源变化（water）、森林/地表植被演替（vegetation，forest）、作物生产（crop yield，cereal production，crop production，grape）等之间的关系；全球变化生态效应的模拟（model，simulation，uncertainty）及应对（management，policy）；采用同位素分析（isotope）、系统地理学（phylogeography，mitochondrial DNA，gene flow）、生物地理学（biogeography）等方法研究土壤生态系统中地质变化及土壤矿物形成、生

物演化过程（record，evolution）及相关原因。中英全球变化研究合作发表论文最多的3个期刊包括：*Global Change Biology*，*Molecular Ecology*，*Agriculture Ecosystems & Environment*。

④土壤水文过程与侵蚀。研究主题多围绕地表及地下水文过程（surface water，groundwater，interaction，soil water movement，catchment，river discharge，runoff，rainfall，precipitation，simulated rainfall，hydraulic conductivity，fracture flow）、污染物水文动力学（solute transport，pore water，heavy metal，runoff pollution，particle size，estuary）、洪水与泥沙搬运沉积（sediment，transport，flood，colloid transport）、土壤水分过程和管理（hydraulic properties，soil water balance，soil moisture，evapotranspiration，water infiltration，pore water pressure，water availability，irrigation optimization，irrigation scheduling，management）及其生态环境效应（Cs-137，acidification，soil erosion，sand，loess，grain，grain size，aerosol，aggregate stability，soil structure，soil compact，landslide，crop yield，water quality，agricultural diffuse groundwater pollution）、水文动力学及水分管理相关过程的模拟（simulations，SWAT，flood forecasting model，agro-hydrological models，data assimilations，forecasts）。中英土壤水文学研究合作发表论文最多的3个期刊包括：*Journal of Hydrology*，*Hydrological Processes*，*Hydrology and Earth System Sciences*。

⑤土壤肥力和养分循环。主要围绕化肥施用（fertilizer，fertiliser recommendations）、有机质添加（organic matter，manure，straw return）、不同耕作措施（tillage regime，conservation tillage，management practice，rotation，intercropping）、水分管理（water management）、土地利用变化（land reclamation，soil reclamation，land use）等与土壤质量的改变（compaction，physical quality，soil fertility）、植物生长（wheat，crop performance，crop yield，phosphorus use efficiency，productivity，nutrient uptake）、养分循环（soil nutrient distribution，carbon sequestration，labile soil organic carbon，nitrogen dynamics，soil phosphorus）之间的关系开展相关研究。中英土壤肥力和养分循环研究合作发表论文最多的3个期刊包括：*Plant and Soil*，*Agriculture Ecosystems & Environment*，*Soil Use and Management*。

⑥土壤信息科学资源管理。中英两国在该领域研究相对较少，主要围绕土壤地理信息统计及制图（trace metals，metal contamination，saline soil，GIS，multivariate statistics，mapping，cokriging，universal kriging，spatial distribution，algorithm）、辐射传输和大气遥感检测采集数据（field spectroscopy，soil quality，grain yield，soil moisture，satellite，anthropogenic heat，aerosol）、数字高程模型模拟（DEM simulation，creep，crack growth，drainage network）、GIS模拟预测及评估（GIS modelling，flood extent，satellite remote sensing，earthquake，landslide，Advanced Spacebome Thermal Emission Radiometer，erosion）、生态参数定量反演及其建模应用（leaf area index，organic carbon，prediction，accuracy）等方面展开。MODIS、SAR、landsat、radar等数据是主要遥感数据源。中英土壤信息科学研究合作发表论文最多的3个期刊包括：*Geomorphology*，*Hydrology and Earth System Sciences*，*Environmental Pollution*。

（3）中德合作

图 2-26 显示了中国土壤科学与德国合作发表 SCI 论文的主要领域。双方合作共发表论文 1 008 篇，发表在 60 种期刊，使用作者关键词 2 882 次。前 10 个期刊合作发文 506 篇，占中德合作发文总数的 50.2%。其中发文最多的是 *Geochimica et Cosmochimica Acta*，合作发文 83 篇。前 10 个期刊中 5 个侧重土壤污染与环境行为、3 个侧重土壤生物学研究、1 个侧重土壤肥力与养分循环研究、1 个侧重全球变化与土壤生态系统研究。共有 250 个中国机构参与中德合作研究，合作发文数量最多的前 10 个中国机构包括中国科学院南京土壤研究所、中国农业大学、南京大学、中国科学院昆明植物研究所、中国科学院地质与地球物理研究所、中国科学院大学、中国科学院化学研究所、浙江大学、中国科学院地理科学与资源研究所、中国科学院大气物理研究所，共发表论文 513 篇（次），占合作发文 1 482 篇（次）的 34.6%，其中发文最多的中国科学院南京土壤研究所合作发文 118 篇。在研究区域选择方面，中国（China）、青藏高原（Tibetan Plateau）、内蒙古（Inner Mongolia）、华北平原（North China Plain）等区域关键词出现的频次超过 10 次，中国西北（Northwest China）等区域关键词出现的频次超过 5 次。

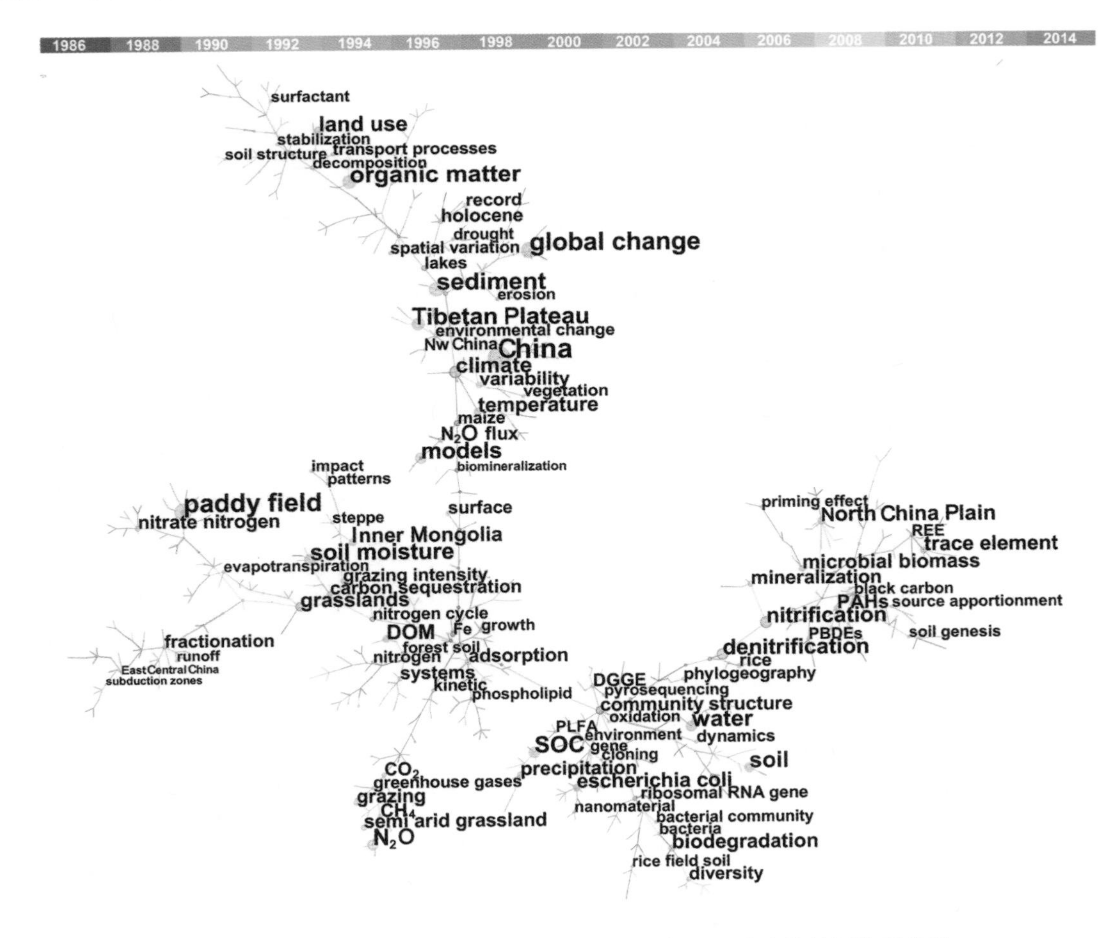

图 2-26　中德两国在土壤学主流期刊合作发表 SCI 论文关键词共现关系

①土壤污染与环境行为。合作主题包括：多环芳烃（PAHs）、多溴联苯醚（PBDEs）、多氯联苯（PCBs）、邻苯二甲酸酯（PAEs）、二噁英（dioxin）、持久性有机污染物（POPs）、农药（DDT，OCPs）、壬基酚（nonylphenol）、除草剂（glyphosate，herbicide）、杀菌剂（fungicide）等有机污染物在土壤（polluted soil）、沉积物（sediment，surface sediment）、地表水（surface water）中的传输（transport）、化学过程（environmental behavior，adsorption，sorption，desorption，leaching，distribution，fate）及生物效应（mineralization，degradation，exposure，toxicity，accumulation，vegetables，earthworms）；多环芳烃（PAHs）、持久性有机污染物（POPs）等有机污染物在大气（air）中的环境行为；气溶胶及大气颗粒物（aerosols，air particulate material，black carbon，PM2.5）所造成的大气污染（air pollution）；重金属（heavy metal，Cd，Cu，Pb，Zn，Cr）、类金属（As）、稀土元素（REE）、铊（Tl）、铝（Al）以及纳米材料（nanomaterial）在土壤（contaminated soil）和地下水（water）中的分布（spatial distribution）、界面化学过程（adsorption，DOM，goethite，hematite，humic acid，soil-plant system，mobility，kinetic，geochemistry）及生物效应（resistance，growth，accumulation，phytoremediation）；一些较新的研究手段，如同位素技术（stable isotopes，fractionation）也较多地应用到地球化学合作研究中。中德土壤环境污染研究合作发表论文最多的 5 个期刊包括：*Environmental Science & Technology*，*Geochimica et Cosmochimica Acta*，*Science of the Total Environment*，*Environmental Pollution*，*Chemical Geology*。

②土壤生物学。研究主题主要包括：自然条件下（flooded soil，paddy field，rice field soil，forest soil）或环境诱导条件下（environmental change，utilization patterns，tillage，crop residue，temperature，exogenous substrates，soil moisture，land use，pH，liming，light，forest type，grazing，clipping，cultivation，Cd，cropping systems，vegetation，fertilization practices）土壤或沉积物（sediment）中生物学指标响应情况（soil respiration，soil enzymes，microbial biomass，diversity，bacteria，community structure，bacterial community，earthworm，methane oxidizing bacteria，methanogens，mycorrhiza，rhizodeposition，AMF，soil crust）及机理（mechanisms，electron transportation，pathway，priming effect）；土壤生物的生态功能（carbon cycle，carbon sequestration，CO_2 emission，transformation，nitrogen cycle，nitrogen loss，methane production，denitrification，nitrification，degradation，mineralization，decomposition，humification，turnover，greenhouse vegetable production）；生态效应建模（DNDC model，modelling，tracing model）等。采用的分析手段多为熏蒸浸提法（fumigation extraction method）、DGGE、PLFA、焦磷酸测序法（pyrosequencing）、qPCR、cloning 和同位素标记（C-13 pulse labeling，C-14 continuous labeling，N-15 tracing，stable isotopes）等。中德土壤生物学研究合作发表论文最多的 3 个期刊包括：*Soil Biology & Biochemistry*，*Plant and Soil*，*Applied and Environmental Microbiology*。

③全球变化与土壤生态系统。在青藏高原（Tibetan Plateau）、内蒙古（Inner Mongolia）、华北平原（North China Plain）等区域研究较多。研究主题主要围绕全球变化（climate，global change）、温度（temperature）、水分（precipitation，drought，soil moisture，freeze-thaw）、气候波动（inter-annual variability）、植被演替（vegetation，forest succession，restoration）、管理

措施（grazing intensity，land use，fertilizer，urea，cultivation chronosequence，clear-cutting，selective cutting，cropping system，irrigation，tillage，residue return，water management，drainage，straw management，biochar）等影响下，农田生态系统（paddy field，rice field）、森林（forest）和草地（semi arid grassland，grasslands，steppe，pasture）的温室气体排放（N_2O，CH_4，greenhouse gases，CO_2 emission）、碳氮循环（carbon cycle，carbon sequestration，nitrogen cycle，nitrate nitrogen，nitrogen loss，atmospheric nitrogen deposition，nitrogen balance，carbon balance，turnover，nitrate leaching，ammonia volatilization）、土壤性状改变（land degradation，biodiversity，soil acidification）、作物生产（maize，cereal production，crop production，food security，crop quality，wetland rice，yields）等变化响应及对策（policy，sustainable development），以及气候变化、碳氮循环的模拟计算（models，discharge simulation，N-15 tracing model，dynamic global N cycle model，uncertainty）。中德全球变化研究合作发表论文最多的 3 个期刊包括：*Plant and Soil*，*Global Change Biology*，*Soil Biology & Biochemistry*。

④土壤水文过程与侵蚀。中德在土壤水文学方面的合作区域主要在内蒙古（Inner Mongolia，Ordos Plateau）、青藏高原（Tibetan Plateau，Nam Co Lake basin）、黄土高原（Loess Plateau）、长江流域（Yangtze River basin，Taihu Lake basin，Poyang Lake basin）、华北平原（North China Plain）、珠江流域（Pearl River）等地区。合作主要围绕全球变化（climate，global change）和人类活动（land use/cover，grazing intensity，anthropogenic impact，tillage，soil management，restorative vegetation）影响下，流域水循环（catchment，soil-water budget，precipitation，rainfall，river export，river flow，runoff，glacier runoff，groundwater balance，hydrology，annual maximum streamflow，water balance，slope hydrology，agricultural catchment irrigation flow，overland flow）与土壤水分状况（drought，soil water content，hydraulic conductivity，water retention curve，pore water pressure，soil moisture，water security）、土壤水分与土壤养分（DOM，water/nitrogen use efficiency，phosphorus，spatial variation，N and P transport）的关系、土壤水分与结构性质（soil structure，shrinkage，air conductivity，penetration resistance，compaction，water and heat fluxes）的关系、土壤水分过程（evapotranspiration，infiltration）和管理（water conservation techniques，wetting/drying cycles，irrigation）及其生态环境效应（nitrogen deposition，carbon dioxide，methane，greenhouse gases，yields，rice production，ANPP，BNPP，food security，biological soil crusts，erosion，landscape ecology，nitrate leaching，nutrient pollution）、水灾害（floods，extreme precipitation，storm runoff）与泥沙沉积（sediment load，sediment budget）、水文动力学及水分管理生态效应的模拟预测（models，simulation model，SWAT，hydrological model，river network model，estuary model，artificial neural network）等方面展开。中德土壤水文学研究合作发表论文最多的 3 个期刊包括：*Quaternary International*，*Journal of Hydrology*，*Hydrology and Earth System Sciences*。

⑤土壤肥力和养分循环。主要围绕土壤氮磷钾养分及其他养分元素（Zn，Silicon，Fe）情况和变异（spatial variability）、人为管理（land use changes，water management，cropping system，fertilizer，manure，grazing，irrigation，tillage，liming，paddy soils）对土壤养分供应（nutrient availability，nutrient accumulation，nutrient concentration，nutrient enrichment，stoichiometry，non-exchangeable ammonium，ammonium fixation，phosphorus deficiency，SOC storage，DOM，labile soil organic matter fractions，plant growth，N release，uptake，crop production，maize，wheat，soil fertility，soil quality，yields）及循环（nitrogen and carbon cycling，methane emission）的影响等展开合作研究。可持续农业（sustainable agriculture）是关注较多的研究内容。中德土壤肥力和养分循环研究合作发表论文最多的 3 个期刊包括：*Plant and Soil*，*Journal of Plant Nutrition and Soil Science*，*Nutrient Cycling in Agroecosystems*。

⑥土壤信息科学资源管理。中德两国在该领域研究非常少，主要利用 MODIS、landsat 数据、传感器（sensor）采集的数据，对全球变化和人类活动影响下土壤水文状况（volumetric soil water content，penetration resistance）、污染状况（heavy metal）、土壤和植被特征（wheat，community structure，yields，soil nutrient，species diversity）进行制图（digital soil mapping）、分析统计（GIS，geostatistics，digital terrain analysis，imaging analysis）、评价（soil evaluation）、规划（land-use planning，soil functions）、模型模拟预测（DEM，ecological risk）。中德土壤信息科学研究合作发表论文最多的 3 个期刊包括：*Hydrology and Earth System Sciences*，*Geoderma*，*Catena*。

（4）中澳合作

图 2-27 显示了中国土壤科学与澳大利亚合作发表 SCI 论文的主要领域。双方共合作发表论文 1 301 篇，论文发表在 63 种期刊，使用作者关键词 3 474 次。前 10 个期刊合作发文 684 篇，占中澳合作发文总数的 52.6%。其中发文最多的是 *Journal of Colloid and Interface Science*，合作发文 101 篇。前 10 个期刊中 7 个侧重土壤污染与环境行为、2 个侧重土壤水文过程与侵蚀研究、1 个侧重土壤肥力和养分循环研究。共有 294 个中国机构参与中澳合作研究，合作发文数量最多的前 10 个中国机构包括成都理工大学、中国农业大学、中国科学院生态环境研究所、中国科学院大学、中国科学院广州地球化学研究所、中国科学院南京土壤研究所、浙江大学、中国科学院地质与地球物理研究所、中国科学院地理科学与资源研究所、中国农业科学院，共发表论文 768 篇（次），占合作发文 2 105 篇（次）的 36.5%，其中发文最多的成都理工大学合作发文 181 篇。在研究区域选择方面，中国（China）、黄土高原（Loess Plateau，semi arid Loess Plateau）等区域关键词出现的频次超过 10 次，澳大利亚（Australia）、青藏高原（Tibetan Plateau）、西澳大利亚（Western Australia）、长江（Yangtze River）、华南（South China）、中国西北（Northwest China，arid Northwestern China）、华东（Eastern China，East China）等区域关键词出现的频次超过 5 次。

①土壤污染与环境行为。土壤污染与环境行为是中澳土壤科学合作研究最广泛的领域，研究主题主要包括：重金属（metal，Cd，Cu，Zn，Pb，Ni，Cr）、类金属（As）及有机污染物（PAHs，POPs，PCBs，herbicide）在土壤（soil，clay soil）、沉积物（sediment）等环境介质中的地球化学行为（geochemistry，adsorption，desorption，kinetic，speciation，fixation，bioleaching，zeta potential）、环境效应[bioavailability，uptake，translocation，growth，rice（*Oryza sativa L.*）， wheat，maize，barley（*Hordeum vulgare L.*），AMF，microbial community，biotic ligand model，environmental risk］及生物修复（phytoremediation，biodegradation，hyperaccumulator，rhizosphere）；土壤黏粒矿物、铁氧化物等表面上的吸附、沉淀等化学行为及结构表征（nanomaterial，TiO_2，montmorillonite，kaolinite，organoclay，clay mineral，Fe，geothite，layered double hydroxide，intercalation，adsorption，isotherm，precipitation，transport，removal，characterization，diffuse reflectance spectroscopy，infrared spectroscopy）；大气颗粒物（PM10，PM2.5，dust）所造成的大气污染（air pollution）及危害（mortality）。中澳土壤环境污染研究合作发表论文最多的 5 个期刊包括：*Environmental Science & Technology*，*Environmental Pollution*，*Science of the Total Environment*，*Journal of Colloid and Interface Science*，*Applied Clay Science*。

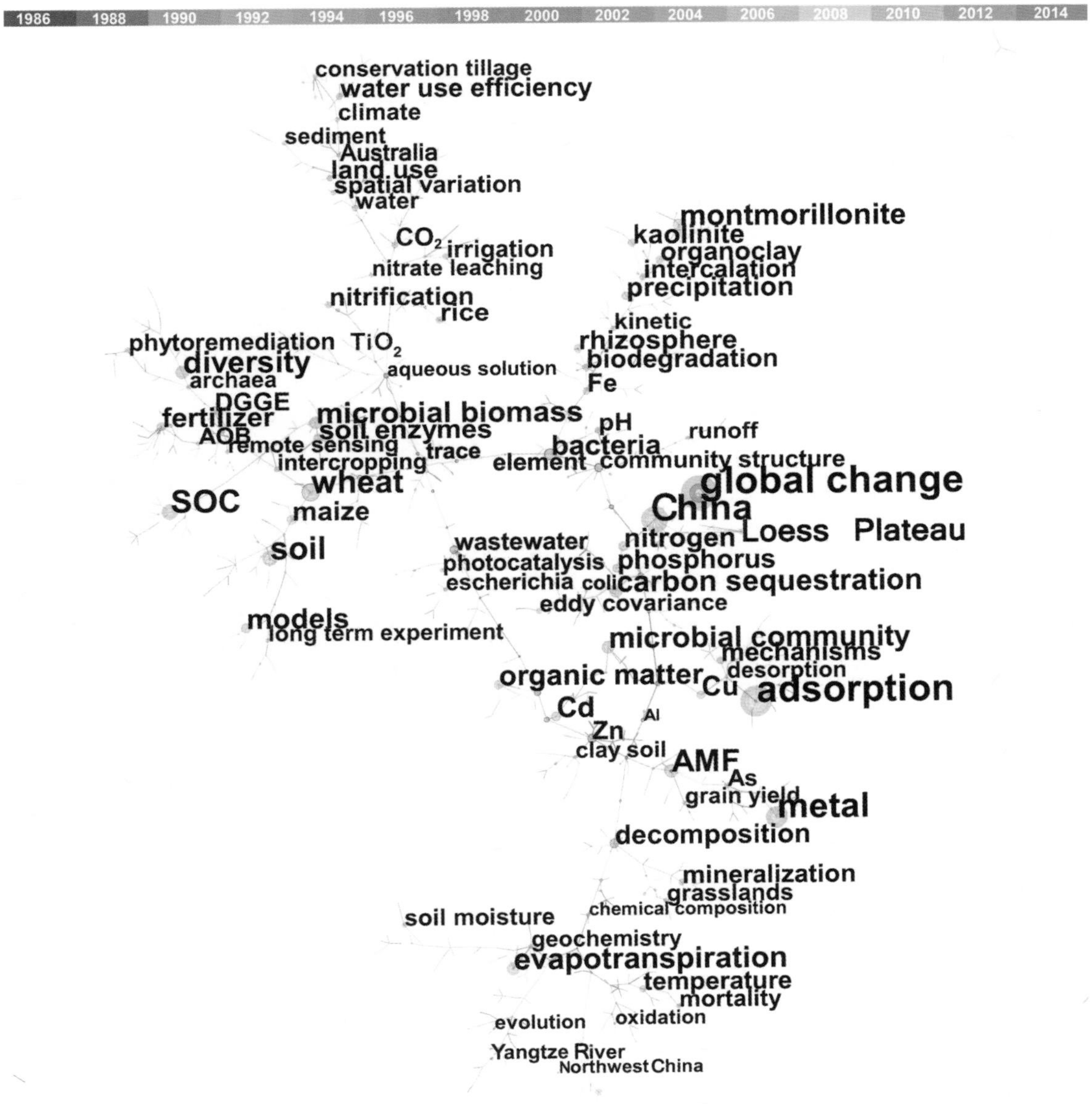

图 2-27　中澳两国在土壤学主流期刊合作发表 SCI 论文关键词共现关系

②土壤生物学。研究主题主要包括：气候变化（global change，climate，warming）、土地利用变化（land use）或农业管理措施（fertilizer，intercropping，crop residue，manure，cultivation，no tillage，biochar）影响下土壤微生物活性、群落组成等性质的响应（microbial biomass，microbial community，community structure，microbial activity，mineralization，soil respiration，bacterial，diversity，soil enzymes）及其与养分循环（carbon sequestration，decomposition，nutrient availability）、作物生产（grain yield，rhizosphere，maize，wheat）的关系；土壤氮素循环相关的生物化学过程（nitrification，denitrification，nitrogen transformation，AOB，AOA，nitrogen cycle）；土壤中重金属（Cu，Cd）、类金属（As）、有机污染物（PCBs，PCP）对微生物性质（community structure，functional diversity，bacteria，AMF）的影响及有机污染物的降解（biodegradation）；土壤中磷素有效性与微生物活性的关系（microorganism，phosphatase，phosphorus uptake，phosphorus limitation）；外生菌根的生态功能（AMF，diversity，phosphorus uptake，growth）；中国北方干旱地区土壤生物结皮及其生态功能（biological soil crust，Tengger desert）。采用的分析手段主要有 DGGE、PLFA、qPCR、Biolog、焦磷酸测序（pyrosequencing）和同位素技术（carbon isotopes，C-13，C-14 continuous labeling，N-15 pool dilution technique）等。中澳土壤生物学研究合作发表论文最多的 3 个期刊包括：*Soil Biology & Biochemistry*，*Plant and Soil*，*Journal of Soils and Sediments*。

③全球变化与土壤生态系统。研究主题主要包括：全球气候变化（global change，climate，climate variability）及人类活动（fertilizer，tillage，irrigation，grazing，land use）影响下土壤生态系统温室气体的排放[greenhouse gases，elevated CO_2，CO_2 flux，N_2O flux，free-air carbon dioxide enrichment（FACE）]及效应（alfalfa，wheat，grain yield，food production，eutrophication）、温室气体减排对策（biochar，adsorption，sustainable agriculture）、碳氮循环情况（SOC，carbon sequestration，soil carbon，nitrogen cycle，nitrogen fixation，nitrogen loss，decomposition，soil respiration，delta C-13）、土壤水文条件变化（erosion，soil moisture，water use efficiency，water quality）；全球变暖（warming）情况下土壤性质（soil temperature，soil properties，microbial biomass，mineralization，carbon cycling，temperature sensitivity，arbuscular mycorrhizal community）及作物生产力[rice（*oryza sativa L.*），ricegrow model，crop yield]的响应。中澳全球变化研究合作发表论文最多的 3 个期刊包括：*Global Change Biology*，*Plant and Soil*，*Journal of Soils and Sediments*。

④土壤水文过程与侵蚀。土壤水文过程是中澳土壤科学合作研究的重要领域，主要围绕以下内容展开：中国北方干旱农业地区的地表蒸散量（evapotranspiration，eddy covariance，Bowen ratio，water balance，arid region，vineyard）、水分利用率及节水灌溉（water use efficiency，irrigation，alternate partial root zone drip irrigation，crop coefficient，rice，wheat，maize，Northwest China，North China Plain）；气候变化（climate）影响下流域蒸散量变化及模拟（evapotranspiration，eddy covariance，Bowen ratio，water balance，attribution，DEM）；农业土壤水分过程和管理（infiltration，soil moisture，saturated hydraulic conductivity，drainage network，management，conservation tillage）及其对作物生产力的影响（root water uptake，wheat yield）；污水灌溉（wastewater）以及农业

面源污染（nitrate leaching，soil water，eutrophication，groundwater）；土壤物理结构稳定性（aggregate stability，saturated hydraulic conductivity，organic carbon，conservation tillage）与土壤侵蚀（shear strength，soil compaction）、水土流失（erosion，biological soil crust，runoff，Loess Plateau）；全球气候变化（climate）和人类活动（land use，vegetation，afforestation，stubble mulch，human activities，conservation tillage）影响下的流域水文过程（catchments，groundwater，streamflow regime，runoff，annual runoff，precipitation，hydrochemistry，flow duration curves，hydrologic response，hydrologic process，Loess Plateau，Australia）及模拟（SWAT model，groundwater modeling，process-based model，coupled surface water and groundwater modelling，bayesian approach，uncertainty）、泥沙冲积搬运（sediment，transport processes，floods）。中澳土壤水文学研究合作发表论文最多的 3 个期刊包括：*Journal of Hydrology*，*Hydrological Processes*，*Agricultural Water Management*。

⑤土壤肥力和养分循环。中澳在土壤肥力与养分循环研究领域的合作主要围绕以下内容展开：气候变化（climate）和人为影响（long term experiment，manure，intercropping）下土壤磷素情况、形态转化及植物有效性（phosphorus fraction，phosphorus uptake，P limitation，inorganic P，AMF，citrate exudation，iron plaque，wheat，rhizosphere，grain yield）；全球变化[free-air carbon dioxide enrichment（FACE），climate]和农业管理措施（cropping，intercropping，cultivation，conventional tillage，conventional farming，tillage，sustainable agriculture，irrigation，fertilizer，land use，vegetation）影响下土壤中碳素的固定及积累（carbon sequestration，organic matter，soil carbon，carbon fractions，carbon stock，decomposition）、氮素的利用及循环[nitrogen，nitrate leaching，nitrification，denitrification，nitrogen cycle，nitrogen loss，rice（*Oryza sativa L.*），wheat]；土壤微生物性质与土壤养分转化的关系（nutrient availability，microbial biomass，soil enzymes）；土壤综合肥力对作物生产的影响及模拟（soil fertility，yields，winter wheat，simulation，models）；土壤微量养分元素的供给及植物效应（boron，Zn，Fe，oilseed rape）；因施肥导致的土壤酸化及改良（acidification，biochar，long-term fertilization）。中澳土壤肥力和养分循环研究合作发表论文最多的 3 个期刊包括：*Plant and Soil*，*Biology and Fertility of Soils*，*Soil & Tillage Research*。

⑥土壤信息科学资源管理。主要围绕利用遥感（remote sensing）、GIS 等手段进行土壤质量监测与统计评价（soil textures，soil organic matter，soil organic carbon，soil quality，spatial variation，local regression kriging）、土壤水文状况的观测及模拟（evapotranspiration，water use efficiency，drainage network，process-based model，groundwater modeling，DEM）、土壤制图（digital soil mapping）、农业土壤生产力的评估及模拟（digital imaging，leaf area index，NDVI，net primary productivity）等展开，其中利用 MODIS 和 landsat 数据相对较多。中澳土壤信息科学研究合作发表论文最多的 3 个期刊包括：*Geoderma*，*Journal of Hydrology*，*Hydrology and Earth System Sciences*。

（5）中加合作

图 2-28 显示了中国土壤学与加拿大合作发表 SCI 论文的主要领域。双方共合作发表论文

1 009 论文，发表在 65 种期刊，使用作者关键词 3 007 次。前 10 个期刊合作发文 486 篇，占中加合作发文总数的 48.2%。其中发文最多的是 *Environmental Science & Technology*，合作发文 143 篇。前 10 个期刊中 6 个侧重土壤污染与环境行为、1 个侧重土壤水文研究、3 个侧重土壤肥力和养分循环研究。共有 181 个中国机构参与中加合作研究，合作发文数量最多的前 10 个中国机构包括香港城市大学、中国科学院南京土壤研究所、香港大学、中国科学院大学、成都理工大学、南京大学、北京大学、西北农林科技大学、中国农业大学、中国科学院地理科学与资源研究所，共发表论文 453 篇（次），占合作发文 1 410 篇（次）的 32.1%，其中发文最多的香港城市大学合作发文 63 篇。在研究区域选择方面，中国（China）、华南（South China，Southern China）、

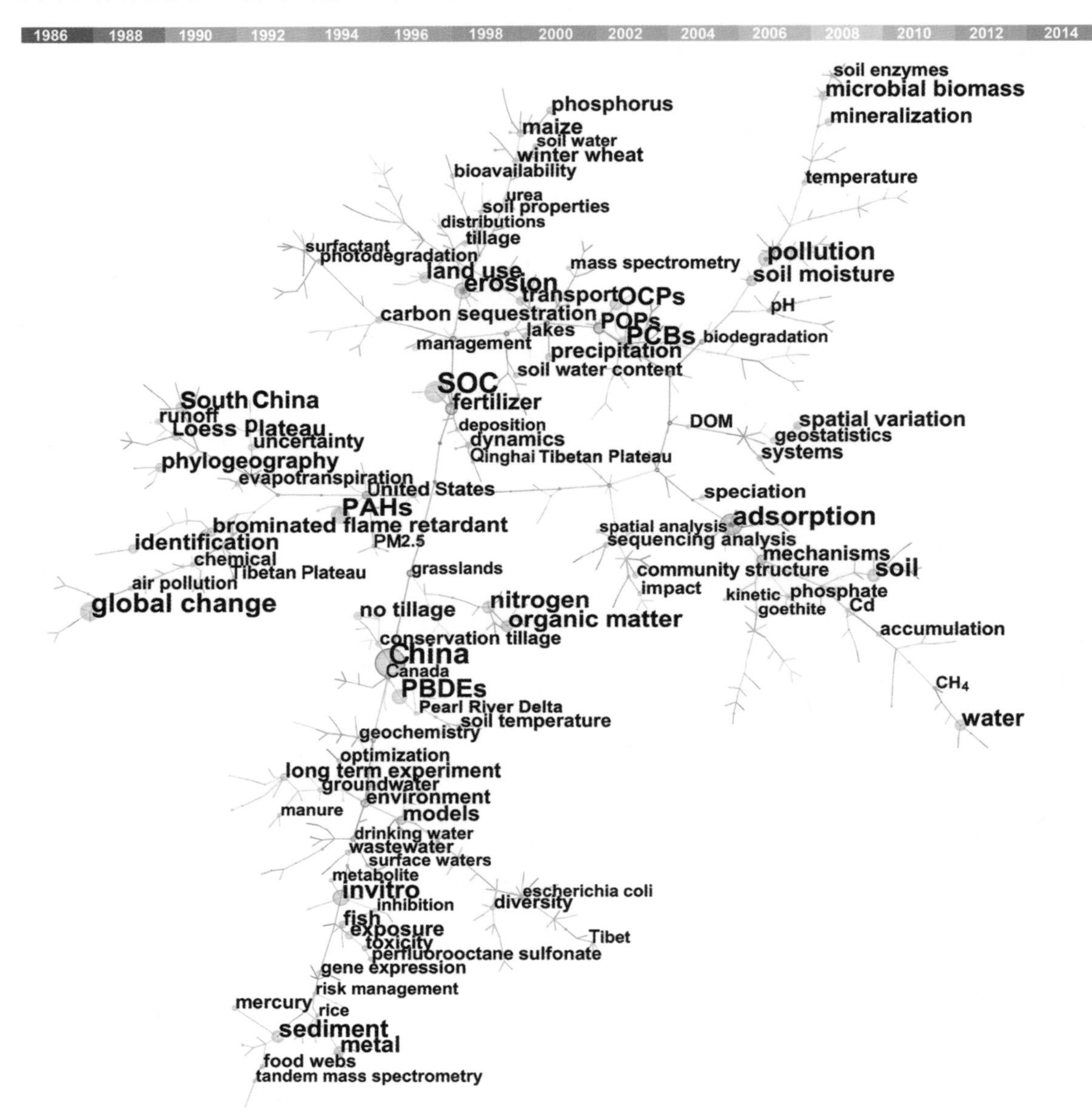

图 2-28　中加两国在土壤学主流期刊合作发表 SCI 论文关键词共现关系

黄土高原（Loess Plateau）、青藏高原（Tibetan Plateau，Tibet，Qinghai Tibetan Plateau）等区域关键词出现的频次超过 10 次，珠三角（Pearl River Delta）、加拿大（Canada）、美国（United States）、华北（North China，North China Plain）、中国西北（Northwest China）、长江（Yangtze River）等区域关键词出现的频次超过 5 次。

①土壤污染与环境行为。土壤污染与环境行为是中加土壤科学合作研究的最大领域，其中有机污染物（PAHs，PCBs，PBDEs，OCPs，POPs，dioxin，brominated flame retardant，perfluorooctane sulfonate，DDT，pesticides）在土壤（soil）、沉积物（sediment）、水体（surface waters，ground water，wastewater，Pearl River Delta）、大气（secondary organic aerosol）中的分布（particle size distribution）、吸附（adsorption，desorption）、迁移（atmospheric transport）、降解（photodegradation，biodegradation）、去除（removal）、生态风险（human exposure，toxicity，cancer risk，metabolite，invitro，gene expression，inhibition，fish）及模拟（models）等相关研究最多。此外，研究主题还包括：土壤与周围环境介质中污染元素（trace element，metal，Cd，As，Cr）的形态（speciation，fraction）及分布（distribution）、界面吸附—解吸（montmorillonite，goethite，humic acid，adsorption，desorption，kinetic）等地球化学行为（geochemistry）及生态效应（toxicity，bioavailability，accumulation，food webs，phytoremediation，biotic ligand model）；汞（mercury，Hg）的排放（emission）、大气传输（air，gaseous mercury）以及在环境介质中的形态分布（speciation）、化学行为（complexation，biogeochemical cycling，fractionation）及生态风险（rice，risk assessment，accumulation）；大气颗粒物（secondary organic aerosol，black carbon，PM2.5，dust）所造成的大气污染（air pollution）；农业面源污染（nutrients discharge trading，non-point source pollution）；黏土矿物（clay mineral，muscovite，montmorillonite）结构及界面吸附过程（adsorption）研究；同位素技术（stable isotope，fractionation）在地球化学研究中的应用。中加土壤环境污染研究合作发表论文最多的 5 个期刊包括：*Environmental Science & Technology*，*Environmental Pollution*，*Geochimica et Cosmochimica Acta*，*Science of the Total Environment*，*Chemical Geology*。

②土壤生物学。研究主题主要包括：气候变化（climate change）或人为耕作管理（microbial inoculant，conventional tillage，P fertilization，balanced-fertilization，crop rotation）影响下土壤微生物学性质（microbial biomass，community structure，mineralization，soil enzymes）的响应及其与养分循环（nutrient cycling，phosphorus，nitrogen transformation，maize，biological soil crusts）的关系；北极土壤（Arctic soils）微生物分布、性质（microbial biomass，community structure，diversity，biogeography）与植被（vegetation）的关系；外生真菌（arbuscular mycorrhizas，fungi）、根瘤菌（nodulation）、线虫（nematodes）等的生态功能（phosphorus-use efficiency，biodiversity，phylogeography，soil ecology）；土壤（soil slurries）、沉积物（marine sediment）中有机污染（PAHs，2, 4-dinitrotoluene，petroleum）的微生物修复（biodegradation，bioremediation）；采用的分析手段有 DGGE、PCR 和高通量测序（high-throughput sequencing）等。中加土壤生物学研究合作发表论文最多的 3 个期刊包括：*Soil Biology & Biochemistry*，*Plant and Soil*，*Applied Microbiology and Biotechnology*。

③全球变化与土壤生态系统。研究主题主要围绕：在全球变化（climate change，global change）

影响下土壤水文性质的改变和模拟（precipitation，runoff，flow，soil moisture，models）、土壤温度（soil temperature）的变化、土壤退化（erosion，dust，losses，Cs-137）、作物生长变化（net primary production，crop production）、森林生态系统演替（vegetation）、养分元素的生物地球化学循环（litter decomposition，rate，dynamics，quality，nitrogen）的改变等；土壤生态系统（agricultural soil，wetlands）温室气体的产生、排放（CH_4，nirtous oxide emission，greenhouse gases，CO_2 flux）、碳氮循环（carbon sequestration，DOC，organic matter，nitrogen deposition，respiration，nitrogen loss）及其模拟（models，computer simulation，DNDC model）。中加全球变化研究合作发表论文最多的 3 个期刊包括：*Global Change Biology*，*Plant and Soil*，*Biology and Fertility of Soils*。

④土壤水文过程与侵蚀。中加在土壤水文学方面的合作区域主要在黄土高原（Loess Plateau）、青藏高原（Tibetan Plateau，Nam Co Lake basin）、长江流域（Yangtze River）、加拿大（Canada）、珠三角（Pearl River Delta）等地区。合作主要围绕全球气候变化（climate change）和人类活动（tillage，land cover change，vegetation，management）影响下的流域水文过程（precipitation，rainfall，runoff，flow，streamflow，baseflow，groundwater，soil water，evapotranspiration，porous media，catchment，forest hydrology，hydrological process）及模拟（SWAT，simulation model，hydrological model，exponential model，uncertainty）、土壤侵蚀（slope，erosion，rate，stabilization）、洪水和泥沙搬运沉积（sediment，transport，discharge，channel patterns，floods），以及水文条件影响下的生态效应（yields，impact）；干旱地区农田土壤水分管理（irrigation，alternate furrow irrigation，water use efficiency，soil water content，drying response，dryland farming，alternate wetting and drying，management）及模拟（models）；农业水质管理（water quality management，decision making，design）；污染物的水文动力学及模拟（discharge，groundwater，transport，diffusion，pollution，fate，algorithm，uncertainty）等展开。中加土壤水文学研究合作发表论文最多的 3 个期刊包括：*Journal of Hydrology*，*Hydrological Processes*，*Agricultural Water Management*。

⑤土壤肥力和养分循环。合作研究主要围绕以下内容展开：耕作（conventional tillage）、施肥（fertilization，peat，urea）、灌溉（irrigation，water content）与植物生长（yields，potato tuber yield，grain yield，maize，Zea mays，winter wheat，leaf area index，phosphorus-use efficiency，nitrogen recovery efficiency）的关系；人为活动影响下（fertilization，cultivation，land use，no tillage，agricultural practices，nitrogen fertilization，urea，management）土壤有机碳的固持稳定（carbon sequestration，soil organic carbon，carbon pool，carbon saturation，C density，carbon storage，black soil，particle size fractions，distribution）、土壤氮素循环与流失（ammonium N，nitrate N，accumulation，mineralization，nitrate efflux，groundwater）、土壤磷素形态及流失（phosphorus，phosphorus sorption，P fraction，labile P，runoff，eutrophication）、土壤钾素的释放及植物有效性（potassium release，plant K availability，rice）；土壤结构与土壤质量（soil texture，soil quality，soil structure，soil fertility，sustainability）。中加土壤肥力和养分循环研究合作发表论文最多的 3 个期刊包括：*Soil Science Society of America Journal*，*Canadian Journal of Soil Science*，*Plant and Soil*。

⑥土壤信息科学资源管理研究。中加两国在该领域合作研究相对薄弱，主要围绕土壤属性

（soil organic matter，soil physical properties，soil texture，soil water retention parameters）或污染状况（trace element）的地学统计（geostatistics，spatio-temporal variability，spatial variation）、土壤水文状况的分析预测（satellite precipitation retrievals，remote sensing，evapotranspiration，digital elevation model，modeling）、大气遥感（air pollution，aerosol optical depth，PM2.5，thermal environment）、土壤制图（soil texture mapping）、影像反馈指导实际应用（GIS，remote sensing，winter wheat，contour tillage，crop rotation，fertilizer recommendation，precision agriculture）等展开，其中利用 MODIS 和 LiDAR 数据相对较多。中加土壤信息科学研究合作发表论文最多的 3 个期刊包括：*Journal of Hydrology*，*Environmental Science & Technology*，*Geoderma*。

（6）中日合作

图 2-29 显示了中国土壤科学与日本合作发表 SCI 论文的主要领域。双方共合作发表论文 1 067 篇，论文发表在 60 种期刊，使用作者关键词 3 137 次。前 10 个期刊合作发文 597 篇，占中日合作发文总数的 56.0%。其中发文最多的是 *Environmental Science & Technology*，合作发文 121 篇。前 10 个期刊中 7 个侧重土壤污染与环境行为研究、2 个侧重土壤肥力与养分循环研究、1 个侧重土壤水文过程与侵蚀研究。共有 273 个中国机构参与中日合作研究，合作发文数量最多的前 10 个中国机构包括中国科学院南京土壤研究所、香港城市大学、北京大学、中国科学院地理科学与资源研究所、清华大学、浙江大学、上海交通大学、成都理工大学、中国科学院大学、中国科学院寒区旱区环境与工程研究所，共发表论文 423 篇（次），占合作发文 1 459 篇（次）的 29.0%，其中发文最多的中国科学院南京土壤研究所合作发文 97 篇。在研究区域选择方面，中国（China）、日本（Japan）、华北（North China Plain，North China）等区域关键词出现的频次超过 10 次，青藏高原（Tibetan Plateau）、华南（South China）、黄河（Yellow River）、东亚（East Asia）、长江（Yangtze River，Changjiang）、珠三角（Pearl River Delta）、中国西南（Southwest China）、蒙古（Mongolia）等区域关键词出现的频次超过 5 次。

①土壤污染与环境行为。合作研究内容包括：土壤（soil，paddy field）与周围环境介质（sediment，groundwater）中重金属（Cd，Hg，Zn，Pb，Cu，metal）、类金属（As）及其他元素（selenium，lanthanum，REE）的地球化学行为（adsorption，desorption，complexation，speciation，adsorption isotherm，partition coefficient，acid leaching）与生态效应[availability，accumulation，rice（*Oryza sativa L.*），*Thlaspi caerulescens*，sorghum，phytoremediation，ecological risk assessment，human blood，cereal products]；有机污染物（PAHs，PCBs，OCPs，PBDEs，POPs，dibenzo para dioxin，perfluorooctane sulfonate，brominated flame retardant，pesticide）在环境介质（environment，soil，sediment，water，atmosphere）中的化学行为（sorption，distributions，fate，transport，biodegradation，behavior）及生态风险（bioaccumulation，human exposure，toxicity，fish，biota，risk assessment，Japan，Pearl River Delta，South China）；沉积物中放射性元素污染（sediment，radionuclide，Pu isotopes，Cs-137，mass spectrometry）；气溶胶、粉尘等大气颗粒物污染及传输（aerosol，Asian dust，particulate matter，black carbon，transport，deposition，air pollution，

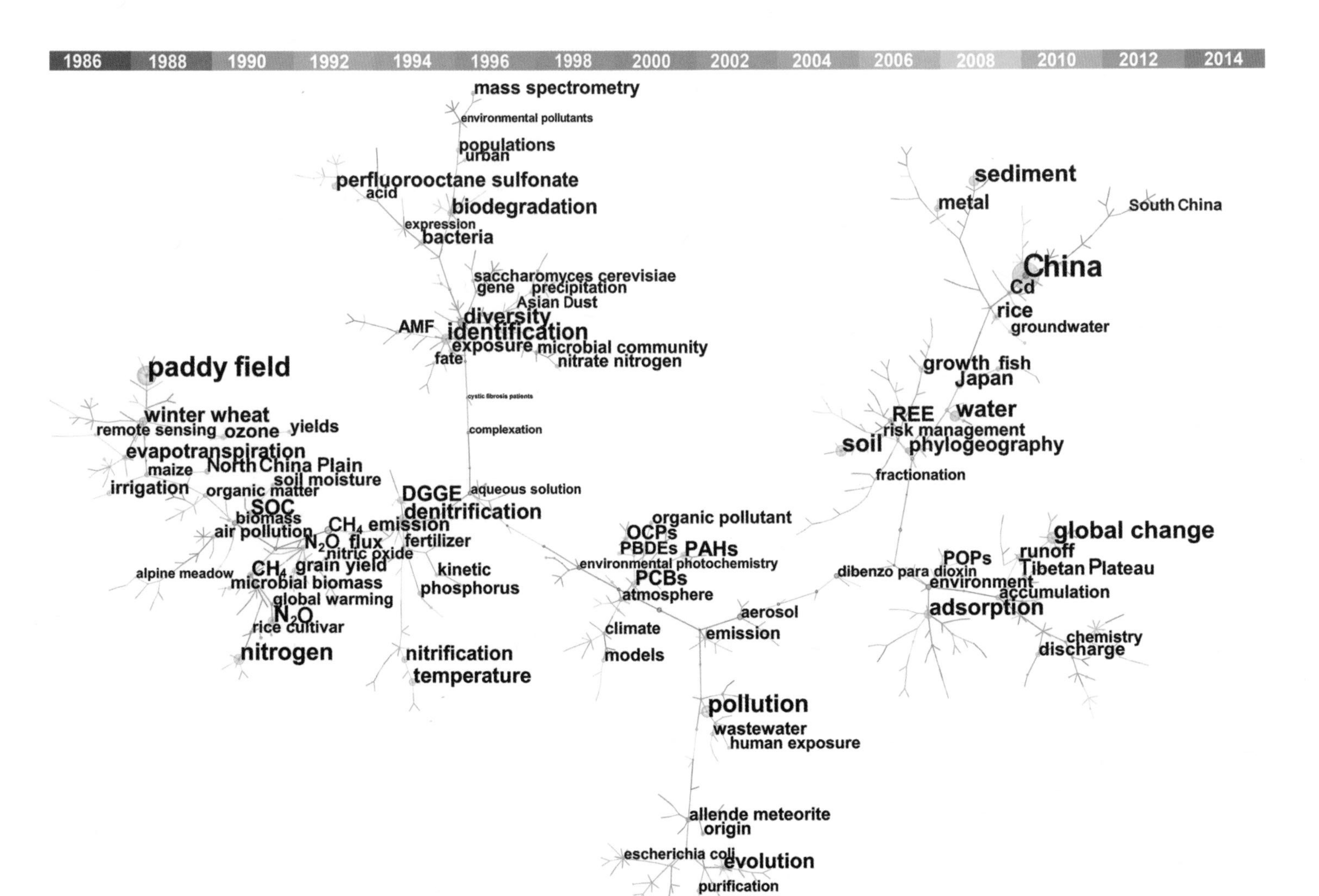

图 2-29 中日两国在土壤学主流期刊合作发表 SCI 论文关键词共现关系

source identification）；腐殖质、黏粒矿物、氧化物等界面上的吸附模拟（DOM，fractionation，adsorption，ion exchange，montmorillonite，clay）；土壤和岩石同位素地球化学研究（geochemistry，isotopic composition，carbon isotope）。中日土壤环境污染研究合作发表论文最多的 5 个期刊包括：*Environmental Science & Technology*，*Environmental Pollution*，*Science of the Total Environment*，*Chemical Geology*，*Applied Clay Science*。

②土壤生物学。合作研究多围绕以下主题展开：水稻土（paddy field，rice field）中噬菌体衣壳蛋白基因（capsid assembly protein，capsid gene，G20，G23，cyanophage，T4-type phage）的分析；土壤中外生菌根真菌（AMF，arbuscular mycorrhizal fungi，ectomycorrhizal fungal community）群落分布（biogeography，diversity）及其对环境胁迫的响应（cadmium contamination，metal，tolerance，elevated ozone）；全球变化[climate，global warming，free air CO_2 enrichment（FACE）]或人为影响（wheat straw management，N fertilizer，controlled release fertilizer，rare earth elements，REE）下沉积物（sediment）、土壤（rice filed）中氨化（ammonification）、硝化（nitrification，ammonia-oxidizing bacteria，nitrate）、反硝化（denitrification，denitrifier）、产甲烷（methanogenic *Archaea*，CH_4 emission）等生物化学过程；土壤微生物性质（microbial community structure，microbial biomass，diversity，soil respiration，microbial activity，dehydrogenase activity，metabolic quotient）的研究；土壤酶（acid phosphatase）活性（enzyme inhibition）、吸附固定（immobilized enzyme，adsorption，soil clay）及动力学（kinetics）研究。DGGE、DNA-SIP、qPCR、Terminal Restriction Fragment Length Polymorphism（T-RFLP）为采用较多的研究手段。中日土壤生物学研究合作发表论文最多的 3 个期刊包括：*Soil Biology & Biochemistry*，*Soil Science and Plant Nutrition*，*Applied Microbiology and Biotechnology*。

③全球变化与土壤生态系统。主要研究主题包括：土壤生态系统（rice field，agricultural soils，forest soil，grasslands）中温室气体的排放[CH_4 emission，N_2O flux，nitric oxide，CO_2 flux，free air CO_2 enrichment（FACE），emission inventory]及其效应[global warming，global warming potential，El Nino，grain yield，net primary production（NPP），food production]；气候变化影响下土壤碳汇变化研究（climate，SOC，carbon sink）；大气臭氧浓度升高对农田生态系统的影响[ozone，elevated ozone，winter wheat，rice（*Oryza sativa L.*），cultivar，grain yield]；全球变化（climate，global change）影响下土壤水文学的变化及模拟（evapotranspiration，runoff，groundwater，models，Tibetan Plateau，Yellow River）。中日全球变化研究合作发表论文最多的 3 个期刊包括：*Global Change Biology*，*Soil Science and Plant Nutrition*，*Hydrological Processes*。

④土壤水文过程与侵蚀。合作研究多围绕以下主题展开：干旱地区（North China Plain，arid area）土壤水分利用率（water use efficiency，winter wheat，yields）及节水灌溉（irrigation，drip irrigation）；地表蒸散量（evapotranspiration，Bowen ratio）及热通量（surface heat flux，energy budget）的估算；土壤侵蚀及水土流失（Asian dust，grazing，desertification，erosion，Cs-137）；地下水的地球化学特征、水文过程及对其农业生产的影响（groundwater，groundwater recharge，groundwater flow，stable isotopes，crop water use，North China Plain）；土壤水分的管理、监测

及模拟（soil moisture，water management，dye experiments，drainage imbibition cycle，saturation-capillary pressure（S-p）relation）；农业区域面源污染以及污染物水文动力学（nitrate，nitrogen，baseflow，groundwater quality，acid mine drainage）；区域气候变化和人为作用影响（climate，land use）下流域水文过程的变化及其模拟（runoff，streamflow，precipitation，rainfall，snowmelt，mass balance，SWAT，hydrological model）；洪水、泥石流等灾害与泥沙搬运冲积（landslides，soil stabilization，sediment discharge，sediment transport，Yangtze River，Loess Plateau）。中日土壤水文学研究合作发表论文最多的 3 个期刊包括：*Hydrological Processes*，*Journal of Hydrology*，*Agricultural Water Management*。

⑤土壤肥力与养分循环。合作研究方向主要包括：土壤中氮素调控（nitrogen fertilizer，nitrification inhibitor，controlled release urea，coated urea，green manure）与作物生长（grain yield，root respiration，nitrogen use efficiency，leaf area index，dry matter production，food production，rice）的关系及其生态效应（N_2O emission，CO_2 flux，ammonia volatilization，nitric oxide）；秸秆还田（wheat straw management）与稻田土壤甲烷排放（CH_4 emission）、水稻产量（rice cultivar，grain yield）的关系；土壤水分管理（irrigation，drip irrigation，water use efficiency，cucumber，winter wheat）、盐碱度（soil salinity，alkali stress，*Alhagi pseudoalhagi*，growth）对植物生长的影响；土壤中养分离子的化学行为（phosphorus，potassium，adsorption，nutrient release）及植物的生长利用[alpine meadow，rice（*Riza stiva L.*），uptake，deficiency]。中日土壤肥力与养分循环研究合作发表论文最多的 3 个期刊包括：*Plant and Soil*，*Soil Science and Plant Nutrition*，*Pedosphere*。

⑥土壤信息科学与资源管理。主要围绕以下内容展开：采用辐射传输或大气遥感（remote sensing）检测、采集或定量反演（GIS，DEM）地表植被覆盖（vegetation，net primary production，leaf area index，winter wheat，paddy soil）、地表通量（evapotranspiration，soil heat flux）、土壤有机碳固存（SOC，alpine grasslands，Tibetan Plateau）、其他土壤性质（soil salinity，soil properties）等生态参数数据；监测及模拟预测流域水文变化过程与地质灾害[remote sensing，GIS，DEM，floods，erosion，soil moisture，landslide，Yangtze （Changjiang） River]。MODIS、landsat、radar、hyperspectral 等数据是主要遥感数据源。中日土壤信息科学研究合作发表论文最多的 3 个期刊包括：*Hydrological Processes*，*Global Change Biology*，*Hydrology and Earth System Sciences*。

国际合作加强是土壤科学研究的普遍趋势，且已形成以美国、英国、德国、法国等国主导的，澳大利亚、加拿大、中国和日本等国家快速进入核心地位的多极化合作网络新格局。从 SCI 发文总量和 SCI 高引论文数量两方面看，自主研究仍为土壤科学的主要研究模式，但国际合作有助于大幅度提高高引论文所占的比例。30 年间中国先后与 69 个国家（地区）合作发表论文，2014 年合作的国家（地区）数量比 2000 年的增长了近 3 倍。中国与美国合作研究最多，占中外合作发文总量的 46%。同时，中国还与英国、德国、澳大利亚、加拿大、日本等国开展了大量土壤科学合作研究。在中美、中英、中德、中澳、中加、中日合作研究中，土壤污染与环境行为是各国合作研究较为普遍的领域，而土壤信息科学与资源管理研究是合作研究中最为薄弱的领域。此外，中美在土壤信息科学与资源管理研究、中英在土壤生物学研究、中德在全球变化与土壤生态系统研究、中澳在土壤水文过程与侵蚀研究、中加和中日在土壤污染与环境行为研究方面也均开展了具有区域特色的合作。

参考文献

Aafi, N. E., F. Brhada, M. Dary, et al. 2012. Rhizostabilization of metals in soils using *Lupinus luteus* inoculated with the metal resistant rhizobacterium *Serratia sp.*MSMC541. *International Journal of Phytoremediation*, Vol. 14, No. 3.

Beare, M. H., P. F. Hendrix, M. L. Cabrera, et al. 1994. Aggregate-protected and unprotected organic matter pools in conventional- and no-tillage soils. *Soil Science Society of America Journal*, Vol. 58, No. 3.

Binnerup, S. J., J. Sørensen. 1992. Nitrate and nitrite microgradients in barley rhizosphere as detected by a highly sensitive denitrification bioassay. *Applied and Environmental Microbiology*, Vol. 58, No. 8.

Boekhold, A., E. J. M. Temminghoff, S. E. A. T. M. van der Zee. 1993. Influence of electrolyte composition and pH on cadmium sorption by an acid sandy soil. *Journal of Soil Science*, Vol. 44, No.1.

Bradl, H. B. 2004. Adsorption of heavy metal ions on soils and soils constituents. *Journal of Colloid and Interface Science*, Vol. 277, No. 1.

Cabon, F., G. Girard, E. Ledoux. 1991. Modelling of the nitrogen cycle in farm land areas. *Nutrient Cycling in Agroecosystems*, Vol. 27, No. 2.

De Vente, J., J. Poesen, G. Verstraeten, et al. 2013. Predicting soil erosion and sediment yield at regional scales: where do we stand? *Earth-Science Reviews*, Vol. 127, No.12.

Demeyer, P., G. Hofman, O. van Cleemput. 1995. Fitting ammonia volatilization dynamics with a logistic equation. *Soil Science Society of America Journal*, Vol. 59, No. 1.

Fisher, M. J., I. M. Rao, M. A. Ayarza, et al. 1994. Carbon storage by introduced deep-rooted grasses in the South American savannas. *Nature*, Vol. 371, No. 6494.

Hassink, J., L. A. Bouwman, K. B. Zwart, et al. 1993. Relationships between soil texture, physical protection of organic matter, soil biota, and C and N mineralization in grassland soils. *Geoderma*, Vol. 57, No. 1-2.

Hiemstra, T., W. H. van Riemsdijk. 1996. A surface structural approach to ion adsorption: the charge distribution (CD) model. *Journal of Colloid and Interface Science*, Vol. 179, No. 2.

Jones, D. L., P. R. Darrah. 1994. Role of root derived organic acids in the mobilization of nutrients from the rhizosphere. *Plant and Soil*, Vol. 166, No. 2.

Kinniburgh, D. G., C. J. Milne, M. F. Benedetti, et al. 1996. Metal ion binding by humic acid: Application of the NICA-Donnan model. *Environmental Science & Technology*, Vol. 30, No. 5.

Li, C., J. Aber, F. Stange, et al. 2000. A process-oriented model of N_2O and NO emissions from forest soils: 1. model development. *Journal of Geophysical Research: Atmospheres (1984-2012)* , Vol. 105, No. D4.

Merritt, W. S., R. A. Letcher, A. J. Jakeman. 2003. A review of erosion and sediment transport models. *Environmental*

Modelling & Software, Vol. 18, No. 8-9.

Parkin, T. P., J. A. Robinson. 1989. Stochastic models of soil denitrification. *Applied and Environmental Microbiology*, Vol. 55, No. 1.

Petersen, S. O., A. L. Nielsen, K. Haarder, et al. 1992. Factors controlling nitrification and denitrification: a laboratory study with gel-stabilized liquid cattle manure. *Microbial Ecology*, Vol. 23, No. 3.

Shrestha, G., P. D. Stahl. 2008. Carbon accumulation and storage in semi-arid sagebrush steppe: effects of long-term grazing exclusion. *Agriculture, Ecosystems & Environment*, Vol. 125, No. 1-4.

Shruthi, R. B. V., N. Kerle, V. Jetten, et al. 2015. Quantifying temporal changes in gully erosion areas with object oriented analysis. *Catena*, Vol. 128, No. 5.

Smith, P., D. S. Powlson. 2000. Considering manure and carbon sequestration. *Science*, Vol. 287, No. 5452.

Wang, X., S. Piao, P. Ciais, et al. 2014. A two-fold increase of carbon cycle sensitivity to tropical temperature variations. *Nature*, Vol. 506, No. 7487.

Zevin, L. S., G. Kimmel, I. Mureinik. 1995. *Quantitative X-ray Diffractometry*. New York: Springer.

贺纪正、张丽梅：“土壤氮素转化的关键微生物过程及机制”，《微生物学通报》，2013 年第 1 期。

康绍忠、梁银丽、蔡焕杰等：《旱区水—土—作物关系及其最优调控原理》，中国农业出版社，1998 年。

冷疏影、冯仁国、李锐等：“土壤侵蚀与水土保持科学重点研究领域与问题”，《水土保持学报》，2004 年第 1 期。

李玲、肖和艾、吴金水：“红壤旱地和稻田土壤中有机底物的分解与转化研究”，《土壤学报》，2007 年第 4 期。

刘鹏飞、陆雅海：“水稻土中脂肪酸互营氧化的研究进展”，《微生物学通报》，2013 年第 1 期。

骆永明、滕应、过园：“土壤修复——新兴的土壤科学分支学科”，《土壤》，2005 年第 3 期。

马强、林爱军、马薇等：“土壤中总石油烃污染（TPH）的微生物降解与修复研究进展”，《生态毒理学报》，2008 年第 1 期。

荣兴民、黄巧云、陈雯莉等：“细菌在两种土壤矿物表面吸附的热力学分析”，《土壤学报》，2011 年第 2 期。

邵明安、黄明斌：《土—根系统水动力学》，陕西科学技术出版社，2000 年。

宋长青、吴金水、陆雅海等：“中国土壤微生物学研究 10 年回顾”，《地球科学进展》，2013 年第 10 期。

韦朝阳、陈同斌：“重金属超富集植物及植物修复技术研究进展”，《生态学报》，2001 年第 7 期。

张福锁、崔振岭、王激清等：“中国土壤和植物养分管理现状与改进策略”，《植物学通报》，2007 年第 6 期。

赵其国：“我国红壤的退化问题”，《土壤》，1995 年第 6 期。

周启星、孙铁珩：“土壤—植物系统污染生态学研究与展望”，《应用生态学报》，2004 年第 10 期。

第 3 章　土壤地理学

只有懂得土壤，才会珍惜土壤，才能更好地利用和保护土壤。土壤地理学就是一门努力去懂得土壤的科学。

土壤地理学是土壤学与地质学、地理学、地球化学、生态学等学科的交叉学科，是最直接地提供土壤本身信息的科学，是理解土壤圈的过去历史和预测它的未来、描述它的空间特征和三维变异的土壤学科分支，时间和空间中的土壤变化是土壤地理学的核心内容。因此，土壤地理学同时还是整个地球系统科学、特别是地球表层系统科学中的重要基础，在理解人地关系中具有重要的地位。土壤地理学的主要目的在于理解和回答诸如“土壤是什么”、“土壤性状为什么如此”、“土壤如何演变”等问题，即研究土壤的形成机理和演变过程以及这些过程在预测和估计未来土壤变化中的作用；研究土壤发生过程中的形态特征、物理和化学属性及系统分类；不同尺度下土壤的分布模式、规律及定量表达；土壤和景观信息的收集、记录和表达以及与此相关的信息技术基础。所有这些，最终的目的是尽可能准确地“预测”土壤在生态系统中的行为以及在自然和人为影响下的演变（张甘霖等，2008：792～801）。国际土壤科学联合会将土壤地理研究涉及的内容，如土壤形态与微形态、土壤地理、土壤发生、土壤分类、土壤计量和古土壤，概括为土壤的时空演变（IUSS，2006）。因此，土壤地理可以称为研究土壤时空变化的科学（赵其国和龚子同，1989；龚子同，2014）。

土壤的系统发育有漫长的历史，虽然土壤发生主要研究现代的成土过程，但追溯过去就可揭示其来龙去脉。因而，土壤地理学是研究土壤的形成机理和演变过程的科学，以探讨土壤圈的历史演变规律和预测其未来趋势。土壤是具有多尺度空间结构的地壳表层系统，它包含从分子—有机—无机复合体—团聚体—土层—单个土体—聚合土体—土链—区域土壤—土壤圈这样的组分，这决定了土壤过程的多尺度性和高度复杂性，因此，土壤地理将上述结构所决定的空间变异性作为其研究内容，探索不同尺度下土壤分布模式和规律及其定量表达。土壤地理学除重视土壤发生演变与系统分类、土壤的空间分异和土被结构等基础理论外，还研究土壤资源数据库的建立和更新，土壤质量的监测、调控和数字化管理，土壤环境保护和土壤退化防治以及人为作用下土壤演变的生态效应与生态过程。

3.1　国际及中国土壤地理学的发展特征

本节以土壤地理学科检索的英文 SCI 和中文 CSCD 关键词为基础，分析对比了全球与中国土壤地理学科的热点领域出现时序及其变化。SCI 检索从 Web of Science 数据库中选择了代表土壤科学发展的70种期刊作为国际文献分析的数据源；依据土壤地理学科分支领域核心关键词制定的英文检索式为：("soil*") and (("*weathering*" or "pedog*" or "soil formation" or "*soil genesis" or "soil evolution" or "soil development" or "anthropogenic process" or "temporal sequence" or "chronosequence" or "paleosol*" or "soil type" or "taxonomy" or "soil classification" or "soil profile" or "soil survey" or "soil sampling" or "soil diversity" or "catena" or "pedodiversity" or "soil diversity" or "toposequence" or "sampling strategy" or "spatial variab*" or "soil mapping" or "*kriging*" or "geostatistic*" or "soil database" or "soil information*" or "soil resource*" or "soil quality*" or "soil assessment" or "soil evaluation" or "soil suitability" or "soil degradation" or "pedo*transfe* function*" or "soil sensing" or "remote sensing" or "spectroscopy") not ("erosion" or "microbial" or "plant"))。同时，通过土壤地理学科的中文关键词从 CNKI 检索出中文文献数据源，制定的中文检索式为：SU='土壤' and (SU='风化' or SU='土壤发生'+'土壤形成' or SU='土壤发育'+ '土壤演化' or SU='成土过程'+'时间序列' or SU='土壤剖面' or SU='土壤多样性' or SU='土链' or SU='土壤类型'+'土壤分类' or SU='系统分类'+'土壤制图' or SU='土壤调查'+'土壤采样' or SU='不确定性'*'制图' or SU='不确定性'*'空间'–'侵蚀' or SU='空间变异' or SU='kriging'+'地统计' or SU= '土壤资源' or SU='土壤数据库'+'土壤信息' or SU='土壤质量' or SU='土壤评价'+'土壤适宜性' or SU='土壤退化'*'评价'–'侵蚀' or SU='古土壤' or SU='古环境' or SU='遥感'+'光谱'–"侵蚀' or SU='传递函数'+'转换方程')。

在检索式制定过程中，设定了如下标准：①采用“soil*”关键词，结合土壤地理学各分支方向的代表性关键词，力求尽可能全面地反映土壤地理学的发展态势；②排除了侵蚀、微生物、植物关键词所体现的内容，排除侵蚀内容是因为本次书稿中侵蚀领域单独成章；③检索源数据库：上述70种国际期刊、CNKI中文核心期刊数据库；④检索时段：1986年1月1日至2015年7月31日。利用该检索式共获得SCI文献14 542篇，CSCD中文文献10 656篇。下文分析与讨论均基于这两个文献集合进行，由于检索源刊以及检索式的限定，可能会导致部分研究分支以及部分作者的研究成果体现不足，但从整体角度基本能反映全球与中国土壤地理学的发展态势及演变趋势。

在NSFC项目分析中，以土壤学（D0105）中的土壤地理学代码（D010501）的基金项目为主，并从土壤物理学（D010503）、土壤肥力与养分循环（D010506）、土壤污染与修复（D010507）、土壤质量与食品安全（D010508）4个三级代码中选取了与土壤地理学相关的少量项目，共计277个基金项目作为数据源，分析了土壤地理学科的基金项目关键词时序、基金项目资助情况及其对土壤地理学科发展的贡献。

3.1.1 国际及中国土壤地理学发文量分析

通过对30年间70种土壤学SCI主流期刊的发文量分析，可以粗略看出各个国家和地区土壤地理学国际影响力的发展变化过程（图3-1）。在统计的土壤地理学SCI论文14 542篇中，1990年以前每两年发文量不超过100篇，但1991～2007年发文量快速增长，由1990～1991年的 274 篇猛增到 2006～2007 年的 1 495 篇；近 10 年发文量为 11 091 篇，占 30 年总发文量的 76% 以上。在本文检索数据集中，中国作者在 1992 年以前还没有关于土壤地理方面 SCI 论文记录，1991～2001 年每两年发文量不超过 20 篇，但 2005 年以后每两年发文快速增长。中国作者发文在国际占比情况可分 3 个阶段：2000 年以前所占比例极低（小于 1%）；2001～2009 年占比快速增长，年均增长 0.77%；2009 年以后加速增长，年均增长达到 1.08%，到 2014～2015 年中国作者 SCI 发文量已占国际发文量的 14%。图 3-1 统计结果表明，**中国土壤地理学科在快速发展，特别是近 5 年，在国际上的影响不断增强**。

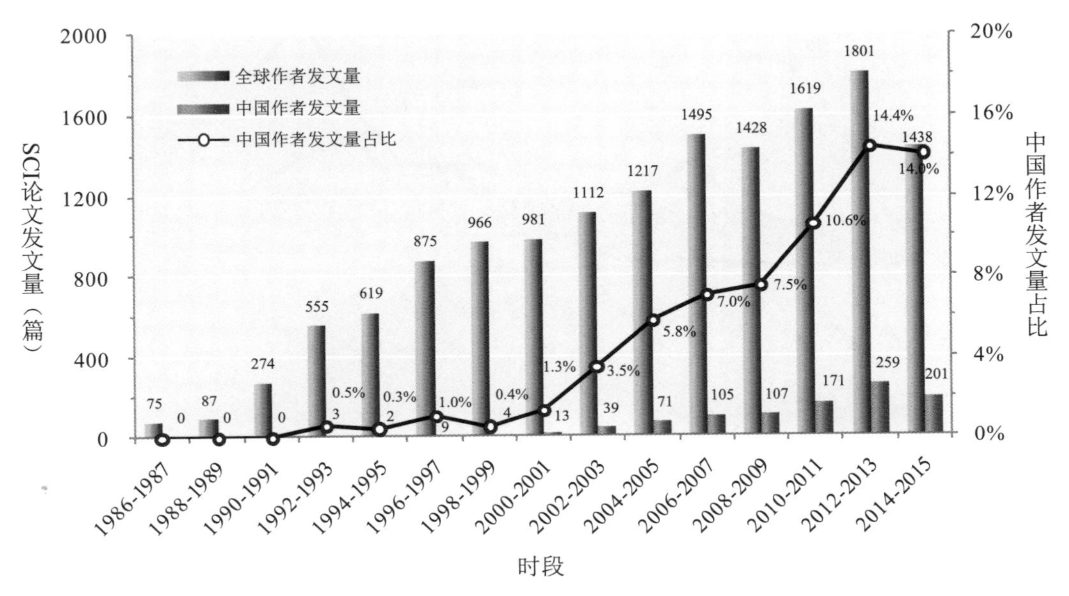

图 3-1　1986～2015 年土壤地理学全球与中国作者 SCI 发文量及中国作者发文量占比

注：2015 年 SCI 发文量统计至 2015 年 7 月 31 日。

过去 30 年，各国土壤地理学发展整体呈向上的趋势，但不同国家之间的发展速度存在明显的差异。图 3-2 是 1986～2015 年土壤地理学科 SCI 发文量 TOP10 的国家，分别为美国、中国、德国、英国、法国、加拿大、澳大利亚、西班牙、俄罗斯和荷兰。近 30 年，上述国家 SCI 发文量整体呈上升趋势，但不同国家上升的幅度不同。1990 年以前，SCI 发文 TOP10 的国家土壤地理学科 SCI 发文量都较低，都在 50 篇以下，其中，美国处于学科引领地位，发文量显著领先于其他国家；1990～1997 年各国土壤地理学科 SCI 发文量快速增长，美国依然是学科发展的主导力量，两年度发文量由近 40 篇增长到近 280 篇，俄罗斯和英国在此期间的发文量也快速增长，而中国在此期间发文量并未有突破性的上升，缓慢增长且数量较低，两年度发文量一直徘徊在 10 篇以下；1998～2005 年，土壤地理学科 SCI 发文量各国分化明显，美国在经历了短短几年的稳定状态后，继续快速增长，在 2004～2005 年达到历史高峰 360 篇；其他国家则呈现稳定状态，而中国在此期间迅速发展，从 4 篇增长到 71 篇，从第 10 名上升至第 3 名； 2006 年至今，多数国家包括美国发文量趋于相对稳定的状态，而中国保持了高增长的势头， 2012～2013 年，发文量攀升至 259 篇，成为仅次于美国的第二发文大国，并远超过第 3 名德国，论文数量是其 2 倍以上。由图 3-2 可看出，**过去 30 年里美国在国际土壤地理研究领域一直占据引领地位；1998 年以来，中国土壤地理学科研究的活力和影响力不断增强，目前已经比肩美国，共同成为国际土壤地理学研究的第一梯队国家**。

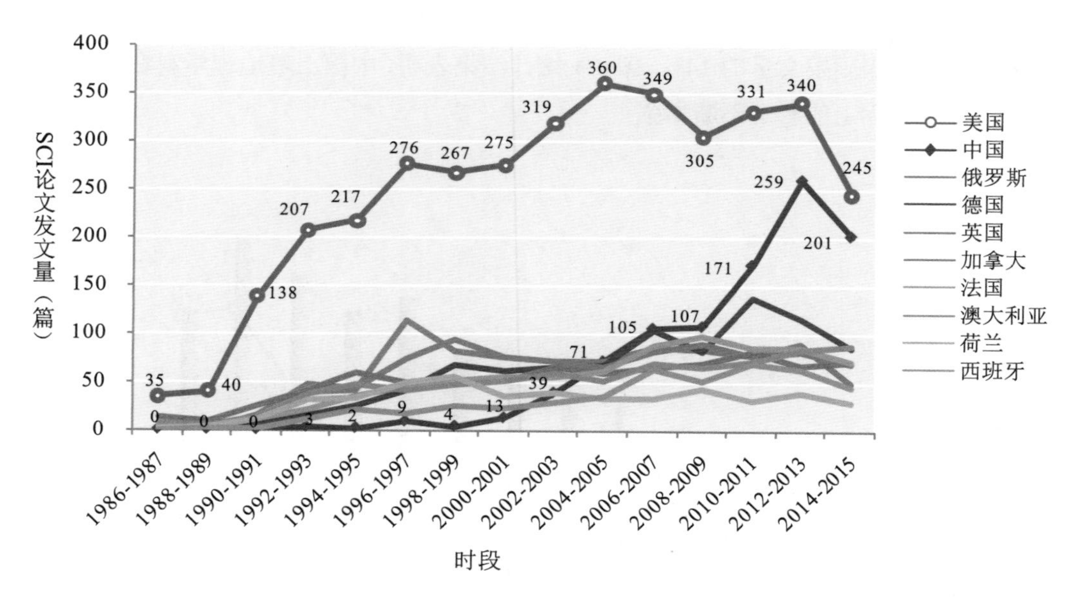

图 3-2　1986～2015 年土壤地理学 SCI 发文总量 TOP10 国家

注：2015 年 SCI 发文量统计至 2015 年 7 月 31 日。

图 3-3 显示的是 30 年间土壤地理学科中文发文量。30 年来土壤地理学中文 CSCD 发文量整体呈上升趋势，但与 SCI 发文量变化趋势略有不同。1986～2000 年，发文量由 230 篇缓慢增长到 397 篇，15 年时间发文量仅增加了近 1 倍；而 2001～2009 年，发文量由 397 篇迅速增加到 1 487 篇，增加了近 3 倍，呈现快速增长趋势；2010 年以后，发文量仍在增长，但增长速度放缓。中国土壤地理中文发文量可明显分为 1986～2000 年、2001～2009 年、2010～2015 年 3 个发展阶段，这与中国科研环境、科研水平和社会经济发展水平密切相关。

3.1.2　中国土壤地理学研究机构发文量分析

过去 30 年来，中国主要研究机构土壤地理 SCI 发文量快速上升，但研究机构之间时序变化趋势有所不同。图 3-4 是 1986～2015 年中国土壤地理学 SCI 发文 TOP20 的研究机构排名。30 年间中国科学院南京土壤研究所 SCI 发文量以总数 160 篇的绝对优势排名第 1，其次为中国农业大学、中国科学院地理科学与资源研究所、浙江大学（含原浙江农业大学，下同）、北京师范大学、南京大学等；中国土壤地理学科发文量 TOP20 机构中，隶属中国科学院的有 10 个单位

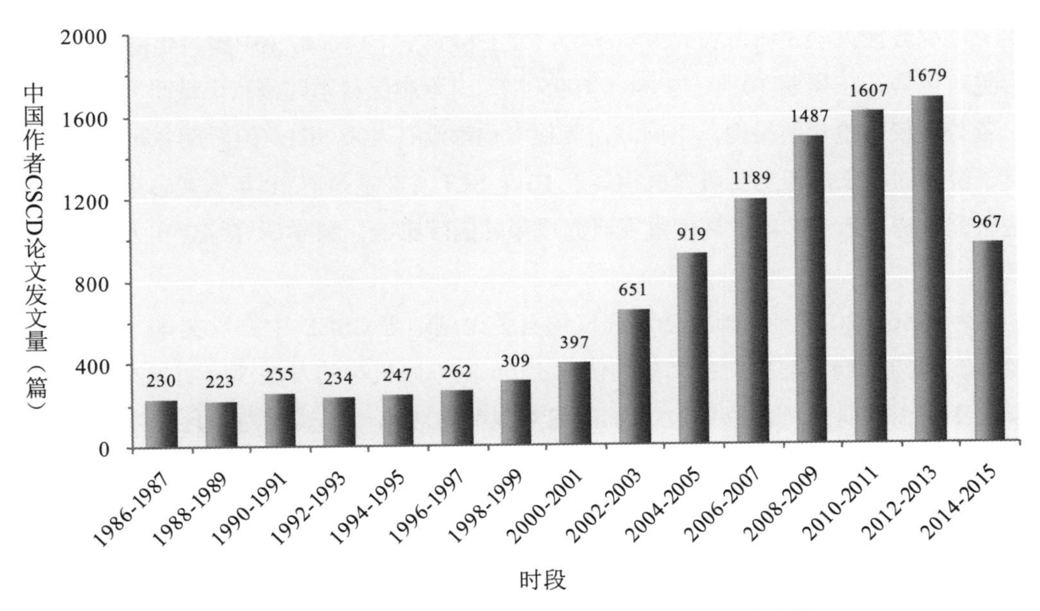

图3-3　1986～2015年土壤地理学CSCD中文发文量

注：CSCD中文发文量统计至2014年12月31日。

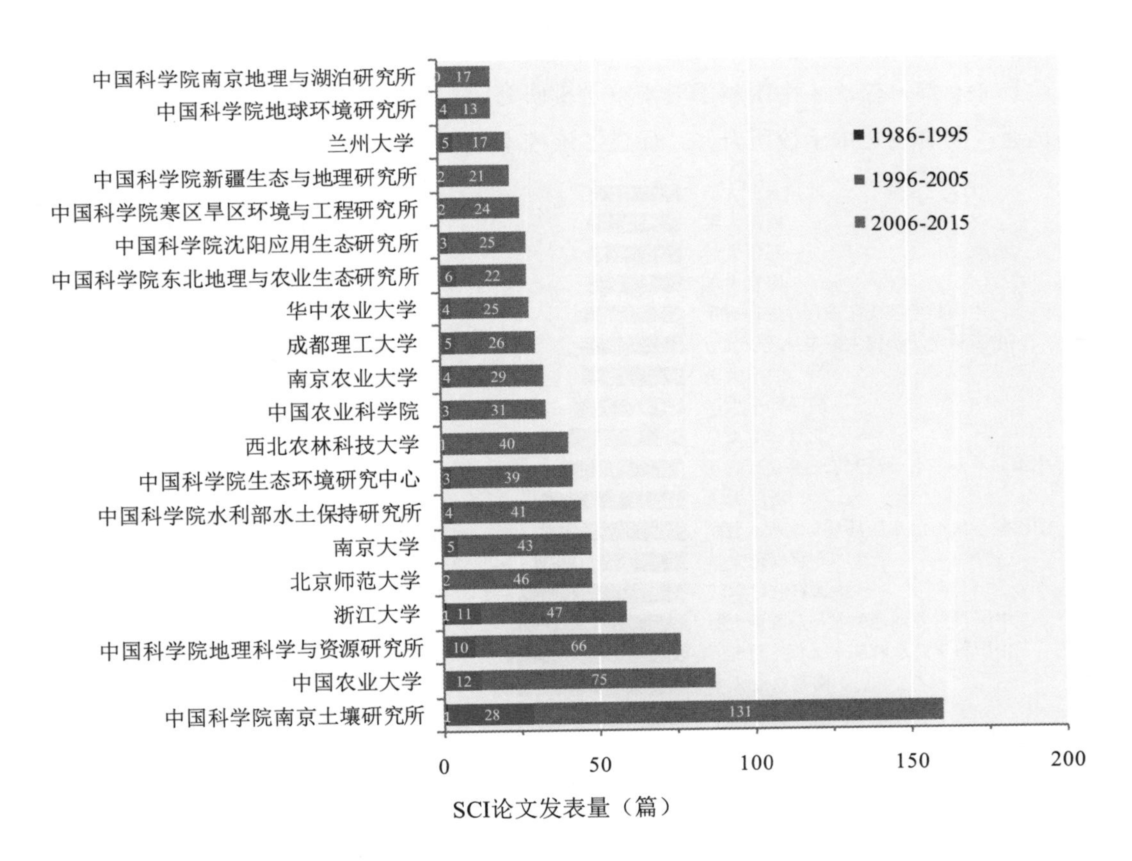

图3-4　1986～2015年土壤地理学SCI发文量TOP20中国研究机构

注：2015年SCI发文量统计至2015年7月31日。

（占 50%），综合性大学 3 所，农业大学 3 所，理工科大学 1 所，可见**中国科学院系统在 SCI 发文量中占绝对优势。**在早期 10 年（1986～1995 年），除中国科学院南京土壤研究所和浙江大学各发表 1 篇外（仅限检索结果内，下同），其他机构都没有发表 SCI，但后期各研究机构 SCI 发文量都有了快速的增长，各主要研究机构最近 10 年 SCI 发文量是前 20 年发文总量的 3～40 倍；**表明这些研究机构在近 10 年中高度重视研究成果的国际影响，科学研究综合实力和国际化水平大幅提高。**

图 3-5 为 1986～2015 年中国主要研究机构有关土壤地理 CSCD 中文发文量。过去 30 年中，中国主要研究机构土壤地理中文发文量均快速上升，但不同机构的发展速度明显不同。30 年间，中国科学院南京土壤研究所以总数 931 篇的绝对优势排名第一，其次为西北农林科技大学、中国农业大学、南京农业大学、中国科学院水利部水土保持研究所、中国科学院地理科学与资源研究所、中国农业科学院等。土壤地理学科发文量 TOP20 的机构中，隶属中国科学院系统的有 7 个单位，农业大学有 3 个，综合性大学有 5 个。在土壤地理发展早期（1986～1995 年），中国科学院南京土壤研究所发文量占绝对优势，南京农业大学、浙江大学、华中农业大学、中国农业大学等为第二梯队，一、二梯队单位发文量共占全国发文量的 73%。到 1996～2005 年，除中国科学院南京土壤研究所仍然占明显优势外，各主要研究机构发文量差异逐渐缩小。在最近的 10 年中，各大研究机构都出现了强劲的发展态势，尤其是西北农林科技大学，增长了 3.5 倍以上，达到 469 篇，仅次于中国科学院南京土壤研究所，排名第 2，表明该校近 10 年本领域发展极为迅速，同时也是由于校所合并，促进了该校本领域的发展。

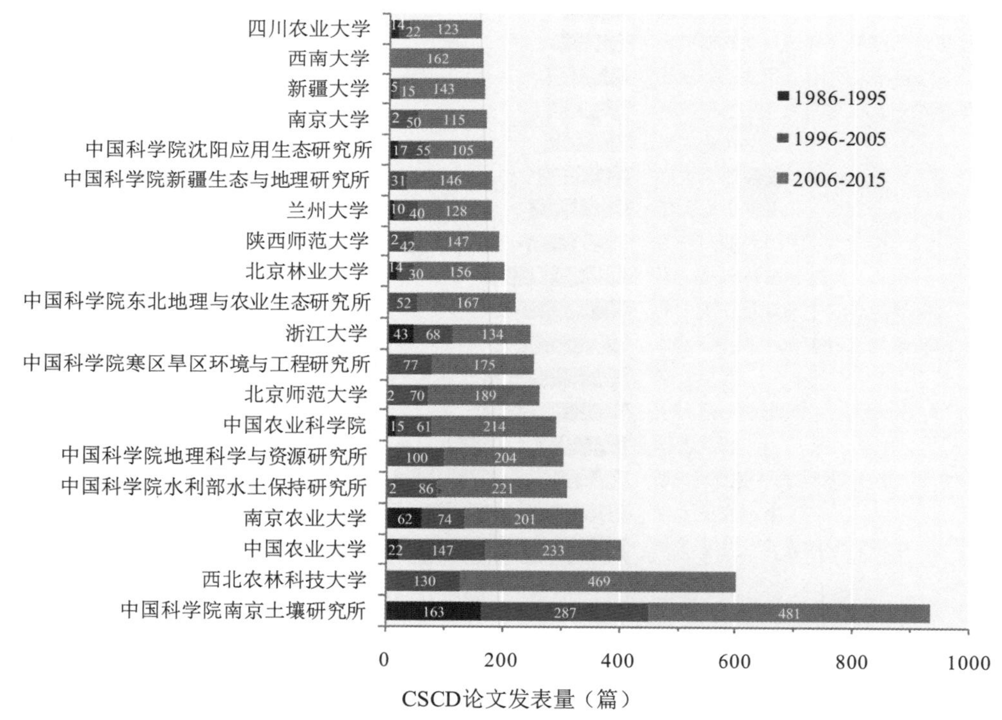

图 3-5　1986～2015 年土壤地理学 CSCD 中文发文量 TOP20 研究机构

注：CSCD 发文量统计至 2014 年 12 月 31 日。

3.1.3　土壤地理学 SCI 论文高频关键词时序分析

通过对 1986～2015 年土壤地理 SCI 期刊论文高频关键词的分析，力求进一步明确国际土壤地理研究的热点领域及中国作者所关注的热点问题。表 3-1 是 1986～2015 年土壤地理学科 SCI 主流期刊论文的中外研究热点关键词统计结果。

表格上半部分为全球作者（含中国作者）关键词百分比，下半部分为中国作者关键词百分比。为了清楚地表达不同时段国内外研究热点的变换过程，将 1986～2015 年以两年为间隔划分为 15 个时段，关键词纵向排列以近 30 年出现频率由高至低排序。从横向数据比较可以清楚地发现不同关键词增减规律，在一定程度上反映出国内外学术界对土壤地理研究热点的转变过程。

由表 3-1 可见，近 30 年国内外学者 SCI 发文量明显增加，关键词词频总数呈整体提高趋势，前 15 位关键词词频数均大于 200 次，平均值约为 360 次；其中，空间变异（spatial variation）和有机质（organic matter）的词频分别为 675 次和 663 次，分别占总发文量的 4.64%和 4.56%，明显高于后面的 13 个关键词。关键词组合特征显示，30 年间土壤地理学科形成了土壤空间变异与地统计（以 spatial variation，geostatistic 等关键词为代表）、土壤有机碳模拟（以 organic matter，SOC，models，land use，carbon，carbon sequestration 等关键词为代表）、土壤发生与矿物风化（以 soil genesis，weathering，Fe 等关键词为代表）、土壤质量（以 soil quality 为代表）、土壤遥感（以 remote sensing，spectroscopy，land use 为代表）等多个热点研究领域。

从表 3-1 可以看出，中国作者 SCI 发文量增加明显，关键词词频总数显著提高；其中，空间变异（spatial variation）、土壤有机碳（SOC）、地统计（geostatistics）、土地利用（land use）、有机质（organic matter）的词频占比不断增大，说明这些关键词及其组合所代表的领域受到持续的关注；2006 年以来才开始受到关注的热点关键词有重金属（heavy metal）、沉积物（sediment），这与中国生态环境的现状密切相关。中国作者前 15 个关键词的平均词频数约为 34 次。排在最前面的空间变异（spatial variation）、土壤有机碳（SOC）和地统计（geostatistics）词频数分别为 76 次、66 次和 50 次，明显高于后面 12 个关键词。这表明空间变异和地统计、有机碳模拟一直是中国作者持续关注的研究热点。中国土壤地理学在发展过程中，与全球变化、环境污染以及遥感领域的交叉研究在不断加强，使得重金属（heavy metal）、沉积物（sediment）、遥感（remote sensing）、黄土高原（Loess Plateau）、气候（climate）成为本学科的热点关键词。

通过上述关键词频度筛选和随时间的增减变化分析，可以揭示近 30 年土壤地理学的研究热点。由于不同时段文章发表数量存在较大的差异，单从关键词横向占比分析难以表达关键词在每一个特征时段中的受关注程度，从而降低了关键词随时间变化的敏感性，为此对数据进行了校正，即时段关键词词频总数占时段检索文章数的百分比。

为了更加直观地表达数据结果，绘制了图 3-6，关键词纵向排列以近 30 年出现频率由高至低排序，圆点中的数字代表各时段关键词出现的频次，圆点大小反映出关键词在该时段的受关注程度。

表 3-1　1986～2015 年土壤地理学不同时段高频关键词百分比（%）

时段	1986～1987 年	1988～1989 年	1990～1991 年	1992～1993 年	1994～1995 年	1996～1997 年	1998～1999 年	2000～2001 年	2002～2003 年	2004～2005 年	2006～2007 年	2008～2009 年	2010～2011 年	2012～2013 年	2014～2015 年	总词频（次）
检索论文数（篇）	75	87	274	555	619	875	966	981	1 112	1 217	1 495	1 428	1 619	1 801	1 438	
全球作者																
spatial variation	1.63	1.33	1.63	3.26	3.26	6.07	8.00	7.11	8.00	7.70	13.33	6.52	11.85	12.89	7.41	675
organic matter	0.15	0.15	1.66	1.96	2.56	3.62	5.88	6.33	7.69	8.90	12.97	11.31	12.37	15.69	8.75	663
models	0.42	0.21	1.88	5.21	5.83	9.38	7.50	7.50	4.58	8.75	10.42	8.96	9.58	11.04	8.75	480
SOC	0.23	0.00	0.00	0.46	1.62	1.16	3.24	4.17	5.32	9.49	9.72	12.04	15.05	17.59	19.91	432
soil genesis	2.66	3.15	1.94	3.39	4.60	6.54	9.44	6.05	6.78	6.30	10.17	11.62	8.47	8.72	10.17	413
weathering	1.60	3.46	1.86	2.39	2.39	6.12	7.45	10.64	10.11	8.51	9.57	8.78	9.31	12.77	5.05	376
geostatistics	0.30	0.90	1.20	0.90	3.29	4.19	7.49	7.19	7.78	8.38	14.97	8.68	14.07	10.18	10.48	334
heavy metal	0.00	0.33	0.66	0.99	3.31	6.29	4.64	7.28	7.95	7.62	11.92	12.25	13.91	11.92	10.93	302
Fe	0.68	0.68	3.04	4.39	6.42	5.07	5.74	7.09	5.74	10.14	12.16	8.45	11.82	13.85	4.73	296
land use	0.74	0.00	0.00	0.74	0.37	0.74	2.95	4.80	7.38	8.49	11.44	12.18	15.13	19.19	15.87	271
carbon sequestration	0.00	0.00	0.00	0.00	0.80	2.41	1.61	3.21	6.02	10.84	10.84	12.85	17.67	18.88	14.86	249
remote sensing	0.00	0.82	0.82	1.22	0.82	3.27	5.71	5.71	8.16	8.98	14.29	11.02	11.84	16.73	10.61	245
carbon	0.85	1.27	0.85	2.12	3.39	5.93	6.78	4.24	10.59	8.90	8.90	11.02	10.17	16.10	8.90	236
spectroscopy	0.43	0.85	1.70	0.85	2.98	5.11	4.68	6.81	11.49	8.94	8.94	15.74	12.77	10.21	8.51	235
soil quality	0.00	0.43	0.85	0.00	1.28	2.55	7.66	7.23	8.51	7.66	15.32	7.66	12.77	13.19	14.89	235

续表

时段	1986～1987年	1988～1989年	1990～1991年	1992～1993年	1994～1995年	1996～1997年	1998～1999年	2000～2001年	2002～2003年	2004～2005年	2006～2007年	2008～2009年	2010～2011年	2012～2013年	2014～2015年	总词频（次）
检索论文数（篇）	75	87	274	555	619	875	966	981	1 112	1 217	1 495	1 428	1 619	1 801	1 438	
中国作者																
spatial variation	0.00	0.00	0.00	0.00	0.00	0.00	1.32	0.00	2.63	5.26	19.74	14.47	21.05	19.74	15.79	76
SOC	0.00	0.00	0.00	0.00	0.00	0.00	0.00	0.00	1.52	12.12	7.58	10.61	15.15	25.76	27.27	66
geostatistics	0.00	0.00	0.00	0.00	0.00	0.00	0.00	0.00	2.00	2.00	10.00	22.00	18.00	28.00	18.00	50
land use	0.00	0.00	0.00	0.00	0.00	0.00	0.00	2.22	4.44	0.00	11.11	11.11	24.44	35.56	11.11	45
organic matter	0.00	0.00	0.00	0.00	0.00	0.00	0.00	0.00	2.33	9.30	16.28	6.98	6.98	41.86	16.28	43
heavy metal	0.00	0.00	0.00	0.00	0.00	0.00	0.00	0.00	4.76	9.52	23.81	16.67	7.14	19.05	19.05	42
carbon sequestration	0.00	0.00	0.00	0.00	0.00	3.57	0.00	0.00	0.00	7.14	7.14	10.71	32.14	17.86	21.43	28
remote sensing	0.00	0.00	0.00	0.00	0.00	0.00	0.00	0.00	3.70	7.41	11.11	7.41	18.52	29.63	22.22	27
soil properties	0.00	0.00	0.00	0.00	0.00	0.00	0.00	0.00	4.55	13.64	18.18	18.18	13.64	18.18	13.64	22
models	0.00	0.00	0.00	0.00	0.00	5.00	0.00	0.00	5.00	5.00	5.00	5.00	30.00	30.00	15.00	20
GIS	0.00	0.00	0.00	0.00	0.00	0.00	0.00	0.00	0.00	26.32	31.58	0.00	10.53	15.79	15.79	19
climate	0.00	0.00	0.00	0.00	0.00	0.00	0.00	11.11	0.00	11.11	22.22	11.11	16.67	5.56	22.22	18
Loess Plateau	0.00	0.00	0.00	0.00	0.00	0.00	0.00	0.00	5.88	5.88	5.88	5.88	35.29	23.53	17.65	17
soil type	0.00	0.00	0.00	0.00	0.00	6.25	0.00	0.00	0.00	6.25	12.50	12.50	25.00	31.25	6.25	16
sediment	0.00	0.00	0.00	0.00	0.00	0.00	0.00	6.67	0.00	0.00	13.33	26.67	20.00	6.67	26.67	15

注：①不同时段高频关键词百分比是以每两年一个时段，使用某关键词词频数占该关键词近30年词频总数的百分比，即：时段关键词百分比（%）$=\frac{\text{时段关键词词频总数}}{\text{近30年关键词词频总数}}\times 100\%$；②统计年限为1986年1月1日至2015年7月31日。

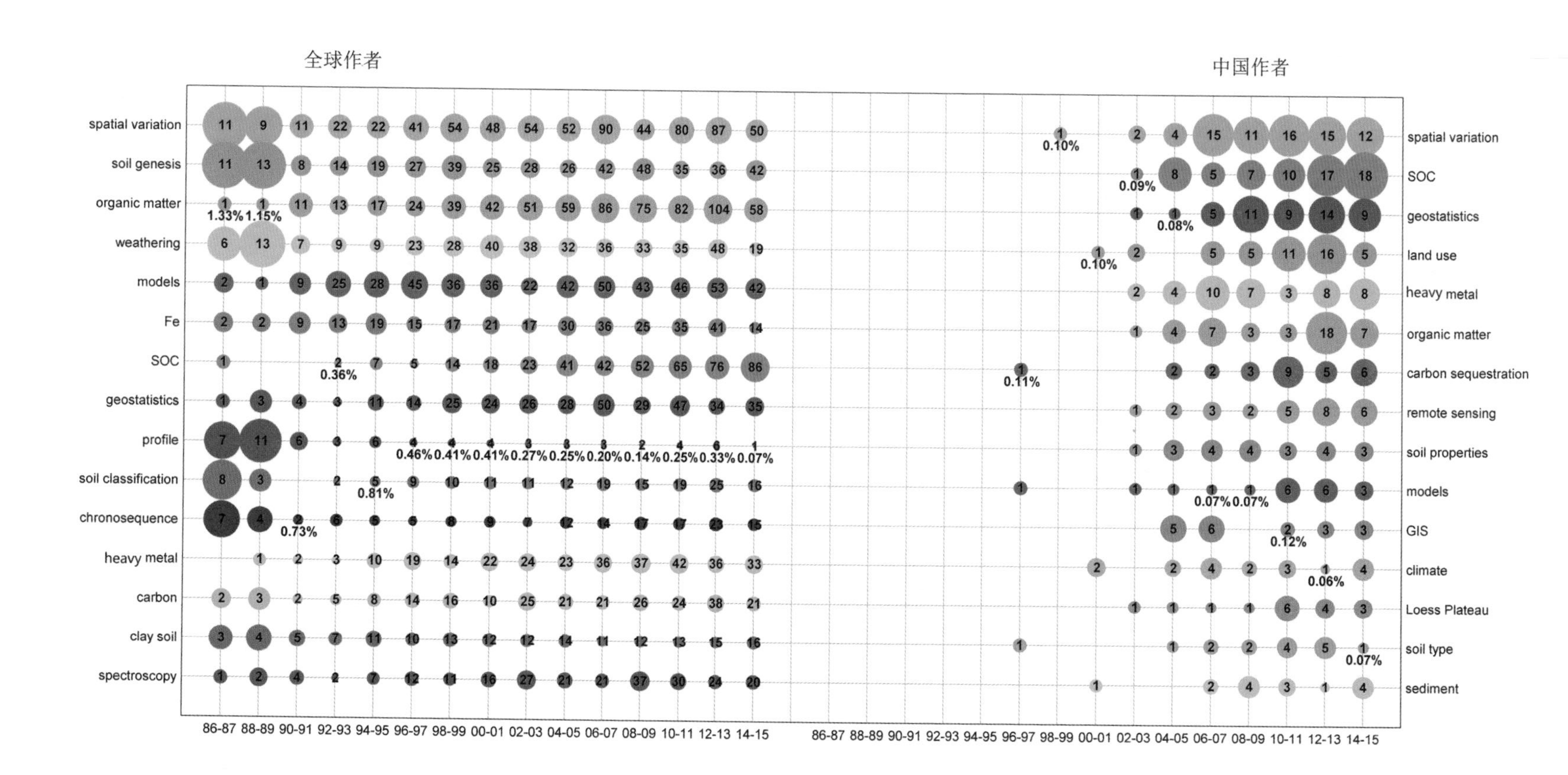

图 3-6　1986～2015 年土壤地理学全球与中国作者发表 SCI 论文高频关键词对比

注：①以每两年一个时段，分别统计出全球作者和中国作者使用每个关键词频次占统计时段土壤地理学发文量的百分比；②关键词的选择是计算出每个时段关键词百分比之和，遴选出 TOP15 的关键词制作高频关键词；③圆圈中的数字代表该时段关键词出现的频次，每一列中出现的百分数代表该列关键词的最小百分比，圆圈大小代表关键词出现的频次和百分比高低。

对比表 3-1 和图 3-6 全球作者的关键词可发现，15 个关键词中有 11 个关键词一致，表明这两种方法都可以较好地反映不同时段的热点领域和关注重点。但通过时段检索文章数校正后，新增加了剖面（profile）、土壤分类（soil classification）、时间序列（chronosequence）和黏土（clay soil）等关键词，表明传统土壤地理研究在早期所占比重较大，在近期研究中比重逐渐降低；而土地利用（land use）、碳固定（carbon sequestration）、遥感（remote sensing）和土壤质量（soil quality）消失，说明这些热点领域是后期兴起，由于集中在后期出现且总量上升，因此，以词频总数来计算时占比高。

从全球土壤地理研究发文高频关键词可以看出，在 1986～2015 年时段关键词有机质（organic matter）、土壤有机碳（SOC）持续增加，表明全球变化研究大背景下土壤中碳储量和碳循环越来越成为关注热点；重金属（heavy metal）呈现出一定的增长趋势，表明随着全球对污染问题的关注度越来越高，土壤地理学科也针对土壤污染尤其是污染的空间变异规律和污染物进入土壤中的迁移转化规律开展了大量研究；地统计（geostatistics）、光谱（spectroscopy）两个关键词呈现稳中有升的趋势，表明 30 年来 GIS 和遥感技术在土壤地理学研究中一直发挥着重要作用。关键词剖面（profile）、土壤分类（soil classification）、时间序列（chronosequence）、风化（weathering）等呈明显减小趋势，表明传统土壤地理学研究方向一直在延续，但学科比重逐渐减弱（图 3-6）。

对比表 3-1 和图 3-6 中国作者的关键词可发现，前后 15 个关键词完全一致，不受论文数校正的影响，原因是中国早期 SCI 发文量较少。2000 年以后，15 个关键词都呈现持续增加趋势，追赶国际土壤地理前沿的速度较快。

从热点关键词对比图还可以清楚地看到，中外学者所关注的热点领域有一定的差异，相同的热点关键词所占比例和首次出现的时间明显不同。具体表现在 3 个方面。①空间变异（spatial variation）领域既是全球热点，也是中国热点，但中国起步较晚，这一方面是因为中国 SCI 潮流出现时间的影响；另一方面可以通过 GIS 和 remote sensing 在全球和中国出现的差异比较给出解释。这两个关键词都出现在中国关键词前 15 名，且频次一直呈现增长的趋势，而国际上这两个关键词都没有进入前 15 名，说明 GIS 和遥感技术进入中国土壤地理研究要比国际同行晚，而这些技术手段的进步对于提升中国学者在土壤空间变异方面的研究起到了重要的推动作用。②**中国土壤地理学者对于全球变化和土壤污染的相对关注程度要高于国际同行**，表现在前 15 位关键词中与碳循环和全球变化有关的词汇出现更多、排名更靠前，如中国作者关键词中的土壤有机碳（SOC）、土地利用（land use）、有机质（organic matter）、碳固定（carbon sequestration）、气候（climate）、黄土高原（Loess Plateau）6 个关键词是与全球变化研究热点密切相关的，而全球作者关键词中仅出现了其中的 4 个；与土壤污染密切相关的关键词中国出现了土地利用（land use）、重金属（heavy metal）、沉积物（sediment），而国际上仅出现了重金属（heavy metal），且排名相对靠后。③在国际上，基础土壤地理学领域的土壤发生（soil genesis）、风化（weathering）等关键词代表的土壤发生和矿物风化热点排名是比较居前的，而这两个关键词在中国均没有进入 TOP15，这是由于中国在土壤发生方面的研究力量投入较少、创新性不足，**说明中国基础土壤学研究相对偏弱**。

3.2　国际及中国土壤地理学研究的演进过程

为了揭示不同时段土壤地理研究的热点主题及其演进过程，将关键词检索出的 SCI 论文和 CSCD 中文论文，采用 CiteSpace 软件来组合频次较高的关键词及与其贡献关系密切的关键词，制作出不同时段的关键词共现关系图（即聚类图）。通过分析关键词间的共现关系，明确不同时期国际土壤地理研究的热点与成就、中国土壤地理的前沿探索以及中国土壤地理的特色与优势。

3.2.1　土壤地理学 1986～1995 年

（1）国际土壤地理学的主题与成就

20 世纪 80 年代至 90 年代中期，土壤地理学研究主题比较集中，一方面整体上延续土壤地理学的传统研究内容，微观上对矿物风化过程的理解在进一步深入，不同时空序列的土壤发生过程研究、对土壤空间变异的模拟与表达依然是本学科研究重点；另一方面，在全球变化、工业化、城市化对土壤的影响及其响应领域衍生出一些新的前沿热点，如碳循环、污染、酸化等。图 3-7 显示了 1986～1995 年土壤地理学国际 SCI 论文关键词研究热点，可以看出频次较高的关键词依次是空间变异（spatial variation）、土壤发生（soil genesis）、模型（models）、风化（weathering）、有机质（organic matter）、铝（Al）、铁（Fe）、剖面（profile）、黏土（clay soil）、时间序列（chronosequence）、酸化（acidification）等，以这些高频关键词为核心形成了相对独立的研究主题聚类圈。从图上可以发现各个聚类圈之间的独立性较强，说明这 10 年中土壤地理学各个研究方向相对独立，交叉研究不足。各个聚类圈中包含的关键词组合内容可归纳为**时空序列土壤发生过程、矿物风化、土壤酸化、土壤空间变异模拟** 4 个方向，其中前 3 个方向属于微观过程与机理研究，彼此之间相邻。下面结合关键词词频与组合特征对 4 个方向在本时段的侧重研究点进行简要分析。

①**时空序列土壤发生过程**。研究热点体现在两个分支。其一为第四纪（quaternary）以来的古土壤（paleosols）和黄土（loess）的发生过程（soil genesis）（Verosub et al.，1993：1011～1014），通过对黄土沉积物中铁磁矿物、粒度、孢粉、植硅体等成分以及其他土壤发生特征垂直变化的解译，人类可以还原气候变化历史，黄土成为与冰川、湖泊沉积物、石笋等并列的第四纪古气候记录载体（Maher et al.，1994：857～860；Ding and Liu，1992：217～220）；同时，围绕北方古红土、南方红土的分布界限、发生时间及其与古气候之间的年代对应，也开展了较多的研究。其二为不同时间序列（chronosequence）、地形序列（toposequence）下的氧化（oxidation）还原（reduction）过程与物质迁移（transport process）转化以及溶质运移（Patrick and Jugsujinda，1992：1071～1073），如不同利用方式（forestry，grasslands，maize）下的水分运移、碳转化、氮转化等过程研究也是本时段的热点，这是与农业和耕作施肥直接相关的研究课题，目的是服

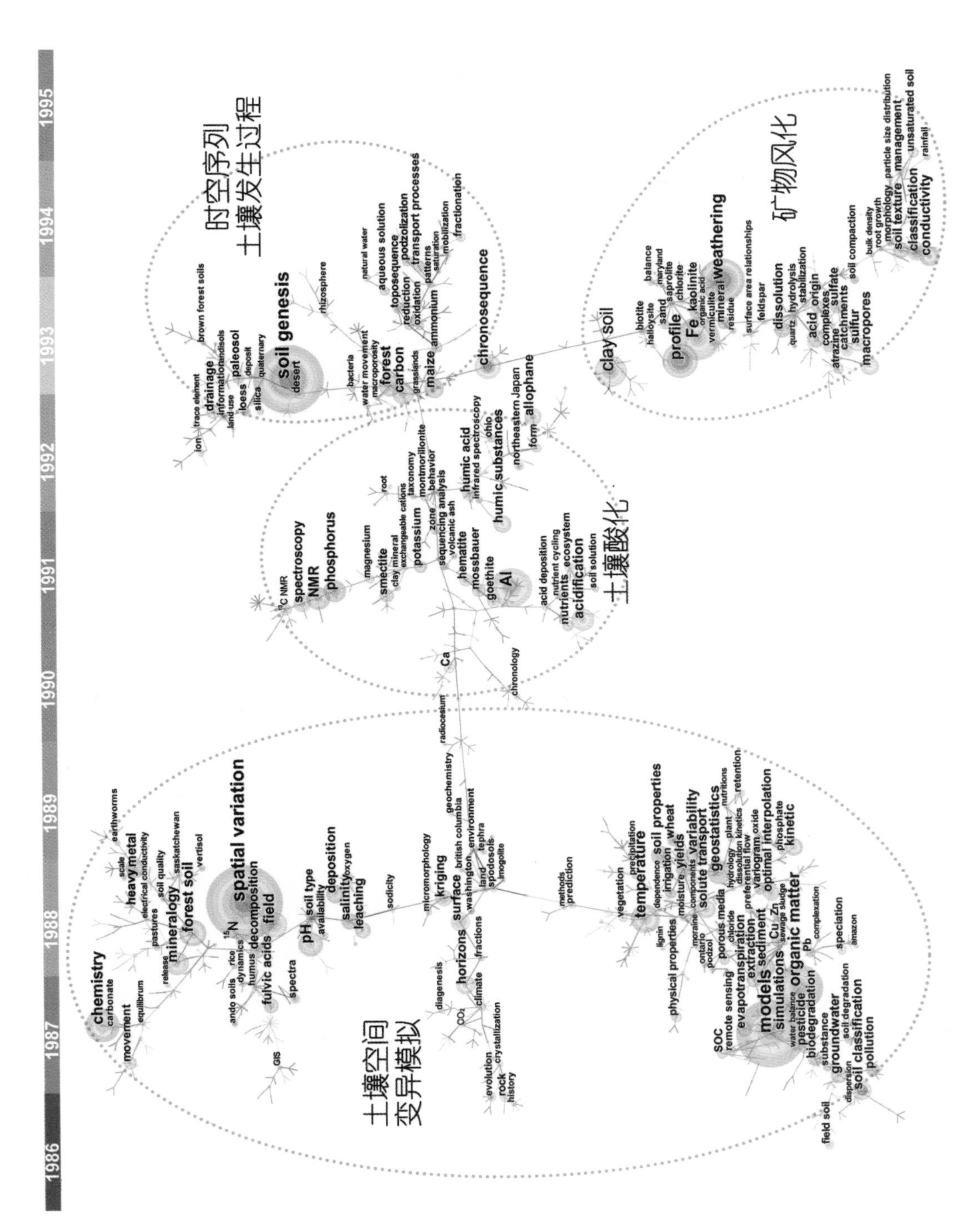

图 3-7　1986～1995 年土壤地理学全球作者 SCI 论文关键词共现关系

务于农业生产，促进粮食增产。**本时段基于时空序列的土壤发生过程研究，为揭示古气候变迁提供了直接证据；从理论上加深了对土壤介质中物质迁移转化过程的理解，从实践上为农业水肥管理和粮食安全提供了依据。**

②**矿物风化**。研究热点主要集中在剖面（profile）尺度的原生矿物（biotite，feldspar，quartz）和次生矿物（halloysite，saprolite，chlorite，kaolinite，vermiculite）的风化，尤其以铁、硫矿物风化与迁移为关注重点，研究内容主要集中在矿物的水解性（dissolution）（Muller and Bocquier，1986：113～136）、稳定性（stabilization）与其比表面（surface area）、无机酸（acid）、有机酸（organic acid）之间的关系（Sverdrup and Warfvinge，1988：387～408）。**在本时段，土壤地理学家对于全球不同生物气候带、不同母岩母质的矿物风化、转化过程及其机理有了更为系统和全面的认知，建立和完善了地球风化壳分布模型，绘制了不同尺度的地球风化壳图，部分理论和方法被应用于农业土壤的退化阻控与改良中，也延伸应用到材料、化学等诸多领域。**

③**土壤酸化**。研究热点体现在两个分支：其一是宏观尺度上由于酸沉降（acid deposition）所导致的土壤酸化（acidification）及其对生态系统（ecosystem）养分循环（nutrient cycling）和土壤溶液（soil solution）成分的影响（Galloway，1995：15～24）；其二是酸化过程微观机理上的认知研究，如间层黏土矿物（smectite，montmorillonite）交换性盐基离子（exchangeable cations，potassium，Ca）的淋失、吸附解吸过程（Nir et al.，1986：40～45）、有机物质与根际有机酸（humic acid）的形态及转化过程等。同时，核磁共振技术（NMR）被较多地应用到酸化过程中矿物和腐殖酸的形态与结构的分析（Schnitzer and Preston，1986：326～331）。在本时段初期，包括发展中国家在内的全球科学界和政府都已经充分认识到酸沉降对生态环境的危害，并建立了一系列的观测网络。**土壤作为大气酸沉降的最广泛受体，受酸沉降危害大且不可逆，其缓冲机理、缓冲性能及缓冲容量、界限研究成为热点，并推动了土壤发生学领域土壤酸化过程与机理的发展。**

④**土壤空间变异模拟**。土壤空间变异模拟是多尺度的。宏观尺度上，由于遥感（remote sensing）、地理信息系统（GIS）和地统计学在本时段已经开始应用到土壤地理学领域，推动了土壤空间变异模拟的发展，如采用地统计学（geostatistics）和克里格（kriging）插值方法（Webster and Oliver，1989：497～512）模拟土壤属性（organic matter，pH，salinity，heavy metal，soil properties，physical properties）的空间变异；同时，也对土壤发生的环境要素（temperature，vegetation，precipitation，moisture，evapotranspiration，groundwater）进行空间模拟，增进了对宏观尺度上土壤发生过程和空间变异的认知与理解。田间和剖面观尺度上，空间变异的研究内容主要涉及土壤多孔介质（porous media）空间变异与溶质运移（solute transport）关系等。由于技术的进步，土壤数据库建设领域在本时段也取得了长足的进步，发达国家相继建立了土壤信息系统。关于空间变异模拟与制图领域，传统的土壤调查与制图方法仍旧是主流，新的空间统计方法基本上应用于小尺度的探索研究。

在本时段的SCI关键词聚类图谱上，土壤分类（soil classification）词频虽然较高，但并未形成独立的聚类圈，主要是由于这一阶段国际主流的土壤分类系统已经建立，此类研究报告已很难再在 SCI 刊物上发表。同时，关于土壤资源管理与利用方面的内容体现较少，仅在外围出现一些小的研究方向，如土壤退化（soil degradation）、土壤质量（soil quality）等，但都没有形成独立的聚类圈。总体上看，该阶段国际土壤地理学研究具有以下特点：**研究内容以土壤地理学传统研究内容为主，紧扣时空土壤概念，侧重于发生过程、矿物风化、酸化、空间变异等方向的基础理论与方法研究；研究目的是以土壤养分、水分为主体的农业土壤学；土壤酸化、土壤污染等环境土壤学研究开始兴起；GIS 和遥感技术开始广泛应用于土壤地理学研究并推动其迅速发展。**

从 1986～1995 年土壤地理 TOP50 高被引文章关键词组合特征（表 3-2）可以发现，与该时段土壤地理国际 SCI 文章研究热点主题词聚类构成基本一致，但顺序有所不同。研究热点主题词聚类结果以土壤空间变异模拟方向的词频最高，包括空间变异（spatial variation）、模型（models）、有机质（organic matter）等特征关键词。而在高被引文章关键词中，spatial variation 排到第 10 位。这可能是因为高引论文关键词总词频较小而导致的误差；另一个可能原因是本时段学者们更注重机理研究，空间变异与表征方面的文章被引率相对较低。研究热点主题词聚类 TOP10 高频词剩余的 7 个基本都与土壤发生、矿物风化过程以及酸化密切相关，如土壤发生（soil genesis）、风化（weathering）、铁（Fe）、铝（Al）、剖面（profile）、化学（chemistry）、黏土（clay soil），这与高引论文关键词组合特征非常一致，进一步**说明该时段土壤地理学家关注的热点是过程与机理研究**，这与前文所述本时段土壤地理研究整体特点是一致的。同时，高引论文关键词组合特征中还体现了地统计（geostatistics）、森林（forestry）、耕作（tillage）等关键词，**说明土壤地理学研究已经出现与土壤资源利用和管理相关的研究热点**，虽然文章数量仍然较少，但已经引起较高的关注。

表 3-2 1986～1996 年土壤地理学 TOP50 高被引 SCI 论文 TOP25 关键词

序号	关键词	频次	序号	关键词	频次	序号	关键词	频次
1	clay minerals	6	11	forest	3	21	tillage	3
2	models	5	12	mass balances	3	22	watersheds	3
3	organic matter	5	13	geostatistics	3	23	chronosequence	2
4	Al	4	14	nitrogen	3	24	climate	2
5	atmospheric deposition	4	15	nutrition	3	25	weathering	2
6	chemistry	4	16	pedogenesis	3			
7	SOM	4	17	phosphorus	3			
8	spectrometry	4	18	spatial variation	3			
9	acidification	3	19	surface area	3			
10	dissolution kinetics	3	20	texture	3			

（2）中国土壤地理学的前沿探索研究

1986～1995 年，中国土壤地理学者发表的（符合本文检索式的）国际 SCI 文章数量非常少，关键词聚类图谱非常分散，出现的关键词词频均为 1 次，互相之间缺乏交叉。研究内容（图 3-8）涉及黄土（loess）和风积物（eolian deposits）与古气候（paleoclimate）变化、有机酸（humic acid）在火山灰土（andisols，volcanic ash）发生发育过程中的作用（Zhao et al.，1993：339～350）、氮循环（nitrogen cycle）及动态变化（dynamic change）模拟（simulation model）、土壤质地（soil texture）与水力学性能（hydraulic properties）的关系及其变异（variability）和管理（management）、土壤表面（surface）电荷特性（charge characteristics）。这几个分散的研究点可以归纳到土壤与气候变化、土壤发生过程、土壤与农业 3 个主题之下。在这个阶段，全球变化成为国际热点，中国土壤学者积极跟进。氮循环和转化以及土壤水分供应是直接服务于中国农业生产发展需求而开展的研究，但这张图并不能充分地反映中国土壤地理学的前沿探索研究成果，这是因为该时段 SCI 潮流尚未在中国兴起，国内很多研究成果发表在 CSCD 上而不是发表在国际期刊上，下面结合 CSCD 论文关键词对该时段中国特色研究加以分析。

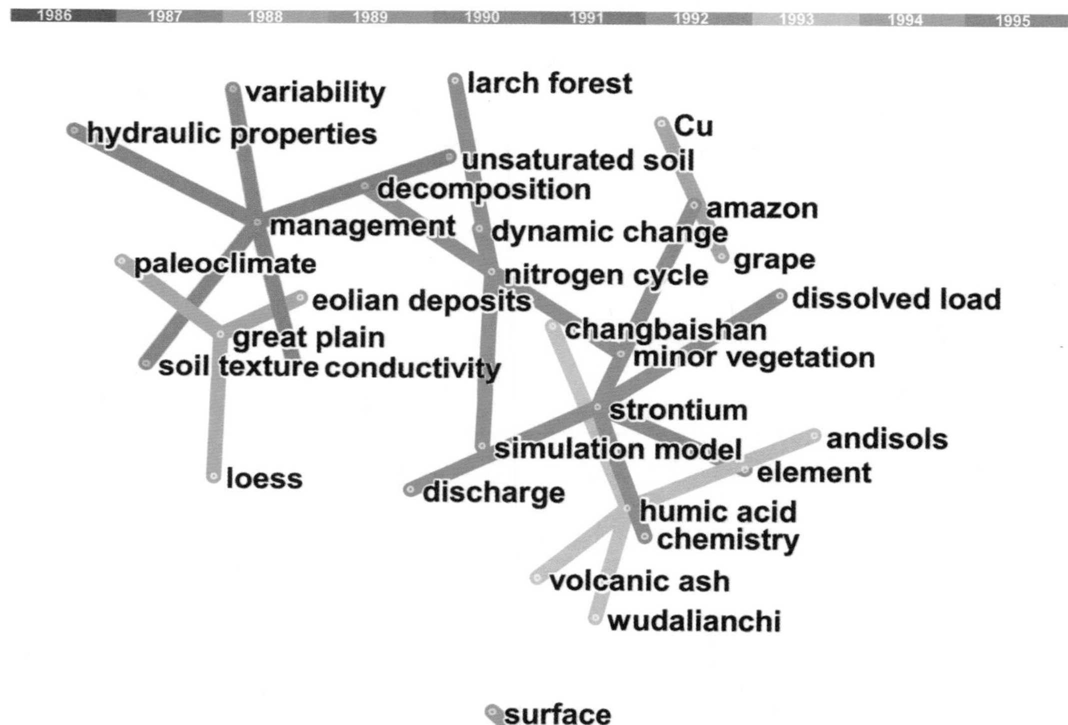

图 3-8　1986～1995 年土壤地理学中国作者 SCI 论文关键词共现关系

（3）中国土壤地理学研究的特色与优势

20 世纪 80 年代初至 90 年代，中国土壤地理研究除少部分主题与国际一致外，大多数研究

具有明显的中国特色，图 3-9 显示了 1986～1995 年土壤地理中文文献体现的研究热点，可以发现**该时段中国土壤地理学的研究核心是土壤分类、调查与制图，围绕该中心，形成了土壤评价、利用、改良与保护，第四纪古土壤与气候变化，土壤发生与元素地球化学循环多个研究方向，**分述如下。

①**土壤分类、调查与制图**。这个阶段中国第二次土壤普查已基本结束，一些成果仍在后续整理出版过程中。基于第二次土壤普查成果，土壤制图研究在本时段获得巨大进展，编制了迄今仍然在普遍使用的各种尺度和属性的土壤图件（1∶5 万～1∶400 万）。建立在土壤发生学基础上的土壤发生分类在应用中暴露出一些局限性，如缺乏统一的分类原则、定量不足、命名随意、同名异土或同土异名现象严重、国际同仁难于理解和接受等。为此，中国从 1984 年开始标准化、定量化的中国土壤系统分类研究（龚子同等，2007），开展了面向全国的土壤类型系统分类指标、标准以及类型名称的研究，并于 1993 年出版了《中国土壤系统分类（首次方案）》（中国科学院南京土壤研究所土壤系统分类课题组和中国土壤系统分类课题研究协作组，1993）。

②**土壤评价、利用、改良与保护**。基于二普数据清单以及国家粮食安全的迫切需求，土壤资源的合理开发与利用成为本时段的研究热点，如石灰岩山区土壤、林业土壤、海涂土壤的改良与利用；土壤大量元素与中微量元素的空间分布、丰缺状况与施肥效应也成为重点研究方向，其中最具代表性的是土壤钾素供应研究，由于中国土壤缺钾较为普遍，因此含钾矿物的供钾能力以及钾肥效应研究成为热点（鲁如坤，1989：280～286；金继运，1993：94～101）。

③**第四纪古土壤与气候变化**。由于中国黄土分布范围广、地层全、厚度大，中国学者在该领域研究是处于世界领先地位的（魏东原等，2009：790～793），在以刘东生先生为代表的一批学者的努力下，黄土成为与冰川、湖泊沉积物、石笋等并列的第四纪古气候记录载体。国内学者发表了很多的研究报告，用黄土（刘秀铭等，1993：281～287）和其他第四纪古土壤（张凤荣，1994：74～78）表征第四纪气候旋回，磁化率、植硅体等新的指标被用于该类研究中（丁仲礼和刘东生，1989：24～35）。

④**土壤发生与元素地球化学循环**。土壤发生领域主要以中国典型地带性土壤红壤（袁国栋和龚子同，1990：54～62）、重要农业土壤水稻土以及土壤垂直带谱为研究对象，研究其矿物风化与演替特征（史建文等，1994：42～49）、腐殖质构成特征等；在本时段中国学者开始把土壤圈层的概念应用到土壤发生学研究中（赵其国，1991：1～3），从陆表生态系统的角度研究不同区域的土壤元素地球化学循环，并初步开始了土壤环境容量与污染物临界含量的研究。

整体而言，本时段中国土壤地理学界的研究核心具有鲜明的中国特色，在服务国民经济建设方面发挥了重要贡献，主要体现在：初步建立了定量化的土壤分类系统，通过系统调查编制了不同尺度的国家土壤资源清单；研究热点包括服务于农业生产为目的的土壤分类与土壤资源清单建设、土壤利用与保护以及服务于全球变化的第四纪古土壤研究。同时，国内学者较早地把土壤圈层概念应用到土壤与环境物质循环研究，为本领域发展做出了重要的学术贡献。

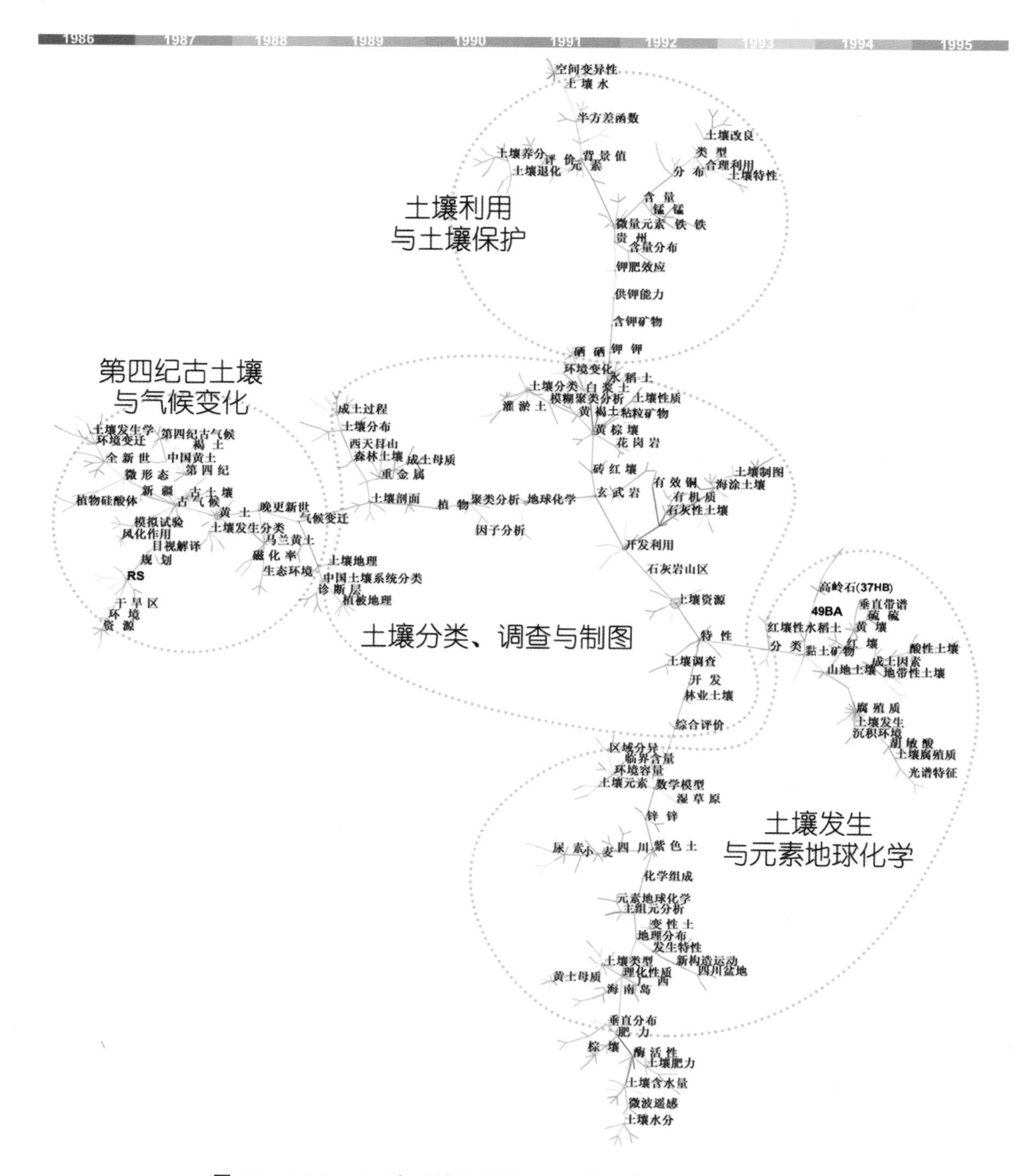

图 3-9 1986～1995 年土壤地理学 CSCD 中文论文关键词共现关系

3.2.2 土壤地理学 1996～2005 年

（1）国际土壤地理学的主题与成就

图 3-10 显示了 1996～2005 年土壤地理国际 SCI 文章关键词研究热点，TOP10 高频关键词有空间变异（spatial variation）、有机质（organic matter）、模型（models）、风化（weathering）、

土壤发生（soil genesis）、地统计（geostatistics）、重金属（heavy metal）、铁（Fe）、土壤有机碳（SOC）、光谱（spectroscopy）。与前一时段相比除高频关键词顺序上有所变化外，也出现了一些新词，如土壤质量（soil quality）、地理信息系统（GIS）、遥感（remote sensing）。**从聚类圈的构成看，研究内容已经打破了前一时段传统土壤地理学的简单框架，主题更为丰富，内容更为交叉，新技术的引入特征明显。**

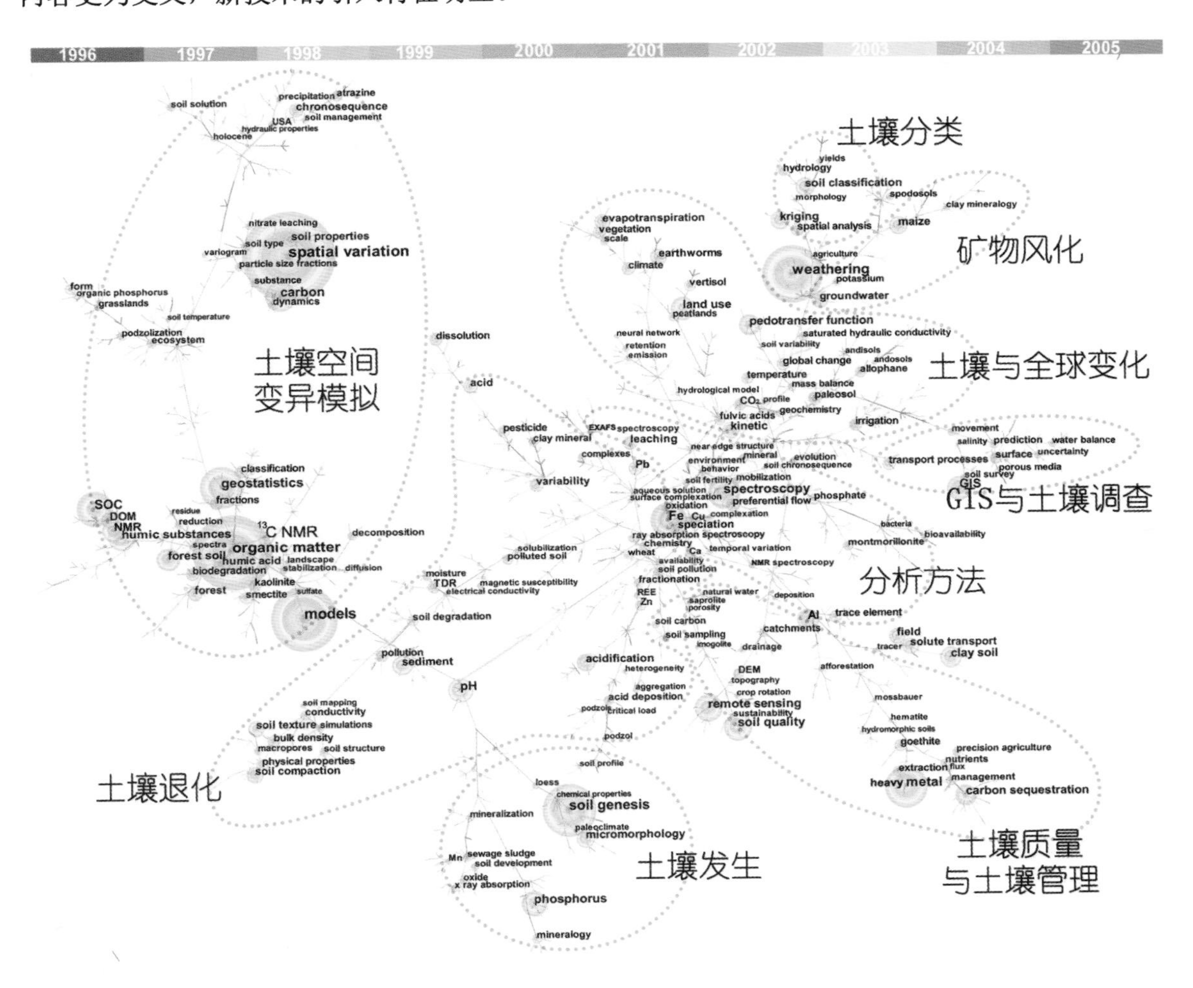

图 3-10　1996～2005 年土壤地理学全球作者 SCI 论文关键词共现关系

①**土壤发生与矿物风化研究比重下降**。这两个研究方向在上一时段都独立成为一个主题圈，有众多的附属关键词环绕。而在本时段，虽然围绕土壤发生（soil genesis）和风化（weathering）两个核心关键词依然都形成了一个小的聚类圈，而且这两个关键词词频依然较高，但围绕的附属关键词数量较上一个时段明显降低，上个时段出现的典型相关关键词如时间序列（chronosequence）、地形序列（toposequence）以及矿物类型关键词均未显示在聚类图上，说明**由于新研究热点的兴起，土壤发生与矿物风化这两个土壤地理学传统研究领域虽仍在继续，但研究的相对比重已经下降。**

②**土壤空间变异模拟研究热度不减**，其目标对象以有机质（organic matter）和土壤有机碳（SOC）最受关注。由于全球变化成为该时段学术界热点，而土壤被认为是陆地生态系统的最大碳库，其源汇消长会对全球变化产生深刻的影响，**土壤地理学家基于本学科的理论基础，借助遥感和 GIS 技术展开了不同尺度的土壤碳时空变化模拟研究**（Kelly et al.，1997：75～90；Li et al.，1997：45～60）与储量估量（Bockheim et al.，1999：934～940）。该项工作也吸引了非传统土壤地理领域专家如生态学家的介入，使学科交叉融合特色更为明显。同时，**关于土壤碳的另外一个研究重点是对土壤碳循环机理的探索研究**，主要是通过长期定位试验有机质组分（fractions）的降解（reduction）、分解（decompositions）与转化机理及其动态模拟（dynamics，models）（Kirschbaum，1995：753～760；Kelly et al.，1997：75～90；Li et al.，1997：45～60）。

③**与酸化相比，土壤其他退化类型（soil degradation）研究显著加强**，如压实（soil compaction）导致的土壤结构（soil structure）恶化（Horn et al.，1995：23～36）、水分传导性（conductivity）的降低以及其他物理性质（physical properties，bulk density）退化，污灌（sewage sludge）、降尘和杀虫剂（pesticide）导致的土壤污染（soil pollution）退化（Leenaers et al.，1990：105～114）。这些研究作为该时段土壤资源利用与保护中出现的新问题而受到关注，目标仍以农业为主，兼顾粮食与环境安全。

④**土壤与全球变化（global change）关系成为研究热点**。一方面，古土壤（paleosols）与第四纪气候旋回研究依然在深化，发文数量仍占据相当比重；另一方面，现代意义的气候变化成为新兴研究热点，**由于土壤、土地利用（land use）和植被（vegetation）一起构成了陆地生态系统碳循环中的最关键环节，土壤地理研究者承担起了全球和区域尺度土壤碳储量与碳排放估算的主要研究工作**（Pan et al.，2003：79～92）。

⑤**新技术和学科交叉显著推动了土壤地理学的发展**。主要体现在：首先，遥感和 GIS 技术被广泛应用，词频较上一时段显著提高，进而推动了土壤质量（soil quality）评价、精准农业（precision agriculture）与土壤管理（management）的发展（Sirjacobs et al.，2002：231～242），同时也推动了土壤调查（soil survey）与空间预测（prediction）水平的提高（Lark，2000：137～157），这些研究成果也更直接服务于农业生产应用，在这点上明显区别于理论研究为主、应用研究较弱的上一时段；其次，分析技术的进步如扩展 X 射线吸收精细结构（EXAFS）光谱、X 射线吸收光谱、核磁共振（NMR）等技术更广泛和成熟地应用到元素分析、物质结构与形态分析中，这些新技术的应用使土壤发生有关的界面过程和物质转化迁移研究测度更为精准和可靠，从而显著推动了基础理论研究的深化。

整体而言，1996～2005 年时段，在延续传统土壤地理学研究内容的基础上，数据获取技术和空间分析技术的进步以及学科间的交叉，极大地推动了土壤地理学概念的外延，土壤地理学突破了服务于农业的传统限制，土壤资源概念得到进一步加强，研究热点覆盖农业（如更高研究水平和应用层次的土壤质量与精准农业）、生态环境（土壤退化）与全球变化 3 个大的领域，尤其是在全球变化研究中，土壤地理学理论、方法、学者都发挥了至关重要的作用。

从 1996～2005 年土壤地理学 TOP50 高被引文章的关键词组合特征（表 3-3）可以看出，与上个 10 年相比，与土壤酸化有关的一组关键词已退到 TOP25 之后，进一步说明土壤酸化已不再是土壤退化研究的唯一热点，其相对关注度已下降。其他关键词的频次虽然较上个 10 年有所变化，但主体内容不变。新爆发的关键词可以分为 3 个组群：第一组是与全球变化有关的碳收支（carbon budget）、大气二氧化碳（atmospheric CO_2），**说明土壤地理研究者顺应时代潮流，开展了服务于全球变化领域的研究**；第二组包括重金属（heavy metal）、土壤污染（soil pollution）等关键词，符合前文聚类圈中的**污染退化内容，成为本时段的关注热点**，这与本阶段各国政府和大众对环境污染的重视程度明显提高相吻合；第三组包括同位素（isotopes）、地理信息系统（GIS），表征了**本时段土壤地理研究技术与方法上的进步**；另外，土壤质量（soil quality）出现在高被引关键词表中，这与各国研究关注的对象由过去相对狭隘的土壤肥力开始向更全面的土壤质量概念转变有关，技术进步和需求发展推动了土壤质量评价与土壤管理方向的研究工作。

表 3-3　1996～2005 年土壤地理学 TOP50 高被引 SCI 论文 TOP25 关键词

序号	关键词	频次	序号	关键词	频次	序号	关键词	频次
1	models	15	11	heavy metal	4	21	nitrogen	3
2	geostatistics	9	12	soil moisture	4	22	soil physical properties	3
3	carbon budget	7	13	spatial variation	4	23	soil pollution	3
4	SOC	7	14	texture	4	24	soil quality	3
5	SOM	7	15	cropping systems	3	25	soil water retention	3
6	isotopes	5	16	fertilizer	3			
7	reflectance spectroscopy	5	17	GIS	3			
8	weathering	5	18	kinetics	3			
9	atmospheric CO_2	4	19	mass balance	3			
10	conservation tillage	4	20	mineral dissolution	3			

（2）中国土壤地理学的前沿探索研究

中国土壤地理学者发表的 SCI 论文关键词聚类图（图 3-11）显示，**与上个 10 年相比，中国土壤地理学研究本时段的进步整体上十分明显**，形成了 3 个比较系统的主题聚类圈，排名 TOP10 的关键词分别是土壤有机碳（SOC）、空间变异（spatial variation）、磁化率（magnetic susceptibility）、有机质（organic matter）、模型（models）、重金属（heavy metal）、遥感（remote sensing）、地理信息系统（GIS）、黄土（loess）、酸化（acidification），总频次为 68 次。**研究热点可以归纳为土壤有机碳模拟与全球变化、土壤发生与酸化、土壤空间变异与制图。**通过与前文结果相比较，我们可以发现：①**3 个热点研究内容都紧跟国际前沿**，方向内关键词的组合特征关系与国际学者 SCI 关键词聚类图相似，**说明国内学者的研究热点已与国际接轨**；②**遥感、GIS 技术与国际基本同步，显著推动了中国土壤地理学的进步**，但 X 射线吸收精细结构（EXAFS）光谱、核磁共振（NMR）等新型技术未体现在聚类图上，说明中国的土壤发生学研究与国际相比还有差距；③本时段中国土壤地理学者的相关研究目的明确，从土壤资源的概念角度出发，服务于农业、资源与环境，如土壤质量（soil quality）、土壤制图（soil mapping）、土壤退化（soil degradation）、土壤管理（soil management）等关键词都体现了这个特点，这些关键词虽然还没有形成完整的聚类圈，但已经成为小的研究热点。

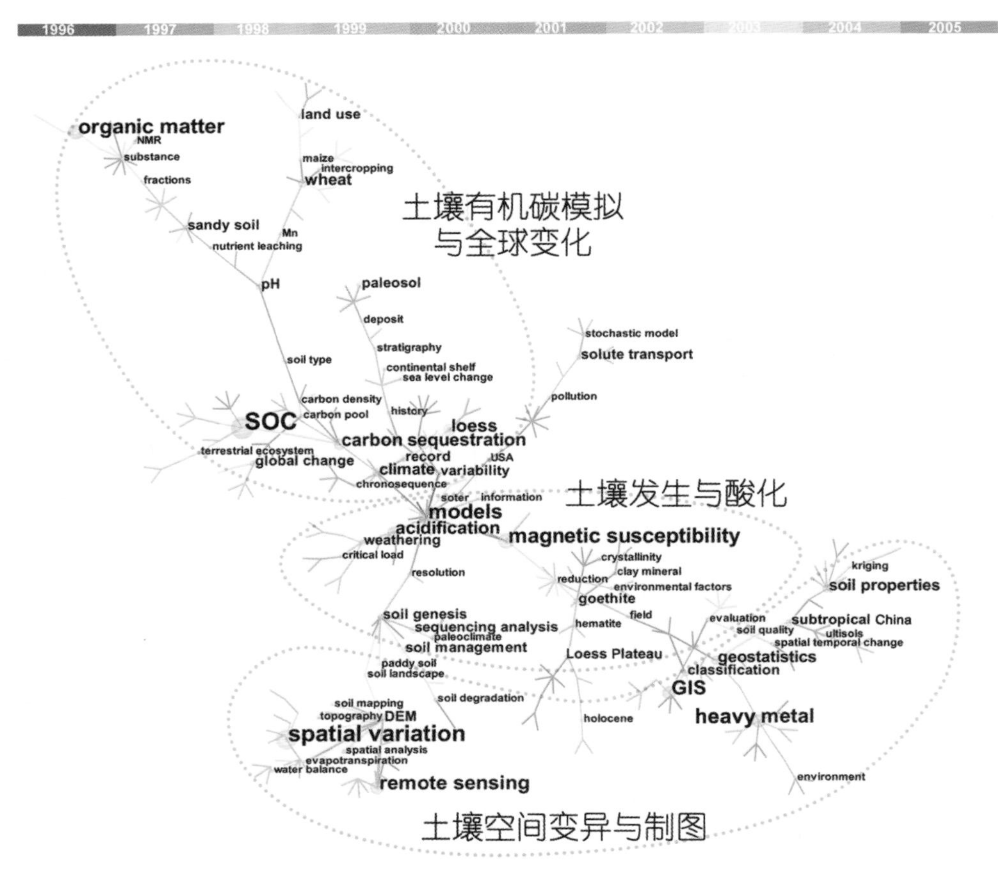

图 3-11　1996～2005 年土壤地理学中国作者 SCI 论文关键词共现关系

（3）中国土壤地理学研究的特色与优势

图 3-12 显示了 1996～2005 年土壤地理学 CSCD 中文文献关键词聚类图谱，这一阶段出现的 TOP10 高频词汇包括：空间变异性、GIS、中国土壤系统分类、土壤质量、地统计学、土壤养分、RS、土壤水分、土地利用、有机质。可以发现，**20 世纪 90 年代末至 21 世纪初，受 GIS 和 RS 技术的推动以及日趋全球化的科研态势影响，国内土壤地理学呈现蓬勃发展的趋势，出现了多个研究热点：土壤空间变异与土壤质量、土壤分类、地统计学的土壤学应用、土壤肥力、土壤资源与可持续利用、土壤与全球变化、古土壤、土壤酸化、城市土壤等。研究热点在上个 10 年的基础上，部分研究领域得到了深化和扩展，同时侧重点有所改变**，主要体现在以下方面。

①**土壤质量和土壤空间变异研究成为新热点**。这两个关键词没有进入 1986～1995 年时段的 CSCD 关键词 TOP10，到本时段分别跃居第 4 位和第 1 位。这主要源自 GIS 和 RS 技术进步的推动以及对中国高强度利用下土壤质量演变方向与规律的关注（曹志洪，2001：28～32）。从

20 世纪 80 年代第二次全国土壤普查到该时段，已经过去了将近 30 年，在此期间，快速的城市化和工业化导致大量耕地被占用，并对土壤环境质量造成了压力；同时人口规模也迅速增长，保护土壤质量，维系其永续利用成为土壤学的重要命题（张桃林等，1999：1～7；章明奎和徐建民，2002：277～282）。在此背景下，中国土壤学第一个“973”项目“土壤质量的演变规律与持续利用”于 1999 年开始实施。在该项目推动下，国内一批土壤学者结合长期定位实验、面上调查、时段对比等手段，就土壤质量的内涵、理论、方法与中国四大类耕地土壤（黑土、潮土、水稻土、红壤）质量的时空变异，展开了系统研究，建立了中国土壤质量研究的理论、方法体系，揭示了中国主要耕作土壤 30 年来的时空演变规律，为土壤资源的可持续利用、保护粮食安全提供了依据及对策（曹志洪，2008）。

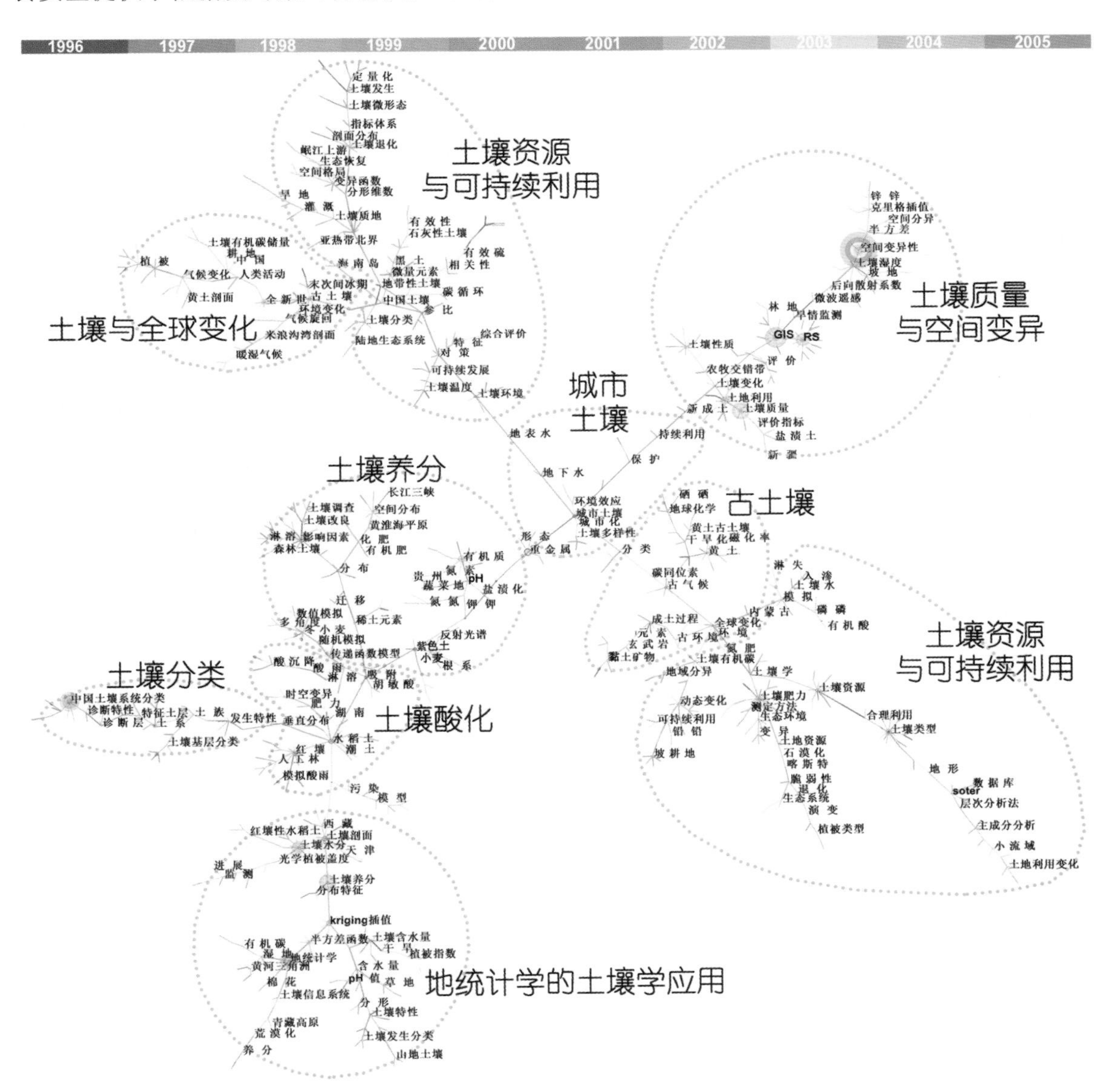

图 3-12　1996～2005 年土壤地理学 CSCD 中文论文关键词共现关系

②**中国土壤系统分类高级单元建立**。在此期间，中国土壤系统分类研究群体继续深化完善了包含土纲、亚纲、土类和亚类的中国土壤系统分类高级分类单元检索体系，《中国土壤系统分类检索（第三版）》（2001年）的出版标志着该分类系统高级单元的成熟建立，这是中国土壤地理学乃至整个土壤学研究领域的里程碑事件（宋长青和张甘霖，2006：392）。该分类系统同时被翻译成英文和日文出版，成为世界三大主流土壤分类系统之一，国际土壤学会土壤分类委员会前主席 H. Eswaran 撰文称该方案可作为亚洲土壤分类的基础。中国土壤系统分类在人为土、干旱土、富铁土等土壤类型的定义和划分标准上，为世界土壤分类体系做出了重要贡献。在高级单元建立的基础上，本时段也开始了定量的土族、土系划分标准的基层分类试点研究（吴克宁和张凤荣，1998：73～78；张甘霖和龚子同，1999：64～69；王秋兵等，2002：246～252）。

③**地统计学方法被广泛应用于土壤制图**。基于空间自相关理论的地统计学方法在本阶段为国内学者所广泛接受，应用到土壤属性的空间模拟与制图表达（李新和程国栋，2000：260～265；王政权和王庆成，2000：945～950），传统依赖专家知识和经验的土壤调查与制图方法逐渐被取代，也为后来的数字土壤制图理念和技术方法的诞生奠定了基础。中国土壤信息系统的建立起步晚于欧美发达国家，但在本时段得到了飞速发展，系统建立了全国尺度的 1∶100 万、1∶50 万土壤空间数据库，集成了属性数据连接，并实现了中国土壤发生分类、中国土壤系统分类、美国土壤系统分类的概率参比（Shi et al.，2006：78～83；于东升等，2005：2279～2283）。除国家级数据库外，省级和其他区域尺度的土壤信息系统与数据库在本时段也得到了迅速发展。这些成果对推动土壤质量、土壤制图、全球变化等领域相关研究起到了重要作用。

④**土壤资源与可持续利用受到更为强烈的关注**。在本时段，粮食安全与生态保护成为科学研究和社会发展所面临的两个同等重要的题目。关于土壤资源可持续利用的研究主要关注脆弱区的生态退化与恢复、坡耕地退耕还林等研究内容（宫阿都和何毓蓉，2001：18～20）。同时，面对中国快速城市化进程所带来的土壤环境问题，城市土壤（张甘霖等，2003：539～546；卢瑛等，2001：735～738）和土壤多样性（张学雷等，2004：1063～1072）成为新生研究热点。

同时，关于土壤酸化、土壤肥力、土壤与全球变化、古土壤等研究依旧保持一定的热度。与国际态势相似，中国土壤地理学家承担了全国和区域尺度上土壤有机碳储量估算的主要研究工作。整体而言，**该时段中国土壤地理研究继续立足中国特色，跟踪国际前沿，研究热点更为全面和深入；研究目的继续强调农业与粮食安全，同时更加注重生态环境与全球变化等相关研究。在本时段，土壤地理学研究取得了3个最为显著的成果：建立了定量化、谱系式的中国土壤系统分类；建立了全国和不同区域尺度的土壤信息系统；建立了土壤质量研究方法体系，并阐明了中国主要耕地土壤质量的时空演变规律。**

3.2.3　土壤地理学 2006～2015 年

（1）国际土壤地理学的主题与成就

2006～2015 年土壤地理学国际 SCI 文章研究热点主题词聚类特征如图 3-13 所示。TOP10

高频关键词如下：有机质（organic matter）、空间变异（spatial variation）、土壤有机碳（SOC）、模型（models）、重金属（heavy metal）、土壤发生（soil genesis）、土地利用（land use）、地统计（geostatistics）、碳固定（carbon sequestration）、风化（weathering），整体组合及排序特征与上个 10 年相似，土壤有机碳循环相关研究热度继续提高，其中有 3 个关键词（organic matter，SOC，carbon sequestration）与此直接相关。根据聚类图上的关键词组合特征，可以发现研究热点包括：碳循环与全球变化、土壤空间变异、土壤发生与分析方法、土壤分类与土壤质量、矿物风化与土壤退化、古土壤、土壤定量遥感。**与上个 10 年相比，热点主题更趋向于学科交叉与方法融合，形成了以发生过程和分析方法为中心，向资源、生态环境和全球变化等领域热点外延的框架。这是一个很好的发展趋势，在传统研究领域趋于萎缩的同时，土壤地理学立足学科理论基础，引入新技术，强化系统概念，拓展了学科的概念范围和生命力。**下面就本时段的发展特点分别简述。

①**对于成土和矿物风化机理的认知依然是土壤地理学科的基石**，并推动本学科热点领域和其他学科的发展。如图 3-13 显示，碳循环与全球变化、土壤分类与土壤质量、空间变异、土壤定量遥感、土壤退化等聚类圈都环绕在土壤发生与分析方法、矿物风化聚类圈周围。这样的结构是合理和易于理解的，如土壤空间变异模拟研究的一个重要方法就是对成土环境如气候、母质、地形等要素的空间变异模拟来实现，并取得了很好的结果，但这依然不够，时间和过程要素尚缺乏有效的表征方式，我们看到，图 3-13 中空间变异（spatial variation）、时间变异（temporal variation）两个关键词同时出现在一个聚类圈中很近的距离上，并与土壤发生主题聚类圈靠在一起。成土过程的定量表征应该是突破目前数字土壤制图中数学和统计模型瓶颈的有效手段，2017 年 Pedometrics 国际会议的主题之一是 “Reconciling Pedometrics and Pedology”（计量土壤学与土壤发生学的调和），就是一个很好的说明；同样，土壤碳循环、定量遥感、土壤质量演化等研究热点都需要微观尺度的土壤发生过程理论支持。

②**土壤地理学基础研究更为注重新技术和新方法**。如图 3-13 显示，铁（Fe）、黏土矿物（clay mineral）、水铁矿（ferrihydrite）、腐殖质（humic substances）、铅（Pb）、磷（phosphate）等关键词依然围绕在土壤发生（soil genesis）核心关键词周围，说明土壤发生的研究对象并没有明显的变化。与过去时段聚类图不同的是，在这些研究对象关键词附近，伴随出现了 X 射线吸收精细结构光谱（EXAFS spectroscopy）、核磁共振（NMR）、稳定同位素（stable isotopes）、X 射线吸收光谱（X-ray absorption spectroscopy）等代表精确测定的关键词。同时，也伴随出现了另一类关键词，如土壤转换函数（pedotransfer function）、漫反射光谱（diffuse reflectance spectroscopy）、近红外反射光谱（near reflectance spectroscopy）等，代表着测定技术的另外一个方向：光谱快速测定（Rossel et al.，2006：59～75；Du et al.，2010：855～862）和利用土壤转换函数对难以直接测定参数的间接模拟（Tranter et al.，2010：1967～1975），这也已经成为本时段一个研究分支热点。

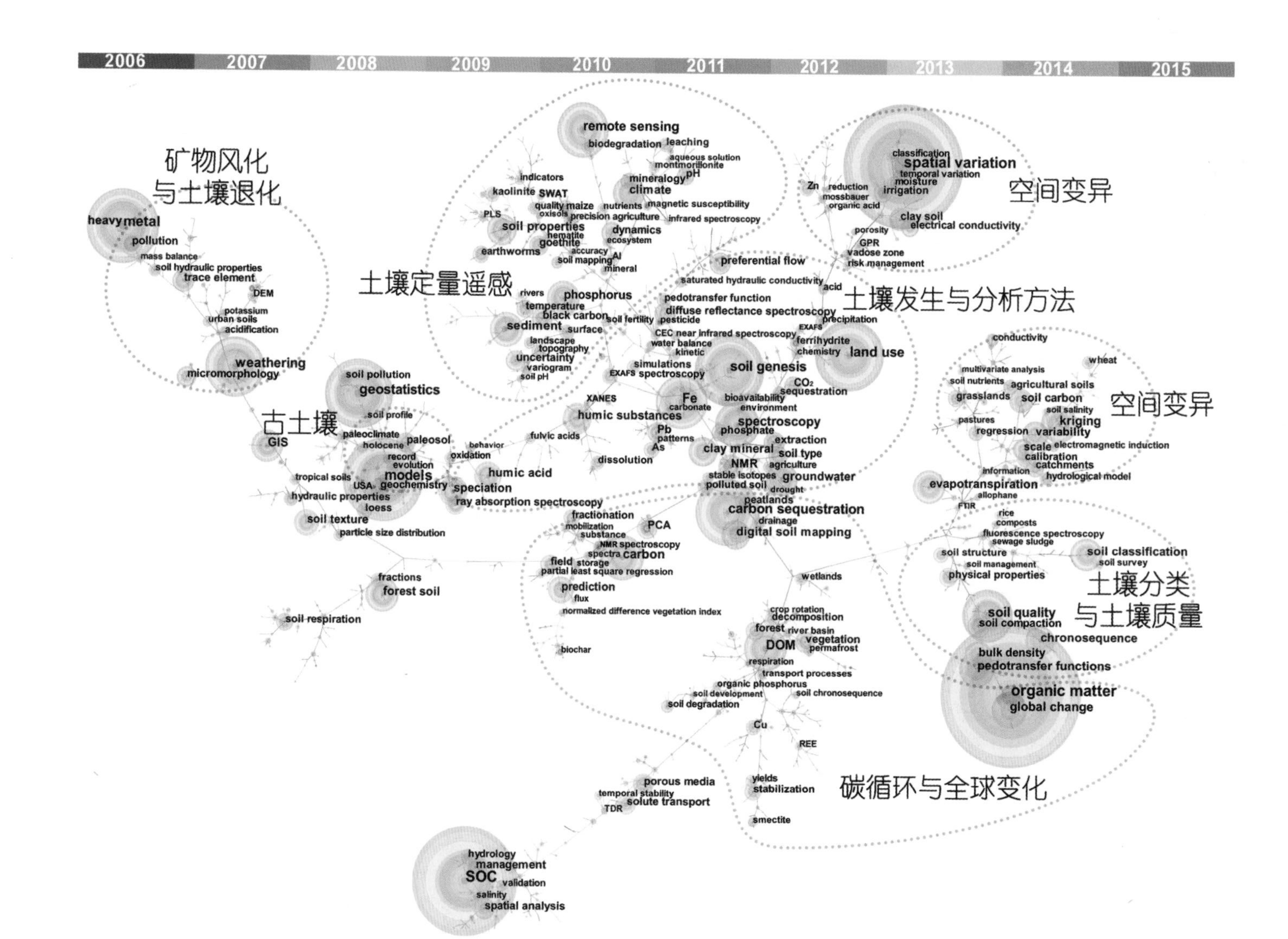

图 3-13 2006～2015 年土壤地理学全球作者 SCI 论文关键词共现关系

③对土壤时空变异的精确表达是土壤地理学科的最重要产出。从聚类图上可以发现，空间变异（spatial variation）、土壤调查（soil survey）、土壤制图（soil mapping）、数字土壤制图（digital soil mapping）、土壤预测（soil prediction）、地统计（geostatistics）、克里格（kriging）以及与此有关的不确定性（uncertainty）、尺度（scale）、精度（accuracy）等关键词出现在各个研究热点聚类圈内，这是学科交叉的一个证明，同时更说明土壤空间预测和空间分布数据的重要性。全球数字土壤制图网络（GlobalSoilMaping.net）的发起是一个明显的例证，该网络旨在生产覆盖全球的高分辨率关键土壤属性数据产品，以满足来自各领域对土壤信息日益增长的需求（Arrouays et al.，2014：93～134）。

④从学科热点角度，碳循环与全球变化方兴未艾，土壤分类（soil classification）与土壤质量（soil quality）研究更加贴近土壤管理，土壤定量遥感已成为独立的研究领域。

整体而言，在 2006～2015 年时段，土壤地理学与上个 10 年相比，继续加强学科交叉与方法融合，形成了以发生过程和分析方法为中心，向资源、生态环境和全球变化等领域热点外延的框架。立足学科理论基础，引入新技术，强化系统概念，拓展了土壤地理学的概念范围和生命力。

2006～2015 年土壤地理 TOP50 高被引文章的关键词组合特征分析显示（表 3-4），与上个 10 年相比，土壤养分与耕作方面的词汇大量减少，如肥料（fertilizer）、氮（nitrogen）、土壤湿度（soil moisture）、保护性耕作（conservation tillage）、土壤质量（soil quality）、土壤持水性能（soil water retention）等关键词退出了 TOP25，说明本时段土壤地理研究中传统农业主题进一步趋于相对弱化。新爆发的关键词可以分为 3 组：第一组以统计分析（statistical analysis）、机器学习（machine learning）为代表，表明本时段土壤地理学研究更加注重对数据的科学处理和知识挖掘；第二组以遥感（remote sensing）、土地利用变化（land use change）为代表，表明遥感技术和数据源在本学科的应用出现了爆发式的增长；第三组以地形（topography）、环境相关关系（environmental correlation）、数字土壤制图（digital soil mapping）为代表，主要体现的是基于土壤发生学理论、强调土壤环境关系模型的数字土壤制图方法的兴起，并成为高引热点，该类别与知识挖掘热点在方法和理念上比较接近。

表 3-4　2006～2015 年土壤地理学 TOP50 高被引 SCI 论文 TOP25 关键词

序号	关键词	频次	序号	关键词	频次	序号	关键词	频次
1	geostatistics	13	11	spectroscopy	5	21	sequestration	3
2	statistical analysis	11	12	machine learning	5	22	paleosol	3
3	reflectance spectroscopy	10	13	clay minerals	5	23	heavy metal	3
4	spatial variation	9	14	SOC	4	24	environmental correlation	3
5	remote sensing	7	15	land use change	4	25	digital soil mapping	3
6	model	7	16	trace elements	3			
7	organic carbon	6	17	topography	3			
8	land use	6	18	SOM	3			
9	crop rotations	6	19	soil properties	3			
10	carbon sequestration	6	20	soil degradation	3			

（2）中国土壤地理学的前沿探索研究

中国土壤地理学学者在2006～2015年发表的国际SCI文章排名TOP10的高频关键词有：空间变异（spatial variation）、土壤有机碳（SOC）、地统计（geostatistics）、有机质（organic matter）、土地利用（land use）、重金属（heavy metal）、碳固定（carbon sequestration）、遥感（remote sensing）、模型（models）、土壤性质（soil properties）。对照前文，可以发现地统计（geostatistics）排名比国际学者靠前，遥感（remote sensing）在国际学者聚类关键词中没有进入TOP10，表明中国学者更注重遥感和地统计学方法的应用。同时，土壤发生（soil genesis）和风化（weathering）出现在国际学者TOP10高频关键词中，但在中国作者SCI关键词聚类结果中未进入TOP10，这与上个10年结果相似，表明**中国学者在本阶段关于土壤发生与矿物风化方面的研究占比依然相对较少**。

我们再来比较一下国内学者两个时段的高频关键词差异，结果显示，上个10年高频关键词中的磁化率（magnetic susceptibility）、地理信息系统（GIS）、黄土（loess）、酸化（acidification）等关键词已退出TOP10，新出现了地统计（geostatistics）、土地利用（land use）、碳固定（carbon sequestration）、土壤性质（soil properties），这进一步表明国内学者在本阶段关于土壤发生与土壤酸化（Huang et al.，2013：11～20）等方面的研究弱化，而利用地统计方法对土壤属性的空间模拟以及土地利用与碳循环方面的研究成为热点。

图3-14显示了中国土壤地理学学者在本阶段发表的国际SCI文章研究热点聚类特征，可以发现：与1996～2005年时段相比，**本时段的研究热点更多、更丰富，相互之间的交叉联系较上个时段明显加强**，可以划分为土壤空间变异与制图、碳循环、土壤酸化与土壤污染、土壤发生与全球变化、土壤质量与土壤管理、土壤退化、古土壤7个研究热点，整体与国际态势保持一致，表明**本阶段国内土壤地理学研究紧跟国际前沿**。

①**碳循环依然是最大热点**，研究分支包括植被（vegetation）和土地利用（land use）变化对土壤有机碳（SOC）库的影响（Xu et al.，2011：206～213）、利用地统计（geostatistics）方法和其他空间分析方法对土壤有机碳的空间变异（spatial variation）和储量模拟等。

②**中国成为国际土壤质量研究主力**。中国学者发表的SCI论文中关于土壤质量（soil quality）的研究内容形成了一个完整的聚类圈，占比较国际同行聚类圈要大，这是上一时段中国土壤学界对土壤质量的系统研究后续产出和深化研究的体现。研究内容主要包括土壤质量评价指标体系（如black carbon，soil structure，soil organic carbon等）和最小数据集（minimum dataset）的构建（Li et al.，2013：112～118），不同利用方式（cropping system）下土壤质量演变（Li et al.，2013：249～259）以及城市化（urbanization）对土壤质量的影响（Lu et al.，2007：429-39；Zhao et al.，2007：74～81），采用生物炭（biochar）等对土壤质量如土壤结构（soil structure）的改良等。

③**土壤空间变异与制图研究继续深化**。基于土壤环境关系的数字土壤制图（digital soil mapping）方法受到较多关注，采用地形（topography）、母质等环境要素或者通过遥感数据源获取间接变量（Liu et al.，2012：44～52）实现对土壤属性或者类型（soil classification）的预测

（prediction）制图（Zhu et al.，2010：199～206），并可以据此设计高效采样方案，有效降低采样调查成本（Yang et al.，2013：1～23）；多种空间分析方法被应用到制图中，如回归（regression）、偏最小二乘回归（partial least square regression）、克里格（kriging）、模糊逻辑（fuzzy logic）、随机模拟（stochastic simulation）等；最受关注的制图目标包括土壤类型和有机质（Sun et al.，2012：318～328）、盐分（Guo et al.，2013：445～456）、土壤湿度（Zhu et al.，2013：45～54）等土壤属性。

④同时，我们也发现中国土壤地理学领域关于土壤发生方面的研究仍然较为薄弱，新的分析测试方法在聚类图中也没有明显的体现，这也是国内土壤地理学需要加强的地方。

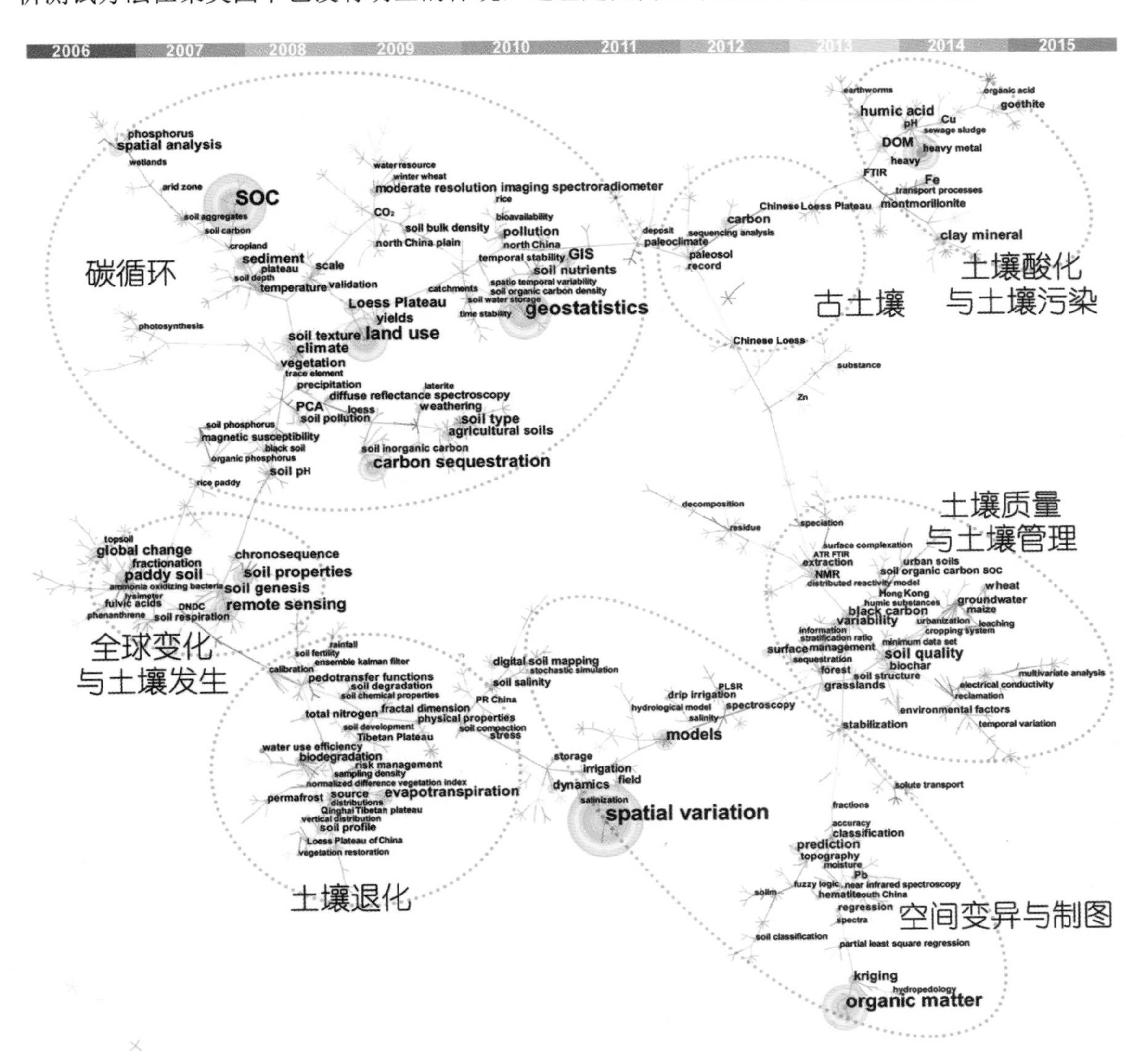

图 3-14　2006～2015 年土壤地理学中国作者 SCI 论文关键词共现关系

（3）中国土壤地理学研究的特色与优势

2006～2015 年国内 CSCD 土壤地理学科 TOP10 高频关键词包括：空间变异性、地统计学、土壤养分、重金属、土壤质量、RS、GIS、有机质、土壤水分、土地利用。与前一个10年相比，高频关键词变化较小。中国土壤系统分类从高频关键词中消失，这是因为系统分类高级单元于上个10年已基本建立，而系统性和规模性的基层分类研究与土系调查从2009年才正式开始（张甘霖等，2013：826～834）。重金属进入高频词行列表明中国政府和大众对污染的关注导致土壤污染相关研究成为热点。与国际学者SCI高频关键词比较，关于土壤有机碳方面的研究报道不多，但如果对比前文中国作者在此期间发表的SCI论文高频关键词及聚类图（图3-14），就会发现土壤有机碳研究实际上是本时段国内紧跟国际前沿的一个主要热点。导致这一似乎矛盾现象的原因主要是国内SCI考评体系导向，致使高质量研究结果在中文期刊上发表比例降低。

图3-15显示了土壤地理学中文文献关键词聚类图谱，**根据其组合特征，可以划分为土壤空间变异与定量遥感、土壤与环境变化、土壤污染、土壤肥力、土壤分类、土壤评价6个研究热点**。该时段中国土壤地理学的研究特点可以归纳为以下3个方面。

①**土壤与环境变化保持持续热度**，并可以细分为古土壤、全球变化、碳储量、城市化等多个研究点。关于全新世以来的古土壤与古气候变化的研究进一步拓展，主要关键词包括古土壤、古气候（蔡方平等，2012：220～229）、黄土古土壤（鹿化煜等，2006：888～894）、气候变化、环境变化等，较上一时段更为丰富，粒度、稀土元素、磁化率、植被演替、滞流沉积物等关键词反映了该方面研究的主要手段和指标；全球变化研究仍以碳储量和碳循环为主要研究热点，不同生态系统下的碳储量估算与碳密度估算（方精云等，2010：566～576）、与土地利用变化相关的生态系统碳循环过程是本时段研究热点；适应于中国快速的城市化和工业化进程，由此带来的土壤环境质量效应也成为本时段土壤地理学的研究热点之一，主要集中在城市与矿区土壤的重金属元素富集和评价研究（柳云龙等，2012：599～605）。除城市化研究热点外，古土壤和全球变化研究热点的关注区域主要分布于中国的生态脆弱和敏感地区，如黄土高原（张凡和李长生，2010：566～572）、喀斯特地区（龙健等，2006：77～81）、青藏高原（陈吉科等，2015：499～506）、新疆、半干旱区等。

②**3S技术支持下的土壤空间变异与土壤定量遥感研究仍为最大热点**。在GIS和RS的支持下，对于土壤属性的空间变异研究为本时段最大热点，空间变异性关键词词频最高。除围绕空间变异性核心关键词所形成的聚类圈之外，土壤制图、土壤调查、空间分析、空间插值、变异函数、尺度效应、空间分异、kriging插值、空间自相关等关键词在其他聚类圈中也都广泛出现，说明**关于土壤空间预测和空间分布数据的研究是中国土壤地理学研究的重要内容，并且对各个分支学科研究起到了关键支持作用，这与本时段国际土壤地理学研究的态势相似，对土壤时空变异的精确表达是土壤地理学科的最重要产出**。土壤遥感领域研究发展很快，已独立成为一个聚类圈，其关注的研究点主要是对土壤温度、湿度、墒情以及其他土壤属性的监测与光谱反演（潘贤章等，2007：948～952；丁建丽和姚远，2013：837～843；史舟等，2014：978～988）。

③**土壤质量评价成为独立的研究热点**。图3-15右上角的聚类圈关键词组合特征显示国内土壤质量评价研究包含了内涵、方法、指标体系一个完整体系（曹志洪，2008），在土壤质量指标方面，不仅囊括了物理、化学上的传统指标，部分研究还探讨了酶活性作为土壤质量评价指

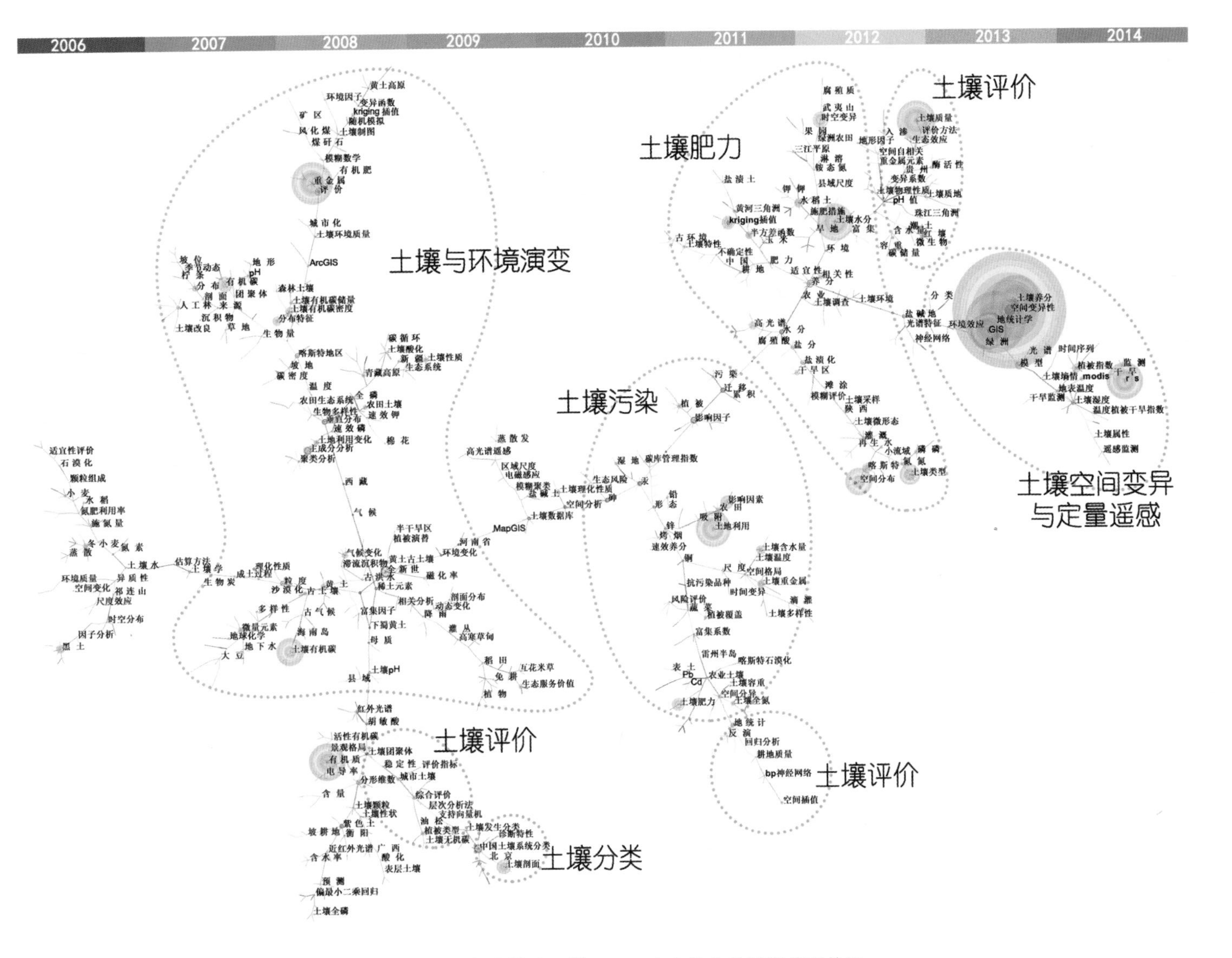

图 3-15　2006～2015 年土壤地理学 CSCD 中文论文关键词共现关系

标的有效性（和文祥等，2010：1232～1236）。随着该领域研究理论、方法的成熟，土壤评价被广泛应用到其他热点研究领域，如土壤肥力、土壤污染等领域聚类圈都含有土壤评价的关键词。

综上所述，**2006～2015年，国内土壤地理学研究紧跟国际前沿，立足中国实际需求，在土壤碳循环、土壤与环境演变、土壤质量评价、土壤空间变异等领域做了大量研究工作。在此期间，土壤质量评价研究形成了较为完整的理论和方法体系，并得到普遍应用。但与国际同行相比，土壤发生过程和机理研究相对偏弱，研究方法和技术手段有待进步，如铁（Fe）、铀（U）、铍（Be）等同位素技术在风化成土研究领域的应用等。**

3.3 土壤地理学发展动力剖析

20世纪80年代中期至今30年，国际土壤地理学在理论和方法上均取得了重要进展，在这过程中学科交叉成为土壤地理学科发展的概念驱动力，先进的测试方法成为土壤地理学科发展的技术驱动力；同时，人类经济社会快速发展导致的粮食安全、环境污染和全球变化等共性问题均与土壤地理紧密相关，是30年来国际土壤地理学快速发展的社会需求驱动力。

与国际土壤地理学30年的发展相比较，得益于20世纪80年代改革开放以来中国经济实力的迅速提升和科技环境的国际化，特别是近10年来科研资金的大量投入，通过国际交流的日趋深化，中国土壤地理学研究立足本国实际，面向国际科学前沿，在成土过程深入理解、土壤分类、土壤空间变异与制图等方面取得了长足进步；同时，中国土壤地理学面向国家需求，针对农业可持续发展、土壤环境保护和全球变化等方面的突出问题，围绕土壤质量演变、碳循环、城市化与工业化等分支领域，开展了大量基础性和应用基础性研究工作，为国民经济发展做出了贡献，并产生了积极的国际影响。综合分析国际及中国土壤地理学的发展特征和演进过程，可将土壤地理学科的发展驱动力概述为如下3个方面。

（1）学科交叉是土壤地理学发展的概念驱动力

学科交叉推动土壤地理学发展的第一个表现是土壤地理学与生态学科的结合。土壤圈层概念的提出是与生态学学科交叉的标志性概念。3S技术的应用，使多种尺度的空间模拟成为可能，土壤地理学家能够站在不同尺度生态系统的角度对土壤发生过程中的物质循环进行再认识，由此推动了学科内涵的发展。

计算学及空间分析学与土壤地理的交叉融合，推动了土壤地理学科的定量化进程。具体表现在3S技术在土壤学的广泛应用，土壤地理学的研究对象是时空土壤，计算机技术、地理信息技术、遥感技术以及空间定位技术为土壤地理学研究提供了有力的平台手段，使土壤地理学家可以进行更为精准的属性与空间模拟和表达。在20世纪90年代，各种应用模型大量出现，让过去显得“冗余”的土壤数据变为“急需短缺”的数据，“data hungry”就是在此背景下产生的概念，对数据的需求又进一步推动了土壤地理学的发展，表现为土壤调查、制图方法在近15年来迅速发展，以更高效、高精度的方法生产土壤资源数据集。

学科交叉推动土壤地理学发展的另一个表现是与土壤化学乃至化学学科的融合，使得土壤发生和矿物风化研究得以更加深入和准确。如土壤有机碳的固定和稳定化过程与机制、黏土矿物界面过程等，与化学的学科交叉促进了土壤地理学对土壤发生过程的精准理解，并且也革新了一些传统概念，如红壤脱硅复硅过程。

（2）社会发展和国家需求成为土壤地理研究不断拓展的外在需求动力

近 30 年来，随着社会经济的高速发展和高强度的人类活动，土壤退化范围不断扩大，土壤质量恶化加剧。特别是随着环境污染问题的日益突出，重金属、持久性有机污染物、抗生素等外源污染物进入土壤后对人类健康构成的风险与危害引起了公众高度的关注。土壤地理学家利用数据清单优势从宏观尺度对资源的状态和数量进行评价与风险分析，为国民经济发展提供决策依据。同时，也从土壤发生过程机理角度对污染物进入土壤后的迁移和转化行为进行研究，为污染防控提供依据。

由于土壤碳库是全球陆地碳库的重要组分，全球变化问题的凸显也直接驱动了土壤地理学的发展，直接表现在对土壤数据的需求以及对土壤中碳循环过程的知识需求。因此，全球变化直接推动了土壤地理学科中的土壤空间变异研究以及土壤有机质发生与演变过程研究。

（3）观测、测定分析技术的进步是土壤地理学发展的技术驱动力

同位素测定技术由地质和地球化学领域引入土壤地理研究，既是学科交叉的又一个体现，也在土壤发生学研究中得到广泛应用，铅（Pb）、铁（Fe）、铀（U）、铍（Be）等多种同位素用于风化成土过程中的年龄测定、来源解析，显示出良好的效果。

土壤发生和矿物风化过程需要依赖高精度、高级别能谱仪器，近 30 年来，基于分子尺度微观光谱技术对土壤微观性质的原位观测、对土壤矿物表面和有机质基团的三维结构及其演变表征方面，原子力显微镜（AFM）、激光共聚焦显微镜（CLSM）以及环境扫描显微镜（ESEM）等技术得到了广泛的应用。原子力显微镜（AFM）技术可直接观察原状样品，直观地获得单个矿物或土壤团聚体形貌、粗糙度和结构，矿物晶体的形成和生长过程，以及有机质在矿物表面的包被。X 射线吸收光谱（XAS）、X 射线光电子能谱（XPS）、核磁共振（NMR）、电子顺磁共振和傅里叶变换红外光谱（FTIR）技术能够用于原位分析矿物和有机物质之间的相互作用以及表面吸附机制。

3.4　NSFC 对中国土壤地理学发展的贡献

3.4.1　土壤地理学 NSFC 项目的申请与资助情况

土壤地理学科是土壤学的重要分支学科，在过去 30 年中发展、分化较快，NSFC 围绕土壤地理学科的基础研究领域以及新兴的热点问题给予了持续和及时的支持。图 3-16 展示了 1986～

2015 年 NSFC 受理和资助土壤地理学项目数及其在土壤学项目中的占比。过去 30 年，NSFC 土壤地理学申请项目数量一直处于稳步增长状态，近 15 年速度增快，从 2000 年的 55 项快速增长到 430 余项，平均每 5 年增加 1 倍左右；同时土壤地理学资助项目数量也一直处于增长状态，且 5 年之间增长的速度与申请项目数同步，由最初的 20 余项增长至 110 余项。遗憾的是，土壤地理学在土壤学申请项目中的占比却波动式缓慢降低，其申请占比由最初的 20%以上降低到 10%以下。由于 1986～1995 年没有申请项目数的准确信息，不能得到此期间的资助率数据，1995 年之后 20 年的资助率与申请率保持一致，呈下降趋势，最近时段的资助率仅有 8.33%。这表明土壤地理在土壤学中的相对比重逐步下降，主要是受其学科自身特性以及新兴学科分支快速兴起的影响。同时，我们也应该看到，申请项目数和资助项目数在迅速增长，说明国内土壤地理研究队伍依然在延续和成长。虽然这并没有促使资助项目占比的提升，原因在于 NSFC 学科发展理念和管理措施的调节作用。为了保证土壤地理学尽可能与土壤学其他分支学科获得同步发展的机会，地球科学部地理学科处在资助项目比例分配方面适当调控，使得各学科资助率基本平衡。

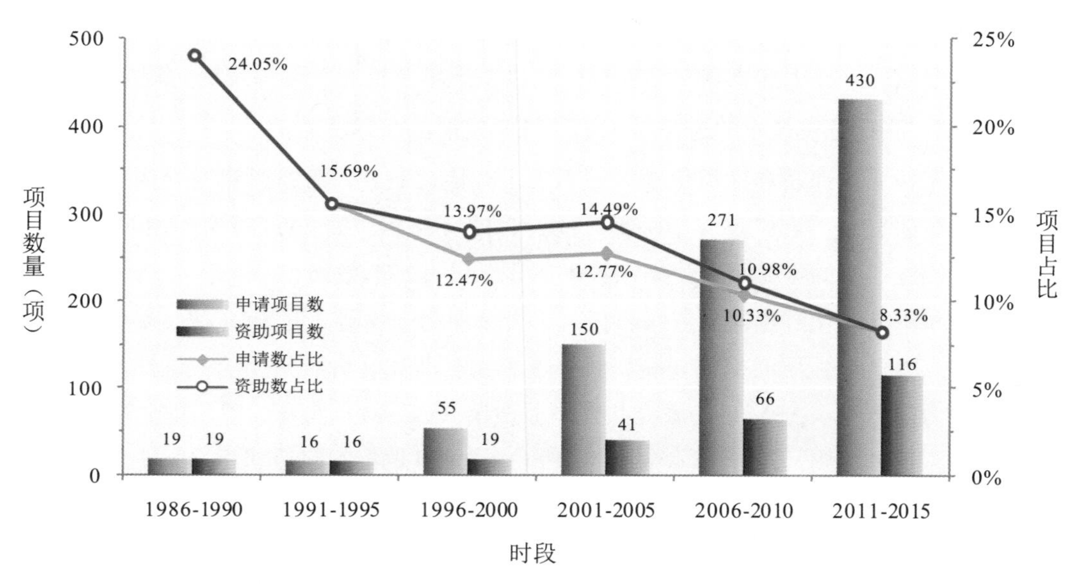

图 3-16　1986～2015 年 NSFC 受理和资助土壤地理学项目数及其在土壤学项目中的占比

注：由于 1986～1995 年缺失申请项目数的准确信息，无法得到此期间申请项目数占比，为便于分析以资助项目数代替申请项目数。

3.4.2　NSFC 对土壤地理学典型领域的资助

为了进一步解析 NSFC 对本学科的资助态势，我们选取土壤地理学科比较有代表性的两个分支领域：土壤空间变异与制图领域以及土壤发生领域，来分析 NSFC 对典型领域的资助情况。

（1）土壤空间变异与制图

土壤空间变异与制图研究领域是土壤地理学科的重要研究方向之一，在过去的 30 年中是基金资助的重要领域，促使土壤地理学科得以快速发展。图 3-17 显示了 1986～2015 年 NSFC 土壤空间变异与制图研究资助情况。30 年间，NSFC 土壤地理学共资助 63 项土壤空间变异与制图相关项目，占 NSFC 土壤地理资助项目数的 23.3%。各时段资助项目数总体呈稳步增长趋势，由 2000 年前的 10 项以下逐步增至 2011～2015 年的 31 项。在 NSFC 土壤地理资助项目中的占比也随之呈阶梯式增长，由 1991～1995 年的 6.3%迅速增至 2001～2005 年的 26.8%，2006～2010 年与 2011～2015 年 NSFC 空间变异与制图资助项目占比与 2001～2005 年基本持平。1986～2015 年，NSFC 资助空间变异与制图研究占比快速增长，说明与之相关的研究日益成为学科关注的热点，相对于整个土壤地理学科的资助率，NSFC 对于本领域给予了优先资助。

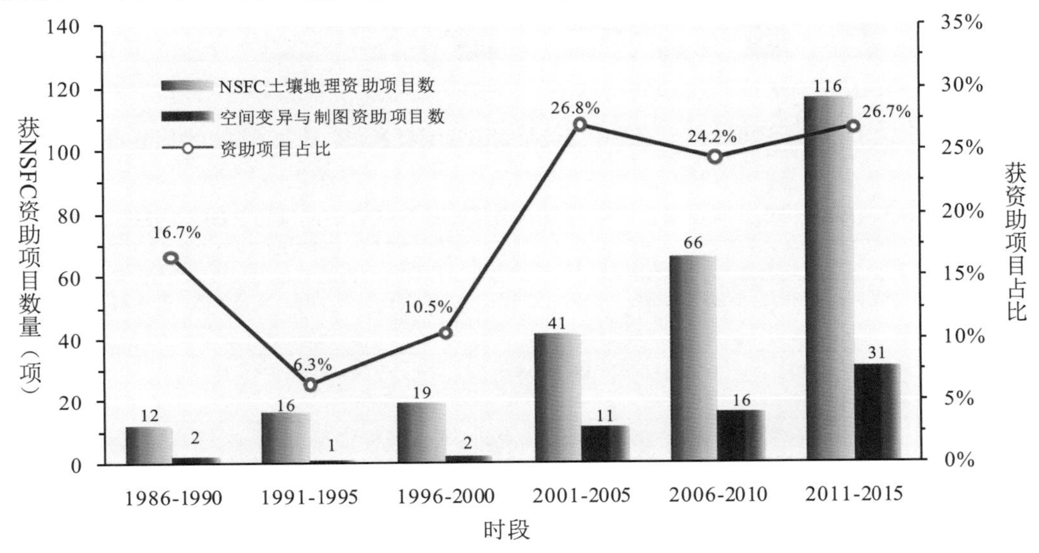

图 3-17　1986～2015 年土壤空间变异与制图领域获 NSFC 资助项目数及其在土壤地理学资助项目中的占比

注：选取含有土壤空间变异、土壤制图等关键词的基金项目进行统计。

NSFC 土壤地理资助土壤空间变异与制图研究项目主要分布在华东地区，占项目总数的 52.4%；其次是华中、西北地区，项目占比均达 15%以上（图 3-18）。获得项目较多的科研单位和高等院校包括位于华东地区的中国科学院南京土壤研究所、南京农业大学、浙江大学，华中地区的华中农业大学、郑州大学，西北地区的新疆农业大学等。

在空间变异与制图研究热点和研究主题分析过程中，为了全面体现研究内容，同时消除分词带来的不确定性，我们首先用 1986～2015 年 NSFC 土壤地理资助以及空间变异与制图相关项目的全部关键词产生词表，形成 268 个关键词词频统计，然后对多种表达形式的同义词及含义不够清晰的关键词进行处理与聚类。表 3-5 显示了 1986～2015 年空间变异与制图研究 TOP20 关键词的排序，可以看出，过去 30 年对空间变异与制图的研究主要集中在两个方向。①土壤制图：利用各类空间、数学分析手段对土壤的空间变异规律及其与环境要素之间的关系，实现高精度制图，其中，尤其以基于土壤发生学理论的土壤环境关系方法受到重视。②土壤遥感：利用多种遥感数据源和数据处理方法对土壤空间变异进行遥感反演和光谱拟合建模。

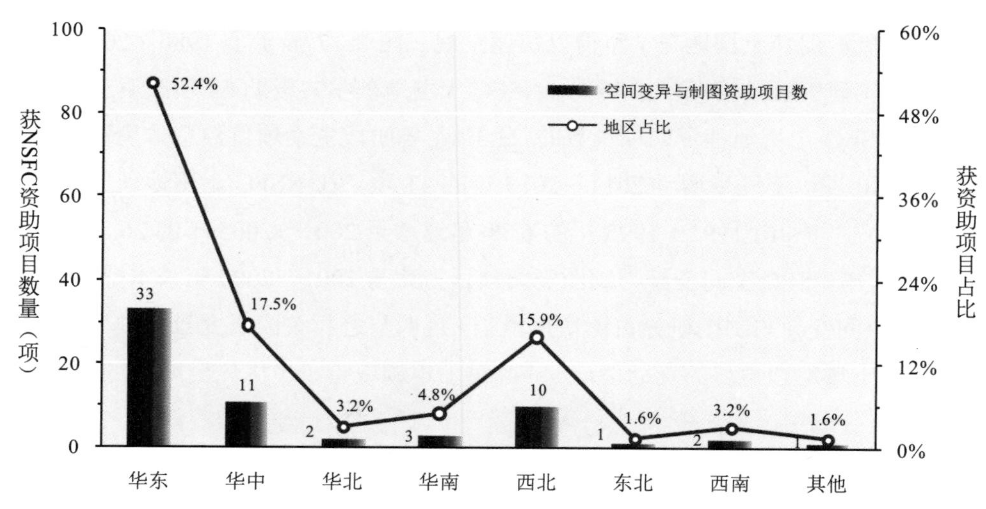

图 3-18 1986～2015 年土壤空间变异与制图领域获 NSFC 资助项目的地区分布

表 3-5 1986～2015 年土壤空间变异与制图领域获 NSFC 资助项目 TOP20 关键词

序号	关键词	频次
1	数字土壤制图（数字土壤制图、土壤预测制图、土壤调查制图、土壤制图、土地制图、调查制图、数字制图模型、制图、制图表达、自动制图）	29
2	土壤遥感（土壤遥感、遥感监测、遥感定量反演、IKONOS 影像、高光谱遥感、可见光—近红外高光谱、光谱响应、光谱、时间序列遥感）	16
3	空间分布格局（空间分布格局、空间分异、空间分解、空间格局分析）	15
4	土壤属性（土壤属性、土壤养分、土壤盐分、土壤连续属性、土壤水分、土壤水热状况、关键土壤属性）	14
5	土壤景观模型（土壤—景观系、土壤景观模型、土壤—景观模型、土壤—景观关系、土壤—环境关系、土壤景观定量模型、土壤景观、元胞自动机）	13
6	时空变异（时空变异、土壤空间变异、时序变化、时空变异性、时空变化）	10
7	尺度效应（制图尺度、时空尺度、时间尺度、尺度效应、尺度套合、尺度和尺度效应）	9
8	模型模拟（土壤过程建模、时空数据模型、情景建模、模型模拟、混合地理权重模型、定量模型）	7
9	土壤退化（土壤盐渍化、土壤盐碱化、土壤退化预测与预警、土壤退化评估、土壤退化过程、退化）	7
10	地统计学（地统计学、克里格）	6
11	不确定性评价	6
12	土壤分类（土壤系统分类、数值化土壤分类、连续分类、基层分类、土壤分类）	6
13	数据挖掘（数据挖掘、知识发现、机器学习、关联分析）	6
14	土壤调查	5
15	时空预测（土壤空间预测、时空模拟与预测、空间预测）	5
16	土壤采样（土壤采样设计优化、土壤采样设计、采样点数量、采样点布置模式、样点优化）	5
17	模糊数学（模糊数学、模糊逻辑、模糊不确定性、模糊 c 均值算法）	4
18	土壤有机碳	3
19	土壤多样性	3
20	数据库	2

注：提取出 1986～2015 年 NSFC 资助土壤地理学中和土壤空间变异与制图相关项目的全部关键词，对多种表达形式的同义和近义的关键词进行归类，得出 TOP20 关键词。

（2）土壤发生

在过去 30 年中，NSFC 对土壤发生研究给予了长期稳定的支持。对 1986～2015 年 NSFC 土壤地理资助的土壤发生相关研究项目进行统计（图 3-19），结果表明，过去 30 年，NSFC 土壤地理资助土壤发生研究项目为 73 项，占土壤地理总资助项目的 27.0%，各时段资助项目数均呈逐步增长趋势，由 2005 年前的 10 项以下增至 2011～2015 年的 33 项。NSFC 土壤地理资助土壤发生研究项目的占比则呈现波动变化的趋势，开始由 1986～1990 年的 41.7%显著减少至 2001～2005 年的 9.8%，2005 年之后又逐步回升到 30%左右。从前文中外土壤地理学演进趋势分析结果我们已经发现，中国土壤地理学关于土壤发生领域的研究相对不足，这在基金的申请和资助数量上也有所体现。但资助率整体较高，除 1996～2005 年时段外，NSFC 对土壤发生领域的资助率还是比较高的，属于土壤地理学的重点资助领域。

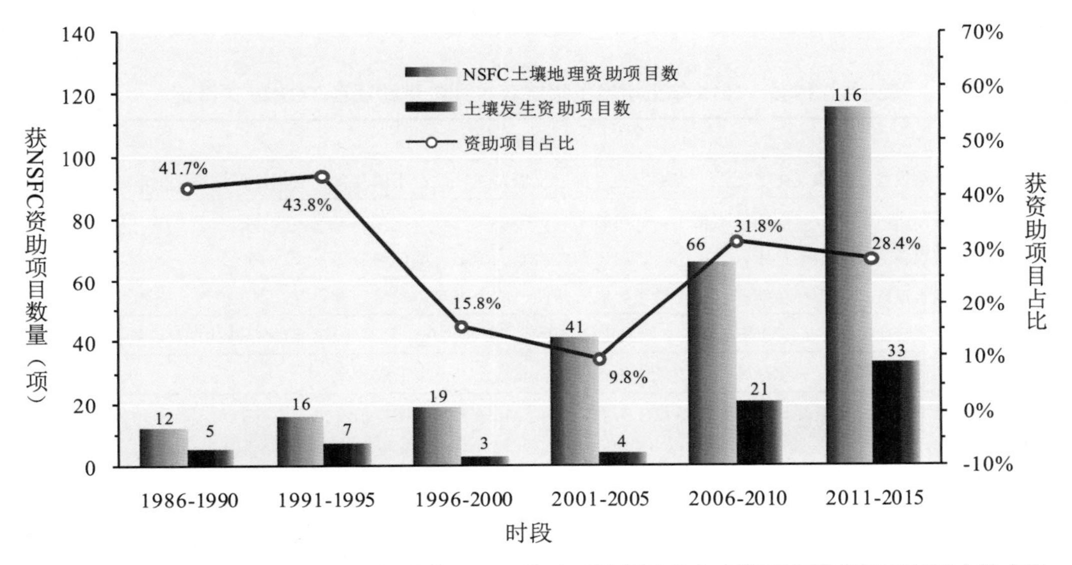

图 3-19　1986～2015 年土壤发生领域获 NSFC 资助项目数及其在土壤地理学获资助项目中的占比

注：选取含土壤发生、成土过程、风化等关键词的基金项目进行统计。

NSFC 土壤地理资助土壤发生研究项目主要分布在华东地区，30 年资助项目数达 34 项，占土壤发生研究项目的 46.6%；其次是西南、西北地区，分别占 NSFC 土壤地理资助土壤发生研究项目总数的 13.7%和 12.3%（图 3-20）。获得项目较多的科研单位和高等院校包括中国科学院南京土壤研究所、上海大学、新疆农业大学、四川大学、南京农业大学等。

从 1986～2015 年 NSFC 土壤地理资助土壤发生研究 TOP20 关键词的排序（表 3-6）可以看出，NSFC 对土壤发生领域的资助呈现出既重视基础土壤发生学理论研究，又贴近时代热点主题的特征。一方面，对土壤发生学基础理论研究，如成土过程、物质迁移转化、风化计量、古土壤，保持了相对较高的资助力度；另一方面，也着重资助了与可持续利用、全球变化和土壤污染相关的土壤退化、碳循环、重金属污染、酸化、大气沉降等内容。

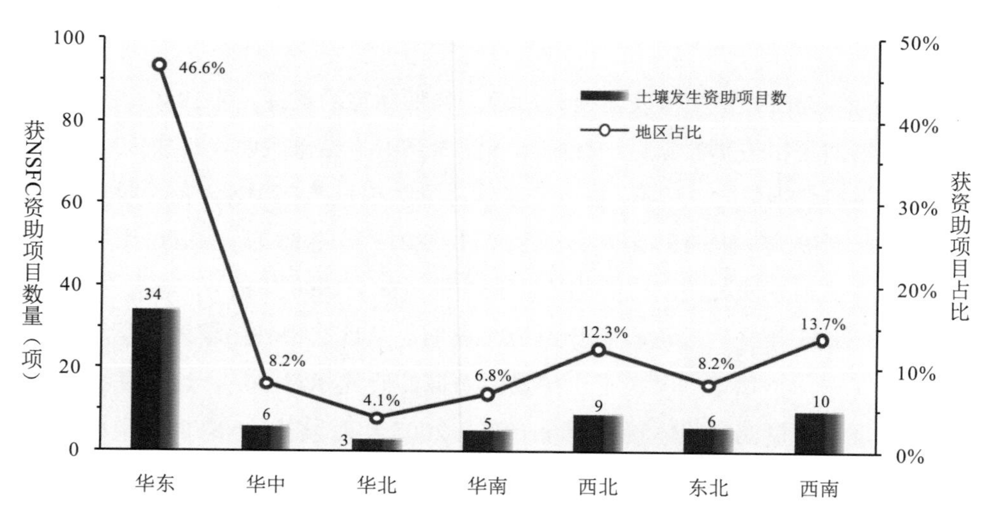

图 3-20　1986～2015 年土壤发生领域获 NSFC 资助项目的地区分布

表 3-6　1986～2015 年土壤发生领域获 NSFC 资助项目 TOP20 关键词

序号	关键词	频次
1	土壤发生（土壤发生、土壤发生多元性、土壤发生过程、土壤发生特性、土壤发育、演化过程、演化机理、富集机制）	24
2	土壤类型（寒冻土、黑钙土、红壤性水稻土、红色黏土、黄棕色土—红土、漂白土壤、红壤、人工土壤、人为土壤、水耕人为土、农田黑土、盐壳盐土、多年冻土、白土和白将土、城市土壤）	19
3	成土过程（成土过程、成土环境解释、成土母质、成土特性、成土因素、成土因素分析、发生特征、钙积过程）	11
4	迁移转化（迁移转化、迁移、铁迁移与转化、物质迁移与断代、形态转化、元素迁移、转化、转化迁移、物质交换规律）	10
5	土壤风化（风化计量关系、风化速率、土壤风化、土壤的自然演化、土壤形成速率）	8
6	土壤退化（土壤退化、土壤退化过程、土壤退化机理、土壤退化速率、土壤板结硬化、土壤的人为退化、退化草地、退化土壤改良与利用）	8
7	硅循环（硅迁移、硅生物地球化学、硅同位素、硅循环、含硅矿物、脱硅过程）	7
8	土壤地球化学（土壤地球化学、地球化学过程、生物地球化学、元素地球化学质量平衡）	7
9	土壤矿物（矿物风化、矿物特征、矿物演化、黏土矿物、蒙脱石、土壤矿物、土壤矿物分析）	7
10	年代学（OSL 测年技术、年代学、14C 年龄老化、环境重建、古气候指标）	7
11	古土壤	6
12	环境演变（环境演变、晚第四纪环境演变、第四纪、古气候演变、第四纪环境）	6
13	同位素水文学	6
14	土壤碳循环（土壤碳循环、土壤有机碳）	6
15	土壤演化序列（土壤演化、土壤演化序列、土壤时间序列）	6
16	土壤重金属（重金属、重金属离子、铁、铁元素、铬）	6
17	土壤磁性（磁化率、磁性单颗粒、磁学参数、土壤磁性、铁磁性矿物）	5
18	土壤酸化	5
19	土壤系统分类（土壤系统分类、系统分类）	5
20	大气沉降（大气沉降、大气悬浮颗粒、氮沉降、降尘）	4

注：提取出 1986～2015 年 NSFC 资助土壤地理学中与土壤发生相关项目的全部关键词，对多种表达形式的同义和近义的关键词进行归类，得出 TOP20 关键词。

3.4.3　NSFC 与土壤地理学人才队伍建设

中国土壤地理学经过长期的发展演化，逐渐形成了各具特色、具有国内外影响的土壤地理方面的研究机构，NSFC 对多种项目的长期支持，有效促进了相关研究机构的发展，并取得了丰硕的成果。图 3-21 显示了 1986～2015 年每 5 年一个时段的 NSFC 土壤地理资助机构数量和土壤地理 SCI 主流期刊发文机构（全部中国作者的发文机构）数量，图中折线为 NSFC 土壤地理资助机构 SCI 主流期刊发文数量占比，可以看出以下 3 点。①无论是 NSFC 土壤地理资助机构数量，还是 SCI 主流期刊发文机构数量，均呈现增长态势，说明中国从事土壤地理基础研究机构的研究成果国际化水平正在逐步提高。②2000 年以前，土壤地理 SCI 主流期刊发文机构数量少于 NSFC 土壤地理资助机构数量，2001～2005 年时段，随着国内 SCI 潮流的兴起，涌现出一大批未受 NSFC 资助的 SCI 发文机构，并一直持续至今，说明国内机构的土壤地理研究水平在普遍提高。结合中国土壤地理主要研究机构近 15 年来的博士研究生就业去向分析，可以发现，这些研究机构培养的研究生分散到其他众多科研机构和高等院校中，尽管由于经费渠道、机构申请条件以及研究人员专业背景等原因，其中部分机构未受到 NSFC 资助，但这些新兴力量带动了更多单位参与土壤地理研究，并整体上促进了国内土壤地理学科的发展。③NSFC 土壤地理资助机构 SCI 发文数量占比近 20 年来一直稳定在 40%左右。

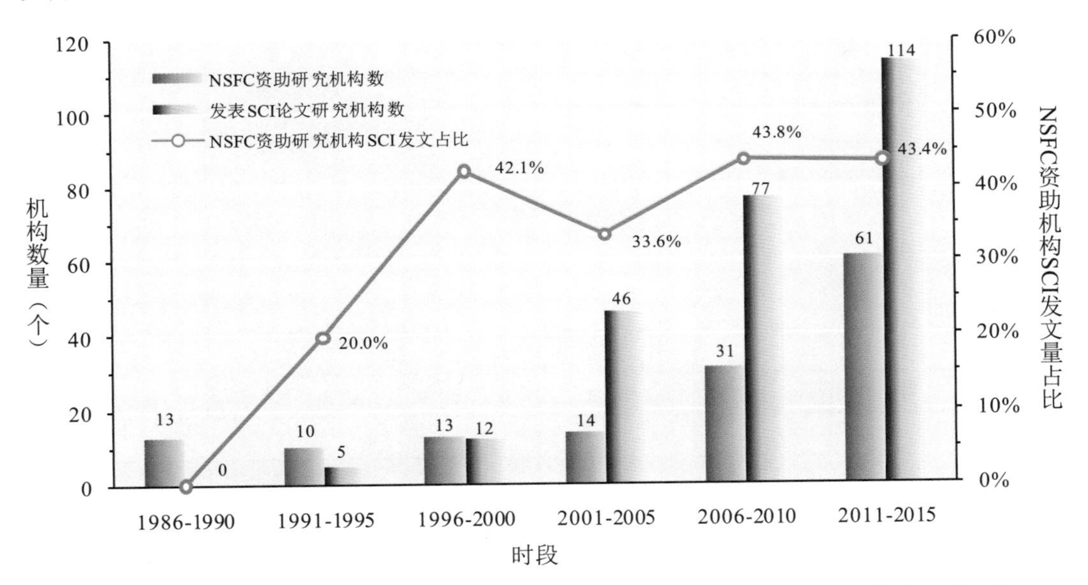

图 3-21　1986～2015 年土壤地理学获 NSFC 资助的研究机构数、SCI 发文机构数及其占比

注：①SCI 发文机构数是指发表 SCI 论文的所有中国研究机构，包括未获 NSFC 资助的机构，统计的数据均为第一或通讯发文机构；②占比指 NSFC 资助下发表了 SCI 论文的机构占所有发表 SCI 论文机构的百分比。

根据以上分析，我们认为 **NSFC 应该进一步适度扩大土壤地理学科资助面，培育非传统土壤地理研究机构深化在本学科的研究，尽可能多地资助培养博士毕业不久、具备创新能力的年**

轻一代土壤地理学者。NSFC 的机构资助比例近 3 个时段以来已经在逐步提高，最近一个时段资助机构占比达到 53.5%，下文的分析结果也显示了这个趋势。但是，应该说**上述两个资助率整体都不高，因此，我们也呼吁 NSFC 在扩大资助面的同时，应扩大整体资助体量，继续推动中国土壤地理学科的发展**。

表 3-7 显示了 1986～2015 年每 5 年一个时段获得 NSFC 土壤地理各类资助项目总经费排名 TOP5 的机构名称、资助人数、人均论文数量及经费占比。30 年中共有 20 个机构进入 NSFC 土

表 3-7　1986～2015 年土壤地理学获 NSFC 资助经费 TOP5 研究机构、经费占比及人均 SCI 发文情况

1986～1990 年				1991～1995 年			
TOP5 机构	经费占比（%）	资助人数（人）	人均文章（篇）	TOP5 机构	经费占比（%）	资助人数（人）	人均文章（篇）
中国科学院南京土壤研究所	38.16	4	0.00	中国科学院南京土壤研究所	55.68	4	0.25
中国科学院沈阳应用生态研究所	17.76	3	0.00	新疆农业科学院	7.39	1	0.00
新疆农业大学	6.58	1	0.00	南京师范大学	6.82	1	0.00
湖南师范大学	6.58	1	0.00	西北农林科技大学	5.97	1	0.00
内蒙古农业大学	6.58	1	0.00	北京师范大学	5.11	1	0.00
1996～2000 年				2001～2005 年			
TOP5 机构	经费占比（%）	资助人数（人）	人均文章（篇）	TOP5 机构	经费占比（%）	资助人数（人）	人均文章（篇）
中国科学院南京土壤研究所	39.05	4	1.00	中国科学院南京土壤研究所	33.08	8	2.50
中国地震局地质研究所	16.41	1	0.00	新疆农业大学	10.93	3	0.00
中国地质科学院地质研究所	16.41	1	0.00	浙江大学	10.46	4	1.50
南京农业大学	4.27	2	0.00	上海大学	7.14	1	1.00
浙江大学	3.61	1	3.00	华中农业大学	4.92	1	4.00
2006～2010 年				2011～2015 年			
TOP5 机构	经费占比（%）	资助人数（人）	人均文章（篇）	TOP5 机构	经费占比（%）	资助人数（人）	人均文章（篇）
中国科学院南京土壤研究所	31.62	10	3.80	中国科学院南京土壤研究所	23.85	17	3.76
浙江大学	11.19	5	3.20	华南农业大学	5.08	2	0.00
中国农业大学	8.09	5	7.00	华中农业大学	4.54	5	2.60
新疆农业大学	4.60	2	0.00	沈阳农业大学	3.78	4	0.00
华中师范大学	4.52	3	0.00	湖南农业大学	3.75	3	0.00

注：①发文机构仅统计署名论文的第一单位；②人均发文量是以同一时段发文量除以资助人数，同一时段多次受到资助的学者只统计一人次。

壤地理资助项目总经费排名 TOP5 的行列，其中 15 个为高等院校、5 个为科研机构。中国科学院南京土壤研究所一直排名第一，说明其在土壤地理研究方面一直具有较强的实力和优势，但其他高校和科研机构都难以长期保持排名 TOP5，说明土壤地理学科的项目总经费的配比比较分散。从排名 TOP5 的机构获得经费所占比例看，2005 年以前虽然 5 个机构获得的经费之和占 NSFC 土壤地理资助总经费的比例也呈不断下降趋势，但所占比例仍一直保持在 70%以上；2006～2010 年降为 60.0%，2011～2015 年更是降为 41.0%。这说明 **NSFC 正在扩大土壤地理学科资助面，培育非传统土壤地理研究机构深化在本学科的研究，资助培养博士毕业不久、具备创新能力的年轻一代土壤地理学者**。30 年来，NSFC 土壤地理资助经费 TOP5 机构的受资助总人数不断增加，说明土壤地理学科壮大，受资助面扩大，但从 TOP5 机构人均经费占比看，却呈减少态势。2000 年以前，TOP5 机构平均人均经费占比约为 8.85%；2001～2005 年减少为 4.49%左右，2006～2010 年、2011～2015 年分别迅速降至 2.17%和 1.41%。上述现象充分说明，**在资助强度逐年增大的背景下，随着学科整体水平的提高和发展，传统的土壤地理优势机构其获得 NSFC 项目资助的绝对优势在不断下降。**

从 NSFC 土壤地理资助经费 TOP5 机构人均发文数量看，总体上处于增长态势，1995 年以前，TOP5 机构总体发文仅有 1 篇，前 10 年平均发文量 0.06 篇/人；直至 2000 年，平均发文才接近 1 篇/人；随后的 15 年里，平均发文数量迅速增长，2001～2005 年平均发文已达到 1.82 篇/人，2006～2010 年更是增至 5.1 篇/人。上述现象充分表明，**在 NSFC 的长期资助下，中国土壤地理机构国际化研究水平日益提升，科研经费得到有效利用。**

学科的发展、研究人才与团队的培养得益于 NSFC 的有力资助。NSFC 通过设立特殊的项目类型培养了大批优秀的青年人才。NSFC 1989～2015 年土壤地理青年基金申请项目与资助项目数及资助金额表明，近 30 年，NSFC 土壤地理青年基金年申请项目与年资助项目数一直处于增长状态（图 3-22）。在设立青年基金的最初 15 年里，年申请项目数少于 5 项，平均资助金额约为 18 万元/项，项目资助率比较高。到 2007 年，NSFC 土壤地理青年基金年申请项目数增长至 10 余项，而年资助项目数没有明显增加，基本维持在 5 项以下，但 NSFC 对青年基金的资助额度增加到 25 万元/项。2007～2011 年的 5 年间，NSFC 土壤地理青年基金年申请项目与年资助项目数量及资助额度呈增长趋势，年申请项目数快速增长至 40 项，但年资助项目数相对来数增加并不明显，最高增长至 8 项，平均资助率在 25%左右，累计资助金额近 580 万元，资助额度变化不大，约 23 万元/项。数据表明，在 NSFC 的资助下，更多的青年科研主力军加入到土壤地理领域，推动了学科的进一步发展。但相较于其他分支学科，资助率不高。2011 年以后，NSFC 土壤地理青年基金年申请项目基本保持稳定，年资助项目数稍有增加，维持在 10 项左右，资助金额也相对较高。近 5 年来，申请项目数和资助项目数基本稳定，略有下降。资助额度的下降与 NSFC 调控理念有关，目前单项青年基金额度一般在 20 万元左右，这样可以在资助总额度不增加的条件下尽可能增大资助面。**由于是否承担基金项目对从事科研的青年人而言是非常重要的考评指标，也是对其科研工作起步的有力支持，提高 NSFC 对青年基金项目的资助率是培养青年土壤地理人才、推动土壤地理学科发展的一个极为重要的方式。**

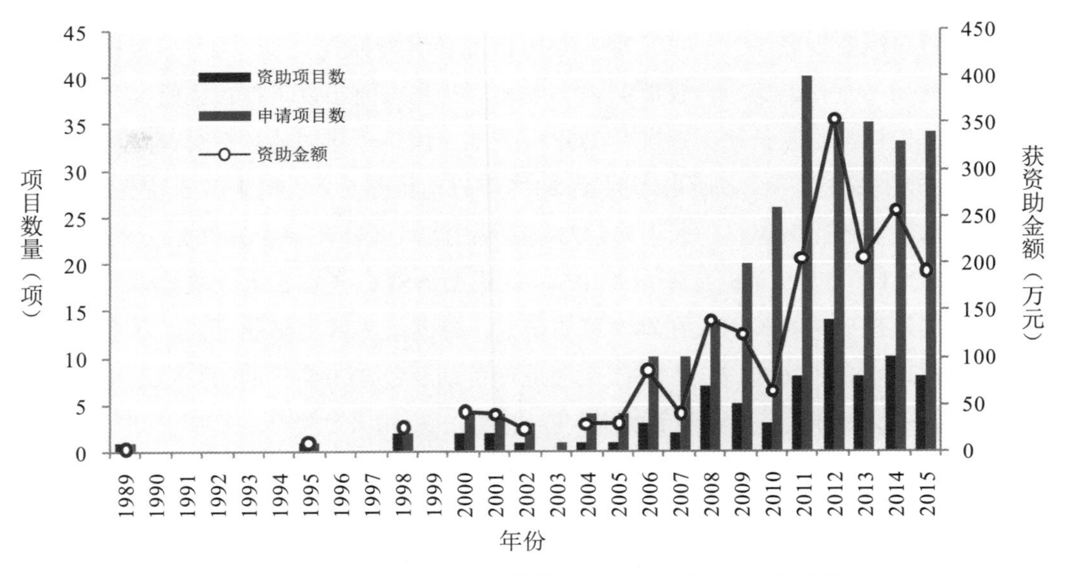

图 3-22　近 30 年来土壤地理学获 NSFC 青年基金项目资助情况

注：青年基金设立于 1987 年，土壤地理最早获得资助始于 1989 年。

土壤地理学在发展过程中，逐渐形成了分布在全国各研究单位的研究队伍，从中文核心期刊论文作者聚类图（图 3-23）看，土壤地理学科形成了跨单位、跨部门的研究网络。其中，在土壤发生、分类与土壤调查制图，土壤信息与土壤遥感，土壤资源与评价 3 个研究领域网络构成相对比较丰富。

①**土壤发生、分类与土壤调查研究作者网络**构成主要包括：以中国科学院南京土壤研究所龚子同、张甘霖、李德成、赵玉国，中国农业大学张凤荣，中国地质大学（北京）吴克宁，沈阳农业大学王秋兵，浙江大学章明奎，郑州大学陈杰，南京农业大学潘剑君，华中农业大学蔡崇法，湖南农业大学张扬珠、周清，中国科学院成都山地灾害与环境研究所何毓蓉等一批学者为主要节点并参与共同构建的研究网络，主要研究土壤的发生过程、土壤系统分类体系的构建、土壤调查与制图方法；以中国科学院南京土壤研究所龚子同、黄标，陕西师范大学庞奖励等学者为主要节点，主要研究成土过程中的元素地球化学循环与平衡。

②**土壤信息与土壤遥感研究作者网络**构成主要包括：以中国科学院南京土壤研究所史学正、于东升、潘贤章、赵永存，浙江大学史舟，江西农业大学赵小敏，南京农业大学潘剑君，西北农林科技大学常庆瑞，华南农业大学胡月明，新疆大学丁建丽，华中师范大学周勇等一批学者为主要节点并参与共同构建的研究网络，主要研究土壤信息的集成、土壤定量遥感与光谱反演等。

③**土壤资源与评价研究作者网络**构成主要包括：土壤资源可持续利用研究群，以中国科学院南京土壤研究所赵其国、孙波，南京大学周生路、彭补拙，南京农业大学潘根兴等一批学者为主要节点并参与共同构建的研究网络，主要研究土壤资源压力与可持续利用；土壤资源评价研究群，以中国农业大学张凤荣、中国地质大学（北京）吴克宁、南京大学周生路、郑州大学张学雷、沈阳农业大学王秋兵等一批学者为主要节点并参与共同构建的研究网络，主要研究土壤资源的评价方法与评价指标体系，是土壤地理学与土地资源学的链接研究群。

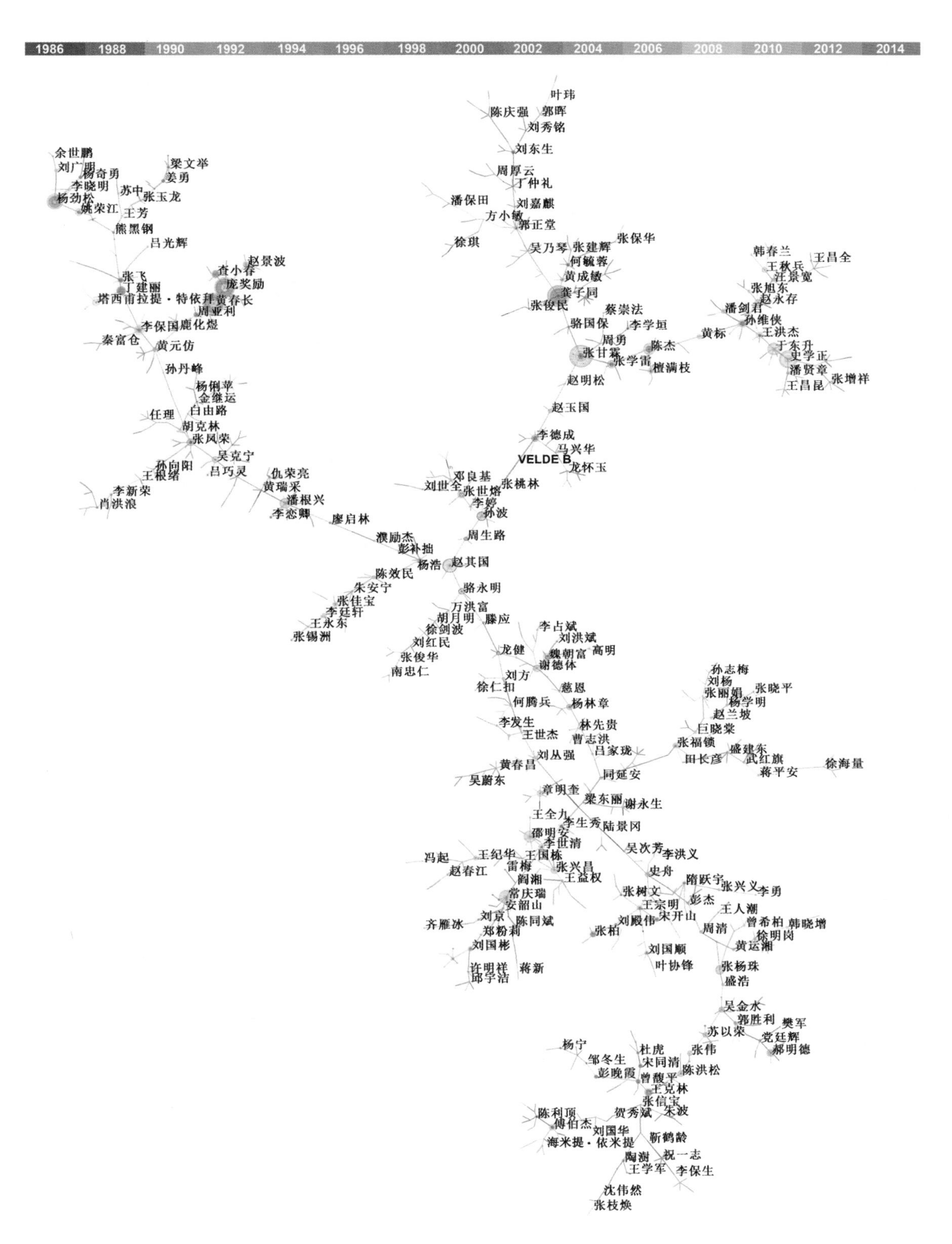

图 3-23　1986～2015 年土壤地理学 CSCD 中文论文作者合作网络

参与本次统计的 30 年期间 D010501 土壤地理学科的 237 个资助项目中，有 1 个杰出青年科学基金、1 个重大研究计划课题、1 个联合基金项目、5 个重点基金项目、6 个专项基金项目、22 个国际（地区）合作与交流项目、32 个地区科学基金项目、65 个青年基金项目和 104 个面上基金项目。土壤地理学科 CSCD 中文论文全部作者中，NSFC 资助占比 32.8%。考虑到作者构成中往往有研究生以及科研辅助人员，这个群体一般不会主持基金项目，因此我们统计了名字出现频次在 5 次以上的作者，NSFC 资助占比为 51%，显著高于全部作者资助率。中文发文数量在 TOP100 的作者，72%获得 NSFC 资助；中文发文数量在 TOP50 的作者，80%获得 NSFC 资助；发表论文数量在 TOP20 的作者，85%获得 NSFC 资助。上述表明，**一方面，NSFC 对高产学者的资助率更高；另一方面，NSFC 的资助也推动了更多成果的产出，NSFC 土壤科学的资助为土壤地理发表中文研究成果做出了重要贡献。**

NSFC 围绕国际前沿的项目支持，培养了一批具有国际水平、体现中国研究特色的研究集体。图 3-24 显示的是 1986～2015 年土壤地理 SCI 主流期刊上中国作者发表论文的合作网络，结合检索统计数据分析，可以发现，过去 30 年中国土壤地理学者在 SCI 主流期刊上的发文活跃在以下两个领域：第一，土壤空间变异与制图；第二，土壤发生与地球化学。可以看出，作者合作网络主要以特色研究机构及重要学科带头人为核心节点，中青年学术骨干为主要分支节点。

①土壤空间变异与制图。主要节点作者为 Zhang Ganlin（张甘霖，中国科学院南京土壤研究所），Zhu Axing（朱阿兴，中国科学院地理科学与资源研究所），Shi Xuezheng、Yu Dongsheng（史学正、于东升，中国科学院南京土壤研究所），Li Weidong（李卫东，华中农业大学），研究群体还包括中国科学院南京土壤研究所的 Zhao Yongcun（赵永存）、 Zhao Yuguo（赵玉国）、Xu Shengxiang（徐胜祥），中国科学院地理科学与资源研究所的 Qin Chengzhi（秦承志）、Li Baolin（李宝林）、Pei Tao（裴韬），中山大学的 Sun Xiaolin（孙孝林），浙江大学的 Wu Jiaping（吴嘉平），郑州大学的 Zhang XL（张学雷）等。重点围绕土壤与环境关系的拟合、土壤制图方法、尺度效应、有效变量表征等研究点开展研究并形成研究网络。相关论文主要发表在 *Soil Science Society of America Journal*，*Geoderma*，*Soil Use and Management*，*Advances in Agronomy*，*Pedosphere* 等期刊。

②土壤发生与地球化学。围绕土壤时空序列发生过程、矿物风化与成土速率、古土壤与环境演变、土壤地球化学循环等方向形成了研究网络，主要节点作者为 Zhang Ganlin、Gong Zitong（张甘霖、龚子同，中国科学院南京土壤研究所），Hu Xuefeng（胡雪峰，上海大学），Cao Zhihong（曹志洪，中国科学院南京土壤研究所），Zhang MK（章明奎，浙江大学），Pan Genxing（潘根兴，南京农业大学），Huang Biao（黄标，中国科学院南京土壤研究所），研究群体还包括 Lu Shenggao（卢升高，浙江大学）、ChenJie（陈杰，郑州大学）、Yang Jinling（杨金玲，中国科学院南京土壤研究所）等一批学者。相关论文发表在 *Chemical Geology*，*European Journal of Soil Science*，*Journal of Environmental Sciences*，*Soil Science Society of America Journal*，*Geoderma*，*Catena*，*Pedosphere*，*Journal of Soils and Sediments* 等刊物上。

同时，围绕土壤质量研究也形成了以中国科学院南京土壤研究所的 Cao Zhihong（曹志洪）、

Zhou Jianmin（周健民）、Shi Xuezheng（史学正）、Sun Bo（孙波），浙江大学的 Xu Jianming（徐建明）等为节点以及一批科学家参与的研究网络。

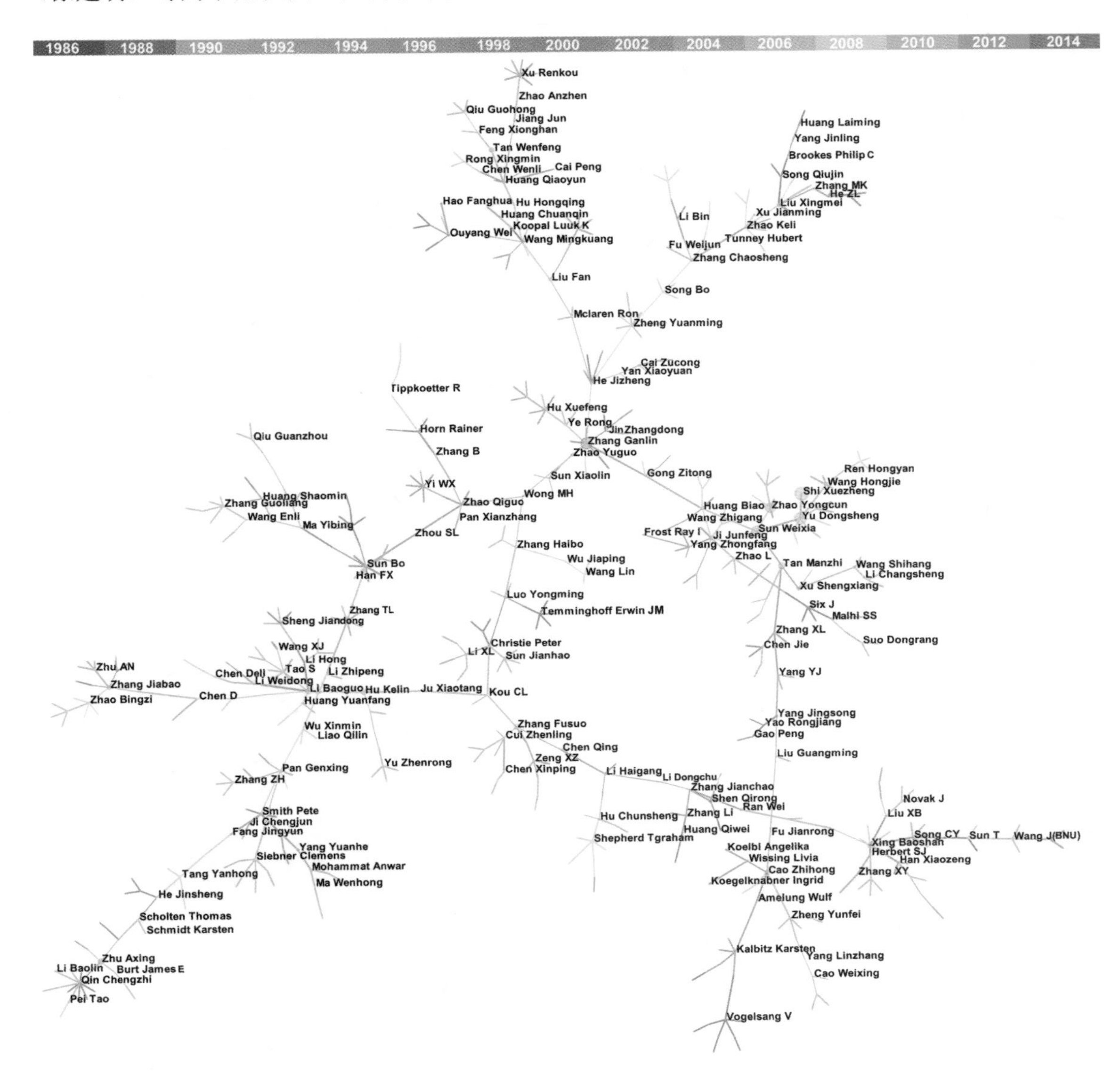

图 3-24　1986～2015 年土壤地理学 SCI 论文中国作者合作网络

从土壤地理 SCI 主流期刊论文作者合作网络特点看，特色学科方向和优势研究单位的重要学科带头人对合作网络构建起到了重要连接作用，核心节点和重要节点作者多受到 NSFC 的多项资助。SCI 主流期刊中约 42%的论文作者得到 NSFC 土壤科学项目资助，发文数量在 TOP100 的作者，NSFC 资助率为 62%；发文数量在 TOP50 的作者，NSFC 资助率为 68%；发文数量在 TOP20 的作者，NSFC 资助率为 75%。由此可见，NSFC 在资助优秀土壤地理研究人员方面起到了不可替代的作用。

NSFC 资助对中国土壤地理学科研究成果国际影响力的提升起到了很大的推动作用。图 3-25 显示了 1986～2015 年国际 SCI 高被引 TOP100 中国作者论文及其受基金资助情况。从图中可以发现，2000 年之前中国作者发表的高被引论文数量极其有限，总共只有 7 篇，而其中受到 NSFC 资助的只有 1 篇，说明 20 世纪中国土壤地理学科的研究在国际上还处于比较落后的水平，同时国际化水平不高。但是，21 世纪以后，无论是高被引论文数还是受资助的文章数都呈现出快速增长的趋势，具体来看，国际 SCI 高被引 TOP100 中国作者论文数由 2001～2003 年的 12 篇（占国际发文数的 4.0%）逐步增长至 2007～2009 年的 43 篇（占国际发文数的 14.3%）、2013～2015 年的 52 篇（占国际发文数的 17.3%）。另外，受 NSFC 资助文章数从 2001～2003 年的 6 篇快速增长到 2007～2009 年的 24 篇、2013～2015 年的 34 篇。从资助占比来看，2000 年以后总体呈明显增长趋势，2001～2012 年基本维持在 55%左右，2006～2012 年稍有下降，到 2013～2015 年又增长至 65.4%。以上数据说明，进入 21 世纪以来，中国土壤地理研究在国际上的影响力得到了较大的提升，并且 NSFC 的土壤地理资助对中国土壤地理学科发展以及研究成果尽快融入国际行列起到了十分重要的推动作用。

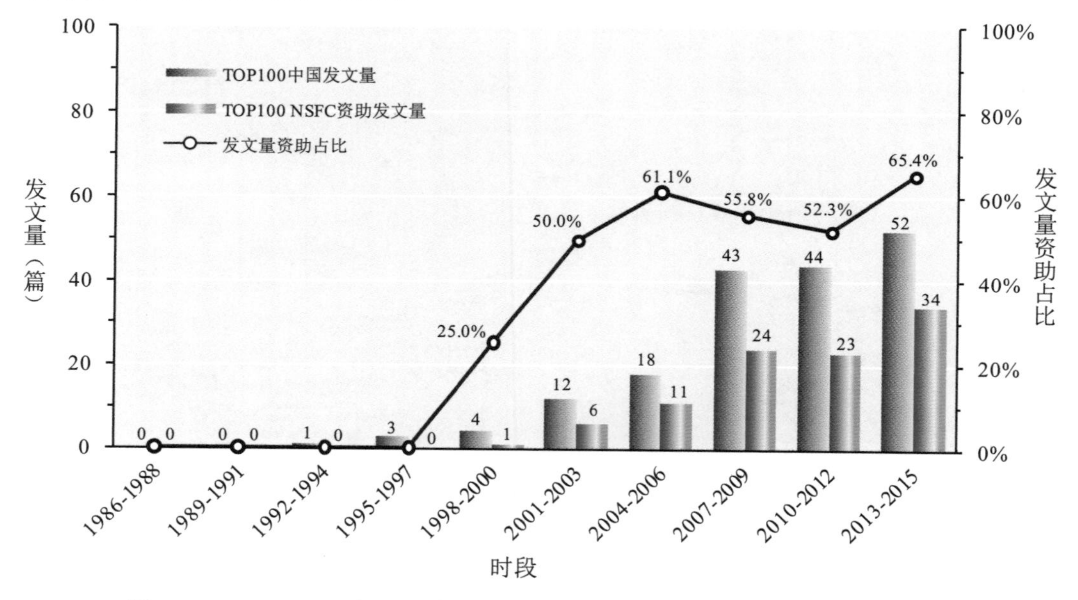

图 3-25　1986～2015 年 SCI 高被引 TOP100 论文中国作者获 NSFC 资助情况

注：TOP100 是指每年 100 篇 SCI 高被引论文，不足 100 篇的年份统计所有的论文。

3.5　中国土壤地理学发展面临的挑战

前文从多个角度回顾了国际与中国土壤地理学 30 年来的发展历程，中国土壤地理学科从 20 世纪 30 年代源起，经历几代科学家的努力，取得了丰硕成果，明晰了中国主要土壤类型的土壤发生过程和成土机制，指导开展了全国土壤调查，作为中坚力量解决了国民经济建设和农业生产中遇到的多个重大问题。到 20 世纪 80 年代达到鼎盛时期后，受时代背景、中国科研体制改革以及传统土壤地理学科特点影响，进入萎缩阶段，到 20 世纪末人才队伍严重流失和断层。但即使在那样一个转折时期，在学界同仁的共同努力和相关机构的支持下，中国土壤地理学界骨干力量立足自身特点，追踪国际前沿，努力拓展学科概念范畴，结合科学发展和国家需求，推动中国土壤地理学取得了显著的进步。**相继建立了科学的土壤分类系统、各种尺度的土壤信息系统，拓展了土壤资源与环境保护、土壤资源与全球变化等研究领域，使土壤地理学从以服务于农业为目的，发展到农业、环境与全球变化并重，基本满足了国民经济不同发展阶段对土壤资源管理与调控的不同知识和技术需求。与此同时，培养了一批学科中坚力量。**

随着中国经济实力的迅速提升和科研投入的增加，特别是最近 10 年，在国家自然科学基金委员会、中国科学院、国家科技部等科技主管部门的支持和科学家群体的努力下，加上农业、国土、环保等领域对土壤信息的需求推动，**中国土壤地理学得到了迅速发展，从国际 SCI 期刊的发文量和 TOP 论文的引用角度看，学科国际影响和地位不断提升，SCI 论文和高引论文从零起步，近十年来已经跃居全球第 2 位**，按此发展趋势，预计在几年后很可能位居首位。

尽管如此，中国土壤地理学的发展仍然存在一些问题，与国际发展状况相比仍有一定差距。主要表现在整体研究力量依然薄弱，研究技术相对落后，以跟进为主、源头创新不足，理论研究深度不足、应用研究联系实际不足，碎片化研究为主、系统性研究不足。这里面有学科起步、科研积累和相邻学科同步协调发展的因素，另一个因素是科研体制并不顺畅，尤其不利于**土壤地理这样一个需要一批人长期坚持耐心积累的学科发展**。下面就中国土壤地理学科面临的优势与挑战进行粗浅探讨。

3.5.1　中国土壤地理学研究的优势

中国土壤地理学面临两大优势：其一是社会发展和国家需求现状，这属于机遇优势；其二是学科本身特点和长期积累所决定的知识优势，这属于根本优势。

（1）社会发展与国家需求是中国土壤地理学研究的机遇优势

中国基本国情不需多说，这里来列一下过去 10 年中国开展的有关土壤资源调查的项目，表 3-8 提供了近 10 年中国各个行业部门所开展的全国尺度土壤调查工程。全球范围内只有中国在如此短的时间内开展了如此密集的土壤调查。国内各个科研院所的土壤地理专家基本在不同程度上作为技术指导或者部分工作的承担者，参与并贡献了自己的力量。

为什么会有如此密集的调查？答案很简单：国情需要。中国经济飞速发展了 30 年，取得了举世瞩目的成就，人口大国、农业大国、工业大国、制造业大国、城市化大国，我们的土壤在承载着这一系列的“大”。由此带来的一系列效应，需要**土壤地理学科从土壤发生学理论、土壤退化机理与阻控方法、土壤资源清单建设与资源优化配置、人才队伍建设与专家知识服务等方面提供支持，这是中国土壤地理学面临的最大契机**。主体服务领域依然是农业、资源环境与全球变化，且不可偏废，应并重发展和提高服务水平。同时，土壤地理学科多年来也一直在小范围内服务于工程、公安、国防等其他领域，随着国家经济发展、技术进步和理念的提升，这些外延领域的需求近些年呈现增长趋势。

表 3-8 近 10 年中国开展的全国尺度土壤调查

项目名称（起止时间）	主管部门	范围	布点方案	点位数量	深度	分析指标
全国污染土壤调查（2005～2013 年）	环保部	全国范围	网格法布点（8km×8km、16km×16km、40km×40km）	约 10 万	0～20cm	13 种无机污染物（砷、镉、钴、铬、铜、氟、汞、锰、镍、铅、硒、钒、锌）和 3 类有机污染物（六六六、滴滴涕、多环芳烃）
全国农业地质调查（1999～2008 年）	国土部	发达地区、主要农牧区 260 万 km^2	网格法布点，4 个 1km×1km 样合并为 1 个 2km×2km 样	—	表层土样 0～20cm，深层土样 150cm 以下	重金属元素、有益营养元素全量、有机质及 pH
全国测土配方施肥工程（2004 年至今）	农业部	全国	采样区域内，S 形布点	每个县 2 000 个以上	采样深度大田一般为 0～20cm，果园为 0～40cm	土壤全氮测定、土壤 pH、有机质、土壤有效磷、速效钾、有效硼、有效钼、交换性钙镁、有效硫、有效硅
中国土系调查（2009 年至今）	科技部	全国	代表性点位法	4 500 个剖面	采样深度 0～120cm	土壤有机质、全氮、全磷、全钾、有效磷、钾、阳离子交换量、酸碱度和容重、重金属及元素含量等
全国耕地地力调查与质量评价工作（2002～2012 年）	农业部	全国	地块布点，S、X 或网格法	—	耕层 0～20cm，亚耕层 20～40cm	土壤容重、有机质、全氮、碱解氮、有效磷、缓效钾、速效钾和有效态铜、锌、铁、锰、硼、钼、硅、硫

（2）懂土壤是土壤地理学科的根本优势

只有懂得土壤，才会珍惜土壤，才能更好地利用和保护土壤，从而满足社会发展和国家需求对土壤地理学提出的上述要求。

中国幅员辽阔，土壤生境复杂多变，土壤发生过程和土壤类型丰富，在中国土壤地理 80 余年的成长历史中，积累了大量的专业知识和数据，也培养了人才队伍。在丰富的土壤资源类型中包含着难以数计的、多种多样的物理、化学和生物现象或过程，这使得土壤系统永远处于不断的时空运动状态，因此，只有采用动态的方法才能正确了解土壤；不仅从微观上（分子水平上），而且要在宏观上（全球水平上）去认识和研究土壤。因此，从学科理论发展角度，中国土壤地理学在这些研究中将发挥越来越重要的作用，同时，也将促进自身的发展和概念外延。从应用和服务角度，土壤地理学是最直接地提供土壤本身信息的科学，是研究土壤资源的基础。土壤空间和属性的信息，无疑是区域土壤合理规划和科学配置的依据。从土壤发生演变中可以得到土壤管理的正确启示；从土壤圈层的观点出发，土壤地理学将为研究全球变化提供有价值的信息；对土壤空间变异规律的深入认知可以为不同尺度工程建设提供选址、选线数据和知识支持。

3.5.2　中国土壤地理学发展面临的“瓶颈”问题

（1）生态系统尺度的土壤地理学研究

传统土壤地理学在全球趋向弱化，在中国也是同样趋势。发挥学科优势，立足于土壤地理学对微观过程的深入认知，与宏观系统尺度结合，将赋予土壤地理学新的生命力。这方面的理论提出已经很久，如土壤圈概念的提出。土壤地理学与资源环境、全球变化领域的结合也需要从系统的角度去寻找突破和创新点，仅仅停留在剖面尺度、田块尺度的微观研究整体是呈现萎缩趋势的，这在前文文献分析以及 NSFC 资助分析中都有所体现。新近兴起的地球关键带热点将过去土壤圈的概念继续外延，吸引了来自地质、水文、地理、植物、大气各个研究领域的学者，多学科交叉研究圈层之间的物质与能量交换过程、演化机制，土壤地理学家将在其中起到核心作用。

（2）土壤地理研究方法的更新

土壤地理研究方法在老一辈土壤地理学家的努力下创建，直到现在依然不可替代。近 10 年来，土壤地理学界已经在野外调查与采样、分析测试、数据处理与表达等分支领域有所推进，尤其是在 3S 技术支持下，取得了显著的进步。但是不足之处是同样呈现出碎片化，系统化的研究方法更新仍需时日和努力。以采样方案为例，如果我们仔细比较表 3-8 中的土壤调查方案，可以提出疑问，为什么要网格布点？为什么是 8km×8km 或者 2km×2km？采样的本质是以有限样点获得对土壤空间变异的代表性表达。那么，优化的方案是建立在对土壤空间变异有先验知识的基础上，根据不同目标区域中不同目标属性变异程度，借助于环境要素空间分析和统计分析技术，从而达到高效高精度低成本的目标。土壤地理已经积累了丰富的先验知识，充分发挥这些先验知识的价值，将为国民经济建设节省大量人力、物力、财力。同样，土壤地理学科也需要在野外调查方法、观测和检测方法、数据处理方法、知识表达与传递方法等方面进行更新。

（3）资源土壤学的强化与国家土壤资源信息服务平台的构建

20 世纪末 21 世纪初，国际土壤地理学以及中国土壤地理学已经突破了农业土壤的传统限制，资源土壤学概念显著加强，研究热点覆盖农业、生态环境与全球变化三大领域。我们的调查方法和数据基础大多却依然停留在以农业为服务目的的层面上。而且，到目前为止，中国尚没有真正地建立起权威的国家级土壤信息服务平台。数据陈旧，分布分散，标准不统一，共享难度大。这也一定程度上导致如表 3-8 中所示的在短时期内开展了多次全国尺度土壤调查的重叠与浪费。中国土壤地理学界应该尽可能快速、高标准地集成和建立国家级土壤信息服务平台，并包括如下 3 个主要部分（龚子同，2014）。①土壤信息获取系统。以航空航天遥感、近地面遥感、原位传感器、数据传输网络、数据接收平台等构成的实时数据获取体系，提供直接的区域土壤和相关环境数据。目前应用现代光谱技术的监测装置开发已经取得了比较大的进步，随着数据传输网络的日渐成熟，为建立全域—区域—点位三位一体的土壤信息获取系统提供了可能。②数据处理和更新系统。以 GIS 为核心，实现不同空间和时间尺度的土壤属性的数字化表达，包括土壤的类型分布、水分、养分、污染物质等属性的实时和准实时信息。③数据解译和知识发现系统。在建立模型的基础上，建成面向农业、环境、全球变化以及外延领域如工程、国安等不同服务对象的数据解译、资源评价、利用和管理建议，为区域土壤资源管理提供及时准确的服务，实现数字化管理。

3.6 小　结

综上所述，过去 30 年里，国际土壤地理学发展大概可以以 20 世纪 90 年代中期为界，之前以经典土壤地理学研究主题为核心，侧重土壤发生、风化过程以及资源调查与制图研究；之后由于技术进步、学科交叉和应用需求的推动，以传统土壤地理学过程与机理为依托，以土壤空间变异和资源清单为出口，土壤地理学概念明显外延，在农业、生态环境和全球变化等多领域发挥了至关重要的作用，拓展了土壤地理学的概念范围和生命力。中国土壤地理学过去 30 年的研究核心具有鲜明的中国特色，在服务国民经济建设方面发挥了重要贡献，同时紧跟国际前沿，在土壤发生学理论上有所深化。受 GIS 和 RS 技术的推动以及日趋全球化的科研态势影响，中国土壤地理学迅速发展，在土壤发生、土壤分类、土壤空间变异与土壤制图等土壤地理学的基础领域取得了显著的进步，产生了一批有影响力的成果；拓展了传统学科的界限，在土壤评价、土壤退化、土壤与环境演变、土壤与全球变化等外延领域产生了新的研究热点。目前，中国土壤地理学已经具备较为充分的人才、理论、方法、知识和数据储备，兼具良好的社会发展和国家需求外部环境，有条件突破既有的“瓶颈”，进一步拓宽学科概念，为农业、资源、生态环境、全球变化和健康人居提供更广、更深的土壤学支持。

参考文献

Arrouays, D., B. Minasny, L. Montanarella. 2014. GlobalSoilMap: toward a fine-resolution global grid of soil properties. *Advances in Agronomy*, Vol. 125

Bockheim, J. G., L. R. Everett, K. M. Hinkel, et al. 1999. Soil organic carbon storage and distribution in Arctic Tundra, Barrow, Alaska. *Soil Science Society of America Journal*, Vol. 63, No. 4.

Ding, Z. L., D. S. Liu. 1992. Climatic correlation between Chinese loess and deep-sea cores in the last 1.8 ma. *Chinese Science Bulletin*, Vol. 37, No. 3.

Du, C., G. Zhou, H. Wang, et al. 2010. Depth profiling of soil clay-xanthan complexes using step-scan mid-infrared photoacoustic spectroscopy. *Journal of Soils & Sediments*, Vol. 10, No. 5.

Galloway, J. N. 1995. Acid deposition: perspectives in time and space. *Water Air & Soil Pollution*, Vol. 85, No. 1.

Guo, Y., Z. Shi, H. Y. Li, et al. 2013. Application of digital soil mapping methods for identifying salinity management classes based on a study on coastal central China. *Soil Use & Management*, Vol. 29, No. 3.

Horn, R., H. Domżżał, A. Słowińska-Jurkiewicz, et al. 1995. Soil compaction processes and their effects on the structure of arable soils and the environment. *Soil & Tillage Research*, Vol. 35, No. 1.

Huang, L. M., G. L. Zhang, J. L. Yang. 2013. Weathering and soil formation rates based on geochemical mass balances in a small forested watershed under acid precipitation in subtropical China. *Catena*, Vol. 105.

IUSS. 2006. *The Future of Soil Science*. Wageningen, The Netherland.

Kelly, R. H., W. J. Parton, G. J. Crocker, et al. 1997. Simulating trends in soil organic carbon in long-term experiments using the century model. *Geoderma*, Vol. 81, No. s1-2.

Kirschbaum, M. U. F. 1995. The temperature dependence of soil organic matter decomposition, and the effect of global warming on soil organic C storage. *Soil Biology & Biochemistry*, Vol. 27, No. 6.

Lark, R. M. 2000. Comparison of some robust estimators of the variogram for use in soil survey. *European Journal of Soil Science*, Vol. 51, No. 1.

Leenaers, H., J. P. Okx, P. A. Burrough. 1990. Employing elevation data for efficient mapping of soil pollution on floodplains. *Soil Use & Management*, Vol. 6, No. 3.

Li, C. S., S. Frolking, G. J. Crocker, et al. 1997. Simulating trends in soil organic carbon in long-term experiments using the DNDC model. *Geoderma*, Vol. 81, No. 1-2.

Li, P., T. Zhang, X. Wang, et al. 2013. Development of biological soil quality indicator system for subtropical China. *Soil & Tillage Research*, Vol. 126, No. 1.

Li, Q., M. Xu, G. Liu, et al. 2013. Cumulative effects of a 17-year chemical fertilization on the soil quality of cropping system in the Loess Hilly Region, China. *Journal of Plant Nutrition & Soil Science*, Vol. 176, No. 2.

Liu, F., X. Geng, A. Zhu, et al. 2012. Soil texture mapping over low relief areas using land surface feedback dynamic patterns extracted from MODIS. *Geoderma*, Vol. 171, No. 2.

Lu, Y. F. Zhu, J. Chen, et al. 2007. Chemical fractionation of heavy metals in urban soils of Guangzhou, China. *Environmental Monitoring & Assessment*, Vol. 134, No. 1-3.

Maher, B. A., R. Thompson, X. Liu, et al. 1994. Pedogenesis and paleoclimate: interpretation of the magnetic susceptibility record of Chinese loess-paleosol sequences: comments and reply. *Geology*, Vol. 22, No. 9.

Muller, J. P., G. Bocquier. 1986. Dissolution of kaolinites and accumulation of iron oxides in lateritic-ferruginous nodules: mineralogical and microstructural transformations. *Geoderma*, Vol. 37, No. 2.

Nir, S., D. Hirsch, J. Navrot, et al. 1986. Specific adsorption of lithium, sodium, potassium, and strontium to montmorillonite: observations and predictions. *Soil Science Society of America Journal*, Vol. 50, No. 1.

Pan, G. X., L. L. Li, X. H. Zhang. 2003. Storage and sequestration potential of topsoil organic carbon in China's paddy soils. *Global Change Biology*, Vol. 10, No. 1.

Patrick, W. H., A. Jugsujinda. 1992. Sequential reduction and oxidation of inorganic nitrogen, manganese, and iron in flooded soil. *Soil Science Society of America Journal*, Vol. 56, No. 4.

Rossel, R. A. V., D. J. J. Walvoort, A. B. Mcbratney, et al. 2006. Visible, near infrared, mid infrared or combined diffuse reflectance spectroscopy for simultaneous assessment of various soil properties. *Geoderma*, Vol. 131, No. 1-2.

Schnitzer, M., C. M. Preston. 1986. Analysis of humic acids by solution and solid-state carbon13 nuclear magnetic resonance1. *Soil Science Society of America Journal*, Vol. 50, No. 2.

Shi, X. Z., D. S. Yu, E. D. Warner, et al. 2006. Cross-reference system for translating between genetic soil classification of China and Soil Taxonomy. *Soil Science Society of America Journal*, Vol. 70, No. 1.

Sirjacobs, D., B. Hanquet, F. Lebeau, et al. 2002. On-line soil mechanical resistance mapping and correlation with soil physical properties for precision agriculture. *Soil & Tillage Research*, Vol. 64, No. 3-4.

Sun, X. L., Y. G. Zhao, Y. J. WU, et al. 2012. Spatio-temporal change of soil organic matter content of Jiangsu Province, China, based on digital soil maps. *Soil Use & Management*, Vol. 28, No. 3.

Sverdrup, H., P. Warfvinge. 1988. Weathering of primary silicate minerals in the natural soil environment in relation to a chemical weathering model. *Water Air & Soil Pollution*, Vol. 38, No. 3-4.

Tranter, G., B. Minasny, A. B. Mcbratney. 2010. Estimating pedotransfer function prediction limits using fuzzy k-means with extragrades. *Soil Science Society of America Journal*, Vol. 74, No. 6.

Verosub, K. L., P. Fine, M. J. Singer, et al. 1993. Pedogenesis and paleoclimate: interpretation of the magnetic susceptibility record of Chinese loess-paleosol sequences. *Geology*, Vol. 21, No. 11.

Webster, R., M. A. Oliver. 1989. Optimal interpolation and isarithmic mapping of soil properties. VI. Disjunctive kriging and mapping the conditional porbability. *European Journal of Soil Science*, Vol. 40, No. 3.

Xu, S., X. Shi, Y. Zhao, et al. 2011. Carbon sequestration potential of recommended management practices for paddy soils of China, 1980-2050. *Geoderma*, Vol. 166, No. 1.

Yang, L., A. X. Zhu, F. Qi, et al. 2013. An integrative hierarchical stepwise sampling strategy for spatial sampling and its application in digital soil mapping. *International Journal of Geographical Information Science*, Vol. 27, No. 1.

Zhao, Y. G., G. L. Zhang, H. Zepp, et al. 2007. Establishing a spatial grouping base for surface soil properties along urban-rural gradient-a case study in Nanjing, China. *Catena*, Vol. 69, No. 1.

Zhao, L., X. Yang, Katsuhiro, et al. 1993. Morphological, chemical, and humus characteristics of volcanic ash soils in Changbaishan and Wudalianchi, Northeast China. *Soil Science & Plant Nutrition*, Vol. 39, No. 2.

Zhu, A. X., F. Qi, A. Moore, et al. 2010. Prediction of soil properties using fuzzy membership values. *Geoderma*, Vol. 158, No. 3.

Zhu, Q., H. S. Lin, J. A. Doolittle. 2013. Functional soil mapping for site-specific soil moisture and crop yield management. *Geoderma*, Vol. s200-201.

蔡方平、胡雪峰、杜艳等：“安徽郎溪黄棕色土—红土二元结构土壤剖面的成因与长江流域第四纪晚期古气候演变”，《土壤学报》，2012 年第 2 期。

曹志洪：“解译土壤质量演变规律，确保土壤资源持续利用”，《世界科技研究与发展》，2001 年第 3 期。

曹志洪：《中国土壤质量》，科学出版社，2008 年。

陈吉科、赵玉国、赵林等："青藏高原永冻土活动层厚度预测指标集的建立及制图"，《土壤学报》，2015 年第 3 期。
丁建丽、姚远："干旱区稀疏植被覆盖条件下地表土壤水分微波遥感估算"，《地理科学》，2013 年第 7 期。
丁仲礼、刘东生："中国黄土研究新进展（一）黄土地层"，《第四纪研究》，1989 年第 1 期。
方精云、杨元合、马文红等："中国草地生态系统碳库及其变化"，《中国科学：生命科学》，2010 年第 7 期。
宫阿都、何毓蓉："土壤退化研究的进展及展望"，《科技前沿与学术评论》，2001 年第 2 期。
龚子同：《中国土壤地理》，科学出版社，2014 年。
龚子同、张甘霖、陈志诚等：《土壤发生与系统分类》，科学出版社，2007 年。
和文祥、谭向平、王旭东等："土壤总体酶活性指标的初步研究"，《土壤学报》，2010 年第 6 期。
金继运："土壤钾素研究进展"，《土壤学报》，1993 年第 2 期。
李新、程国栋："空间内插方法比较"，《地球科学进展》，2000 年第 3 期。
刘秀铭、刘东生、F. Heller 等："黄土频率磁化率与古气候冷暖变换"，《第四纪研究》，1990 年第 1 期。
刘秀铭、刘东生、John Shaw："中国黄土磁性矿物特征及其古气候意义"，《第四纪研究》，1993 年第 3 期。
柳云龙、章立佳、韩晓非等："上海城市样带土壤重金属空间变异特征及污染评价"，《环境科学》，2012 年第 2 期。
龙健、李娟、汪境仁等："典型喀斯特地区石漠化演变过程对土壤质量性状的影响"，《水土保持学报》，2006 年第 2 期。
卢瑛、龚子同、张甘霖："城市土壤磷素特性及其与地下水磷浓度的关系"，《应用生态学报》，2001 年第 12 期。
鲁如坤："我国土壤氮、磷、钾的基本状况"，《土壤学报》，1989 年第 3 期。
鹿化煜、周亚利、J. Mason 等："中国北方晚第四纪气候变化的沙漠与黄土记录——以光释光年代为基础的直接对比"，《第四纪研究》，2006 年第 6 期。
潘贤章、梁音、李德成等："基于 3S 集成技术的土壤侵蚀图野外校核"，《土壤》，2007 年第 6 期。
史建文、鲍士旦、史瑞和："耗竭条件下层间钾的释放及耗竭后土壤的固钾特性"，《土壤学报》，1994 年第 1 期。
史舟、王乾龙、彭杰等："中国主要土壤高光谱反射特性分类与有机质光谱预测模型"，《中国科学：地球科学》，2014 年第 5 期。
宋长青、张甘霖："中国土壤系统分类研究取得重大进展"，《自然科学进展》，2006 年第 4 期。
王秋兵、汪景宽、胡宏祥等："辽宁省沈阳样区土系的划分"，《土壤通报》，2002 年第 4 期。
王政权、王庆成："森林土壤物理性质的空间异质性研究"，《生态学报》，2000 年第 6 期。
魏东原、朱照宇、陆周贵等："从 SCI 论文看中国黄土研究的发展"，《生态环境学报》，2009 年第 2 期。
吴克宁、张凤荣："中国土壤系统分类中土族划分的典型研究"，《中国农业大学学报》，1998 年第 5 期。
于东升、史学正、孙维侠等："基于 1∶100 万土壤数据库的中国土壤有机碳密度及储量研究"，《应用生态学报》，2005 年第 12 期。
袁国栋、龚子同："第四纪红土的土壤发生及其古地理意义"，《土壤学报》，1990 年第 1 期。
张凡、李长生："气候变化影响的黄土高原农业土壤有机碳与碳排放"，《第四纪研究》，2010 年第 3 期。
张凤荣："北京山前地带的两种古土壤及其古气候条件"，《北京农业大学学报》，1994 年第 1 期。

张甘霖、龚子同："中国土壤系统分类中的基层分类与制图表达"，《土壤》，1999年第2期。
张甘霖、史学正、龚子同："中国土壤地理学发展的回顾与展望"，《土壤学报》，2008年第5期。
张甘霖、王秋兵、张凤荣等："中国土壤系统分类土族和土系划分标准"，《土壤学报》，2013年第4期。
张甘霖、朱永官、傅伯杰："城市土壤质量演变及其生态环境效应"，《生态学报》，2003年第3期。
章明奎、徐建民："利用方式和土壤类型对土壤肥力质量指标的影响"，《浙江大学学报：农业与生命科学版》，2002年第3期。
张桃林、潘剑君、赵其国："土壤质量研究进展与方向"，《土壤》，1999年第1期。
张学雷、陈杰、龚子同："土壤多样性理论在欧美的实践及在我国土壤景观研究中的应用前景"，《生态学报》，2004年第5期。
赵其国："土壤圈物质循环研究与土壤学的发展"，《土壤》，1991年第1期。
赵其国、龚子同：《土壤地理研究法》，科学出版社，1989年。
中国科学院南京土壤研究所土壤系统分类课题组、中国土壤系统分类课题研究协作组：《土壤系统分类（首次方案）》，科学出版社，1993年。
中国科学院南京土壤研究所土壤系统分类课题组、中国土壤系统分类课题研究协作组：《中国土壤系统分类检索（第三版）》，中国科学技术大学出版社，2001年。

第4章　土壤物理学

土壤物理学是土壤学的基础学科分支之一。土壤物理学是研究土壤物理性质和物理过程的科学（姚贤良，1989：23～27；李保国等，2008：810～816）。土壤物理性质包括固、气和液三相在土壤中的比例、结构、状态等物理特性，土壤物理过程则主要指土壤中三相之间以及土壤与生物、大气、水体、岩石的物质和能量交换过程。国际土壤学联合会（IUSS）的官方网站上关于土壤物理学的定义如下：土壤物理学是研究土壤的物理性质，重点针对土壤中物质和能量的运输过程，主要内容包括无机、有机、微生物和污染物的运输，用分形数学、空间变异性、地统计学、计算机断层成像、遥感的方法来表征土壤物理性质。该定义既突出了土壤物理学的基础地位，高度概括了土壤物理学的研究内容，又强调了学科的交叉性和现代数理方法以及监测手段的应用（李保国等，2015：78～90）。

尽管土壤学是一门比较古老的学科，但土壤物理学则是在20世纪初才开始发展起来的（Philip，1974：265～280）。在20世纪初，Buckingham（1867～1940）于1907年首次从能量的角度提出了毛细管水势（capillary potential），后来改称为基质势，指出水分运动遵守质量和能量守恒定律与基质势梯度存在一定关系。基质势概念把饱和水分运动Darcy定律拓展到非饱和水分运动状况，更加接近土壤原位状况。在此基础上，另外一名美国土壤物理学家Richards（1904～1993）于1928年提出了土壤总水势的概念，随后于1930年提出了著名的非饱和条件下土壤水分运动的Richards方程。这些工作开启了利用数学物理方法研究土壤水分运动的历史，标志着现代土壤物理学的诞生（李保国等，2008：810～816）。20世纪60年代初，Nielsen和Biggar（1961：1～5；1962：216～221）从实验与理论上阐明土壤溶质运移过程中质流、扩散和化学反应的耦合过程，建立了土壤溶质运移的对流—弥散方程（Convection-Dispersion Equation，CDE），成为土壤溶质运移的经典方程。在同一时期，澳大利亚著名土壤物理学和水文学家Philip提出了水分入渗理论（Philip，1969：215～296）和土壤—植物—大气连续体（Soil-Plant-Atmosphere Continuum，SPAC）的概念（Philip，1966：245～268）。SPAC推动了土壤水分与植物生长关系的研究。随后，美国盐土实验室van Genuchten教授于1980年提出了土壤水分特征曲线方程和非饱和导水率经验方程（van Genuchten，1980：892～898），并与同事一起建立了土壤水文过程和溶质迁移Hydrus模型（Šimůnek and van Genuchten，2008：782～797）。Hydrus模型在全球得到广泛应用，大力推动了土壤水文过程和溶质迁移研究。进入21世纪以来，对于田间土壤结构的非均质性、时空变异性以及土壤与环境因子之间的非线性关系，这些建立在传统均匀介质/有效介质假设基础上的土壤物理学理论就难以描述土壤中各种复杂的物质、能量交换过程。因此，随机理论、统计学理论和地统计学原理近来在土壤物理学研究中得到了广泛应用（李保国等，2015：78～90）。可见，**土壤物理学的发展历程以土壤水分运动理论和模型不断推进为核心**，以土壤物理性质及其空间变异、土壤结构与功能、水文过程与水分利用、溶质运移与环境效应、土壤侵蚀过程与机理以及各个过程建模与模拟等为主要研究内容，从定性描述走向定量化、由经验模型走向物理模型的过程。

为了全面分析全球和中国土壤物理学的发展特征与演化进程，评价 NSFC 对中国土壤物理学发展的贡献，本章以 3 个数据库作为基础进行分析。

第一个数据库以 Web of Science 筛选出的土壤学相关领域的 70 种 SCI 期刊作为国际文献分析的基础，然后根据土壤物理学的核心研究领域，制定关键词检索式如下："soil" and ("soil physical properties" or "soil structure" or "mean weight diameter" or "soil aggregat*" or "aggregate stability" or "fractal theory" or "soil shrinkage" or "soil compaction" or "soil strength" or "macropore flow" or "macropor*" or "preferential flow" or ("soil water" and "temporal stability") or ("soil water" and "spatial*") or "soil water storage" or "soil water regime" or "field capacity" or "infiltration" or "hydraulic properties" or "hydraulic conductivity" or "soil water retention curve" or "hydropedology" or "water use efficiency" or "water repellency" or "thermal conductivity" or "soil evaporation" or "soil plant atmosphere continuum" or "air permeability" or "soil salinization" or "soil salinity" or "breakthrough curve" or "solute transport" or "runoff" or "subsurface flow" or "lateral flow" or "simulated rainfall" or "soil erosion" or "soil loss" or "soil erodibility" or "universal soil loss equation")，检索到近 30 年土壤物理学学科共发表 SCI 论文 23 762 篇。

第二个数据库以 CSCD 中筛选出的有关土壤学相关领域的 148 种期刊作为中国文献分析的基础，然后根据中文土壤物理学核心研究领域在 CNKI 系统中检索，制定检索式如下：SU='土壤' and (SU='土壤结构' or SU='质地' or SU='孔隙度' or SU='容重' or SU='团聚体' or SU='分形维数' or SU='斥水性' or (SU='土壤水分' and (SU='时空' or SU='空间')) or (SU='土壤水分' and SU='植被承载力') or ='土壤干层' or SU='土壤水分运动' or SU='优先流' or SU='水势' or SU='导水率' or SU='入渗' or SU='水分利用效率' or SU='水分特征曲线' or SU='水量平衡' or SU='壤中流' or SU='土壤蒸发' or SU='土壤热状况' or SU='土壤热导率' or SU='土壤热通量' or SU='土壤紧实度' or SU='土壤剪切力' or SU='溶质运移' or SU='盐分' or SU='水盐' or SU='地表径流' or SU='土壤侵蚀' or SU='水土流失' or SU='土壤流失' or SU='侵蚀模数' or SU='土壤流失方程')，一共检索到近 30 年 CSCD 论文 15 208 篇。

第三个数据库以 NSFC 学科代码土壤物理学（D010502）和土壤侵蚀与水土保持（D010505）的数据为主，一共检索到过去 30 年累积资助项目数为 756 项，进一步分析基金项目关键词频次、典型研究领域及其对土壤物理学发展的贡献。

4.1　国际及中国土壤物理学的发展特征

本节以近 30 年土壤物理学 SCI 和 CSCD 中文发文量为基础，对比分析了全球和中国作者 SCI 发文量的发展变化趋势，比较了 SCI 发文量 TOP10 国家的发展轨迹，进一步分析了全球与中国 SCI 论文高频关键词的异同，阐述了我国 CSCD 中文发文量变化趋势，分析了 CSCD 发文量 TOP20 的研究机构。

4.1.1　国际及中国土壤物理学发文量分析

近 30 年土壤物理学 SCI 论文数量表明土壤物理学科得到快速发展（图 4-1）。1986～1995 年、1996～2005 年和 2006～2015 年 3 个时段发表论文数量分别占 30 年总论文数量的 12.9%、33.4%和 53.7%，每隔 10 年论文数翻一番，发展速度很快。促进其快速发展的原因之一是快速测定技术与方法的广泛应用推动了科学发展；其二是计算机和网络平台加快了数据处理、论文撰写、投稿、审稿和出版等环节。为了满足快速发展的论文需求，近 15 年来几乎所有刊物增加了卷数和每卷的论文篇数，同时也创建了一些新的期刊，比如美国土壤学会主办的 *Vadose Zone Journal*。中国学者发表的 SCI 论文在近 30 年里经历了从无到有、从有到迅速增长的阶段。1986～1987 年，中国学者 SCI 发文未实现零的突破；1988～1999 年，中国学者年均 SCI 发文仅为个位数；2000 年以后，中国学者 SCI 发文量迅速增长，从 2000～2001 年的 32 篇，增长到 2014～2015 年的 438 篇，增幅达到 12.7 倍。在土壤物理学学科，中国学者 SCI 发文量占全球的比例也越来越高，从 2000 年以前的不到 1%，增长到 2014～2015 年的 19.1%，仅次于美国。这些数据

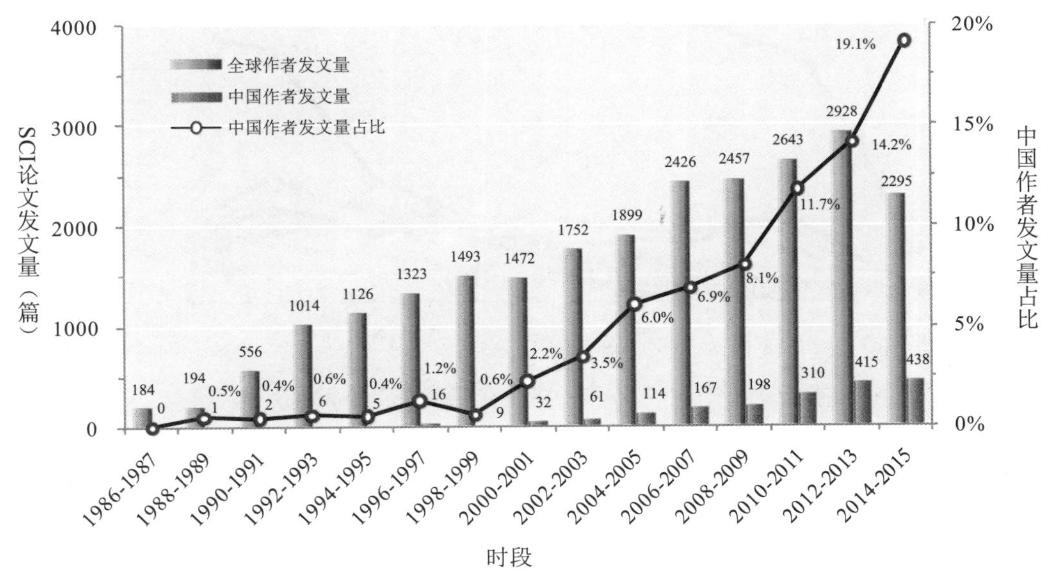

图 4-1　1986～2015 年土壤物理学全球与中国作者 SCI 发文量及中国作者发文量占比

注：2015 年 SCI 发文量统计至 2015 年 7 月 31 日。

表明，**近 30 年来国际土壤物理学发展迅速，而中国近 15 年发展速度则更加迅猛，对推动国际土壤物理学发展的贡献越来越大**。

过去 30 年里，各国土壤物理学发展整体上呈上升的趋势，但是国家之间的发展速度存在明显差异。图 4-2 列举了 1986～2015 年土壤物理学 SCI 论文量 TOP10 的国家，分别为美国、中国、澳大利亚、英国、加拿大、德国、西班牙、法国、荷兰和意大利。美国在土壤物理学的地位举足轻重，近 30 年一直是 SCI 论文发表的领头羊，遥遥领先于其他国家，共发表了 6 554 篇，是位居第 2 位的中国的 3.7 倍。美国在 1988～1993 年经历了一个快速增长期，随后 1994～2007 年增速减缓，自 2007 年以来，又进入一个下降通道。澳大利亚、英国和加拿大 3 国在 1988～1993 年经历了一个快速增长期后，自 1994 年来，SCI 论文数量一直处于一个平稳状态，保持在每两年 100～140 篇 SCI 论文。德国、西班牙、法国和意大利等国在保持一个缓慢增长的趋势，在 20 世纪 80 年代每两年 SCI 论文为个位数，发展到 90 年代的几十篇，到 21 世纪的上百篇 SCI 论文。荷兰在 1986～1987 年 SCI 发文量为 9 篇，仅次于美国、英国、加拿大和澳大利亚，排名第 5 位。荷兰在 1988～1993 年 SCI 发文量得到快速增长外，此后一直在每两年均 40～70 篇徘徊，2006 年以后，荷兰在 TOP10 国家中位居末位。中国则在 2000 年之前仍在 TOP10 国家中位居最后，每年 SCI 发文量为个位数。进入 2000 年后，SCI 论文得到快速增长，并于 2006 年跃居第 2 位，在不久的将来有可能超过美国。这些数据表明，**近 30 年美国是国际土壤物理学发展的主要推动力，但是近年来优势地位逐渐削弱；而中国的影响力不断增强，特别是近 10 年来，影响力提升很快**。

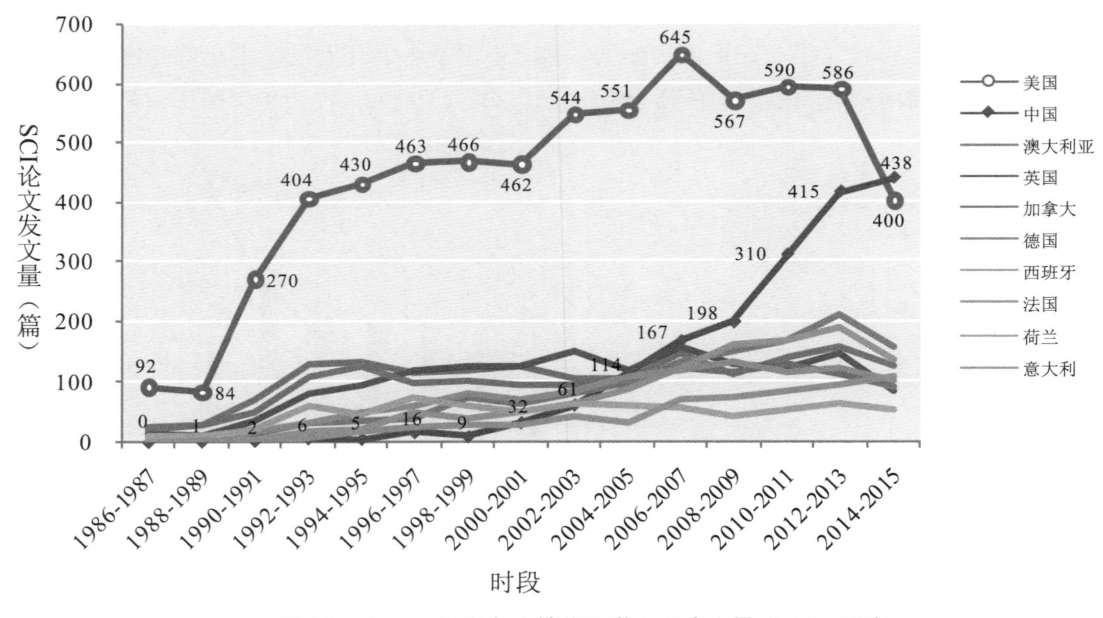

图 4-2　1986～2015 年土壤物理学 SCI 发文量 TOP10 国家

注：2015 年 SCI 发文量统计至 2015 年 7 月 31 日。

利用中文检索式从 CNKI 检索出中文文献数据来源，近 30 年来 CSCD 论文一直呈现上升趋势（图 4-3）。在过去 30 年里，CSCD 论文数的发展趋势经历了 3 个阶段。1986～2000 年，CSCD

论文每两年增长速度为 19%左右，处在一个较高速度的发展阶段。进入 21 世纪后，CSCD 论文在第一个 10 年得到快速增长，每两年保持 32%的增长速度，1998～1999 年中文论文为 523 篇，而 2008～2009 年上升为 2 091 篇，增加了 3 倍。然后，2010 年后，CSCD 论文增长速度大为减缓，甚至出现 2012～2013 年的论文数比 2010～2011 年少。这反映我国学者更加注重 SCI 论文的发表，也体现了我国科研水平越来越国际化。**从 CSCD 论文数量发展趋势来看，我国在前 15 年处于一个高速发展阶段，而后进入一个 10 年快速发展阶段，近年来则进入减缓阶段。**这与中国 SCI 论文（图 4-1）存在一个鲜明的对比。以 SCI/(SCI+CSCD)的比值为例，1990 年前我国土壤物理学的成果发表国际刊物上几乎为空白；1990～1999 年，也处在 2%～3%的低水平；2000 年后，由 2000～2001 年的 4%，逐渐上升到 2008～2009 年的 9%、2010～2011 年的 12%、2012～2013 年的 16%和 2014～2015 年的 27%。这些数据体现了**中国土壤物理学的科研水平从国内走向国际，而且近几年国际化明显加速**。

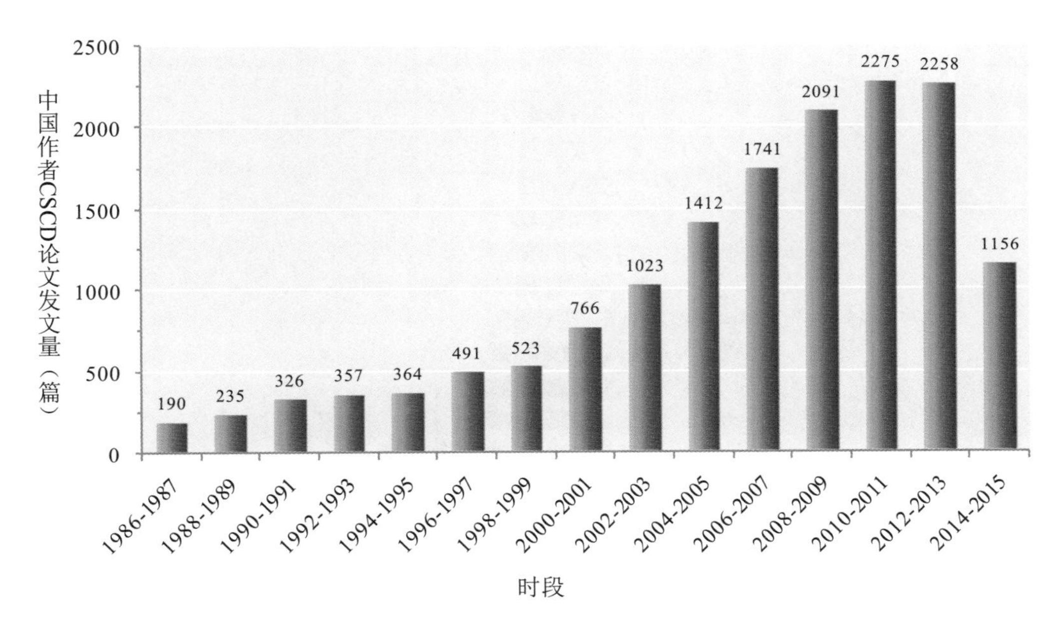

图 4-3　1986～2015 年土壤物理学 CSCD 中文发文量

注：CSCD 发文量统计至 2014 年 12 月 31 日。

4.1.2　中国土壤物理学研究机构发文量分析

过去 30 年，中国土壤物理学 SCI 论文得到快速增长，但是中国各个研究机构 SCI 发文数量呈现差异。图 4-4 列举了 1986～2015 年中国土壤物理学 SCI 发文量 TOP20 的科研机构，包括 9 所中国科学院院属研究所、9 所高校，另外 2 家科研机构来自中国水利部和中国农业科学院。在 9 所高校中，仅有 3 所来自农业院校，这与 CSCD 论文中高校基本来自农业院校有明显差异。在过去 30 年中，中国科学院水利部水土保持研究所以 239 篇排名第一，然后依次为中国农业大学、中国科学院南京土壤研究所、西北农林科技大学、中国科学院地理科学与资源研究所等机构。从 SCI 论文数量来看，中国科学院研究所的 SCI 论文为平均每所 100 篇左右，而高校的 SCI 论文数平均每所大学为 87 篇。从各时段 SCI 论文分布来看，1986～1995 年仅有极个别研究机构发表了 1～2 篇 SCI 论文；1996～2005 年，中国科学院南京土壤研究所以 36 篇高居榜首，是第 20 位的 18 倍；2006～2015 年，中国科学院水利部水土保持研究所的 SCI 论文（215 篇）是第 20 位的 8.3 倍，各研究机构 SCI 论文数的差异缩小了。从 SCI 论文的增长速度来看，在 TOP20 科研机构中，近 10 年 SCI 论文数是前 20 年的 7.1 倍。其中，西北农林科技大学的增长最快，达到了 25.8 倍。总体来讲，高校的平均增长速度为 10.7 倍，高于中国科学院研究所平均增长速度的 7.5 倍。这些数据表明**中国科研机构在土壤物理学研究方面取得了快速发展，各科研机构在该学科的实力差距在缩小**。

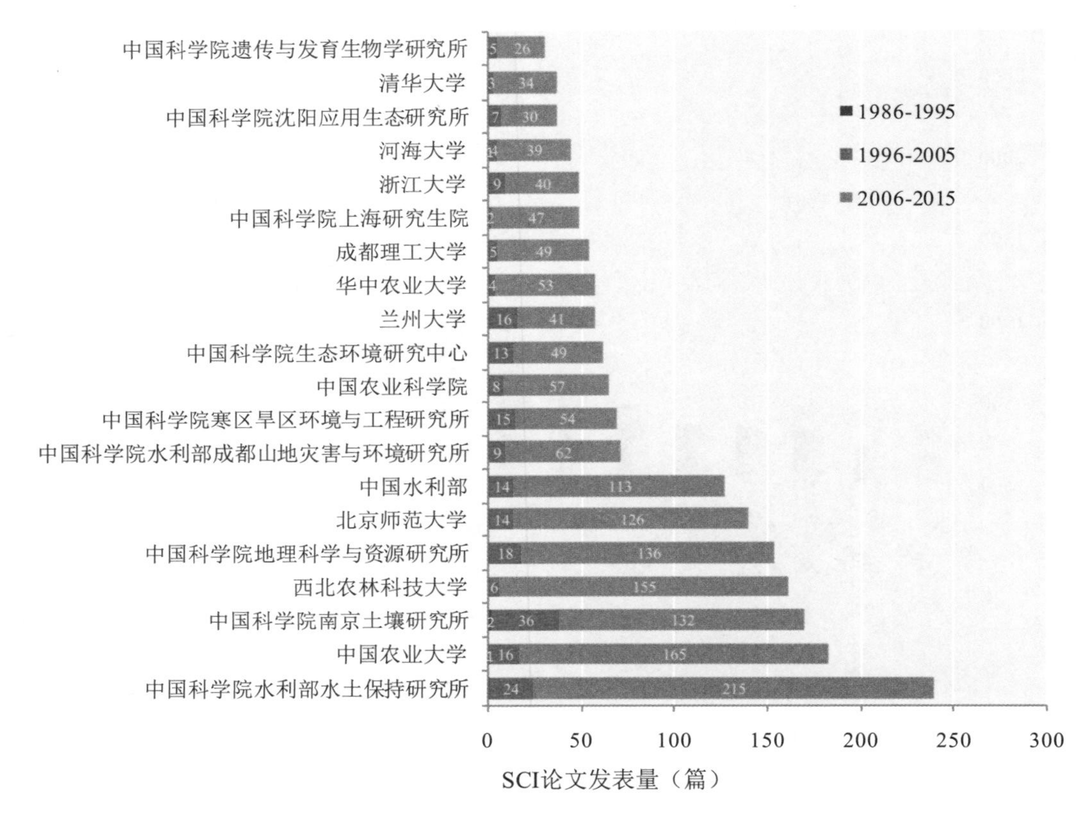

图 4-4　1986～2015 年土壤物理学 SCI 发文量 TOP20 中国研究机构

注：2015 年 SCI 发文量统计至 2015 年 7 月 31 日。

在过去 30 年里，中国主要研究机构土壤物理学 CSCD 中文发文量的变化趋势与 SCI 发文量存在相似性。图 4-5 列举了 1986～2015 年中国 CSCD 中文发文量 TOP20 的研究机构，包括 12 所高校、6 所中国科学院研究所和中国农业科学院、中国林业科学院。12 所高校中有 7 所来自农业院校。西北农林科技大学以 1 326 篇高居榜首，紧跟其后的是中国科学院水利部水土保持研究所、北京林业大学、中国科学院南京土壤研究所、中国农业大学等。从每个时段来看，各研究机构的 CSCD 论文数量也不一致。1986～1995 年，中国科学院南京土壤研究所以 143 篇遥遥领先于其他研究机构，其次为北京林业大学（29 篇）、南京农业大学（26 篇）、沈阳农业大学（26 篇）、中国农业科学院（22 篇）等。1996～2005 年，TOP5 研究机构分别为中国科学院水利部水土保持研究所（332 篇）、西北农林科技大学（307 篇）、中国科学院南京土壤研究所（216 篇）、中国农业大学（207）、中国科学院地理科学与资源研究所（165 篇）。2006～2015 年，TOP5 研究机构也发生了变化，西北农林科技大学跃居第 1 位（1 019 篇），是第 2 位中国科学院水利部水土保持研究所的 1.6 倍（650 篇），紧随其后为北京林业大学（504 篇）、中国农业大学（342 篇）和中国科学院地理科学与资源研究所（330 篇）。在近 30 年中，CSCD 论文数量以西北农林科技大学发展最快，这既有高校合并和中国科学院水利部水土保持研究所加入的缘故，也有我国西部政策倾斜的原因，促进了西部研究机构的快速发展。此外，在第一个 10 年阶段，以中国科学院南京土壤研究所一枝独秀的格局，演变为各方研究机构齐头并进。上述**反映各研究机构的 CSCD 论文都呈现快速增长的趋势，高校的发展速度更快。**

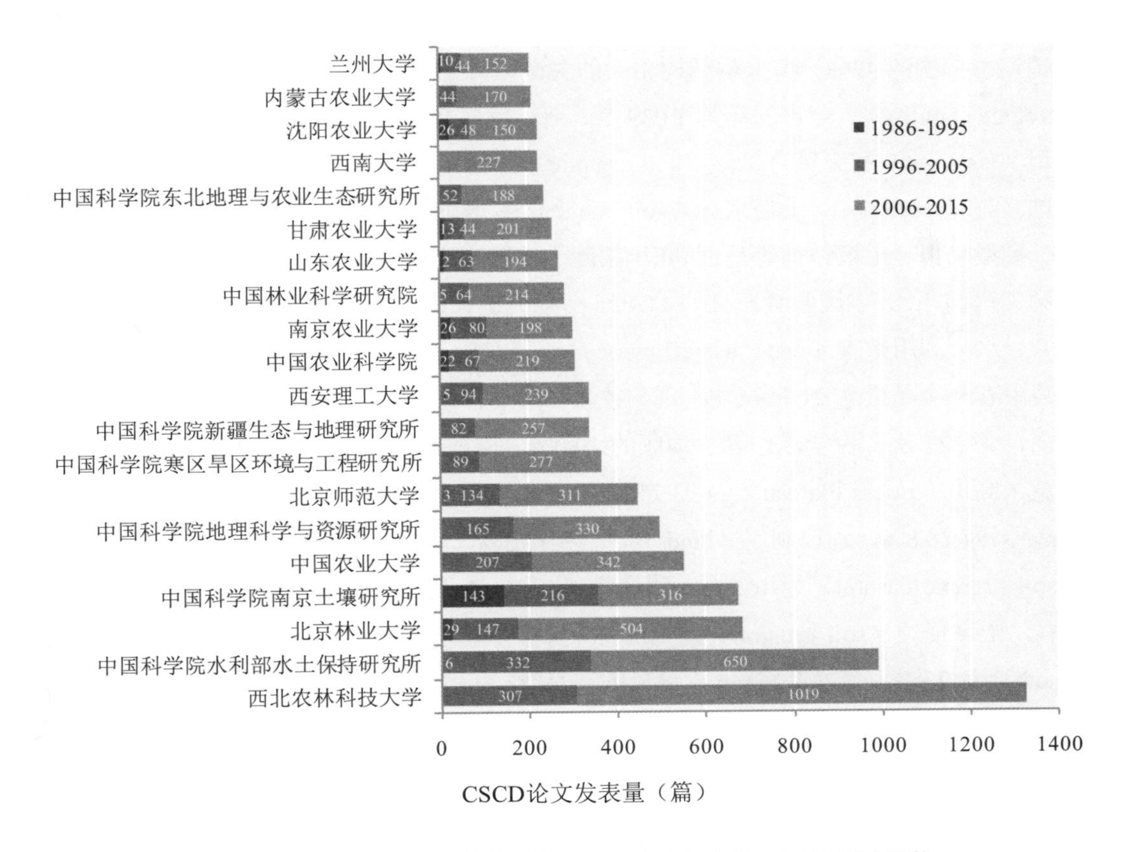

图 4-5 1986～2015 年土壤物理学 CSCD 中文发文量 TOP20 研究机构

注：CSCD 发文量统计至 2014 年 12 月 31 日。

4.1.3 土壤物理学 SCI 论文高频关键词时序分析

通过对 1986～2015 年土壤物理学 SCI 期刊论文高频关键词的分析，力求进一步明确国际土壤物理学的研究热点领域及中国学者所关注的热点问题。表 4-1 为 1986～2015 年土壤物理学 SCI 主流期刊论文的中外研究热点关键词统计结果。为了清楚地表达不同时段研究热点的发展规律，将 1986～2015 年以每两年为间隔划分为 15 个时段，关键词纵向排列以近 30 年出现频率由高至低排序。为了区分国内外土壤物理学研究关注热点问题的异同，表格上半部分为全球作者（含中国作者）关键词百分比，下半部分为中国作者关键词百分比。横向数据表明关键词比例随时间变化的增减规律，在一定程度上反映出国内外学术界对土壤物理学研究热点的转变过程。

由表 4-1 可见，随着国内外学者发表 SCI 论文数量的增加，关键词词频也随之上升。TOP15 关键词中除了关键词水（water）之外，其余 14 个关键词词频都与论文数呈显著的相关性。在这 TOP15 关键词中，土壤侵蚀（soil erosion）的词频最高，其次为土壤水分（soil moisture）。与水文过程相关的有土壤水分（soil moisture）、径流（runoff）、入渗（infiltration）、导水率（hydraulic conductivity）、水（water）和蒸发（evaporation）等关键词，合计总词频为 5 659 次，占 TOP15 高频关键词总频次的 42%。与土壤结构相关的关键词有土壤结构（soil structure）和团聚体稳定性（aggregate stability），合计词频为 1 039 次。而土壤压实（soil compaction）、耕作（tillage）、土地利用（land use）和土壤有机碳（soil organic carbon）等是驱动土壤结构（soil structure）、土壤侵蚀（soil erosion）、土壤水分（soil moisture）等变化的因素。可见，**土壤水文过程、土壤侵蚀、模型模拟、土壤结构等是近 30 年国际土壤物理学的主要研究热点**。与全球作者发表论文的高频关键词相比，中国学者发文的 TOP15 高频关键词中有 11 个相同，新增了黄土高原（Loess Plateau）、水分利用效率（water use efficiency）、小麦（wheat）和土壤盐渍化（soil salinity）4 个；且其中有 9 个是进入 21 世纪才出现，并且在近 5 年增加趋势加快。土壤侵蚀在我国学者中词频最高，为 227 次，占全球作者总词频的 10.0%。根据近 30 年中国作者占全球作者总词频百分比，黄土高原（Loess Plateau）为 93.2%，水分利用效率（water use efficiency）为 25.7%，小麦（wheat）为 18.8%，土地利用（land use）为 17.5%，蒸发（evaporation）为 15.8%，土壤有机碳（soil organic carbon）为 16.1%，团聚体（aggregate）为 15.0%，土壤水分（soil moisture）为 10.8%，土壤侵蚀（soil erosion）为 10.0%，团聚体稳定性（aggregate stability）为 9.1%，径流（runoff）为 9.0%，氮（nitrogen）为 8.1%，入渗（infiltration）为 4.5%，模型模拟（model）为 4.5%。可见，**中国土壤水分利用与作物生长、黄土高原水土过程等研究领域在国际上具有很重要的地位**。

上述关键词频度筛选和随时间的增减变化可以揭示近30年土壤物理学的研究热点。由于不同时段文章发表数量存在较大的差异，单从关键词横向占比分析难以表达关键词在每一个特征时段中的受关注程度，从而降低了关键词随时间变化的敏感性，为此利用该时段的文章数进行了校正，即某个时段某个关键词词频总数占该时段检索文章总数的百分比。数据结果如图4-6所

表 4-1 1986～2015 年土壤物理学不同时段高频关键词百分比（%）

时段	1986～1987 年	1988～1989 年	1990～1991 年	1992～1993 年	1994～1995 年	1996～1997 年	1998～1999 年	2000～2001 年	2002～2003 年	2004～2005 年	2006～2007 年	2008～2009 年	2010～2011 年	2012～2013 年	2014～2015 年	总词频（次）
检索论文数（篇）	184	194	556	1 014	1 126	1 323	1 493	1 472	1 752	1 899	2 426	2 457	2 643	2 928	2 295	
全球作者																
soil erosion	2.25	1.90	2.96	3.22	3.62	4.68	6.80	6.62	8.65	8.30	9.85	10.95	10.38	11.08	8.74	2 265
soil moisture	1.06	1.20	1.27	2.96	3.03	5.70	6.83	5.00	6.47	9.01	9.08	11.12	11.26	14.43	11.61	1 421
runoff	0.82	0.98	1.97	3.12	3.69	5.41	7.22	5.99	8.53	8.20	12.22	12.47	10.66	11.73	6.97	1 219
model	0.58	1.32	2.56	5.79	4.96	6.62	5.71	6.87	7.69	8.27	10.67	10.67	9.68	10.67	7.94	1 209
infiltration	0.92	1.23	4.09	7.77	7.98	7.36	6.44	6.75	7.36	7.57	9.92	9.10	9.41	7.87	6.24	978
hydraulic conductivity	0.86	0.86	1.96	6.37	4.90	6.37	6.00	6.62	6.74	10.17	8.70	11.64	8.70	12.87	7.23	816
soil organic matter	0.13	0.13	1.66	2.55	4.72	3.70	8.04	7.02	6.12	10.08	10.84	11.61	11.10	14.03	8.29	784
soil compaction	2.48	1.57	4.31	5.49	6.14	5.62	6.14	7.19	6.80	10.20	10.46	10.20	8.37	8.89	6.14	765
tillage	2.07	1.04	3.11	6.36	7.10	7.84	8.58	9.17	6.07	8.73	10.95	8.73	7.25	7.25	5.77	676
water	1.31	1.15	5.73	7.69	10.97	9.98	7.04	5.24	6.06	8.18	9.00	8.35	6.71	7.86	4.75	611
nitrogen	0.18	0.54	1.79	6.26	6.80	6.26	7.69	7.51	8.05	8.23	11.81	10.02	9.30	9.84	5.72	559
soil structure	2.07	1.69	2.82	3.01	5.83	6.20	7.71	8.65	7.89	6.77	10.15	9.59	8.65	12.03	6.95	532
evaporation	0.19	0.19	0.78	3.31	2.72	4.67	6.61	5.64	6.61	9.92	12.45	12.65	13.62	11.67	8.95	514
land use	0.00	0.20	0.00	0.59	0.20	1.96	3.14	5.30	6.88	8.45	11.79	15.52	14.34	19.06	12.57	509
aggregate stability	0.79	1.38	3.55	2.17	4.54	3.35	5.13	8.48	7.30	7.69	11.05	11.24	10.65	12.62	10.06	507

续表

时段	1986～1987年	1988～1989年	1990～1991年	1992～1993年	1994～1995年	1996～1997年	1998～1999年	2000～2001年	2002～2003年	2004～2005年	2006～2007年	2008～2009年	2010～2011年	2012～2013年	2014～2015年	总词频（次）
检索论文数（篇）	184	194	556	1 014	1 126	1 323	1 493	1 472	1 752	1 899	2 426	2 457	2 643	2 928	2 295	
中国作者																
soil erosion	0.00	0.00	0.00	0.00	0.09	0.22	0.18	0.26	0.97	0.84	0.84	1.06	1.77	2.25	1.55	227
soil moisture	0.00	0.00	0.00	0.07	0.00	0.14	0.07	0.14	0.35	0.49	0.77	0.77	2.04	2.81	3.17	154
runoff	0.00	0.00	0.00	0.00	0.00	0.00	0.00	0.08	0.49	0.41	0.82	1.64	1.31	2.71	1.56	110
Loess Plateau	0.00	0.00	0.00	0.00	0.00	0.85	0.85	1.71	10.26	8.55	8.55	11.97	17.95	16.24	16.24	109
water use efficiency	0.00	0.00	0.00	0.00	0.00	0.00	0.53	1.06	2.12	2.65	5.29	1.59	6.08	2.65	3.70	97
land use	0.00	0.00	0.00	0.00	0.00	0.00	0.00	0.39	0.79	0.59	1.57	1.77	2.55	5.50	4.32	89
evaporation	0.00	0.00	0.00	0.19	0.00	0.19	0.00	0.19	1.17	1.75	1.56	1.75	2.33	3.50	3.11	81
soil organic carbon	0.00	0.00	0.00	0.00	0.00	0.00	0.00	0.00	0.22	1.31	1.09	2.40	3.27	3.70	4.14	74
wheat	0.00	0.00	0.00	0.00	0.00	0.00	0.00	1.21	0.30	4.24	3.33	1.82	2.42	2.42	3.03	62
model	0.00	0.00	0.00	0.00	0.00	0.08	0.17	0.17	0.17	0.08	0.41	0.50	0.99	0.83	1.08	54
soil salinity	0.00	0.00	0.00	0.00	0.00	0.20	0.00	0.00	0.00	0.60	0.80	1.20	2.20	2.81	2.40	51
aggregate	0.00	0.00	0.00	0.00	0.00	0.00	0.00	0.00	0.31	0.31	0.31	0.94	3.45	4.39	5.33	48
aggregate stability	0.00	0.00	0.00	0.00	0.20	0.00	0.00	0.00	0.00	0.79	1.78	0.99	1.97	1.78	1.58	46
nitrogen	0.00	0.00	0.00	0.00	0.00	0.00	0.00	0.00	0.54	0.72	1.25	1.61	1.25	1.43	1.25	45
infiltration	0.00	0.00	0.00	0.10	0.00	0.00	0.10	0.10	0.31	0.20	0.31	0.61	0.92	0.82	1.02	44

注：①不同时段高频关键词百分比是以每两年一个时段，使用某关键词词频数占该关键词近 30 年词频总数的百分比，即：时段关键词百分比（%）= $\frac{\text{时段关键词词频总数}}{\text{近30年关键词词频总数}}\times 100\%$；②统计年限为 1986 年 1 月 1 日至 2015 年 7 月 31 日。

示，关键词以近 30 年总频率由高至低纵向排序，图左侧为全球 SCI 论文高频关键词，图右侧为中国 SCI 发文高频关键词，圆圈的大小反映关键词在该时段的频率与该时段 SCI 论文总数的比值。对比表 4-1 和图 4-6 全球作者的关键词可发现，TOP15 关键词中有 13 个关键词相一致，并且前两位高频关键词完全一致。通过时段检索文章数校正后，新增加了土壤物理性质（soil physical properties）和土壤盐渍化（soil salinity），同时减少了蒸发（evaporation）和土地利用（land use）等关键词。从中国学者的高频关键词来看，TOP15 高频关键词相同，仅在关键词排序上有细小的差异。因此表明，这两种方法都可以较好地反映不同时段的热点领域和关注重点。

图 4-6 比较了全球和中国学者在土壤物理学领域发表的 SCI 论文中 TOP15 高频关键词及其时序变化。总体上来讲，高频关键词反映了中外学者的研究热点领域差异。从全球作者的高频关键词来看，以土壤侵蚀（soil erosion，runoff）、土壤水分（soil moisture，infiltration，hydraulic conductivity，water）、土壤耕作（soil compaction，tillage）、土壤结构（soil structure，aggregate stability）、模型模拟（model）、土壤有机质（soil organic matter）、土壤物理性质（soil physical properties）、土壤盐渍化（soil salinity）和氮（nitrogen）等为研究热点。从关键词相对词频历史演变趋势来看，在 20 世纪 80 年代研究领域比较集中，土壤侵蚀（soil erosion）、土壤压实（soil compaction）、土壤水分（soil moisture）、耕作（tillage）等关键词词频远高于其他关键词，得到国际学者的高度关注。进入 21 世纪，研究领域趋于分散，除了传统的土壤侵蚀（soil erosion）和土壤水分（soil moisture）外，导水率（hydraulic conductivity）、土壤有机质（soil organic matter）、团聚体稳定性（aggregate stability）和模型模拟（model）等研究得到明显加强，而入渗（infiltration）、土壤压实（soil compaction）等研究处于减弱趋势。在图的右侧，中国作者的 TOP15 高频关键词词频都呈迅速增加的趋势，这与中国学者近几年发表的 SCI 论文数量有密切关系。从中国作者 TOP15 高频关键词来看，以土壤侵蚀（soil erosion，runoff）、土壤水分（soil moisture，water use efficiency，evaporation，infiltration）和土壤结构（aggregate，aggregate stability）等为主要研究热点。在全球和中国 TOP15 高频关键词中，有 9 个关键词相同：土壤侵蚀（soil erosion）、土壤水分（soil moisture）、径流（runoff）、土壤有机碳（soil organic matter，soil organic carbon）、土壤盐渍化（soil salinity）、团聚体稳定性（aggregate stability）、模型模拟（model）、氮（nitrogen）和入渗（infiltration），说明**土壤侵蚀、土壤水文过程、土壤结构、土壤有机碳和土壤盐渍化等关键词是近 30 年国内外学者共同关注的土壤物理学研究热点**。同时，与全球作者高频关键词相比，中国作者 TOP15 高频关键词缺了土壤压实（soil compaction）、导水率（hydraulic conductivity）、耕作（tillage）、水（water）、土壤结构（soil structure）和土壤物理性质（soil physical properties），相应地增加了黄土高原（Loess Plateau）、水分利用效率（water use efficiency）、土地利用（land use）、蒸发（evaporation）、小麦（wheat）和团聚体（aggregate）。**这些关键词反映中国学者结合中国国情，以黄土高原和土地利用等为主要研究对象，开展土壤物理性质和过程的研究，突出土壤水分利用效率及其作物生长等研究热点。在土壤结构领域，中国学者更侧重团聚体尺度研究，而在耕作与土壤压实领域研究较弱。**

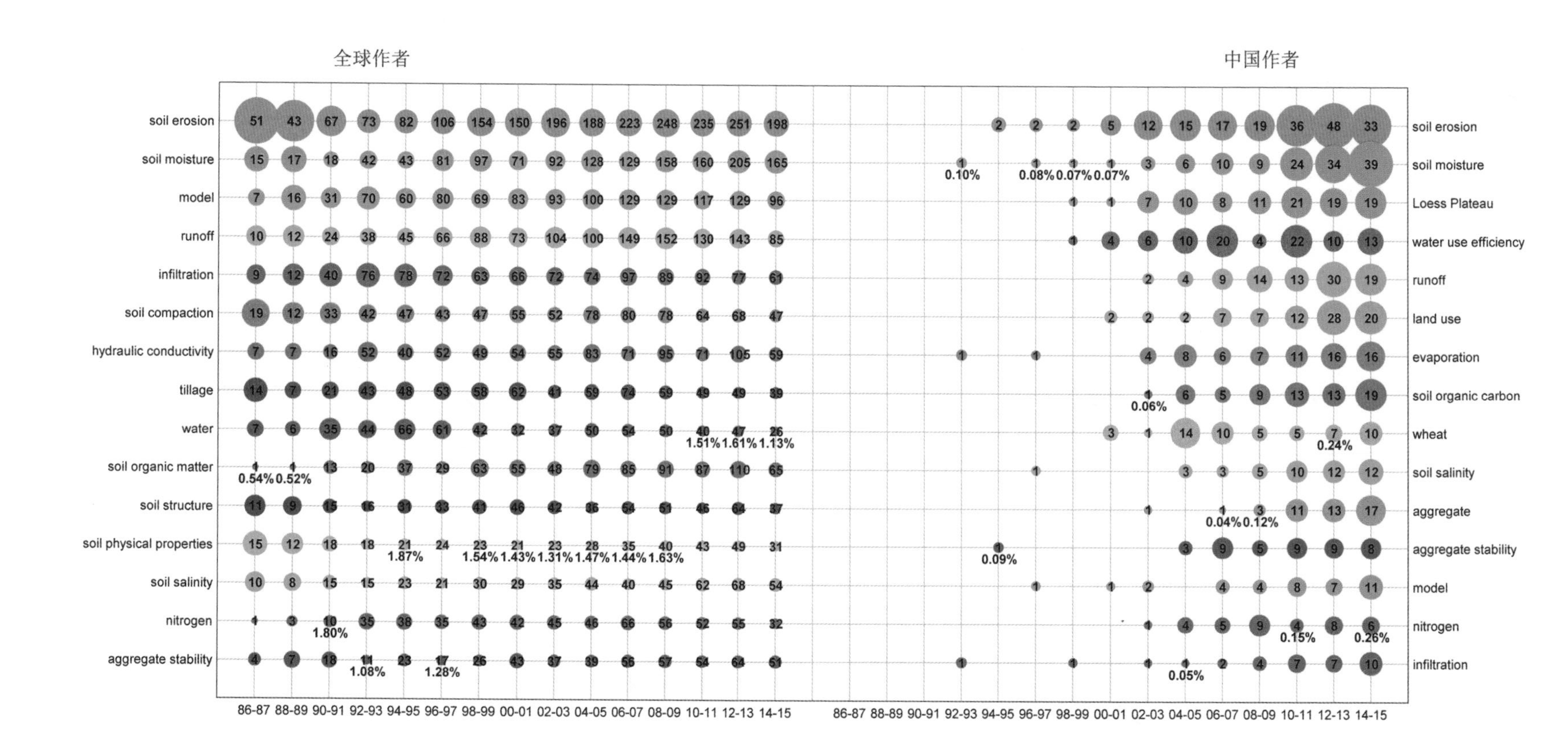

图 4-6 1986～2015 年土壤物理学全球与中国作者发表 SCI 论文高频关键词对比

注：①以每两年为一个时段，分别统计出全球作者和中国作者使用每个关键词频次占统计时段土壤物理学发文量的百分比；②关键词的选择是以每个时段关键词百分比之和，遴选出 TOP15 关键词制作高频关键词；③圆圈中的数字代表该时段关键词出现的频次，每一列中出现的百分数代表该列关键词的最小百分比，圆圈大小代表关键词出现的频次和百分比高低。

4.2　国际及中国土壤物理学研究的演进过程

为了揭示不同时段土壤物理学研究的热点主题和演进过程，将关键词检索出的 SCI 论文和 CSCD 中文论文，采用 CiteSpace 软件来组合频次较高的关键词及与其贡献关系密切的关键词，绘制出 1986～1995 年、1996～2005 年和 2006～2015 年 3 个时段的关键词共现关系图。通过分析各个时段关键词间的共现关系，明确不同时期国际土壤物理学研究的热点与成就、中国土壤物理学的前沿探索以及中国土壤物理学的特色与优势。

4.2.1　土壤物理学 1986～1995 年

（1）国际土壤物理学的主题与成就

根据 Web of Science 数据库检索出 1986～1995 年国际土壤物理学一共发表了 3 074 篇 SCI 论文，然后根据这些论文中的关键词形成聚类图，如图 4-7 所示。图中土壤侵蚀（soil erosion）、入渗（infiltration）、土壤水分（soil moisture）、导水率（hydraulic conductivity）、径流（runoff）、土壤压实（soil compaction）、耕作（tillage）、土壤结构（soil structure）和模型模拟（model）等关键词的频率排在前列，反映了这些研究方向为当时的研究热点。图中聚成了 4 个研究方面，在一定程度上反映了 1986～1995 年这 10 年国际土壤物理学的核心研究领域，主要包括**土壤侵蚀过程与机理、土壤水文过程与溶质迁移、土壤耕作与土壤压实、土壤物理性质与作物生长**。

①土壤侵蚀过程与机理。图 4-7 中右侧有一相对独立的聚类圈，以土壤侵蚀（soil erosion）和模型模拟（model）为频率最高的关键词。围绕这两个关键词，有溅蚀分离（splash detachment）、可蚀性（erodibility）、地表径流（surface runoff）和水分运动（water flow）等土壤侵蚀的驱动力；同时，还出现了团聚体稳定性（aggregate stability）、团聚作用（aggregation）、大孔隙（macropores）、土壤孔隙度（soil porosity）、颗粒大小分布（particle size distribution）和多孔介质（porous media）等与土壤结构稳定性相关的关键词；出现了土壤强度（strength）等阐释侵蚀机理的关键词，也出现了农业保护（agriculture conservation）等水土保持的耕作措施。这些关键词聚在一起反映了**许多学者主要从土壤水力学性质和土壤结构稳定性两个维度阐释土壤侵蚀过程与机理**。本阶段该领域主要学术成就体现在 Moore 和 Burch（1986：1294～1298）从地表产流能量角度分析坡度和坡长对土壤侵蚀的影响，修正了通用土壤流失方程（USLE），把地形因素作为经验值估算产沙。考虑到 USLE 方程主要侧重水土流失的产生区域，难以考虑泥沙搬运和沉积过程，美国农业部于 1985 年 8 月启动了新一代水蚀预测预报计划（Water Erosion Prediction Project，WEPP），并分别于 1989 年和 1995 年发布了坡面与小流域尺度 WEPP 模型（Flanagan et al.，2007：1603～1612）。USLE 和 WEPP 两个模型大力推动了土壤侵蚀过程与机理以及预测预报的研究。

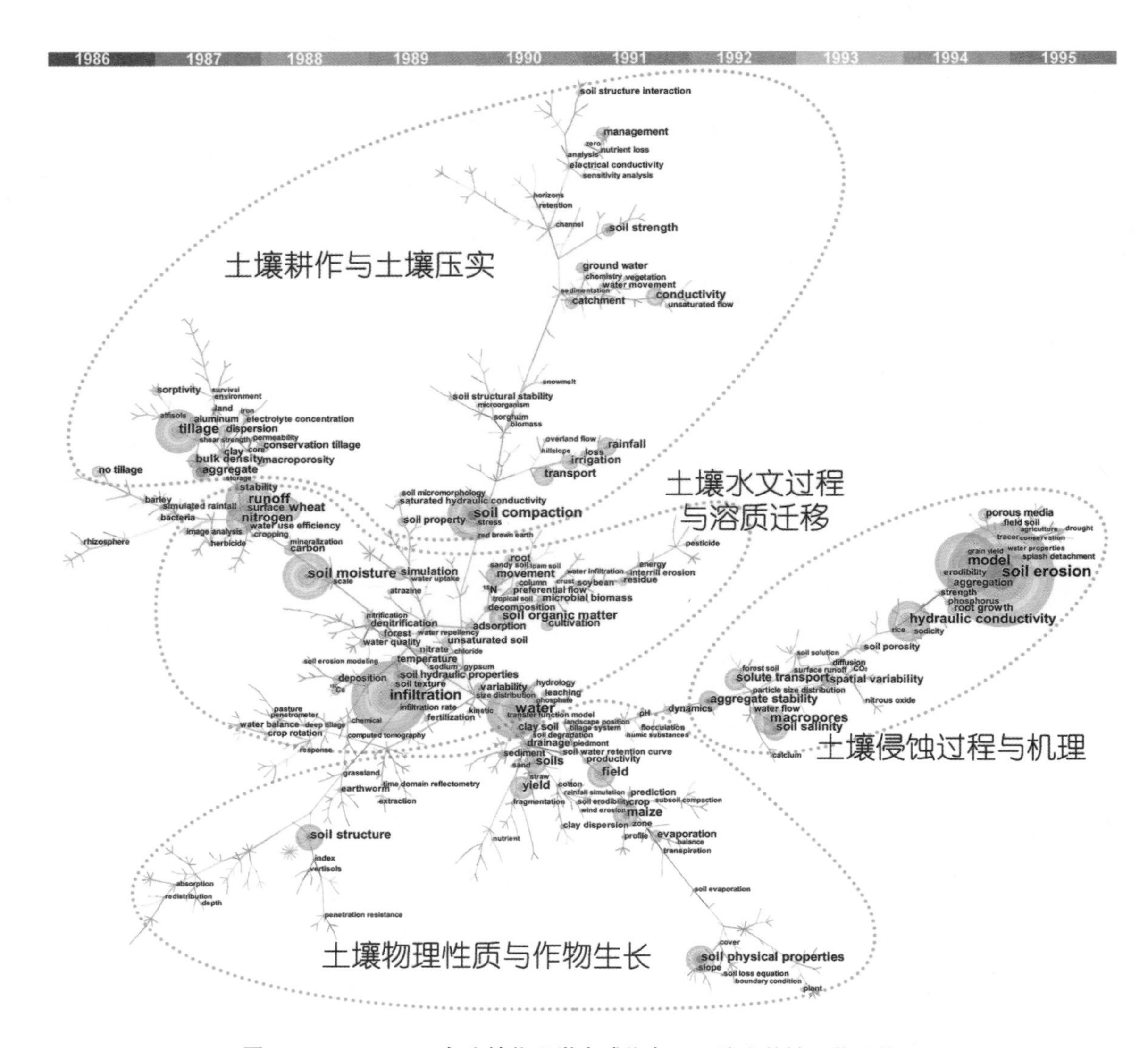

图 4-7　1986～1995 年土壤物理学全球作者 SCI 论文关键词共现关系

②**土壤水文过程与溶质迁移**。在图 4-7 中部，以入渗（infiltration）、水（water）、土壤水分（soil moisture）、径流（runoff）、运动（movement）、氮（nitrogen）和土壤有机质（soil organic matter）等为高频关键词，综合体现了土壤水文过程及其驱动下溶质迁移转化研究领域。与土壤水文过程密切相关的关键词有入渗（infiltration，water infiltration）、入渗速率（infiltration rate）、水（water）、饱和导水率（saturated hydraulic conductivity）、优先流（preferential flow）、径流（runoff）、土壤水力学性质（soil hydraulic properties）、根系吸水（water uptake）、水分运动（movement，water flow）和水量平衡（water balance）等；还出现了影响水分运动因素的关键词，比如土壤质地（soil texture）、粒级分布（size distribution）等。与溶质迁移相关的关键词有淋溶（leaching）、吸附（adsorption）等。溶质以硝态盐（nitrate）、磷酸盐（phosphate）、钙（cadium）、钠（sodium）、氯（chlorite）等离子以及除草剂（herbicide，atrazine）、杀虫剂（pesticide）为主。还出现了土壤有机质（soil organic matter）、秸秆（residue）和分解

（decomposition）等碳循环的关键词，以及氮（nitrogen）、硝化（nitrification）和反硝化（denitrification）等氮循环的关键词。这些关键词聚在一起反映了当时学者们集中研究**土壤关键水文过程驱动下碳氮和农药等物质迁移转化规律**。本阶段该领域主要学术成就体现在 Vachaud 等（1985：822～828）提出土壤水分空间变异具有时间稳定性的概念，该理论后来被广泛应用于土壤水分时空格局与预测研究。Jury 等（1986：243～247）提出了溶质迁移的传递函数模型。Wilson 和 Luxmoore（1988：329～335）率先采用圆盘入渗仪研究土壤大孔隙流，圆盘入渗仪随后被越来越多地应用到优势流的研究中。Gerke 和 van Genuchten（1993：305～319）等提出土壤中包含基质流区域和优先流区域，在此基础上提出"双区"水流模型。此后，优先流被认为是溶质迁移的主要路径，成为水文过程和溶质迁移的研究热点。

③土壤耕作与土壤压实。在图 4-7 上方，以耕作（tillage）和土壤压实（soil compaction）为高频关键词形成聚类圈。围绕这两个关键词，出现了保护性耕作（conservation tillage）、免耕（no tillage）等与耕作措施相关的关键词；同时出现了土壤结构稳定性（soil structural stability）、土壤结构相互作用（soil structure interaction）、容重（bulk density）、大孔隙度（macroporosity）、团聚体（aggregate）、稳定性（stability）、土壤微形态（soil micromorphology）、应力（stress）和剪切力（shear strength）等与土壤结构相关的关键词。在机械化耕作中，土壤压实（soil compaction）是土壤结构退化的主要形式。出现饱和导水率（saturated hydraulic conductivity）、非饱和水分运动（unsaturated flow）、导水性（conductivity）、水分运动（water movement）、养分流失（nutrient loss）、迁移（transport）、微生物（microorganism）、生物量（biomass）等土壤压实对土壤性质（soil property）影响的关键词。这些关键词体现了**从土壤结构和土壤强度两个角度研究耕作条件下土壤压实过程与机理**。随着农业现代化过程中大型机械的使用，土壤压实成为农田土壤退化主要类型之一。Horn 等（1995：23～36）综合分析了大型机械化耕作压实土壤的一些后果，主要表现在土壤容重增加、土壤强度增强、土壤结构恶化、透水通气性以及养分迁移能力显著下降，最终影响作物生长与生态环境，比较全面地阐述机械化耕作对土壤压实与农业生产的影响。

④土壤物理性质与作物生长。在图 4-7 下方，以土壤物理性质（soil physical properties）、田间（field）、土壤结构（soil structure）、玉米（maize）和产量（yield）为高频关键词。反映土壤物理性质的关键词有土壤水分特征曲线（soil water retention curve）、土壤结构（soil structure）等；反映作物生长的关键词有玉米（maize）、棉花（cotton）、作物（crop）、产量（yield）和生产力（productivity）等；影响土壤物理性质与作物生长的关键词有耕作系统（tillage system）、景观（landscape position）、土壤退化（soil degradation）、排水（drainage）、蒸发（evaporation）、蒸腾（transpiration）、土壤可蚀性（soil erodibility）和亚表层压实（subsoil compaction）等。这些关键词聚在一起反映了当时学者们从**提高水分利用以期获得作物高产为主要研究内容**。土壤物理性质是影响作物生长和水肥高效利用的关键因素。Letey 等（1985：277～294）归纳了土壤有效水库容、土壤强度、通气性孔隙等为影响作物生长的主要土壤物理条件。在此基础上，da Silva 等（1994：1775～1781）进一步提出了作物生长的最小限制水分范围（least limiting water range）。

在土壤—植物—大气连续体中，Tardieu 和 Davies（1993：341～349）提出植物气孔传输能力同时受水分信号和化学信号的控制。这些创新性概念深入阐述了土壤物理性质对作物生长的影响机制。

从 1986～1995 年土壤物理学 TOP50 高被引文章关键词组合特征来看，这些关键词主要来自 4 个领域（表 4-2）。第一，与土壤有机质相关的关键词，包括土壤有机质（soil organic matter）、土壤有机碳（soil organic carbon）、微生物量（microbial biomass）、分解（decomposition）、核磁共振光谱（NMR spectroscopy）等；第二，与水文过程相关的关键词，比如入渗（infiltration）、土壤水分（soil moisture）、水分运动（water flow）、导水率（hydraulic conductivity）、优先流（preferential flow）、饱和导水率（saturated hydraulic conductivity）和径流（runoff）等；第三，与土壤侵蚀相关的关键词，有土壤侵蚀（soil erosion）、模型（model）、径流（runoff）和通用土壤流失方程（USLE）等；第四，与土壤结构相关的关键词，有土壤质地（soil texture）、土壤结构（soil structure）、结构稳定性（structural stability）和容重（bulk density）等。总体上，与国际 SCI 文章的研究热点相比（图 4-7），除了与土壤有机质相关的关键词外，TOP50 高被引文章关键词在热点领域中也排在前列，反映了高被引论文与研究热点的一致性。与土壤有机质相关的关键词在 TOP 文章中得到较高的引用，但是在国际土壤物理学研究领域中并不靠前，说明了土壤有机质相关的论文虽然少，但是引起了广大学者的高度关注。另外，与作物生长相关的关键词在国际土壤物理学领域占有一席之地（图 4-7），但是这些研究没有进入高引文章之中。可见，**土壤侵蚀、土壤水文过程与土壤结构等领域既是研究热点，也得到广大学者的引用与高度关注。**

表 4-2　1986～1996 年土壤物理学 TOP50 高被引 SCI 论文 TOP25 关键词

序号	关键词	频次	序号	关键词	频次	序号	关键词	频次
1	soil organic matter	8	11	water flow	4	21	structural stability	3
2	soil texture	8	12	decomposition	3	22	soil compaction	2
3	infiltration	7	13	electrical conductivity	3	23	bulk density	2
4	nitrogen	7	14	hydraulic conductivity	3	24	NMR spectroscopy	2
5	model	6	15	management	3	25	USLE	2
6	soil erosion	6	16	preferential flow	3			
7	soil moisture	6	17	runoff	3			
8	soil organic carbon	6	18	saturated hydraulic conductivity	3			
9	microbial biomass	4	19	soil structure	3			
10	solute transport	4	20	sorptivity	3			

（2）中国土壤物理学的前沿探索研究

中国学者 1986～1995 年在土壤物理学仅发表了 14 篇 SCI 论文。因此，图 4-8 显示了非常低频率的关键词。当时中国学者主要集中在非饱和土壤（unsaturated soil）中水量平衡，涉及入渗（infiltration）、地表径流（surface runoff）、土壤水（soil moisture）、树冠截留（interception）

和蒸发(evaporation)等，以及利用 Cs-137 分析土壤侵蚀速率(erosion rate)、水蚀(water erosion)、水土保持（water and soil conservation）、产沙（sediment）和侵蚀速率（erosion rate）等。另外，基于长期施肥试验（continuous fertilizer application），利用核磁共振技术（NMR）分析土壤有机质（soil organic matter）在分解过程（decomposition，dynamic change）的性质变化。总体上来说，**这段时间中国土壤物理学在国际上的地位还处于一个萌芽阶段**。

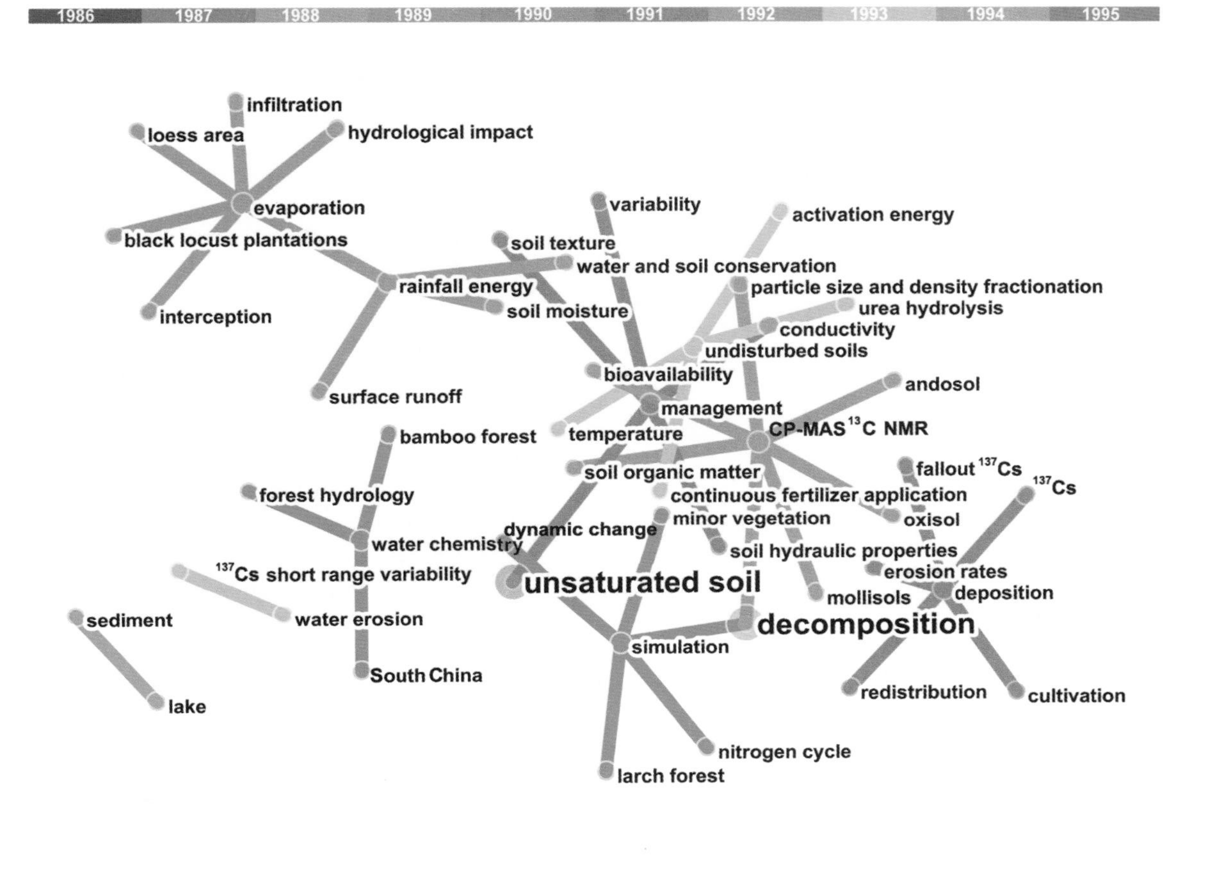

图 4-8　1986～1995 年土壤物理学中国学者 SCI 论文关键词共现关系

（3）中国土壤物理学研究的特色与优势

根据 CNKI 数据库检索出 1986～1995 年中国土壤物理学共发表 1 472 篇 CSCD 论文，然后根据这些论文中的关键词形成聚类图，如图 4-9 所示。图中显示我国土壤物理学主要集中在 4 个领域，包括**典型区域土壤侵蚀特征、水土保持措施与环境效应、盐渍化与水盐运移、土壤结构与肥力**。

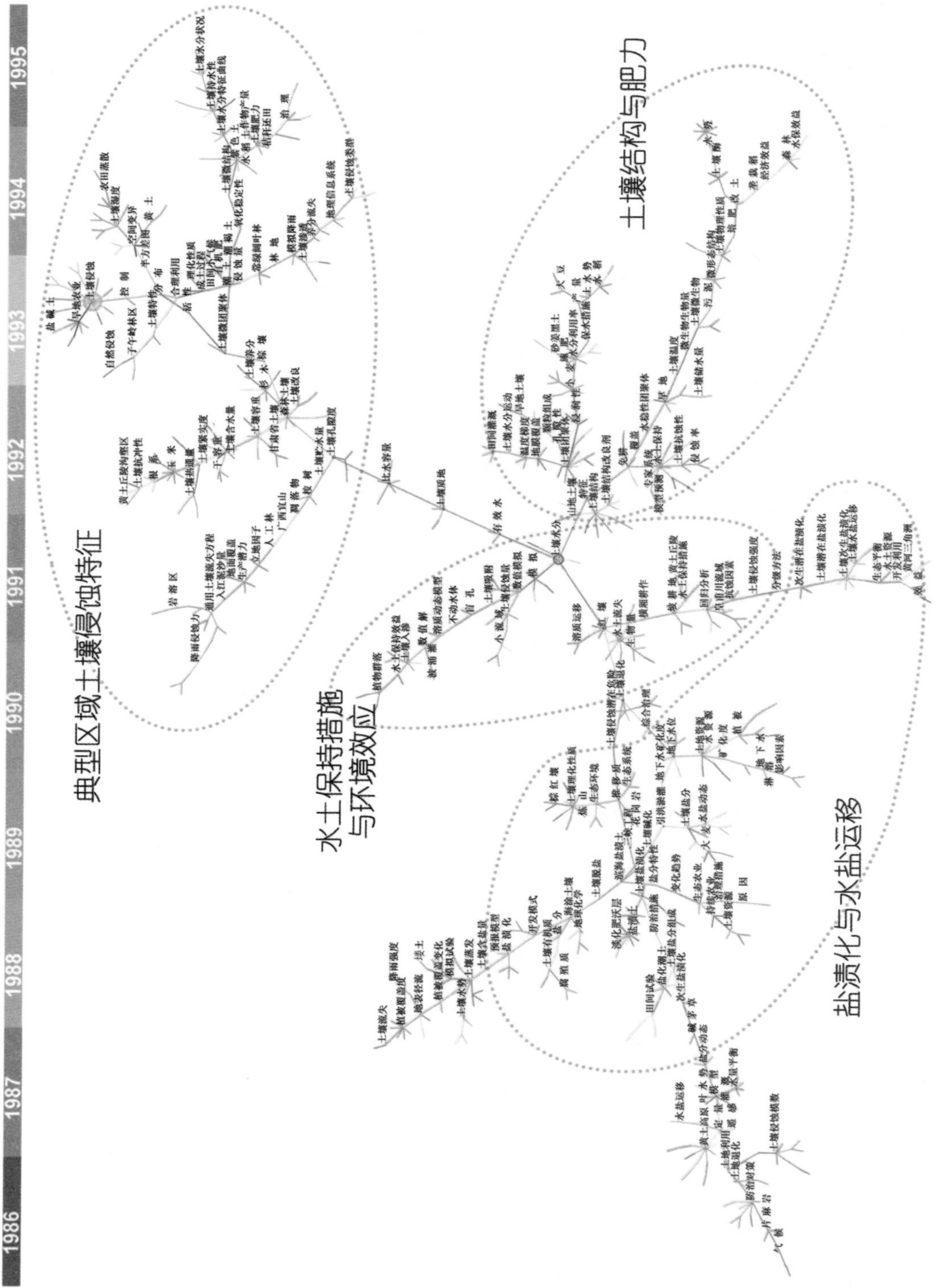

图 4-9 1986～1995 年土壤物理学 CSCD 中文论文关键词共现关系

①**典型区域土壤侵蚀特征**。在该聚类圈中，土壤侵蚀的频率最高，涉及黄土丘陵沟壑区、岩溶区、旱地农业、子午岭林区、常绿阔叶林等中国典型水土流失区域。在黄土丘陵沟壑区，研究土壤容重、土壤抗冲性、土壤含水量、土壤紧实度等；在岩溶区，研究人工林、桉树、地面覆盖、降雨侵蚀力、土壤蓄水量、土壤孔隙度等；在南方常绿阔叶林，开展土壤渗透、养分流失、侵蚀量等研究。这些关键词反映了当时中国学者结合国情**关注不同区域的土壤侵蚀特征研究**。

②**水土保持措施与环境效应**。在该聚类圈中，从水土保持措施角度出发，在坡耕地、黄土丘陵、红壤等区域，开展横厢耕作等水土保持措施，分析抗蚀因素、土壤侵蚀强度、水土流失、生物量、溶质迁移等。从水土保持效益角度出发，利用数值模拟等方法，分析土壤侵蚀量、土壤入渗、植物群落等。这些关键词体现了中国学者**在典型侵蚀区域开展水土保持耕作和生物措施及其环境效应评价等研究**。

③**盐渍化与水盐运移**。在该聚类圈中，围绕盐渍化的问题，在海涂土壤、滨海盐渍土、盐渍土、盐化潮土、黄河三角洲等土壤类型，结合田间试验、模拟试验、预报模型等方法，研究盐分特性、土壤脱盐、土壤含盐层、土壤盐分、水盐动态等，并从地下水矿化度、地下水位、土壤蒸发、植被覆盖变化、引洪淤灌等影响因素，开展土壤脱盐治理措施、进行水土资源的开发利用，建立生态农业和持续农业等。该聚类圈体现当时中国学者**系统地开展了土壤盐渍化的成因、水盐动态监测和治理等研究**。

④**土壤结构与肥力**。在该聚类圈中，在旱地土壤、旱地、砂姜黑土等，开展颗粒组成、土壤团聚体、水稳定性团聚体、孔隙、微形态结构等与土壤结构特征密切相关的研究；同时，通过施肥、培肥、改土、土壤结构改良剂、免耕、地膜覆盖等措施，提高小麦、大豆、水稻等作物的水分利用率。这些关键词反映了**土壤结构特征及其保水供水的肥力功能**。

从上述关键词聚类图和频率来看，1986～1995 年中国学者主要集中研究土壤侵蚀特征及其水土保持措施、盐渍化成因和治理、土壤结构的肥力功能。与同一时期国际土壤物理学研究内容相比（图 4-7），在土壤侵蚀、土壤物理性质与作物生长等相似研究领域，而在土壤水文过程与溶质迁移等基础理论的研究相对较弱。因此，**中国学者更加结合中国国情，强调了水土流失治理、盐碱土治理和水分利用效率等在中国生态环境建设与粮食安全中的重要性**。

4.2.2　土壤物理学 1996～2005 年

（1）国际土壤物理学的主题与成就

根据 Web of Science 数据库检索出 1996～2005 年国际土壤物理学一共发表了 7 939 篇 SCI 论文，然后根据这些论文中的关键词形成聚类图，如图 4-10 所示。图中土壤侵蚀（soil erosion）、土壤水分（soil moisture）、径流（runoff）、入渗（infiltration）、导水率（hydraulic conductivity）、土壤压实（soil compaction）、土壤有机质（soil organic matter）、耕作（tillage）、土壤结构（soil structure）、溶质迁移（solute transport）和模型模拟（model）等关键词的频率排在前列，反映了这些研究方向为当时的研究热点。与前一个 10 年相比，增加了土壤有机质（soil organic matter）

和溶质迁移（solute transport）等。图中聚成了 4 个核心研究领域，主要包括**土壤侵蚀与生态环境效应、土壤水文过程与溶质迁移、土壤耕作与土壤物理性质、团聚体形成与土壤固碳**。

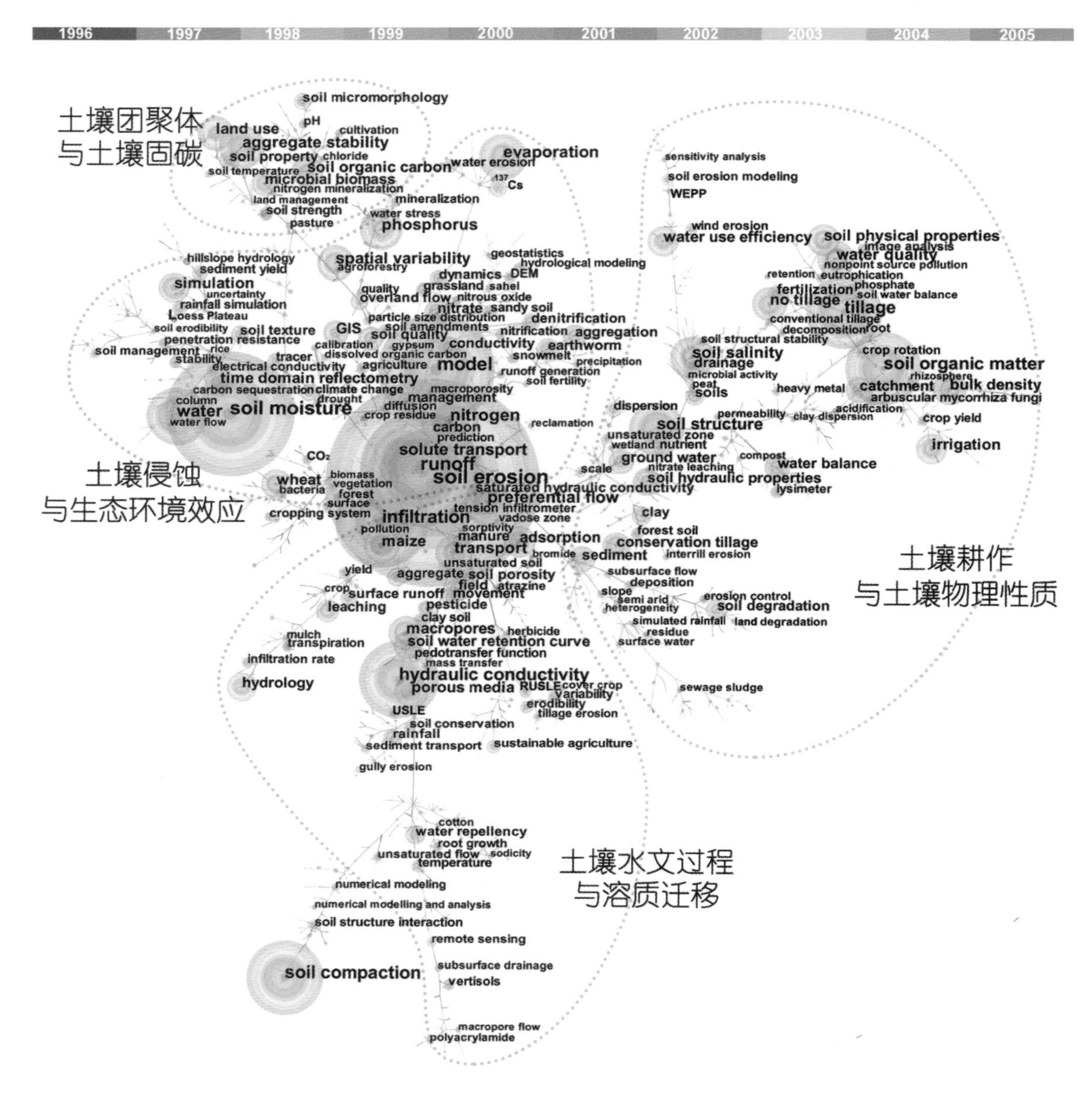

图 4-10　1996～2005 年土壤物理学全球作者 SCI 论文关键词共现关系

①**土壤侵蚀与生态环境效应**。在图 4-10 中部，以土壤侵蚀（soil erosion）、土壤水分（soil moisture）、径流（runoff）和模型模拟（model）为高频关键词。土壤水分既是径流产生的主要因素，也是土壤侵蚀的关键驱动力。TDR（time domain reflectometry）是田间监测土壤水分常用的仪器。出现了降雨（precipitation）、模拟降雨（rainfall simulation）、径流（overland fall）、水（water）、水运动（water flow）、径流产生（runoff generation）、径流（runoff）和坡面水文（hillslope）等关键词，充分反映了径流（runoff）是土壤侵蚀的主要驱动力。体现土壤侵蚀

（soil erosion）的关键词有产沙（sediment yield）、水蚀（water erosion）和土壤可蚀性（soil erodibility）等。土壤结构稳定性（stability）是土壤可蚀性（soil erodibility）的重要指标。通过作物秸秆（crop residue）、土壤改良剂（soil amendments）、石膏（gypsum）、土壤管理（soil management）等措施，既可以提高土壤肥力（soil fertility），增加土壤有机碳（carbon，dissolve organic carbon），也可以提升团聚作用（aggregation）。土壤侵蚀是氮（nitrogen）的硝化（nitrification）和反硝化（denitrification）过程以及磷（phosphorus）的主要损失途径，是溶质迁移（solute transport）的主要驱动力。利用 Cs-137 技术量化土壤侵蚀速率；利用地统计（geostatistics）、DEM、GIS 等方法，通过水文模型模拟（hydrological modeling）和数值模拟（simulation）对“降雨—径流—侵蚀”进行预测预报（prediction），分析土壤侵蚀对全球变化（climate change）和人类活动（agriculture，management）的响应。这些关键词体现了广大学者们**系统地开展土壤侵蚀驱动因素和模型模拟等研究，并从过去侧重土壤侵蚀特征研究转变为更加关注土壤侵蚀对全球变化和人类活动的响应**。本阶段主要学术成就体现在 USLE、WEPP 等土壤侵蚀模型得到不断验证和应用，大大推动了土壤侵蚀过程与机理的研究。根据降雨条件下团聚体破碎过程，Le Bissonnais（1996：425～437）提出 3 种湿润破碎机制：快速湿润、慢速湿润和湿润震荡。此后，该方法广泛应用于研究团聚体稳定性机制与土壤可蚀性的相互关系（Bryan，2000：385～415；Legout et al.，2005：225～237）。土壤侵蚀过程中，径流作为泥沙的搬运载体，用表征能量的水流功率替换表征力的水流剪切力可显著提高土壤分离能力的预测精度（Zhang et al.，2002：351～357；Zhang et al.，2003：713～719）。水动力学特性与侵蚀泥沙动态变化存在互馈作用，水动力学特性影响泥沙的输移、平衡，泥沙在径流中的含量以及泥沙沉积造成的侵蚀界面微地形的改变会影响侵蚀动力学特性（Kinnell，2005：2815～2844）。

②土壤水文过程与溶质迁移。在图 4-10 下方，以入渗（infiltration）、导水率（hydraulic conductivity）、优先流（preferential flow）和迁移（transport）等为高频关键词，综合体现了土壤水文过程及其驱动下溶质迁移。与土壤水文过程相关的关键词有入渗（infiltration）、入渗速率（infiltration rate）、土壤水分特征曲线（soil water retention curve）、地表径流（surface runoff）、优先流（preferential flow）、大孔隙流（macropore flow）、导水率（hydraulic conductivity）、水文（hydrology）等。测定土壤入渗的仪器主要为圆盘入渗仪（tension infiltrometer），影响入渗的主要因素有多孔介质（porous media）、土壤孔隙度（soil porosity）、大孔隙（macropores）等与土壤孔隙结构相关的关键词以及斥水性（water repellency）等。与溶质迁移密切相关的关键词有迁移（transport）、淋溶（leaching）、农药（pesticide）、除草剂（herbicide，atrazine）等。常采用惰性离子溴离子（bromide）作为参照对象，分析溶质对流域的扩散过程。这些研究主要在渗透区（vadose zone）、野外田间（field）和室内土柱等尺度开展。同时，水文过程是土壤侵蚀的主要驱动力，出现了与土壤侵蚀有关的关键词，比如沟蚀（gully erosion）、可蚀性（erodibility）、耕作侵蚀（tillage erosion）、通用土壤流失方程（USLE，RUSLE）和泥沙迁移（sediment transport）等。这些关键词反映学者**以入渗为主要研究对象，开展入渗关键影响机制以及优先流驱动下溶质迁移**。本阶段国际上对于溶质运移理论的研究有较大突破，分数阶微分对流—弥散方程（FADE）

（Benson et al.，2000：1403～1412）和连续时间随机游走理论（CTRW）（Berkowitz et al.，2000：149～158）大大推动了溶质迁移的研究。Bradford 等（2003：2242～2250）提出胶体物理吸附、变形和排斥等机制，突破了传统的对流、扩散、弥散、吸附等溶质迁移理论，推动了类似胶体粒级大小的病原体、纳米材料等在多孔介质中迁移的研究。

③土壤耕作与土壤物理性质。在图 4-10 的右侧，以耕作（tillage）、土壤结构（soil structure）、土壤物理性质（soil physical properties）和土壤盐渍化（soil salinity）等为高频关键词。出现耕作（tillage）、免耕（no tillage）、保护性耕作（conservation tillage）和传统耕作（conventional tillage）等关键词；也出现了土壤结构（soil structure）、土壤结构稳定性（soil structure stability）、容重（bulk density）、土壤水力学性质（soil hydraulic properties）等与土壤物理性质（soil physical properties）相关的关键词；还出现了土壤有机质（soil organic matter）、作物轮作（crop rotation）、作物产量（crop yield）、丛枝真菌菌根（arbuscular mycorrhiza fungi）、厩肥（compost）、根系（root）、根际（rizosphere）和微生物活性（microbial activity）等为土壤结构形成稳定的生物因素的关键词。图像分析（image analysis）是量化土壤结构的新技术。耕作（tillage）对土壤结构（soil structure）的压实导致土壤退化（soil degradation，land degradation）也是重要研究内容。不同耕作措施对施肥（fertilizer）、非点源污染（non-point source pollution）、富营养化（eutrophication）、水体质量（water quality）和水分利用效率（water use efficiency）的影响等也得到关注。这些关键词反映了**不同耕作方式对土壤物理性质的影响是土壤物理学的重要研究内容**。本阶段主要学术成就体现在 Baumgartl 和 Köck（2004：57～65）提出了一个数学模型模拟土壤容重与压力强度的关系和计算土壤强度变化临界值的方法，推动了评价耕作对土壤压实的研究。与传统耕作相比，Holland（2004：1～25）综合评述了保护性耕作不但改善土壤结构、提高土壤水分，且增加土壤固碳能力和生物多样性等。因此，为了减少农业投入、避免土壤压实、降低水土流失，保护性耕作在欧美国家得到大力提倡。

④土壤团聚体与土壤固碳。在图 4-10 的上方，形成一个相对独立的小聚类圈，以团聚体稳定性（aggregate stability）和土壤有机碳（soil organic carbon）为主要高频关键词。描述土壤结构的关键词还有土壤微形态（soil micromorphology）和土壤强度（soil strength）；出现了土地利用（land use）、土地管理（land management）、耕作（cultivation）、放牧（pasture）等影响有机碳投入的关键词；同时还出现了影响有机碳周转的土壤温度（soil temperature）、土壤 pH、微生物量（microbial biomass）和氮矿化（nitrogen mineralization）等关键词。这些关键词反映**土壤有机碳累积与团聚体形成稳定的相互关系**。本阶段该领域主要学术成就表现在 Six 等（1998：1367～1377）提出了土壤有机碳物理分组的方法，包括游离态颗粒有机物、闭蓄态颗粒有机物和矿物态有机碳等。土壤有机碳物理分组解释了不同有机碳库与土壤结构的相互作用，并阐明了土壤碳饱和的主控机制（Six et al.，2002：155～176）。土壤有机碳物理分组方法和土壤碳饱和概念推动了土壤有机质周转与土壤固碳的研究。

总而言之，与前一个 10 年相比，**土壤侵蚀过程与机理、土壤水文过程与溶质迁移、土壤耕作与土壤物理性质等仍然是本阶段国际土壤物理学重要研究内容，而土壤有机质与土壤结构的**

相互作用以及土壤侵蚀对全球变化和人类活动的响应机制在本阶段得到广大学者的高度关注。

从 1996～2005 年土壤物理学 TOP50 高被引文章关键词组合特征来看（表 4-3），关键词主要来自 5 个领域：第一，与土壤有机质相关的关键词，比如土壤有机质（soil organic matter）、土壤有机碳（soil organic carbon）、轻组（light fraction）、C-13 自然丰度（C-13 natural abundance）、固碳（carbon sequestration）、可溶性有机碳（dissolved organic carbon）、核磁共振光谱（NMR spectroscopy）等；第二，与土壤侵蚀有关的关键词，包括土壤侵蚀（soil erosion）、径流（runoff）、泥沙（sediment）和土壤侵蚀模型（soil erosion model）等；第三，与水文过程相关的关键词，包括分布式水文模型（distributed hydrological model）、导水率（hydraulic conductivity）、径流（runoff）和土壤水分（soil moisture）等；第四，与耕作相关的关键词，包括免耕（no tillage）、保护性耕作（conservation）和土壤压实（soil compaction）等；第五，与土壤结构相关的关键词，包括土壤质地（soil texture）、团聚体（aggregates）和水稳定性团聚体（water stable aggregates）等。可见，TOP50 高引论文关键词与国际 SCI 论文高频关键词存在一致性。与上一个阶段相比，**土壤有机碳分组、分布式水文模型和保护性耕作在本阶段成为新的关注点**。同时，TOP50 高被引论文中还出现了土地利用（land use）和气候变化（climate change）等关键词，反映**上述研究领域对人类活动和全球变化的响应成为新的研究热点**。

表 4-3　1996～2005 年土壤物理学 TOP50 高被引 SCI 论文 TOP25 关键词

序号	关键词	频次	序号	关键词	频次	序号	关键词	频次
1	soil organic matter	8	11	aggregates	3	21	conservation tillage	2
2	no tillage	6	12	C-13 natural abundance	3	22	NMR spectroscopy	2
3	soil texture	6	13	carbon sequestration	3	23	manure amendments	2
4	soil erosion	5	14	climate change	3	24	waterstable aggregates	2
5	soil organic carbon	5	15	dissolved organic matter	3	25	soil erosion model	2
6	distributed hydrological model	4	16	nitrogen	3			
7	hydraulic conductivity	4	17	runoff	3			
8	land use	4	18	sediment	3			
9	light fraction	4	19	soil moisture	3			
10	soil quality	4	20	soil compaction	2			

（2）中国土壤物理学的前沿探索研究

中国学者 1996～2005 年在土壤物理学领域发表了 232 篇 SCI 论文，占全球土壤物理学 SCI 论文总数的 2.9%。基于中国学者发表的 SCI 论文关键词形成聚类图（图 4-11）。在土壤侵蚀和土壤水文过程等领域，中国土壤物理学紧跟国际土壤物理学的研究内容。同时，中国学者结合自身国情，在土壤水分利用、土壤—植物—大气连续体（SPAC）方面强调了自己的特色。图中聚成了 5 个方面的研究领域，包括**土壤侵蚀过程与机理、水土流失与模型模拟、土壤水分与土壤肥力、水分利用效率与作物生长、土壤—植物—大气水分传输**。

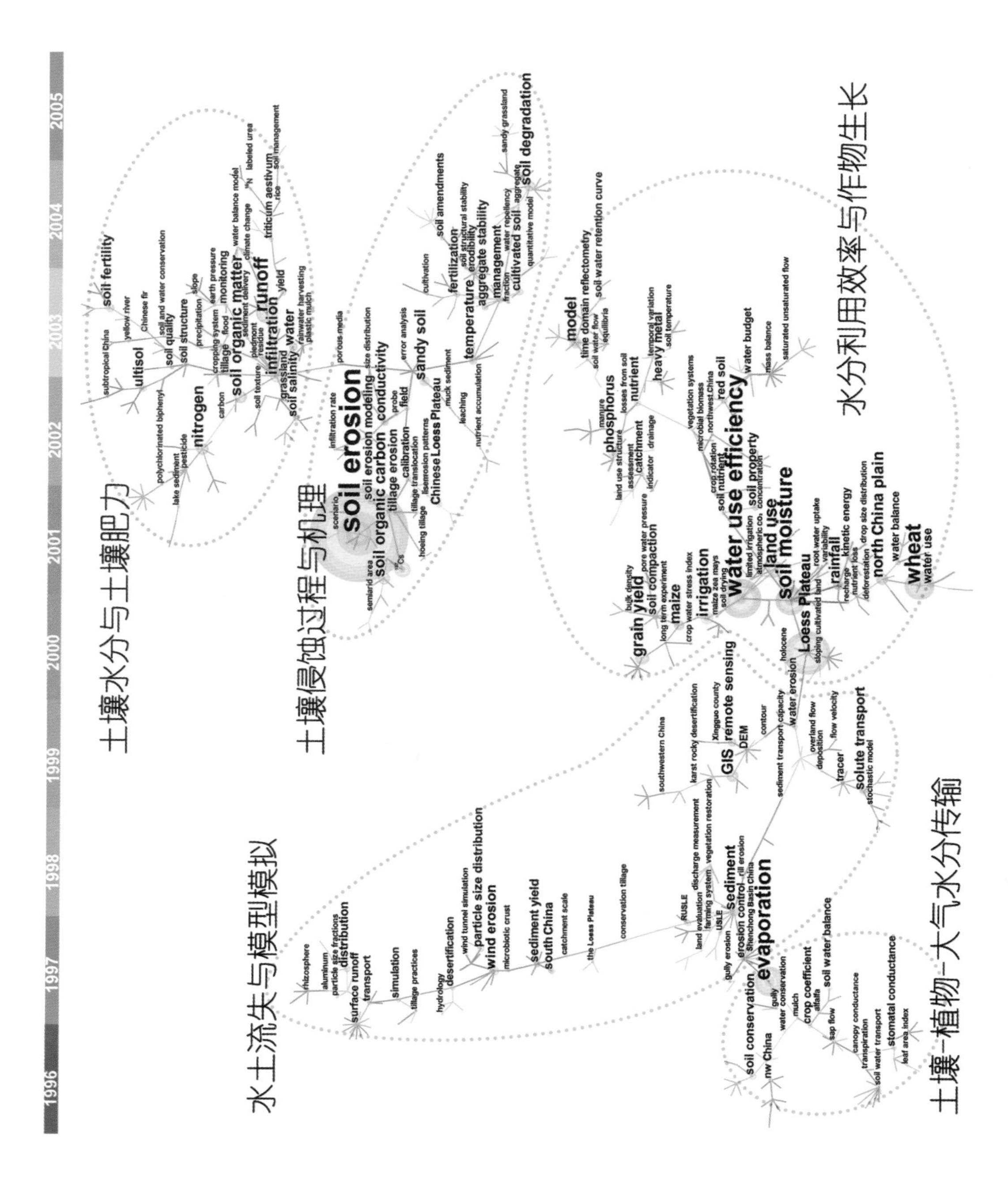

图 4-11 1996～2005 年土壤物理学中国作者 SCI 论文关键词共现关系

①土壤侵蚀过程与机理。在该聚类圈中，土壤侵蚀（soil erosion）为最高频率的关键词。围绕该关键词，出现了耕作侵蚀（tillage erosion）、可蚀性（erodibility）、土壤侵蚀模拟（soil erosion modeling）和侵蚀格局（erosion pattern）等关键词；分析施肥（fertilization）、土壤改良剂（soil amendments）和管理（management）等对耕作土壤（cultivated soil）的团聚体（aggregate）、团聚体稳定性（aggregate stability）和土壤结构稳定性（structural stability）的影响，阐明土壤可蚀性（soil erosion）的机制。分析锄头耕作（hoeing tillage）、耕作翻耕（tillage translocation）对耕作侵蚀（tillage erosion）的贡献。利用 Cs-137 和土壤侵蚀模型（soil erosion modeling），估算土壤侵蚀速率。土壤侵蚀（soil erosion）是土壤退化（soil degradation）的主要类型之一，并以中国黄土高原（Chinese Loess Plateau）最为典型。这些关键词聚在一起，充分体现了中国学者**从土壤可蚀性角度探讨自然因素和人为活动对土壤侵蚀过程与机理的影响。**

②土壤水分与土壤肥力。在图 4-11 上方，以径流（runoff）、入渗（infiltration）、土壤有机质（soil organic matter）、氮（nitrogen）和土壤肥力（soil fertility）等为高频关键词。与土壤水有关的关键词有水（water）、径流（runoff）、入渗（infiltration）、洪涝（flooding）以及水量平衡模型（water balance model）等；在该聚类圈中，以土壤有机质（soil organic matter）、氮（nitrogen）、土壤结构（soil structure）等反映土壤肥力（soil fertility）为主要指标的关键词，分析土壤管理（soil management）、作物系统（cropping system）、薄膜覆盖（plastic mulch）、秸秆（residue）、耕作（tillage）对土壤肥力（soil fertility）的影响；水稻（rice）、N-15（N 15 labeled urea）、降雨收获指数（rainwater harvesting）和产量（yield）等关键词体现了土壤生产力；以我国亚热带（subtropical China）红壤（Ultisol）的研究尤为突出。这些关键词反映**中国学者主要从土壤肥力角度阐释土壤水文过程。而在相同的时段，国际土壤物理学以入渗的影响机制、优先流及其驱动下物质迁移转化为主要研究内容。**

③水分利用效率与作物生长。在聚类圈中，以土壤水分（soil moisture）、小麦（wheat）、水分利用效率（water use efficiency）和黄土高原（Loess Plateau）为高频关键词，反映水分利用高效对我国粮食安全的重要性。与土壤水分和水分利用效率相关的关键词有灌溉（irrigation）、有限灌溉（limited irrigation）、水量平衡（water balance，water budget）、水分利用（water use）等；与作物生长相关的关键词有小麦（wheat）、玉米（maize）、粮食产量（grain field）等；这些工作基于黄土高原（Loess Plateau）、华北平原（north China plain）和中国西北区（northwest China）等区域，开展长期定位试验（long term experiment），从作物水分胁迫（crop water stress index）、土壤干旱（soil drying）、土壤养分（nutrient，phosphorus）和水分利用效率（water use efficiency）等角度阐释作物生长。**水资源短缺是中国农业可持续发展的主要限制因素。在华北平原和西北干旱区开展小麦及玉米的水分高效利用充分体现了中国区域特色。**

④水土流失与模型模拟。在该聚类圈中，以泥沙（sediment）、GIS 和遥感（remote sensing）为高频关键词。出现了侵蚀（erosion）、水蚀（water erosion）、风蚀（wind erosion）、沟蚀（gully erosion）、细沟侵蚀（rill erosion）等不同侵蚀类型的关键词；利用通用土壤流失方程（USLE，RUSLE）、GIS 和遥感（remote sensing）等方法，估算产沙量（sediment，sediment yield）和泥

沙搬运能力（sediment transport capacity）；出现了保护性耕作（conservation tillage）、等高（contour）耕作、植被恢复（vegetation restoration）等反映侵蚀防蚀（erosion control）的关键词。结合风洞模拟（wind tunnel simulation），分析风蚀（wind erosion）对土壤颗粒大小分布（particle size distribution）和生物结皮（microbiotic crust）等的影响；分析地表径流（surface runoff）对土壤颗粒大小（particle size fraction）的分布（distribution）与搬运（transport）等。这些研究工作主要集中在黄土高原（Loess Plateau）、我国西南（southwestern China）喀斯特石漠化区（Karst rocky desertification）、中国南方（south China）以兴国县（Xingguo county）为代表的花岗岩区等区域。这些关键词聚在一起反映**中国学者在中国典型侵蚀区域开展水土流失防控与模型模拟研究**。

⑤土壤—植物—大气水分传输。在该聚类圈中，以蒸发（evaporation）为高频关键词。围绕如何减少土壤蒸发，在土壤水保持（water conservation）方面，采用覆盖（mulch）、土壤保持（soil conservation）等措施，从土壤水传输（soil water transport）、气孔传导性（stomatal conductance）、树冠传导性（canopy conductance）、蒸腾（transpiration）、树干液流（sap flow）、土壤水量平衡（soil water balance）进行研究。也出现了影响蒸腾的叶面积指数（leaf area index）和作物系数（crop coefficient），这些关键词体现了**土壤—植物—大气连续体（SPAC）的水分传输过程及其影响因素**。

（3）中国土壤物理学研究的特色与优势

根据 CNKI 数据库检索出 1996～2005 年中国土壤物理学共发表 4 215 篇 CSCD 论文，然后根据这些论文中的关键词形成聚类图，如图 4-12 所示。图中显示中国土壤物理学主要集中在 5 个领域，包括**土壤侵蚀过程与机理、水土保持与生态环境、水土流失与模型模拟、盐渍化与水盐运移、土壤物理性质与肥力**。

①土壤侵蚀过程与机理。在该聚类圈中，以土壤侵蚀、土壤水分为高频关键词。围绕这两个关键词，在黄土丘陵区、黄土丘陵沟壑区等典型区域，以小流域、坡耕地为主要研究尺度，结合遥感、GIS 等技术，开展侵蚀特征、土壤可蚀性、土壤侵蚀类型等研究内容；从通用土壤流失方程角度，分析土地利用方式、侵蚀因子、地形因子、降雨侵蚀力等土壤侵蚀驱动因素，开展地表径流、土壤干层等研究。这些关键词体现了**以黄土高原为典型区域，开展土壤侵蚀特征与驱动因素的研究一直是中国土壤物理学研究的重点领域。与前一个 10 年相比，驱动因素更为细化，技术方法更为先进，研究内容更为深入**。

②水土保持与生态环境。在该聚类圈中，出现了黄土区、长江上游、红壤坡地、干旱区、三峡库区、干热河谷、元谋、农牧交错带等区域，黄土、栗钙土、红壤等土壤类型，坡地、旱地、林地、农田、草地等土地利用方式；细沟侵蚀、风蚀、侵蚀产沙、土壤侵蚀强度、土壤流失等与土壤侵蚀相关的研究内容，从土壤养分、土壤水分、土壤结构、土地利用变化、景观格局、生物多样性等分析土壤退化和生态环境，出现了植被覆盖、免耕、秸秆覆盖、地膜覆盖、植被覆盖度、耕作措施、农林复合系统等水土保持防治措施、防治对策的内容，出现了持续农业、可持续发展等关键词。这些关键词充分体现了**中国典型区域水土保持措施与生态环境效应评价相结合，支撑区域农业可持续发展**。

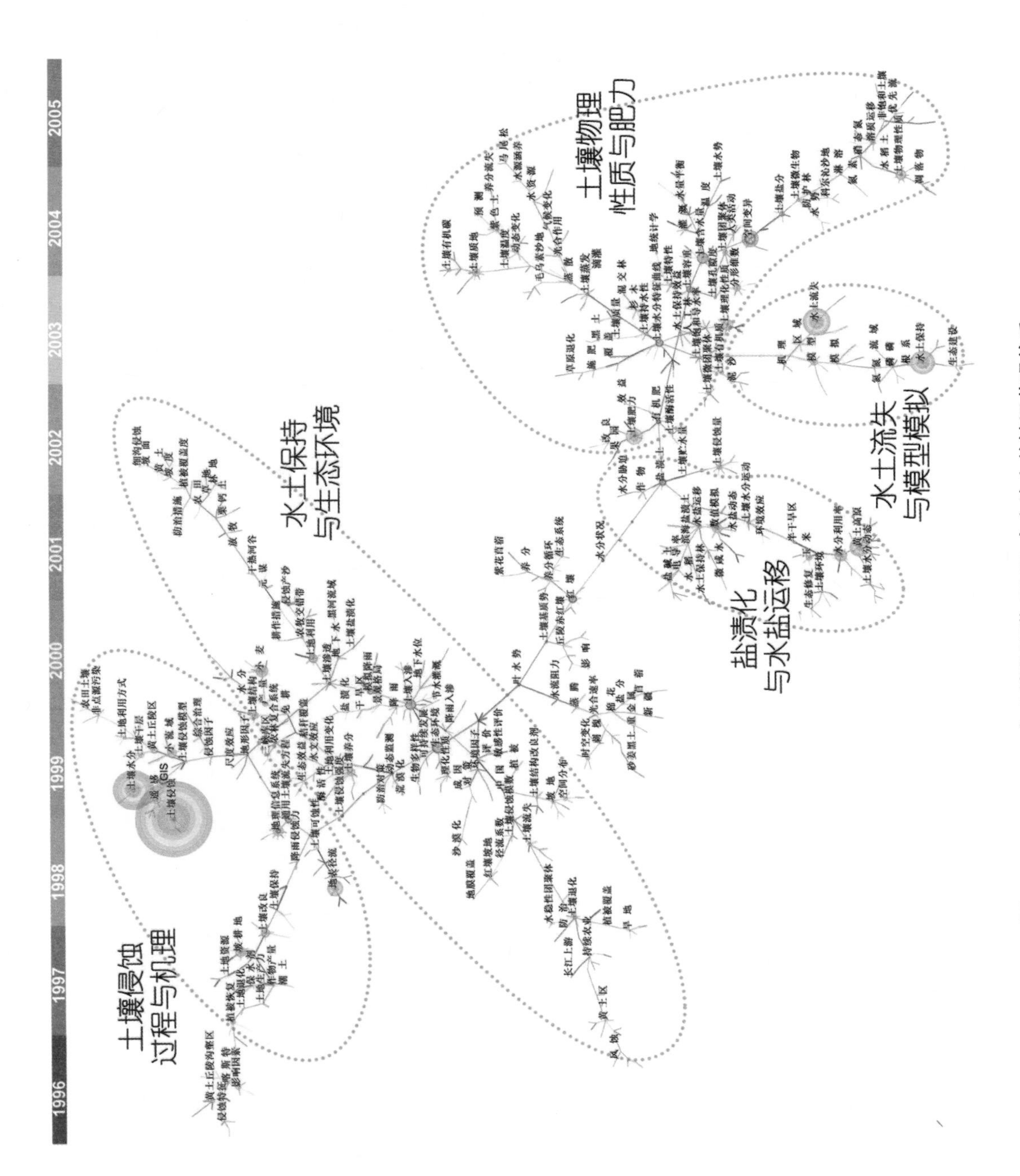

图 4-12　1996～2005 年土壤物理学 CSCD 中文论文关键词共现关系

③**盐渍化与水盐运移**。在该聚类圈中，以黄土高原的水分利用率为核心研究内容，开展土壤水分动态变化，同时在半干旱区，作物以玉米为主的水分利用。以水盐运移和数值模拟为主要研究内容，开展盐渍土、盐碱土、滨海盐渍土等水盐动态、土壤水分运动、电导率、水分胁迫对作物生长的影响。**土壤盐渍化一直是中国土壤退化的主要类型之一**。

④**土壤物理性质与肥力**。在该聚类圈中，以土壤含水量、土壤物理性质、土壤肥力为高频关键词。围绕土壤含水量，开展土壤持水性、土壤水分特征曲线、土壤饱和导水率、优先流、容重等土壤水力学性质，并利用地统计学的方法，分析土壤理化性质、土壤物理性质的空间变异及其驱动因素。通过施肥、有机肥、覆盖、改良等措施，从土壤团聚体、土壤有机质、土壤酶活性、土壤持水性等角度评价土壤肥力和土壤质量。这些关键词体现了**土壤物理性质对土壤肥力的重要作用**。

⑤**水土流失与模型模拟**。在该聚类圈中，以水土流失、水土保持为高频关键词，在机理、流域、区域、生态建设等方面开展氮、磷、泥沙等模型模拟的研究。在该聚类圈中，关键词较少且集中，体现了**水土流失与模型模拟得到中国学者的高度关注**。

与前一个10年相比，土壤侵蚀、水土保持、盐渍化和土壤物理性质仍是中国土壤物理学主要研究内容，但在研究内容上更为丰富。土壤侵蚀驱动因素更加细化，结合了遥感和GIS技术，研究手段更加先进，并从小区、坡面、流域和区域等多尺度开展工作，研究内容更加丰富。水土保持方面更加侧重农业可持续。土壤物理肥力从过去的土壤结构延伸到土壤团聚体和土壤水分等土壤物理性质对土壤肥力的综合影响。

4.2.3 土壤物理学2006～2015年

（1）国际土壤物理学的主题与成就

根据Web of Science数据库检索出2006～2015年国际土壤物理学一共发表了12 749篇SCI论文，然后根据这些论文中的关键词形成聚类图，如图4-13所示。图中土壤侵蚀（soil erosion）、土壤水分（soil moisture）、径流（runoff）、入渗（infiltration）、导水率（hydraulic conductivity）、土壤有机质（soil organic matter）、土地利用（land use）、土壤有机碳（soil organic carbon）、土壤压实（soil compaction）、模型模拟（model）为TOP10高频关键词，反映了这些研究方向为当时的研究热点。与前一个10年相比，新增了土壤有机碳（soil organic carbon）、土地利用（land use），相应地减少了耕作（tillage）和水（water）。同时，气候变化（climate change）是爆发的高频词，反映近10年来气候变化得到广大国际土壤物理学的重视。图中聚成了5个核心研究领域，主要包括**土壤侵蚀过程与机理、土壤物理性质与作物生长、水土过程模拟与全球变化、土地利用与土壤固碳、土壤耕作与土壤结构**。

①**土壤侵蚀过程与机理**。在图4-13中部，以土壤侵蚀（soil erosion）、土壤水分（soil moisture）为高频关键词。围绕土壤侵蚀，出现了沟蚀（gully erosion）、细沟间侵蚀（interrill erosion）、泥石流（landslide）等土壤流失类型；从土壤结构稳定性的角度，分析团聚体稳定性（aggregate stability）、土壤剪切力（shear strength）和接触角（contact angle），采用计算机断层扫描（computed tomography）和图像分析（image analysis）等技术手段，量化土壤微形态（soil micromorphology）；从土壤水分的角度，深入研究非饱和区（unsaturated zone）、非饱和流（unsaturated flow）、饱和导水率（saturated hydraulic conductivity）、径流产生（runoff generation）、水分运动（water flow）、壤中流（subsurface flow）、导水性（conductivity）和地下水补给（groundwater recharge）等；利用 TDR（time domain reflectometry）、探地雷达（ground penetration radar）和圆盘入渗（tension infiltrometer）等方法原位（field）监测土壤水分与入渗，利用 Richards 方程（Richards equation）、Hydrus 模型（Hydrus）、水文模型（hydrological modeling）和 SWAT 模型（SWAT）等模拟（numerical modeling，simulation）土壤水力学性质（soil hydraulic properties）；从悬浮颗粒（suspended sediment）、硝态氮（nitrate）和溶质迁移（solute transport）等评价侵蚀所导致的水体质量（water quality）；从耕作侵蚀角度，分析传统耕作（conventional tillage）、免耕（no till）和作物轮作（crop rotation）等对土壤侵蚀的影响；在尺度上跨多孔介质（porous media）、田块（field，forest

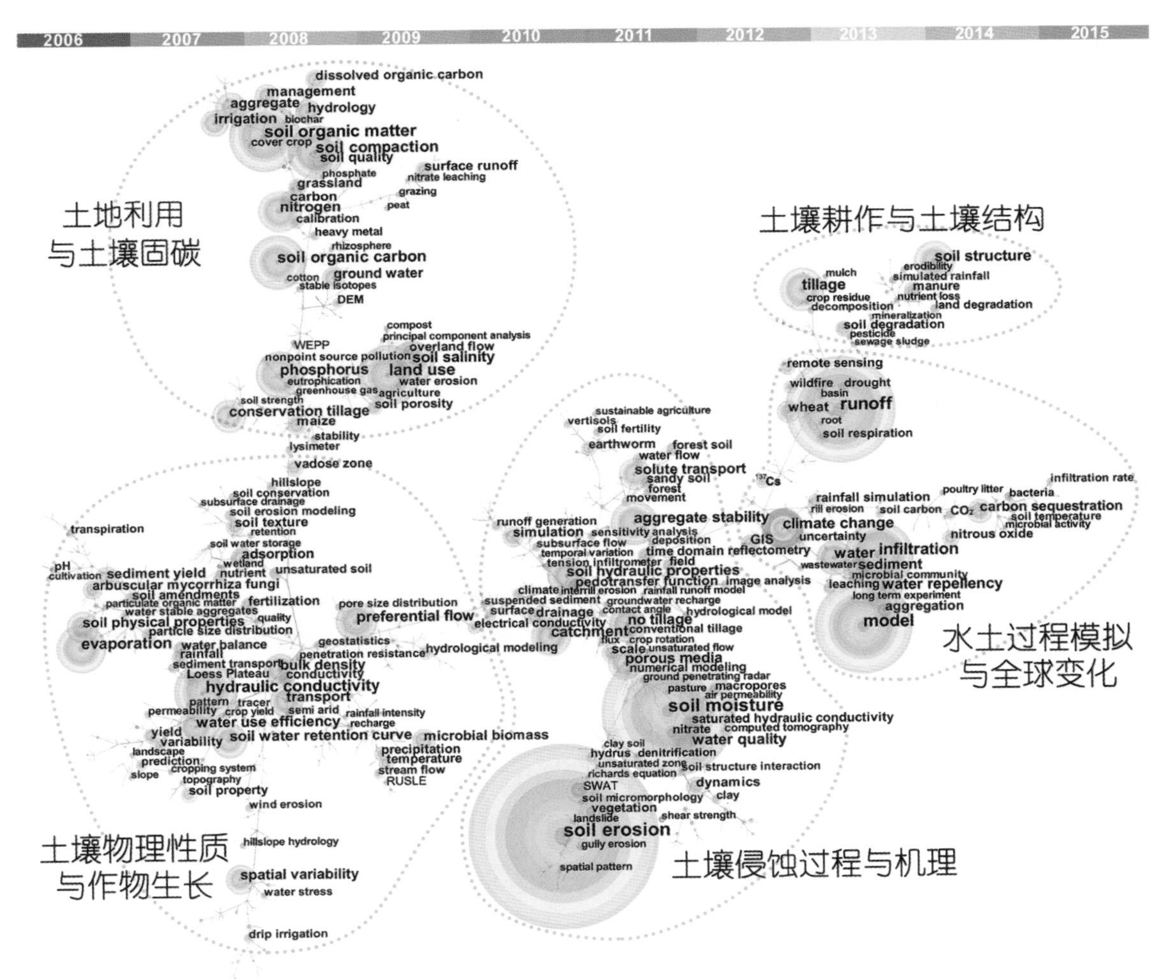

图 4-13　2006～2015 年土壤物理学全球作者 SCI 论文关键词共现关系

soil，sandy soil）和流域（catchment）等。这些关键词**综合了水文和土壤侵蚀等多种研究方法，跨多个尺度，从土壤结构稳定性、土壤水分、耕作、侵蚀类型等方面深入阐述土壤侵蚀过程及其驱动机制。与前面阶段相比，研究方法更为先进，研究内容更加丰富。**主要学术成就表现在大量研究表明侵蚀泥沙呈现双峰分布，悬移—跃移和推移搬运机制在不同粒级泥沙颗粒上的贡献率有所差异（Asadi et al.，2007：134～142；Wang et al.，2014：168～176）。此外，土壤侵蚀对人类活动和全球变化的响应研究得到重视。水土流失不但带走了泥沙细颗粒，而且改变了有机碳空间分布格局，是土壤有机碳损失的主要途径（van Oost et al.，2007：626～629），并改变了有机碳周转速率和组成（Berhe et al.，2012）。

②土壤物理性质与作物生长。在图 4-13 左下方，以导水率（hydraulic conductivity）、优先流（preferential flow）、蒸发（evaporation）和水分利用效率（water use efficiency）等为高频关键词，形成一个相对独立的聚类圈。围绕土壤水文过程性质，出现了降水（rainfall，precipitation）、坡面水文过程（hillslope）、渠道径流（stream flow）、导水率（hydraulic conductivity）、优先流（preferential flow）、土壤水分特征曲线（soil water retention curve）、土壤蓄水量（soil water storage）、壤中流（subsurface drainage）、水量平衡（water balance）等关键词；还出现了土壤质地（soil texture）、颗粒大小分布（particle size distribution）、容重（bulk density）、孔隙大小分布（pore size distribution）、水稳定性团聚体（water stable aggregates）、抗穿透阻力（penetration resistance）、透气性（permeability）等与土壤物理性质（soil physical properties）相关的关键词；特别在水分利用效率（water use efficiency），考虑水分胁迫（water stress）、滴管（drip irrigation）、蒸发（evaporation）、蒸腾（transpiration）等对作物产量（crop yield）的影响；其中反映作物生长的关键词还有产量（yield）、作物系统（cropping system）。还出现了与土壤肥力相关的关键词，比如施肥（fertilization）、养分（nutrient）、丛枝真菌菌根（arbuscular mycorrhiza fungi）、颗粒有机物（particulate organic matter）、土壤保护（soil conservation）等。这些关键词反映了**土壤保水供水能力、通气性和土壤强度等土壤物理性质对作物生长的影响机制**。随着 CT 和计算机图像分析技术的快速发展，土壤结构定量化得到突破。利用 CT 技术研究大孔隙与水分运动的关系（Luo et al.，2008：1058～1069；Zhang et al.，2015：53～65）、与通气性的关系（Katuwal et al.，2015：9～20），力图建立孔隙结构参数与透水通气性的定量关系。根系图像软件的出现（比如：RooTrack）也推动了土壤结构与根系生长的相互作用研究（Mairhofer et al.，2012：561～569；Mooney et al.，2012：1～22）。氢氧同位素技术在 SPAC 中的应用，促进了作物耗水策略研究（Zhang et al.，2011：196～205；Shen et al.，2015：125～133）。

③土地利用与土壤固碳。在图 4-13 左上方，以土地利用（land use）、土壤有机质（soil organic matter）、土壤有机碳（soil organic carbon）、土壤压实（soil compaction）和土壤盐渍化（soil salinity）等为高频关键词。在该聚类圈中，出现了土地利用（land use）、保护性耕作（conservation tillage）、农业（agriculture）、草地（grassland）、放牧（grazing）、肥田作物（cover crop）、厩肥（compost）、管理（management）和灌溉（irrigation）等影响有机物投入的土壤管理措施；与土壤碳库相关的关键词有土壤有机质（soil organic matter）、土壤有机碳（soil organic carbon）、生物炭（biochar）、

泥炭（peat）、碳（carbon）和可溶性有机碳（dissolved organic carbon）等；同时还出现了与土壤固碳密切相关的根际（rhizosphere）、团聚体（aggregate）等关键词。这些关键词主要体现了**从土壤管理措施角度，分析土壤固碳的生物物理机制是国际土壤物理学的新兴领域**。本阶段主要学术成就表现在利用同位素技术或者相关示踪技术，揭示土壤有机碳周转的控制机制。De Gryze 等（2006：693～707）利用稀土元素标记不同大小的团聚体，发现扰动显著加快大团聚体的周转速度和有机碳的矿化。Qiao 等（2015：163～174）基于长期定位试验，根据 C-13 自然丰度，也发现新碳更容易积累在大团聚体中，周转速度也远快于微团聚体。但是，大团聚体比微团聚体对外界应力更加容易破碎。大量的长期定位施肥试验表明，有机肥施用显著增加颗粒有机物，改善土壤结构（Abiven et al.，2009：1～12）。这些研究进一步阐释土壤固碳对人类活动和全球变化的响应机制。

④**水土过程模拟与全球变化**。在图 4-13 右侧，以径流（runoff）、入渗（infiltration）和模型模拟（model）为高频关键词。其中，水土过程出现了径流（runoff）、入渗（infiltration）、入渗速率（infiltration rate）、斥水性（water repellency）、水（water）等突出水文过程的关键词；也出现了团聚过程（aggregation）、产沙（sediment）、细沟侵蚀（rill erosion）等关键词；同时出现了土壤呼吸（soil respiration）、CO_2、氧化亚氮（nitrous oxide）、土壤碳（soil carbon）、干旱（drought）等与全球变化（climate change）有关的关键词；还出现了影响温室气体排放的关键词，比如土壤温度（soil temperature）、微生物活性（microbial activity），采用的方法有 GIS、遥感（remote sensing）和模型模拟（model）等。其中，全球变化（climate change）是爆发关键词，表明为新兴研究热点。这些关键词反映**水土过程对全球变化的响应与反馈受到广大学者的高度关注**。本阶段土壤水文过程突破传统的渗透区和农田尺度，拓展到以小流域为主要研究尺度地球关键带（Lin，2010：25～45）。利用同位素技术，结合保守性示踪离子，利用端元混合模型，进行径流分割和水源路径解析，在揭示水文过程驱动下的物质迁移转化规律具有明显优势（Liu et al.，2008；Muñoz-Villers and McDonnell，2012）。

⑤**土壤耕作与土壤结构**。在图 4-13 右上方，以耕作（tillage）和土壤结构（soil structure）为高频关键词；除了耕作外，作物秸秆（crop residue）、覆盖（mulch）、有机肥（manure）、生活污泥（sewage sludge）以及有机物的分解（decomposition）、矿化（mineralization）等均影响土壤结构（soil structure）形成稳定。相反，传统耕作（conventional tillage）又导致土壤结构退化，是土壤退化（soil degradation）和土地退化（land degradation）的主要类型之一。这些关键词反映了**土壤结构演变是阐明耕作影响土壤质量的重要过程**。主要学术成就体现在更多的研究基于长期定位不同耕作试验地，全面分析传统耕作与保护性耕作对土壤结构、土壤强度、土壤动物、作物生物量和产量的影响（Li et al.，2007：344～350；Morris et al.，2010：1～15；Munkholm et al.，2013：85～91），阐释了耕作对土壤结构及其作物生长的影响机制。

从 2006～2015 年土壤物理学 TOP50 高被引文章关键词组合特征来看（表 4-4），关键词仍然主要来自土壤有机质、土壤侵蚀、水文过程、土壤结构等领域。与过去 20 年相比，本阶段 TOP50 高被引文章关键词组合有新的特征：第一，与土壤有机碳相关的关键词显著增多，包括生物炭（biochar）、固碳（carbon sequestration）、丛枝真菌菌根（arbuscular mycorrhiza）、微生物群落（microbial community）、土壤有机质（soil organic matter）、土壤呼吸（soil respiration）和碳循环（carbon cycling）等，生物炭（biochar）替代土壤有机质成为排名第一的关键词，固碳（carbon sequestration）上升为第 2 位；第二，1986～1995 年、1996～2005 年和 2006～2015 年 TOP25 关键词频次总和分别为 104 次、89 次和 72 次，本阶段 TOP50 高引论文关键词频次显著降低，说明这些研究来自更多领域；第三，研究尺度得到拓展，出现坡面（hillslope）和地球关键带（critical zone）等尺度。可见，**生物炭是土壤有机碳研究的新热点，而水文过程与土壤侵蚀从过去的小区尺度拓展到坡面和地球关键带尺度**。

表 4-4　2006～2015 年土壤物理学 TOP50 高被引 SCI 论文 TOP25 关键词

序号	关键词	频次	序号	关键词	频次	序号	关键词	频次
1	biochar	8	11	soil organic matter	3	21	soil fertility	2
2	carbon sequestration	5	12	soil respiration	3	22	nitrogen	2
3	soil erosion	5	13	aggregate stability	2	23	rainfall-runoff model	2
4	model	4	14	antecedent wetness conditions	2	24	soil texture	2
5	arbuscular mycorrhiza	3	15	carbon cycling	2	25	SWAT	2
6	climate change	3	16	critical zone	2			
7	microbial community	3	17	crop yield	2			
8	precipitation	3	18	soil quality	2			
9	runoff	3	19	gully erosion	2			
10	soil moisture	3	20	hillslope	2			

（2）中国土壤物理学的前沿探索研究

中国学者 2006～2015 年在土壤物理学领域发表了 1 528 篇 SCI 论文，占全球土壤物理学 SCI 论文总数的 12.0%。基于中国学者发表的 SCI 论文关键词形成聚类图（图 4-14）。在土壤侵蚀、土壤水文、土壤结构等领域，中国土壤物理学紧跟国际土壤物理学的研究内容。同时，中国学者结合自身国情，在旱区土壤水分利用、水文过程驱动下面源污染等方面强调了中国特色。图中聚成了 5 个方面的研究领域，包括**土壤侵蚀过程与机理、土壤水文过程与溶质迁移、土壤结构与功能、水分利用与作物生长、土地利用与土壤固碳**。

①土壤侵蚀过程与机理。在该聚类圈中，以土壤侵蚀（soil erosion）和团聚体稳定性（aggregate stability）为高频关键词。团聚体稳定性为土壤可蚀性的重要指标。我国学者从土壤性质，特别是团聚体稳定性的角度，对阐释土壤侵蚀的机理做了很多工作。也出现了沟蚀（rill erosion）、沟间侵蚀（interrill erosion）等侵蚀类型以及地形（topography）、地表径流（overland flow）、壤中流（subsurface flow）等驱动因素，还出现了水文模型模拟（hydrological model）、模拟（simulation）和土壤侵蚀模型（soil erosion modeling）等土壤侵蚀模型模拟。总体上来说，近 10 年，**土壤侵蚀的出现频率仍然最高，团聚体稳定性与土壤侵蚀的关系得到中国学者的高度关注**。

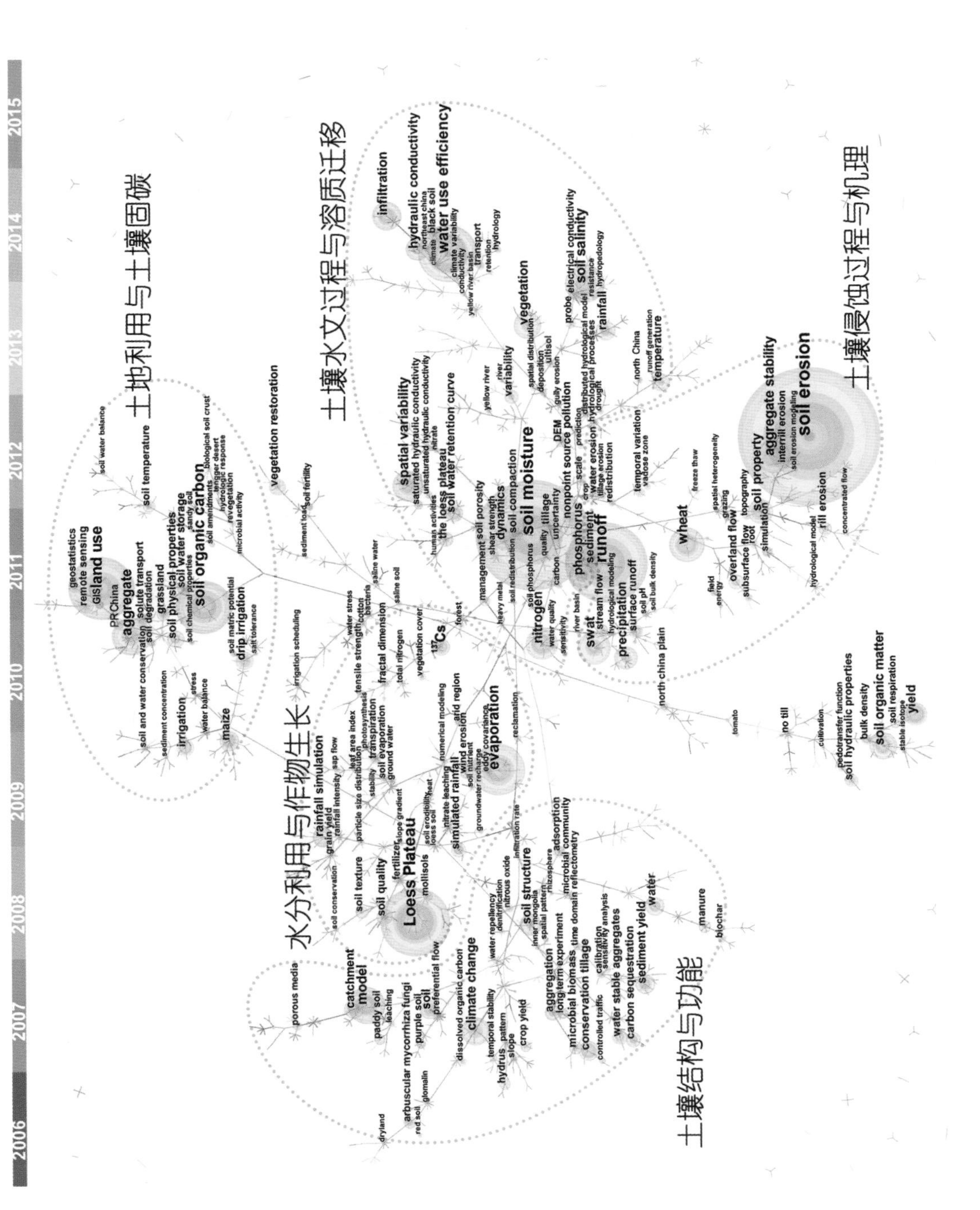

图 4-14　2006～2015 年土壤物理学中国作者 SCI 论文关键词共现关系

②土壤水文过程与溶质迁移。在该聚类圈中，以土壤水分（soil moisture）和径流（runoff）为高频关键词。出现了土壤水分（soil moisture）、径流（runoff）、入渗（infiltration）、导水率（hydraulic conductivity）、土壤水分特征曲线（soil water retention curve）、饱和导水率（saturated hydraulic conductivity）、非饱和导水率（unsaturated hydraulic conductivity）、空间变异（spatial variability）等土壤水文过程；出现了氮（nitrogen）、磷（phosphorus）、非点源污染（nonpoint source pollution）、泥沙（sediment）等溶质迁移，利用水文模型（hydrological modeling）、分布式水文过程模型（distributed hydrological model）和 SWAT 模型（SWAT）预测水文过程驱动下物质迁移转化规律。同时，盐渍化（soil salinity）及其电导率（electrical conductivity）以及在东北（northeast China）、黑土（black soil）、黄河流域（yellow river basin）和华北平原（north China plain）开展的水分利用效率（water use efficiency）等也是中国学者的研究热点。水文土壤学（hydropedology）的出现反映了土壤物理学与水文学的交叉。气候变化（climate，climate variability）、人类活动（human activities）等尽管词频较低，也得到中国学者的关注。总体上，**中国学者既侧重土壤水分的时空变异、入渗和水分利用效率等水文过程，也关注水文过程驱动下物质迁移转化等与生态环境密切相关的研究。**

③土壤结构与功能。在该聚类圈中，出现了土壤结构（soil structure）、水稳定性团聚体（water stable aggregates）、团聚作用（aggregation）等关键词，以及影响团聚体形成的丛枝真菌菌根（arbuscular mycorrhiza fungi）、球囊霉素（glomalin）、微生物量（microbial biomass）、生物群落（microbial community）、厩肥（manure）和生物炭（biochar）等生物因素，也出现了斥水性（water repellency）和保护性耕作（conservation tillage）等影响团聚体稳定性的关键词；同时，还出现固碳（carbon sequestration）、产沙量（sediment yield）、水（water）、优先流（preferential flow）、淋溶（leaching）、入渗速率（infiltration rate）和作物产量（crop yield）等与土壤结构功能密切相关的关键词。这些工作基于长期试验（long-term experiment），在紫色土（purple soil）、水稻土（paddy soil）、红壤（red soil）和旱地（dryland）等土壤类型上开展。这些关键词体现了**土壤结构形成稳定机制及其在固碳、肥力和抗蚀方面的功能，与当时国际上土壤结构相关研究工作同步。**

④水分利用与作物生长。在该聚类圈中，以黄土高原（Loess Plateau）和蒸发（evaporation）为高频关键词。除了黄土高原外，还出现了黑土（mollisols）、盐渍土（saline soil）和旱区（arid region）等关键词，出现了土壤蒸发（soil evaporation）、蒸腾（transpiration）、光合作用（photosynthesis）、叶面积指数（leaf area index）、水分胁迫（water stress）和水量平衡（water balance）等，也出现了灌溉（irrigation）、滴灌（drip irrigation）、灌溉制度（irrigation scheduling）等，与作物相关的有玉米（maize）、棉花（cotton）和作物产量（crop yield）等，与土壤质量（soil quality）相关的有土壤质地（soil texture）、土壤养分（soil nutrients）和施肥（fertilizer）等。这些关键词体现了**旱区水分胁迫对作物生长和产量的影响等研究内容。**

⑤土地利用与土壤固碳。该聚类圈相对独立，以土地利用（land use）和土壤有机碳（soil organic carbon）为高频关键词。围绕这两个关键词，出现了团聚体（aggregate）、土壤物理性

质（soil physical properties）、土壤蓄水量（soil water storage）、土壤化学性质（soil chemical properties）、草地（grassland）和土壤退化（soil degradation）等影响土壤有机碳储量的因素，出现了地统计学（geostatistics）、遥感（remote sensing）和 GIS 等方法，这些关键词体现了我国学者**从大尺度上研究土地利用变化下土壤有机碳储量格局**。

（3）中国土壤物理学研究的特色与优势

根据 CNKI 数据库检索出 2006～2014 年中国土壤物理学共发表 9 521 篇 CSCD 论文，然后根据这些论文中的关键词形成聚类图，如图 4-15 所示。图中显示我国土壤物理学主要集中在 7 个领域，包括**土壤侵蚀过程与机理、土壤侵蚀与评价、土壤水文过程与溶质迁移、水分利用与作物生长、土壤盐渍化与水盐运移、土壤结构与土壤可蚀性、土地利用与土壤固碳，研究内容比前十年更加细化**。

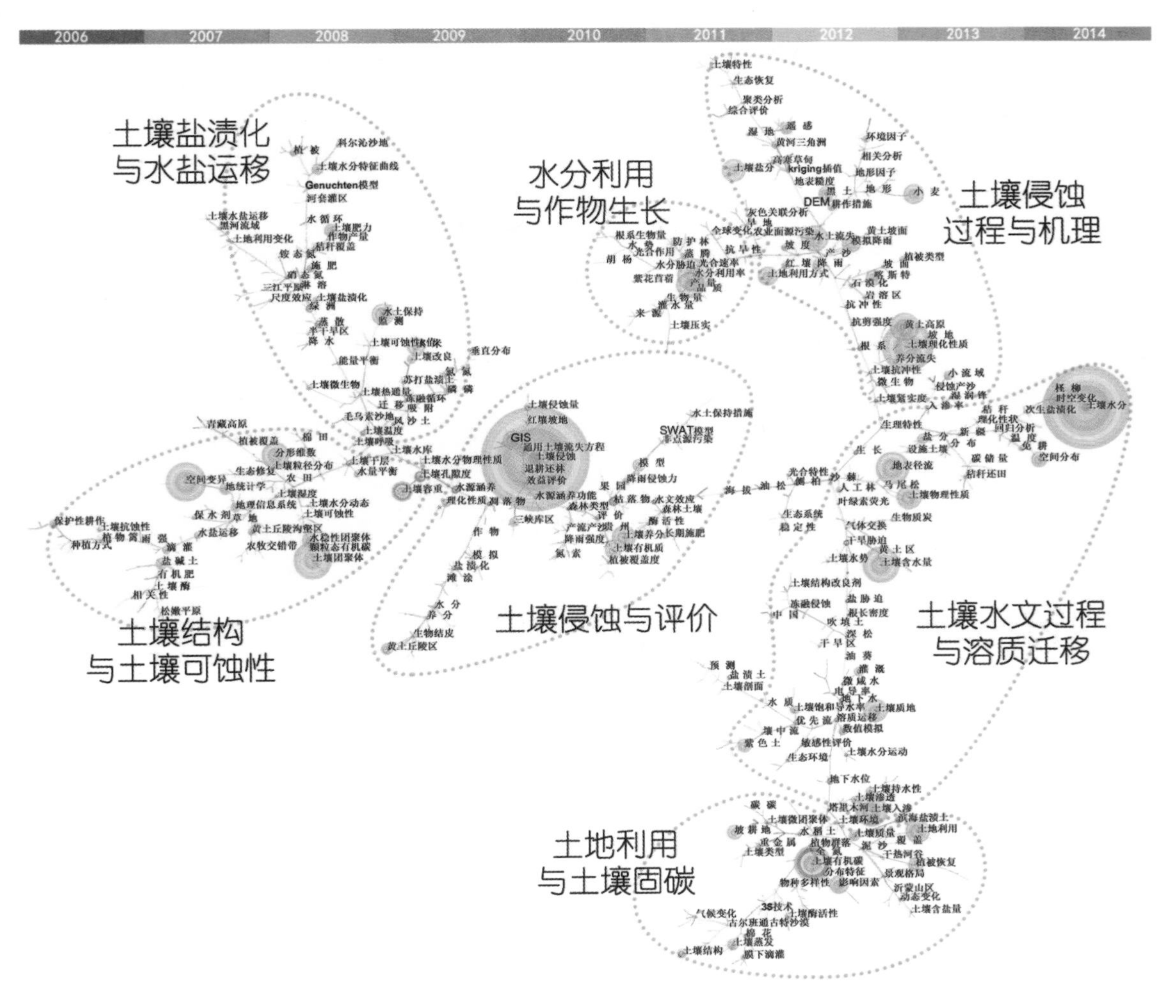

图 4-15　2006～2014 年土壤物理学 CSCD 中文论文关键词共现关系

①土壤侵蚀过程与机理。在该聚类圈中，出现了黄土高原、黄土坡面、黑土、红壤、喀斯特、岩溶区和石漠化等我国典型水土流失区域，在坡地、坡面上深入分析降雨、地形、坡度、

耕作措施、植被类型以及土地利用方式下土壤理化性质、抗冲性、抗剪强度、地表糙度等，阐明水土流失、产沙和养分流失的机理。这些关键词聚在一起反映了**中国典型区域水土流失及其机理是中国土壤物理学的重要领域**。

②土壤侵蚀与评价。在该聚类圈中，以土壤侵蚀为高频关键词。出现了降雨强度、降雨侵蚀力、土壤侵蚀量、产流产沙等；又出现了退耕还林、水土保持措施、森林土壤、水源涵养功能等水土保持相关的关键词；利用 GIS、通用土壤流失方程、SWAT 模型等模型估算土壤侵蚀量和环境效益评价等。这些关键词体现了**土壤侵蚀与模型模拟研究。**

③土壤水文过程与溶质迁移。在该聚类圈中，以土壤水分、土壤含水量和地表径流为高频关键词。此外，还出现了入渗、优先流、壤中流、土壤水分运动、饱和导水率和土壤持水性等土壤水文过程，也出现了盐分、电导率、溶质迁移等关键词；在黄土、设施土壤、盐渍土分别开展了干旱胁迫和盐胁迫对植物生长的影响研究；也分析了免耕、秸秆还田、土壤结构改良剂等对土壤理化性质的影响。这些充分体现了**土壤关键水文过程与溶质迁移研究，但是研究尺度仍局限于渗透区。**

④水分利用与作物生长。在聚类圈中，以水分利用率和产量为高频关键词。出现了水分胁迫、抗旱性、灌水量、蒸腾、光合速率以及根系生物量、作物产量与品质等关键词，植物以胡杨、紫花苜蓿等为代表。这些关键词**体现了旱区水分利用效率与作物产量研究。**

⑤土壤盐渍化与水盐运移。在该聚类圈中，出现了科尔沁沙地、黑河流域、三江平原、绿洲、河套灌区和半干旱区等关键词，这些区域都面临土壤盐渍化问题，同时还出现了土壤水盐运移，土壤水分特征曲线、蒸散、降水、水循环和施肥等影响土壤盐渍化程度的因子。此外，还进一步分析了土壤肥力和作物产量等。这些关键词体现了**我国典型区域土壤盐渍化与水盐运移研究。**

⑥土壤结构与土壤可蚀性。在该聚类圈中，土壤团聚体为高频关键词，是评价土壤可蚀性的重要指标。此外，还出现了水稳定性团聚体、土壤颗粒分布等关键词，利用分形维数表征土壤团聚体大小分布，涉及黄土丘陵沟壑区、农牧交错带等典型侵蚀区域，土壤类型有农田、盐碱土和草地等，还出现了保护性耕作、土壤抗蚀性、植物篱等于水土保持有关的关键词，采用的方法有地统计学、地理信息系统等。这些关键词体现了**我国典型侵蚀区域土壤团聚体稳定性与土壤可蚀性的关系研究。**

⑦土地利用与土壤固碳。在该聚类圈中，以土壤有机碳和土地利用为高频关键词。体现不同土地利用方式的关键词还有水稻土、坡耕地、土壤类型等，也出现了滨海盐渍土、干旱热谷、沂蒙山区古尔班通古特沙漠等区域，影响土壤固碳的关键词有土壤结构、土壤微团聚体、植物群落、土壤酶活性、植被恢复和覆盖等。这些关键词体现了**不同土地利用方式下土壤固碳潜力及其影响机制研究。**

与前一个 10 年相比，土壤侵蚀、水土保持、盐渍化和土壤结构仍是中国土壤物理学主要研究内容，但是在研究内容上更为细化，更加突出中国区域特征。同时，应对气候变化和人类活动强度加剧的情况下，致力于提供水分利用效率与作物产量是中国土壤物理学面临的重要研究

课题。土壤侵蚀模型模拟结合了 GIS、通用土壤流失方程和 SWAT 模型，实现了流域尺度的预测预报。土壤结构研究侧重团聚体尺度，特别是水稳定性团聚体在土壤可蚀性的评价方面得到我国土壤学者的高度关注。

4.3　土壤物理学发展动力剖析

近 30 年来，土壤物理学取得了一些重大进展。从土壤物理学的研究对象来看，从过去土壤静态物理性质，包括土壤颗粒、水分、机械物理性质等，演变到重视机理探讨、过程分析、模型构建等综合研究。从土壤物理学的服务对象来看，从单纯的农业生产拓展到更为综合、复杂的生态环境问题。纵观这些重大进展，可以发现，土壤物理学发展动力有源自社会需求的推动，也有源自学科交叉的延伸；有源自新理论的提出，也有源自新模型的应用；有源自研究尺度的拓展，也有源自新技术和新方法的采用。通过剖析上述国际和中国土壤物理学的发展特征与演进过程，可以将土壤物理学发展驱动力概括为以下 5 个方面。

（1）社会需求是土壤物理学发展动力的源泉

土壤具有维系生物质生产、容纳和消减污染物、过滤水源、固碳、维护生物多样性等多种功能。由于 20 世纪后期人类在人口膨胀、资源利用、生态安全和环境保护等问题上面临的严峻挑战，使所有学科都不能置身事外，共同努力寻找综合的解决途径已成为最大需求（李保国等，2015：78～90）。从近 30 年国际土壤物理学关键词共现关系图（图 4-7、图 4-10 和图 4-13）来看，1986～1995 年，杀虫剂、除草剂和氮磷等随水文过程的迁移转化过程受到学者的广泛关注。而进入 21 世纪后，全球变化和人类活动驱动下土壤水分利用、土壤侵蚀、保护性耕作和土壤固碳等研究得到显著加强。这些变化充分反映了土壤物理学随社会需求在不断完善自身学科发展。

（2）新理论与新模型是土壤物理学发展的内在驱动力

在过去的 30 年中，土壤物理学在土壤水文过程、土壤侵蚀和土壤结构等领域提出了许多新理论和新模型。在土壤水文过程领域，非平衡态水流（Jarvis，2007：523～546）和优先流（Gerke and van Genuchten，1993：305～319）等理论的提出以及 Hydrus 模型的建立（Šimůnek and van Genuchten，2008：782～797）及其应用等，推动了土壤水分过程的研究。在土壤侵蚀领域，Le Bissonnais（1996：425～437）根据团聚体消散作用、非均匀膨胀作用和机械破碎等破碎机制，提出相应的快速湿润、慢速湿润和湿润震荡等测定方法，比较全面地阐述降雨条件下团聚体破碎过程，大力推动了团聚体稳定性的研究，使团聚体稳定性与土壤侵蚀更加紧密地结合在一起（Shi et al.，2012：123～130）。以美国的 RUSLE（Renard，1997）和 WEPP（Flanagan，2007：1603～1612）以及欧洲的 EUROSEM（Morgan et al.，1998：527～544）为代表的侵蚀模型，也促进了土壤侵蚀过程的预测预报。在土壤结构与功能领域，Tisdall 和 Oades（1982：141～163）提出了“多层次团聚体形成概念”（aggregate hierarchy concept），该模型是理解“团聚体与有机质相互作用”的里程碑。这些理论和模型丰富了土壤物理学的内涵，这些研究也促进了我国土壤物理学的发展。比如，SPAC 理论被引入国内，邵明安等（1986：8～14；1987：295～305）基于人工模拟试验，定量分析了冬小麦 SPAC 系统中水流阻力各分量的大小、变化规律及其相对重要性；康绍忠等（1990：175～483；1992：256～261；1993：11～17）在对 SPAC 水分传输机理研究的基础上，提出了包括根区土壤水分动态模拟、作物根系吸水模拟和蒸发蒸腾模拟 3 个子系统的 SPAC 水分传输动态模拟模型。

（3）新技术和新方法是土壤物理学不断创新的加速器

现代土壤物理测试技术不同于传统的土壤物理性质测定，它尽量应用近代高新技术，并主要向原位、快速、非接触性等特点发展。时域反射技术（TDR）、频率域反射技术（FDR）和时域传输技术（TDT）等的出现，不仅实现了土壤含水量和电导率的精确定位观测，而且使土壤水力特性的田间测定成为可能。利用热脉冲—时域反射仪（Thermo-TDR）技术实现了土壤含水量、温度、电导率、热容量、热导率和热扩散系数的连续定位测定（Ren et al.，2005：1080～1086），并实现了田间原位连续监测土壤容重和孔隙度（Liu et al.，2014：400～407）。在宏观尺度方面，地球探测雷达（GPR）可以快速获取田间、流域土壤物理性质。宇宙射线土壤水分监测系统（COSMOS）是一种精度较高的大尺度土壤水分含量监测系统，具有无危害、无破坏、不受土壤质地和盐分影响（Zreda et al.，2008）的特点，有可能成为未来土壤水分测定的关键技术。X 射线和核磁共振成像技术可以直接应用于土壤中各相体积的定量测定、优势流的检测以及生物体运移的观测。利用 CT 技术，土壤结构研究从定性描述走向定量化，推动了土壤结构与水分运动（Luo et al.，2008：1058～1069）和根系生长（Mairhofer et al.，2012：561～569）等相互耦合的研究。氢氧同位素技术是追踪水文过程良好的示踪剂。但是过去由于质谱设备昂贵，氢氧同位素技术在土壤物理学中没有得到广泛应用。随着激光同位素仪器的出现，分析费用降低到过去的 1/10。应用氢氧同位素技术解析植物水分来源（Shen et al.，2015：125～133）、分割蒸发蒸腾（Zhang et al.，2011：196～205）和追踪径流水文路径（Yeh et al.，2011：393～402）等领域得到迅速推广。核素示踪技术 Cs-137、Pb_{ex}-210、Be-7 等的应用，推动了土壤侵蚀研究（Mabit et al.，2008：1799～1807；Mabit et al.，2009：231～239）。

（4）地球关键带为土壤物理学研究提供了新思路和新视角

地球关键带是陆地生态系统中土壤圈及其与大气圈、生物圈、水圈和岩石圈物质迁移与能量交换的交汇区域，也是维系地球生态系统功能和人类生存的关键区域，被认为是 21 世纪基础科学研究的重点区域。关键带研究将在地球系统科学研究中扮演十分重要的角色。关键带控制着土壤的发育、水的质量和流动、化学循环，进而调节能源和矿物资源的形成与发展，而这一切对地表上的生命而言，都非常重要。所以，人类在地球上的可持续发展，必须在各种时间尺度与空间尺度上理解和认识发生在关键带的一系列过程。从关键带（critical zone）成为 2006～2015 年 TOP50 高被引论文关键词之一（表 4-4），说明受到国际上土壤物理学家高度关注。水是地球关键带各组成部分的纽带，是物质迁移和能量转化的主要驱动力（Lin，2010：25～45）。因此，以渗透区为地球关键带的核心区域，土壤水文过程及其驱动下碳、氮和泥沙物质迁移转化以及对气候变化和人类干扰的响应过程将是今后土壤物理学主要研究领域之一。

（5）学科交叉为土壤物理学开辟了新领域和新方向

美国宾州州立大学林杭生教授倡导水文土壤学是以土壤发生学、土壤物理学和水文学为主的新兴交叉学科（Lin et al.，2005：1～89；Lin，2010：25～45），综合研究不同时空尺度土壤与水的相互作用关系。水文土壤学强调不同系统间的相互联系及其界面间的通量和动态变化，解决土壤孔隙—土体—流域—区域甚至全球尺度的空间转换问题（李小雁，2012：557～562）。此外，土壤生物物理学是土壤物理学与生物学交叉的学科，重点研究土壤生物与土壤结构的相互作用及其功能，成为土壤学新的研究热点（Ritz and Young，2011）。X 射线 CT 技术、结合荧光原位杂交技术、基因探针技术等则能够同时观测和定位土壤生物分子水平的生理生态特征以及元素空间分布等物理化学信息。在土壤生物物理的理论研究方面，强调从机理层面开展土壤生物物理学研究，构建模拟土壤物理和生命过程及其交互反应过程的模型（Prosser et al.，2007：384～392）。基于土壤生物物理模型，从细胞和分子尺度模拟多孔介质特征、水分分布变化对微生物迁移的影响和作用机制（Wang and Or，2010：1363～1373）。这些交叉学科拓展了传统土壤物理学的研究领域，为土壤物理学的发展注入了新活力。

4.4　NSFC 对中国土壤物理学发展的贡献

在 NSFC 的长期稳定支持下，我国土壤物理学得到快速发展，研究队伍不断壮大。本节以 NSFC 学科代码 D010502（土壤物理学）、D010505（土壤侵蚀与水土保持）的数据为主，着重分析了近 30 年土壤物理学 NSFC 申请和资助项目数量的演变轨迹以及 NSFC 对土壤物理学典型领域的资助情况，并论述了 NSFC 对我国土壤物理学人才队伍建设的重要作用。

4.4.1　土壤物理学 NSFC 项目申请与资助情况

土壤物理学作为土壤学的基础学科之一，涉及范围包括土壤结构、土壤水文过程、土壤侵蚀、溶质迁移等主要研究领域。在近 30 年中不断发展，研究重点从过去关注农业生产延伸到生态环境问题，这些研究领域与研究热点一直得到 NSFC 的持续资助。图 4-16 显示了 1986～2015 年 NSFC 土壤物理学申请和资助项目数及其在土壤学中的占比。由于 1986～1995 年没有申请项目数的准确信息，不能得到此期间的资助率数据。在过去的 30 年中，NSFC 申请和资助项目数一直处于快速增长的状态，申请项目数在 1996～2000 年时段为 169 项，上升到 2011～2015 年的 1 432 项，20 年增长了 7.5 倍；而资助项目数在 1996～2000 年为 51 项，上升到 2011～2015 年 364 项，20 年增长了 6.1 倍。过去 30 年，累积资助项目数达 756 项。这些数据充分说明了**在 NSFC 资助下土壤物理学得到快速发展，研究队伍迅速壮大**。虽然申请项目数和资助项目数一直快速增加，但是从土壤物理学申请项目数和资助项目数在土壤学中的占比来看，这两个比例在过去 20 年持续下降。申请项目占比从 1996～2000 年的 38.3%下降到 2001～2005 年 27.8%；

而资助项目占比从1996～2000年的37.5%下降到2011～2015年的26.1%，从过去的1/3降低到1/4左右。这些数据表现出土壤物理学在土壤学中的相对优势在弱化，而其他土壤学分支学科和新兴交叉学科发展更为快速，研究队伍壮大更为迅速。另外，申请数占比一直高于资助数占比0.7～5.0个百分点，说明土壤物理学科竞争较其他分支学科略为激烈。不过在近5年，申请数占比与资助数占比的差异明显缩小（1.62个百分点），这也得益于NSFC地球科学部地理学科处在学科均衡发展方面加强了管理与调控。

4.4.2　NSFC对土壤物理学典型领域的资助

NSFC对土壤物理学典型领域都有持续的资助。针对NSFC资助的756个项目的关键词，以土壤侵蚀、土壤水、土壤结构和溶质迁移等领域的主要关键词进行检索，检索结果包括：与土壤侵蚀领域相关的项目有326项，占整个土壤物理学的43.1%；与土壤水领域相关的项目有122项，占16.1%；与土壤结构领域相关的项目有64项，占8.5%；而溶质迁移领域的项目有39项，占5.2%。这4个领域合计占土壤物理学领域的72.9%。分析历年这4个领域资助项目数的变化与比例，可以看出NSFC资助这些领域的力度与发展趋势。

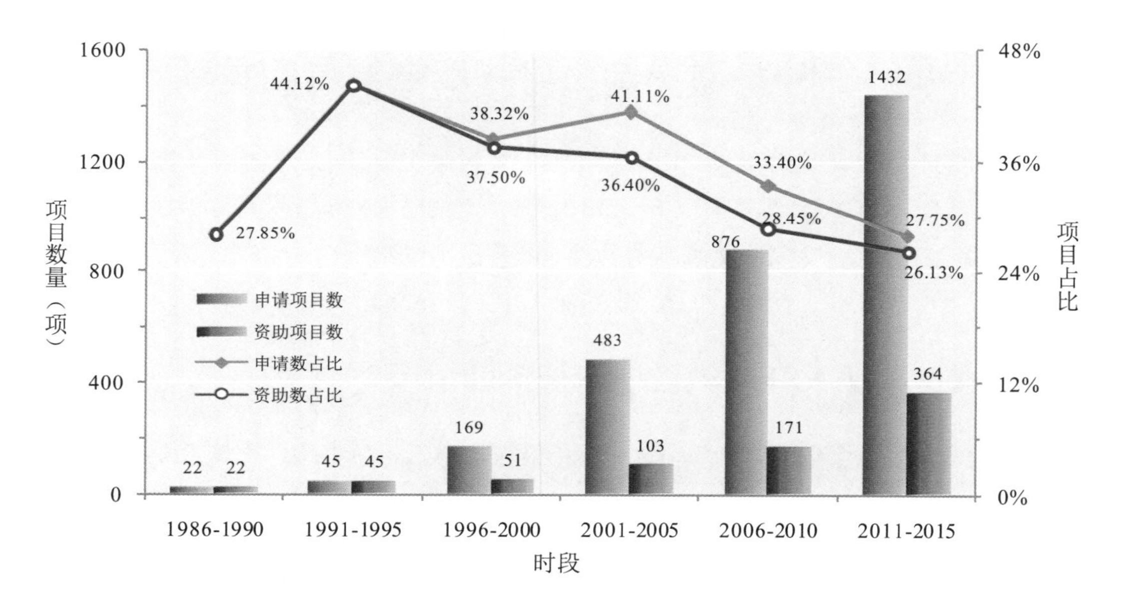

图4-16　1986～2015年NSFC受理与资助土壤物理学项目数及其在土壤学项目中的占比

注：由于1986～1995年缺失申请项目数的准确信息，无法得到此期间申请项目数占比，为了便于分析，以资助项目数代替申请项目数。

图4-17是土壤侵蚀历年资助项目数和资助项目占比。选取的检索关键词包括侵蚀、水蚀、水土流失、水土保持、抗冲性、抗蚀性、风蚀和可蚀性等。由1986～1990年的8项，快速上升到1991～1995年的12项、1996～2000年的19项、2001～2005年的33项、2006～2010年的79项、2011～2015年的175项，30年增加了近21倍。而土壤侵蚀领域占土壤物理学的比例一直稳中有升，从1986～1990年的36.4%上升到2011～2015年的48.1%，特别是最近5年，土壤

侵蚀资助项目占土壤物理学的将近一半。可见，**土壤侵蚀一直是中国土壤物理学中最为关注的研究领域**。

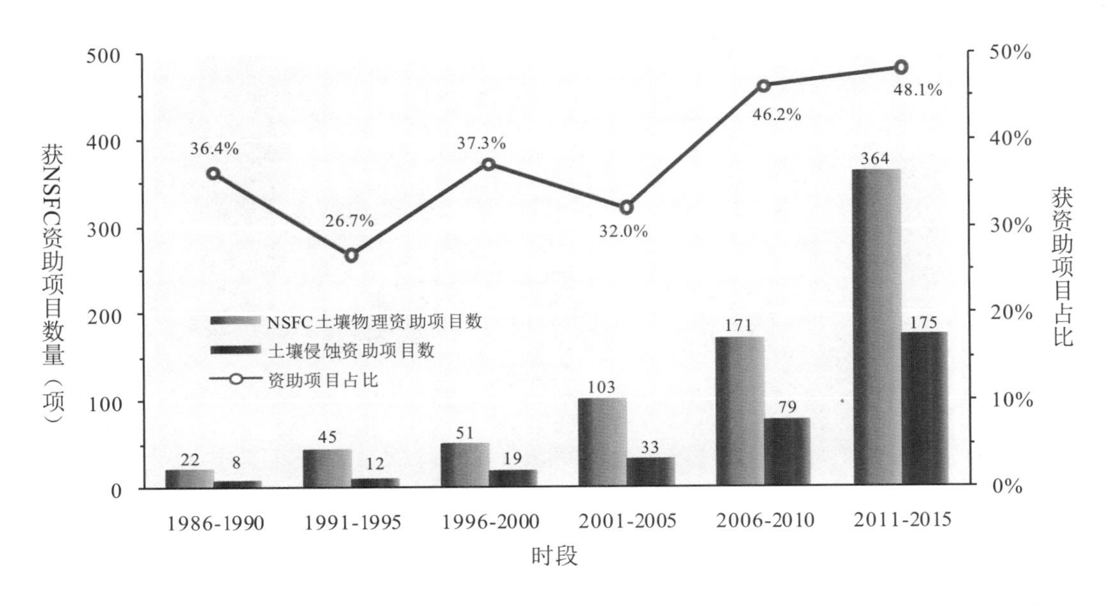

图 4-17 1986～2015 年土壤侵蚀领域获 NSFC 资助项目数及其在土壤物理学获资助项目中的占比

注：选取含有侵蚀、水蚀、水土流失、水土保持、抗冲性、抗蚀性、风蚀和可蚀性等关键词的基金项目进行统计。

土壤侵蚀资助项目的研究区域包括黄土高原、红壤区、黑土区、紫色土区等（图 4-18），可以发现我国土壤侵蚀的研究工作主要在黄土高原开展，一共有 100 项，占了土壤侵蚀项目数的 30.7%。可见，**黄土高原由于特殊的自然景观和世界上最为严重的侵蚀区，是我国开展土壤侵蚀研究的主战场**。其次为红壤区，有 34 项，占 10.4%；紫色土和黑土分别为 26 项和 25 项，约各占 8.0%；没有明确指出研究区域或者通用性土壤侵蚀理论和方法的研究有 141 项，占 43.3%。从历年分布情况来看，1986～1990 年和 1996～2000 年，以黄土高原为研究区域的土壤侵蚀资助项目占当时所有土壤侵蚀资助项目的一半，随后该比例呈现下降趋势，2011～2015 年下降为 29.1%。红壤区域土壤侵蚀项目也表现出类似趋势，从 1986～1990 年的 25.0%下降到 2011～2015 年的 10.9%，体现我国南方红壤区域在近 30 年来，经济发展较快，植被恢复快速，水土流失也得到明显好转。目前，红壤地区水土流失主要集中在坡耕地和花岗岩区域开展。与黄土高原和红壤地区相反，西南紫色土区土壤侵蚀资助项目比例从 2000 年以来一直呈现出上升趋势，体现西南区域生态环境在长江流域的重要性。东北黑土区资助项目比例从 20 世纪为 0 到 2011～2015 年快速上升为 10.3%，反映了近年来由于黑土大量开垦，水土流失加剧，黑土层变薄，因此黑土区生态环境比以往更受重视。

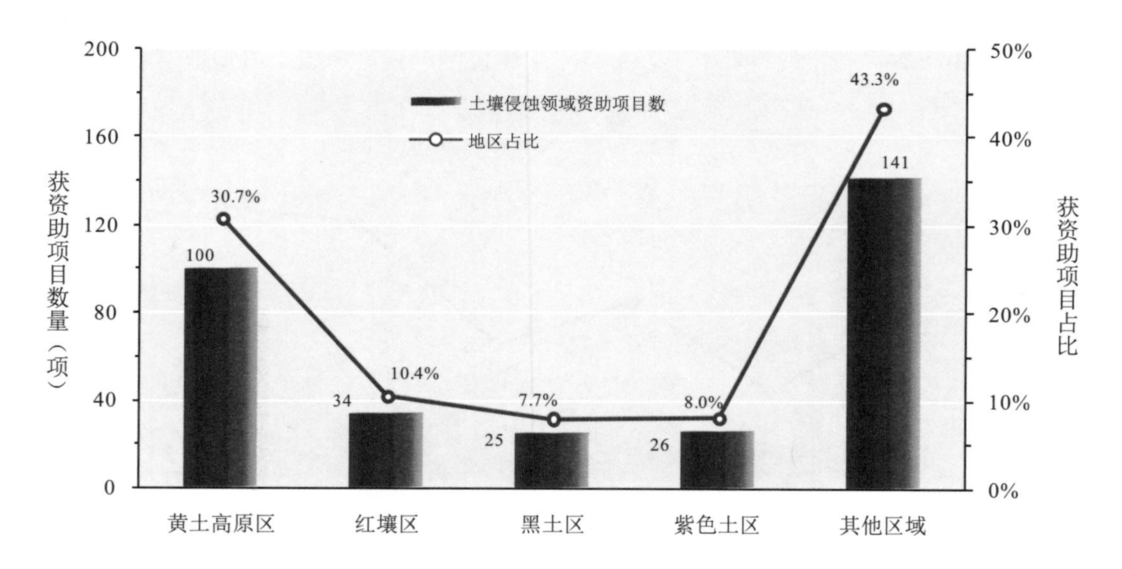

图 4-18　1986～2015 年土壤侵蚀领域获 NSFC 资助项目的地区分布

注：黄土高原区项目数统计方法指土壤侵蚀领域获 NSFC 项目题目或摘要或关键词中含有黄土、黄土高原、黄土丘陵区、黄土坡面、黄土丘陵沟壑区、黄河流域等名词，红壤区、黑土区、紫色土区等统计方法类同，关键词合并见表 4-5。项目占比指不同研究区域获资助项目数占土壤侵蚀获资助项目总数的百分比。

在 1986～2015 年土壤侵蚀领域 326 项资助项目中，提取了 1 404 个关键词，进行了关键词合并和聚类。表 4-5 列出了 1986～2015 年土壤侵蚀 TOP20 高频关键词。土壤侵蚀、土壤水蚀、侵蚀类型、模型模拟和水土保持排在 TOP5，合计为 361 次，占 TOP20 高频关键词总频次的 53%。这些关键词反映了土壤侵蚀领域项目的主要研究内容。以侵蚀驱动力、植被恢复、空间分析、土壤可蚀性、产沙、风蚀、径流、土壤性质、土壤水等有关土壤侵蚀驱动机制和水保措施为主要研究内容的关键词频率也比较高，采用的方法以示踪技术为主，研究区域涉及黄土高原、黑土、红壤、紫色土等区域。上述高频关键词**体现了我国土壤侵蚀领域资助项目中主要研究内容、研究方法和研究区域等**。

表 4-5　1986～2015 年土壤侵蚀领域获 NSFC 资助项目 TOP20 关键词

序号	关键词	频次
1	土壤侵蚀（土壤侵蚀、侵蚀、土壤侵蚀量、土壤侵蚀机理、土壤侵蚀过程、土壤侵蚀监测、土壤侵蚀环境效应评价、土壤侵蚀预测、土壤侵蚀模型、侵蚀过程、区域土壤侵蚀评价、侵蚀预报、侵蚀动力）	126
2	土壤水蚀（土壤水蚀过程、土壤水蚀因素、土壤水蚀特征、水蚀、水蚀过程、土壤水蚀预测、土壤水蚀制图、土壤水蚀监测）	89
3	侵蚀类型（坡面侵蚀、细沟侵蚀、沟道侵蚀、沟谷侵蚀、溯源侵蚀、切沟侵蚀、道路侵蚀、流域侵蚀）	57
4	模型模拟（模型模拟、实验模拟）	45
5	水土保持（水土流失、水土保持、水土保持环境效应、水土保持措施、黄麻土工布、淤地坝）	44
6	示踪技术（核素示踪、示踪、Be-7、REE 稀土元素示踪、磁性示踪）	36
7	黄土高原（黄土高原、黄土丘陵区、黄土坡面、黄土丘陵沟壑区、黄河流域）	35

续表

序号	关键词	频次
8	侵蚀驱动力（水力侵蚀、降雨侵蚀力、融雪侵蚀、雨滴溅蚀、波浪侵蚀、耕作侵蚀、冻融侵蚀、风水复合侵蚀、水力—重力复合侵蚀）	30
9	植被恢复[植被、植被恢复与重建、生态恢复、退耕还林（草）]	28
10	空间分析（数字地形分析、空间分析、尺度和尺度效应、地理信息系统、空间分布格局、空间尺度转换、地形因子、时空格局）	27
11	土壤可蚀性（土壤可蚀性、土壤抗蚀性、土壤抗冲性、抗蚀性）	26
12	产沙（土壤产沙量、侵蚀产沙、输沙能力、流域输沙系统、流域产沙、水流挟沙力）	24
13	风蚀（风蚀、土壤风蚀监测、风蚀量）	22
14	径流（径流小区监测、产汇流、径流、坡面径流）	17
15	侵蚀区尺度（径流小区、坡面、崩岗、坡沟系统、小流域）	16
16	土壤性质（土壤性质、土壤团聚体、土壤颗粒、土壤结皮、土壤有机碳、生物土壤结皮）	14
17	黑土（东北黑土区、黑土）	13
18	红壤（红壤、红壤丘陵区）	10
19	土壤水（土壤入渗、壤中流、土壤水分、水动力学参数）	10
20	紫色土（紫色土）	7

注：提取出 1986～2015 年 NSFC 资助土壤物理学中与土壤侵蚀相关项目的全部关键词，对多种表达形式的同义词和近义词进行归类，列出与土壤侵蚀研究相关的 TOP20 关键词。

图 4-19 是 NSFC 土壤物理学资助土壤水有关项目数和资助项目占比。选取的检索关键词包括土壤水、水分、土壤—植物—大气、优先流、壤中流、含水量、导水率、水文、径流、水循环等。在土壤物理学 NSFC 资助项目中，检索结果为 1986～1990 年 4 项，1991～1995 年 5 项，1996～2000 年 11 项，2001～2005 年 18 项，2006～2010 年 36 项，2011～2015 年 48 项。在这 30 年中，与土壤水相关的资助项目增加了 11 倍，但是资助项目占比一直徘徊在 10%～22%。体现了近年来土壤水分相关研究得到迅速发展。这 122 项涉及 6 个研究内容：①土壤水力学性质 23 项，包括土壤水分和水力学性质 9 项、优先流 5 项、壤中流 4 项、水热性质 5 项；②水文过程与水循环 30 项，包括水文过程 12 项、土壤水循环 3 项、入渗与蒸发等 7 项、地表径流 5 项、水文过程模拟 2 项，水保措施 1 项；③水分利用 38 项，包括土壤—植物—大气连续体水分传输 8 项、水分胁迫与节水农业 6 项、土壤水分有效性与植被承载力 6 项、土壤干层与植被 4 项、根系吸水与传输 5 项、根系吸水策略 3 项、水分管理措施 3 项、水分与植被时空分布 2 项、水分与作物生长模拟 1 项；④土壤水分时空变异 13 项，包括涉及黄土丘陵区 7 项、藏北高原区 1 项、塔里木河干流区 1 项、其他区域 4 项；⑤土壤水热测定方法研究 6 项，其中电阻率成像法、热探针、时域波谱法、探地雷达、电磁波、近红外光谱各 1 项；⑥水文驱动下的物质迁移 12 项，包括氮素迁移 3 项、盐分运移 2 项、磷素运移 1 项、可溶性有机碳 1 项、农药运移 2 项、面源污染与控制 3 项。可见，从土壤水资助项目来看，土壤水文过程与水分利用是主要研究工作。

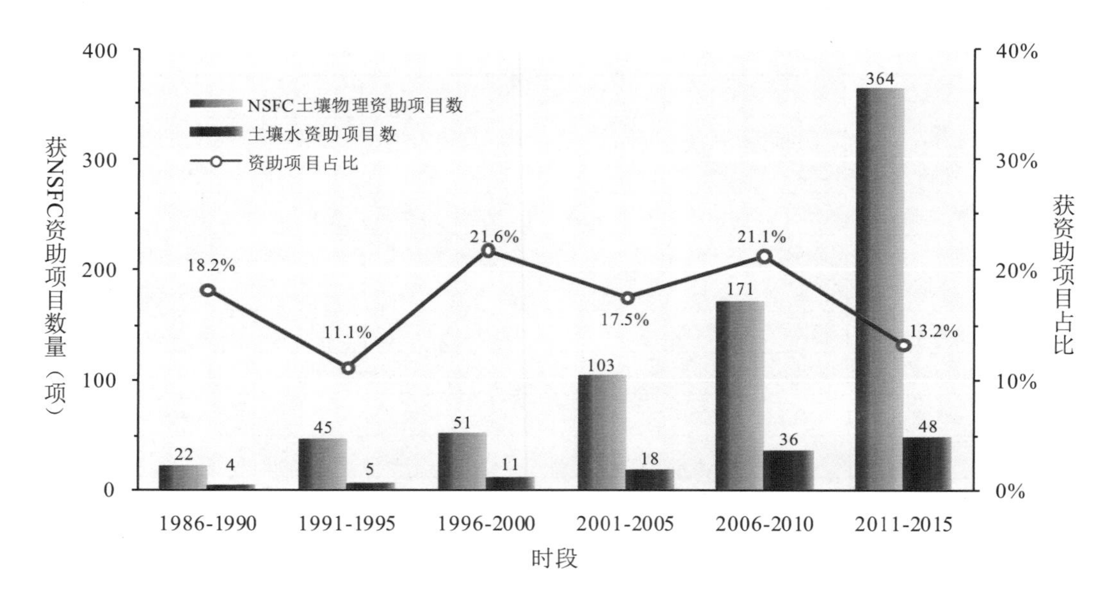

图 4-19　1986～2015 年土壤水领域获 NSFC 资助项目数及其在土壤物理学获资助项目中的占比

注：选取含土壤水、水分、土壤—植物—大气、优先流、壤中流、含水量、导水率、水文、径流、水循环等关键词的基金项目进行统计。

在 1986～2015 年与土壤水有关的 122 资助项目中，提取了 536 个关键词，然后对这些关键词进行合并和聚类。表 4-6 列出了 1986～2015 年 TOP20 高频关键词。首先，其中的土壤水分、土壤水分循环、水文过程、时空格局、水力学性质和模型模拟等关键词，合计词频为 169 次，占 TOP20 高频关键词总频次的 53%，这些关键词反映了土壤水领域项目的主要研究内容。其次，土壤—植物—大气连续体、水分利用、植物耗水、土—根系统、水分胁迫等土壤水分利用的关键词合计词频为 48 次；入渗、土壤水分运动、优先流、壤中流等土壤水文过程的关键词合计词频为 43 次；也涉及面源污染、土壤热特性、土壤水分监测、流域水文等研究。这些项目以黄土高原开展得较多，突出该区域水资源与利用的重要性。总体而言，关键词也反映了土壤水时空格局与水分运动和利用等是主要研究内容。

表 4-6　1986～2015 年土壤水领域获 NSFC 资助项目 TOP20 关键词

序号	关键词	频次
1	土壤水分（土壤水分、土壤水分特征、水分、土壤含水量、土壤吸附水、土壤水分分布、土壤水分保持、水分含量、深剖面土壤水分、土壤干层）	54
2	土壤水分循环（土壤水分循环、水循环、田间水分平衡、降雨、降水、地下水、地表水—地下水转化、农田水分循环过程、农田水分平衡、水过程、土壤水过程）	27
3	水文过程（同位素水文学、生态水文、水文模型、生态与水文耦合、生态水文模型、水文生态响应、水文连通性、土壤水文过程、水文土壤、农田水文）	27
4	时空格局（时空变化、空间分布格局、尺度和尺度效应、地统计学、时空、时间稳定性、空间、空间异质性、空间转换、土壤异质性、异质性）	22
5	土壤水力学性质（土壤水力学参数、水力学性质、土壤导水率、土壤水力性质、土壤水力特性、土壤水力参数模型、水力参数）	21

续表

序号	关键词	频次
6	模型模拟	18
7	土壤水分运动（土壤水运动模拟、土壤水分运动、土壤水分动态特征、土壤水动力学、土壤非饱和水流、水运动机制、水分动力学）	15
8	黄土高原（黄土高原、黄土土壤、黄土丘陵区、厚层黄土、黄土沉积）	15
9	流域水文（径流、径流小区、小流域、径流调控、径流水力学特性、坡面径流、集流堰、薄层径流、流域）	15
10	土壤—植物—大气连续体（土壤—植物—大气连续体、SPAC 系统、SPAC 水分、旱地土壤—植物—大气、土壤—植物—大气、土壤—植物—大气界、水—土壤—植物系统）	13
11	入渗（土壤水入渗、土壤入渗、深层渗漏、入渗、侧渗）	11
12	面源污染（面源污染、污染源解析、污染、农用化学物质、硝酸盐淋溶、土壤水氮过程、土壤氮循环）	11
13	植物耗水（植物—水分关系、蒸腾耗水、蒸散、农田蒸散、土壤水分承载力）	9
14	水分利用（水分利用、土壤水分有效性、雨水利用、有效性、有效水、土壤水分利用、水利用率）	9
15	土—根系统（根系吸水、根系吸收、根系生长、根系生态位、根系行为、根系分形、根际环境、根—冠关系）	9
16	优先流（优先流、水分优先流、优先路径、染色示踪）	9
17	土壤热特性（土壤热特性、土壤温度、土壤水热运动模拟、土壤水热耦合、土壤热导率、土壤感热平衡、水热耦合、热特性曲线、热力学）	9
18	水分胁迫（水分胁迫、土壤水分胁迫、作物水分胁迫、抗旱性、抗旱节水、土壤干旱阈值、节水型种植体系、节水农业）	8
19	壤中流（壤中流、壤中流模型）	8
20	土壤水分监测（土壤水分监测、热探针方法、时域反射技术、介电特性测量、复介电常数、电阻率成像法、电脉冲、传感器探头）	8

注：提取出1986～2015年NSFC资助土壤物理学中与土壤水相关项目的全部关键词，对多种表达形式的同义词和近义词进行归类，列出与土壤水研究相关的TOP20关键词。

图4-20是NSFC资助土壤结构有关项目数和资助项目占比。选取的检索关键词包括团聚体、土壤结构、孔隙等。在土壤物理学NSFC资助项目中，1995年之前未获得资助，1996～2000年4项，2001～2005年7项，2006～2010年6项，2011～2015年大幅度上升为47项，体现了近年来土壤结构相关研究得到长足发展。这64项涉及5个研究领域：①土壤结构量化方法7项，涉及CT技术和图像分析5项、热脉冲—TDR方法1项、超声波分散方法1项；②土壤结构与水气运动16项，包括优先流7项、入渗3项、水分利用3项、壤中流1项、坡面径流1项、气体扩散1项；③土壤结构与土壤肥力14项，包含长期施肥8项、保护性耕作2项、土壤结构改良2项、植被恢复2项；④土壤结构与土壤固碳12项，集中在团聚体形成与有机碳累积的相互关系以及有机碳在土壤团聚体中的分配，但是涉及土壤类型较广，包括黑土、棕壤、潮土、红壤、水稻土和灰漠土等；⑤土壤结构稳定性与土壤侵蚀15项，包括团聚体水稳定性与土壤可蚀性11项、三峡消落带2项、崩岗2项。可见，**土壤结构资助项目主要围绕土壤结构与功能开展研究工作。**

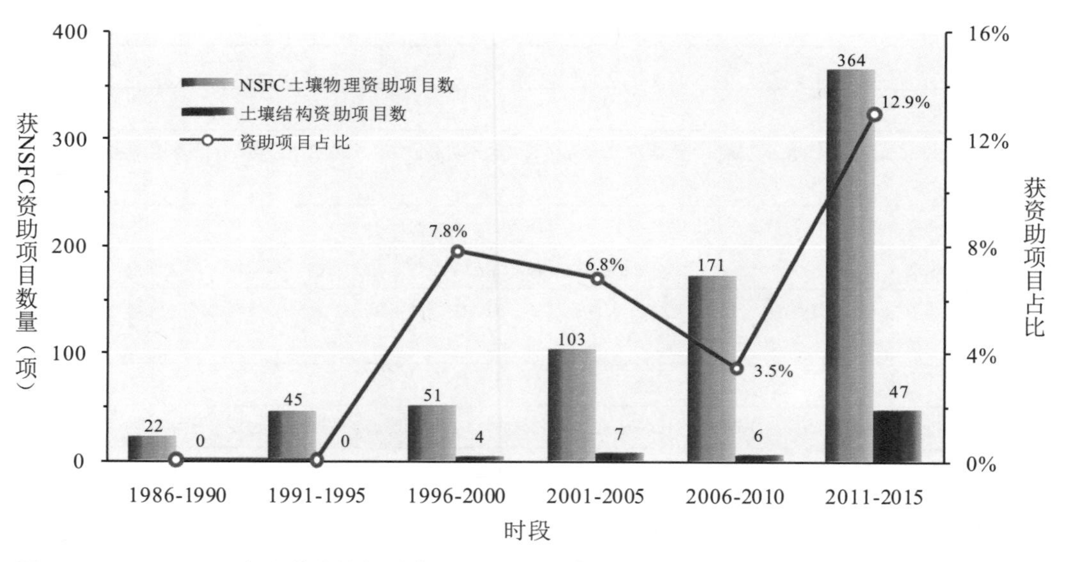

图 4-20　1986～2015 年土壤结构领域获 NSFC 资助项目数及其在土壤物理学获资助项目中的占比

注：选取含团聚体、土壤结构、孔隙等关键词的基金项目进行统计。

图 4-21 是 NSFC 资助溶质迁移领域项目数与资助项目占比。选取的检索关键词包括水盐、溶质运移等。在土壤物理学 NSFC 资助项目中，1986～1990 年为 0 项，1991～1995 年 3 项，1996～2000 年 4 项，2001～2005 年 7 项，2006～2010 年 5 项，2011～2015 年大幅度上升为 20 项。反映近年来溶质迁移相关研究得到迅速发展。这 39 项资助项目涉及 12 项水盐运移、16 项氮磷养分迁移以及 11 项农药、激素和重金属等污染物迁移。总体上，面源污染和环境污染物类项目从土壤物理学（D010502）和土壤侵蚀（D010505）代码中申请不多。

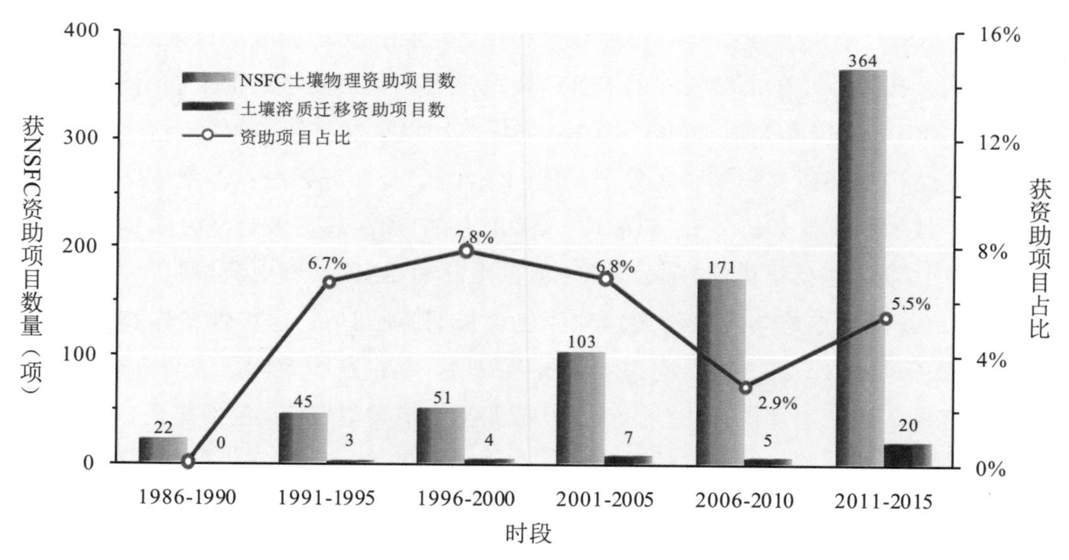

图 4-21　1986～2015 年溶质迁移领域获 NSFC 资助项目数及其在土壤物理学获资助项目中的占比

注：选取含水盐、溶质运移等关键词的基金项目进行统计。

4.4.3　NSFC 与土壤物理学人才队伍建设

在 NSFC 长期资助下，我国土壤物理学研究机构正逐渐形成百花齐放、百家争鸣的良好局面。图 4-22 显示了 1986～2015 年每 5 年为一个时段 NSFC 资助土壤物理学所涉及的科研机构数量、在土壤物理学 SCI 主流期刊发文中国科研机构数量以及 NSFC 资助土壤物理学科研机构发表 SCI 论文占比。可以看出：①无论是 NSFC 资助土壤物理学机构数量，还是 SCI 主流期刊发文机构数量，均呈现增长态势，从最初 1986～1990 年各 11 家和 1 家，上升到 2011～2015 年的 114 家和 149 家，充分说明中国从事土壤物理学基础研究的机构形成百花齐放、百家争鸣的局面；②近 15 年土壤物理学 SCI 主流期刊发文机构数量超过 NSFC 土壤物理学资助机构数量，这个差异保持在 30 家左右，体现了经费渠道多元化以及学科交叉研究占一定比例；③NSFC 土壤物理学资助机构 SCI 发文量占比一直处于快速上升态势，从 1986～1990 年占比为 0 增长到 2011～2015 年的 69.1%，充分体现了 NSFC 资助的土壤物理学科研机构整体研究水平得到显著提升，成为推动我国土壤物理学学科发展的主要力量。

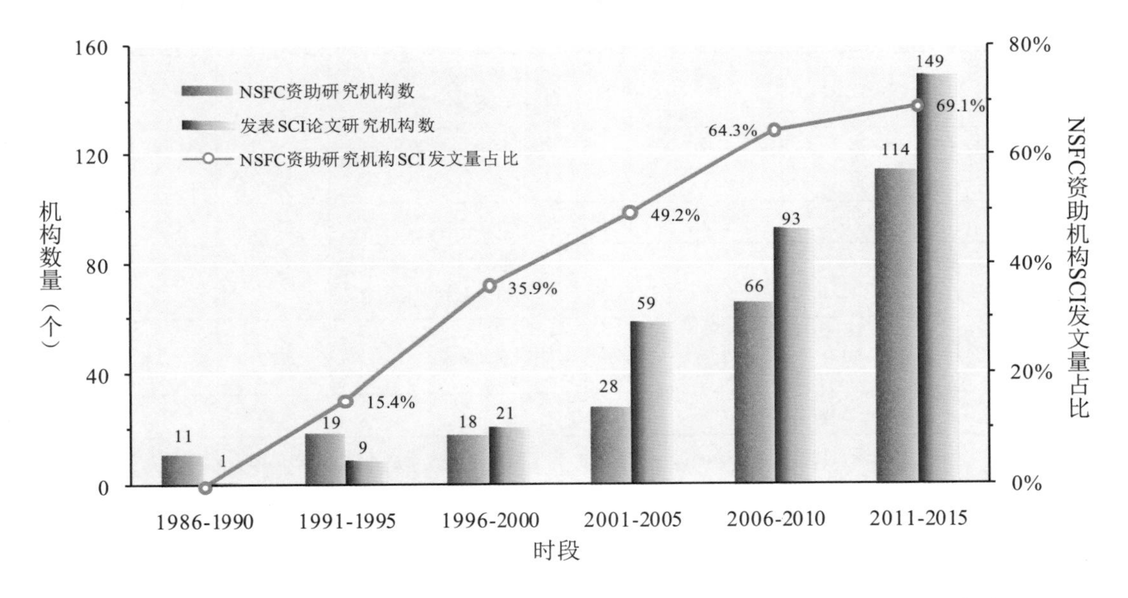

图 4-22　1986～2015 年土壤物理学获 NSFC 资助机构数、SCI 发文机构数及其占比

注：①SCI 发文机构数是指发表 SCI 论文的所有中国研究机构，包括未获 NSFC 资助的机构，统计的数据均为第一或通讯发文机构；②占比指 NSFC 资助下发表了 SCI 论文的机构占所有发表 SCI 论文机构的百分比。

表 4-7 显示了 1986～2015 年每 5 年一个时段获得 NSFC 土壤物理学各类资助项目总经费排名 TOP5 的机构名称、资助人数、人均论文数量及经费占比。30 年中共有 12 个机构进入 NSFC 土壤物理学资助项目总经费排名 TOP5 的行列，包括 5 个高等院校、7 个科研机构。在近 15 年中，中国科学院水利部水土保持研究所、中国科学院水利部成都山地灾害与环境研究所、中国农业大学 3 家机构各个阶段均进入了 TOP5 之列。中国科学院水利部水土保持研究所一直稳居

表 4-7 1986～2015 年土壤物理学 NSFC 资助经费 TOP5 研究机构、经费占比及人均 SCI 论文情况

1986～1990 年				1991～1995 年			
TOP5 机构	经费占比（%）	资助人数（人）	人均文章（篇）	TOP5 机构	经费占比（%）	资助人数（人）	人均文章（篇）
西北农林科技大学	24.45	5	0.00	中国科学院南京土壤研究所	23.98	10	0.20
中国科学院水利部成都山地灾害与环境研究所	17.17	3	0.00	中国科学院寒区旱区环境与工程研究所	15.94	6	0.00
中国农业大学	11.45	2	0.00	中国科学院水利部成都山地灾害与环境研究所	7.16	3	0.00
中国科学院南京土壤研究所	9.99	2	0.00	浙江大学	6.73	3	0.00
华中农业大学	6.24	1	0.00	广东省生态环境与土壤研究所	4.97	2	0.00
1996～2000 年				2001～2005 年			
TOP5 机构	经费占比（%）	资助人数（人）	人均文章（篇）	TOP5 机构	经费占比（%）	资助人数（人）	人均文章（篇）
西北农林科技大学	31.16	12	0.00	中国科学院水利部水土保持研究所	22.97	15	0.53
中国科学院南京土壤研究所	12.17	6	0.83	中国科学院南京土壤研究所	12.42	8	3.13
北京师范大学	9.62	2	0.50	北京师范大学	12.03	9	0.89
中国科学院水利部水土保持研究所	7.26	4	1.00	中国科学院水利部成都山地灾害与环境研究所	7.34	4	1.50
中国科学院沈阳应用生态研究所	7.07	2	1.00	中国农业大学	5.57	7	1.29
2006～2010 年				2011～2015 年			
TOP5 机构	经费占比（%）	资助人数（人）	人均文章（篇）	TOP5 机构	经费占比（%）	资助人数（人）	人均文章（篇）
中国科学院水利部水土保持研究所	19.76	18	1.50	中国科学院水利部水土保持研究所	17.56	35	2.03
中国农业大学	7.52	11	6.27	中国科学院水利部成都山地灾害与环境研究所	6.72	16	1.88
中国科学院新疆生态与地理研究所	5.86	5	0.80	中国农业大学	4.95	13	5.92
华中农业大学	5.74	5	1.80	北京师范大学	4.36	10	4.70
中国科学院水利部成都山地灾害与环境研究所	5.03	9	2.33	中国科学院南京土壤研究所	4.19	14	4.14

注：①发文机构仅统计署名论文的第一单位；②人均发文量是指同一时段内发文量除以资助人数，同一时段内多次受到资助的学者只统计一人次。

第 1 位，占土壤物理学总经费的 20.1%，中国科学院水利部成都山地灾害与环境研究所占 6.36%，中国农业大学占 6.02%。中国科学院南京土壤研究所 2006～2010 年经费占比数据缺失，但是占比至少高于 5.54%。这些也体现了我国土壤物理学的主要研究机构。从 TOP5 机构获得经费所占比例看，2000 年以前，5 个机构获得的经费之和占 NSFC 土壤物理学资助总经费的比例在 58.8%～69.3%，但是进入 21 世纪以来，所占比例从 2001～2005 年的 60.3%，下降到 2006～2010 年的 43.9%，2011～2015 年该比例低至 37.8%，说明土壤物理学优势机构地位削弱，其他单位在快速壮大。30 年来，NSFC 土壤物理学资助经费 TOP5 机构的受资助总人数不断增加，也反映土壤物理学科队伍快速壮大。从 TOP5 机构人均文章看，1986～1995 年 TOP5 机构人均文章基本为 0，1996～2000 年人均文章也低于 1 篇/人。进入 21 世纪以来，TOP5 机构人均文章数才得到快速发展，由 2001～2005 年人均文章数 1.5 篇/人，上升到 2006～2010 年的 2.5 篇/人、2011～2015 年的 3.7 篇/人。上述数据充分说明，**在 NSFC 长期资助下，形成了土壤物理学机构数量不断增加，土壤物理学科队伍不断壮大，土壤物理学科研水平不断提升的良好局面**。

学科的发展离不开人才的培养。为此，NSFC 专门设立了人才项目，比如针对 35 岁以下科研人员设立了青年基金，培养了大批优秀的青年人才。图 4-23 显示了 1989～2015 年 NSFC 土壤物理学青年基金申请项目数、资助项目数及资助金额。近 30 年，NSFC 土壤物理学青年基金年申请项目数、年资助项目数和资助金额一直处于增长态势，特别是 2006～2010 年处于快速发展阶段。在设立青年基金的最初 10 年（1989～1998 年）里，每年资助项目低于 5 项，资助金额 3～10 万元/项。在这个阶段，申请项目数据缺失，但应不低于资助项目数。1999～2005 年，NSFC 土壤物理学青年基金年申请项目数缓慢增长，从 1999 年的 9 项上升到后来每年 20 项左右；资助项目数也相应地从 3 项/年增长到 7～8 项/年；资助额度从约 15 万元/项，增长到约 25 万元/项。

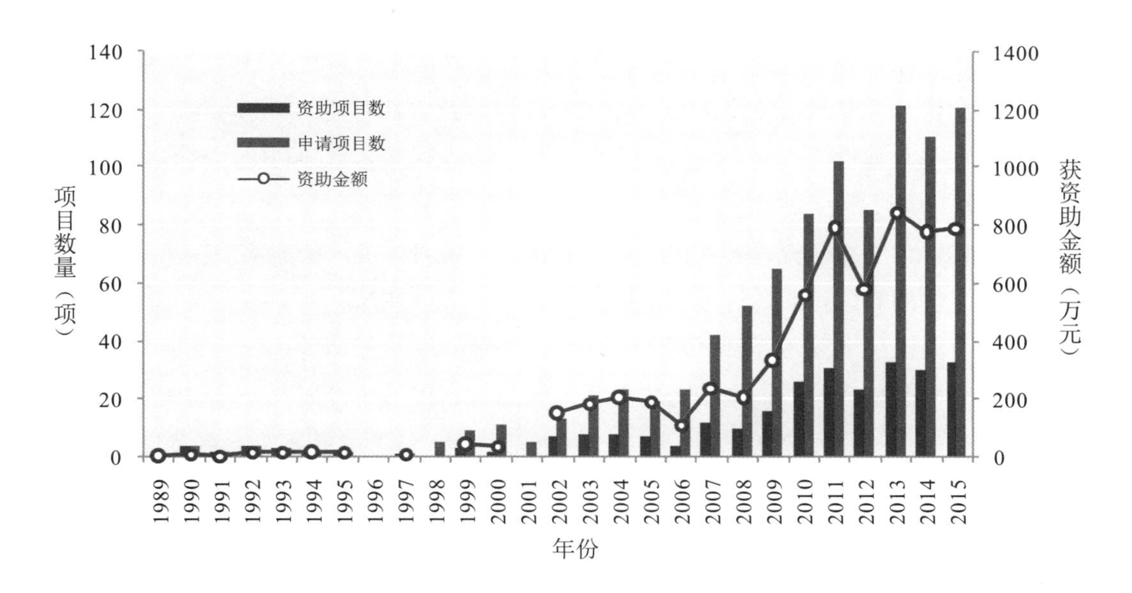

图 4-23　近 30 年土壤物理学获 NSFC 青年基金资助项目情况

注：青年基金设立于 1987 年，土壤物理学最早获得资助始于 1989 年。

2006～2010 年，NSFC 土壤物理学青年基金年申请项目数、资助项目数和资助额度呈迅猛增长之势。申请项目数从 2006 年的 23 项迅速增加到 2010 年的 84 项，年均增幅 40%；资助项目数从 4 项/年跃至 26 项/年，年均增幅 70%；资助率也从 17%上升到 31%，虽然平均每项资助金额从 2006 年的 27 万元/项下降到 20 万元/项，但是资助金额总量从 110 万元/年增长到 560 余万元/年。这些数据充分说明，**在 NSFC 的资助下，土壤物理学科年轻研究队伍在 2006～2010 年得到迅速壮大**。2010～2015 年，NSFC 土壤物理学青年基金年申请项目数、资助项目数和资助金额等增长速度减缓，申请项目数保持在 100～120 项/年，资助项目数维持在 30～33 项/年，资助率维持在 27%左右，资助金额维持在 26 万元/项左右，年度资助资金总额达到 800 万元/年左右。这些数据说明，NSFC 青年基金资助强度和资助率维持在一个较稳定的水平，土壤物理学学科进入了新常态发展阶段。总之，**NSFC 是培养土壤物理学人才的中坚力量，青年基金项目推动了青年科研人员的快速成长，也是培养青年人才、推动学科发展的根本保障**。

在 NSFC 近 30 年的长期稳定资助下，培养了一批批优秀科研人员，也培养了一支支优秀的科研团队。从中文期刊论文作者关系网络图来看（图 4-24），形成了多个以研究机构为单元，以知名科学家为核心，以多位青年学者为参与者的研究团队。

①以土壤水文过程为主要研究内容的团队，包括：以中国科学院水利部水土保持研究所邵明安、王全九、雷廷武、李占斌等知名科学家为核心，周围还有陈洪松、王辉、樊军、王力、李裕元、黄明斌、李毅、张振华等一批青年科学家共同参与，形成以黄土高原水分利用为研究方向的团队（图 4-24 的中部）；以中国科学院生态环境研究中心傅伯杰院士为核心，周围有陈利顶、邱杨、刘国华等教授共同参与的作者合作网络，形成以黄土高原水土过程与景观生态水文为主要内容的研究团队（图 4-24 的中部）；以中国农业大学李保国教授为核心，周围有黄元仿、胡克林、盛建东、杨晓晖、高旺盛等教授参与，以中国科学院南京土壤研究所张佳宝研究员为核心，周围有徐绍辉、刘建立、王彦辉等教授参与，形成以华北平原土壤水资源与利用为主要研究内容的作者合作网络（图 4-24 的中部）；以西北农林科技大学吴普特教授为核心，周围有冯浩、王志强、郑世清、刘普灵等科学家参与，形成以旱区水分利用为核心内容的研究团队（图 4-24 的右侧）。

②以土壤侵蚀为主要研究内容的团队，包括：以中国科学院水利部水土保持研究所刘国彬研究员为核心，周围有陈运明、许明祥、戴全厚、周萍、卢宗凡、刘文兆、刘艳玲等科学家参与，形成侵蚀土壤植被恢复为主要研究内容的团队（图 4-24 的左侧）；以西北农林科技大学郑粉莉教授和唐克丽教授为核心，周围有史德明、安韶山、穆兴民、张平仓等科学家参与，形成以土壤侵蚀过程与预测预报研究团队（图 4-24 的左侧）；以华中农业大学蔡崇法教授为核心，周围有史志华、李朝霞、张光远、丁树文、李忠武等科学家参与，形成以红壤侵蚀过程与机理为主要内容的研究团队（图 4-24 的上部）；以中国科学院地理科学与资源研究所蔡强国研究员为核心，周围有方海燕、和继军、范昊明、武敏等学者参与，形成以流域侵蚀产沙过程与模拟为主要研究内容的团队（图 4-24 的左侧）；以西南大学魏朝富教授和谢德体教授为核心，周围有蒋先军、何丙辉、朱波、刘刚才、何毓蓉等科学家参与，形成以西南紫色土侵蚀过程与机理为特色的研究团

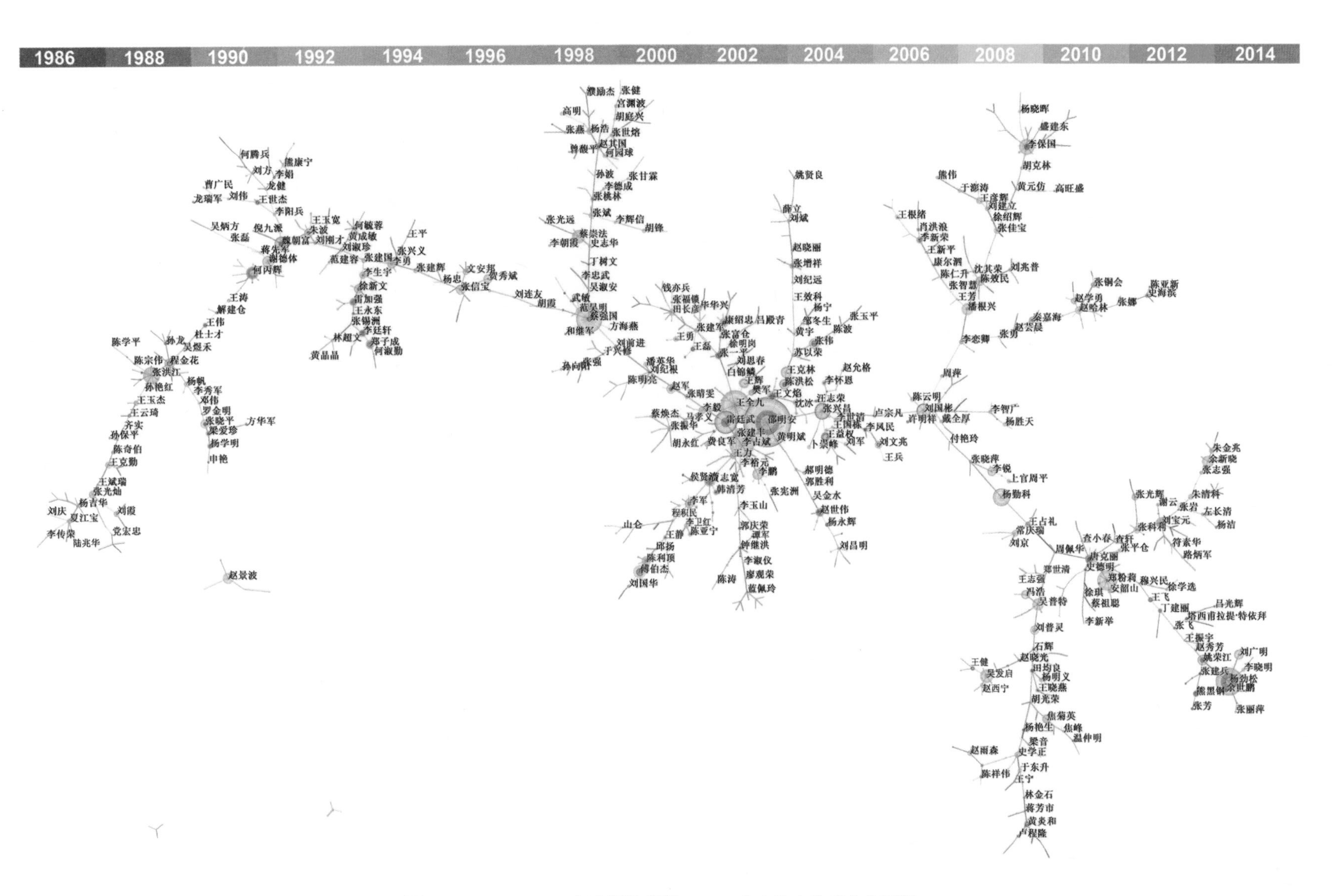

图 4-24　1986～2015 年土壤物理学 CSCD 中文论文作者合作网络

队（图 4-24 的左侧）；以北京林业大学张洪江教授为核心，周围有程金华、陈宗伟、孙艳红、王玉杰等学者参与，形成以水土保持与植被恢复为专长的研究团队（图 4-24 的左侧）。

③以土壤水盐运移为主要研究内容的团队，主要以中国科学院南京土壤研究所杨劲松研究员为核心，周围有刘广明、余世鹏、姚荣江、张丽萍、李晓明、张建兵等青年学者参与，形成以土壤盐渍化与治理为核心内容的研究团队。

近年来，我国学者在土壤物理学主流国际期刊发表论文数量呈快速增长态势，逐步形成了一些研究群体。从土壤物理学主流国际期刊中国作者合作网络（图 4-25）和中文核心期刊论文作者关系网络（图 4-24）相比较来看，其中 17 位学者在 CSCD 和 SCI 论文发表中均进入了 TOP50，大部分是我国土壤物理学相关的知名专家，包括涉及土壤水土过程的赵其国院士、傅伯杰院士、康绍忠院士等。中国科学院水利部水土保持研究所邵明安研究员在 CSCD 和 SCI 论文数均排名第一。另外，国外学者加入与我国学者合作发表 SCI 论文，其中美国爱荷华州立大学 Horton Robert 和德国基尔大学 Horn Rainer 两位教授进入了 TOP50，体现了这两位科学家对推动我国土壤物理学的发展起着重要作用。从图 4-25 来看，过去 30 年，中国土壤物理学学者在 SCI 主流期刊发文仍然以研究机构为单元，以知名科学家为核心，以多位青年学者为参与者所形成的研究团队。主要包括 3 个研究领域的团队。

①以土壤水文过程为主要研究内容的团队，包括：以中国科学院水利部水土保持研究所 Shao Ming'an 和西安理工大学 Wang Quanjiu 等为核心，以 Huang Mingbin，Fan Jun，Xiao Bo，Wang Yunqiang，Hu Wei 等青年学者参与以及国外合作者 Horton Robert 的加入，形成以黄土高原水分利用为研究方向的研究团队；以中国科学院生态环境研究中心 Fu Bojie 院士为核心，周围有 Chen Liding，Shi Zhihua，Wei Wei，Li H 等科学家参与，形成以黄土高原水土过程与景观生态水文为主要内容的研究团队；以中国农业大学 Kang Shaozhong 院士为核心，周围有 Li Fusheng，Yu Qiang，Zhang Jianhua，Du Taisheng 等学者参与，形成以农田水分利用与模型模拟为主要研究内容的团队；以中国农业大学 Li Baoguo 教授为核心，以 Li Weidong，Hu Kelin，Liu Gang 等教授参与，以及以中国科学院南京土壤研究所 Zhang Jiabao 研究员为核心，周围有 Zhao Bingzi，Chen Ji，Hu Chansheng 等教授参与，形成以华北平原土壤水资源与利用为主要研究内容的作者合作网络；以中国科学院地理科学与资源研究所 Kang Yaohu 研究员为核心，周围有 Jiang Shufang，Wan Shuqin，Liu Shiping 等参与，形成以农田节水灌溉为主要研究内容的团队；以中国科学院寒区旱区环境与工程研究所 Li Xinrong 研究员、北京师范大学 Li Xiaoyan 和 Liu Lianyou 等教授为主要节点，周围有 Li Fengmin，Li Xiaogang，Li Fengrui，Zhang H，Shangguan Zhouping 等科学家参与，形成以旱区生态水文过程为主要研究内容的作者网络。

②以土壤侵蚀为主要研究内容的团队，包括：以中国农业大学 Lei Tingwu 和中国科学院地理科学与资源研究所 Cai Qiangguo 为核心，周围有 Zhao Jun，Zhang Qingwen，国外合作者 Levy Guy J.，Mamedov A.等，形成侵蚀产沙过程与植被恢复为主要研究内容的作者合作网络；以西北农林科技大学 Zheng Fenli 教授、中国科学院水利部水土保持研究所 Liu Guobing，Zhang Xingchang 和 Li Zhanbin，北京师范大学 Liu Baoyuan 教授，中国科学院成都山地灾害与环境研

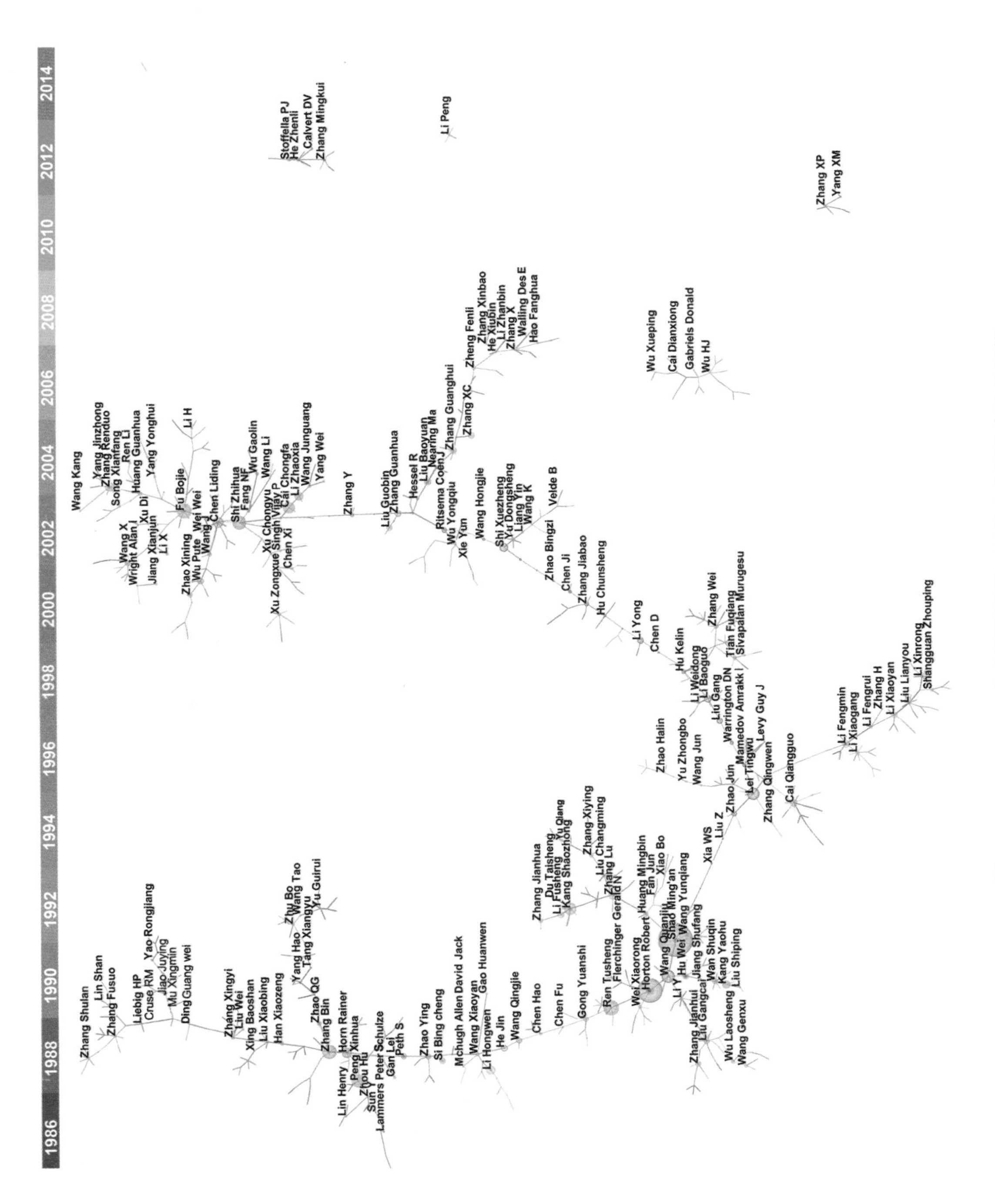

图 4-25　1986～2015 年土壤物理学 SCI 论文中国作者合作网络

究所 He Xiubin 为主要节点，周围 Zhang Guanhua，Zhang Guanghui，Zhang Binbao，Zhang X，Hao Fanghua 等，以及国外合作者 Nearing Ma，Walling Des E.等参与，形成跨多个研究机构、以土壤侵蚀过程与机制以及模型模拟为主要研究内容的作者网络；以华中农业大学 Cai Chongfa 和 Shi Zhihua 教授为核心，周围 Li Zhaoxia，Wang Junguang，Yang Wei，Fang NF，Wu Gaolin，Wang Li 等多位学者，形成以红壤侵蚀过程与机理为主要内容的研究团队。

③以土壤结构与水热传输为主要研究内容的团队，包括：以中国科学院南京土壤研究所 Zhao Qiguo 院士为核心，周围有 Zhang Bin，Peng Xinhua，Zhou Hu，Gan Lei 等参与，国外合作以德国基尔大学 Horn Rainer 教授和美国宾州州立大学 Lin Henry 教授为主，形成以土壤结构与功能为主要研究内容的作者合作网络；以中国农业大学 Li Hongwen 教授和 Chen Fu 教授为主要节点，周围包括 Gao Huanwen，Wang Xiaoyan，He Jin，Wang Qingjie 等学者，形成以土壤耕作与土壤压实为主要研究的团队；以中国农业大学 Ren Tusheng 教授为主，周围包括 Gong Yuanshi，Wei Xiaorong 等学者以及国外合作者 Horton Robert 的参与，形成以土壤水热传输为主要研究内容的团队。

可见，中文期刊论文作者关系网络和 SCI 作者网络共同特点表现在两个方面。其一，主要研究机构、研究领域和研究团队存在相似性。其二，主要核心知名科学家基本一致，这些知名专家包括：赵其国院士、傅伯杰院士、康绍忠院士；多位杰青获得者：傅伯杰院士（1997 年自然地理学）、康绍忠院士（1997 年土壤物理学）、刘宝元教授（1997 年土壤侵蚀与水土保持）、邵明安研究员（2000 年土壤物理学）、史志华教授（2015 年土壤水蚀机理与过程模拟）；多位获得重点基金项目资助：赵其国院士、傅伯杰院士、康绍忠院士、邵明安研究员、刘宝元教授、郑粉莉教授、蔡崇法教授、雷廷武研究员、张斌研究员、李占斌研究员、张光辉教授等。可见，NSFC 是培养中国土壤物理学和土壤侵蚀领域将帅人才的主要力量。在这些科学家的培养下，许多青年科学家也得到快速成长。

与中文期刊论文作者关系网络图相比，SCI 作者网络图还具有以下一些特征：第一，土壤水文过程研究团队在国际上表现更为活跃，比中文期刊作者网络多出两支团队，突显了中国土壤结构和水热传输这方面的研究，涉及研究内容更为丰富；第二，土壤侵蚀领域的研究团队在跨单位之间的合作更为紧密，同一领域中出现了多家单位科学家之间的关联；第三，反映了 Horton Robert 和 Horn Rainer 等多位国外科学家在推动中国土壤物理学研究方面的地位。

随着中国经济水平的提高和政府对科研资助力度的加大，中国学者科研水平越来越高。图 4-26 显示了我国学者发表论文进入 TOP100 的数量以及 NSFC 资助占比。1986～2000 年这 15 年，仅有 6 篇论文进入 TOP100，占 0.4%，其中只有 1 篇得到 NSFC 资助。不过，在此期间，中国学者在国际土壤物理学领域发文量也很少，仅 40 多篇，占国际土壤物理学发文的 0.66%。可见 20 世纪中国科研水平在国际上处于一个“数量少、质量低”的局面。进入 21 世纪，中国学者在该领域发文量呈现一个快速上升的趋势，发文量占了全球的 9.7%（图 4-1），而进入 TOP100 论文一共为 100 篇，占国际 TOP100 的 6.67%。特别在 2014～2015 年，中国学者 SCI 发文占比达到 19.08%（图 4-1）。中国学者在 2013～2015 年 TOP100 论文占比为 11.4%。可见，中国学者在国际土壤物理学领域进入了一个“数量多、质量升”的态势。科研水平的提升离不开 NSFC 的资助。21 世纪初，2001～2003 年，8 篇中国学者 TOP100 论文有 7 篇得到 NSFC 资助。在 2001～2015 年这 15 年，76%中国学者 TOP100 论文得到 NSFC 资助。可见，尽管目前中国资助方式多元化，**NSFC 仍是中国土壤物理学者在国际领域发高质量文章的主要推动力**。

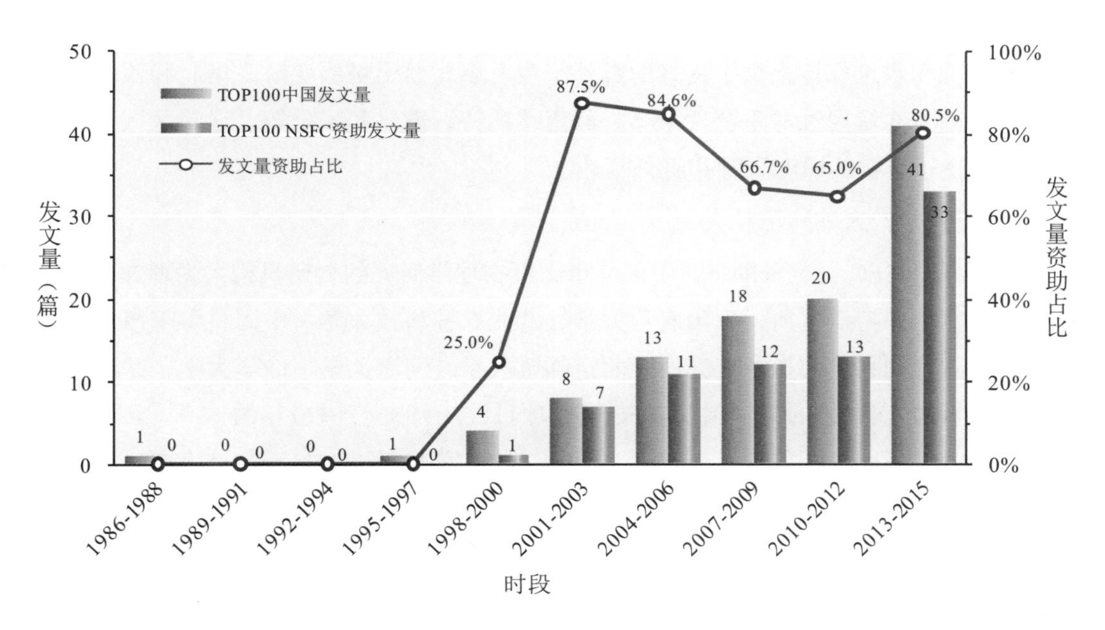

图 4-26　1986～2015 年 SCI 高被引 TOP100 论文中国学者获 NSFC 资助情况

注：TOP100 是指每年 100 篇 SCI 高被引论文。

4.5　中国土壤物理学发展面临的挑战

中国土壤物理学起步晚，底子薄，过去主要围绕农业生产和水土流失治理进行，研究内容集中在土壤质地和水力学参数等基本物理性状，土壤物理性质与植物生长、水分利用的关系，土壤结构与肥力，水土流失和治理等方面（庄季屏，1997：1～7；郑粉莉等，2005：7～14；刘宝元等，2013：80～84）。进入 21 世纪以来，随着经济的发展，国家资助力度加大，中国土壤物理学在科研平台和人才队伍等方面取得明显好转，科研水平得到显著提高，在国际土壤物理学发表 SCI 论文数量仅次于美国，名列世界第二。关注重点从农业生产和水土流失领域延伸到农业可持续发展、生态环境和气候变化等领域。但是，中国土壤物理学还处在跟随国际土壤物理学发展的状况，缺少原创性、高水平的研究。此外，过去 30 年，中国经济取得了令世人瞩目的成就，但是给生态环境带来日益严重的问题，比如耕地质量下降、水资源匮乏、水土污染加剧等（李保国等，2015：78～90）。解决这些问题都离不开土壤物理学工作者的参与。因此，中国土壤物理学在未来大有作为。

4.5.1 中国土壤物理学研究的优势

（1）资源丰富，科学问题突出

中国幅员辽阔，地形起伏差异大，气候类型多样，土壤类型和植被类型最为丰富，为中国土壤物理学发展提供了得天独厚的资源。黄土高原是世界上最严重的水土流失区域，为中国学者开展土壤侵蚀和水土保持提供了良好的野外平台。东北黑土耕层变薄、华北和西北水资源匮乏及盐渍化、南方红壤侵蚀与季节性干旱、西南喀斯特石漠化和干旱等，这些区域特征为中国土壤物理学提供了丰富的研究资源和野外基地。

（2）学科齐全，人才队伍壮大

近 30 年，在 NSFC 稳定资助下，中国从事土壤物理学研究的科研机构大为增加，包括中国科学院水利部水土保持研究所、中国农业大学、西北农林科技大学、中国科学院南京土壤研究所、中国科学院地理科学与资源研究所、北京师范大学、河海大学、清华大学、武汉大学、浙江大学等多家机构。在过去的 30 年中，NSFC 资助项目数从 1986～1990 年的 22 项，上升到 2011～2015 年的 364 项；资助机构数量从 1986～1990 年的 11 家上升到 2011～2015 年的 114 家；发表 SCI 论文机构数从 1986～1990 年的 1 家大幅跃升到 2011～2015 年的 149 家。这些说明了在 NSFC 资助下，土壤物理学科得到快速发展，研究队伍迅速壮大。但是，科研应避免搞人海战术，培养更多高水平人才是缩短我国土壤物理学与国际水平差距的必经之路。

4.5.2 中国土壤物理学发展面临的瓶颈问题及产生瓶颈的原因

近年来，在以 NSFC 为主的大力资助下，中国土壤物理学研究队伍逐渐壮大，研究水平不断提高。但是，由于中国土壤物理学基础薄弱，研究队伍偏小，在满足国家需求、加强基础研究、完善队伍建设、提升研究手段、促进学科交叉等方面还面临一些亟待解决的瓶颈问题。

（1）满足国家需求方面存在不足

随着中国人地矛盾日益突出，在水土资源日益匮乏、生态环境日益恶化的现实下，中国土壤物理学具有更多施展学科特长的机会。针对中国水肥资源利用低，通过研究土壤结构形成演变机制，改善耕地质量，揭示土壤物理状况，提升水肥利用效率的机理，实现“粮食高产、资源高效”；针对中国水资源匮乏广大区域，深入开展田间水分循环过程与节水技术，土壤—植物—大气连续体水分传输机制的研究，实现水分高效利用；针对中国典型水土流失区域，深入研究土壤侵蚀过程与机制、水土保持措施与恢复重建的研究，实现山清水秀；针对中国土壤盐渍化类型多样，开展土壤水盐运移和治理研究，增加耕地面积，开辟第二粮仓；针对中国面源污染典型区域和其他复合污染区域，深入研究污染物质迁移转化规律和过程，为污染区域治理提供理论基础。总之，土壤物理学密切关注中国粮食生产和生态环境建设中的水肥高效利用、土壤污染治理、水土流失治理、退化土壤恢复和盐碱地治理等国家重大需要任务，发挥学科特长，为国家建设做出更大的贡献。

（2）研究基础相对薄弱

中国幅员广大，地形起伏差异大，气候类型多样，土壤类型和植被类型最为丰富，既给土壤物理学研究提供了得天独厚的研究场所，也对土壤物理学家在选择研究方向、确定关键因子、设计研究方案和总结研究结果等方面提出了挑战（李保国等，2015：78～90）。与国际先进水平和发展趋势相比，中国在土壤物理领域的研究还有较大差距。一个主要原因是中国土壤物理学起步晚，研究基础薄弱。尽管进入 21 世纪中国发表 SCI 论文在数量和质量上均有长足进步，但是还缺乏国际领先水平的创新性研究，还没有出现中国学者独立提出的、在国际上有较大影响的理论或方法，总体上处于跟随国际先进水平的态势。此外，中国土壤物理学碎片化研究较多，许多研究缺乏系统性，这也导致研究结果在国际上的影响不大，在国际上的认可度较低。

（3）队伍建设不够完善

与中国土壤学其他分支学科相比，土壤物理学研究队伍偏小，将帅型人才则更少。至今，土壤物理学杰青获得者仅 5 位，其中 3 位来自土壤物理学领域（其中 1 位长期在国外）、2 位来自土壤侵蚀领域。从事土壤物理学研究人员专业背景范围窄，大多数研究人员以土壤学和农学为专业背景，数学和物理基础较弱，难以把观测数据上升到用数学模型和物理理论定量描述。而开展高水平的土壤物理学研究，往往需要很好的数学和物理学背景。国际上大多数知名的土壤物理学家，包括中国土壤物理学家康绍忠院士和邵明安研究员，在数理上都有很好的教育背景。从发表 SCI 论文的情况分析（图 4-4），目前从事土壤物理学研究的单位主要集中在西北农林科技大学、中国科学院水利部水土保持研究所、中国农业大学、中国科学院南京土壤研究所、中国科学院地理科学与资源研究所、北京师范大学、中国水利部，这 7 家科研机构合计贡献了中国土壤物理学 SCI 论文的 58.7%。近几年，中国土壤物理专业委员会会议参会人数呈显著上升趋势，土壤物理学队伍明显壮大。通过国外引进和国内培养，一批年轻人在水热传输、土壤结构定量化、微生物和胶体在土壤中迁移等领域崭露头角，其中有 3 位荣获中组部“青年千人”称号。

（4）研究手段缺乏原创性

土壤物理学是一门实验性较强的科学，强调“原状原位”研究。因此，土壤物理学研究多基于野外原位监测，或者以原状土柱为研究对象在室内进行。土壤水是土壤物理学研究的核心内容，而与之相关的监测仪器，包括 TDR、FDR、数据采集器、大型称重式蒸渗仪、压力膜板、液态水同位素仪、宇宙射线土壤水分监测系统（COSMOS）等，都需要从欧美国家进口。近 10 年在国家大力资助下，中国主要科研机构土壤物理学实验设备与欧美发达国家差距在缩小，但是总体上中国土壤物理学研究的发展相对滞后。通过购买国外先进仪器，虽然缩小了中国土壤物理学研究水平与欧美发达国家的差距，但是，仪器维护和管理等缺乏专业技术人员，有些仪器设备利用不够充分。仪器研制虽然不是土壤物理学的主要任务，但是也引起我们的足够重视。研制或率先采用一些新技术和新方法，为开展原创性研究提供手段，为开辟新的研究领域创造条件。此外，需要大力采用相邻学科一些先进技术与研究手段，比如同步辐射技术、同位素技术、分子生物技术等，推动我国土壤物理学发展。

（5）与其他学科的交叉有待加强

作为土壤学的分支学科之一，加强土壤物理学、土壤化学、土壤生物学之间的交叉与合作，拓展土壤物理学研究领域。目前，土壤生物物理已成为现代土壤学的热点研究领域之一。借用微观探测技术与计算机技术，定量描述土壤物理性质对微生物个体和群落生长与迁移规律（Dechesne et al.，2010：14369～14372），或干湿交替等物理干扰对微生物活性的影响（Yao et al.，2011：590～599），以及生物过程对土壤物理过程的反馈机制，这些促进了土壤生物物理的发展。土壤物理学与水文学的交叉诞生了水文土壤学（Lin et al.，2005：1～89），水文土壤学已经成为国际土壤联合会一个独立分支工作组，已成功举办了 3 届国际水文土壤学会议。2015 年，美国土壤物理学分会改名为土壤物理与水文学分会，也是为了强化水文过程在土壤物理学中的重要地位。胶体、纳米材料、病原体等污染物在土壤和地下水中的迁移与场地修复，促进了土壤物理学与环境科学的融合。可见，土壤物理学与其他学科的交叉取得了一些进展，研究队伍在逐渐壮大，也拓展了土壤物理学的研究领域。但是，土壤物理学应有更加广阔的施展空间。从过去重点关注渗透区延伸到地球关键带，从农田尺度拓展到流域甚至区域尺度，继续加强与水文学、生态学、环境科学、生物地球化学等学科交叉，大胆采用其他学科的先进技术与方法，进一步丰富土壤物理学基础理论与模型模拟的研究。

4.6 小　结

土壤物理学是土壤学的主要分支学科之一。近 30 年来，在学科发展和社会需求的推动下，国际土壤物理学发展迅速，美国一直为该领域的领头羊。基于文献计量学方法，国际土壤物理学从过去重点研究土壤物理性质对农业生产和水土流失的影响，延伸到近年来关注土壤物理过程对人类活动和全球变化的响应，研究尺度从农田耕层拓展到渗透区和地球关键带，研究手段与方法更为先进，在土壤侵蚀、土壤水文过程、溶质迁移、土壤结构、土壤盐渍化等多个领域取得了长足进展。

中国土壤物理学进入 21 世纪以来得到迅速发展。中国土壤物理学紧密结合中国国情和区域特征，在 NSFC 长期稳定资助下，在土壤侵蚀机理与过程、土壤水文过程与水分利用等领域取得了显著进展，整体研究水平与欧美发达国家的差距显著缩小。但是，由于中国土壤物理学基础薄弱，研究平台较低，高水平原创性研究还存在明显不足。今后，中国土壤物理学要紧密结合国家需求，钻研学科基础问题，加强科研人才培养，采用先进技术与方法，拓展学科交叉与合作，不断提升在国际土壤物理学中的地位和影响力。在 NSFC 资助下，相信中国土壤物理学一定会为国家做出更大贡献，有一个更加美好的未来。

参考文献

Abiven, S., S. Menasseri, C. Chenu. 2009. The effects of organic inputs over time on soil aggregate stability-a literature analysis. *Soil Biology & Biochemistry*, Vol. 41.

Asadi, H., H. Ghadiri, C. W. Rose, et al. 2007. An investigation of flow-driven soil erosion processes at low streampowers. *Journal of Hydrology*, Vol. 342, No. 1-2.

Baumgartl, T., B. Köck. 2004. Modeling volume change and mechanical properties with hydraulic models. *Soil Science Society of America Journal*, Vol. 68, No. 1.

Benson, D. A., S. W. Wheatcraft, M. M. Meerschaert. 2000. Application of a fractional advection-dispersion equation. *Water Resources Research*, Vol. 36, No. 6.

Berhe, A. A., J. W. Harden, M. S. Torn, et al. 2012. Persistence of soil organic matter in eroding versus depositional landform positions. *Journal of Geophysical Research*, Vol. 117.

Berkowitz, B., H. Scher, S. E. Silliman. 2000. Anomalous transport in laboratoryscale, heterogeneous porous media. *Water Resources Research*, Vol. 36, No. 1.

Bradford, S. A., J. Šimůnek, M. Bettahar, et al. 2003. Modeling colloid attachment, straining, and exclusion in saturated porous media. *Environmental Science and Technology*, Vol. 37, No. 10.

Bryan, R. B. 2000. Soil erodibility and processes of water erosion on hillslope. *Geomorphology*, Vol. 32, No. 3-4.

Da Silva, A. P., B. D. Kay, E. Perfect. 1994. Characterization of the least limiting water range of soils. *Soil Science Society of America Journal*, Vol. 58, No. 5.

Dechesne, A., G. Wang, G. Güleza, et al. 2010. Hydration-controlled bacterial motility and dispersal on surfaces. *Proceedings of the National Academy of Sciences of the United States of America*, Vol. 107, No. 32.

De Gryze, S., J. Six, R. Merckx. 2006. Quantifying water-stable soil aggregate turnover and its implication for soil organic matter dynamics in a model study. *European Journal of Soil Science*, Vol. 57, No. 5.

Flanagan, D. C., J. E. Gilley, T. G. Franti. 2007. Water erosion prediction project (WEPP): development history, model capabilities, and future enhancements. *Transactions of the ASABE*, Vol. 50, No. 5.

Gerke, H. H., M. T. van Genuchten. 1993. A dual-porosity model forsimulating the preferential movement of water and solutes in structuredporous media. *Water Resources Research*, Vol. 29, No. 2.

Holland, J. M. 2004. The environmental consequences of adopting conservationtillage in Europe: reviewing the evidence. *Agriculture Ecosystems and Environment*, Vol. 103, No. 1.

Horn, R., H. Domżał, A. Słowińka-Jurkiewicz, et al. 1995. Soil compaction processes and their effects on thestructure of arable soils and the environment. *Soil and Tillage Research*, Vol. 35, No. 1-2.

Jarvis, N. 2007. A review of non-equilibrium water flow and solute transport in soilmacropores: principles, controlling factors and consequences for water quality. *European Journal of Soil Science*, Vol. 58, No. 3.

Jury, W. A., G. Sposito, R. E. White. 1986. A transfer function model of solute transport through soil. I. Fundamental theory. *Water Resources Research*, Vol. 22.

Katuwal, S., T. Norgaard, P. Moldrup, et al. 2015. Linking air and water transport in intact soils to macropore characteristics inferred from X-ray computed tomography. *Geoderma*, Vol. 237.

Kinnell, P. I. A. 2005. Raindrop-impact-induced erosion processes and prediction: a review. *Hydrological processes*, Vol. 19, No. 14.

Le Bissonnais, Y. 1996. Aggregate stability and assessment of soil crustability and erodibility: I. theory and methodology. *European Journal of Soil Science*, Vol. 47, No. 4.

Legout, C., S. Leguedois, Y. Le Bissonnais. 2005. Aggregate breakdown dynamics under rainfall compared with aggregate stability measurements. *European Journal of Soil Science*, Vol. 56, No. 2.

Letey, J. 1985. Relationship between soil physical properties and crop productions. *Advances in Soil Science*, Vol. 1.

Li, H. W., H. W. Gao, H. D. Wu, et al. 2007. Effects of 15 years of conservation tillage on soil structure and productivity of wheat cultivation in northern China. *Australian Journal of Soil Research*, Vol. 45, No. 5.

Lin, H., J. Bouma, L. P. Wilding, et al. 2005. Advances in hydropedology. *Advances in Agronomy*, Vol. 85.

Lin, H. 2010. Earth's critical zone and hydropedology: concepts, characteristics and advances. *Hydrology and Earth System Sciences*, Vol. 14, No. 1.

Liu, F. J., R. C. Bales, M. H. Conklin, et al. 2008. Streamflow generation from snowmelt in semi-arid, seasonally snow-covered, forested catchments, Valles Caldera, New Mexico. *Water Resources Research*, Vol. 44, No. 12.

Liu, X., L. Sen, H. Robert, et al. 2014. In situ monitoring of soil bulk density with a thermo-TDR sensor. *Soil Science of America Journal*, Vol. 78, No. 2.

Luo, L., H. Lin, P. Halleck. 2008. Quantifying soil structure and preferential flow in intact soil using X-ray computed tomography. *Soil Science Society of America Journal*, Vol. 72, No. 4.

Mabit, L., M. Benmansour, D. E. Walling. 2008. Comparative advantages and limitations of the fallout radionuclides ^{137}Cs, $^{210}Pb_{ex}$ and ^{7}Be for assessing soil erosion and sedimentation. *Journal of Environmental Radioactivity*, Vol. 99, No. 12.

Mabit, L., A. Klik, M. Benmansour, et al. 2009. assessment of erosion and deposition rates within an Austrian agricultural watershedby combining ^{137}Cs, $^{210}Pb_{ex}$ and conventional measurements. *Geoderma*, Vol. 150, No. 3-4.

Mairhofer, S., S. Zappala, S. T. Tracy, et al. 2012. RooTrak: Automated recovery of three-dimensional plant root architecture in soil from X-ray microcomputed tomography images using visual tracking. *Plant Physiology*, Vol. 158, No. 2.

Mooney, S. J., T. P. Pridmore, J. Helliwell, et al. 2012. Developing X-ray computed tomography to non-invasively image 3-D root systems architecture in soil. *Plant and Soil*, Vol. 352, No. 1-2.

Moore, I. D., G. G. Burch. 1986. Physical basis of the length-slope factor in the universal soil loss equation. *Soil Science Society of America Journal*, Vol. 50, No. 5.

Morgan, R. P. C., J. N. Quinton, R. E. Smith, et al. 1998. The European Soil Erosion Model (EUROSEM): a dynamic approach for predicting sediment transport from fields and small catchments. *Earth Surface Processes and Landforms*, Vol. 23, No. 6.

Morris, N. L., P. C. H. Miller, J. H. Orson, et al. 2010. The adoption of non-inversion tillage systems in the United

Kingdom and theagronomic impact on soil, crops and the environment-a review. *Soil and Tillage Research*, Vol. 108, No. 1-2.

Munkholm, L. J., R. J. Heck, B. Deen. 2013. Long-term rotation and tillage effects on soil structure and crop yield. *Soil and Tillage Research*, Vol. 127.

Muñoz-Villers, L. E., J. J. McDonnell. 2012. Runoff generation in a steep, tropical montane cloud forest catchment on permeable volcanic substrate. *Water Resources Research*, Vol. 48.

Nielsen, D. R., J. W. Biggar. 1961. Miscible displacement in soils: Ⅰ. experimental information. *Soil Science Society America Proceeding*, Vol. 25, No. 1.

Nielsen, D. R., J. W. Biggar. 1962. Miscible displacement in soils: Ⅲ. theoretical consideration. *Soil Science Society America Proceeding*, Vol. 26, No. 3.

Philip, J. R. 1966. Plant water relations: some physical aspects. *Annual Review of Plant Physiology*, Vol. 17.

Philip, J. R. 1969. Theory of infiltration. *Advances in Hydroscience*, Vol. 5.

Philip, J. R. 1974. 50 years progress in soil physics. *Geoderma*, Vol. 12, No. 4.

Prosser, J. I., B. J. M. Bohannan, T. P. Curtis, et al. 2007. The role of ecological theory in microbial ecology. *Nature*, Vol. 5, No. 5.

Qiao, Y. F., S. J. Miao, N. Li, et al. 2015. Crop species affect soil organic carbon turnover in soil profile and among aggregate sizes in a Mollisol as estimated from natural ^{13}C abundance. *Plant and Soil*, Vol. 392.

Ren, T. S., Z. Q. Ju, Y. S. Gong, et al. 2005. Comparing heat-pulse and time domain reflectometry soil water contents from thermo-time domain reflectometry probes. *Vadose Zone Journal*, Vol. 4, No. 4.

Renard, K. G., G. R. Foster, G. A. Weesies, et al. 1997. *Predicting Soil Erosion by Water: A Guide to Conservation Planning with the Revised Universal Soil Loss Equation* (*RUSLE*). Agricultural Handbook, US Department of Agriculture, Washington, DC.

Ritz, K., I. Young. 2011. *The Architecture and Biology of Soils: Life in Inner Space*. CPI Group Ltd, Preston, UK.

Shen, Y. J., Z. B. Zhang, L. Gao, et al. 2015. Evaluating contribution of soil water to paddy rice by stable isotopes of hydrogen and oxygen. *Paddy and Water Environment*, Vol. 13, No. 1.

Shi, Z. H., N. F. Fang, F. Z. Wu, et al. 2012. Soil erosion processes and sediment sorting associated with transport mechanisms on steep slopes. *Journal of Hydrology*, Vol. 454-455.

Šimůnek, J., M. T. van Genuchten. 2008. Modeling nonequilibrium flow andtransport processes using HYDRUS. *Vadose Zone Journal*, Vol. 7, No. 2.

Six, J., E. T. Elliott, K. Paustian, et al. 1998. Aggregation and soil organic matter accumulation in cultivated and native grassland soils. *Soil Science Society of America Journal*, Vol. 62, No. 5.

Six, J., R. T. Conant, E. A. Paul, et al. 2002. Stabilization mechanisms of soil organic matter: implications for C-saturation of soils. *Plant and Soil*, Vol. 241, No. 2.

Tardieu, F., W. J. Davies. 1993. Integration of hydraulic and chemical signalling in the control of stomatal conductance and water status of droughted plants. *Plant, Cell and Environment*, Vol. 16, No. 4.

Tisdall, J. M., J. M. Oades. 1982. Organic matter and water-stable aggregates in soils. *Journal of Soil Science*, Vol. 33, No. 2.

Vachaud, G., A. P. D. Silans, P. Balabanis, et al. 1985. Temporal stability of spatially measured soil water probability density function. *Soil Science Society of America Journal*, Vol. 49, No. 4.

Van Genuchten, M. T. 1980. A closed-form equation for predicting the hydraulic conductivity of unsaturated soils. *Soil Science Society of America Journal*, Vol. 44, No. 5.

Van Oost, K., T. A. Quine, G. Govers, et al. 2007. The impact of agricultural soil erosion on the global carbon cycle. *Science*, Vol. 318, No. 5850.

Wang, G., D. Or. 2010. Aqueous films limit bacterial cell motility and colonyexpansion on partially saturated rough surfaces. *Environmental Microbiology*, Vol. 12, No. 5.

Wang, L., Z. H. Shi, J. Wang, et al. 2014. Rainfall kinetic energy controlling erosion processes and sediment sorting on steep hillslopes: a case study of clay loam soil from the Loess Plateau, China. *Journal of Hydrology*, Vol. 512.

Wilson, G., R. Luxmoore. 1988. Infiltration, macroporosity, and mesoporosity distributions on two forested watersheds. *Soil Science Society of America Journal*, Vol. 52, No. 2.

Yao, S. H., B. Zhang, F. Hu. 2011. Soil biophysical controls over rice straw decomposition and sequestration in soil: the effects of drying intensity and frequency of drying and wetting cycles. *Soil Biology & Biochemistry*, Vol. 43, No. 3.

Yeh, H. F., C. H. Lee., K. C. Hsu. 2011. Oxygen and hydrogen isotopes forthe characteristics of groundwater recharge: a case study fromthe Chih-Pen Creek basin, Taiwan. *Environmental Earth Sciences*, Vol. 62, No. 2.

Zhang, C. Z., J. B. Zhang, B. Z. Zhao, et al, 2011. Coupling a two-tip linear mixing model with a δD-$\delta^{18}O$ plot to determine water sources consumed by maize duringdifferent growth stages. *Field Crops Research*, Vol. 123, No. 3.

Zhang, G. H., B. Y. Liu, M. A. Nearing, et al. 2002. Soil detachment by shallow flow. *Transactions of the ASAE*, Vol. 45, No. 2.

Zhang, G. H., B. Y. Liu, G. B. Liu, et al. 2003. Detachment of undisturbed soil by shallow flow. *Soil Science Society of America Journal*, Vol. 67, No. 3.

Zhang, Y. C., Y. J. Shen, H. Y. Sun, et al. 2011. Evapotranspirationand its partitioning in an irrigated winter wheat field: acombined isotopic and micrometeorologic approach. *Journal of Hydrology*, Vol. 408, No. 3-4.

Zhang, Z. B., X. Peng, H. Zhou, et al. 2015. Characterizing preferential flow in cracked paddy soils using computed tomography and breakthrough curve. *Soil and Tillage Research*, Vol. 146.

Zreda, M., D. Desilets, T. P. A. Ferre, et al. 2008. Measuring soil moisture content non-invasively at intermediate spatial scale using cosmic-ray neutrons. *Geophysical Research Letters*, Vol. 35, No. 21.

康绍忠：“土壤—植物—大气连续体水热动态模拟的研究”，《西藏农业科技》，1992 年第 2 期。

康绍忠、刘晓明、张国瑜：“作物覆盖条件下田间水热运移的模型研究”，《水利学报》，1993 年第 3 期。

康绍忠、熊运章：“干旱缺水条件下麦田蒸散量的计算方法”，《地理学报》，1990 年第 4 期。

李保国、任图生、刘刚等：“土壤物理学发展现状与展望”，《中国科学院院刊》，2015 年第 30 期。

李保国、任图生、张佳宝等：“土壤物理学研究的现状、挑战与任务”，《土壤学报》，2008 年第 5 期。

李小雁：“水文土壤学面临的机遇与挑战”，《地球科学进展》，2012 年第 5 期。

刘宝元、刘瑛娜、张科利等：“中国水土保持措施分类”，《水土保持学报》，2013 年第 2 期。

邵明安、杨文治、李玉山：“土壤—植物—大气连统体中的水流阻力及相对重要性”，《水利学报》，1986 年第 4 期。

邵明安、杨文治、李玉山：“植物根系吸收土壤水分的数学模型”，《土壤学报》，1987 年第 4 期。

姚贤良：“四十年来国际土壤物理学的发展及其对我国土壤物理学的影响”，《土壤学进展》，1989 年第 4 期。

郑粉莉、王占礼、杨勤科：“我国水蚀预报模型研究的现状、挑战与任务”，《中国水土保持科学》，2005 年第 1 期。

庄季屏：“土壤物理学科发展趋势与展望”，《中国农业大学学报》，1997 年第 2 期。

第5章　土 壤 化 学

土壤化学是土壤科学中最古老的基础分支学科之一，至今已发展近两个世纪。主要研究土壤中的物质组成、组分之间和固液相之间的化学反应与化学过程，以及离子或分子在固液相界面上所发生的化学现象（李学垣，2001）。尽管土壤化学多表现为土壤微观特性，但在调控土壤宏观过程中要以认识土壤微观特性为前提。因此，土壤化学性质与反应过程是土壤形成和发育的基础，是土壤生态系统中物质循环的核心，控制着土壤物质的转化、迁移和积累，深刻影响着土壤性质变化、土壤肥力特征、土壤形成转化和植物养分吸收，进而影响粮食安全、环境质量、可持续发展和气候变化等。

土壤化学的细分类别有多种，根据土壤组成可分为土壤有机质化学、土壤矿物化学、土壤生物化学、土壤溶液化学、土壤胶体化学等；根据反应过程可分为土壤物理化学、土壤表面化学、土壤氧化还原化学、土壤酸碱化学、土壤界面化学、土壤电化学、土壤化学热力学与动力学等；根据功能可分为土壤环境化学、土壤污染化学、土壤根际化学等。

本章从Web of Science数据库中选择了代表土壤科学发展的70种期刊作为国际文献分析的数据源，依据土壤化学核心关键词制定了英文检索式：("soil*") and ("mineral*" or "clay*" or "oxide" or "goethite" or "hematite" or "ferrihydrite" or "hydroxide*" or "kaolinite" or "montmorillonite" or "smectite" or "illite" or "colloid*" or "silicate or organi*" or "humic*" or "fulvic*" or "humin" or "microb*" or "microorganism*" or "protein" or "enzyme" or "biochar" or "manganese oxide" or "birnessite") and ("chemistry" or "physical chemistry" or "action" or "interaction" or "interface*" or "process" or "adsor*" or "sorp*" or "desorp*" or "retention" or "complexation" or "zeta potential" or "absor*" or "deposit*" or "adhesion*" or "reduc*" or "oxidat*" or "redox" or "bind*" or "bond" or "precipit*" or "charge" or "electrostatic*" or "kinetic*" or "thermodynamic*" or "transform*" or "format*" or "dissolu*" or "solubility distribution" or "transport*" or "crystal*" or "morphology" or "aggregat* degradation" or "sequestration" or "geochemistry" or "availability" or "mobility" or "speciation" or "DLVO*" or "model" or "Van der Waals' force" or "multilayer" or "affinity*" or "X-ray diffraction" or "IR" or "XAFS" or "calorimetry" or "microscopy" or "spectroscopy" or "electrode" or "titration")。通过土壤化学的关键词从CNKI检索出中文文献数据源，依据土壤化学核心关键词制定的中文检索式为：(SU='土壤' or SU='矿物' or SU='氧化物*' or SU='黏土*' or SU='腐殖*' or SU='有机*' or SU='胶体' or SU='微生物' or SU='细菌' or SU='真菌' or SU='针铁矿' or SU='赤铁矿' or SU='氧化物' or SU='水铁矿' or SU='氧化锰' or SU='水钠锰矿' or SU='高岭石' or SU='蒙脱石' or SU='伊利石' or SU='蛭石' or SU='酶' or SU='蛋白质' or SU='硅酸盐矿物' or SU='病毒' or SU='颗粒') and (SU='化学' or SU='物理化学' or SU='反应' or

SU='电荷*' or SU='氧化还原' or SU='吸附' or SU='解吸' or SU='动力学' or SU='热力学' or SU='电化学' or SU='表面化学*' or SU='界面化学' or SU='化学模型' or SU='形态' or SU='缓冲性' or SU='酸碱平衡' or SU='络合*' or SU='螯合*' or SU='配位*' or SU='离子交换' or SU='双电层' or SU='絮凝' or SU='沉淀' or SU='电位' or SU='腐殖质结构' or SU='自由能' or SU='活化能' or SU='焓变' or SU='熵变' or SU='转化' or SU='演化' or SU='电导' or SU='pH' or SU='酸化' or SU='疏水' or SU='氢键' or SU='范德华力' or SU='亲和力' or SU='模型' or SU='分子结构' or SU='形态' or SU='重金属' or SU='有机污染物' or SU='键合' or SU='晶体*')。检索时间截至 2015 年 7 月，共检索到土壤化学国际英文文献 50 457 篇和中国中文文献 11 519 篇。

在 NSFC 项目分析中，以土壤学（D0105）中的土壤化学代码（D010503）的基金项目为主，并从土壤肥力（D010506）、土壤污染与修复（D010507）、土壤质量与食品安全（D010508）3 个三级代码中选取了与土壤化学相关的基金项目，共计 767 项。以此为数据源，分析土壤化学的基金项目关键词时序、基金项目资助情况及其对土壤化学发展的贡献。

5.1 国际及中国土壤化学的发展特征

本节以土壤化学检索的英文 SCI 和中文 CSCD 发文量为基础，对比分析了全球作者和中国作者发表论文关键词的时序变化差异，从而更加清晰地认识到新兴学科方向的出现和传统学科方向的演化。分析发现，近 30 年来国际土壤化学研究总体上处于长足发展时期，也是中国土壤化学研究进步最快的时期。

5.1.1 国际及中国土壤化学发文量分析

通过对 30 年间 70 种土壤学 SCI 主流期刊的发文量分析，可以粗略看出各国土壤化学发展国际影响力的变化过程（图 5-1）。在此共统计土壤化学 SCI 论文 5 万余篇，1990 年以前每年发文量不超过 100 篇，1990～2005 年发文量快速增加，由 1990～1991 年的 955 篇增加到 2004～2005 年的 4 219 篇，近 10 年发文量为 28 233 篇，占 30 年间总发文量的 56%。中国学者在 1990 年以前还没有土壤化学方面 SCI 论文记录，2000 年以前每两年发文量不超过 25 篇，但自 2005 年以后每年发文量呈倍数增加。中国学者发文情况在国际占比可分为 3 个阶段：2000 年以前所占比例极低（小于 1%）；2000～2009 年快速增长，年均增长 1.2%；2010 年以后加速增长，年均增长 2.3%，到 2015 年中国学者 SCI 发文量已占国际发文量的 19%。图 5-1 统计结果说明，**中国土壤化学在快速发展，特别是近 5 年在国际上的影响不断增强。**

过去 30 年，各国土壤化学发展整体呈上升趋势，但是国家之间的发展速度明显不同。图 5-2 是土壤化学 1986～2015 年 SCI 发文量 TOP10 的国家。土壤化学 SCI 发文量 TOP10 的国家分别为美国、中国、德国、英国、加拿大、澳大利亚、法国、西班牙、日本和俄罗斯。1990 年以前，土壤化学 SCI 发文量 TOP10 的国家发文量相差不大，都在 37 篇以下；1990～1997 年快速增长，特别是美国，发文量由 1988～1989 年的 25 篇增长到 1996～1997 年的近 940 篇，英国和德国发文量非常相近；2001 年以后，除中国、美国和德国仍在快速增长外，其他国家呈缓慢增长趋势（最高不超过 350 篇/2 年），其中日本和俄罗斯在 100～200 篇/2 年波动。中国土壤化学在 2000 年以前，每两年的 SCI 发文量不超过 25 篇，排名第 10 位；2002～2003 年发文量与日本接近；2006～2007 年以 8 篇的微弱优势超过德国（384 篇），排名第 2 位；2014～2015 年（不完全统计，截至 2015 年 7 月）超过美国，发文量排名第 1 位。由图 5-2 可看出，**过去 30 年的大部分时间，美国在国际土壤化学研究领域占据主导地位；2000 年以后，中国土壤化学研究的活力和影响力不断增强。**

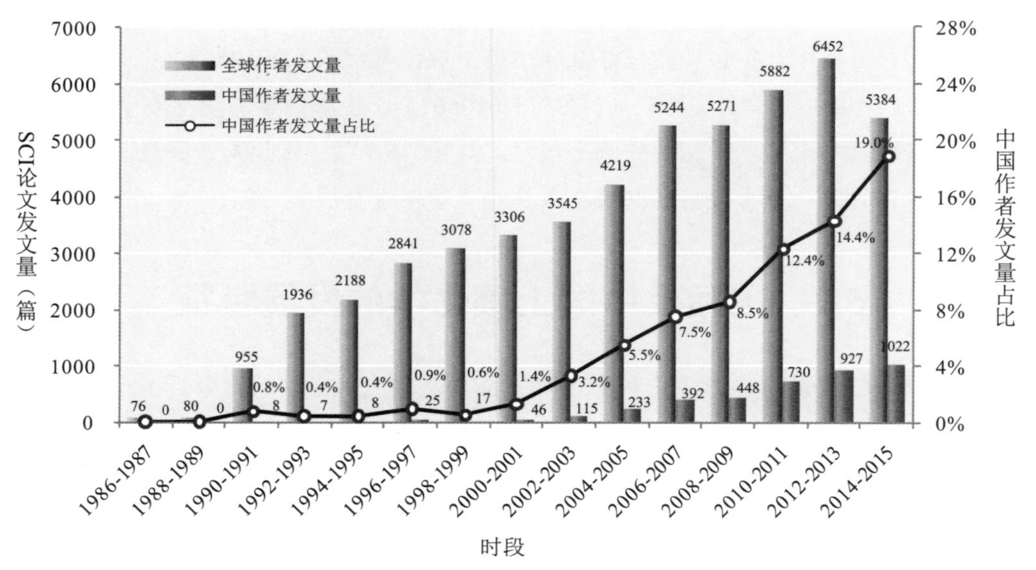

图 5-1　1986～2015 年土壤化学全球与中国作者 SCI 发文量及中国作者发文量占比

注：2015 年 SCI 发文量统计至 2015 年 7 月 31 日。

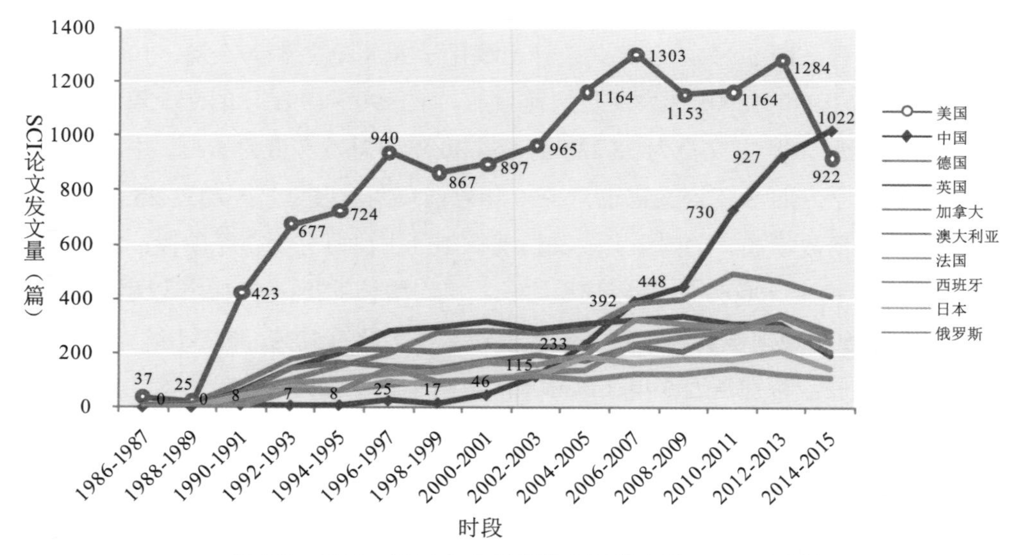

图 5-2　1986～2015 年土壤化学 SCI 发文量 TOP10 国家

注：2015 年 SCI 发文量统计至 2015 年 7 月 31 日。

利用中文检索式从 CNKI 检索出中文文献数据源，30 年间土壤化学中文发文量整体呈上升趋势，但同 SCI 发文量的变化趋势略有不同（图 5-3）：1986～2001 年，发文量由 194 篇缓慢增加到 478 篇，16 年时间发文量增加了近 1.5 倍；而 2000～2011 年，发文量则由 478 篇增加到 1 706 篇，10 年间增加了近 2.6 倍，呈现快速增长趋势；2011 年以后，发文量增加趋于平稳，2010～2011 年到 2012～2013 年仅增加 3 篇论文。由图 5-3 统计结果可知，中国土壤化学中文发文量可明显分为 1986～2001 年、2002～2011 年、2012～2015 年 3 个发展阶段，这与我国科技环境和社会经济发展水平密切相关。2010 年以后，大量中国学者开始倾向于国际 SCI 论文的发表（图 5-1），导致中文发文量趋于稳定且出现了“瓶颈”。与中国学者发表 SCI 论文量的变化趋势相比，整体变化趋势相同，但**中文发文量加速增长的时间明显前移，SCI 论文量在 2010 年以后仍处于加速上升阶段**。

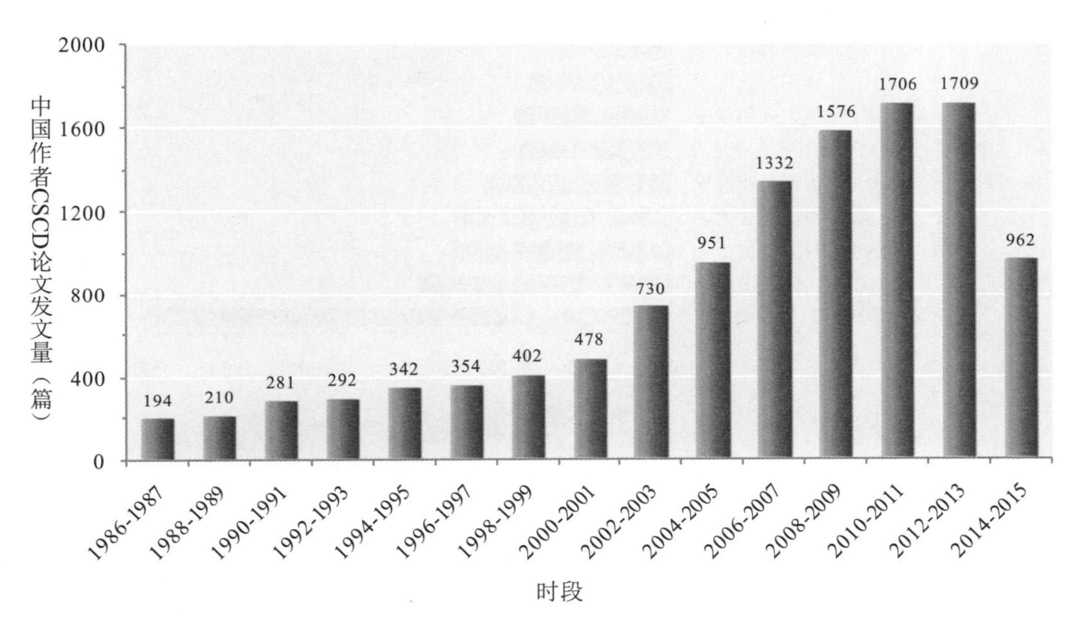

图 5-3 1986～2015 年土壤化学 CSCD 中文发文量

注：CSCD 中文发文量统计至 2014 年 12 月 31 日。

5.1.2 中国土壤化学研究机构发文量分析

过去 30 年，中国主要研究机构土壤化学 SCI 发文量均呈快速上升趋势，但不同机构的发展速度明显不同。图 5-4 是 1986～2015 年中国土壤化学 SCI 发文 TOP20 的研究机构情况。30 年间，中国科学院南京土壤研究所SCI发文量以总数588篇的绝对优势排名第1，其次为浙江大学、中国科学院生态环境中心、中国农业大学、南京农业大学等；中国土壤化学 SCI 发文量 TOP20 机构中，中国科学院系统单位有 10 个（占 50%）、综合性大学 5 所、农业大学 4 所，可见**中国科学院系统在 SCI 的发文量中占绝对优势**。各主要研究机构近 10 年 SCI 发文量是前 20 年发文总量的 4～21 倍，以西北农林科技大学增速最快；表明**这些研究机构在近 10 年中积极推进科研体制改革，发挥多学科交叉、综合与渗透优势，科学研究综合实力大幅提高**。

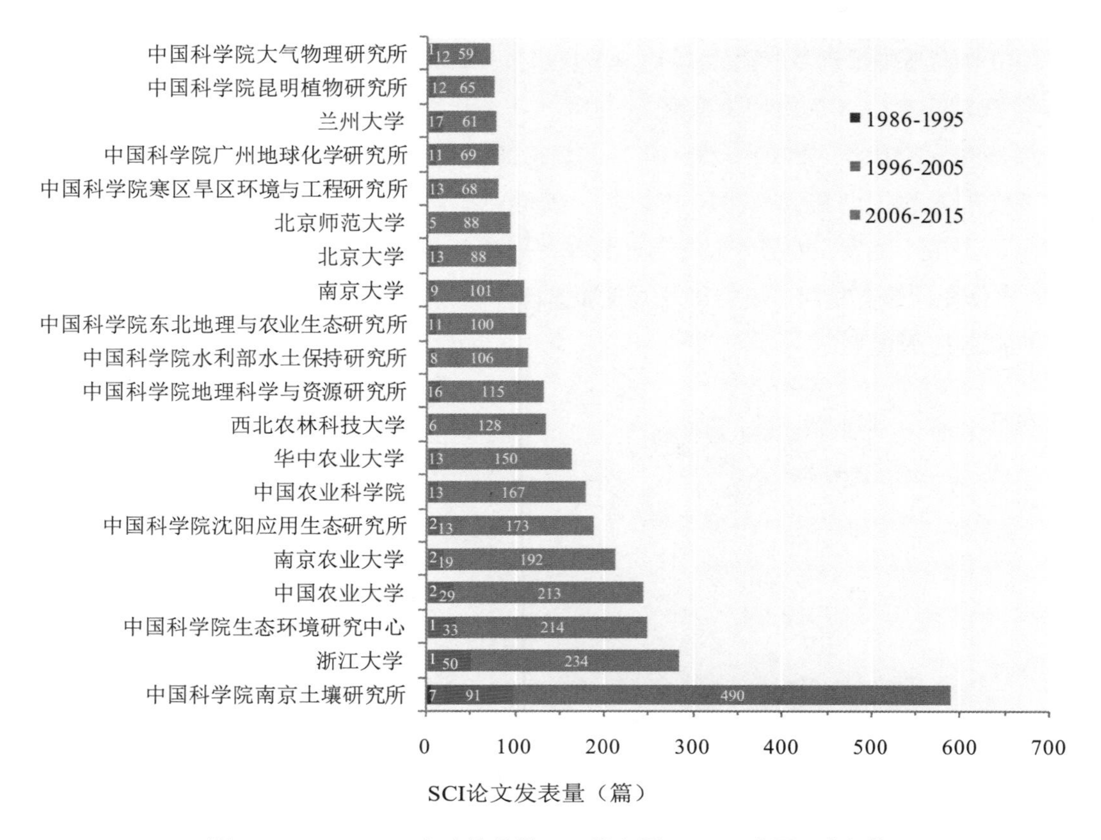

图 5-4 1986～2015 年土壤化学 SCI 发文量 TOP20 中国研究机构

注：2015 年 SCI 发文量统计至 2015 年 7 月 31 日。

过去 30 年，中国主要研究机构土壤化学中文发文量的变化趋势与 SCI 相似，但研究机构有所不同。图 5-5 为 1986～2015 年中国主要研究机构有关土壤化学中文发文量。过去 30 年，中国科学院南京土壤研究所以总数 915 篇的绝对优势排名第 1，其次为西北农林科技大学、南京农业大学、中国农业科学院、中国科学院沈阳应用生态研究所、浙江大学、华中农业大学等。土壤化学中文发文量 TOP20 的机构中，中国科学院系统单位有 6 个、农业大学有 8 个、综合性大学有 4 个。在土壤化学发展早期（1986～1995 年），发文量 TOP20 的研究机构发文量差异较大，排名前 3 位的机构分别为中国科学院南京土壤研究所、南京农业大学和华中农业大学。1996～2005 年，中国科学院南京土壤研究所和浙江大学占绝对优势，但各主要研究机构发文量差异逐渐缩小。**在最近的 10 年中，排名 TOP5 的机构发文量比前 20 年发文总量还多，这些机构表现出强劲的发展态势**；同时，西北农林科技大学发文量（441 篇）增速最快，仅次于排名第 1 位的中国科学院南京土壤研究所（453 篇），这可能是由于中国西部政策促进了西部地区相关研究机构的快速发展。

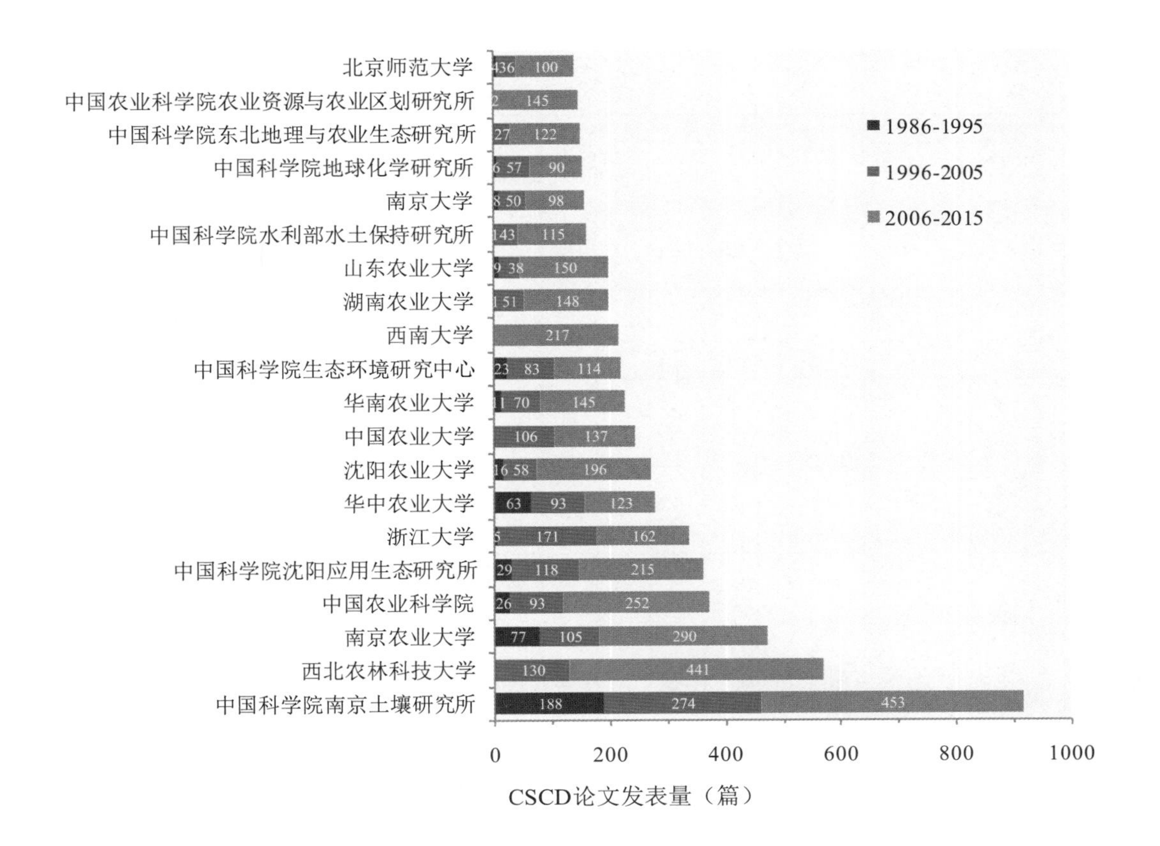

图 5-5　1986～2015 年土壤化学 CSCD 中文发文量 TOP20 研究机构

注：CSCD 发文量统计至 2014 年 12 月 31 日。

5.1.3　土壤化学 SCI 论文高频关键词时序分析

通过对 1986～2015 年土壤化学 SCI 期刊论文高频关键词的分析，力求进一步明确国际土壤化学研究的热点领域及中国学者所关注的热点问题。表 5-1 是 1986～2015 年土壤化学 SCI 主流期刊论文的中外研究热点关键词统计结果。

表格上半部分为全球作者（含中国作者）关键词百分比，下半部分为中国作者关键词百分比。为了清楚地表达不同时段全球和中国作者研究热点的变化过程，将 1986～2015 年以两年为间隔划分为 15 个时段，置于横向；将关键词以近 30 年出现的频次由高至低排序，置于纵向。该表格揭示了国内外土壤化学学者研究关注的热点问题。从横向数据比较可以清楚地发现不同关键词的增减规律，能在一定程度上反映出国内外学术界对土壤化学研究热点的转变过程。

由表 5-1 可见，近 30 年全球学者 SCI 发文量明显增加，关键词词频总数呈整体上升趋势，TOP15 关键词词频数均大于 900 次，平均值约为 1 390 次；其中，有机质（organic matter）和吸附（adsorption）的词频分别为 3 049 次和 2 586 次，分别占总发文量的 6.0%和 5.1%，远高于后面的 13 个关键词。形成了表面化学（adsorption）、肥力化学（organic matter，decomposition，

表 5-1　1986～2015 年土壤化学不同时段高频关键词百分比（%）

时段	1986～1987 年	1988～1989 年	1990～1991 年	1992～1993 年	1994～1995 年	1996～1997 年	1998～1999 年	2000～2001 年	2002～2003 年	2004～2005 年	2006～2007 年	2008～2009 年	2010～2011 年	2012～2013 年	2014～2015 年	总词频（次）
检索论文数（篇）	76	80	955	1 936	2 188	2 841	3 078	3 306	3 545	4 219	5 244	5 271	5 882	6 452	5 384	
全球作者																
organic matter	0.33	0.36	1.54	2.89	3.51	4.76	7.15	7.28	6.85	9.25	10.82	11.48	11.97	12.5	9.31	3 049
adsorption	0.19	0.27	2.63	4.83	5.76	8.08	8.62	8.93	6.92	10.17	9.94	8.70	9.2	9.09	6.65	2 586
nitrogen	0.05	0.16	2.28	5.31	6.16	7.39	8.61	6.85	8.45	7.7	9.83	10.10	9.88	9.88	7.33	1 882
microbial biomass	0.07	0.13	1.45	3.88	5.79	6.44	7.36	7.10	7.17	7.43	9.73	10.26	12.49	10.85	9.86	1 521
organic carbon	0.07	0.00	0.21	0.64	1.14	2.57	3.28	4.78	4.56	7.70	11.4	14.11	15.32	17.46	16.75	1 403
carbon	0.00	0.24	2.2	4.72	6.53	6.92	7.78	6.45	7.00	7.23	11.71	9.59	10.53	12.03	7.08	1 272
soil water	0.34	0.34	3.84	6.83	8.53	10.07	9.13	8.53	6.31	8.02	9.90	7.34	8.02	6.66	6.14	1 172
decomposition	0.47	0.09	1.86	4.47	6.06	7.18	7.64	6.9	6.99	7.36	10.25	9.41	10.07	12.95	8.29	1 073
nitrous oxide	0.09	0.00	1.69	2.53	2.35	4.69	7.6	5.53	5.72	8.44	9.94	10.98	11.82	15.2	13.41	1 066
phosphorus	0.19	0.38	1.63	3.65	4.04	6.06	6.44	6.73	9.04	8.65	10.1	10.67	11.63	11.73	9.04	1 040
sediment	0.00	0.00	2.28	5.05	4.46	7.52	7.82	8.91	6.24	9.41	10.79	8.91	12.97	9.60	6.04	1 010
mineralization	0.21	0.21	3.00	5.89	6.92	9.40	9.30	7.23	8.37	7.64	11.16	7.54	7.64	8.47	7.02	968
denitrification	0.10	0.00	0.83	5.49	5.18	9.01	9.11	6.11	7.25	8.28	8.49	9.42	10.35	11.59	8.80	966
heavy metal	0.00	0.00	0.63	1.06	3.39	4.87	6.67	7.41	8.78	10.79	13.33	12.28	12.8	10.16	7.83	945
bacteria	0.11	0.00	2.67	4.45	4.67	6.90	6.90	7.12	7.79	7.90	10.34	8.68	11.46	12.12	8.90	899

续表

时段	1986～1987年	1988～1989年	1990～1991年	1992～1993年	1994～1995年	1996～1997年	1998～1999年	2000～2001年	2002～2003年	2004～2005年	2006～2007年	2008～2009年	2010～2011年	2012～2013年	2014～2015年	总词频（次）
检索论文数（篇）	76	80	955	1 936	2 188	2 841	3 078	3 306	3 545	4 219	5 244	5 271	5 882	6 452	5 384	
中国作者																
adsorption	0.00	0.00	0.08	0.00	0.04	0.08	0.12	0.23	0.46	1.01	1.82	1.89	2.09	2.36	2.05	316
organic carbon	0.00	0.00	0.00	0.00	0.00	0.07	0.00	0.00	0.21	1.28	1.64	2.21	3.35	3.49	3.78	225
organic matter	0.00	0.00	0.00	0.03	0.03	0.03	0.07	0.03	0.26	0.46	0.89	0.79	1.25	1.41	1.08	193
microbial biomass	0.00	0.00	0.00	0.00	0.00	0.07	0.00	0.00	0.26	0.72	0.99	1.31	2.24	1.78	2.37	148
PAH	0.00	0.00	0.00	0.00	0.00	0.00	0.00	0.14	0.00	0.86	2.45	4.03	4.03	4.03	3.60	133
heavy metal	0.00	0.00	0.00	0.00	0.11	0.11	0.11	0.32	0.42	1.59	2.33	2.12	2.01	2.01	2.43	128
paddy soil	0.00	0.00	0.00	0.00	0.4	0.00	0.40	1.20	3.60	1.60	3.20	5.60	6.40	13.20	12.8	121
nitrous oxide	0.00	0.00	0.00	0.00	0.00	0.09	0.09	0.56	0.66	0.47	0.56	0.84	1.22	2.72	2.53	104
nitrogen	0.00	0.00	0.00	0.05	0.00	0.00	0.05	0.21	0.27	0.37	0.48	0.80	0.90	1.12	0.80	95
soil water	0.00	0.00	0.00	0.00	0.00	0.00	0.00	0.13	0.26	0.52	1.16	2.07	2.20	2.59	3.23	94
carbon sequestration	0.00	0.00	0.00	0.00	0.00	0.00	0.00	0.00	0.00	0.24	0.85	1.09	2.91	3.27	2.78	92
sediment	0.00	0.00	0.10	0.00	0.10	0.10	0.10	0.00	0.10	0.50	0.89	1.29	2.18	1.19	2.48	91
microbial community	0.00	0.00	0.00	0.00	0.00	0.00	0.00	0.00	0.00	0.63	0.79	0.94	2.04	3.93	5.66	89
nitrification	0.00	0.00	0.00	0.00	0.00	0.00	0.00	0.45	0.34	0.57	0.68	0.79	2.15	2.60	2.15	86
rhizosphere	0.00	0.00	0.00	0.00	0.00	0.13	0.00	0.26	0.13	1.15	1.66	2.17	1.79	1.66	1.53	82

注：①不同时段高频关键词百分比是以每两年为一个时段，使用某关键词词频数占该关键词近30年词频总数的百分比，即：时段关键词百分比（%）=$\frac{\text{时段关键词词频总数}}{\text{近30年间关键词词频总数}}\times 100\%$；②统计年限为1986年1月1日至2015年7月31日。

soil water，phosphorus）、元素循环与温室气体（nitrogen，organic carbon，carbon，nitrous oxide，mineralization，denitrification）、生物化学（microbial biomass，bacteria）、污染化学（heavy metal）等热点研究领域。

从表 5-1 可以看出中国学者 SCI 发文量增加明显，关键词词频总数提高显著，其中有机碳（organic carbon）、微生物量（microbial biomass）、水稻土（paddy soil）、碳汇效应（carbon sequestration）、微生物群落（microbial community）的词频占比不断增大，这些领域受到持续关注；2006 年以后才开始受持续关注的热点关键词有多环芳烃（PAH）、重金属（heavy metal），这与我国生态环境的现状密切相关。中国作者 TOP15 关键词的平均词频数约为 133 次，排在最前面的吸附（adsorption）、有机碳（organic carbon）和有机质（organic matter）词频数分别为 316 次、225 次和 193 次，远高于后面的 12 个关键词。因此，土壤化学最基本的过程——**吸附**（adsorption），一直是中国学者研究中持续关注的热点，其次是与碳有关的物质循环和土壤肥力的研究。土壤化学在发展过程中，与生物学科的交叉研究在不断加强，使得微生物量（microbial biomass）、微生物群落（microbial community）成为关注热点；其他热点还包括养分循环与温室气体（nitrous oxide，nitrogen，carbon sequestration，nitrification）、污染化学（PAH，heavy metal）、根际化学（rhizosphere）等。

通过对上述关键词频次筛选和随时间的增减变化分析，可以揭示近 30 年土壤化学的研究热点。由于不同时段发文量存在较大的差异，单从关键词横向占比分析难以表达关键词在每一个特征时段的受关注程度，从而降低了关键词随时间变化的敏感性，为此对数据进行了校正，即时段关键词词频总数占时段检索论文数的百分比。为了更加直观地表达数据结果，绘制了图 5-6，关键词纵向排列，且以近 30 年出现频率由高至低排序，圆点中的数字代表该时段关键词出现的频次，圆点大小反映关键词在该时段内受关注程度。对比表 5-1 和图 5-6 全球作者的关键词可发现，15 个关键词中有 11 个关键词相一致，表明这两种方法都可以较好地反映不同时段的热点领域和关注重点。但通过时段检索论文数校正后，新增加了模型（model）、动力学（kinetic）、硝化作用（nitrification）和铁（iron）关键词，暗示着传统的土壤化学研究在早期所占比重较大，在后期研究中比重逐渐降低；而重金属（heavy metal）、氧化亚氮（nitrous oxide）、反硝化作用（denitrification）和细菌（bacteria）消失，说明这些热点领域在后期的发文量大，以词频数来计算时占比高。

从全球土壤化学研究发文高频关键词看出，在 1986～2015 年时段，关键词有机碳（organic carbon）、微生物量（microbial biomass）持续增加，表明全球变化研究大背景下土壤化学过程、土壤生物与土壤化学的交叉越来越受到关注；而关键词吸附（adsorption）、动力学（kinetic）、矿化作用（mineralization）、土壤水（soil water）呈明显减少趋势，暗示着传统土壤化学研究比重逐渐降低。特别值得注意的是，有机质（organic matter）、分解作用（decomposition）、动力学（kinetic）、磷（phosphorus）在 1986～1989 年关键词百分比分别占到了该时期的 13.8%、6.6%、11.8%和 5.0%，随后（1990～1991 年）快速下降到 4.9%、1.3%、1.1%和 1.8%，然后分别在 4.6%～7.1%、1.7%～3.0%、0.4%～2.4%和 1.7%～2.7%波动。表明早期的土壤化学主要围绕农业生产

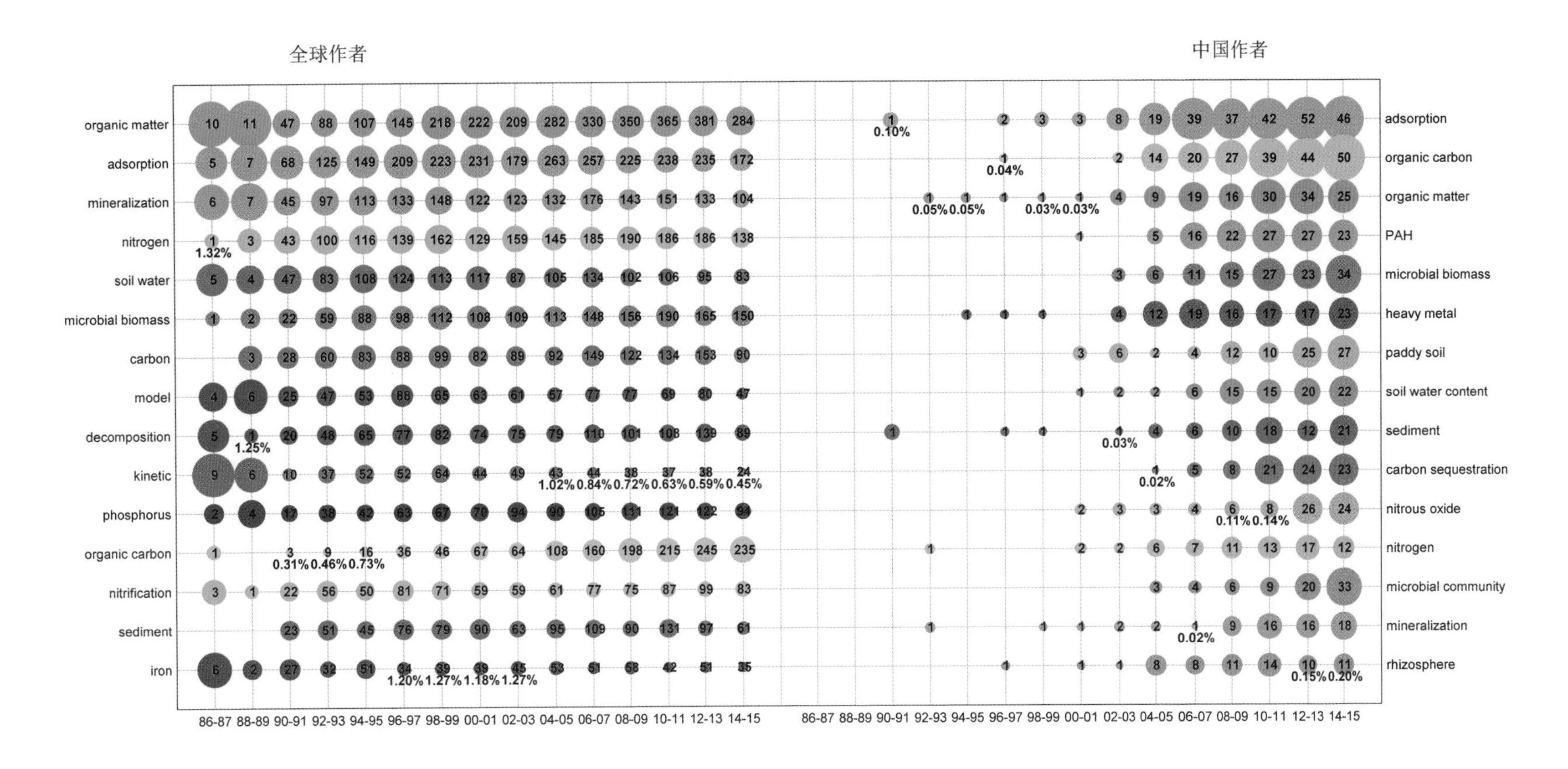

图 5-6 1986～2015 年土壤化学全球与中国作者发表 SCI 论文高频关键词对比

注：①以每两年为一个时段，分别统计出全球作者和中国作者使用每个关键词频次占统计时段土壤化学发文量的百分比；②关键词的选择是计算出每个时段关键词百分比之和，遴选出 TOP15 关键词制作高频关键词；③圆圈中的数字代表该时段关键词出现的频次，每一列中出现的百分数代表该列关键词的最小百分比，圆圈大小代表关键词出现的频次和百分比高低。

相关的土壤肥力化学研究，尽管随后关注度相对下降较快，但在不同时期这些研究内容依然受到广泛的关注。图 5-6 中前两个时段关键词组合中，以有机质（organic matter）、吸附（adsorption）、矿化作用（mineralization）、模型（model）、动力学（kinetic）、土壤水（soil water）占明显优势，后两个时段则是有机质（organic matter）、有机碳（organic carbon）、微生物量（microbial biomass）、氮（nitrogen）的频次相对较高，说明土壤化学经历了 30 年的发展，逐渐从服务于农业生产、污染环境为主的研究转向了多元化、更加关注全球环境变化研究为主的土壤化学过程研究。

对比表 5-1 和图 5-6 中国作者的关键词可发现，前后有 13 个关键词相一致，原因是中国早期 SCI 发文量较少，受论文数校正的影响较小。从中国学者发表 SCI 论文的高频关键词可以看出，吸附（adsorption）和沉积物（sediment）最早在 1990～1991 年已出现，这些研究起步相对较早；2000 年以后，15 个关键词都呈持续增加趋势，追赶国际土壤化学的速度较快。

从热点关键词对比图还可以清楚地看到，**中外学者所关注的热点领域有一定差异，相同的热点关键词所占比例和首次出现的时间明显不同**。具体表现在 3 个方面。①过去 30 年，中外学者共同关注的学科基础研究包括土壤表面化学（adsorption）、土壤肥力化学（organic matter，nitrogen，soil water）等，共同关注的学科前沿问题包括土壤化学与温室气体（organic carbon，nitrous oxide）、土壤污染化学（heavy metal）、土壤生物化学（microbial biomass）等。尽管国内外学者具有共同的关注热点，但中国学者关注的热点关键词首次出现的时间整体比全球学者要晚，其中吸附（adsorption）、重金属（heavy metal）相差 4 年，有机质（organic matter）、氮（nitrogen）相差 6 年，有机碳（organic carbon）、微生物量（microbial biomass）、氧化亚氮（nitrous oxide）相差 10 年（表 5-1）。上述差异暗示了**我国土壤化学在这些领域大多处于跟踪研究，特别在前沿热点领域和交叉领域的研究相对滞后**。②国内外学者也有较多的不同关注点。中国学者多关注于土壤根际（rhizosphere）、微生物群落（microbial community）、碳汇效应（carbon sequestration）以及有机污染物多环芳烃（PAH），其中土壤根际（rhizosphere）、微生物群落（microbial community）与国家自然科学基金委地球科学部长期推动土壤生物学的发展密不可分，有机污染物则与我国现实的社会需求密切相关；其他区域学者更关注于物质的循环过程（decomposition，mineralization，denitrification），并进一步突出元素的化学特性（carbon，nitrogen，phosphorus）。③占我国耕地面积近 1/5 的水稻土（paddy soil）的研究在国际上占有重要地位，并形成了特色。1994～1995 年开始出现水稻土（paddy soil）热点关键词时的比例就达到 0.4%（表 5-1），是首次出现热点关键词时比例最高的关键词，且所占比例在随后发展过程中持续增大，这说明**水稻土研究成为中国学者的优势研究领域，并引导了该领域在国际上的发展**。

5.2 国际及中国土壤化学研究的演进过程

为了揭示不同时段土壤化学研究的热点主题和演进过程，将关键词检索出的 SCI 论文和 CSCD

中文论文，采用 CiteSpace 软件来组合频次较高的关键词及与其贡献关系密切的关键词，制作出不同时段的关键词共现关系图（即聚类图）。通过分析关键词间的共现关系，明确不同时期国际土壤化学研究的热点与成就、中国土壤化学的前沿探索以及中国土壤化学的特色与优势。

5.2.1 土壤化学 1986～1995 年

（1）国际土壤化学的主题与成就

20 世纪 80 年代，国际土壤化学的研究涉及范围相当广泛，在土壤胶体特性、碳氮转化等问题上取得了较好的进展。图 5-7 显示了 1986～1995 年土壤化学国际 SCI 论文研究热点，可以看出频次较高的关键词依次是吸附（adsorption）、有机质（organic matter）、氮（nitrogen）、土壤水（soil water）、生物量（microbial biomass）、碳（carbon）、矿化（mineralization）等。其中，吸附（adsorption）、有机质（organic matter）、氮（nitrogen）的聚类圈面积最大，但彼此之间少有交集，表明这 10 年中土壤化学的研究主要分散在土壤组分的界面吸附、腐殖质的形成与转化、氮的利用及循环等方面。文献计量网络图谱中聚成了 4 个相对独立的研究聚类圈（图 5-7）。**根据聚类圈中包含的关键词可归纳为矿物界面化学、植物养分化学、表面吸附化学和腐殖质形态化学 4 个方向。**其中，矿物界面化学聚类圈独立性最强，而表面吸附化学聚类圈处于矿物界面化学、植物养分化学、腐殖质化学聚类圈的中心。

进一步分析每个单独聚类圈中的高频词，发现此阶段 4 个主要聚类圈的侧重方向有以下特点。①矿物界面化学聚类圈中黏土矿物（montmorillonite，kaolinite）和氧化物（goethite）是连接矿物学、土壤结构与性质、物质吸附等其他内容的关键词，表明土壤黏粒中的层状硅铝酸盐、氧化物的表面性质和土壤溶液化学及其固—液相间的界面化学是此阶段土壤化学研究的重点。②植物养分化学的研究主要集中在土壤—根系—水分间的界面过程，其中又以有机质（organic matter）和氮（nitrogen）在土壤—植物体系中的转化过程为重点研究对象（Bracewell and Robertson，1987：333～344）。关键词微生物（microorganism）成为植物养分化学聚类圈中节点度较高的高频词汇，表明在此阶段的植物养分化学研究中，人们已经在密切关注生物（bacteria，earthworm）参与下的养分循环过程（Sinsabaugh，1994：69～74）。③关于界面上发生的吸附和解吸、溶解和沉淀等表面化学反应的研究，仍然是 80 年代土壤化学分支中最为活跃的。表面吸附化学的研究主要体现在土壤矿物（oxide，allophane，manganese）和微生物对养分元素（nitrogen，phosphate，potassium）、有机大分子（protein，humic acid）、重金属（copper，zinc，lead）的界面吸附过程及其环境效应方面（McKercher and Anderson，1989：723～732；Atanassova，1995：17～21）。研究手段上，以黏土和土壤体系中离子反应动力学过程为主，几乎涉及土壤中两类表面及其与溶液之间界面上发生的所有化学反应。④腐殖质形态化学的研究主要体现在其形成、转化过程及对土壤团聚体结构和稳定性、环境污染物的吸附和降解方面。**综合矿物界面化学、植物养分化学、表面吸附化学和腐殖质形态化学 4 个主要聚类圈，发现磷素的研究都有涉及，包括磷在土壤中的循环与转化、磷的吸附、磷的释放及其影响因素等**（Hinedi et al.，1988：1593～1596）。

而磷酸盐在土壤中，尤其是被铁铝氧化物吸持和固定的研究，一直贯穿了整个 20 世纪的土壤化学研究。同时，植物根系分泌的低分子量有机酸与土壤磷活化间的关系也得到了重点研究，如根际土壤中磷酸盐的溶解—沉淀、氧化—还原、络合过程、微生物活动等一直是 20 世纪末土壤化学研究的热点和前沿（Harrison and van Buuren，1995：626～629）。从研究方法上可以看出，关键词主要反映了矿物界面吸附，如平衡吸附（equilibrium adsorption）、动力学（kinetic）、离子交换（ion exchange）、表面电荷（PZC）、矿物组成（mineral composition）等传统的研究方法；同时，也有一些先进的分析技术应用到界面吸附的研究中，最为典型的是同位素技术被应用到碳氮转化、侵蚀示踪等研究中，如核磁共振（NMR spectroscopy）、$^{13}C/^{12}C$ 比、^{35}S、^{137}Cs 等；此外，X 射线衍射技术和电镜技术在土壤黏粒的化学组成与矿物组成、特性及其各组分之间的反应过程等方面也发挥了重要作用（Islam and Lotse，1986：31～42）。总体上来看，**以土壤体系中碳、氮转化为根本的植物养分化学和以吸附为主的表面化学是此阶段国际土壤化学研究的主要内容，传统土壤化学分析方法与先进分析技术相结合是主要的研究手段。**

图 5-7　1986～1995 年土壤化学全球作者 SCI 论文关键词共现关系

从 1986～1995 年土壤化学 TOP50 高被引论文关键词组合特征可以看出，关键词吸附—解吸（adsorption-desorption）和吸附动力学（sorption kinetics）分别排名第 1 位和第 3 位，有机质（organic matter）排在第 2 位（表 5-2）。这与该时段土壤化学国际 SCI 论文研究热点主题词聚类特征非常一致，即以有机质为核心的植物养分化学是众多土壤化学研究者共同关注的重点研究内容，而基于传统化学的吸附—解吸（adsorption-desorption）和吸附动力学（sorption kinetics）过程是土壤固—液界面反应的主要研究内容，土壤胶体化学仍是 1986～1995 年土壤化学分支中最为活跃的研究方向；其次，与研究对象密切相关的关键词腐殖质（humic substances）、细菌（bacteria）和氧化物（oxide）分别排列第 5～8 位，与土壤化学国际 SCI 论文研究热点主题词聚类特征相吻合，充分说明以细菌（bacteria）为主的微生物参与下的植物养分化学、表面吸附化学和腐殖质形态化学等是土壤化学研究的热点与前沿。与土壤化学国际 SCI 论文研究热点不一致的是土壤氮素转化过程未得到较高引用，说明此方面的研究没有引人注目的成果。可见，**高频词组合特征表明，此时期国际土壤化学研究开始关注与农业生产相关的一些土壤化学过程，但尚未开展系统的研究。**

表 5-2 1986～1995 年土壤化学 TOP50 高被引 SCI 论文 TOP25 关键词

序号	关键词	频次	序号	关键词	频次	序号	关键词	频次
1	adsorption-desorption	20	11	mineralization	5	21	constants	2
2	organic matter	11	12	phosphatase	5	22	diffusion	2
3	sorption kinetics	9	13	fractions	4	23	dissolution	2
4	decomposition	6	14	transport	4	24	mechanism	2
5	humic substances	6	15	aquifer material	4	25	microorganisms	2
6	reduction	6	16	degradation	3			
7	bacteria	6	17	dynamics	3			
8	oxide	6	18	nitrification	3			
9	microbial biomass	5	19	retention	3			
10	pollutants	5	20	adhesion	2			

（2）中国土壤化学的前沿探索研究

国际土壤化学对几个重点问题的关注也引起了部分中国学者的兴趣。由 1986～1995 年中国土壤化学学者发表的国际 SCI 论文聚类特征图谱（图 5-8）可分析出：与国际趋势相比，中国学者 SCI 论文最大的特点是此阶段研究内容比较分散，包括氮素营养与转化（nitrogen fixation，nitrate reduction，nitrogen mineralization，nitrogen cycle，nitrate reduction，nitrogen uptake）、肥料与养分（manure，organic fertilizers，mineral fertilizer，fertilizer nitrogen，organic manuring）、土壤侵蚀与示踪（cesium137，erosion rates）、土壤与矿物（paddy soil，Andosol，Mollisol，loess，Oxisol，sediment，gibbsite dissolution，clay mineral，oxide，manganese，iron，amorphous Fe Mn oxides，bicarbonate）、界面吸附（equilibria，competition，adsorption，isotherm，exchange，desorption， anion adsorption）、水稻与产量（rice，rice fields，root and shoot biomass，root length）、根际与有机酸（sinorhizobium，glucosamine，citrate，succinate，humic acid）等方面。这些分散的聚类圈又可以整合成 3 个大的研究方向，即氧化物化学、植物养分化学和表面吸附化学，表明此阶段中国土壤化学研究者基本与国际同行研究方向一致，且氮素营养与转化是中国土壤化学学者和国际同行共同关注的热点方向。这也密切结合了当时中国农业生产发展的需要，即提高土壤肥力和粮食产量。关键词氮素（nitrogen）成为中心度较高的关键节点词之一，连接了氮肥、养分、产量、同位素等多个研究内容。在氮的研究基础上，中国学者更偏重于土壤质量与作物产量的研究。此阶段在农田土壤氮素循环中，显示以农作物为研究载体，利用同位素 ^{15}N 标记技术，集中开展了氮的形态转化研究（Cabon et al.，1991：161～169；Binnerup and Sorensen，1992：2375～2380）。因此，与碳氮循环有关的根际微生物、根际有机酸、有机质转化等方面的研究也得到了发展，且重点关注了微生物参与下的根际养分释放与利用。而在矿物化学和表面化学研究方面，微生物参与下的矿物形成与转化、养分吸附与释放、污染物吸附与固定等生物化学

图 5-8 1986～1995 年土壤化学中国作者 SCI 论文关键词共现关系

过程并未引起中国作者的关注。对矿物化学和表面化学所包含的高频词汇作进一步分析发现，关键词铁（iron）成为中心度较高的关键节点词之一，连接了矿物、土壤、沉积物、微量元素等多个研究内容。同时，土壤铁锰铝氧化物、有机酸、土壤酸化等也是中国学者国际 SCI 论文中的重点研究内容。总体来说，**中国学者 SCI 论文研究内容比较分散，此阶段土壤化学研究以面向区域农业生产服务为主，在科学研究上主要注重土壤化学特征分析，缺少学科研究特色，且在国际上还未形成较有特色和优势的方向。**

（3）中国土壤化学研究的特色与优势

20 世纪 80 年代初至 90 年代，中国土壤化学的研究一方面受苏联和欧美的影响，另一方面与我国国民经济状况和农业生产水平密切相关。图 5-9 显示了 1986～1995 年土壤化学中文文献的研究热点，可以看出**土壤胶体化学、表面吸附化学、土壤性质与养分化学、矿物演化化学是中国学者重点研究方向**。但与国际同行相比，中国学者在具体研究对象与目标方面体现出以作物高产和土壤保肥为核心的土壤化学研究。①关键词红壤和水稻土于 1987 年出现高频爆发，极大地推动了中国区域土壤学的研究，且与理化性质、土壤养分、土壤分类、水稻等高频词联系非常紧密。不同区域土壤关注内容不同：红壤以土壤特性和退化为主（史德明，1987：4～7；郭成达，1992：427～436）；水稻土侧重于发生分类、土壤培肥（李焕珍等，1986：252～258；邢世和等，1989：212～217）；紫色土以土壤肥力为主（杨玉盛和李振问，1993：78～83）；黄土重点关注土壤侵蚀与水土保持、古气候（孙立达等，1988：141～153）。这些区域典型土壤的研究为中国土壤学科在系统分类、肥力与改良、土壤侵蚀与水土保持等方面的研究奠定了基础。②关键词土壤矿物、氧化物是矿物演化化学聚类圈中心度较高的节点词。中国学者在国际同行影响下，重点研究了土壤矿物性质、组成和功能（马毅杰，1994：1～8），土壤矿物生成和演变（杨德涌和蒋梅茵，1991：276～283），土壤矿物的结构与性质及其与肥力的关系（何毓容等，1987：251～254），土壤铁（Fe）、铝（Al）、硅（Si）氧化物表面化学行为及其对土壤结构的影响（Goldberg 和谭正喜，1991：18～22），黏土矿物的电荷位置区分及可变电荷土壤的界面化学性质等。③在表面吸附化学方面，针对中国土壤酸度和土壤酸化问题进行了重点研究，特别是以酸性红壤为研究对象，在土壤酸化机制（吴洵，1991：25～27）、土壤酸度的原位测定（丁昌璞等，1992：199～207）、土壤酸化的模拟和预测（刘洪杰等，1991：157～164）、土壤对酸的敏感性及临界负荷（王敬华等，1994：212～217）、土壤酸化控制和酸性土壤改良等方面取得了系列成果。此外，国际上有关土壤表面电荷性质研究的进展和土壤酸度本质问题的澄清，也促使中国对南方红黄壤的土壤酸度、电荷特性以及对磷酸根的吸附—解吸等研究先后起步。④在土壤性质与养分化学方面，关键词水稻、土壤微生物是聚类中心度较高的节点词。20 世纪 80 年代初期，中国学者强调土壤肥力退化的严重性，在一些主要农区深入开展了耕作制度与土壤肥力（傅庆林，1991：3～6）、有机培肥土壤（窦森等，1992：199～207）、土壤肥力指标和研究方法（孙波等，1995：362～369）等方面的研究。这些研究主要以旱地和稻田土壤为研究对象，采取定位试验、田间试验、模拟试验，研究了秸秆还田、有机物料、施肥等对土壤有机质、肥料利用率、作物产量的影响，提出了一系列提高土壤肥力的培肥措施，并利用微团聚体、腐殖质特性、土壤酶活性等指标来评价培肥效果。此外，此阶段我国学者在有机—无机复合体方面，对复合体的类型、数量、形成条件及其与土壤发生和肥力有关的内容也进行了系列研究（侯惠珍等，1999：470～476）。总体来看，**在国际土壤化学发展带动下，中国学者在土壤固—液相界面化学行为研究的基础上，以分布面积广的红黄壤和水稻土为重要研究对象，以提高土壤肥力和作物高产为主要目标，开展了一系列与生产实际密切相关的研究工作。**

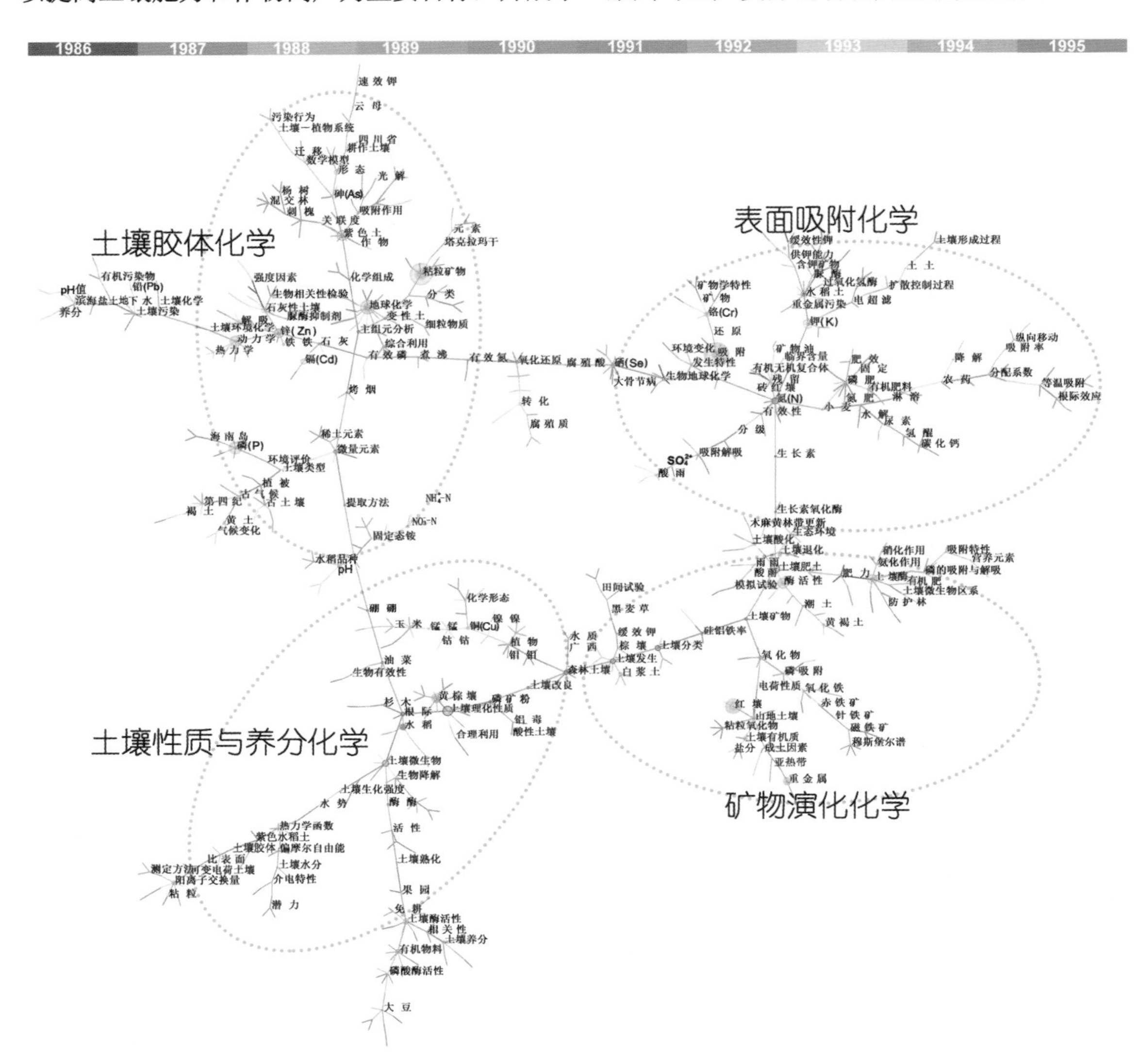

图 5-9　1986～1995 年土壤化学 CSCD 中文论文关键词共现关系

5.2.2　土壤化学 1996～2005 年

（1）国际土壤化学的主题与成就

与 1986～1995 年相比，1996～2005 年土壤化学国际 SCI 论文研究热点主题词聚类特征

（图 5-10）整体格局发生了明显变化：养分化学研究减弱，而表面化学研究进一步融合和加强，且出现了一个新的研究方向，即与全球变化密切相关的生物地球化学研究。具体特征如下。①最大的聚类圈可概括为胶体与界面化学，与有机质（organic matter）、模型（model）、物理性质（physical properties）、细菌（bacteria）等高频词密切交织在一起，表明此阶段的研究充分考虑了物理—化学—生物等多界面反应过程，学科交叉与融合明显加强。1996～2005 年出现频次 TOP6 的词汇分别是有机质（organic matter）、吸附（adsorption）、氮（nitrogen）、生物量（microbial biomass）、土壤水（soil water）、碳（carbon），与上个 10 年完全一致，只是部分词频的顺序发生了微小变化，如有机质（organic matter）从第 2 位上升到第 1 位，生物量（microbial biomass）从第 5 位上升到第 4 位。值得注意的是，尽管研究热点仍然一致，但研究力量却明显加

图 5-10　1996～2005 年土壤化学全球作者 SCI 论文关键词共现关系

强，各个高频词出现的频次急剧增加，如有机质（organic matter）从257次增加到1 030次，吸附（adsorption）从325次增加到989次，说明这些研究热点得到了更多学者的关注（Karapanagioti et al.，2000：406～414；Accardi-Dey and Gschwend，2002：21～39；Accardi-Dey and Gschwend，2003：99～106）。②养分化学的研究范围和力量明显减弱，但与土壤污染化学交叉度增加，表明此阶段的养分化学主要研究根际区域的养分元素转化、利用及其环境效应方面。③在土壤污染化学大聚类圈中，出现重金属（heavy metal）、多环芳烃（PAH）、生物修复（bioremediation）、蚯蚓（earthworm）等关键词，表明与土壤生物有关的一些环境问题逐渐成为土壤化学关注的热点。土壤化学的研究开始注重生态效应，众多学者对不同类型、不同土地利用方式的土壤质量及环境生态效应展开了研究（Chan et al.，2002：133～139；Zhao et al.，2005：173～186）。另外，值得注意的是，在这些研究中进一步突出了土壤微生物的重要地位，既有利用传统可培养微生物指标反映土壤质量变化（Hatch et al.，2000：288～293），也有逐步发展起来的基于DNA分子手段来表征土壤生物学性质的非培养技术（Widmer et al.，2001：1029～1036）。总体来看，**以吸附为主的胶体与界面化学和以碳氮养分为主的根际养分化学仍是重点关注的研究方向，而与土壤生物过程密切相关的土壤污染和全球变化研究则是新的关注点。**

从1996～2005年土壤化学TOP50高被引论文关键词组合特征（表5-3）可以看出以下3个特点。①关键词二氧化碳（carbon dioxide）排名第1位，表明土壤体系与CO_2为核心的固碳减排研究是此阶段土壤化学研究的新内容。这与国际SCI论文研究热点主题词排放（emission）和温室气体（greenhouse gas）等是对应的，一致性说明与全球气候变化密切相关的土壤环境生态效应研究是一个新的关注点。②与研究方法及手段密切相关的关键词分布式反应模型（distributed reactivity model）和扩增（amplification）被引频次分别排在第3位和第7位，表明数学模型和分子生物学技术在土壤化学研究中的应用引起关注。③TOP50中出现了一系列与根际化学有关

表5-3 1996～2005年土壤化学TOP50高被引SCI论文TOP25关键词

序号	关键词	频次	序号	关键词	频次	序号	关键词	频次
1	carbon dioxide	8	11	equilibria	4	21	conservation tillage	3
2	polycyclic aromatic-hydrocarbons	8	12	activated carbon	4	22	atrazine	3
3	distributed reactivity model	8	13	rhizosphere	4	23	phosphorus	3
4	adsorption	8	14	in-situ	4	24	bacteria	3
5	organic matter	7	15	16s RNA	4	25	climate change	3
6	forest soils	6	16	root respiration	4			
7	amplification	4	17	decomposition	4			
8	root	4	18	pollutants	4			
9	exchange	4	19	polymerase chain-reaction	3			
10	long-term experiment	4	20	kinetics	3			

的关键词，如根呼吸（root respiration）、根际（rhizosphere）和森林土壤（forest soils）；SCI论文研究热点主题词聚类特征图谱（图5-10）也显示森林（forest）、根际（rhizosphere）和根（root）在聚类图中密切交织在一起，这充分说明有关根—土界面化学的研究依旧是土壤化学研究的重要分支。整体上看，**TOP50高被引论文中关键词的被引次数明显偏低，这可能与此阶段土壤化学发展的整体趋势有关，即传统的矿物化学和养分化学地位下降，新出现与全球气候变化相关的研究内容，导致研究力量分散且融合度下降。**

（2）中国土壤化学的前沿探索研究

与上一个10年相比，由中国土壤化学学者在1996～2005年发表的国际SCI论文研究热点聚类特征（图5-11）发现，**表面吸附化学仍是中国学者的研究热点，污染化学得到了加强，但几个**

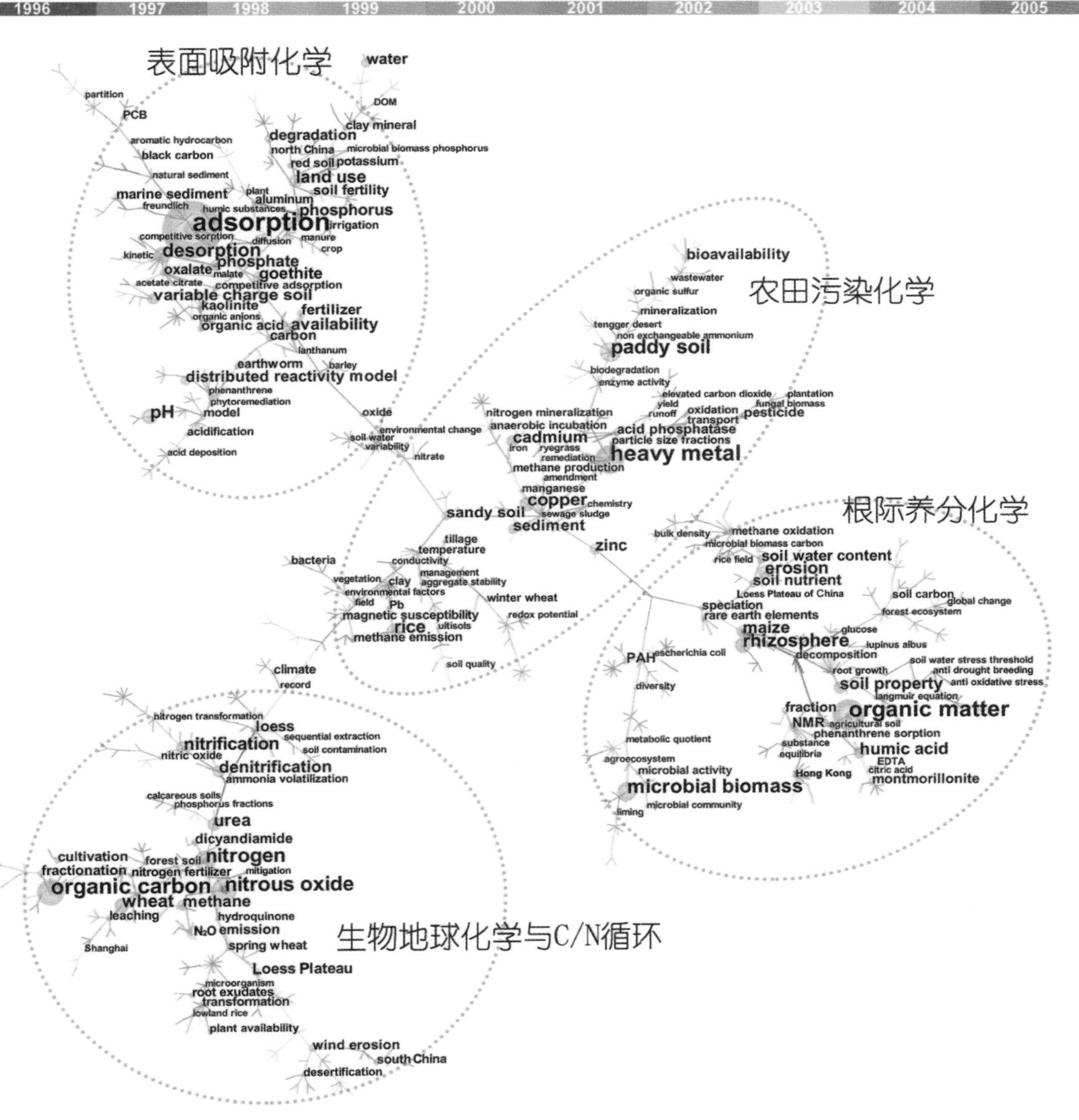

图5-11 1996～2005年土壤化学中国作者SCI论文关键词共现关系

主要研究方向之间比较分散，交叉和融合不够突出。①排名TOP6的高频词依次是吸附（adsorption）、有机质（organic matter）、重金属（heavy metal）、有机碳（organic carbon）、氧化亚氮（nitrous oxide）及氮（nitrogen），这表明与环境效应有关的温室气体和重金属污染是此阶段中国学者SCI论文重点关注的内容（Yuan et al.，2004：769～783）。②农田污染化学聚类圈位于此阶段土壤化学几个主要研究内容的中心，且关键词水稻土（paddy soil）和重金属（heavy metal）又位于该聚类圈的中心，表明有关土壤重金属污染的研究是以水稻土为重点而逐步发展起来的；农田土壤的镉（Cd）、铜（Cu）、铅（Pb）污染则是土壤污染的主要类别。这也反映了20世纪末21世纪初，我国农业发展一方面要以水稻高产为核心，另一方面要兼顾农药、重金属等带来的土壤污染问题。③排名TOP6的关键词中，氧化亚氮（nitrous oxide）、氮（nitrogen）与氮素研究有关，有机碳（organic carbon）与碳有关；而且氮（nitrogen）是关键词硝化（nitrification）、反硝化（denitrification）、N_2O排放（N_2O emission）、尿素（urea）等众多与氮素循环有关研究内容的节点中心。这表明在国际土壤化学以氮素转化为重点的研究趋势下，中国学者在农田土壤生态系统中氮素的大气—作物—土壤循环的关键过程等方面取得丰硕成果。关键词黄土高原（Loess Plateau）和中国南方（south China）被包括在氮循环聚类圈中，说明南方的农业土壤和北方的黄土高原是研究土壤体系中氮素循环的主要区域。④关键词根际（rhizosphere）出现频次排名第12位，且是土壤性质（soil property）、土壤养分（soil nutrient）、有机质（organic matter）、微生物量（microbial biomass）、玉米（maize）等研究热点的节点中心，表明根际化学也是中国学者国际SCI论文研究热点。综合分析，我们发现排名TOP10的关键词累计出现频次为204次，几乎是上个10年累计频次（23次）的9倍，且单个出现频次超过10次的关键词有26个。由此可见，**此阶段我国土壤化学研究已经有明显进步，且在界面吸附、农田重金属污染、生物地球化学与碳/氮转化等方面的研究在国际上已经形成了一定的研究特色。**

（3）中国土壤化学研究的特色与优势

自20世纪90年代末以来，环境问题日渐突出，重金属和农药等外源污染物进入土壤后的化学行为迅速成为我国土壤学竞相关注的焦点，这使得我国土壤化学的研究内容得到拓展，并趋向活跃。图5-12显示了1996～2005年土壤化学中文文献体现的研究热点，可以看出在整体格局上进入了围绕生态环境可持续发展的土壤污染化学的重点研究阶段，可分为3个重要的聚类圈：生物化学与土壤修复、胶体化学与环境效应以及界面化学与土壤质量。排名TOP8的高频词汇：吸附、土壤微生物、重金属、土壤酶活性、土壤理化性质、镉（Cd）、土壤养分和土壤酶都在1996年高爆发。在土壤胶体组分与生物活性分子相互作用方面，土壤酶是土壤中所有生物化学反应的催化剂，其活性被认为是土壤质量和健康的重要指标。这表明我国土壤污染化学的研究是以重金属污染为重点逐步发展起来的。2000年高频词生物修复的爆发表明，在此阶段土壤生物在污染生态过程中的功能与作用逐步被中国学者重视，丰富了土壤污染化学的内容。20世纪末，中国土壤污染化学主要探讨污染物在土壤—生物系统中的含量、形态、存在方式及其与生命物质的结合方式（丁疆华等，2001：47～49），土壤污染物的有效性及其与生物效应的相关性（郜红建和蒋新，2004：399～402），产生毒害的机理及其结构、性质与生物活性的关系（田艳芬和史锟，2003：26～28）等；研究对象涉及镉（Cd）、砷（As）、铜（Cu）等一类有毒重金属以及多环芳烃类、农药等有机污染物。在研究技术上多与污染修复过程相结合，较少从分子水平上研究土壤中外源污染物的化学和物理形态及分布，去揭示土壤中污染物离子（分子或自由基）的释放机理、化学转化、毒理和生物有效性。

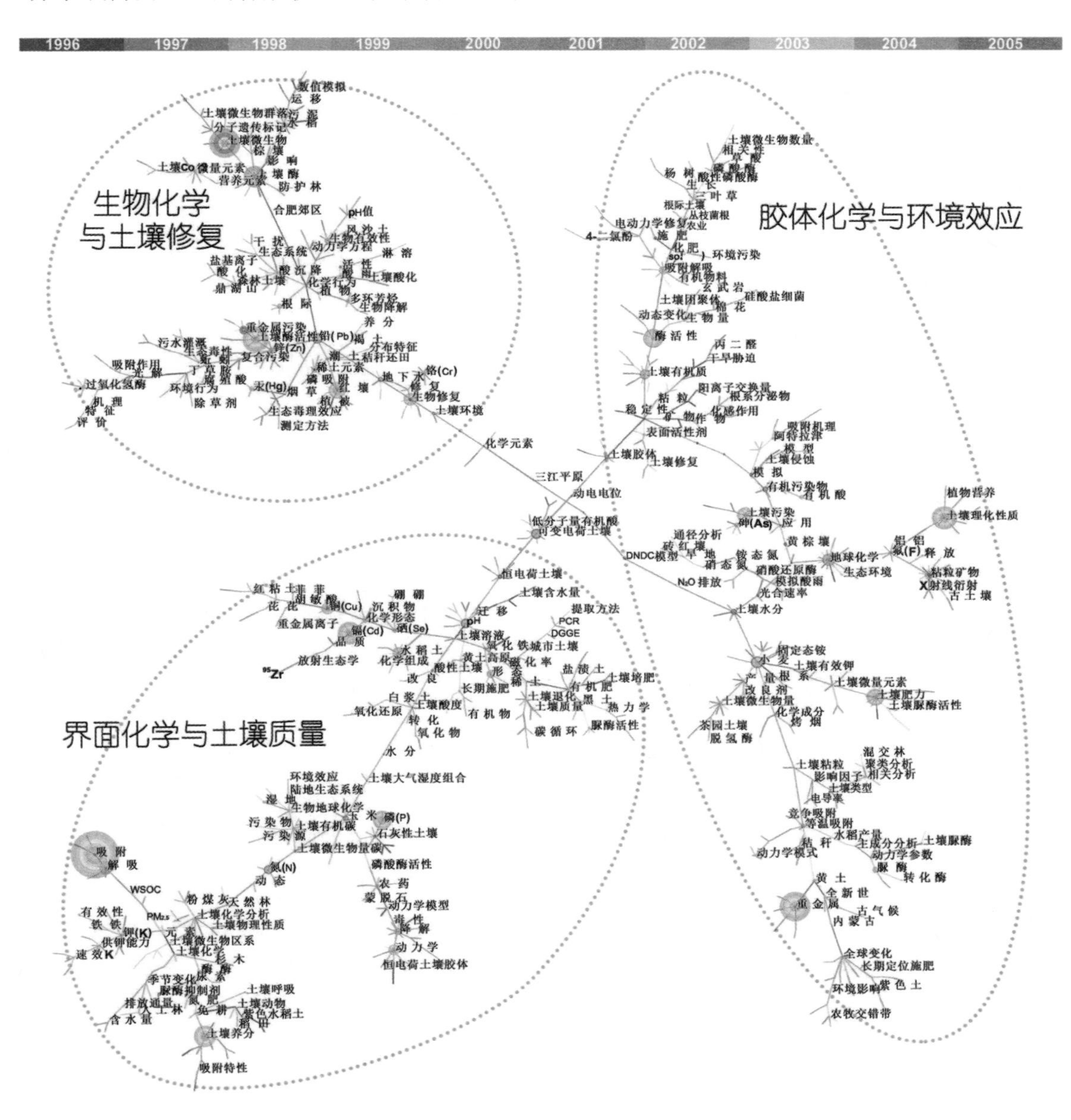

图 5-12　1996～2005 年土壤化学 CSCD 中文论文关键词共现关系

土壤养分化学仍然是中国学者的重点研究方向，但与上一个 10 年不同的是，在提高土壤养分与肥力的基础上，人们更加重视研究施肥的环境效应。①土壤微生物、土壤酶、全球变化、环境影响等高频词汇紧紧围绕在土壤肥力聚类圈周围，表明人们开始注意到高产与环境的协调发展（章家恩等，2002：140～143），如在土壤氮素养分方面，由于粮食生产和环境问题的双重挑战，土壤氮的化学行为和循环成为近年来研究的热点（李明锐和沙丽清，2005：54～58；唐国勇等，2005：204～208）。中国学者研究了典型农田土壤氮素转化、损失途径与主要机制，通过加强田间定位观测，获得了土壤气态氮的损失数量，提出了一系列减少土壤氮素损失和提高氮肥利用率的技术途径等。②微量元素、土壤脲酶活性、根际与土壤肥力及养分、产量间的连线错杂、密集，表明提高肥料利用效率与微量元素的根际过程、土壤生物学质量间的关联受到重视。从植物—土壤相互作用看，对土壤养分生物有效性有了新的认识，构建了以根际过程调控为中心的根际生态调控理论（张福锁等，2007：687～694）。③从生态环境角度，加深了对养分作用的双重性认识，摆脱了单一追求作物高产的传统研究模式，着手研究与养分有关的生态环境问题，促进了土壤化学研究与资源和环境科学的紧密结合。因此，**着眼于国内农业生产，同时服务于环境可持续发展是此阶段土壤化学研究的主要目标。**

5.2.3 土壤化学 2006～2015 年

（1）国际土壤化学的主题与成就

近 10 年土壤化学国际 SCI 论文研究热点主题词聚类特征（图 5-13）可划分为 4 个主要的聚类圈：生物地球化学、土壤化学与全球变化、土壤污染化学、界面化学与土壤肥力。可以看出，**21 世纪土壤化学的功能研究在不断加强，包括全球变化、土壤修复、土壤养分、土地利用方式等多方面；同时，学科间的交叉与融合不断加深，形成了“你中有我，我中有你”的发展态势。**①出现频次 TOP6 的关键词分别是有机质（organic matter）、吸附（adsorption）、有机碳（organic carbon）、氮（nitrogen）、生物量（microbial biomass）、氧化亚氮（nitrous oxide），与上个 10 年基本一致，但有机碳（organic carbon）和温室气体（nitrous oxide）的研究明显加强；此外，高频词碳（carbon）、碳汇效应（carbon sequestration）、土地利用（land use）和气候变化（climate change）紧紧围绕在聚类圈有机碳（organic carbon）周围。这表明从 21 世纪开始，土壤化学的相关工作开始注重环境效应，土壤固碳减排等研究逐渐兴起，作为地球表层系统中最大的碳储库——土壤碳汇的研究加强，在深化“固碳农业”的同时逐渐重视不同土地利用方式下的固碳效应（Shrestha and Stahl，2008：173～181；Silver et al.，2010：128～136；Wang et al.，2014：212～215）。②与温室气体密切相关的高频词氧化亚氮（nitrous oxide）排名第 6 位，且出现频次高达 646 次，说明在温室气体方面，N_2O 已成为破坏平流层臭氧最重要的痕量气体，其排放机制及减排措施受到重点关注（Abdalla et al.，2010：53～65）。③高频词模型（model）和气候变化（climate change）高度交融，说明以温室气体在土壤和生物圈的发生与消解机制研究为基础，建立数学模型对大气层温室气体的动态变化进行模拟和预测，最终提出切实可行的减排策略和措施（Li et al.，2010：24～33），是此阶段土壤化学研究的重点和前沿方向。④高频词生物炭（biochar）在 2009 年高爆发，出现频次为 258 次，且与气候变化（climate change）、环境（environment）、污染土壤（contaminated soil）、细菌群落（bacterial community）、肥料（fertilizer）等高频词交会在一

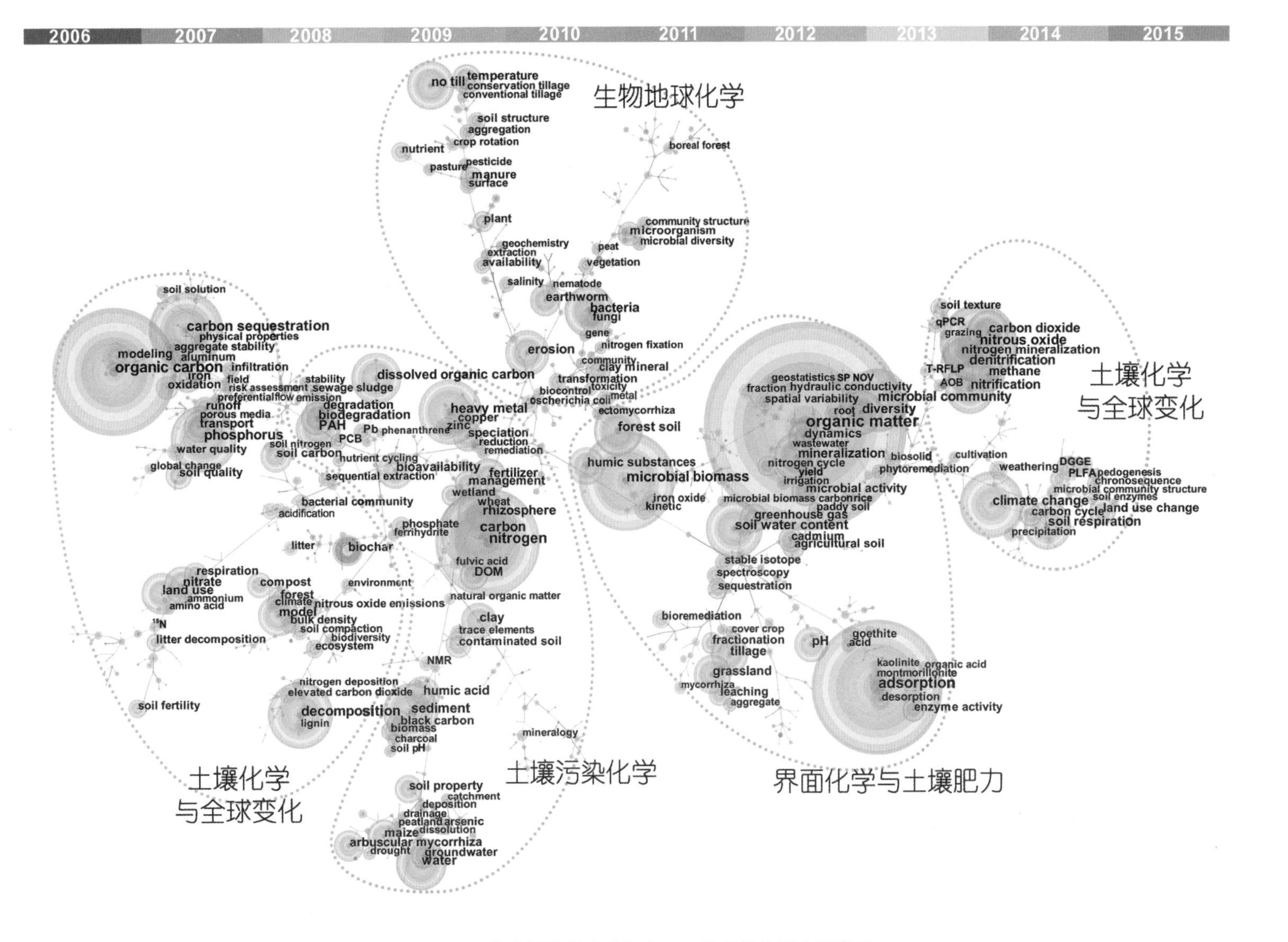

图 5-13　2006～2015 年土壤化学全球作者 SCI 论文关键词共现关系

起，说明生物炭（biochar）在温室气体减排（Mukherjee et al.，2014：26～36）、土壤改良（Domene et al.，2010：30～44）以及污染环境修复（Kalinina et al.，2015：117～128）等方面都受到关注。⑤表面吸附化学的研究显著下降。高频词吸附（adsorption）尽管排名仍然第 2 位，且出现频次高达 1 087 次，但以此为核心的表面化学聚类圈面积明显减小，与土壤化学其他研究内容也少有交集。有关吸附的研究仅体现在有机酸、矿物、酶的相互作用间，而之前与其密切交织的污染物（重金属、有机污染物）界面吸附交集不明显。另外，有关土壤污染的研究更多集中在生物修复（D'Annibale et al.，2006：28～36）、生物降解（Mertens et al.，2006：622～627）、植物修复（Pauwels et al.，2008：108～119）等方面，这些变化说明有关土壤污染的研究已从单纯的界面反应过程过渡到生物机制和应用研究阶段。这也从侧面反映了单一的界面吸附已经不能准确判断污染物在土壤体系中的转化过程和生物有效性，结合多种研究手段和技术，特别是重点研究土壤中外源污染物的生物学特性，揭示土壤中污染物离子（分子或自由基）的释放机理、化学转化、毒理和生物有效性，建立污染物预测模型，是未来土壤污染化学的前沿研究领域。⑥众多先进分析技术的应用促进了土壤化学与其他学科的融合。2006～2015 年频频爆发的代表多学科先进技术的高频词，如光谱技术 X-ray（Karlsson and Persson，2010：30～40），示踪技术 ^{15}N、^{13}C（Chalk et al.，2013：373～388），分子生物学技术定量 PCR（quantitative PCR）、焦磷酸测序（pyrosequencing）（Chalk et al.，2013：373～388）等，使土壤化学研究的深度明显增强，研究内容也更加丰富。如 2007 年爆发的微生物古细菌（archaea）、氨氧化古菌（AOA）等高频词使得土壤氮素转化的微生物学过程与机制更深入和全面（贺纪正和张丽梅，2013：98～108）。因此，**近 10 年是土壤化学飞速发展的时期，多学科交叉、多技术联用，进一步拓展了土壤化学的研究内容，显著提高了土壤化学理论基础**。

2006～2015 年土壤化学 TOP50 高被引论文关键词组合特征（表 5-4）分析显示，排名 TOP5 的关键词分别是吸附（adsorption）、纳米材料（nanomaterials）、腐殖质（humic substances）、生物炭（biochar）和有机质（organic matter），这反映了研究内容和功能逐渐丰富的土壤化学研

表 5-4　2006～2015 年土壤化学 TOP50 高被引 SCI 论文 TOP25 关键词

序号	关键词	频次	序号	关键词	频次	序号	关键词	频次
1	adsorption	24	11	interface	5	21	compost leachate	3
2	nanomaterials	17	12	arsenic	4	22	fate	3
3	humic substances	15	13	porous media	4	23	groundwater	3
4	biochar	15	14	bacteria	4	24	phytoremediation	3
5	organic matter	8	15	ionic-strength	4	25	transport	2
6	clay minerals	8	16	bioavailability	4			
7	dissolved organic matter	7	17	spectroscopy	4			
8	pH	5	18	paddy soil	4			
9	heavy metal	5	19	colloid stability	4			
10	removal	5	20	surface charge	3			

究所关注的热点。纳米材料和生物炭被广泛应用到土壤污染物吸附、土壤养分利用、土壤固碳减排等相关的研究中，引起了土壤化学研究者的共同兴趣。TOP50 高被引论文关键词能更为细致地显示土壤化学研究中的热点和前沿领域，如在土壤化学国际 SCI 论文研究热点主题词聚类特征中并未有突出地位的纳米材料（nanomaterials）、腐殖质（humic substances）和溶解性有机质（dissolved organic matter）的高被引频次分别排在第 2、3 和第 7 位，充分说明**与纳米材料和有机质化学相关的研究是 21 世纪多功能土壤化学研究的新增热点，且进展显著。**

（2）中国土壤化学的前沿探索

2006～2015 年土壤化学中国作者 SCI 论文研究热点主题词聚类特征（图 5-14）可划分为 4 个主要的聚类圈：**污染化学与土壤修复、生物化学与土壤养分、土壤化学与全球变化、根际化**

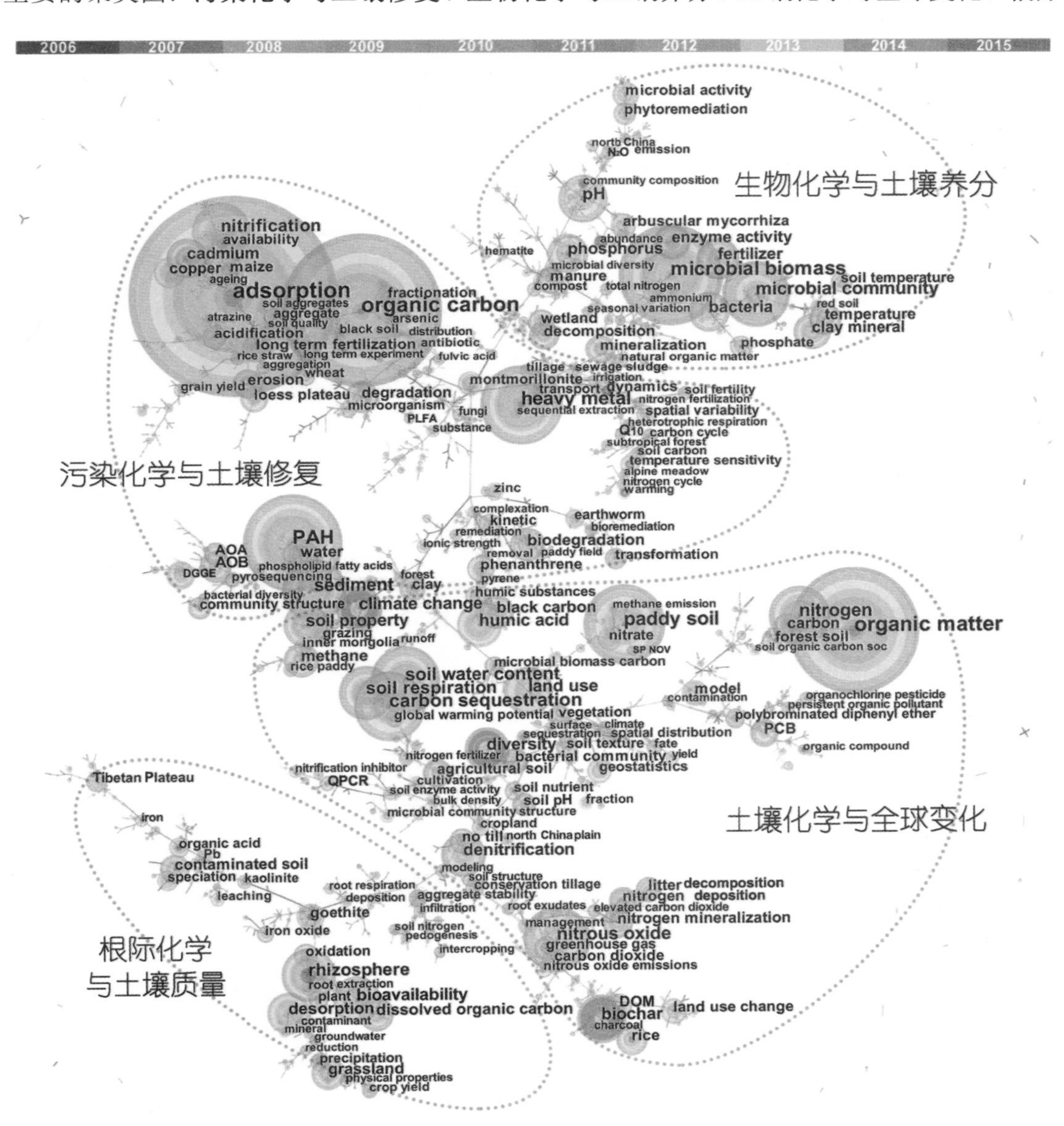

图 5-14　2006～2015 年土壤化学中国作者 SCI 论文关键词共现关系

学与土壤质量。土壤化学中国学者国际SCI论文研究热点前3名的主题词与国际热点排名一致，都主要集中在界面吸附（adsorption）和有机质/碳（organic matter/organic carbon），可以看出该时段仍是全球变化主导下的表面化学和养分化学研究阶段。与国际趋势不同的是，有关土壤污染的高频词多环芳烃（PAH）和重金属（heavy metal）高居第5位和第6位，说明进入21世纪以来，以重金属和多环芳烃为代表的外源污染物在土壤中的环境行为受到中国学者的特别关注。此期间中国学者在国际SCI刊物上发表了一系列论文，重点研究了：①土壤重金属和有机污染物在土壤—生物系统中的结构、形态、存在方式及其与生命物质的结合方式（Zeng et al.，2011：84～91）；②土壤污染物的有效性及其与生物效应的相关性，产生毒害的机理及其结构、性质与生物活性的关系（Wang et al.，2010：827～837），这对提升我国土壤污染化学理论创新能力奠定了坚实的基础。

对比国际土壤化学研究热点（图5-14），中国学者SCI论文研究有以下特点。①生物炭（biochar）均为此阶段最为火爆的关键词，且都于2009年高爆发，说明我国土壤化学研究紧跟了国际热点。②相对于重金属，多环芳烃（PAH）聚类圈与高频词细菌多样性（bacterial diversity）、群落结构（community structure）交集更加紧密，说明中国学者更注重有机污染物在土壤中的生物转化过程及生物毒性研究。③土壤根际化学和生物化学研究得到了全面发展，关键词多样性（diversity）和根际（rhizosphere）于2009年爆发，说明中国学者在根际养分、根际微生物、土壤微生物与养分元素转化、全球环境变化、污染环境修复等方面取得了突破性的进展。这些工作一方面丰富和充实了土壤化学的基础理论；另一方面拓宽了土壤化学在环境科学中的应用。④与此阶段的国际研究趋势相比，中国学者更多侧重于土壤污染化学理论，有关原位污染土壤的修复工作偏少。此外，值得我们注意的是，多环芳烃（PAH）和重金属（heavy metal）小聚类圈及土壤有机质化学（organic carbon，organic matter）大聚类圈的交融度并不高，特别是PAH与有机质化学鲜有交集。而土壤有机质化学是阐明土壤胶体本性以及在土壤固—液相界面上发生的各种过程的基础，是理解土壤中重金属和农药等有机污染物累积与转化规律的前提。因此，**加强土壤有机质化学和土壤污染化学间的关联是下一阶段土壤化学研究的重点**。

（3）**中国土壤化学研究的特色与优势**

2006～2014年土壤化学中文CSCD论文关键词共现关系（图5-15）可划分为3个主要的聚类圈：**根际化学与土壤质量、界面化学与环境效应、污染化学与土壤修复**。土壤化学中文文献体现的研究热点显示，排名TOP6的关键词分别是土壤酶活性、吸附、重金属、土壤微生物、土壤酶和镉（Cd）。与上个10年的关键词基本一致，只是部分关键词的排序发生了变化，最显著的是排名第4位的土壤酶活性跃居为首位。在前期的土壤化学研究中，矿物组分的地位过于偏重；而土壤酶化学的发展表明土壤酶与土壤氧化还原过程、养分转化、矿物表面性质、土壤组分相互作用等方面都有关联。可见，此阶段土壤酶的研究得到了中国学者的关注。综合分析表明，土壤污染、土壤养分与肥力仍是中国学者重点研究方向；此外，我们还发现关键词土壤理化性质排名第7位，频次高达296次，还是连接气候变化、土壤污染、土壤肥力等研究方向的节点关键词，这充分说明**中文论文在进行土壤化学研究时，已将土壤自身性质作为问题研究的立足点和土壤功能的核心。**

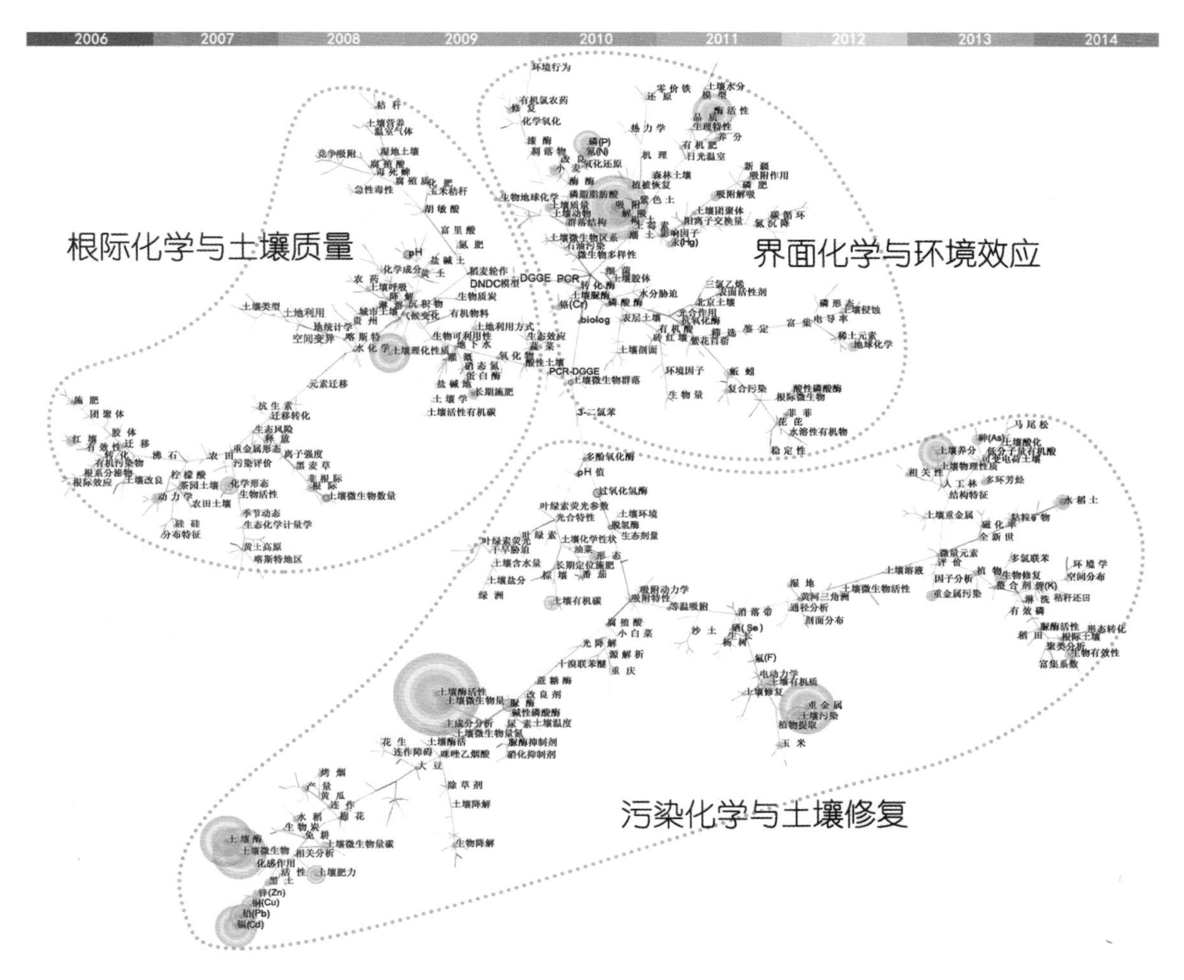

图 5-15　2006～2014 年土壤化学 CSCD 中文论文关键词共现关系

通过土壤化学 SCI 高频词和中文文献的对比，发现在以下 3 个方面仍有较大差距。①与国际 SCI 相比，中文的前沿研究有一定滞后性。如近 10 年来以全球变化为导向的土壤化学研究在中文论文中并未得到重视。全球研究热点生物炭（biochar）在中文论文中也较少涉及。②中文论文的研究手段和方法较为落后。关键词土壤酶活性排名第 1 位，频次 624 次；土壤微生物排名第 4 位，频次 390 次。这说明中文论文已经非常关注土壤微生物在土壤化学各个方面的重要地位（牛红榜等，2007：3051～3060），但是在研究手段上却仍以 20 世纪 90 年代的可培养技术为主，以土壤酶活性来反映土壤体系中微生物的变化。这使得中文论文中有关土壤微生物的研究水平与国际同行有较大差距，如仍然在较多地关注特定功能微生物的分离（杨成德等，2008：421～425），侧重个体微生物的生理生化研究，对原位土壤中微生物区系的研究大多处于描述状态，对土壤生物过程的认识还不够深入。因此，将国际上流行的土壤微生物先进技术（稳定性同位素示踪、高通量测序等）应用到中文论文的相关研究体系中迫在眉睫。此外，对于表面化学国际上流行的先进分析手段，如核磁共振、同步辐射光源等，中文论文也较少涉及，极大地限制了界面吸附机制和理论的深入。③土壤化学研究中的几个主要方向的交叉与融合有待加强。2006～2015年高频词排名显示土壤污染和土壤养分与肥力是中文论文最为热点的研究方向，然而土壤化学中文CSCD论文研究热点主题词聚类特征（图5-15）却显示土壤养分和土壤污染的聚类圈处于整个聚类图的最边缘，与土壤化学其他研究方向少有交集。因此，**促进土壤化学、环境化学、微生物生态等多学科的交叉，综合利用各种现代分析技术，开展土壤化学微观尺度的理论基础研究是促进我国土壤化学深入发展的根本。**

5.3 土壤化学发展动力剖析

近30年来，国际土壤化学研究从20世纪80年代以土壤体系中碳、氮转化为根本的养分化学和以吸附为主的表面化学，逐步过渡到21世纪以全球变化为导向、以生态和环境协调发展为根本的绿色土壤化学。从其发展历程可以看出，国际土壤化学研究是受学科发展和人类需求共同驱动的。在学科发展上从最初的认识土壤矿物组成、表面电荷到离子交换、吸附—解吸、土壤基本性质与功能等，逐步过渡到土壤中多组分的相互作用过程与机制，加深了人们对土壤的认识和对土壤环境调控的能力。在社会需求上从最初的土壤化学性质研究、土壤肥力与养分、土壤功能与过程，逐步发展到土壤生态系统环境效应和可持续发展需求。国际土壤化学30年的发展中，其研究内容从最初的电荷、结构、性质，发展到包括生物、养分、水分、植物等众多对象；研究技术从宏观的化学分析和吸附实验，发展到分子水平的同位素标记、先进光谱技术和宏基因组技术。

与国际土壤化学30年的发展相比较，中国土壤化学研究者一方面紧跟国际热点和潮流，重视碳氮转化过程；另一方面立足于国家需求，在土壤养分与肥力、土壤污染等方面开展了大量的工作。30年发展中，有关区域土壤性质、土壤生物与土壤过程、碳氮转化等方面的研究在国际上较有影响。但同时我们也发现，在一些理论研究的深度、新技术的应用、多学科的交叉等方面与国际发展水平还有一定差距。

通过剖析上述国际及中国土壤化学的发展特征和演进过程，不难发现土壤化学发展驱动力可以概述为以下4个方面。

（1）解译土壤内部“关键微观过程”成为土壤化学深化发展的内在需求

1986～2000年，土壤化学研究的主题侧重于农田土壤元素化学循环、土壤表面化学特征及其化学表现等。2000年以后，随着国际上对全球气候变化的关注以及我国环境污染问题日益突出，研究较多地集中在土壤有机碳的固定和稳定化过程与机制、重金属和农药等有机物在内的外源污染物进入土壤后的化学行为等方面。特别是随着土壤生物学的迅猛发展以及现代分析测试技术的引入，土壤化学与土壤生物学的交叉融合愈发凸显，促进了土壤元素化学向土壤物理化学、生物电化学转变，并增强了土壤化学界面反应研究。在此期间，土壤化学研究内容主要包括土壤多组分之间的相互作用及其对污染物的固定和转化、农田土壤有机组分的更新过程及驱动机制、碳氮铁耦合作用下的典型污染物迁移转化与微生物学机制等。这些工作表明，土壤化学界面发生的物理、化学、生物过程间的相互作用、相互依赖机制等已成为土壤化学方向的研究热点和重点，而这种关注土壤内部物质形成与演化、农田土壤碳氮循环、土壤界面相互作用等“关键过程”的主题研究正是土壤化学发展的核心动力。从国外相关的研究计划来看，2007年德国研究基金会（DFG）提出要系统、深入地研究土壤生物地球化学界面的结构、形成过程和功能，需要综合考虑土壤化学与土壤物理、土壤生物等学科，同时充分利用相邻学科如分子生物学、分析和计算化学以及材料科学和纳米科学中有关表征与检测的技术，在不同时空范围内阐明土壤过程和功能的关系。

（2）不断产生、暴露的土壤问题引发社会和公众广泛关注，成为土壤化学研究不断拓展的外在动力

近30年来，随着社会经济的高速发展和高强度的人类活动，土壤退化的范围不断扩大，土壤质量恶化加剧。特别是随着环境污染问题的日益突出，重金属、持久性有机污染物、抗生素等外源污染物进入土壤后对人类健康构成的风险与危害引起了公众的高度关注。绝大部分外源污染物会被土壤组分吸附，并暴露在土壤化学界面。土壤界面反应深刻影响污染物的固定、降解及生物代谢，同时污染物的类型、化学结构及代谢产物也会对土壤生物群落组成和功能产生影响。以外源污染物为研究对象，研究它们在土壤中的化学行为，发展环境修复技术，满足社会和公众需求是土壤化学发展的原动力。

（3）地表圈层、土壤系统思维的建立为深入开展土壤化学研究提供了新启示和新视角

土壤是生物圈、水圈、大气圈和岩石圈之间形成的界面，土壤中矿物、有机质和生物组成了一个动态的、复杂的、多层次、异质性的界面（Young and Crawford，2004：1634～1637）。尽管土壤中发生的过程是陆地所有生命的基础，但我们对土壤的认识却像我们对遥远的星球那样陌生（Sugden et al.，2004：1613～1613）。这些界面的物理、化学和生物的异质性导致了界面上生物的多样性和功能上的差异性（Curtis and Sloan，2005：1331～1333），发生的各种反应及隐藏的秘密牵动着整个生态系统的健康。探索土壤内部未知世界要以土壤微观性质的认识为前提，在微观尺度揭示土壤界面形成过程、结构、性质和功能方面，土壤化学始终扮演着重要的角色。

（4）原位测定、显微观察以及元素示踪过程等技术发展与应用成为土壤化学发展的加速器

土壤化学的发展很大程度上依赖其他学科的理论和技术推进，新近基于分子尺度微观光谱技术对土壤微观性质的原位观测及认识的飞跃是土壤化学研究领域迅速发展的基础。在土壤化学界面的三维结构、界面性质和反应活性表征方面，原子力显微镜（AFM）、激光共聚焦显微镜（CLSM）以及环境扫描显微镜（ESEM）等技术得到了广泛的应用。原子力显微镜（AFM）技术对所测样品无须进行预先的表面处理或抽真空处理，能够较好地保留样品的原始形态，可以直观地获得单个矿物或土壤团聚体形貌、粗糙度和结构，矿物晶体的形成和生长过程，以及有机质在矿物表面的包被形态（Totsche et al.，2012：1～2）；另外，还可利用原子力显微镜（AFM）不同的操作模式，结合化学修饰和单分子力光谱技术，在纳米尺度上研究土壤组分间原子水平作用力以及土壤生物大分子的轮廓长度、黏结性和纳米力学性能。X射线吸收光谱（XAS）、X射线光电子能谱（XPS）、核磁共振（NMR）、电子顺磁共振（EPR）和傅里叶变换红外光谱（FTIR）技术能够用于原位分析有机化合物之间的相互作用以及有机物质在矿物表面的吸附机制（Omoike and Chorover，2004：1219～1230）。将超高分辨率显微镜成像技术和同位素示踪技术相结合的纳米二次离子质谱技术（nanometer-scale secondary ion mass spectrum，NanoSIMS）在土壤化学研究领域中显示出了巨大的潜力，利用该技术首次区分了新鲜有机质与腐殖质在土壤团聚体中的分布差异，为土壤碳周转的计算提供了科学依据（Vogel et al.，2014）。纳米二次离子质谱技术（NanoSIMS）与扫描透射X射线显微镜（STXM）、荧光原位杂交（FISH）等技术联合使用，从单细胞成像水平上获取了微生物在土壤中的空间分布特征及其生理代谢机制。除了实验和仪器分析技术用于表征土壤生物地球化学界面结构和反应以外，计算化学方法在土壤界面反应中也得到了一定程度的应用，通过量子化学计算，并结合光谱的信息，极大促进了在分子尺度上对土壤化学过程的认识。

5.4 NSFC对中国土壤化学发展的贡献

在NSFC的大力支持下，中国土壤化学得到快速发展，研究队伍不断壮大。本节以NSFC学科代码D010503（土壤化学）的基金项目为主，并从D010506（土壤肥力）、D010507（土壤污染与修复）、D010508（土壤质量与食品安全）3个三级代码中选取了与土壤化学相关的基金项目，着重分析了近30年土壤化学NSFC申请和资助项目数量的演变轨迹以及NSFC对土壤化学典型领域的资助情况，并论述了NSFC对我国土壤化学人才队伍建设的重要作用。具体包括以下3个方面。

5.4.1 土壤化学NSFC项目申请及资助情况

土壤化学是土壤学的重要分支学科，在过去30年中发展、分化较快。NSFC在围绕土壤化学的基础研究领域以及新兴的热点问题上给予了持续和及时的支持。图5-16展示了1986～2015年NSFC土壤化学在土壤学中申请项目占比。过去30年，NSFC土壤化学申请项目数量一直处于稳步增长状态，近5年速度激增，并跳跃式增长至1 500余项。以上数据说明，**在NSFC的资助下，土壤化学得到长足的发展，其研究队伍迅速壮大**。但土壤化学在土壤学申请项目的占比却波动式缓慢降低，1986～2015年，其申请占比由最初的41.8%减少至30.2%。数据表明，土壤化学研究队伍已由土壤学中的相对优势比重逐渐变为与其他分支学科相当，这主要是受其传统学科特点影响，而其他分支学科近年发展迅猛，研究队伍扩展明显。

过去30年，NSFC土壤化学资助项目数量一直处于增长状态，且各时段增长的速度与申请项目数同步，由最初的30余项增长至390余项。但土壤化学在土壤学资助项目的占比呈降低趋势，且其降低趋势与申请项目占比保持一致（图5-16）。由于1986～1995年没有申请项目数的准确信息，不能得到此期间的资助率数据，但随后20年的资助率由39.0%逐步降低至28.1%。迅速增长的申请项目数和资助项目数，并没有促使资助项目占比的提升，其原因在于学科发展理念和管理措施的调节作用。为了保证土壤化学尽可能与土壤学其他分支学科获得同步发展的机会，地球科学部地理学科对资助项目比例分配方面适当调控，使得其实际获得资助项目占比与其申请占比基本平衡。

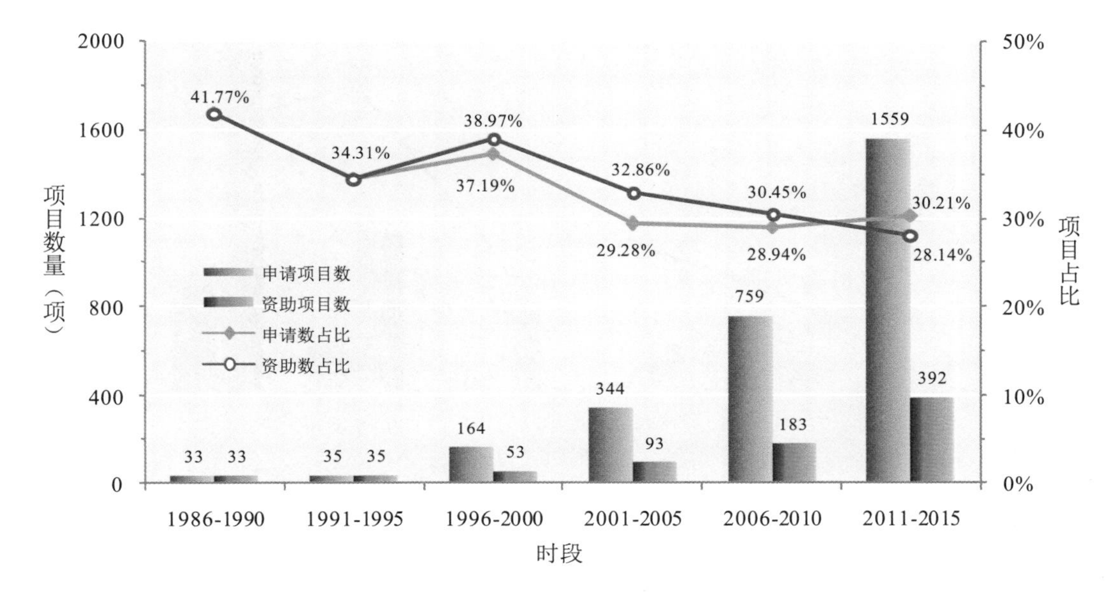

图5-16 1986～2015年NSFC受理和资助土壤化学项目数及其在土壤学项目中的占比

注：由于1986～1995年缺失申请项目数的准确信息，无法得到此期间申请项目数占比，为了便于分析，以资助项目数代替申请项目数。

5.4.2 NSFC对土壤化学典型领域的资助

土壤有机质研究领域是土壤化学的重要研究方向之一，过去30年是NSFC资助的重要领域，促使土壤化学得以快速发展。图5-17显示1986～2015年NSFC土壤化学有机质研究资助情况。30年间，NSFC土壤化学共资助有机质相关项目214项，占NSFC土壤化学资助项目数的27.1%。各时段资助项目数一直呈稳步增长趋势，由2000年前的10项以下递增至2011～2015年的121项。在NSFC土壤化学资助项目中的占比也随之呈阶梯式增长，由1986～1990年的3.0%迅速增至1996～2000年的17.0%；2001～2005年NSFC有机质资助项目占比与前5年基本持平；2006年以后激增至30%以上。1986～2015年NSFC资助有机质研究占比的快速增长，说明**与有机质相关的研究日益成为学术界关注的热点**。

NSFC资助土壤化学中有机质研究项目主要分布在华东地区，该区研究机构获NSFC土壤化学资助有机质研究项目数最多，约占有机质研究项目总数的 34.7%；其次是东北、华南及华中等地区，获 NSFC 资助土壤化学中有机质研究项目占比均高达 10%以上（图 5-18）。获得项目较多的科研单位和高等院校包括位于华东地区的中国科学院南京土壤研究所、南京农业大学、浙江大学，华南地区的广东省生态环境与土壤研究所，华中地区的华中农业大学，东北地区的吉林农业大学、中国科学院沈阳应用生态研究所等。

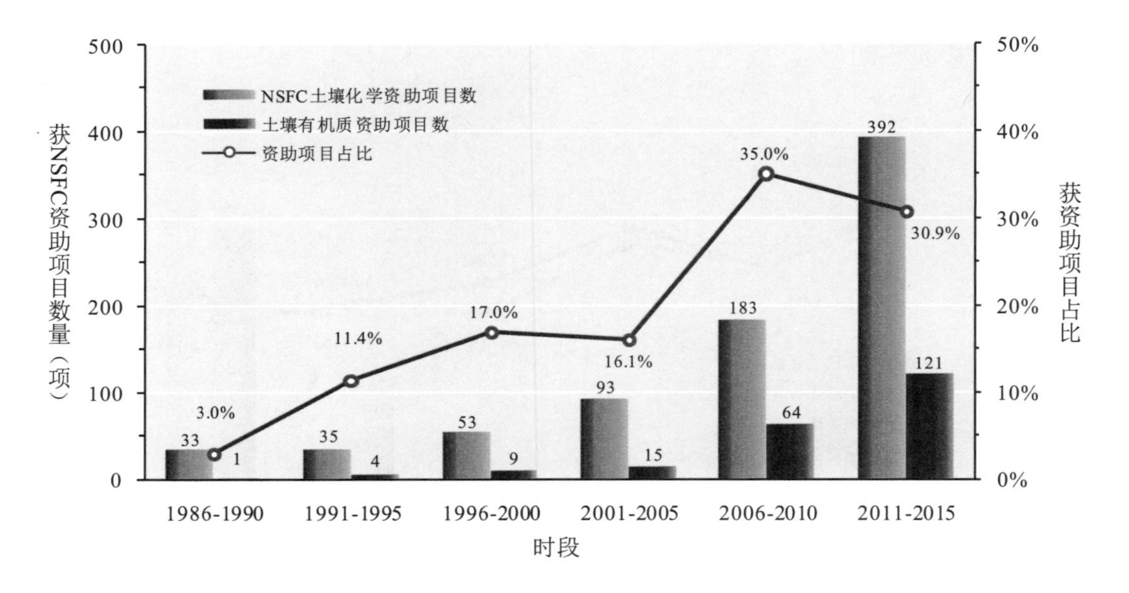

图 5-17　1986～2015 年土壤有机质领域获 NSFC 资助项目数及其在土壤化学获资助项目中的占比

注：选取含有机质、有机碳、腐殖质、腐殖酸、胡敏酸、富里酸等关键词的基金项目进行统计。

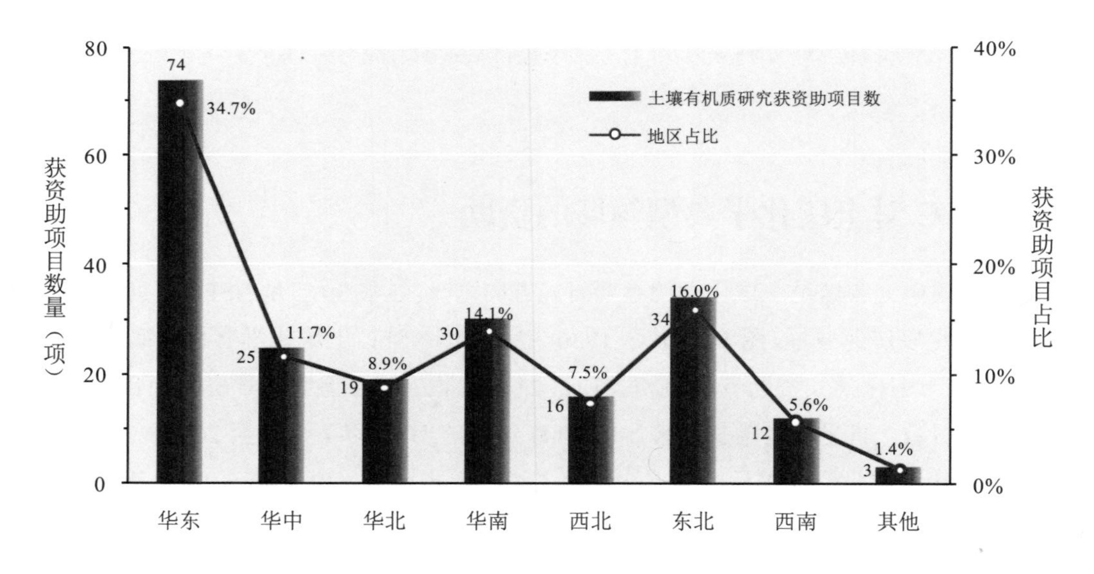

图 5-18　1986～2015 年土壤有机质领域获 NSFC 资助项目的地区分布

在土壤有机质研究热点和研究主题分析过程中，为了全面体现研究内容，同时消除分词带来的不确定性，我们首先提取出1986～2015年NSFC资助土壤化学中与有机质相关项目的全部关键词，获得567个关键词词频，然后对多种表达形式的同义词、含义不够清晰的关键词进行处理与聚类。表5-5显示了1986～2015年有机质研究TOP20关键词的排序，可以看出，过去30年对有机质的研究主要集中在两大领域。①有机质结构化学。利用核磁共振、同位素、红外光声光谱等高新技术，从胶体表面特性和结构特征等角度，研究包括腐殖酸在内的土壤胶体物质对有机污染物、重金属等污染物关键界面过程的调控作用。②土壤肥力与土壤养分循环。从土壤类型角度出发，研究了区域农田生态系统中土壤碳氮循环过程，并分析了施肥等田间管理措施、微生物群落组成对土壤碳氮循环过程的影响。

表5-5　1986～2015年土壤有机质领域获NSFC资助项目TOP20关键词

序号	关键词	频次
1	有机污染物（持久性有机污染物、多环芳烃、有机污染物、硝基苯类污染物、酰胺类农药污染、酰胺农药、五氯酚、抗生素、多酚、多氯联苯、有机氯农药、多溴联苯醚、四环素、十溴联苯醚、滴滴涕、磺酰脲类除草剂、氯苯、氯虫苯甲酰胺、氯代有机污染物、氯酚）	36
2	腐殖质（腐殖质、腐殖物质、木质素、腐殖物质组成、土壤固相腐殖质）	28
3	有机碳（有机碳、SOC、颗粒有机碳）	23
4	土壤有机碳组分（土壤有机碳组分、重组有机碳、土壤活性有机碳、颗粒有机碳、可溶性有机碳、水溶性有机碳、水溶性有机物、轻组有机碳、溶解性有机碳）	22
5	重金属（重金属、重金属污染、土壤重金属、铬、镉、汞、锌、硒、铅）	17
6	修复机理（修复机理、化学修复、物理修复、植物修复、原位修复、修复、土壤生态修复）	17
7	土壤类型（水稻土、黑土、红壤、农田黑土、荒漠土壤、黄壤、盐碱化土壤、淡灰钙土、华南土壤）	17
8	结构（结构分析、化学结构、结构特征、结构、分组与结构特征、结构与性质、组成结构）	15
9	界面反应与过程（界面反应与过程、界面反应、界面过程、界面脱毒过程、界面氧化还原反应、界面电荷与电位、矿物界面反应）	15
10	土壤碳循环（土壤碳循环、土壤有机碳库、土壤有机碳来源、土壤有机碳周转、土壤碳固定、土壤碳过程、土壤碳汇、碳分解转化）	15
11	有机酸（有机酸、根系分泌物、低分子量有机酸）	15
12	施肥（长期施肥、施肥、有机肥、氮肥、氮肥施用）	15
13	吸附解吸（吸附解吸、吸附、吸附机制、离子吸附）	14
14	微生物（微生物、土壤微生物、微生物群落、不同微生物类群、土壤微生物群落）	14
15	降解（化学降解、降解、降解途径、微生物降解、生物降解、降解动态）	13
16	根际（根际土壤、根际环境、根际、水稻根际、根际过程、根际生态效应）	13
17	表面特性（胶体表面特性、腐殖物质结构特征、土壤腐殖物质结构特征、土壤腐殖物质特异性、表面性质、表面电荷与电位）	12
18	矿化（有机碳矿化、矿化、氮矿化、矿化作用、水稻土有机碳矿化、土壤氮素矿化、土壤有机碳矿化）	11
19	生物炭（生物质炭、生物炭、黑炭）	11
20	腐殖酸（腐殖酸、胡敏素、富里酸、胡敏酸）	10

注：提取出1986～2015年NSFC资助土壤化学中与有机质相关项目的全部关键词，对多种表达形式的同义和近义的关键词进行归类，得出与有机质研究相关的TOP20关键词。

水稻土是农业生产备受关注的土壤类型之一，成为国际土壤学界最受重视的土壤类型；而红壤是我国铁铝土纲中分布面积最广的土类，目前红壤的酸化、肥力低下、侵蚀等农业生产和生态环境问题日益严重。因此，在过去 30 年中 NSFC 对水稻土和红壤研究给予了长期稳定的支持。统计了 1986～2015 年 NSFC 资助土壤化学中水稻土和红壤相关研究项目（图 5-19），结果表明，过去 30 年 NSFC 资助土壤化学中水稻土和红壤研究项目分别为 115 项和 61 项，分别占 NSFC 资助土壤化学项目数的 14.6%和 7.7%；各时段资助项目数均呈递增趋势，由 2005 年前的 10 项以下分别增至 2011～2015 年的 70 项和 28 项。近 15 年，NSFC 资助土壤化学中水稻土研究项目数快速增长，并超过 NSFC 资助土壤化学中红壤研究项目数。NSFC 资助土壤化学中水稻土研究项目占比也呈直线上升之势（除 2001～2005 年），由 1986～1990 年的 3.0%迅速增至 2011～2015 年的 17.9%；但是由于 NSFC 资助红壤研究项目数增长速率相对缓慢，其资助项目占比在 3%～12%波动。

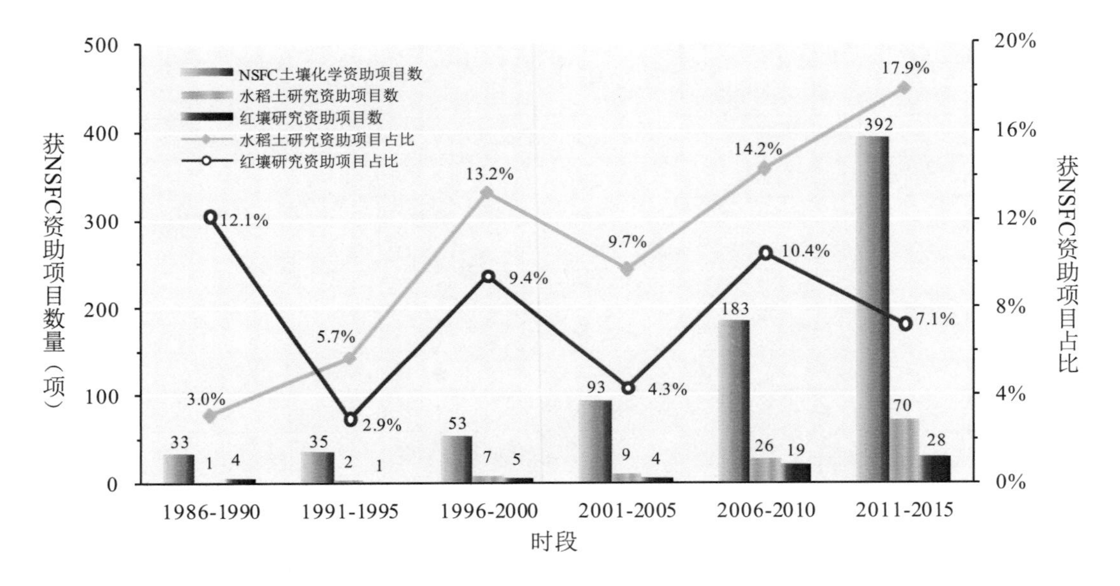

图 5-19　1986～2015 年水稻土和红壤领域获 NSFC 资助项目数及其在土壤化学获资助项目中的占比

注：项目占比是指 NSFC 资助水稻土或红壤项目数占资助土壤化学项目数的百分比。

NSFC 资助土壤化学中水稻土的研究项目主要分布在华东地区，30 年资助项目数达 50 项，占水稻土研究项目的 46.3%；其次是华南、华中及华北等地区，分别占 NSFC 资助土壤化学中水稻土研究项目总数的 20.4%、16.7%、10.2%（图 5-20）。获得项目较多的科研单位和高等院校包括中国科学院南京土壤研究所、广东省生态环境与土壤研究所、浙江大学、华中农业大学、南京农业大学等。

从 1986～2015 年 NSFC 土壤化学资助水稻土、红壤研究 TOP20 的关键词排序可以看出，过去 30 年水稻土的研究相对集中，主要涉及：①土壤—植物系统重金属污染关键界面过程与农产品安全；②不同田间管理措施下（水分管理、施肥等）区域水稻土的碳氮循环过程；③土壤养分循环与利用等方面（表 5-6a）。红壤研究主要包括：①红壤结构体形成与稳定机制；②土壤形成发育与矿物演化；③土壤酸化机理与治理；④土壤养分（有机碳、钾、磷等）循环与利用；⑤重金属、有机污染物与土壤主要活性组分的界面反应和过程等方面（表 5-6b）。**在 NSFC 的持续资助下，土壤化学逐渐形成以问题为导向的区域特色研究格局。**

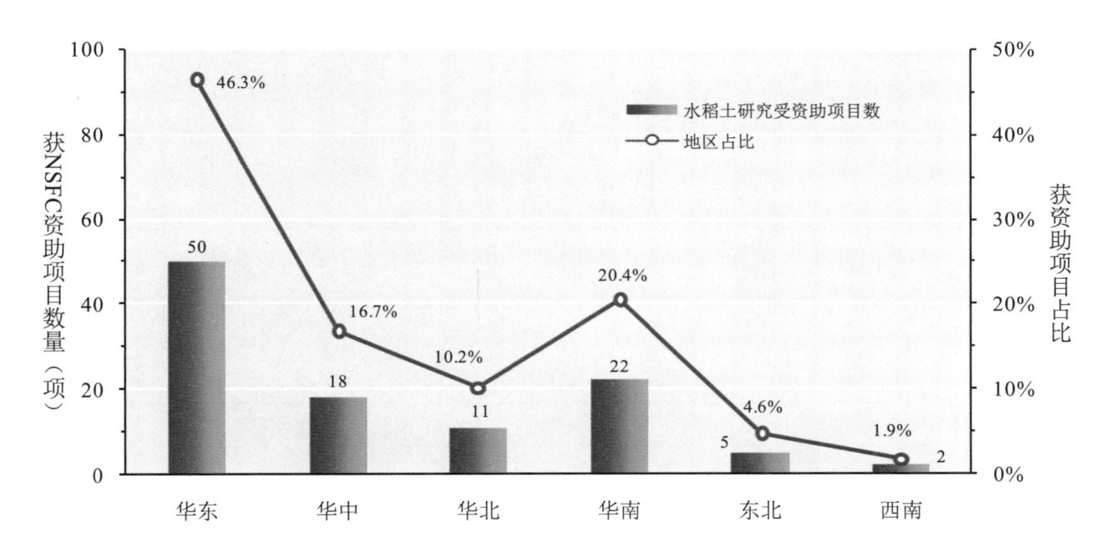

图 5-20 1986～2015 年水稻土领域获 NSFC 资助项目的地区分布

表 5-6a 1986～2015 年水稻土领域获 NSFC 资助项目 TOP20 关键词

序号	关键词	频次
1	水稻土（水稻土、稻田土壤、红壤性水稻土、古水稻土、稻田、水田土壤）	29
2	重金属（镉、砷、锑、铅、重金属离子、重金属、镉铅、水稻 Cd、硒、红壤镉）	29
3	水稻（水稻、转 Bt 水稻、高应答水稻、有色稻、水稻生产、水稻品种）	23
4	氮素循环过程（硝化抑制剂、反硝化、硝化与反硝化菌、硝化过程、硝化反硝化损失、硝化、反硝化作用、反硝化细菌、土壤氮素矿化、氮转化过程、氮转化、氮循环、氮素收支、氮素、氮矿化、氮肥去向、氮初级转化速率、硝酸盐淋溶、硝酸根异化还原成铵、氧化亚氮）	22
5	污染物转化（污染物吸收、污染物迁移、污染物转移、移动性）	14
6	施肥（施肥、肥料、氮肥、猪粪、长期施肥、控释氮肥、氮肥施用、化肥氮、硅肥）	14
7	技术方法（同位素技术、^{13}C 示踪技术、稳定性碳同位素技术、稳定同位素 ^{13}C 脉冲标记、^{15}N 稀释技术、^{15}N 同位素示踪、^{14}C 标记、^{13}C 核磁共振、^{13}C 和 ^{15}N 自然丰度、可见—近红外反射光谱、红外光声光谱、膜进样质谱法、膜进口质谱法）	14
8	迁移（迁移转化、转化、迁移、物质迁移、衰减迁移、水稻土物质迁移）	11
9	农产品安全（农产品安全、食物安全、食品安全、农产品质量、农产品重金属积累）	10
10	有机碳（土壤有机碳、有机碳库、固碳机制、土壤碳固定）	10
11	生物炭（生物质炭、碳黑、黑炭、黑碳）	10
12	生物有效性	8

续表

序号	关键词	频次
13	磷（磷、外源磷、土壤磷形、土壤磷库态、磷素循环、磷负荷量、磷有效性）	7
14	水分管理（水分、水分状况、水分管理、节水灌溉、间隙灌溉）	7
15	氧化还原（氧化还原过程、氧化还原、氧化还原电位）	7
16	土壤养分（土壤养分有效性、土壤养分形态转化、土壤养分形态与转化）	6
17	根际（根际、水稻根际、根际环境）	6
18	氧化铁转化（异化铁还原、氧化铁、铁还原菌）	5
19	有机质组分（有机质组分、土壤有机碳组分、土壤活性有机碳、水溶性有机碳）	5
20	土壤酸碱性（土壤酸化、土壤酸性特征、土壤酸碱平衡）	5

注：分别提取出1986～2015年NSFC资助土壤化学中与水稻土或红壤相关项目的全部关键词，对多种表达形式的同义和近义的关键词进行归类，得出与水稻土研究相关的TOP20关键词。

表5-6b　1986～2015年红壤领域获NSFC资助项目TOP20关键词

序号	关键词	频次
1	土壤（红壤、砖红壤、黄壤、亚热带土壤、红壤性水稻土）	18
2	施肥（长期施肥、有机肥、施肥、有机培肥、长期不同施肥制度）	11
3	团聚体（团聚体、土壤团聚体、团聚体稳定性、微团聚体、有机无机复合体）	10
4	土壤矿物（矿物演化、矿物演变、土壤矿物、黏土矿物、黏粒矿物）	10
5	氧化物（铁氧化物、氧化铁、氧化物、铝氧化物、锰氧化物、铁锰氧化物）	9
6	根际（根际、根际环境、根际生态效应、水稻根际）	9
7	土壤磷（磷、有效性磷、磷素营养、土壤磷形态与转化、土壤磷有效性、外源植酸、有机磷）	8
8	土壤酸化（酸化、大气氮沉降、大气硫沉降、氮沉降、酸化作用、酸沉降）	8
9	重金属（重金属、镉、砷、水稻Cd、土壤Cd）	7
10	土壤有机碳（土壤有机碳、溶解性有机碳、土壤有机碳库、土壤有机碳组分、有机碳、有机碳库组分）	7
11	土壤胶体（土壤胶体、胶结、胶结物质）	6
12	有机污染物（持久性有机污染物、抗生素、氯代有机污染物、诺氟沙星）	5
13	技术方法（同位素技术、^{13}C核磁共振、^{31}P、红外光声光谱）	5
14	肥力（红壤肥力、土壤肥力）	4
15	纳米颗粒（纳米颗粒、微米和纳米颗粒、合成纳米颗粒、非晶形纳米矿物）	4
16	有机酸（低分子量有机酸、根系分泌物、有机酸、腐殖酸）	4
17	机制（机制、机理、作用机制）	4
18	界面过程（界面反应与过程、界面脱毒过程）	3
19	钾（钾、钾素有效性）	3
20	土壤酶（酶、酶活性）	3

注：分别提取出1986～2015年NSFC资助土壤化学中与水稻土或红壤相关项目的全部关键词，对多种表达形式的同义和近义的关键词进行归类，得出与红壤研究相关的TOP20关键词。

5.4.3 NSFC与土壤化学人才队伍建设

通过 NSFC 对多种项目的长期支持，中国土壤化学研究机构正逐渐形成各具特色、国内外有一定影响力的良好发展态势。图 5-21 显示了 1986～2015 年每 5 年一个时段的 NSFC 土壤化学资助机构数量和土壤化学 SCI 发文机构（包括全部中国作者的发文机构）数量，图中折线为 NSFC 土壤化学资助机构中发表了 SCI 论文机构的百分比。可以看出：①无论是 NSFC 土壤化学资助机构数量还是 SCI 主流期刊发文机构数量，均呈现增长态势，说明中国从事土壤化学基础研究的机构在增加，且国际化水平正在逐步提高；②由于经费渠道、机构申请条件以及研究人员专业背景等原因，土壤化学 SCI 主流期刊发文机构数量超过 NSFC 土壤化学资助机构数量，且差距越来越大；③NSFC 土壤化学资助机构 SCI 发文数量占比由最初的 33.3%增长到近 5 年的 67.2%，充分说明 **NSFC 土壤化学资助机构的整体研究基础和研究水平得到极大提升，成为推动我国土壤化学发展的主力军。**

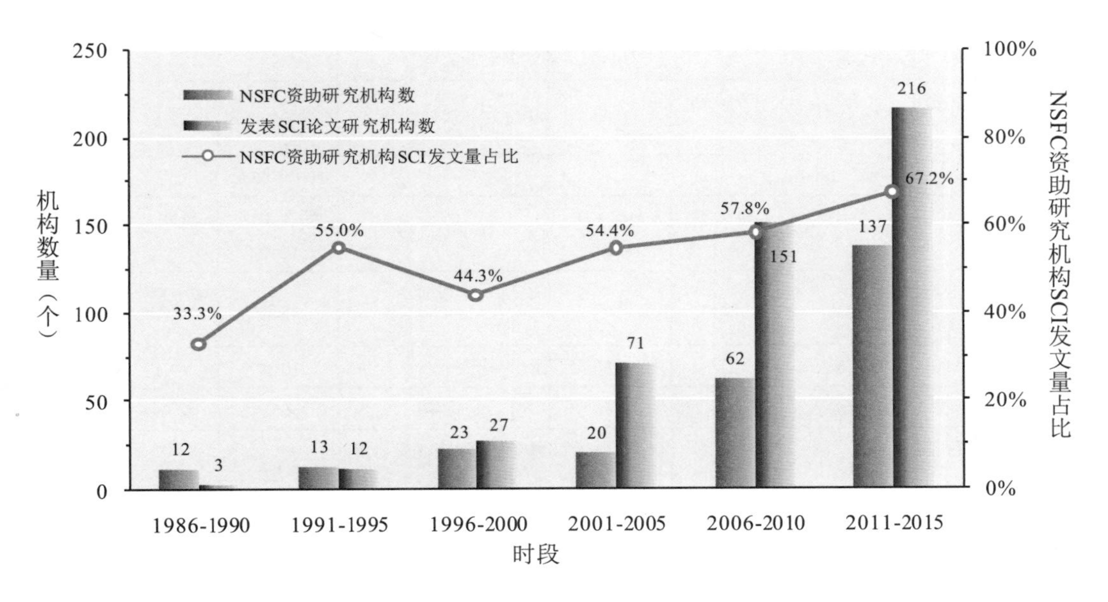

图 5-21 1986～2015 年土壤化学获 NSFC 资助机构数、SCI 发文机构数及其占比

注：①SCI 发文机构数是指发表 SCI 论文的所有中国研究机构，包括没获 NSFC 资助的机构，统计的数据均为第一或通讯发文机构；②占比指 NSFC 资助下发表了 SCI 论文的机构占所有发表 SCI 论文机构的百分比。

表 5-7 显示了 1986～2015 年每 5 年一个时段获得 NSFC 土壤化学各类资助项目总经费 TOP5 的机构名称、资助人数、人均论文数量及经费占比。近 30 年共有 12 个机构进入 NSFC 土壤化学资助项目总经费 TOP5 的行列，包括 6 个高等院校、6 个科研院所，而中国科学院南京土壤研究所、华中农业大学一直保持在 TOP5 的行列，且中国科学院南京土壤研究所近 30 年稳居第 1 位，说明其在土壤化学研究方面具有较强的实力和优势。由 TOP5 机构获得经费所占比例看，2005 年以前虽然 5 个机构获得的经费之和占 NSFC 土壤化学资助总经费的比例呈波动式下降趋

势，但所占比例仍一直保持在 70%以上；而 2006～2010 年该比例降为 64.4%，2011～2015 年该比例低至 40.3%。30 年来，NSFC 土壤化学资助经费 TOP5 机构的受资助总人数不断增加，说明土壤化学研究队伍壮大，受资助面扩大，但从 TOP5 机构人均经费占比看，却呈减少态势。1995 年以前，TOP5 机构平均人均经费占比约为 3.5%；而 1996～2000 年、2001～2005 年、2006～2010 年、2011～2015 年逐步降至 2.60%、2.02%、0.95%、0.44%。上述现象充分说明，**在国家资助**

表 5-7　1986～2015 年土壤化学获 NSFC 资助经费 TOP5 研究机构、经费占比及人均 SCI 论文情况

1986～1990 年				1991～1995 年			
TOP5 机构	经费占比（%）	资助人数（人）	人均文章（篇）	TOP5 机构	经费占比（%）	资助人数（人）	人均文章（篇）
中国科学院南京土壤研究所	62.72	16	0.06	中国科学院南京土壤研究所	55.46	15	0.40
浙江大学	6.06	3	0.00	华中农业大学	14.31	4	0.00
中国科学院沈阳应用生态研究所	5.70	2	0.00	中国科学院沈阳应用生态研究所	4.47	2	1.00
华中农业大学	5.70	2	0.00	沈阳农业大学	3.94	1	0.00
中国科学院新疆生态与地理研究所	2.85	1	0.00	中国农业科学院	3.58	1	0.00
1996～2000 年				2001～2005 年			
TOP5 机构	经费占比（%）	资助人数（人）	人均文章（篇）	TOP5 机构	经费占比（%）	资助人数（人）	人均文章（篇）
中国科学院南京土壤研究所	39.89	15	0.67	中国科学院南京土壤研究所	48.29	23	2.70
浙江大学	9.66	2	2.50	浙江大学	10.57	4	10.50
华中农业大学	9.46	4	0.50	华中农业大学	8.62	6	1.83
中国科学院地理科学与资源研究所	7.73	4	0.25	中国科学院沈阳应用生态研究所	6.07	2	2.50
吉林农业大学	3.56	2	0.00	南京农业大学	5.20	4	3.50
2006～2010 年				2011～2015 年			
TOP5 机构	经费占比（%）	资助人数（人）	人均文章（篇）	TOP5 机构	经费占比（%）	资助人数（人）	人均文章（篇）
中国科学院南京土壤研究所	35.90	31	3.97	中国科学院南京土壤研究所	16.30	41	5.73
华中农业大学	9.90	12	4.17	华中农业大学	9.92	18	3.94
浙江大学	8.57	11	6.64	中国科学院沈阳应用生态研究所	4.96	14	6.00
广东省生态环境与土壤研究所	5.63	7	0.71	浙江大学	4.58	10	13.10
南京农业大学	4.42	7	6.57	中国农业大学	4.57	8	13.00

注：①发文机构仅统计署名论文的第一单位；②人均发文量是指同一时段发文量除以资助人数，同一时段多次受到资助的学者只统计一人次。

强度逐年增大的背景下，随着学科整体水平的提高和发展，传统的土壤化学优势机构获得 NSFC 项目资助的优势在不断下降。

从 NSFC 土壤化学资助经费 TOP5 机构人均发文数量看，总体上处于增长态势。1990 年以前，TOP5 机构总体发文仅有 1 篇，平均发文量 0.04 篇/人；1991～2000 年，TOP5 机构平均发文数小于 1 篇/人。随后的 15 年里，TOP5 机构平均发文数量迅速增长，2001～2005 年 TOP5 机构平均发文已达到 3.4 篇/人，2006～2010 年增至 4.4 篇/人，2011～2015 年为 6.9 篇/人。上述现象充分表明，**在 NSFC 的长期资助下，中国土壤化学机构国际化研究水平日益提升，科研经费得到有效利用。**

学科的发展、研究人才与团队的培养得益于 NSFC 的有力资助。NSFC 通过设立特殊的项目类型培养了大批优秀的青年人才。由 NSFC 在 1989～2015 年土壤化学青年基金申请项目、资助项目数及资助金额表明，过去近 30 年，NSFC 土壤化学青年基金年申请项目数与年资助项目数一直处于增长状态（图 5-22）。在设立青年基金的最初 10 年（1989～1998 年），年申请项目数少于 5 项，人均资助金额约为 10 万元/项，但项目资助率却达 100%（1998 年除外）。1999～2006 年，NSFC 土壤化学青年基金年申请项目数缓慢增长至 10 余项，而年资助项目数没有明显增加，维持在 5 项以下，但 NSFC 对青年基金的资助额度增加，为 15～20 万元/项。这些数据表明在前期 NSFC 的资助下，学科得到一定的发展，研究队伍扩大，更多的青年科研主力军加入到土壤化学领域，使学科进一步发展。2007～2011 年的 5 年，NSFC 土壤化学青年基金年申请项目数、年资助项目数及资助额度快速增长，年申请项目数激增至 113 项，年资助项目数也增至近 40 项，累计资助金额 900 余万元，资助额度约 25 万元/项。这一现象充分说明，在 NSFC 的资助下，土壤化学得到长足的发展，其研究队伍迅速壮大。2011 年以后，NSFC 土壤化学青年基金年申请项目数缓慢增

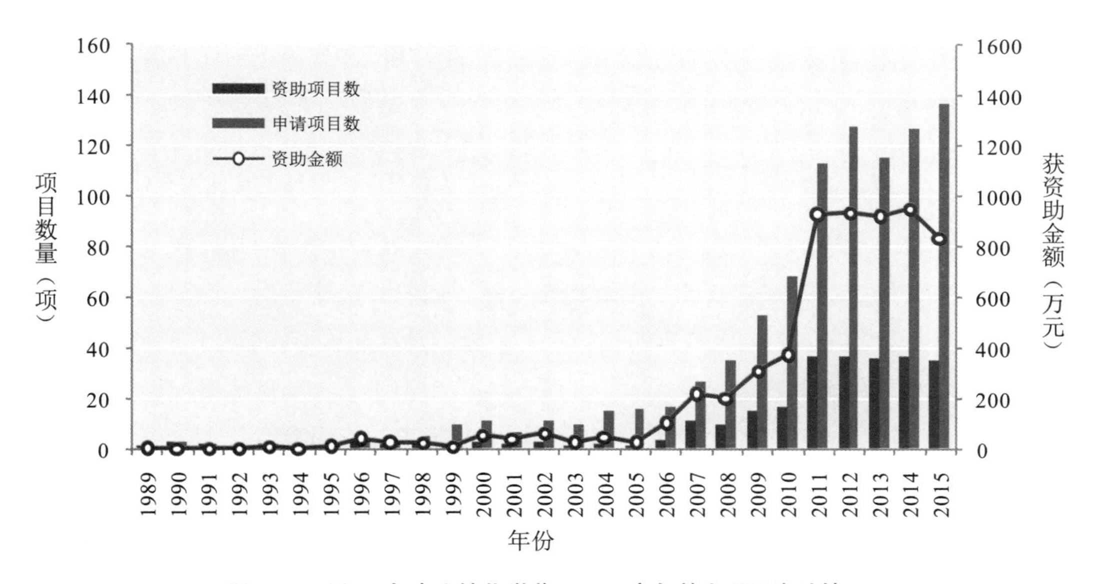

图 5-22　近 30 年来土壤化学获 NSFC 青年基金项目资助情况

注：青年基金设立于 1987 年，土壤化学最早获得资助始于 1989 年。

加，而年资助项目数并没有增加，维持在35项左右，说明人才间的竞争日益激烈。提高NSFC对青年基金项目的资助力度是培养青年人才、推动学科发展的根本保障。

NSFC通过长期稳定的支持形成联系紧密、高效合作的跨单位、跨部门的研究群组。从中文核心期刊论文作者体现的中国土壤化学研究队伍看（图5-23），土壤污染化学、土壤胶体化学、土壤养分化学等研究网络相对比较丰富，以导师为核心的网络结构比较明显。

①土壤污染化学研究作者合作网络主要包括：围绕土壤环境中典型污染物的生态化学过程及修复技术研究，形成以南开大学环境科学与工程学院周启星为主要节点，李培军、张薇、宋玉芳等共同参与构建的作者合作网络，研究主题包括重金属、有机污染物及其复合污染的毒理学、植物修复机理等；围绕污染土壤生物修复与生态风险评估研究，形成以中国科学院南京土壤研究所骆永明为主要节点，吴龙华、章海波、刘世亮等共同参与构建的作者合作网络，研究内容主要包括重金属污染土壤的评价与植物修复、复合污染农田毒害污染物生物传递和生态风险评估；围绕农田土壤中持久性有机污染物（POPs）的迁移/转化过程及其环境效应研究，形成以中国科学院南京土壤研究所蒋新为主要节点，卞永荣、周立祥等共同参与构建的作者合作网络，主要研究化学污染物在环境中的复杂化学反应、传输机理、形态结构变化、生态环境效应与农产品质量安全；围绕土壤环境酶学研究，形成以西北农林科技大学张一平为主要节点，和文祥、安韶山等共同参与构建的作者合作网络，主要研究土壤肥力与质量的酶学指标、监测土壤污染程度的酶信息系统构建等。

②土壤胶体化学研究作者合作网络主要包括：围绕胶体电化学研究，形成以中国科学院南京土壤研究所于天仁、季国亮为主要节点，徐仁扣、李航等共同参与构建的作者合作网络，主要研究可变电荷土壤的表面电化学性质、土壤酸度与酸化、土壤铝化学和重金属在土—水界面的化学行为；围绕土壤胶体物质组成及其环境行为研究，形成以华中农业大学李学垣、徐凤琳为主要节点，黄巧云、刘凡、胡红青、谭文峰、冯雄汉等共同参与构建的作者合作网络，主要研究土壤胶体物质组成与演变、胶体物质的环境行为（包括胶体对养分有效性的影响、有机质—矿物—微生物相互作用及其对有机无机污染物的迁移/转化过程及机理研究）、胶结物质驱动的土壤结构形成机理等。

③土壤养分化学研究的作者合作网络主要针对气候变化和人类活动共同影响下的土壤养分运移与转化过程开展定位及模拟研究，主要包括：以中国农科院徐明岗、西北农林科技大学吕家珑、吉林农业大学窦森等为主要节点的土壤有机肥施用及其元素形态转化研究作者合作网络；以南京农业大学潘根兴、浙江大学章明奎为主要节点的土壤碳生物地球化学与碳库变化研究作者合作网络，同时潘根兴对农田土壤碳、氮循环过程与机理、农田温室气体排放及其生态系统模型构建也开展了研究。

近30年来，85%的中文论文作者获得NSFC土壤化学项目资助，受NSFC资助项目数、学科发展过程及学术研究国际化程度的影响，中文发文数量排在TOP20的作者以20世纪三四十年代出生的资深学者居多，中文发文数量在TOP100的作者中有32人同时排在SCI发文量TOP100作者中，是一批在NSFC资助下成长起来的中青年学者，成为推动土壤化学发展的中坚

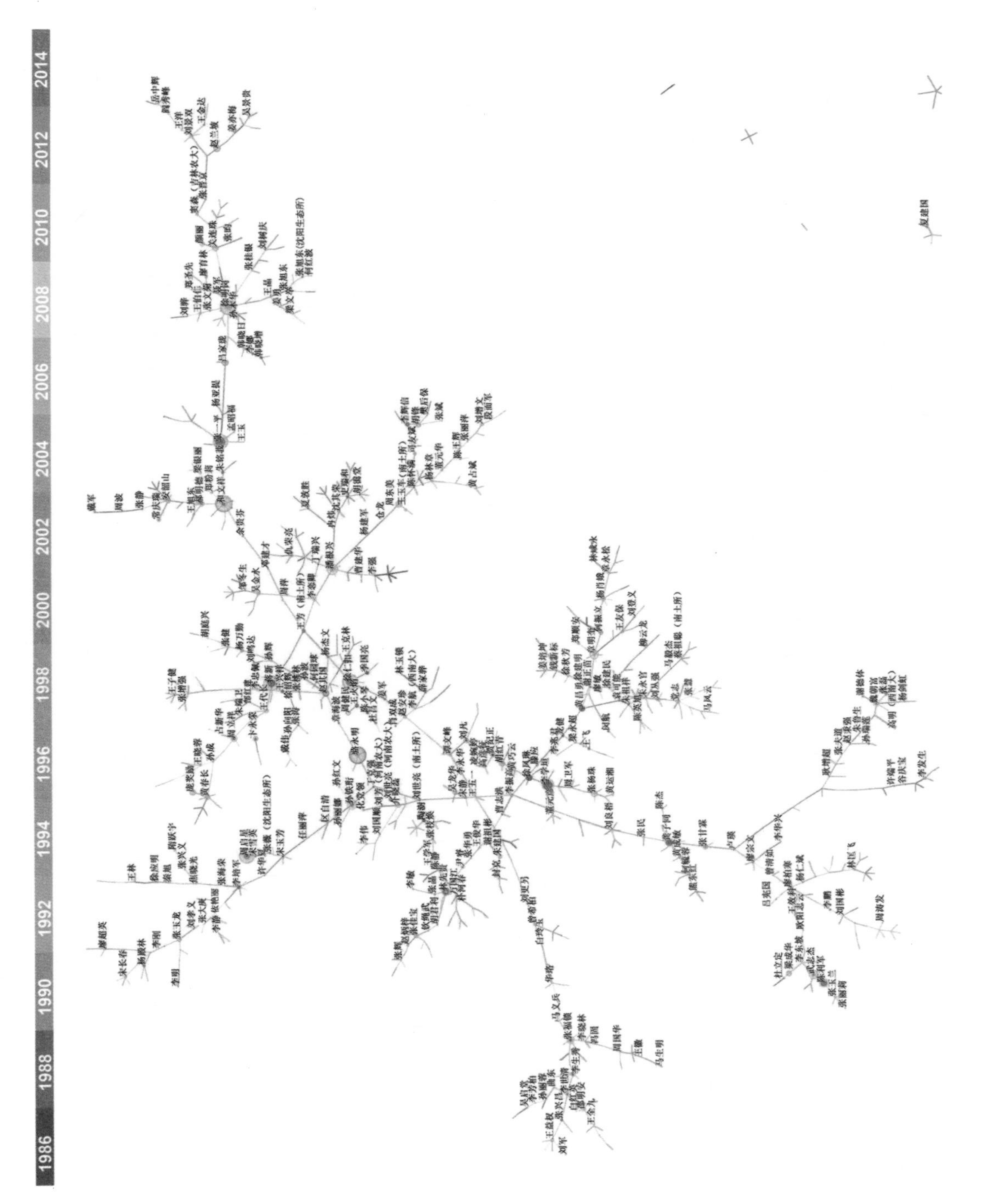

图 5-23　1986～2015 年土壤化学 CSCD 中文论文作者合作网络

力量。截至 2015 年 7 月，发文量排在中文 TOP100 的作者中创新研究群体项目负责人 1 人（蔡祖聪），杰出青年科学基金项目获得者 16 人，获得重点项目 7 项。总体上，**NSFC 资助的重大项目和重点项目等研究类项目为土壤化学发表中文研究成果做出了贡献。**

NSFC 围绕国际前沿的项目支持，培养了一批具有国际水平，体现中国研究特色的研究集体。图 5-24 显示的是 1986～2015 年土壤化学 SCI 主流期刊中中国作者发表论文的合作网络，我们可以发现，过去 30 年中国土壤化学学者在 SCI 期刊的发文主要活跃在土壤养分化学、土壤污染化学和土壤胶体化学 3 个领域。可以看出，作者合作网络主要以特色研究机构及重要学科带头人为核心节点，中青年学术骨干为主要分支节点。

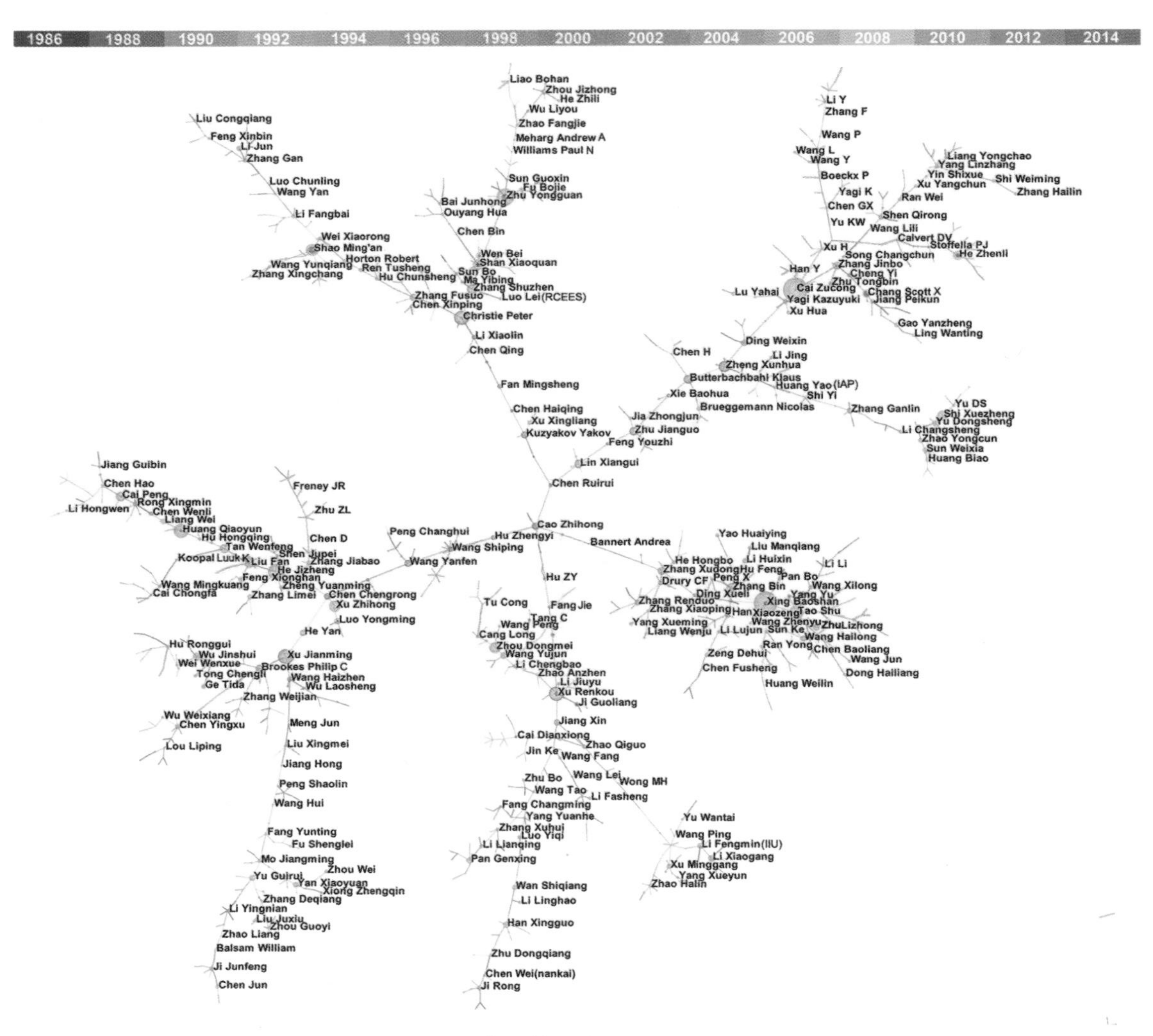

图 5-24　1986～2015 年土壤化学 SCI 论文中国作者合作网络

①土壤养分化学。土壤养分化学研究围绕区域农业生态系统、草地生态系统、森林生态系统等生境中生源要素（碳、氮等物质）的循环过程及其与温室气体排放、气候的关系研究形成作者合作网络，主要节点作者为中国科学院水土保持与生态环境研究中心（ISWC）、中国科学

院地理科学与资源研究所（IGSNRR）的 Shao Ming'an（邵明安），中国科学院南京土壤研究所（ISS）的 Cai Zucong（蔡祖聪），中国科学院大气物理所（IAP）的 Zheng Xunhua（郑循华）；其他节点作者还包括南京师范大学（NJNU）的 Zhang Jinbo（张金波），ISS 的 Zhu Jianguo（朱建国）、Ding Weixin（丁维新）。重点关注西北黄土高原旱地农业及草地生态系统、亚热带农田（水田/稻田）和森林生态系统。相关论文主要发表在 *Geoderma*，*Global Change Biology*，*Soil Biology and Biochemistry*，*Plant and Soil*，*Advances in Atmospheric Sciences*，*Global Biogeochemical Cycles* 等期刊。

②土壤污染化学。土壤污染化学主要针对重金属、有机污染物以及复合污染物的生态毒理学、关键界面过程及修复机理与技术等形成作者合作网络，主要作者节点为中国科学院生态环境研究中心（RCEES）、中国科学院城市环境研究所（IUE）的 Zhu Yongguan（朱永官），RCEES 的 He Jizheng（贺纪正），浙江大学（ZJU）的 Xu Jianming（徐建明）；其他节点作者还包括 RCEES 的 Zhang Shuzhen（张淑贞）、Wen Bei（温蓓），ISS 的 Lin Xiangui（林先贵）、Cao Zhihong（曹志洪）等。相关论文主要发表在 *Soil Biology and Biochemistry*，*Environmental Science & Technology*，*Fungal Ecology*，*Environmental Science and Pollution Research* 等期刊。

③土壤胶体化学。土壤胶体化学研究土壤胶体界面化学、胶体电化学等多个交叉方向形成了作者合作网络。围绕土壤有机/无机胶体、微生物间相互作用及其对污染物的界面反应过程与机理研究形成的作者合作网络，主要作者节点为美国麻省大学（University of Massachusetts）的 Xing Baoshan（邢宝山），华中农业大学（HZAU）的 Huang Qiaoyun（黄巧云）、Liu Fan（刘凡）、Tan Wenfeng（谭文峰）、Feng Xionghan（冯雄汉）、Cai Peng（蔡鹏）等。相关论文主要发表在 *Environmental Science & Technology*，*Geochimica et Cosmochimica Acta*，*Colloid and Surfaces B*：*Biointerface*，*Applied Clay Science*，*Journal of Hazardous Materials* 等期刊。围绕可变电荷土壤的表面电化学性质、土壤酸度与酸化、土壤铝化学和重金属在土—水界面的化学行为的胶体电化学研究形成的作者合作网络，主要作者节点为 ISS 的 Xu Renkou（徐仁扣）、Zhou Dongmei（周东美）等。相关论文主要发表在 *Soil Biology and Biochemistry*，*Environmental Science & Technology*，*Geochimica et Cosmochimica Acta*，*Journal of Hazardous Materials* 等期刊。

从土壤化学 SCI 论文作者合作网络特点看，特色学科方向和优势研究单位的重要学科带头人对合作网络的构建起到了重要连接作用，**核心节点和重要节点多为 NSFC 土壤化学杰出青年科学基金项目或重点项目负责人**。21 世纪以来，在 NSFC 国际合作项目的大力资助下，海外华人学者和国外知名学者与中国学者开展了广泛深入的合作研究，对促进我国土壤化学研究成果尽快融入国际行列也起到了重要作用。SCI 发文量 TOP100 的作者中，20 人得到杰出青年科学基金项目资助，以蔡祖聪为主要学术带头人的群体得到创新研究群体科学基金项目 2 项。此外，TOP100 作者获得重大项目 1 项、重点项目 8 项。由此可见，获 **NSFC 土壤化学资助的重点项目等重要研究类项目以及创新研究群体和杰出青年科学基金等人才类项目对推动中国土壤化学国际成果产出发挥了重要作用**。

NSFC 资助极大地提高了中国土壤化学研究成果的国际影响力。图 5-25 为 1986～2015 年国际 SCI 高被引 TOP100（每年）中国学者论文数及其受 NSFC 资助情况。2000 年以前，中国学者发表的高被引论文极其有限（0～2 篇/3 年），其中受 NSFC 资助论文数 0～1 篇/3 年，NSFC 资助发文比在 0～50%大幅波动（图 5-25）。随着土壤化学的发展及其研究队伍的壮大，2001 年以后国际土壤化学 SCI 主流期刊高被引 TOP100（每年）论文中中国发文量呈显著增长趋势，由 2001～2003 年的 9 篇（占国际发文量的 4.5%）稳步增长至 2013～2015 年的 45 篇（占国际发文量的 22.5%）；其中，受 NSFC 资助发文量亦呈同步快速增长，由 2001～2003 年的 6 篇增长至 2013～2015 年的 38 篇，NSFC 资助发文比也随之增长至 2013～2015 年的 84%（图 5-25）。这些数据说明，**30 年来 NSFC 资助对中国土壤化学的发展以及研究成果尽快融入国际行列起到了重要作用。**

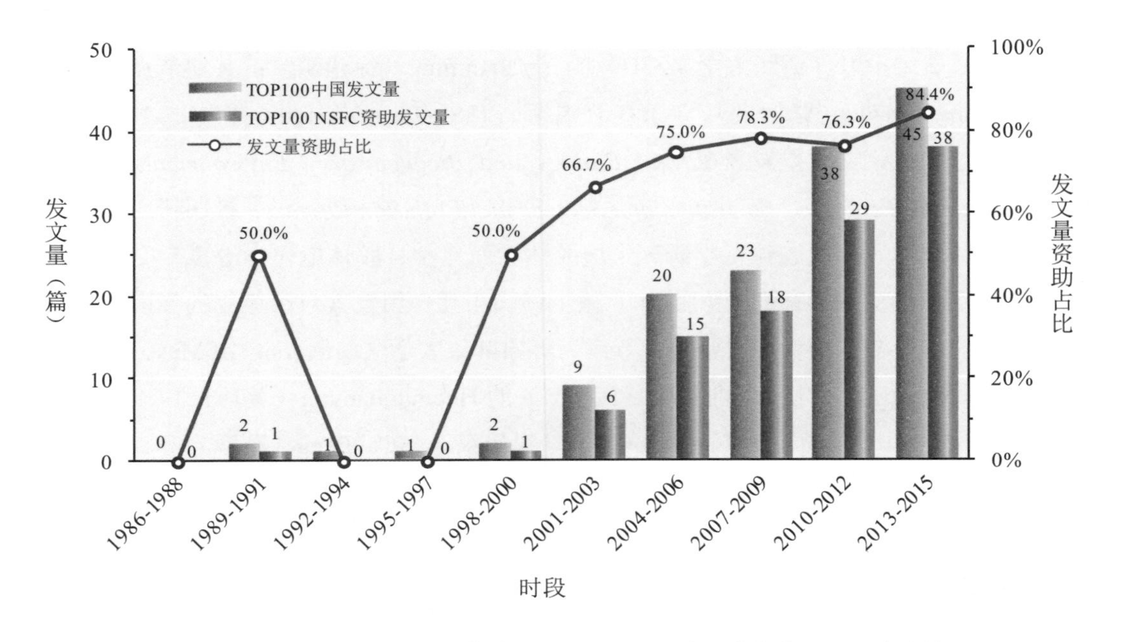

图 5-25 1986～2015 年 SCI 高被引 TOP100 论文中国学者获 NSFC 资助情况

注：TOP100 是指每年 100 篇 SCI 高被引论文，不足 100 篇的年份统计所有的论文。

5.5 中国土壤化学发展面临的挑战

土壤化学是土壤科学基础分支学科之一，在学科体系构建和发展中起着支柱作用。早期土壤化学以离子交换和土壤养分化学研究为主，随后化学方法在土壤肥力学和土壤发生学研究中得到越来越广泛的应用，逐渐形成以土壤物理化学性质研究为主的土壤化学。随着学科内涵的深入和外延，土壤化学与地球化学、环境化学及生物化学等多学科交叉与渗透不断增强，土壤化学的发展经历了土壤肥力化学、土壤环境与界面化学以及全球变化背景下的生源要素和污染元素生物化学循环等主导的不同发展阶段。研究对象从农田土壤向农田和自然土壤并重转变，研究范畴也从土壤单一组分化学性质和界面反应特性向包括生物在内的土壤多组分交互作用及其物理化学机制过渡。土壤是包含有机—无机复合体以及生物群落结构、高度异质化的复杂体系，学科间交叉、渗透、融合，成为土壤化学发展的必然趋势，为贴近实际土壤条件认识土壤化学过程、调控土壤环境质量提供了理论基础和技术支撑。

国际土壤化学的发展强调学科基础，即土壤化学发展的内在驱动因素，以基础突出土壤生产力调控、环境质量改善和应对全球变化等与人类福祉密切相关的领域。近年来，分子环境土壤学和地球关键带理论的发展使其表现突出。分子环境土壤学是从分子尺度上研究土壤组分物理化学形态和时空分布的科学。对土壤化学本质的认识是利用土壤化学手段解决土壤肥力、土壤污染修复等实际问题，分子环境土壤学则大大加深了对土壤化学微观机制的理解。地球关键带是指处于地表树冠顶端至地下水底端之间，存在岩石、土壤、大气和生物强烈交互作用，从而深刻影响地球表层环境的关键地带。地球关键带理论进一步拓宽了土壤圈层的界限和土壤化学的研究外延，以多学科理论为基础，运用系统科学的观点全面深入认识土壤，国际土壤化学研究强调地球关键带中与土壤肥力和环境功能密切相关的多界面化学过程及其综合生态环境效应，使其从传统的农田生态系统向陆地表层系统扩展，为理解陆地表层系统变化过程与机理提供基础信息，并融入地球系统科学。

中国土壤化学发展以问题为导向，为提高中国农业生产和改善生态环境质量提供了重要保障。作为国际土壤化学发展的重要组成部分，一方面，我国土壤化学发展与国际土壤化学发展趋势基本一致，但相对滞后；另一方面，继续保持着社会需求驱动大、区域特色明显等相对优势，同时也面临基础理论研究薄弱、关键技术和手段滞后以及学科平台不足等诸多瓶颈。随着人口增加，社会经济的快速发展，土壤的资源和环境属性进一步增强，克服上述瓶颈，迎接新的土壤学挑战，提升我国土壤化学研究的创新能力，是推动我国土壤化学全面发展的必由之路。

5.5.1 中国土壤化学研究的优势

社会与国家需求牵引土壤化学研究不断深入，促进若干优势研究领域形成。作为发展中人口大国，中国粮食和环境安全对土壤的依赖性强，同时土壤资源也面临高强度利用、质量退化、污染加剧、生物多样性减少等诸多问题。这需要加强对土壤中物质循环化学过程的研究，保障土壤生产力和环境质量。因此，在社会需求和学科发展的共同驱动下，形成了中国土壤化学研究的巨大动力和优势。近30年来，中国土壤化学逐渐形成了**以污染土壤修复和土壤养分循环为主导、界面反应与地表过程为主线的学科脉络，在生态系统物质循环、土壤污染与修复和土壤环境化学等研究领域发展迅速。**

（1）环境差异提供丰富的研究资源，形成明显的区域研究优势

中国幅员辽阔，各地自然与人文背景差异巨大，土壤资源丰富，造成土壤特征各异。主要土壤类型可概括为红壤、棕壤、褐土、黑土、栗钙土、漠土、潮土、灌淤土、水稻土、草甸土、沼泽土、盐碱土、岩性土、高山土等系列，这些类型繁多的土壤为土壤化学研究提供了广阔的

空间。此外，水稻土、石灰土、荒漠土等区域土壤分布广，特色明显，也为我国富有特色的土壤化学研究提供了良好的条件。

（2）学科门类齐全，人才队伍稳定

中国农业相关的高校、研究院所多，覆盖面全，从事土壤化学相关学科的人才队伍齐全。近年来我国从事土壤化学基础研究的机构在快速增加，研究工作的国际化水平正在逐步提高。过去30年，NSFC 土壤化学申请项目数量一直处于稳步增长状态，由1986～1990年的30余项跳跃式增长至2011～2015年的1 500余项。此外，我国发表土壤化学 SCI 论文的机构数量从1986～1990年的3个增长到1996～2000年的44个、2006～2010年的262个，2011～2015年则增长至361个。人才队伍为我国土壤化学研究注入了源源不断的活力。

（3）研究积累丰富，成果持续增加

近年来，中国土壤化学一方面立足我国社会需求，在区域土壤、养分与肥力、土壤污染等方面开展了大量的工作；另一方面紧跟国际土壤化学的热点和前沿，在全球变化下的碳氮转化过程等研究中成果突出。例如，红壤土壤特性与退化防治、水稻土发生分类与培肥、黄土土壤侵蚀与水土保持、黄土古气候、土壤生物电化学、土壤污染化学与修复、土壤矿物—有机质—微生物相互作用等。这些区域典型土壤的研究为我国土壤学科在系统分类、肥力与改良、土壤侵蚀与水土保持、土壤污染防治等方面的研究奠定了基础。此外，土壤化学起源于西欧，早期以西欧典型北温带恒电荷土壤研究为主。然而我国和世界其他地区有很大部分为亚热带或热带的可变电荷土壤，这些地区人口密度大，土壤利用强度高。以可变电荷土壤为主要对象，在土壤电化学、可变电荷表面性质、双电层理论等方面取得了丰硕的成果，丰富了土壤化学理论，为不同类型土壤的合理利用和改良以及环境保护等提供了科学依据。

5.5.2 中国土壤化学发展面临的瓶颈问题及产生瓶颈的原因

（1）土壤化学基础理论研究相对薄弱

长期以来，中国土壤化学受社会需求驱动，与生产实际密切相关、问题导向型研究工作偏多，而对土壤化学基础研究略显薄弱。1986～1995 年，生物参与下的土壤化学基础研究成为国际热点，而中国土壤化学研究仍以提高土壤肥力和作物高产为主要目标；微生物参与下的矿物形成与转化、养分吸收与释放、污染物吸附与固定等生物化学过程并未引起我国土壤化学工作者的足够关注。1996～2005 年，国际土壤化学整体格局发生了明显的变化，即养分化学研究减弱，而表面化学研究进一步融合和加强，出现了与全球变化密切相关的土壤化学研究；在国际带动下，尽管中国在施肥的环境效应、土壤污染化学和碳氮转化等方面研究得到了加强，但传统的土壤表面化学、根际化学仍是中国学者的研究热点。2006～2015 年，国际土壤化学飞速发展，多学科的交叉、多技术的联用，进一步拓展了土壤化学的研究内容，土壤固碳减排、污染物预测模型、关键带理论等逐渐兴起；与国际趋势不同的是，以重金属和多环芳烃为代表的外源污染物在土壤中的环境行为受到国内土壤化学研究者的特别关注。可见，受社会需求的影响，与国际相比，我国土壤化学多学科交叉的基础理论研究相对薄弱，是我国土壤化学深层次发展的制约因素。

（2）土壤化学研究技术和手段发展相对滞后

20世纪80年代以来，基于分子尺度微观光谱技术对土壤微观性质的原位观测及认识的飞跃，使土壤基础研究对提高农业生产和环境质量的贡献显著增强。代表学科交叉的核磁共振光谱、X射线光谱、高分辨显微技术、同位素示踪技术、分子生物学技术等现代技术和手段使土壤化学研究的深度明显增加，研究内容也更加丰富。特别是近年来X射线吸收光谱（XAS）相关技术和理论的突破性发展，为揭示土壤矿物界面与生源要素和污染元素的作用机理提供了强有力的手段。而我国现代分析技术平台建设相对滞后，自主研发分析仪器少、仪器应用开发不够。如X射线吸收光谱技术是基于同步辐射光源实现的，中国目前仅有两台对用户开放的同步辐射光源，即北京同步辐射装置和上海光源，相比之下美国拥有十多台常年运行的同步辐射光源；并且我国现有同步辐射装置均不涵盖高能波段，使一些高原子序数元素吸收谱、基于X射线总散射的配对分布函数谱（PDF）等测定无法实现。因此，现代分析技术和研究手段发展滞后已成为制约我国土壤化学发展的又一瓶颈。

（3）土壤化学研究资金投入相对不足

随着土壤化学多学科的交叉加强，以及不同学科整体水平的提高和发展，我国土壤化学研究资金投入比例逐渐减少，这可能制约传统土壤化学研究的持续发展。过去30年，NSFC土壤化学资助项目数量一直保持增长势头，由最初5年的30余项增长至近5年的380余项。然而，土壤化学在土壤学资助项目的占比却呈降低趋势，由起始5年的42%降至近5年的28%。快速增长的资助项目数量，并没有带动资助项目占比的提升，尽管其直接原因在于学科发展理念和管理措施的调节，使得其实际获得资助项目占比与其申请占比基本平衡。但同时也反映了在多学科交叉的影响下，土壤化学发展加快，而相对其他土壤学科的申请占比降低，土壤化学经费优势整体下降。此外，中国优势土壤化学机构获得NSFC项目资助的绝对优势也在不断下降。30年来，NSFC土壤化学资助经费排名TOP5的机构的受资助总人数不断增加，但TOP5机构人均经费占比却呈减少态势。1995年以前，TOP5机构平均人均经费占比约为3.5%；1996～2005年逐步减少为2.5%左右，2006～2010年、2011～2015年迅速降至0.92%、0.43%。这表明对优势土壤化学机构的个人资金投入相对优势逐渐丧失。这些为土壤化学未来发展带来了新的挑战。

（4）土壤化学的研究重室内模拟、轻野外原位

中国的土壤化学研究是从20世纪70年代土壤胶体化学研究逐步发展壮大的。特别是在土壤矿物组成、特性及其各组分之间的反应，土壤溶液化学以及在固—液相界面发生的吸附—解吸等化学反应方面研究上取得突出成果。但这些部分成果大多来自实验室模拟研究，如人工合成自然矿物或从土壤中提取黏粒矿物研究其表面物理、化学特性及吸附功能等。如今，土壤化学研究的重点已转换到土壤肥力提升与粮食安全、土壤污染修复与生态环境安全、土壤碳氮平衡与全球变化等科学问题。然而，我们在研究方法和研究思路上还未完全转变，无论是在土壤

养分化学研究（碳氮循环、磷吸附—固定），还是土壤污染化学研究（重金属、有机污染物的转化过程与分子形态等），仍以实验室模拟研究为主，从而制约着土壤化学理论的突破与发展。因此，需要不断加强野外原位研究，将实验室模拟与长期定位试验有效地结合，开展与土壤化学有关的综合性重大科学研究，促进土壤化学的原创性研究。

（5）土壤化学与其他学科间的交叉融合略显不足

土壤化学在发展过程中，借助物理、化学、数学等基础学科的知识与技术，在微米和亚微米空间化学特征、土壤化学界面交互作用机制、过程模拟等方面研究越来越精细，尺度越来越小。对土壤化学的过程与机制认知更加清晰明确，使土壤化学得到了长足的发展与进步。但研究内容或思维的局限，忽略了与土壤地理、土壤物理、土壤肥力、土壤生物等其他土壤分支学科的交叉与融合，使得土壤化学部分的研究更偏重于纯化学的过程与机制，这种微观过程与机制如何解释土壤发生与分类、肥力形成与调控、生源要素循环与全球气候变化等宏观现象仍有待加强，才能真正解决土壤科学中的关键土壤化学过程。

（6）地球表层系统中的土壤化学研究有待加强

纵观土壤化学发展30年历程，其研究对象从20世纪80年代的土壤养分、土壤矿物、有机质过渡到90年代的根际养分、土壤水分、作物产量，再到如今的温室气体、全球变化等。不难发现，不同时段所关注的研究对象不同，且大多是分开或独立的研究，没有综合地探讨地球表层系统中的土壤化学过程及机制。在一定程度上限制了土壤化学研究：既要揭示土壤体系中一系列物理、化学、生物反应过程的科学本质，又要服务于农业生产，有利于环境可持续发展。地球关键带是大气、土壤、水分和植物间相互作用和影响的载体，而系统性和综合性是地球关键带研究的特色。土壤矿物的风化、腐殖质的矿化等过程释放的养分在岩石—土壤—植物—大气体系中循环；环境污染物在土壤组分间吸附、迁移及在土壤—植物、植物—大气、土壤—大气等连续体系中转化过程控制着污染物的环境效应，影响人类的可持续发展。因此，如何从地球表层系统中综合考虑物质循环、能量转化、污染物迁移过程，全面、深刻理解地球关键带中要素间的相互作用过程和影响机制，是土壤化学工作者努力的方向。

5.6 小　　结

30年来，在学科发展、社会需求和探索未知世界的共同驱动下，国际土壤化学逐渐形成了以土壤养分化学、全球变化下的物质循环为主导的界面反应与地表过程为主线的学科脉络。国际土壤化学的发展从最初的矿物化学、界面化学为基础，发展到如今尤其重视土壤生物过程，与土壤学、环境科学、分子生物学、生态学等多学科交叉与渗透，使得土壤化学的研究内容得到进一步拓展，并迅速趋向活跃。综合来看，土壤化学是土壤科学最为活跃的一个分支，随着研究内容的丰富和现代分析测试技术的广泛引入，土壤化学的研究也将进入新的发展时期。

NSFC 土壤科学资助各类研究类项目和人才类项目为推动中国土壤化学研究成果国际化做

出了突出贡献。中国土壤化学一方面跟踪国际热点，在土壤污染化学、土壤养分化学、土壤碳氮循环等方面开展了大量研究；另一方面注重特色问题研究，对水稻土中的碳氮转化、红壤酸化与治理、区域土壤化学特性等给予了重点关注。但整体上仍处于跟踪国际前沿的水平，在一些理论研究的深度、新技术的应用、多学科的交叉等方面与国际发展水平还有差距。因此，促进土壤化学多个方向的形成和发展，提高土壤化学理论水平是中国土壤化学研究的努力方向；同时，我国土壤化学工作者还需不断提高自身的科研竞争力，依托野外台站开展与土壤化学有关的综合性重大科学研究，以期最终引领国际土壤化学发展的方向。

参考文献

Abdalla，M., M. Jones, P. Ambus, et al. 2010. Emissions of nitrous oxide from Irish arable soils: effects of tillage and reduced N input. *Nutrient Cycling in Agroecosystems*, Vol. 86, No. 1.

Accardi-Dey, A., P. M. Gschwend. 2002. Assessing the combined roles of natural organic matter and black carbon as sorbents in sediments. *Environmental Science & Technology*, Vol. 36, No. 1.

Accardi-Dey, A., P. M. Gschwend. 2003. Reinterpreting literature sorption data considering both absorption into organic carbon and adsorption onto black carbon. *Environmental Science & Technology*, Vol. 37, No. 1.

Atanassova, I. D. 1995. Adsorption and desorption of Cu at high equilibrium concentrations by soil and clay samples from Bulgaria. *Environmental pollution*, Vol. 87, No. 1.

Binnerup, S. J., J. Sorensen. 1992. Nitrate and nitrite microgradients in barley rhizosphere as detected by a highly sensitive denitrification bioassay. *Applied and environmental microbiology*, Vol. 58, No. 8.

Bracewell, J. M., G. W. Robertson. 1987. Characteristics of soil organic matter in temperate soils by curie-point pyrolysis-mass spectrometry. Ⅲ. Transformations occurring in surface organic horizons. *Geoderma*, Vol. 40, No. 3-4.

Cabon, F., G. Girard, E. Ledoux. 1991. Modelling of the nitrogen cycle in farm land areas. *Fertilizer Research*, Vol. 27, No. 2-3.

Chalk, P., A. T. Magalhães, C. Inácio. 2013. Towards an understanding of the dynamics of compost N in the soil-plant-atmosphere system using ^{15}N tracer. *Plant and Soil*, Vol. 362, No. 1-2.

Chan, K. Y., D. P. Heenan, A. Oates. 2002. Soil carbon fractions and relationship to soil quality under different tillage and stubble management. *Soil & Tillage Research*, Vol. 63, No. 3-4.

Curtis, T. P., W. T. Sloan. 2005. Exploring microbial diversity – a vast below. *Science*, Vol. 309, No. 5739.

D'annibale, A., F. Rosetto, V. Leonardi, et al. 2006. Role of autochthonous filamentous fungi in bioremediation of a soil historically contaminated with aromatic hydrocarbons. *Applied and Environmental Microbiology*, Vol. 72, No. 1.

Domene, X., S. Mattana, W. Ramírez, et al. 2010. Bioassays prove the suitability of mining debris mixed with sewage sludge for land reclamation purposes. *Journal of Soils and Sediments*, Vol. 10, No. 1.

Harrison, M. J., M. L. Van Buuren. 1995. A phosphate transporter from the mycorrhizal fungus glomus versiforme.

Nature, Vol. 378, No. 6557.

Hatch, D. J., R. D. Lovell, R. S. Antil, et al. 2000. Nitrogen mineralization and microbial activity in permanent pastures amended with nitrogen fertilizer or dung. *Biology and Fertility of Soils*, Vol. 30, No. 4.

Hinedi, Z. R., A. C. Chang, R. W. K. Lee. 1988. Mineralization of phosphorus in sludge-amended soils monitored by phosphorus-31-nuclear magnetic resonance spectroscopy. *Soil Science Society of America Journal*, Vol. 52, No. 6.

Islam, A., E. Lotse. 1986. Quantitative mineralogical analysis of some Bangladesh soils with X-ray, ion exchange and selective dissolution techniques. *Clay Minerals*, Vol. 21.

Kalinina, O., A. N. Barmin, O. Chertov, et al. 2015. Self-restoration of post-agrogenic soils of Calcisol-Solonetz complex: soil development, carbon stock dynamics of carbon pools. *Geoderma*, Vol. 237-238.

Karapanagioti, H. K., S. Kleineidam, D. A. Sabatini, et al. 2000. Impacts of heterogeneous organic matter on phenanthrene sorption: Equilibrium and kinetic studies with aquifer material. *Environmental Science & Technology*, Vol. 34, No. 3.

Karlsson, T., P. Persson. 2010. Coordination chemistry and hydrolysis of Fe(III) in a peat humic acid studied by X-ray absorption spectroscopy. *Geochimica et Cosmochimica Acta*, Vol. 74, No. 1.

Li, H., J. Qiu, L. Wang, et al. 2010. Modelling impacts of alternative farming management practices on greenhouse gas emissions from a winter wheat-maize rotation system in China. *Agriculture, Ecosystems & Environment*, Vol. 135, No. 1-2.

Mckercher, R. B., G. Anderson. 1989. Organic phosphate sorption by neutral and basic soils. *Communications in Soil Science and Plant Analysis*, Vol. 20, No. 7-8.

Mertens, B., N. Boon, W. Verstraete. 2006. Slow-release inoculation allows sustained biodegradation of gamma-hexachlorocyclohexane. *Applied and Environmental Microbiology*, Vol. 72, No. 1.

Mukherjee, A., R. Lal, A. R. Zimmerman. 2014. Effects of biochar and other amendments on the physical properties and greenhouse gas emissions of an artificially degraded soil. *Science of the Total Environment*, Vol. 487.

Omoike, A., J. Chorover. 2004. Spectroscopic study of extracellular polymeric substances from Bacillus subtilis: aqueous chemistry and adsorption effects. *Biomacromolecules*, Vol. 5, No. 4.

Pauwels, M., G. Willems, N. Roosens, et al. 2008. Merging methods in molecular and ecological genetics to study the adaptation of plants to anthropogenic metal-polluted sites: Implications for phytoremediation. *Molecular Ecology*, Vol. 17, No. 1.

Shrestha, G., P. D. Stahl. 2008. Carbon accumulation and storage in semi-arid sagebrush steppe: Effects of long-term grazing exclusion. *Agriculture, Ecosystems & Environment*, Vol. 125, No. 1-4.

Silver, W. L., R. Ryals, V. Eviner. 2010. Soil carbon pools in California's annual grassland ecosystems. *Rangeland Ecology & Management*, Vol. 63, No. 1.

Sinsabaugh, R. S. 1994. Enzymic analysis of microbial pattern and process. *Biology and Fertility of Soils*, Vol. 17, No. 1.

Sugden, A., R. Stone, C. Ash. 2004. Ecology in the underworld. *Science*, Vol. 304, No. 5677.

Totsche, K. U., K. Eusterhues, T. Rennert. 2012. Spectro-microscopic characterization of biogeochemical interfaces in soil. *Journal of Soils and Sediments*, Vol. 12, No. 1.

Vogel, C., C. W. Mueller, C. Hoeschen, et al. 2014. Submicron structures provide preferential spots for carbon and nitrogen sequestration in soils. *Nature Communications*, Vol. 5, No. 2947.

Wang, X. H., S. L. Piao, P. Ciais, et al. 2014. A two-fold increase of carbon cycle sensitivity to tropical temperature variations. *Nature*, Vol. 506, No. 7487.

Wang, X. Q., M. C. He, J. Xie, et al. 2010. Heavy metal pollution of the world largest antimony mine-affected agricultural soils in Hunan province (China). *Journal of Soils and Sediments*, Vol. 10, No. 5.

Widmer, F., A. Fliessbach, E. Laczkó, et al. 2001. Assessing soil biological characteristics: a comparison of bulk soil community DNA-, PLFA-, and Biolog™-analyses. *Soil Biology and Biochemistry*, Vol. 33, No. 7.

Young, I. M., Crawford, J. W. 2004. Interactions and self-organization in the soil-microbe complex. *Science*, Vol. 304, No. 5677.

Yuan, C. G., J. B. Shi, B. He, et al. 2004. Speciation of heavy metals in marine sediments from the East China Sea by ICP-MS with sequential extraction. *Environment International*, Vol. 30, No. 6.

Zeng, F. R., S. Ali, H. T. Zhang, et al. 2011. The influence of pH and organic matter content in paddy soil on heavy metal availability and their uptake by rice plants. *Environmental Pollution*, Vol. 159, No. 1.

Zhao, W. Z., H. L. Xiao, Z. M. Liu, et al. 2005. Soil degradation and restoration as affected by land use change in the semiarid Bashang area, northern China. *Catena*, Vol. 59, No. 2.

Goldberg，S.、谭正喜："铁、铝氧化物与粘土矿物的相互作用及其对土壤物理性质的影响"，《土壤学进展》，1991年第2期。

丁昌璞、保学明、潘淑贞等："热带亚热带土壤氧化还原状况的特征"，《土壤》，1992年第1期。

丁疆华、温琰茂、舒强："土壤环境中镉、锌形态转化的探讨"，《城市环境与城市生态》，2001年第2期。

窦森、陈恩凤、须湘成等："土壤有机培肥后胡敏酸结构特征变化规律的探讨——I. 胡敏酸的化学性质和热性质"，《土壤学报》，1992年第2期。

傅庆林："不同复种制农田生态功能及其对土壤肥力的影响"，《生态学杂志》，1991年第3期。

郜红建、蒋新："土壤中结合残留态农药的生态环境效应"，《生态环境》，2004年第3期。

郭成达："福建梅花山自然保护区土壤特性及其垂直分布规律"，《土壤学报》，1992年第4期。

何毓容、赵燮京、田光龙等："紫色土的矿物组成特点及对土壤肥力的影响"，《土壤通报》，1987年第6期。

贺纪正、张丽梅："土壤氮素转化的关键微生物过程及机制"，《微生物学通报》，2013年第1期。

侯惠珍、徐建民、袁可能："土壤有机矿质复合体研究——X. 有机矿质复合体转化的初步研究"，《土壤学报》，1999年第4期。

李焕珍、韩宏儒、吴芝成等："有机肥培肥水稻土效果的研究"，《土壤通报》，1986年第6期。

李明锐、沙丽清："西双版纳不同土地利用方式下土壤氮矿化作用研究"，《应用生态学报》，2005年第1期。

李学垣：《土壤化学》，高等教育出版社，2001年。

刘洪杰、何宜庚、周祜生等："酸性降水对赤红壤潜在影响的模拟实验研究"，《热带地理》，1991年第2期。

马毅杰："长江中下游土壤矿物组成与其土壤肥力"，《长江流域资源与环境》，1994 年第 1 期。

牛红榜、刘万学、万方浩："紫茎泽兰（*ageratina adenophora*）入侵对土壤微生物群落和理化性质的影响"，《生态学报》，2007 年第 7 期。

史德明："我国红壤区侵蚀土壤的退化及其防治"，《中国水土保持》，1987 年第 12 期。

孙波、张桃林、赵其国："我国东南丘陵山区土壤肥力的综合评价"，《土壤学报》，1995 年第 4 期。

孙立达、孙保平、陈禹："西吉县黄土丘陵沟壑区小流域土壤流失量预报方程"，《自然资源学报》，1988 年第 2 期。

唐国勇、黄道友、童成立等："土壤氮素循环模型及其模拟研究进展"，《应用生态学报》，2005 年第 11 期。

田艳芬、史锟："镉对水稻等作物的毒害作用"，《垦殖与稻作》，2003 年第 5 期。

王敬华、张效年、于天仁："华南红壤对酸雨敏感性的研究"，《土壤学报》，1994 年第 4 期。

吴洵："红壤茶园土壤活性铝与酸度实质"，《福建茶叶》，1991 年第 1 期。

邢世和、吴金奖、林景亮："水稻土发生分类的研究 II. 两种水型水稻土中有机质淋溶累积的特点及其与铁锰淋淀的关系"，《福建农学院学报》，1989 年第 2 期。

杨成德、龙瑞军、陈秀蓉等："土壤微生物功能群及其研究进展"，《土壤通报》，2008 年第 2 期。

杨德湧、蒋梅茵："我国东部花岗岩发育的红壤和黄壤的粘粒矿物组成及其演变"，《土壤学报》，1991 年第 3 期。

杨玉盛、李振问："不同林型的紫色土酶活性和土壤肥力研究"，《水土保持学报》，1993 年第 4 期。

张福锁、崔振岭、王激清等："中国土壤和植物养分管理现状与改进策略"，《植物学通报》，2007 年第 6 期。

章家恩、刘文高、胡刚："不同土地利用方式下土壤微生物数量与土壤肥力的关系"，《土壤与环境》，2002 年第 2 期。

第6章　土壤生物学

土壤生物学是土壤科学中最古老的基础分支学科之一，至今已有 100 多年的发展历史，主要研究土壤中各类生物的生命现象、相互作用以及它们和土壤之间的相互关系，是土壤学和生物学之间的一门交叉学科。土壤生物学的研究对象包括土壤中的一切生命物质及活动，它们参与土壤的形成和演化，驱动土壤中的物质循环和元素转化，调节土壤的养分和肥力，并且为工业、医药和食品等行业提供丰富的生物资源。土壤生物学研究在环境保护、粮食生产、资源开发和全球变化等方面具有重要的意义。

土壤生物学的研究对象包括栖息于土壤中的各种生物，主要包括微生物和动物。土壤微生物包括细菌、放线菌、真菌和藻类等生物类群；土壤动物主要为无脊椎动物，包括环节动物、节肢动物、软体动物、线性动物和原生动物等；针对一些低等植物以及高等植物进入土壤的部分，也有学者将其纳入土壤生物的组成部分。

土壤生物学的细分类别有很多种，根据研究对象可分为土壤微生物学、土壤动物学和土壤根际生物学等；根据学科类别可分为土壤生物与生物化学、土壤微生物生态学、土壤动物生态学、土壤微生物遗传学、土壤微生物生理学和土壤动物生理生态学等；根据土壤功能可分为土壤环境微生物学、全球变化土壤生物学、土壤生物地球化学、农业土壤生物学和农业土壤微生物学等。

本章从 Web of Science^{TM} Core Collection 数据库中选择了代表土壤学的 70 种期刊作为国际文献分析数据源。依据土壤生物学的核心关键词制定的英文检索式为：("soil*" and ("biolog*" or "organism*" or "edaphon" or "actinomycetes" or "microorganism*" or "microb*" or "fauna*" or "*fauna" or "bacteri*" or "archae*" or "fung*" or "algae" or "mycorrhiza*" or "larva*" or "earthworm" or "nematode*" or "collembola*" or "springtail*" or "protoz*" or "Enchytraeid*" or "isopod" or "annelid" or "mite*" or "Acari" or "beetle" or "ant" or "ants" or "animal" or "animals" or "arthropod" or "microarthropod" or "biodiversity" or "food web*" or "predator*" or "PLFA" or "fatty acid*" or "DGGE" or "pyrosequ*" or "illumina" or "MiSeq" or "metagenomics" or "metatranscriptomics" or "metaproteomics" or "genomi*" or "bacteriophage*")) or SO=("Soil Biology & Biochemistry" or "Biology and Fertility of Soils" or "European Journal of Soil Biology") or (TS="Soil*" and SO="ISME Journal") or (TS="Soil*" and SO="Fems Microbiology Ecology") or (TS="Soil*" and SO="Microbial Ecology") or (TS="Soil*" and SO="Mycorrhiza") not (TS=("deep sea" or "deep subsurface" or "marine" or "stream*" or "cerevisiae" or "dairy" or "cheese" or "ferment*" or "butter" or "lactobacillus" or "yeast*" or "escherichia coli o157：h7" or "listeria*" or "helicobacter pylori" or "gut microbiota" or "rats" or "rat" or "mycobacterium tuberculosis") or SO="INTERNATIONAL

JOURNAL OF SYSTEMATIC AND EVOLUTIONARY MICROBIOLOGY")。在检索式制定过程中，设定了如下标准：①采用“soil*”关键词，结合土壤生物学相关的主要词汇如生物、细菌、真菌、土壤动物、食物网、PLFA、组学技术等方面的关键词，界定了土壤生物学相关的研究；②排除了非土壤生物相关的研究内容，主要包括海洋、溪流、食品微生物相关和病原微生物相关的词汇；③排除了个别期刊的干扰。例如，经典的微生物分类学期刊 *International Journal of Systematic and Evolutionary Microbiology* 中通常会出现大量的土壤关键词，但这一关键词的释义仅表明该微生物菌株分离自土壤，与土壤功能联系不紧密。针对 1986～2015 年的核心数据集（Web of Science^{TM} Core Collection），土壤生物学科检索式共获得 44 107 篇文献。同时，通过土壤生物学的关键词从 CSCD 检索出中文文献数据源，制定的中文检索式为：SU= '土壤' and (SU= '微生物' or SU= '动物' or SU= '生物多样性' or SU= '区系' or KY= '物种' or KY= '群落组成' or KY= '群落结构')。检索截至 2015 年 7 月，共检索到土壤生物学 CSCD 中文文献 8 327 篇。

在 NSFC 项目分析中，以土壤学（D0105）中土壤生物学代码（D010504）的基金项目为主，并从土壤肥力与养分循环（D010506）、土壤污染与修复（D010507）、土壤质量与食品安全（D010508）3 个三级代码中选取了与土壤生物学相关的共计 771 个基金项目作为数据源，分析了土壤生物学的基金项目关键词频次、基金项目资助情况及其对我国土壤生物学及人才队伍建设的贡献。

6.1 国际及中国土壤生物学的发展特征

本节以土壤生物学检索的英文 SCI 和中文 CSCD 发文量为基础，对比分析了全球作者和中国作者土壤生物学研究论文关键词的时序变化差异，力图更加清晰地刻画传统学科方向的演化及新兴方向的发展轨迹。分析结果表明：近 30 年来，国际土壤生物学研究蓬勃发展，研究范围不断拓展，研究内容持续深化，研究队伍不断扩大，已经成为土壤学和相关学科的重要交叉前沿；同时，过去的 30 年也是中国土壤生物学研究进步最快的阶段。

6.1.1 国际及中国土壤生物学发文量分析

通过对 30 年间 70 种土壤学 SCI 主流期刊的发文量分析，结合土壤生物学检索结果，可以粗略看出世界土壤生物学发展的变化过程（图 6-1）。在近 30 年的时间内，土壤生物学发展较快。本次统计土壤生物学论文共计约 4.41 万篇，在 1986～1995 年的 10 年期间，论文数仅为 6 000 余篇，而在 1996～2005 年的 10 年期间，SCI 发文数量迅速翻番，超过 1.4 万篇，在最近的 2006～2015 年发文量更是突破了 2.3 万篇，占近 30 年来发文总量的比例超过 50%。中国学者发文量也出现了类似的规律，但增加的趋势更加明显。在 2000 年之前的 15 年，发表的论文总数仅 51 篇，平均每年仅为 3.4 篇，远远落后于国际年均水平。然而，在 2000～2015 年的 15 年里，中国学者发表了大量的 SCI 论文，总数超过 3 000 篇，年均 205 余篇，与上个时段相比增幅高达 59 倍。

中国学者土壤生物学 SCI 发文量占全球发文总量的比例也可以看出这一规律：在 2000 年之前，中国学者的论文占比不到 1.0%；而在 2000 年之后，则从 1.0%迅速上升至 19.9%，特别是自 2005 年以来的近 10 年（图 6-1），中国土壤生物学发展迅速，占全球发文总量的比例几乎呈现一种指数式增长趋势，表明中国土壤生物学研究队伍迅速扩大，国际影响不断增强，已经成为国际土壤生物学研究的重要推动力。

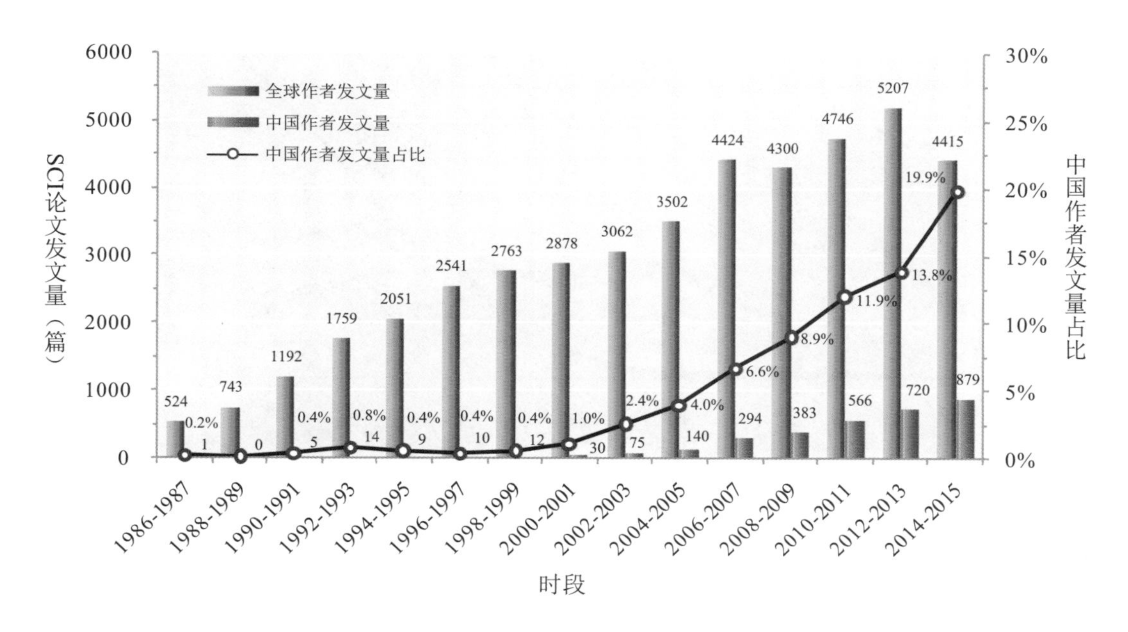

图 6-1　1986～2015 年土壤生物学全球与中国作者 SCI 发文量及中国作者发文量占比

注：2015 年 SCI 发文量统计至 2015 年 7 月 31 日。

在过去的 30 年里，世界主要国家的土壤生物学发展呈整体向上的积极态势，但主要国家之间具有明显差异。图 6-2 是 1986～2015 年土壤生物学 SCI 论文发文量排名 TOP10 的国家。分析表明，近 30 年来国际 SCI 发文数量的增速排名依次为中国、美国和欧洲等国，特别考虑到美国发文量一直保持较高的水平，因此，在研究体量基数较大的前提下，其增长趋势仍然明显高于欧洲各国，表明美国在土壤生物学方面不仅具有深厚的积淀，近年来更是得到了较高的关注和快速的发展。图 6-2 显示近 30 年 SCI 论文发文量总数世界排名 TOP10 的国家依次是：美国、德国、英国、中国、法国、加拿大、澳大利亚、西班牙、日本、荷兰。其中，美国占绝对优势，发文总量几乎是排名第 2 位的德国的 3 倍；在论文总数排名 TOP10 的所有国家中，美国、中国的上升趋势最明显，美国在 2007 年之后处于徘徊不前甚至有所下降的状态，中国则一路赶超，论文数量几乎呈指数增加并于 2015 年超过美国，排名第 1 位（中国 879 篇，美国 750 篇）；2010 年以前，国际土壤生物学的 SCI 论文由美国主导，其他几个国家的发文量总和甚至不及美国；英国每两年发文总量在 2000 年之前一直占据第 2 位，2000 年以后，土壤生物学 SCI 论文的发表数量逐渐减少，排名也从第 2 位跌至第 8 位；荷兰的发文数则在 2003 年以后一直维持在第 10

位。**总体而言，在过去的 30 年里，美国在土壤生物学领域的 SCI 发文量长期处于领先水平；欧洲主要发达国家的土壤生物学发文量呈现一种稳中有升的发展态势；2000 年以后，中国土壤生物学 SCI 论文数量迅速增加并保持了稳定上升趋势，影响力不断增强。**

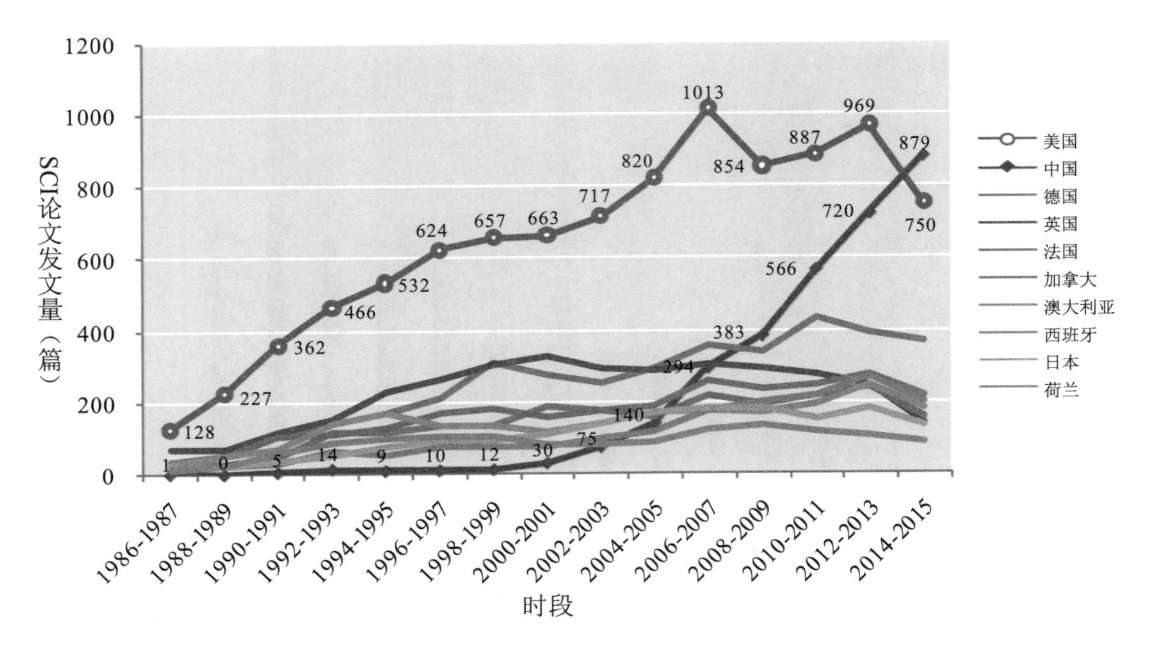

图 6-2　1986～2015 年土壤生物学 SCI 发文量 TOP10 国家

注：2015 年 SCI 发文量统计至 2015 年 7 月 31 日。

利用中文检索式分析 CSCD 中的 148 种土壤学及其相关期刊，结果表明，过去 30 年土壤生物学的中文发文量整体呈增长趋势，但趋势与 SCI 发文量略有不同。图 6-3 显示了最近 30 年土壤生物学的中文发文量趋势。1988～2000 年，发文量由 81 篇缓慢增长到 260 篇，13 年发文量增加了约 2.2 倍；而 2001～2010 年，发文量则由 260 篇增加到 1 504 篇，10 年增加了约 4.8 倍，为快速增长阶段；2011 年以后，发文量趋于平稳，2012～2013 年较 2010～2011 年仅增加 105 篇，增幅约为 7.0%，小于 2010～2011 年和 2008～2009 年两个时段相比的增加量（328 篇，增幅约 27.9%）。由图 6-3 统计结果可知，中国土壤生物学中文发文量可明显分为 1988～2000 年、2001～2010 年、2011～2015 年 3 个发展阶段，这与中国经济发展水平以及不同时期的社会发展特征密切相关。21 世纪以来，特别是自 2010 年以后，中国学者更多地关注国际 SCI 论文的发表（图 6-1），从而使中文发文量逐渐趋于稳定，这也成为中文发文量的瓶颈。与中国学者发表 SCI 论文量变化趋势相比，中文发文量的快速增长期较 SCI 发文量略有前移，但 SCI 论文发文量在 2010 年以后仍然处于快速上升阶段。但值得注意的是，随着发文量的基数不断增大，类似于 2007 年以后美国土壤生物学发文量的变化规律，中国土壤生物学的中文发文量和 SCI 发文量在未来可能呈现稳定的发展趋势（图 6-1）。

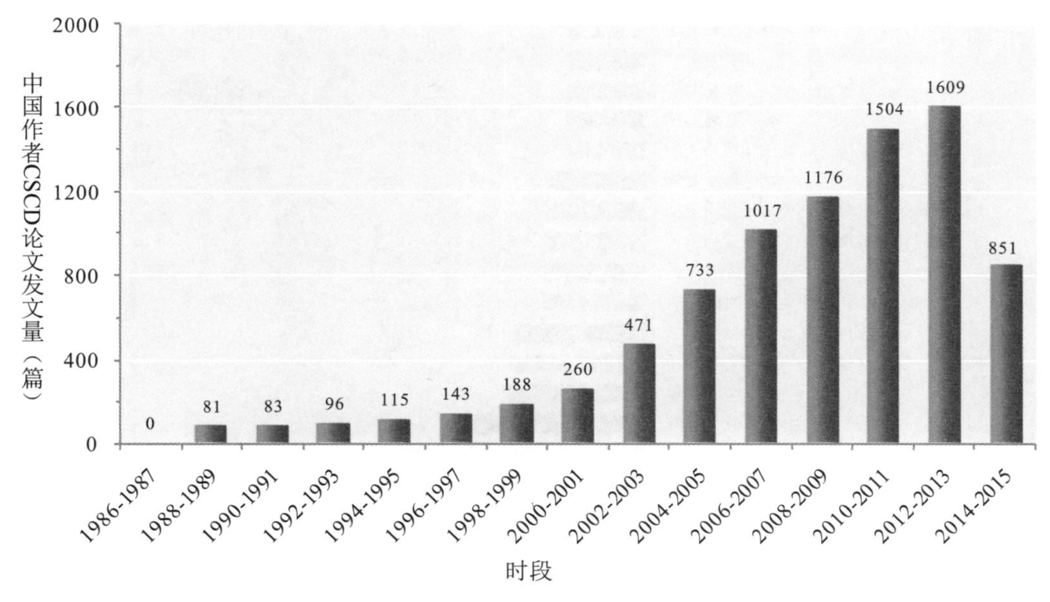

图 6-3　1986～2015 年土壤生物学 CSCD 中文发文量

注：CSCD 中文发文量统计至 2014 年 12 月 31 日。

6.1.2　中国土壤生物学研究机构发文量分析

过去 30 年，中国主要研究机构的土壤生物学 SCI 发文量均呈快速上升趋势，但不同机构的发展速度明显不同。图 6-4 是 1986～2015 年土壤生物学 SCI 发文量 TOP20 的中国研究机构概况。30 年间中国科学院南京土壤研究所 SCI 发文总数以 394 篇的绝对优势排名第一，其次为中国农业大学、中国科学院生态环境研究中心、南京农业大学和浙江大学等。其中，中国科学院系统 9 个单位，综合性大学 5 个，农业院校 4 个，师范类院校 1 个，其他单位 1 个。**中国科学院系统占比 48.0%，在 SCI 发文量中占绝对优势**。各主要研究机构近 10 年 SCI 发文总量是前 20 年发文总量的 5～57 倍。值得注意的是，尽管高等院校在 1986～1995 的 10 年中 SCI 发文量较低甚至空白，但近 10 年来增速明显，南京师范大学增速最快；**表明在近 10 年中这些研究机构的土壤生物学科研发展迅速，特别是高等院校具有天然的学科齐全优势，更加容易发挥多学科交叉、综合与渗透的优势，有利于提高土壤生物学研究的综合实力。**

过去 30 年，中国主要研究机构土壤生物学 CSCD 中文发文量变化趋势总体与 SCI 发文量相似，但是研究机构有所不同。图 6-5 为 1986～2015 年中国主要研究机构土壤生物学的中文发文量。从图中可以看出，30 年间中国科学院南京土壤研究所以 433 篇排名第一，其次是南京农业大学、中国科学院沈阳应用生态研究所、西北农林科技大学、中国农业科学院、浙江大学和中国农业大学等。土壤生物学发文量 TOP20 的机构中，中国科学院系统 6 个单位、农业院校 8 个、林业院校 2 个、综合性院校 2 个、其他单位 2 个。1986～1995 年，发文量 TOP20 的研究机构发文量差异较大，排名 TOP3 的机构分别为中国科学院南京土壤研究所、中国科学院沈阳应用生态

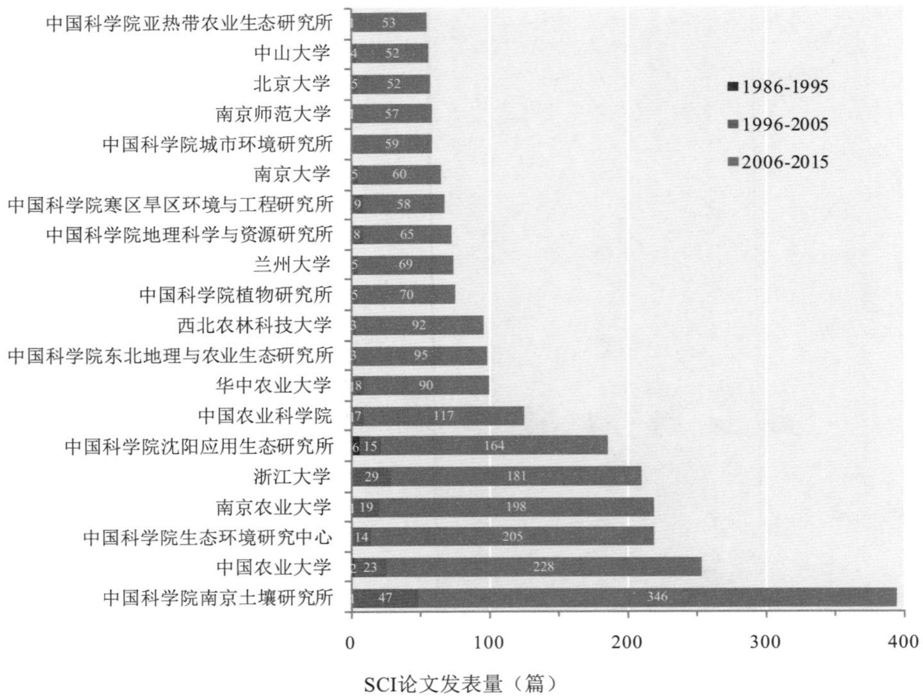

中国科学院亚热带农业生态研究所 53
中山大学 4 52
北京大学 5 52
南京师范大学 57
中国科学院城市环境研究所 59
南京大学 5 60
中国科学院寒区旱区环境与工程研究所 9 58
中国科学院地理科学与资源研究所 8 65
兰州大学 5 69
中国科学院植物研究所 5 70
西北农林科技大学 3 92
中国科学院东北地理与农业生态研究所 3 95
华中农业大学 8 90
中国农业科学院 7 117
中国科学院沈阳应用生态研究所 6 15 164
浙江大学 29 181
南京农业大学 19 198
中国科学院生态环境研究中心 14 205
中国农业大学 2 23 228
中国科学院南京土壤研究所 47 346
■1986-1995
■1996-2005
■2006-2015
0 100 200 300 400
SCI论文发表量（篇）

图 6-4 1986～2015 年土壤生物学 SCI 发文量 TOP20 中国研究机构

注：2015 年 SCI 发文量统计至 2015 年 7 月 31 日。

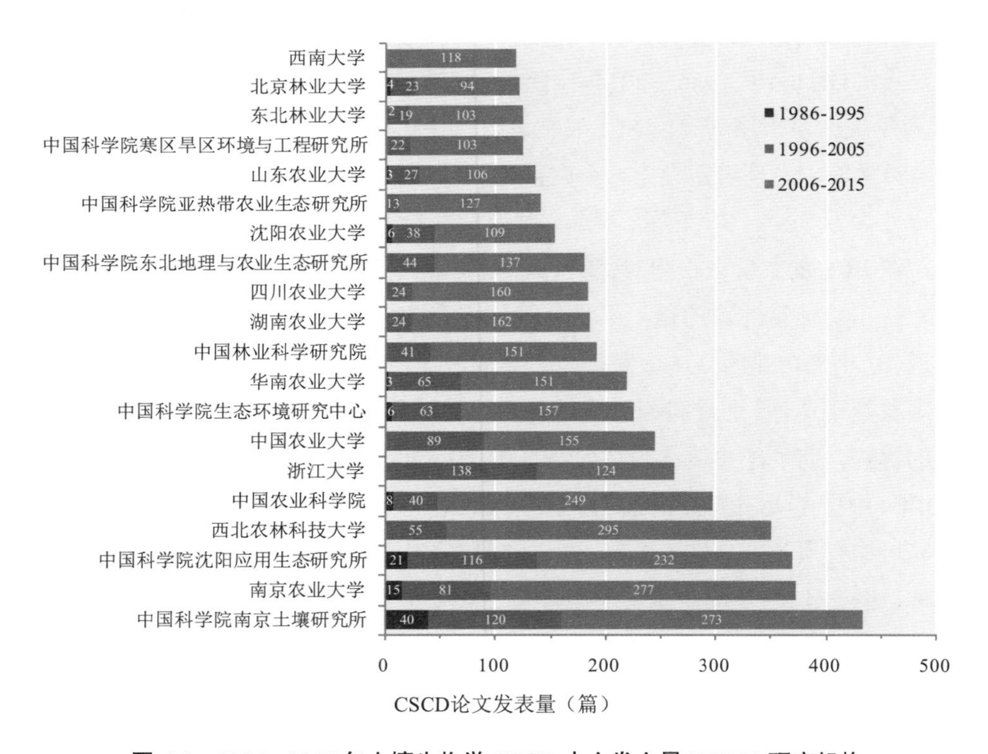

图 6-5 1986～2015 年土壤生物学 CSCD 中文发文量 TOP20 研究机构

注：CSCD 发文量统计至 2014 年 12 月 31 日。

研究所和南京农业大学。相较早期的10年，1996～2005年，从事土壤生物学研究并发文的科研单位数量迅速增加，由早期的10个增加至19个，且各主要研究机构之间发文量差距逐渐缩小；这其中，浙江大学发文量首次超过中国科学院南京土壤研究所，以138篇排名第1，中国科学院南京土壤研究所以120篇排名第2，中国科学院沈阳应用生态所以116篇的发文量排名第3。在最近的10年中（2006～2015年），排名TOP5的机构发文量比前20年发文总量还要多，表现出异常强劲的发展态势。同时，西北农林科技大学发文量以295篇位列第1，增加幅度最大，南京农业大学和中国科学院南京土壤研究所分别以277篇和273篇位列第2、第3位，这可能与相关机构的合并有关，同时也与中国西部政策和教育科研的持续改革有一定的关系，体制和机制的不断完善促进了西部地区农业相关院校的快速发展。

6.1.3 土壤生物学SCI论文高频关键词时序分析

通过对1986～2015年土壤生物学SCI论文高频关键词分析，力求进一步明确国际土壤生物学研究的热点领域及中国学者所关注的热点问题。表6-1是1986～2015年土壤生物学SCI主流期刊论文的中外研究热点关键词统计结果。为了方便比较，进行了适当的数据转换，以两年为一个时段，计算某关键词词频数占该关键词近30年词频总数的百分比。表格上半部分为全球作者（含中国作者）关键词百分比，下半部分为中国作者关键词百分比。为了清楚表达不同时段国内外研究热点的变换过程，将1986～2015年以两年为间隔划分为15个时段，关键词纵向排列以近30年出现频率由高至低排序。该表格揭示了国内外土壤生物学研究关注的热点问题。从横向数据比较可以清楚地发现不同关键词的增减规律，在一定程度上反映出国内外学术界对土壤生物学研究热点关注度的转变过程。

由表6-1可见，近30年全球作者的SCI发文量明显增加，关键词词频总数呈整体增加趋势，TOP5关键词词频数为1 531～1 865次，排名第6～15位的关键词词频数为853～1 230次；其中microbial biomass，organic matter，bacteria，nitrogen和AMF 5个关键词的词频总和达到8 690次，约等于后10位关键词词频之和，并形成了不同的热点领域，包括土壤微生物多样（diversity，bacteria）、土壤生物过程（denitrification，mineralization，nitrification，decomposition）、土壤动物（earthworm）、土壤肥力（organic matter，carbon，nitrogen）、土壤菌根真菌（AMF）、根际生物学（rhizosphere）和土壤生物修复（biodegradation，degradation）等。

从表6-1可以看出中国学者SCI发文量增加明显，关键词词频总数上升趋势显著；在TOP15中，AMF，microbial biomass，diversity，bacteria，soil enzymes，DGGE，ammonia oxidizing bacteria，bacteria community等关键词的词频占比排名靠前，表明土壤微生物学研究备受关注，与全球土壤生物学研究相比，中国土壤动物学相关研究亟须加强。而SOC，soil respiration，nitrification，biodegradation等关键词的词频数也均在TOP15。这些分析结果表明，土壤生物功能表征及其对农业生产的影响，始终是中国土壤生物学研究的重点，如菌根真菌AMF、微生物多样性、微生物量和土壤呼吸研究均得到较高关注并具有较高词频。从TOP15关键词来看，虽然全球学术界

表 6-1　1986～2015 年土壤生物学不同时段高频关键词百分比（%）

时段	1986～1987 年	1988～1989 年	1990～1991 年	1992～1993 年	1994～1995 年	1996～1997 年	1998～1999 年	2000～2001 年	2002～2003 年	2004～2005 年	2006～2007 年	2008～2009 年	2010～2011 年	2012～2013 年	2014～2015 年	总词频（次）
检索论文数（篇）	524	743	1 192	1 759	2 051	2 541	2 763	2 878	3 062	3 502	4 424	4 300	4 746	5 207	4 415	
全球作者																
microbial biomass	1.07	1.18	2.31	3.97	6.49	7.13	8.15	7.51	7.40	7.72	9.60	8.90	10.78	9.71	8.10	1 865
organic matter	0.55	0.49	2.29	3.38	4.42	5.23	8.51	6.38	6.60	7.96	10.63	10.41	11.50	12.38	9.27	1 834
bacteria	1.65	2.04	4.19	6.28	6.17	7.43	7.82	6.94	6.99	7.65	8.70	6.83	9.86	9.64	7.82	1 816
nitrogen	1.89	3.35	4.08	6.14	6.81	7.60	9.91	6.08	7.42	6.57	8.70	7.36	8.76	8.21	7.12	1 644
AMF	1.11	2.09	2.22	3.07	4.70	6.27	5.16	7.32	7.32	8.88	10.58	9.41	11.76	10.52	9.60	1 531
rhizosphere	0.65	1.06	3.74	4.31	5.53	5.93	6.59	6.75	7.48	9.92	9.67	10.08	10.33	9.92	8.05	1 230
diversity	0.08	0.00	0.91	0.91	1.73	1.65	5.11	6.43	7.17	12.20	12.45	12.37	13.60	13.44	11.95	1 213
decomposition	1.67	1.49	3.60	4.39	7.29	6.59	8.00	7.38	7.64	6.50	9.40	7.47	8.96	12.13	7.47	1 138
earthworm	1.02	2.13	1.85	4.08	4.73	5.75	9.82	7.32	10.01	7.23	12.42	9.92	9.08	7.88	6.77	1 079
carbon	0.96	2.12	3.46	5.58	8.85	8.08	9.52	6.44	6.35	5.19	10.10	7.50	9.42	10.29	6.15	1 040
biodegradation	0.20	0.50	1.79	5.46	4.66	7.94	9.23	10.62	7.74	9.72	10.42	7.94	8.83	7.94	7.04	1 008
denitrification	1.23	2.13	2.02	5.38	4.37	9.18	8.73	6.83	7.28	7.84	8.06	8.85	8.85	10.86	8.40	893
mineralization	1.03	1.60	4.24	6.53	8.02	9.74	10.88	6.53	7.67	6.99	10.77	5.96	6.99	7.45	5.61	873
nitrification	0.81	1.04	3.24	5.32	4.98	9.38	8.10	6.02	5.44	5.79	9.26	9.84	9.61	11.81	9.38	864
degradation	0.94	0.70	3.87	5.98	7.62	9.85	9.85	8.44	8.56	9.73	10.43	6.68	6.45	6.80	4.10	853

续表

时段	1986～1987 年	1988～1989 年	1990～1991 年	1992～1993 年	1994～1995 年	1996～1997 年	1998～1999 年	2000～2001 年	2002～2003 年	2004～2005 年	2006～2007 年	2008～2009 年	2010～2011 年	2012～2013 年	2014～2015 年	总词频（次）
检索论文数（篇）	524	743	1 192	1 759	2 051	2 541	2 763	2 878	3 062	3 502	4 424	4 300	4 746	5 207	4 415	
中国作者																
AMF	0.00	0.00	0.00	0.00	0.07	0.00	0.00	0.13	0.52	0.91	1.05	1.11	2.09	1.18	1.63	133
microbial biomass	0.00	0.00	0.00	0.05	0.00	0.00	0.05	0.05	0.21	0.27	0.86	0.97	1.39	1.45	1.66	130
diversity	0.00	0.00	0.00	0.00	0.00	0.00	0.00	0.00	0.00	0.33	0.33	1.24	1.15	3.05	3.13	112
paddy field	0.00	0.00	0.00	0.30	0.00	0.00	0.00	0.60	1.19	0.60	2.39	3.88	5.07	8.36	7.76	101
SOC	0.00	0.00	0.00	0.00	0.00	0.00	0.00	0.24	0.00	1.20	1.91	2.39	5.26	5.74	5.02	91
soil respiration	0.00	0.00	0.00	0.00	0.00	0.00	0.00	0.00	0.00	0.13	1.04	1.43	2.61	2.87	3.00	85
bacteria	0.00	0.00	0.00	0.00	0.00	0.00	0.00	0.06	0.06	0.17	0.44	0.44	0.66	1.54	1.21	83
rhizosphere	0.00	0.00	0.00	0.00	0.00	0.08	0.00	0.00	0.08	0.41	0.81	1.22	1.30	1.22	1.06	76
DGGE	0.00	0.00	0.00	0.00	0.00	0.00	0.00	0.00	0.00	0.00	0.28	2.76	2.48	2.07	2.76	75
soil enzymes	0.00	0.00	0.00	0.00	0.00	0.00	0.00	0.00	0.40	0.61	1.42	2.43	3.24	2.23	4.25	72
biodegradation	0.00	0.00	0.00	0.00	0.00	0.00	0.00	0.00	0.10	0.40	1.09	1.29	1.19	0.89	1.98	70
nitrification	0.00	0.00	0.00	0.00	0.00	0.00	0.00	0.12	0.23	0.35	0.58	1.04	1.62	2.66	1.50	70
ammonia oxidizing bacteria	0.00	0.00	0.00	0.00	0.00	0.00	0.00	0.00	0.00	0.96	2.40	1.92	4.33	11.06	12.98	70
organic matter	0.00	0.00	0.00	0.00	0.00	0.05	0.05	0.05	0.11	0.05	0.38	0.65	0.76	0.87	0.71	68
bacterial community	0.00	0.00	0.00	0.00	0.00	0.00	0.00	0.00	0.00	0.00	0.23	2.25	2.93	3.38	6.53	68

注：①不同时段高频关键词百分比是以每两年为一个时段，使用某关键词词频数占该关键词近 30 年词频总数的百分比，即：时段关键词百分比（%）$=\frac{\text{时段关键词词频总数}}{\text{近30年关键词词频总数}}\times 100\%$；②统计年限为 1986 年 1 月 1 日至 2015 年 7 月 31 日。

对土壤生物学的研究重点总体而言较为一致，但二者也存在一定的差异。相比于中国作者，全球作者同时也关注 carbon，decomposition，degradation，denitrification，earthworm，mineralization，nitrogen，更加注重土壤动物/微生物与碳氮循环之间的联系；而中国作者的关注点则突出表现在微生物区系与特定土壤元素循环过程、微生物/土壤酶与土壤生产力以及特定研究对象与研究方法上，相应的关键词有 ammonia oxidizing bacteria，bacterial community，DGGE，paddy field，SOC，soil enzymes，soil respiration。值得注意的是，水稻土关键词仅限于中国作者的 TOP 关键词中，并在所有关键词词频中排名第 4 位，表明我国作为水稻种植和生产大国，稻田土壤生物研究一直是中国学者关注的重点。总体而言，热点关键词的分析表明，全球土壤生物学的研究多集中在碳氮元素生物地球化学循环的生物过程。土壤生物学发展过程中，先进技术和热点问题相关的高频关键词组合特征表明，土壤生物学与生态学、环境科学、分子生物学和微生物学等相关学科的交叉研究在不断增强，土壤生物学的研究深度和广度不断拓展。

通过对上述关键词频度筛选和随时间的增减变化分析，可以揭示近 30 年土壤生物学的研究热点。然而，由于不同时段发文量存在较大的差异，单从关键词横向占比分析难以表达关键词在每一个特征时段中的受关注程度，从而降低了关键词随时间变化的敏感性，为此对数据进行校正，通过计算每两年一个时段关键词词频总数占该时段检索文章数量的百分比进行分析。

图 6-6 更加直观地展示了校正后的数据分析结果，关键词纵向排列以近 30 年出现频次总数由高到低排序，圆圈中的数字代表时段关键词出现的频次，圆圈面积大小则反映关键词在该时段的受关注程度，即两年时间内关键词词频总数占该时段检索文章数量的百分比。

对比表 6-1 和图 6-6 全球作者的关键词可发现，15 个关键词中有 13 个关键词相一致，表明这两种方法都可以较好地反映不同时段的热点领域和关注重点。但通过时段检索文章数校正后，新增加了 growth 和 nitrogen fixation 等关键词，暗示着传统的土壤生物学研究在早期所占比重较大，在后期研究中比重逐渐降低；而 degradation 和 nitrification 消失，说明这些热点领域在后期的发文量大，或者研究更加精细化，关键词分类更加准确。如生物降解（biodegradation）替代了传统更加笼统的降解（degradation），而氨氧化微生物（ammonia oxidizers）则能够更好地代表硝化作用，表明随着土壤生物学研究的不断发展，单纯的词频数并不能完整反映不同时段的研究热点，需要综合考虑特定时段的发文总量以及同一研究主题在不同时段的准确内涵。

从全球范围内分析土壤生物学研究的关键词时段占比，近 30 年土壤生物学研究中关键词 diversity 一枝独秀，无论是关键词词频还是关键词词频占当年发文量的比例，均呈明显的增加趋势，这一趋势对于中国作者尤其明显。此外，土壤有机质（organic matter）也表现出较为明显的增加趋势，表明土壤生物学研究始终是全球农业生产实践的重要内涵。但值得注意的是，除了这两个关键词，由于过去 30 年内发文量的持续增加，导致其他关键词的时段占比并未显示出类似的增加趋势。例如，根据关键词时段占比分析，关键词 growth，earthworm，mineralization，biodegradation 呈明显减小趋势，暗示着传统土壤生物学研究比重逐渐减弱。值得注意的是，growth 和 nitrogen fixation 关键词时段占比一直呈现下降趋势：从 20 世纪 80 年代中期最高的 4.22%和 3.33%，分别迅速下降到 2000 年以后的 0.68%和 0.82%。表明早期土壤生物学研究主要

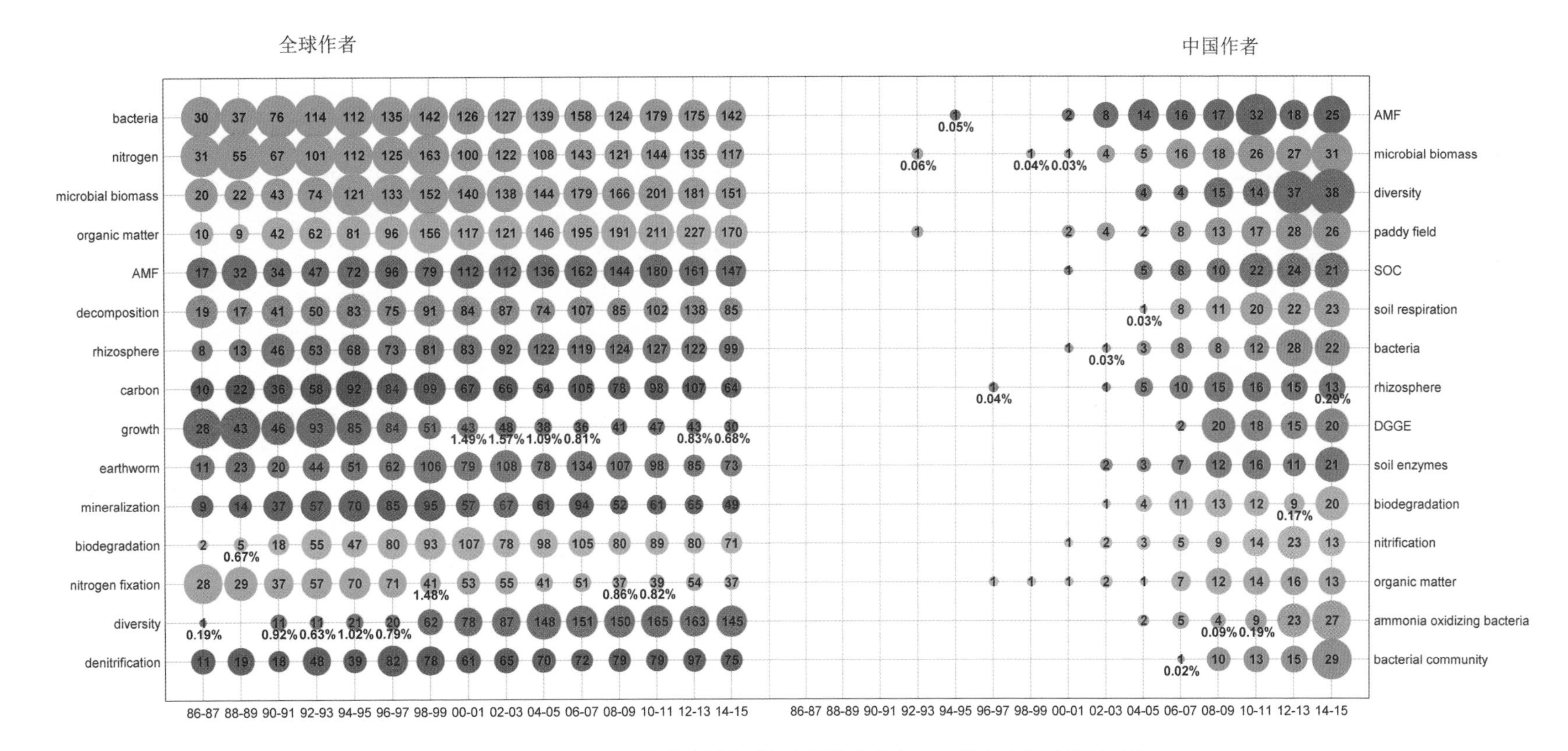

图 6-6　1986～2015 年土壤生物学全球与中国作者发表 SCI 论文高频关键词对比

注：①以每两年一个时段，分别统计出全球作者和中国作者使用每个关键词频次占统计时段土壤生物学发文量的百分比；②关键词的选择是计算出每个时段关键词百分比之和，遴选出 TOP15 关键词制作高频关键词；③圆圈中的数字代表该时段关键词出现的频次，每一列中出现的百分数代表该列关键词的最小百分比，圆圈大小代表关键词出现的频次和百分比高低。

围绕农业生产，特别强调土壤氮素营养的调控，并在有益菌株快速扩繁和接种、固氮微生物分离培养及应用方面开展了大量的研究工作，尽管随后关注度相对下降较快，但在不同时期这些研究内容依然受到了一定的关注。与之相反的是，关键词 diversity 领域的研究占比在早期处于非常低的水平，2000 年以后，关键词时段占比逐年上升，2005 年后最高达到 3.49%，并且近 10 年一直维持在高位水平，表明土壤生物多样性的研究已经成为土壤生物学研究领域的一个新热点。总体来看，关键词时段占比较好地反映了近 30 年全球土壤生物学热点领域的演进规律，土壤生物学交叉研究的特点日益明显，土壤生物学的研究主题日趋多样化，如传统土壤生物学的核心关键词 nitrogen 和 carbon 的时段占比，近 30 年出现了明显的下降趋势。同时，土壤过程的研究在世纪之交出现了一个研究热潮，如生物降解过程（biodegradation）、反硝化过程（denitrification）等，这在一定程度上反映了当时经济社会快速发展所面临的环境压力，如有机污染物和面源污染等相关的微生物污染物降解及反硝化脱氮；bacteria，microbial biomass，rhizosphere 和 earthworm 等关键词组合特征的时段占比尽管略有起伏，但在 30 年中基本维持在较高的水平，表明土壤生物学的核心研究对象并未发生根本性变化。**总体而言，近 30 年的关键词时段占比显示，服务农业生产是土壤生物学研究永恒的主题，随着科技环境和社会经济的快速发展，土壤生物学的研究热点渐趋多元化，从早期单一的碳氮研究为核心，到更加重视土壤生物属性变化所引起的土壤生态与环境效应。**

对比表 6-1 和图 6-6 中国作者的关键词可发现，前后 15 个关键词完全一致，原因是中国早期 SCI 发文量较少，不受论文数校正的影响，表明关键词词频和时段占比均能较好地反映中国学者研究热点的演进规律。从中国作者发表 SCI 论文的高频关键词可以看出，2000 年以前，中国学者土壤生物学的农业问题导向性研究特点明显，SCI 论文的研究热点均围绕土壤元素转化过程的生物驱动机制，如 AMF，microbial biomass，rhizosphere，organic matter 等。同时，在 1992～1993 年也有水稻土（paddy field）的报道，表明稻田生态系统一直是中国土壤生物学研究的关注热点；2000 年以后，这些关键词频次和时段占比持续增加，同时研究热点领域日趋多元化，中国土壤生物学的研究特色日益凸显，追赶国际土壤生物学的态势明显加快。

从热点关键词对比图还可以清楚地看到，中外作者所关注的热点领域有一定差异，相同的热点关键词所占比例和首次出现的时间明显不同。具体表现在 4 个方面。①过去 30 年，中国学者和其他区域学者共同关注的学科基础研究包括土壤肥力与生态（organic matter）、土壤微生物（bacteria，microbial biomass）、土壤生物多样性（diversity）、植物—微生物根际界面（AMF，rhizosphere）、化合物/污染物的生物降解（biodegradation）等。尽管全球作者表现出共同的关注热点，但中国作者关注的热点关键词首次出现的时间整体比其他区域作者要晚，其中 microbial biomass 相差 6 年，bacteria 相差 14 年，rhizosphere 和 organic matter 相差 10 年，其他研究相差更多。上述差异暗示了中国土壤生物学在这些领域大多处于跟踪研究，而在前沿热点领域和交叉领域的研究相对滞后。②中国土壤生物学加速发展的趋势明显。以氨氧化细菌（ammonia oxidizing bacteria）为例，由于 2005 年氨氧化领域出现了重大理论突破，国际上相关研究迅速成为热点，中国土壤生物学及时把握住了这一发展契机，从关键词频次和时段占比分析，氨氧化相关研究成为近 10 年中国土壤生物学的热点领域，并在研究体量上接近甚至超越了国际水平。这些数据分析表明，由于中国整体科研环境和经济社会的快速发展，能够在短期内集聚研究队伍针对关键问题开展研究并形成规模化优势，使得中国土壤生物学能够迅速把握近年来新兴的国际前沿热点。同时，国外同行在特定的土壤生物学研究方面具有较为深厚的积淀，很难完全放弃原有的研究优势并针对新兴热点及时投入较大的科研力量，在一定程度上导致传统的优势科研机构对新兴热点的敏感度较低。③国内外学者同时也有较多不同的关注点。中国作者多关注于功能微生物与土壤酶（ammonia oxidizing bacteria，soil enzymes）、微生物群落（bacteria community）、土壤元素转化及作物养分利用的生物有效性（AMF，nitrification，soil respiration）、生物学研究方法手段（DGGE）等；其中，功能微生物与土壤酶、微生物群落和生物学研究方法手段是与国家自然科学基金委地球科学部一处长期推动的土壤生物学发展密不可分，土壤有机碳转化、土壤生物活性和生物化学表观通量过程与我国现实的社会需求密切相关。相反，国外学者的研究则趋于多样化，更加重视土壤生物学的基础科学问题，更加突出核心元素的物理—化学—生物相互作用特征，如土壤碳（carbon）、氮（nitrogen）以及土壤元素循环的生物地球化学过程（decomposition，denitrification，mineralization）。④水稻土生物学研究在国际上占有重要地位并形成了中国特色。中国的稻谷产量世界第一，水稻种植面积仅次于印度，而以中国为代表的亚洲主要国家稻谷产量占全世界的 90%。因此，自 1986 年以来的 30 年，国家自然科学基金委员会一直高度重视水稻土生物学研究，特别是近 10 年将水稻土作为中国土壤生物学研究的重要内容，前瞻部署了一批重大、重点和人才项目，形成了一支稳定的研究队伍，水稻土生物学成为我国学者的优势研究领域，并引导了该领域在国际上的发展。

6.2 国际及中国土壤生物学研究的演进过程

为了揭示 1986～2015 年土壤生物学研究的热点主题和演进过程，以 10 年为一个时段，进一步分析了检索得到的 SCI 论文和 CSCD 中文论文关键词，采用 CiteSpace 软件组合频次较高的关键词及与其贡献关系密切的关键词，制作出不同时段的关键词共现关系图（即聚类图）。通过分析关键词间的共现关系，明确不同时期国际土壤生物学研究的热点与成就、中国土壤生物学的前沿探索以及中国土壤生物学的特色与优势。

6.2.1 土壤生物学 1986～1995 年

（1）国际土壤生物学的主题与成就

20 世纪 80 年代至 90 年代中期，土壤生物学的研究处于酝酿期，其表观特征是国际土壤生物学涉及的研究领域十分广泛，既有零星的新兴前沿热点内容，如 DNA 序列分析，又涵括了传统土壤生物学的重点研究方向，如微生物量碳氮表征等。关键词聚类分析表明，这一时期的土壤生物学研究对象包括土壤动物、土壤微生物和植物—微生物相互作用体系等，研究重点是

土壤肥力和养分元素转化的生物过程。图 6-7 显示了 1986～1995 年土壤生物学国际 SCI 论文研究热点，可以看出频次排名 TOP10 的关键词依次是 soil，bacteria，nitrogen，growth，microbial biomass，nitrogen fixation，decomposition，AMF，carbon，organic matter。以这些高频关键词为核心形成了相对独立的研究聚类圈。相邻聚类圈之间以少量的低频词相联系，彼此之间很少有交集，表明这 10 年土壤生物学的各个研究方向相对独立，不同研究重点和研究方向之间的交叉较少。深入分析后，可将该阶段的研究内容归结为 4 个大的研究方向。**①土壤养分转化过程。**研究重点为氮循环相关过程。在土壤主要营养元素中，氮素通常是影响作物产量的首要限制因子。该研究方向为土壤生物学研究的传统热点，所包含的几个分支方向如氮固定（nitrogen fixation）过程、硝化过程（nitrification）及反硝化过程（denitrification）等一直备受关注，在多个研究聚类圈中均为核心关键词。土壤中磷（phosphorus）的转化也受到了一定的关注，而这一时期的硫（sulfur）素转化相关研究则很少。**②有机质降解过程。**这一方向主要针对有机质在土壤体系中的转化过程及其环境调控机制。涉及的关键词有分解（decomposition）、降解（degradation）、有机质（organic matter）、代谢（metabolism）、温度（temperature）、pH 及肥料（fertilizer）等。**③土壤生物过程。**土壤微生物相关的关键词频率很高，如细菌（bacteria）、微生物（microorganism）、微生物生物量（microbial biomass）、生长（growth）等，均为所在聚类圈的核心词汇。值得注意的是，土壤动物（soil fauna）未能单独形成聚类圈，而是与微生物相关关键词耦联，反映了在该时段土壤生物学研究中，土壤微生物得到了相当高的关注，而土壤动物与微生物相互作用是土壤动物学研究的重点。微生物不仅是土壤养分转化与循环的驱动力，还是土壤中有效养分的储备库，因此决定着土壤的养分和肥力状况，是农业生产及其应用基础研究的核心内涵。该阶段微生物相关检测指标通常为微生物量及酶活等传统生化指标，这类分析指标可以间接反映微生物对土壤营养循环的贡献，因此在该阶段土壤微生物的研究仍然是以土壤生物化学的表观通量过程测定为主，主要服务于土壤养分转化和土壤质量评价研究。此外，由于技术手段的限制，以土壤微生物群落结构及多样性为研究目标的方向在该阶段尚未出现。**④功能微生物研究。**本方向主要针对传统的土壤微生物纯菌株，围绕微生物某些特定的功能特征而展开研究，如土壤营养转化及吸收相关，特别是参与固氮过程的根瘤菌（rhizobium）、固氮螺菌（azospirillum）、慢生根瘤菌（Bradyrhizobium）的研究；参与植物根部营养吸收（主要是磷）的菌根真菌（mycorrhizae）、外生菌根（ectomycorrhiza）、丛枝菌根真菌（AMF）、va 菌根真菌（va mycorrhiza）的研究等。值得注意的是，根际（rhizosphere，root）作为一个特殊的土壤微域，其中的微生物过程也受到了较多的关注，形成了一个单独的聚类圈。此外，从研究方法的角度可以看出，这一阶段传统的土壤生物学研究方法仍然是主流，如同位素标记技术（^{15}N，^{14}C）示踪生物过程；利用氯仿熏蒸法（chloroform fumigation）测定土壤生物量；纯培养技术（strain）鉴定微生物和微生物生长动力学过程监测等。值得注意的是，一些先进的分子生物学技术也开始应用到土壤生物学的研究中，最为典型的当属 PCR 技术及 DNA 测序技术，如：soil DNA，PCR，cloning 等多种与该技术相关的关键词开始出现于一些关键词聚类圈的边缘。总体而言，**该阶段国际土壤生物学研究具有以下特点：研究内容以土壤体系中氮转化、有机质降解为核心**

图 6-7　1986～1995 年土壤生物学全球作者 SCI 论文关键词共现关系

的养分循环研究为主，以与土壤营养元素循环密切相关的土壤微生物研究为辅；研究目的以基础理论研究为主，以服务农业生产为辅；研究方法上以传统的生物化学分析方法为主流研究手段，同时，新兴的核酸序列分析方法也开始零星出现。

从 1986～1995 年土壤生物学 TOP50 高被引 SCI 论文关键词的组合特征可以看出（表 6-2），关键词 carbon，nitrogen，decomposition，organic matter 分别排名第 1、3、4、6 位，这与该时段的土壤生物学国际 SCI 论文研究热点主题词聚类吻合，表明营养元素在土壤体系中的转化过程是这一时段土壤生物学的关键问题和研究热点。研究对象相关的关键词 microbial biomass，bacteria，分别排名第 1 位和第 4 位，也与土壤生物学国际 SCI 论文研究热点主题词聚类特征相符合，反映了在该时段以细菌为核心的微生物研究受到了很高的关注。nitrogen fixation 尽管研究很多，但是相关研究结果却未得到较高引用，暗示 20 世纪中期引发的土壤生物固氮的研究在理论方面渐趋成熟、在应用方面的研究可能进入发展瓶颈期，土壤生物固氮相关的研究队伍逐渐变小，生物固氮更多地在实验室内开展基础研究，与复杂土壤体系的联系日渐式微，更多地以纯粹固氮生物学研究为主。**综合而言，高频词组合特征表明该时期国际土壤生物学以土壤微生物为主要对象，更多关注土壤有机质降解及相关的元素变化过程。**

表 6-2　1986～1995 年土壤生物学 TOP50 高被引 SCI 论文 TOP25 关键词

序号	关键词	频次	序号	关键词	频次	序号	关键词	频次
1	microbial biomass	10	11	sediment	4	21	nitrogen fertilization	3
2	carbon	10	12	rhizosphere	4	22	mechanisms	3
3	nitrogen	8	13	pseudomonads	4	23	lignin	3
4	decomposition	7	14	particle size fractions	4	24	leaf litter	3
5	bacteria	7	15	mineralization	4	25	grassland soil	3
6	oxidation	6	16	microorganisms	4			
7	organic matter	6	17	wheat	3			
8	biomass	6	18	turnover	3			
9	water	5	19	surface soil	3			
10	dynamics	5	20	structural stability	3			

（2）中国土壤生物学的前沿探索研究

1986～1995 年中国学者的研究兴趣和国际土壤生物学研究热点有较大差异，服务农业生产的目标更加突出。通过分析 1986～1995 年中国作者发表的土壤生物学国际 SCI 论文聚类特征图谱（图 6-8），结果表明：与国际趋势相比，此阶段中国学者 SCI 发文特点是数量很少，研究内容较为分散，未能形成规模优势，关键词出现频率都在 3 次以下。同时，由于 SCI 论文数量较少，未能形成以关键核心词汇为中心的聚类圈，这导致在一定程度上，中国土壤生物学的研究热点受个别学者研究兴趣的影响较大（Li et al.，1991：397～404）。例如，频率最高的几个关键词均集中在菌根真菌、绿肥、有机质和水稻土研究，包括 va mycorrhiza，phosphate，white clover，calcareous soil，organic manure，oryza sativa，mineral fertilizer，hyphal uptake，paddy field（图 6-8）。这些关键词在国际同行的研究中也有涉及，但在国际学术界的关注程度远不如土壤氮循环及土壤微生物的研究。综合来看，尽管 SCI 论文数量较少，我国的土壤生物学研究仍显示出较为鲜明的应用基础研究特点，即服务农业生产的相关研究受关注度更高。例如，与磷肥关联度较高的菌根真菌研究，与土壤肥力相关的有机质微生物降解研究，绿肥苜蓿种植提高土壤氮素水平以及具有中国特色的水稻土研究。事实上，围绕水稻生产的研究出现多个关键词，除了上述排名较为靠前的 oryza sativa 和 paddy field 外，也有 flooded rice soils，lowland rice，wetland rice soils，double cropped rice 等，这些关键词聚类特征较好地反映了我国的农业生产实际，说明水稻作为我国主要粮食作物之一，水稻土微生物过程的研究在中国受到了比国际社会更高的关注。另外，土壤磷也是这一时段国际土壤生物学的研究热点，而中国的土壤生物学研究者更加关注土壤磷吸收、化肥及有机肥的综合施用效果，反映了这一时段我国农业生产发展的需要，即以提高土壤肥力和粮食产量为研究导向。在研究方法方面，这一时段的土壤生物学研究方法和国际同行类似，也是以同位素 ^{15}N 标记技术及其他的微生物生物量传统生化分析方法为主。

图 6-8　1986～1995 年土壤生物学中国作者 SCI 论文关键词共现关系

总体来说，此阶段中国作者 SCI 论文的研究内容较为分散，研究目的以服务农业生产为主，在科学研究上注重水稻生产及肥料养分的吸收利用与转化，有一定的研究特色，但在国际上还未形成优势方向，研究的广度和深度均有待加强。

（3）中国土壤生物学研究的特色与优势

20 世纪 80 年代初至 90 年代中期，中国土壤生物学研究除了在土壤微生物这一热点研究方向上与国际同行保持一致外，在土壤污染与生物修复及土壤肥力保持等研究方向上也呈现出较高的关注度。图 6-9 显示了 1986～1995 年土壤生物学中文论文关键词共现关系及其反映的研究热点，可以看出这一阶段中国土壤生物学的研究已经形成了多个核心关键词为中心的小型研究聚类圈。**①土壤微生物区系。**和国际同行类似，土壤微生物区系的研究是中国学者重点研究方向，研究内容非常广泛，包括微生物的数量、分布、功能及生理代谢等多个方面，涉及的关键词包括土壤微生物、土壤微生物区系、土壤微生物数量、功能微生物、土壤微生物生物量、微生物生长和代谢、极端微生物及土壤微生物活性等，频次占所有关键词总频次的 11%左右。本阶段土壤微生物学的基本内容是探索微生物对有机质分解及植物可利用营养元素转化的影响，研究目的是建立微生物与土壤肥力保育及植物生长的关系（李阜棣，1993：229～236）。**②土壤污染及生物修复。**涉及的关键词包括重金属污染、土壤污染、镉污染、有机污染、农药污染、土壤生物修复等，表明中国研究人员在该阶段已经开始系统广泛地开展土壤污染物迁移转化规

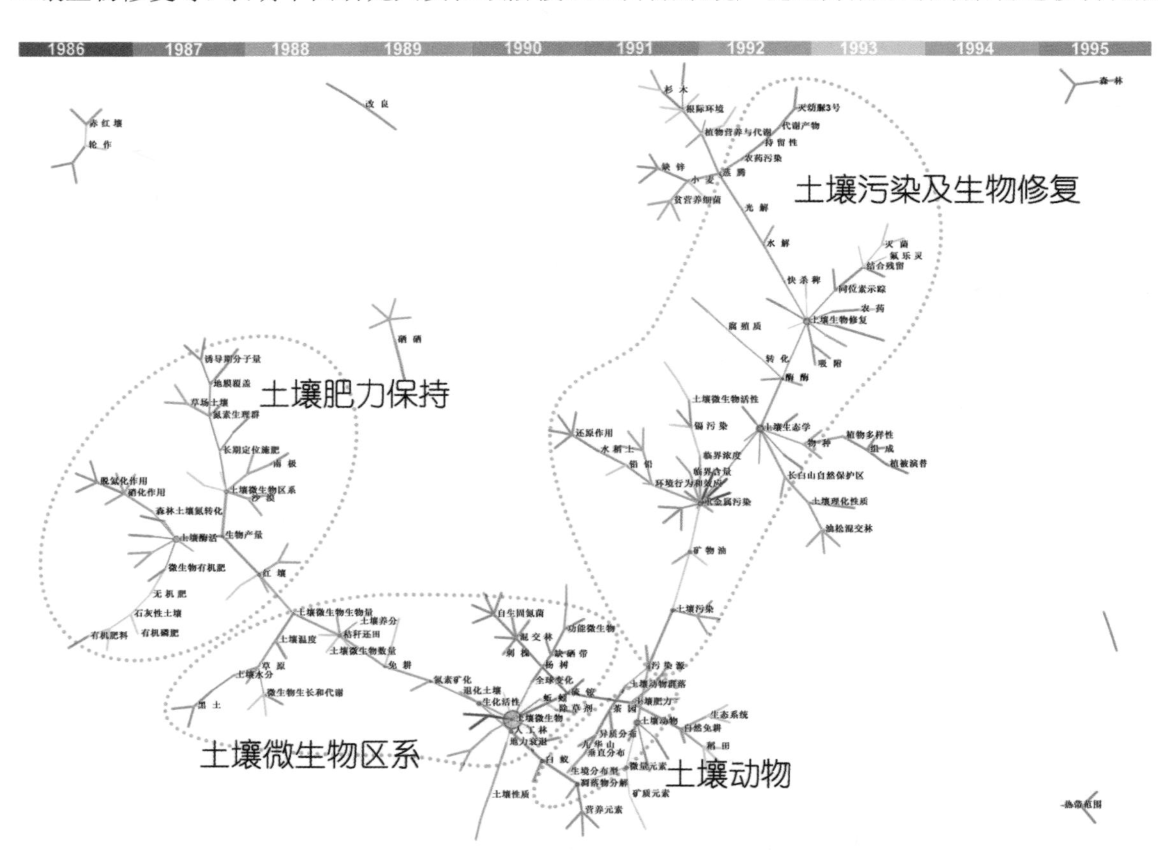

图 6-9　1986～1995 年土壤生物学 CSCD 中文论文关键词共现关系

律及其对生物和环境影响的研究（张久根和蔡士悦，1990：56～60；史长青，1995：34～35），但土壤污染控制和治理方面的研究还比较弱。③**土壤肥力保持**。研究涉及三方面的内容：一是土壤肥力评价（孙波等，1995：362～369）及其影响因素的研究，包括长期施肥（林藤等，1994：6～18）、秸秆还田（吴敬民等，1991：211～215）、城市生活污泥农业利用（周立祥和胡霭堂，1994：126～129）等；二是施肥种类（有机肥料、微生物有机肥、有机磷肥和无机肥等）对土壤和作物营养吸收及产量的影响（孙羲和章永松，1992：365～369）；三是农业管理方式对土壤营养元素转化及土壤肥力可持续性的影响。这一时期中国主要科研机构如中国科学院和中国农业科学院开展了长期定位试验研究，重点探索作物产量和品质对不同施肥管理模式的响应机制，相关的土壤生物学研究则更多地聚焦于土壤生物化学过程，如土壤呼吸、土壤酶活和土壤生物量等研究（刘乃生和孙维忠，1994：5～8）。**总体来看，该阶段中国学者的研究核心与国际前沿基本一致，重点关注土壤养分元素转化过程的生物驱动机制、土壤微生物对养分活化过程的影响规律，具体的研究目标与土壤肥力的演替紧密相关，研究内容主要围绕我国农业生产实际需要展开。另外，针对这一时期日益严重的土壤污染问题，也初步开展了较为系统的土壤生物修复相关研究。**

6.2.2　土壤生物学 1996～2005 年

（1）国际土壤生物学的主题与成就

与 1986～1995 年相比，1996～2005 年土壤生物学全球 SCI 论文研究热点主题词聚类特征的整体格局发生了明显变化（图 6-10），表现出的特色和亮点包括以下 4 个方面。①土壤生物学研究在这一时段发展迅速。10 年中出现频次 TOP10 的词汇分别是 soil，microbial biomass，bacteria，organic matter，nitrogen，AMF，rhizosphere，biodegradation，earthworm，decomposition。这些词汇大部分与上个时段相同，只是部分词汇的排序发生了变化，但在整体上，这些词汇的出现频次皆大幅增加。例如，bacteria 一词的排名尽管从第 2 位下降至第 3 位，其出现频次却从 340 次猛增至 641 次；而 organic matter 一词从第 10 位上升至第 4 位，其出现频次也从 189 次激增至 622 次。说明随着时代的发展，这些研究热点成为土壤生物学关注的重要内容，同时，关键词频次的增加也从一定程度表明从事相关研究的人才队伍规模明显增加。②根际微生物的研究地位更加突出。在此 10 年内，rhizosphere 的关键词词频从第 11 位上升到第 7 位，而与之相邻分支的另一个词汇 AMF 也从第 8 位上升到第 6 位，并且被土壤微生物相关的词汇紧密围绕，如 microbial biomass，microbial community 和 microbial activity 等，这表明以根际为核心的土壤界面过程及其相关的土壤微生物活性研究得到进一步的深化，是该 10 年内土壤生物学研究的重要内容（Kent and Triplett，2002：211～236），并且与上个 10 年相比呈现稳中渐升的趋势。③污染物生物降解的地位突显。在这一时段，随着工业、农业和经济等方面的快速发展，人类活动对自然环境特别是土壤的干扰日益加重，以有机污染为主体的废弃物排放对生态环境的可持续发展形成了严重威胁，以生物降解为核心的土壤生物研究也随之成为科研人员新的关注焦点。

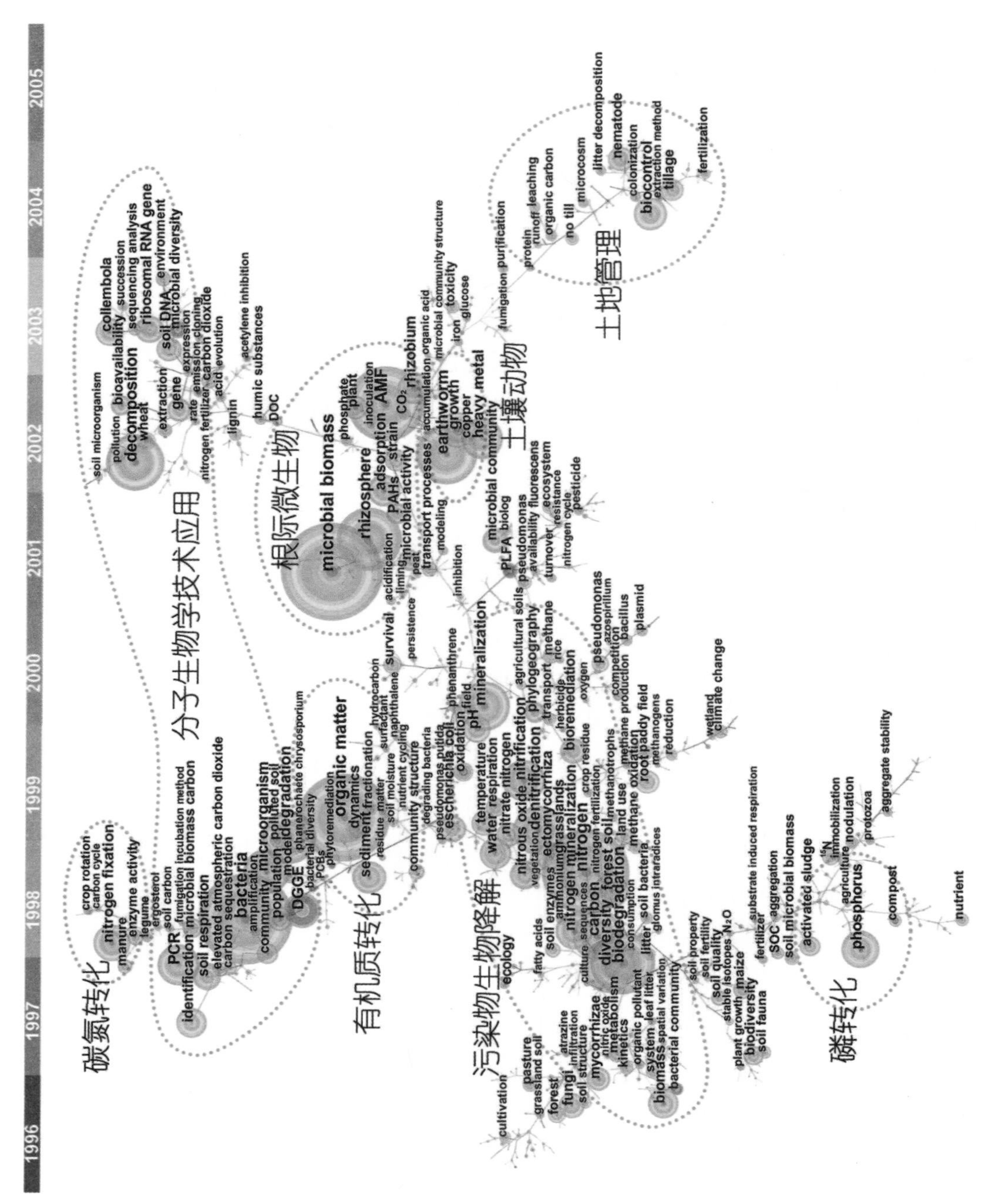

图 6-10　1996～2005 年土壤生物学全球作者 SCI 论文关键词共现关系

biodegradation 一词从第 25 位升至第 8 位，与其相距甚近的另一词汇 bioremediation 则从第 319 位蹿升至第 40 位，这两个词汇被 land use，litter，herbicide 等词汇包围，表明学术界更加注重通过有机—无机联合的复合生物修复技术提高有机污染物降解效率（Watanabe，2001：237～241；Samanta et al.，2002：243～248），实现土壤生态系统健康、稳定和可持续发展。④分子技术在土壤生物研究中的应用明显增强。以核酸为核心的分子生物学技术相关词汇，如 PCR（从第 95 位上升到第 19 位）、DGGE（从第 1 625 位上升到第 24 位）、ribosomal RNA gene（从第 238 位上升到第 36 位）、soil DNA（从第 117 位上升到第 44 位）、gene（从第 133 位上升到第 52 位）、sequencing analysis（从第 679 位上升到第 105 位）等，尽管这些关键词排名并不靠前，但是在排序上均有很大幅度的提高，表明以分子生物学技术为代表的先进研究手段得到了较高的关注，在土壤生物学相关研究中得到了广泛的应用（Anderson and Cairney，2004：769～779；Handelsman，2004：669～685；Nakatsu，2007：562～571）。**总体来看，1996～2005 年是土壤生物学的快速发展阶段，研究主体仍然以服务农业生产为主要目标，研究对象则更加聚焦，如根际环境和特定的土壤生物过程，研究策略上则更加全面，强调土壤生物地球化学过程及其农业环境效应。同时，污染土壤环境的生物修复成为新的研究热点，大量分子方法的引入和创新为土壤生物学提供了重要的技术积累，逐步改变了传统的土壤生物学研究理念。**

从 1996～2005 年土壤生物学 TOP50 高被引论文的关键词组合特征（表 6-3）可以看出，这一时段突出的特点是技术方法类关键词的爆发。PCR，Ribosomal RNA gene，DNA，amplification 排名 TOP4，16S ribosomal RNA gene，gene，DGGE，PLFA，bacterial DNA 也作为 TOP25 的关键词出现。同时，与土壤微生物分类相关的关键词排名激增，如 identification，phylogenetic analysis 等词。这些关键词的集体爆发表明这一时期分子生物学技术渗透到了土壤生物学研究的方方面面，特别在土壤生物多样性与功能研究方面得到较高关注度，显著推动了土壤学及其主要领域的交叉研究，对后期的土壤生物学发展产生了深刻的影响。此外，这些先进技术在土壤生物学

表 6-3　1996～2005 年土壤生物学 TOP50 高被引 SCI 论文 TOP25 关键词

序号	关键词	频次	序号	关键词	频次	序号	关键词	频次
1	PCR	17	11	microbial diversity	7	21	ergosterol	3
2	ribosomal RNA gene	12	12	microorganisms	7	22	microbial biomass	3
3	DNA	10	13	environment	5	23	PLFA	3
4	amplification	9	14	DGGE	5	24	soil organic matter	3
5	diversity	9	15	identification	5	25	bacteria DNA	3
6	population	9	16	phylogenetic analysis	4			
7	16S ribosomal RNA gene	8	17	sequences	4			
8	bacteria	8	18	bacteria community	3			
9	community	7	19	carbon	3			
10	gene	7	20	decomposition	3			

研究中的应用，产生了大量的数据并带动了土壤生物信息学的发展。但是，值得注意的是，大量技术性词汇的出现，也反映出该阶段的研究工作过于依赖新技术的引进，更多强调土壤生物学新技术和新方法的评价，在一定程度上可能削弱了该时期研究者对土壤生物学新问题、新方向的探索。值得注意的是，高频关键词 diversity，population 尽管也同时出现在 1986～1995 年的上一个 10 年时段，但由于新技术、新方法的引入，这些关键词在 1996～2005 年时段的实际内涵则更加精细化，研究对象的描述更加准确。**总体来看，TOP50 高被引论文中关键词大量使用分子生物学技术，表明该时期的土壤生物学研究更加注重先进技术的应用，土壤生物学技术创新是这一阶段的重要发展特征。**

（2）中国土壤生物学的前沿探索研究

通过分析 1996～2005 年中国土壤生物学发表的 SCI 论文关键词共现关系及其聚类特征，发现与 1986～1995 年时段相比，中国土壤生物学研究的整体进步十分明显，根本改变了上个 10 年研究的碎片化状态，研究系统性显著增强，在主要研究方向上基本形成了稳定持续的研究队伍，研究内容逐步与国际土壤生物前沿方向靠拢。①相较于上个 10 年，1996～2005 年中国作者在 SCI 期刊发表的论文数量明显增加，初步形成可供参考、比较的研究热点聚类数据（图 6-11）。在上个 10 年，排名 TOP10 的高频词汇的出现频率总和仅为 22 次，词频最高的 va mycorrhiza 和 phosphate 仅为 3 次。相较之下，1996～2005 年，排名 TOP10 的高频词汇的出现频率总和已达到 152 次，高频词的最高出现频率为 30 次。尽管中国作者 SCI 论文关键词词频总和占全球 SCI 论文关键词词频总量的比例仍然较低（3.81%），但与上个 10 年相比（0.55%），增幅已经高达 5.9 倍之多。②1996～2005 年中国土壤生物学研究热点与国际逐渐接轨。1996～2005 年排名 TOP10 的高频词汇分别为 soil，AMF，microbial biomass，paddy field，nitrous oxide，land use，organic matter，degradation，microbial biomass carbon 和 rhizosphere，其中的 5 个词汇 soil，AMF，microbial biomass，organic matter 和 rhizosphere，与国际排名 TOP10 的高频词汇一致，表明在这一时期，中国土壤生物学的研究重心逐渐趋于国际化，中国土壤生物学的研究也在逐步为国际土壤生物学的发展做出贡献。③在与国际研究热点接轨的同时，农业生产依然是我国土壤生物学研究的重要内容。paddy field（第 4 位），N_2O flux（第 12 位），urea（第 33 位）等词汇高频出现并相互交织，符合中国作为粮食大国，尤其是世界水稻主产区之一的特殊地位（Cai et al.，1997：7～14；Lin et al.，2004：119～128）。这些数据分析表明，在 1986～1995 年的 10 年时段，尽管土壤生物学的研究方法正在发生根本的变化，国际土壤生物学研究也不断向多学科交叉的纵深方向发展，中国相关领域的研究仍然与国情吻合，服务农业生产仍是中国土壤生物学的重要命题。**由此可见，此阶段中国土壤生物学研究相较于上个 10 年取得显著进步，研究重心在不断与国际接轨的同时，也基本反映了中国农业生产实践和可持续发展的需求，逐渐形成了中国特色的土壤生物学研究。**

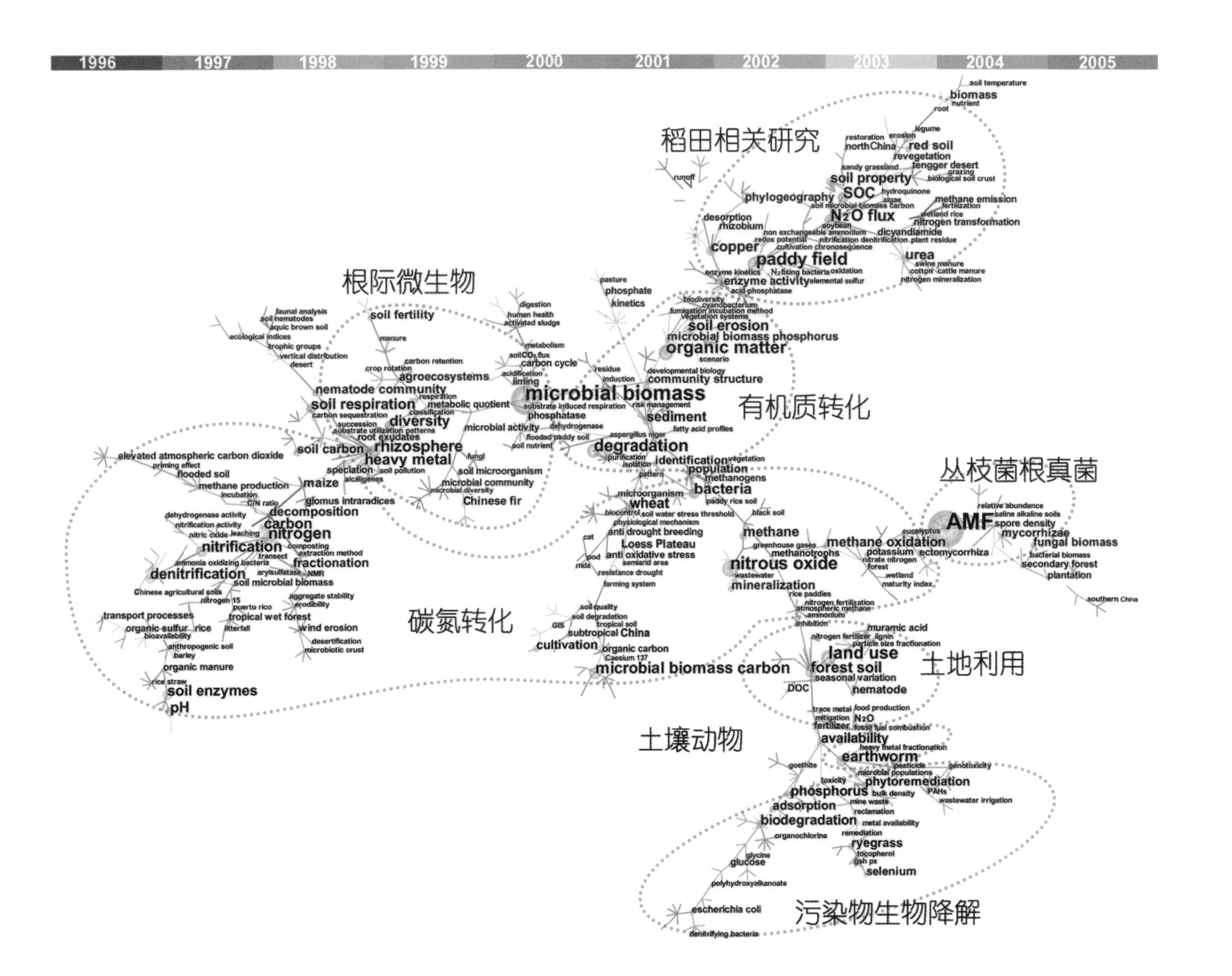

图 6-11　1996～2005 年土壤生物学中国作者 SCI 论文关键词共现关系

（3）中国土壤生物学研究的特色与优势

20世纪90年代末至21世纪初，土壤生物学呈现蓬勃发展的趋势。在这一阶段，得益于研究技术的不断进步以及日趋全球化的科研态势，结合该时期的时代发展特征，如农业生产渐趋集约化、环境问题日益突出，可持续发展需求不断扩大等，推动了我国土壤生物学研究快速发展。图6-12显示了1996～2005年土壤生物学中文论文反映的研究热点，可以看出我国土壤生物学的研究具有明显的时代特征，在整体格局上围绕农业生产和生态环境保护开展了密集研究。这一阶段出现的高频词汇包括：土壤微生物、土壤酶活、土壤动物、土壤微生物生物量、土壤生物修复、生物多样性、土壤生态学、重金属污染、土壤肥力、土壤呼吸。从这些研究热点可以看出，一些重要的研究工作与上个10年的研究重点一脉相承。①土壤酶是土壤中所有生物化学反应的催化剂，基于土壤酶活的土壤生物活性分析仍然是这一阶段评价土壤功能和土壤质量的主要指标。随着这一时期人为干扰强度的不断增加，土壤质量日益受到威胁，寻找更加灵敏、普适的综合指标，是土壤生物学研究的主要努力方向，特别在土壤生物与生物化学通量研究方面，我国学者做了大量的有益探索（曹慧等，2003：105～109）。②土壤肥力依旧是土壤生物研究的关键内容。土壤肥力相关的关键词与退化土壤、生物有机肥、土地利用、植物营养与代谢、作物产量等词汇形成紧密关联的网络聚类，表明中国土壤生物学的研究始终扎根于农业生产实践，并关注土壤施肥对物种多样性、微生物区系及其功能的影响（徐阳春等，2002：89～96），暗示土壤作为农业生产的核心资源始终影响着中国土壤生物研究热点的缘起与演化。③生物修复、重金属污染仍作为TOP10高频词汇出现，表明土壤污染伴随着中国经济快速发展，环境影响及其危害日益突出，使得中国学者在土壤污染和修复领域一直保持高度的敏感性，努力寻求土壤高强度利用与土壤生态可持续发展的最佳平衡及可能的生物调控措施（蒋先军等，2000：130～134；黄铭洪和骆永明，2003：161～169）。④土壤生物多学科交叉的态势日益明显。在这一阶段，中国的土壤生物也在积极地寻求进步和突破，一些以往没有涉及的关键词频繁出现，表明中国土壤生物研究正在迈向崭新的方向。例如，生物多样性首次出现在土壤生物学的研究中，并迅速成为高频词汇（第6位），它与土壤微生物、土壤动物、群落结构、土壤微生物生物量、土壤矿化等词汇紧密联系，表明中国学者正在重新审视土壤中蕴藏的巨大生物资源，研究其中的物种数量和组成是理解土壤生态系统中物质周转和元素循环的重要内容之一，并迅速展开了实质性工作（韩兴国和王智平，2003：322～332）。此外，与土壤微生物生物量相关的，但是更加精细化的关键词如土壤微生物生物量碳、土壤微生物生物量氮、土壤微生物生物量磷、土壤微生物生物量硫等大量出现，表明微生物作为土壤中各种元素的代谢关键环节已被广泛接受，并从以往的整体定性描述研究拓展到了不同元素之间相互关联的半定量研究。在该时段，中国土壤微生物学已经发展出更加成熟的技术手段，较为准确地刻画土壤微生物的物种组成及其对土壤生物过程的相对贡献，特别是对土壤有机物质累积和转化的探索从粗放逐步走向细致。**综上所述，土壤生物学相关的研究技术快速发展，研究目标更加聚焦于农业生产与环境可持续发展，同时快速向国际热点和前沿领域不断靠拢和接轨，是这一时期中国土壤生物学研究的主要特色。**

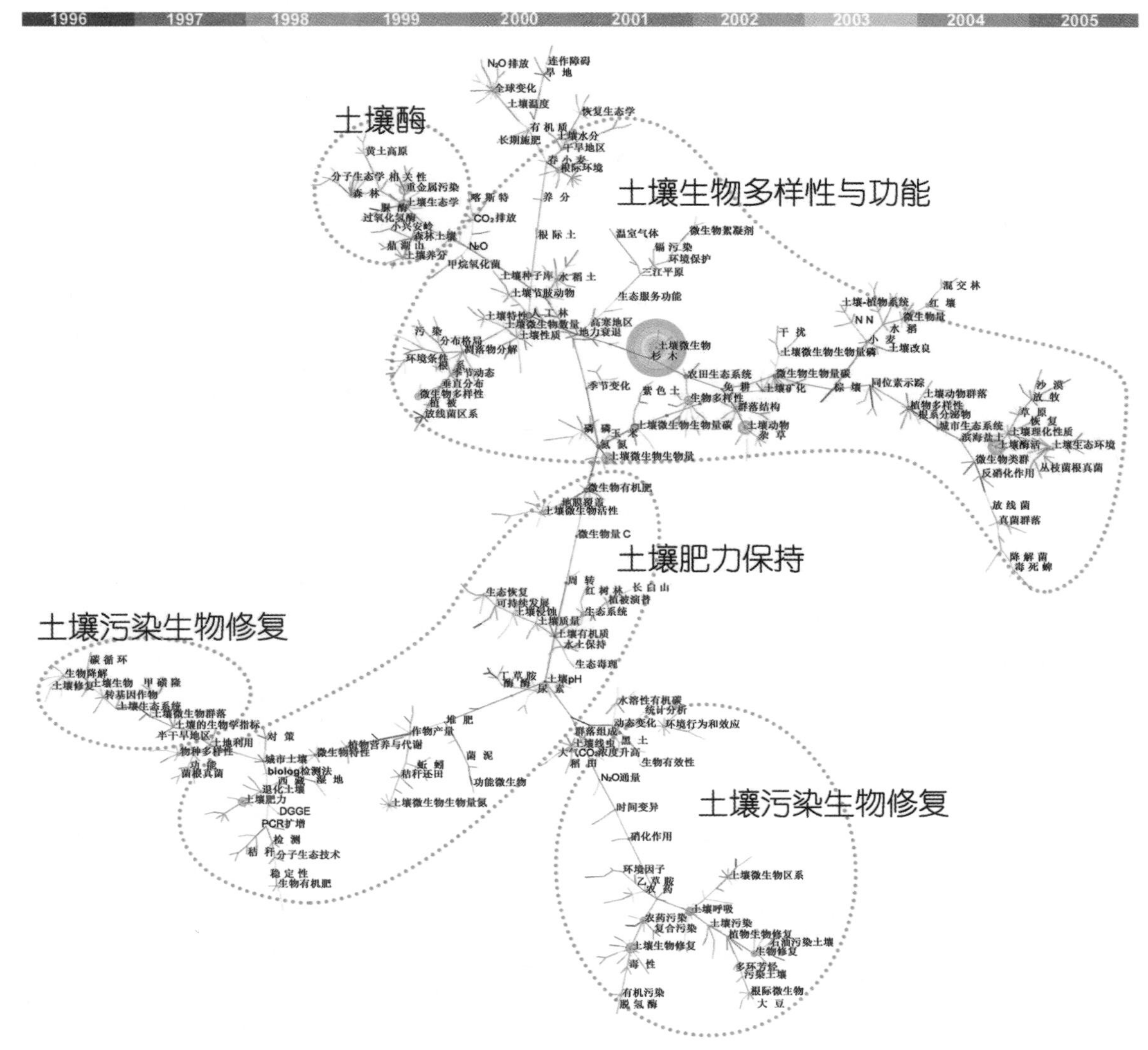

图 6-12　1996～2005 年土壤生物学 CSCD 中文论文关键词共现关系

6.2.3　土壤生物学 2006～2015 年

（1）国际土壤生物学的主题与成就

针对2006～2015年的最近10年时段，通过分析土壤生物学SCI论文研究热点主题词聚类特征（图6-13），发现土壤生物多样性和群落结构的研究不断加强，同时土壤生物的功能研究得到前所未有的重视，特别是土壤微生物学相关的研究，已经成为土壤学、生态学、植物学、环境科学和微生物学等相关学科的交叉前沿。这些新的研究特点表明土壤生物学得到了学术界的广泛关注，渗透到了农业生产、环境保护和全球变化相关领域的方方面面，产生了诸多的新兴学科增长点。①出现频率TOP10的词汇分别是organic matter，microbial biomass，AMF，bacteria，diversity，microbial community，nitrogen，rhizosphere，decomposition，soil respiration。与上个10年相比，土壤有机碳（organic carbon）、微生物量（microbial biomass）等仍是研究的热点，

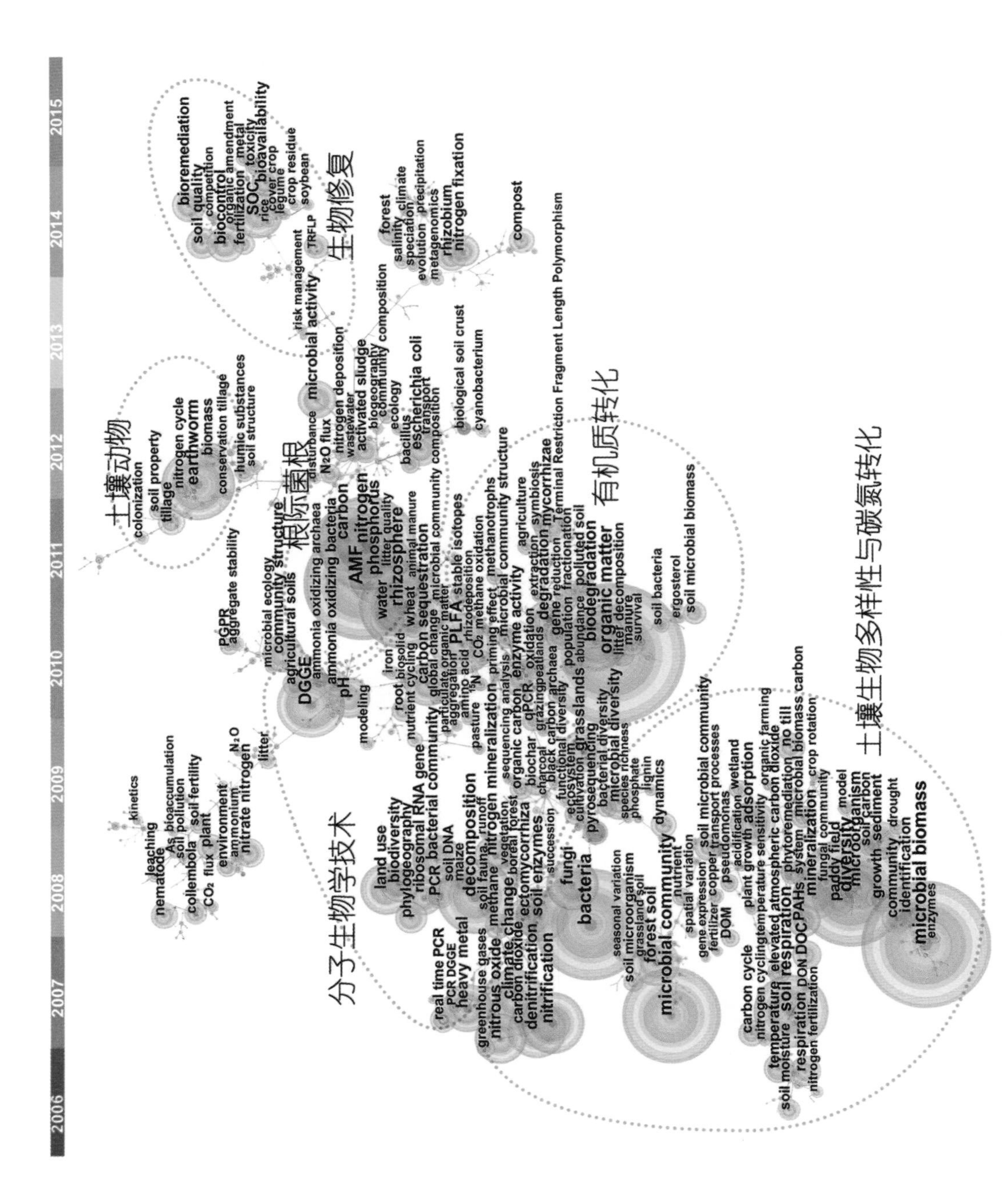

图 6-13　2006～2015 年土壤生物学全球作者 SCI 论文关键词共现关系

但是多样性（diversity）和微生物群落结构（microbial community）的研究明显加强。生物学相关的高频词汇包括biodegradation，litter composition，degradation，manure，enzyme activity，soil bacteria，soil microbial biomass等，这些关键词紧紧围绕在organic carbon周围，形成了明显的聚类圈，表明近10年土壤有机质的周转仍然是土壤生物学的研究重点，只是其研究内涵已经发生了明显的变化，如以秸秆还田（litter composition）、有机肥施用（manure）为核心的微生物调控过程得到较高关注。这些关键词组合特征表明，通过与传统土壤生物化学过程研究相结合，如土壤酶活（enzyme activity），在更加精细化的水平研究微生物在土壤有机碳转化过程中的重要作用已成为这一时段的土壤生物学重要特点（Fierer et al.，2009：1238～1249；Steinbeiss et al.，2009：1301～1310）。②高频词diversity排名第5位，出现频次高达751次，与上个10年相比大幅增加，并且和高频词汇microbial biomass，mineralization，DOC，soil carbon等紧密相连，表明与传统的土壤微生物区系描述相比，该时段土壤微生物多样性及其功能的环境驱动机制开始受到重视。同时，不同尺度下土壤微生物的功能表观过程耦联更加紧密，如土壤微生物多样性和微生物量之间的联系研究以及微生物在土壤有机碳矿化等过程中的作用（Nielsen et al.，2011：105～116）。③高频词microbial community在近10年高爆发，出现频次为652次，且与高频词汇forest soil，grassland soil交会在一起，表明微生物群落（microbial community）在自然生态系统研究方面得到了土壤微生物研究者的极大关注（Van Der Heijden et al.，2008：296～310；Maharning et al.，2009：137～147）。这一时期的土壤微生物群落研究与传统的区系有着根本的区别，前两个10年时段中微生物多样性采用传统分类策略，沿用细菌、真菌和放线菌分类体系，更多采用可培养计数方法对微生物数量进行研究。相反，近10年土壤微生物群落研究的内涵则发生了根本的变化，土壤生物学的分类理论从形态甄别发展到了分子系统发育水平分析，形成了细菌、古菌和真核生物的三域分类体系，土壤生物的数量则大多采用实时荧光定量PCR方法。这些先进的理论和技术，较好地规避了传统方法的非原位研究缺陷，在不破坏土壤原位环境的理化性质条件下，能够最大限度地反映土壤微生物的组成和数量。④菌根真菌（AMF）仍是研究的热点，但值得注意的是，AMF的关联词汇发生了明显的变化，前10年AMF主要与高频词汇inoculation，plant等交会，而近10年则与高频词汇rhizosphere，carbon，phosphorus紧密耦联，说明关于AMF的研究已经不仅局限于传统的接种菌根真菌及其农学环境效应研究，而更加注重地上地下部分的相互作用机理机制，特别是AMF与植物共生方式、菌丝向植物传递磷的根际过程以及AMF对土壤碳库的影响规律。此外，AMF和高频词汇water，rhizosphere三者高度交会说明植物在遭遇到水分胁迫时与AMF共生的根际过程也受到了相关研究者的重视（Cheng et al.，2012：1084～1087；Walder et al.，2012：789～797）。⑤先进技术助推土壤生物学研究进入新的春天。随着分子生物学和现代分析测试技术的广泛引入，土壤生物学的研究进入了一个新的发展阶段。pyroseqllencing，PLFA，qPCR，DGGE等关键词频率急剧增加，使土壤生物学研究的广度和深度明显增强，特别是2007年罗氏医药生物公司开发的标签序列靶向高通量测序技术（Roesch et al.，2007：283～290），根本改变了传统的分子指纹图谱的技术分辨率，极大丰富了土壤微生物多样性的研究策略，迄今在SCI数据库已有500余篇土壤生物学相关的论文报道。⑥功能微生物研究取得了新的突破。土壤氮素供应水平是反映土壤生产力的重要指标，而土壤氮素转化几乎完全依赖于土壤生物过程，如矿化、硝化、反硝化和固氮等过程。先进技术的快速发展，极大地改变了学术界对土壤氮素循环的传统认识，例如，发现了新的氨氧化古菌，揭示了古菌和细菌对氨氧化过程的相对贡献，表明古菌主导大多数酸性环境氨氧化，而细菌则在中性和碱性土壤氨氧化过程中发挥了重要作用（Xia et al.，2011：1226～1236；Lu and Jia，2013：1795～1809）。此外，在土壤有机质转化、土壤固碳及甲烷排放、土壤磷素循环和碳氮磷耦合等元素生物地球化学循环方面，也发现了新的重要功能微生物，显著推动了学术界对土壤生物过程的认识。**总体看来，近10年土壤生物学研究方法和手段不断得到提升，围绕土壤有机质周转、土壤环境污染、土壤养分转化和全球变化等重要问题，土壤生物学研究取得了显著进展，对土壤生物多样性特别是微生物多样性，生物群落结构及其功能的认识达到了前所未有的深度和高度。**

通过分析2006～2015年土壤生物学TOP50高被引论文的关键词组合特征（表6-4）可以发现，与上个10年相比，技术方法类词汇的比重大幅削弱，如PCR从第1位降至第15位，虽然一些更先进的生物学技术如real-time quantitative PCR，454 pyrosequencing等排名靠前，但纯粹依赖于技术方法的学术热潮已退，研究工作逐渐回归到以土壤生物本身为核心的方向。community，diversity表明该时期土壤微生物的群落组成和多样性规律是研究的热点，土壤生物的研究更加注重群落整体而非物种个体是这一时期的突出特色。高频词汇biochar，charcoal的出现表明利用生物炭为核心的生物调控正广泛应用到土壤污染物吸附、改进土壤肥力、土壤固碳减排等相关的研究中，土壤生物学在新世纪的研究工作与土壤化学、土壤物理、生态学和全球变化生物学等领域的热点问题形成了更加紧密的联系。

表6-4　2006～2015年土壤生物学TOP50高被引SCI论文TOP25关键词

序号	关键词	频次	序号	关键词	频次	序号	关键词	频次
1	community	8	11	bacteria	4	21	PCR	3
2	diversity	8	12	carbon	4	22	populations	3
3	real-time quantitative PCR	6	13	charcoal	4	23	active carbon	2
4	ribosomal RNA gene	6	14	microbial community	4	24	agriculture	2
5	biochar	5	15	16S ribosomal RNA gene	3	25	*amoA*	2
6	microbial biomass	5	16	beta diversity	3			
7	nitrification	5	17	crenarchaeota	3			
8	soil organic carbon	5	18	decomposition	3			
9	454 pyrosequencing	4	19	DGGE	3			
10	abundance	4	20	fungi	3			

（2）中国土壤生物学的前沿探索研究

通过分析2006～2015年中国作者SCI论文关键词共现关系及其聚类特征（图6-14），发现土壤有机质降解、土壤氮素转化过程以及微生物多样性与功能是这一时段中国学者的研究热点，并且

不同研究热点之间的交叉和融合更加明显。排名前列的高频词依次是 microbial biomass， diversity，AMF，paddy field，microbial community，soil respiration，SOC，bacteria 及 DGGE，与该阶段的全球作者 SCI 论文研究热点大致吻合。该阶段的研究特点表现在 4 个方面。①研究更加趋于国际化。diversity，microbial community 等关键词的高爆发说明中国土壤生物学的研究紧跟国际热点（Pan et al.，2014：195～205；Jing et al.，2015：1～8）。而技术方法相关的关键词 DGGE，PLFA，pyrosequencing 等在此阶段急剧增加，表明此阶段分子生物学技术在中国土壤生物学研究中的发展和运用与时俱进，形成了可以与世界竞争的科研实力。②bacteria，fungi，diversity 与 nitrification，mineralization 等词汇交会在一起，说明中国土壤生物研究者更加重视生物在土壤关键过程中的作用（Di et al.，2009：621～624；Yang et al.，2013：637～648）。③AMF 仍是中国土壤生物学的研究热点，它与高频词汇 As，copper 交融在一起，说明中国土壤生物学关于 AMF 的研究侧重于重金属方向。而在国际土壤生物学研究中，关于 AMF 的研究则主要集中在 AMF 与

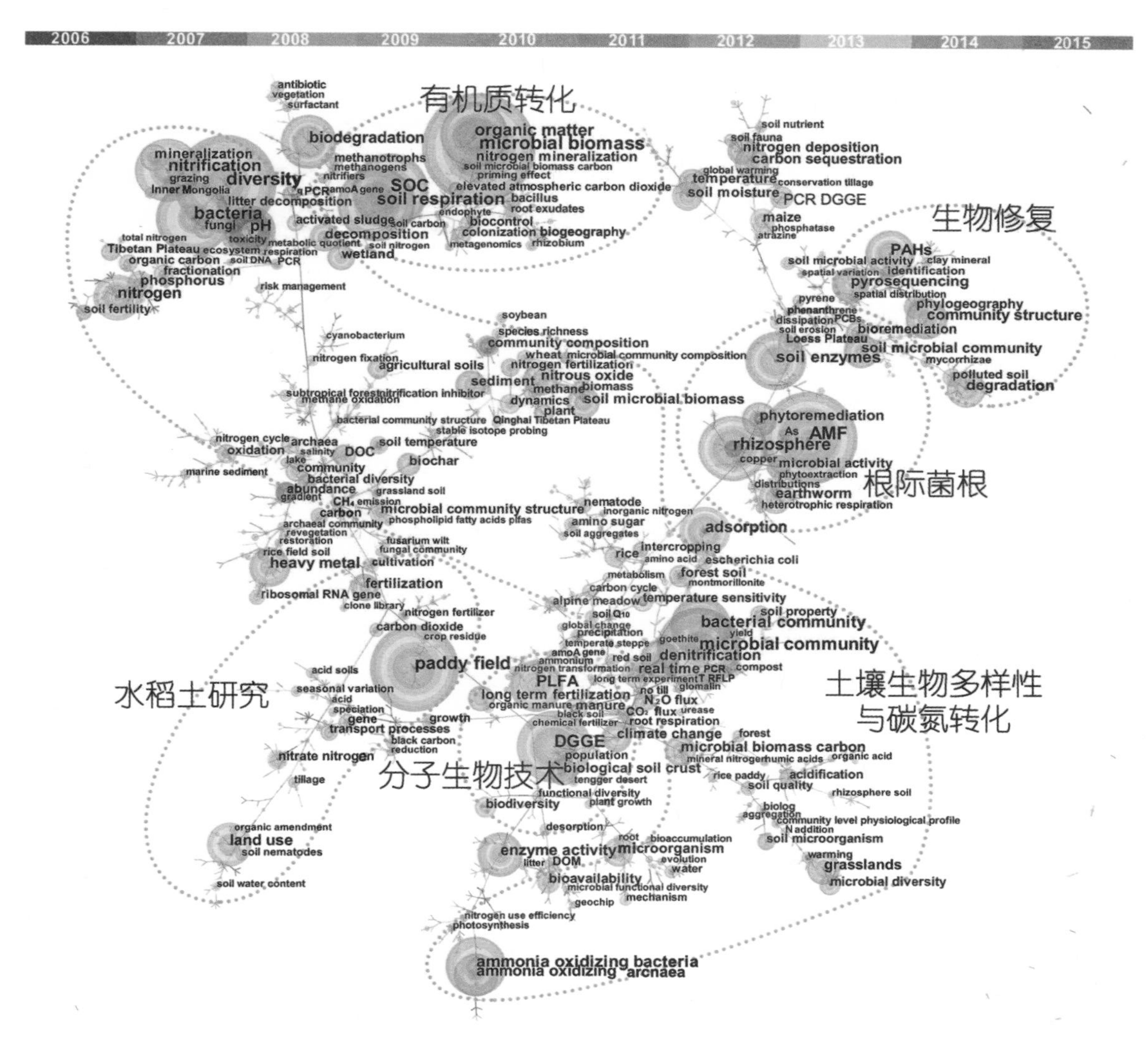

图 6-14　2006～2015 年土壤生物学中国作者 SCI 论文关键词共现关系

菌根植物的互利共生机制以及对土壤过程和土壤结构的影响（Li et al.，2012：309～315；Yang et al.，2015：146～158）。④paddy soil 仍是这一时期的高频关键词，表明水稻土依然是中国学者研究的热点内容，与水稻在中国的广泛分布及其在粮食生产中的重要作用有紧密的关系。值得注意的是，稻田生态系统独特的管理方式和丰富的生物资源本身也是土壤生物学研究的模式体系，为发展具有中国特色的土壤生物学基础和应用基础研究提供了重要条件。相较于上个 10 年侧重于土壤生物过程的通量表征研究，如温室气体排放、土壤食物网结构与功能分析等，这一阶段的研究更加聚焦于微观尺度下水稻土微生物群落、原生动物介导的食物网结构、土壤生物多样性及其在碳氮元素生物地球化学循环过程中的重要作用。这一阶段的另一个明显特征是各种先进技术在我国土壤生物学研究中的应用逐渐普及，复杂土壤中生物功能的研究水平逐渐向国际先进水平靠拢。**总体而言，近 10 年中国作者 SCI 发文数量总数达到 13 232 篇，是前 10 年的近 7 倍，而且占全球 SCI 发文总量比例也由 3%猛增至 18%，表明我国土壤生物学研究在国际上的地位明显提升。**

（3）中国土壤生物学研究的特色与优势

2006～2015 年，以 DNA 测序为代表的先进技术发展日新月异，土壤生物学研究的国际化程度日益明显，中国土壤生物学研究蓬勃发展，研究内容从传统的土壤微生物和动物区系调查及单纯的作物增产应用研究，深入到土壤生物在农业、环境和生态等领域重大问题的基础与应用基础研究。2006～2015 年土壤生物学中文文献体现的研究热点显示，排名靠前的关键词包括土壤微生物、土壤酶活、土壤动物、微生物多样性、土壤微生物生物量碳、土壤微生物生物量、土壤微生物群落、土壤呼吸、群落结构及重金属污染（图 6-15）。这与上个 10 年的高频关键词基本保持一致，但是词频更高，表明研究工作更为密集。具体研究特点表现在 5 个方面。①土壤微生物的研究力度加强。土壤微生物一词出现频次为 1 085 次，是上个 10 年出现频次的 3.28 倍，同时它和高频词汇土壤酶活、土壤养分、土壤生态系统功能等交融在一起，表明此阶段相关研究开始聚焦于土壤微生物在土壤质量保育、土壤养分循环和土壤生态功能中发挥的重要作用。②农田土壤肥力仍是此阶段中文论文关注的重点，这和我国作为人口大国以及粮食安全保障的基本国情密不可分，生物有机肥、微生物有机肥、有机肥无机肥配施等关键词的高爆发表明农业生产在追求产量的同时也更加注重土壤质量的可持续发展，并从土壤生物调控的角度出发，研究和发展土壤改良和培肥地力的新措施（杨宁等，2013：108～112；李娟等，2008：144～152）。③土壤污染和生物修复仍是中国土壤生物研究者关注的焦点，这一阶段国内研究者结合我国土壤污染现状，在农药和重金属污染方面开展了大量的研究工作（罗巧玉等，2013：3898～3906；王伟霞等，2010：208～211）。④新方法和新技术成为土壤生物学发展的重要推动力，土壤生物学研究无论从广度还是深度方面均有较大的进展，如 DGGE、磷脂脂肪酸等词汇的爆发且分别与微生物多样性、功能多样性等高频关键词交融在一起，表明这些技术正广泛运用于土壤微生物资源的调查和土壤核心生物过程的研究（夏围围等，2014：1489～1499；张秋芳等，2009：4127～4137）。⑤通过与土壤生物学 SCI 论文的高频词相比，发表在中文期刊的土壤生

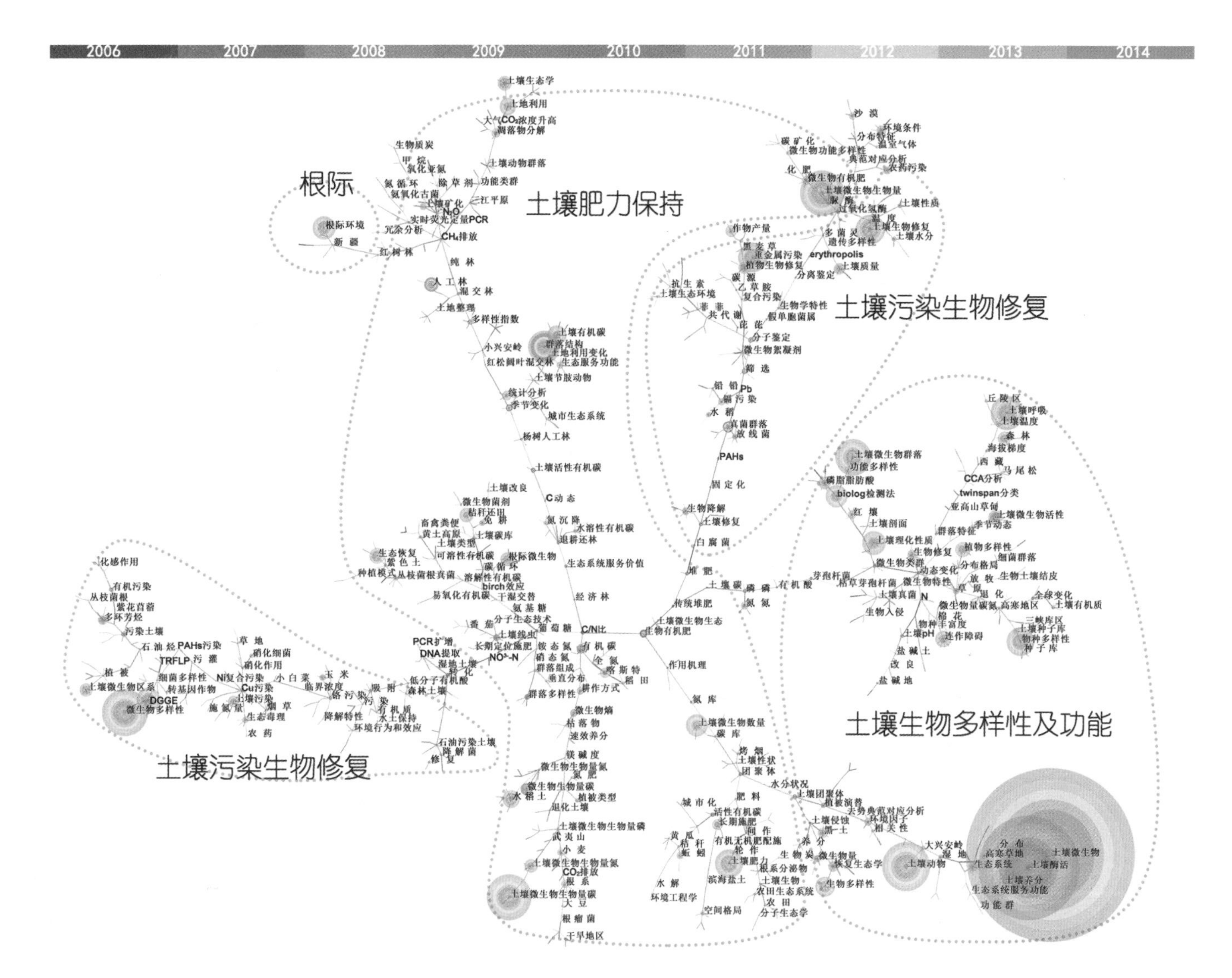

图 6-15　2006～2015 年土壤生物学 CSCD 中文论文关键词共现关系

物学研究侧重点明显不同：国际 SCI 论文大多强调微生物功能类群的作用，如有机物质在土壤中的转化、分解和积累，土壤微生物介导的土壤碳氮关键元素循环过程，而中文论文的研究大多停留在土壤微生物碳氮变化通量监测的阶段，较少运用先进的分子技术如高通量测序探究其内在驱动机制，对碳、氮元素循环的过程观测较多，对土壤关键功能生物类群的研究大多处于定性描述阶段。**综上分析，中国的土壤生物学研究具有鲜明的时代特征，面向中国农业生产、环境保护和全球变化履约的国家需求，重点开展了土壤生物肥力改良、土壤污染生物修复、土壤生物固氮和温室气体排放的生物机理等研究，特别在土壤生物与生物化学过程的通量监测和调控方面，开展了大量卓有成效的工作，在土壤生物多样性与功能及其农业和生态环境影响方面取得了明显的进展。**

6.3 土壤生物学发展动力剖析

20 世纪 80 年代中期至今的 30 年，国际土壤生物学在理论和方法方面均取得了重要进展，成为国际土壤生物学发展的主要驱动力；同时，人类经济社会快速发展导致的粮食安全、环境污染和全球变化等共性问题均与土壤生物紧密相关，是 30 年来国际土壤生物学快速发展的现实驱动力。**在理论研究方面**，20 世纪 70 年代末，美国科学家 Carl Woese 提出了基于生物核糖体 rRNA 序列进行分类的新理论，将地球生物划分为细菌、古菌和真核生物，准确描述土壤中难以计数的生物类群成为可能，为研究复杂土壤环境中生物多样性及其功能提供了理论上的依据。**在研究方法方面**，20 世纪 70 年代末，Frederick Sanger 发明了核酸 DNA 测序技术，2005 年以来新一代高通量测序技术呈现指数式增加的发展态势，这些以 DNA 测序为代表的先进方法极大地推动了土壤生物学的发展，为破译原位复杂土壤环境中生物多样性及其功能提供了关键的技术支撑。**在研究内容方面**，从传统的重视农业生产相关的土壤微生物和动物研究，拓展到了几乎所有的陆地表层系统，包括自然生态系统和人工生态系统的几乎所有类型，开展了土壤生物在农业、环境和生态等领域重大问题的基础与应用基础研究，特别围绕土壤生物资源发掘、土壤环境污染、土壤养分转化和全球变化等重要问题，将传统土壤生物过程表观动力学的描述性研究，推进到了分子、细胞、群落与生态系统等不同尺度下多层次立体式的系统研究水平。

与国际土壤生物学 30 年的发展相比较，得益于 20 世纪 80 年代中国改革开放以来科技环境国际化及社会经济迅猛发展的大背景，特别是近 10 年科研资金的大量投入，中国土壤生物学研究面向国际科学前沿，紧紧把握住了土壤生物学国际热点和发展潮流，在土壤生物学知识积累和理论凝练方面取得了重要进展，在土壤元素转化的生物驱动机制和土壤生物地理分布格局及功能等方面产生了一定的国际影响。同时，中国土壤生物学立足于国家需求，针对农业可持续发展、土壤环境保护和全球变化履约等方面的突出问题，围绕土壤肥力形成与演变、温室气体排放与控制以及污染物形态转化与防治的生物机制，开展了大量基础性和应用基础性的研究并产生了一定的国际影响。但同时我们也发现，尽管中国土壤生物学与国际先进水平靠拢的趋势明显，但在土壤生物学的源头理论创新，先进技术的开发和应用以及多科学交叉的广度和深度等方面，与国际前沿仍有一定的差异，亟须进一步提升土壤生物学在解决国家重大需求方面的集成创新能力。

综合分析国际及中国土壤生物学的发展特征和演进过程，可将土壤生物学的发展驱动力概述为如下 3 个方面。

（1）生物分类理论的重大突破是土壤生物学蓬勃发展的核心动力

栖息于土壤中的生物数量巨大、种类繁多，是联系地球不同圈层物质与能量交换的重要纽带，被称为地球关键元素生物地球化学循环过程的引擎。但是，从分类学的角度准确刻画和定义土壤中数量巨大的生物类群，一直是学术界的难点，换言之，由于土壤生物体积小、肉眼不可见，仅凭形态特征很难对其准确分类并研究其功能，土壤中海量生物的数量和种类一直是土壤学和生物学研究的难点。因此，传统的土壤生物学研究大多围绕土壤生物群落功能的整体表观特征开展研究，个体的生物类群功能在土壤环境中的作用或者属于纯粹生物学的研究范畴，或者大多处于一种概念性描述状态。这一研究特点在 1986～1995 年表现尤为明显，国际土壤生物学的研究仍然侧重于传统土壤生物学，特别是土壤微生物区系和土壤动物资源调查以及土壤生物与肥力和食物网结构功能之间的耦合分析。事实上，传统的土壤生物分类操作难度较大，无法在精细化水平表征功能生物在复杂土壤中的作用，就土壤微生物而言，这一时期的大多数研究仍然沿袭细菌、真菌和放线菌的传统分类方法，而土壤动物的研究则更多强调其形态和生理特征。在这一阶段，重要土壤功能微生物研究大多在实验室水平进行，与真实的土壤环境相距甚远，不能反映生物在土壤中行使的真正功能，土壤生物学研究中的土壤学属性和生物学特征耦合程度较差。1996 年，特别是 2000 年以后，Carl Woese 提出的三域分类理论逐渐被学术界广泛接受并进入了经典教科书，利用快速发展的 DNA 测序技术，通过直接获得土壤中所有微生物的 16S rRNA 基因序列，并通过比较 16S rRNA 基因的序列差异，为微生物分类提供了一种简单快捷可操作的分类手段，通过靶标土壤中不同生物类群 16S rRNA 基因的变化，定量半定量研究各种生物功能及其土壤生态与环境效应则成为可能。总体而言，过去 30 年，通过 rRNA 序列的比对分析，发现土壤中最多可达 99%的微生物尚未被培养，其功能尚未可知。土壤生物分类理论上的突破，使得复杂土壤中个体微生物能够被逐一甄别，复杂体系中生物功能研究成为可能，并赋予了传统土壤生物学研究新的内涵，重新定义了土壤养分循环的生物驱动机制，发现了新的氮素转化微生物如氨氧化古菌；厘清了土壤温室气体排放的生物调控机理，揭示了微生物在温室气体排放中的重要作用。生物三域分类理论极大地推动了土壤生物学研究，深化了土壤生物学的理论认知和知识积累，为土壤肥力保育、生态环境保护和全球变化履约提供了新的视角，从而进一步推动了土壤生物学的发展。

（2）技术和方法创新是土壤生物学发展的重要推动力

绝大多数土壤生物肉眼不可见，特别是栖息于土壤中数量巨大的微生物区系，因此，土壤生物学的发展始终依赖于研究方法的突破和改进。19 世纪末建立的分离培养和稀释平板计数法是土壤微生物研究的重要里程碑与经典研究方法；20 世纪 70 年代土壤生物量分析方法的建立，则有效量化了土壤碳、氮、磷等养分元素的微生物周转过程，极大地推动了土壤微生物学的生物化学过程研究。在 1986～1995 年的 10 年里，这些传统方法仍然主导了国际和中国的土壤生物学研究，主要的土壤生物关键词均与微生物量碳氮、土壤生物过程和土壤动物食物网等紧密相关。1993 年，聚丙烯酰胺凝胶电泳等为代表分子指纹谱图技术首先被引入土壤生物学研究；1995 年，实时荧光定量 PCR 技术被成功应用于土壤养分转化的关键功能微生物研究；2000 年，稳定性同位素示踪微生物核酸 DNA 被引入土壤微生物研究，成为土壤微生物功能研究技术的重要突破；2005 年，罗氏公司开发了高通量测序技术，并于 2007 年应用于土壤微生物多样性研究，革命性地改变了土壤微生物指纹图谱技术的分辨率，成为解析土壤微生物和动物多样性与功能的重要工具，同时，以高通量测序为基础的土壤宏基因组学和土壤宏转录组学等新理念应运而生。此外，各种先进的谱学技术，包括核磁共振技术、标志物质谱技术和纳米二次离子质谱技术，先进的土壤生物功能原位表征技术，如单细胞筛选与分析技术以及先进的生物统计算法等，也被广泛应用于土壤生物学研究。特别是近 10 年，这些先进技术的应用与开发，极大地推动了学术界对土壤生物黑箱的认识，将土壤生物学的研究对象从传统的单一生物个体拓展到系统的群落水平，使得深入挖掘土壤生物资源，定量描述土壤生物过程，定向调控土壤生物功能成为可能。先进技术和方法创新成为土壤生物学快速发展的重要推动力。

（3）人类生产生活及社会发展的现实需求是土壤生物学发展的根本动力

土壤是人类最重要的资源之一，而土壤中的生物则是土壤发生、发育和形成的核心要素。土壤生物在粮食生产、环境保护、食品生产和医药行业等领域具有广泛的应用前景，也是土壤生物学发展的根本动力。早在 19 世纪中叶，土壤有机质分解、氮素转化和固氮作用等土壤肥力相关的元素转化过程已经被清晰界定为土壤生物过程，并带来 20 世纪初土壤生物学研究的空前繁荣。20 世纪 80 年代以来的 30 年，土壤生物学研究则为我国农业生产和环境安全的可持续发展提供了新的契机，特别是我国耕地资源有限，由化肥、农药高强度投入带来的产量增长已至极限，国家粮食安全面临挑战，挖掘土壤生物资源、调控土壤生物功能，将为发展农业可持续发展的技术体系提供理论支撑。1986～1995 年时段的关键词分析也表明这一时期的土壤生物学研究重点包括从土壤中分离优良菌种，结合复杂的物理化学工艺生产有机肥料，发展农业生产；1996～2005 年，土壤生物学研究更加强调土壤环境保护与修复，表明我国经济社会快速发展过程产生的环境问题得到了土壤生物学的高度关注，针对农化用品残留和外源有机物输入带来的环境污染，开展了大量的土壤生物修复研究工作。2005 年以来的 10 年，大量经济作物种植引起的连作障碍和土壤退化也成为土壤生物学的重要研究内容，特别是随着土壤生物研究的不断深化，面向重要农业生产实践的土壤生物学多学科交叉成为重要特征，从地球陆地表层系统的角度，在不同尺度下研究土壤营养元素循环中的土壤生物机制，阐明土壤生物间错综复杂的相互关系，开展新型生物肥料创制、土传病害防治、土壤生物固碳、污染物消纳和转化等成为土壤生物学研究的重要驱动力。**总体而言，过去 30 年国际土壤生物学的发展更多强调元素转化过程的基础性科学问题，更多地服务于国际社会普遍关注的热点问题，如全球变化履约和生物多样**

性维持机制等；中国土壤生物学研究则具有明显的时代特征，服务于农业生产和粮食保障、土壤环境与污染修复、全球变化与国际履约的特色鲜明，特别是在 30 年不同发展阶段对这些问题各有侧重或者同时并重，中国特色的土壤资源及其利用方式既是我国土壤生物学研究的挑战，也为土壤生物学发展提供了重要机遇。

6.4　NSFC 对中国土壤生物学发展的贡献

在 NSFC 的大力支持下，中国土壤生物学快速发展，研究队伍不断壮大，在现代农业生产、生态环境保育和全球变化履约方面取得了显著成果，为国际土壤生物学发展做出了重要贡献。本节以 NSFC 学科代码土壤生物学（D010504）的数据为主，分析了 1986～2015 年土壤生物学 NSFC 申请和资助项目数量的演变特征，着重阐述了 NSFC 对土壤生物学典型领域的资助和推动作用，进一步概括了 NSFC 在我国土壤生物学人才队伍建设中发挥的重要作用。

6.4.1　土壤生物学 NSFC 项目申请及资助情况

土壤生物学是土壤学的重要分支学科，在过去 30 年中蓬勃发展并分化产生了一系列的新兴交叉学科前沿，如土壤微生物分子生态学、土壤宏基因组学等。NSFC 举办了土壤生物学相关的研讨会并开展了系列调研，持续资助了土壤生物学的基础研究，前瞻部署了土壤生物学的新兴热点问题研究。图 6-16 展示了 1986～2015 年 NSFC 受理和资助土壤生物学项目数量及其在土壤学项目中的占比。过去 30 年，NSFC 土壤生物学申请项目数量持续增加，特别自 1991 年起，几乎呈直线型增加，2011～2015 年申请项目数量高达 1 700 余项，占土壤学申请项目总量的 1/3，进一步以 10 年为间隔，土壤生物学申请项目数量的增长趋势更加明显，1986～1995 年、1996～2005 年和 2006～2015 年 3 个时段的申请项目数分别为 11 项、251 项和 2 458 项，高达 90.4%的土壤生物学项目申请发生在近 10 年，**说明 2005 年以前，中国土壤生物学研究在低谷徘徊，2005 年以来，在 NSFC 的资助下土壤生物学研究出现了爆发式的增长，不仅成为土壤学关注的焦点，而且研究队伍迅速壮大，一跃成为土壤学的优势学科方向。**

与土壤生物学申请项目数量的增长趋势类似，过去 30 年，NSFC 土壤生物学资助项目数一直处于增长状态，特别是近 15 年来增长强劲（图 6-16），由 1986～1990 年的 5 项增至 2011～2015 年的 520 项。土壤生物学在土壤学资助项目中的占比同样增加迅速，且其增长趋势与申请项目占比保持一致，甚至略高。以 2011～2015 年这一时段为例，申请项目占比为 33.71%，而资助项目占比为 37.33%，说明土壤生物学申请项目的数量与质量的变化趋势较为一致。此外，地球科学部一处在土壤生物学发展过程中发挥了重要的调控作用。在学科发展的低潮阶段，特别是 1986～1995 的 10 年时段，土壤生物学申请项目共计 11 项均获得资助，资助率高达 100%。在土壤生物学发展的低谷期，这些项目为稳定研究队伍，推动近 10 年中国土壤生物学的快速发展发挥了重要作用。**总体而言，NSFC 根据学科发展低潮期、爆发期和平台期的不同特点，综**

合分析项目申请数量和资助比例并进行优化调控与方向引导，有力地推动了近30年我国土壤生物学的快速发展。

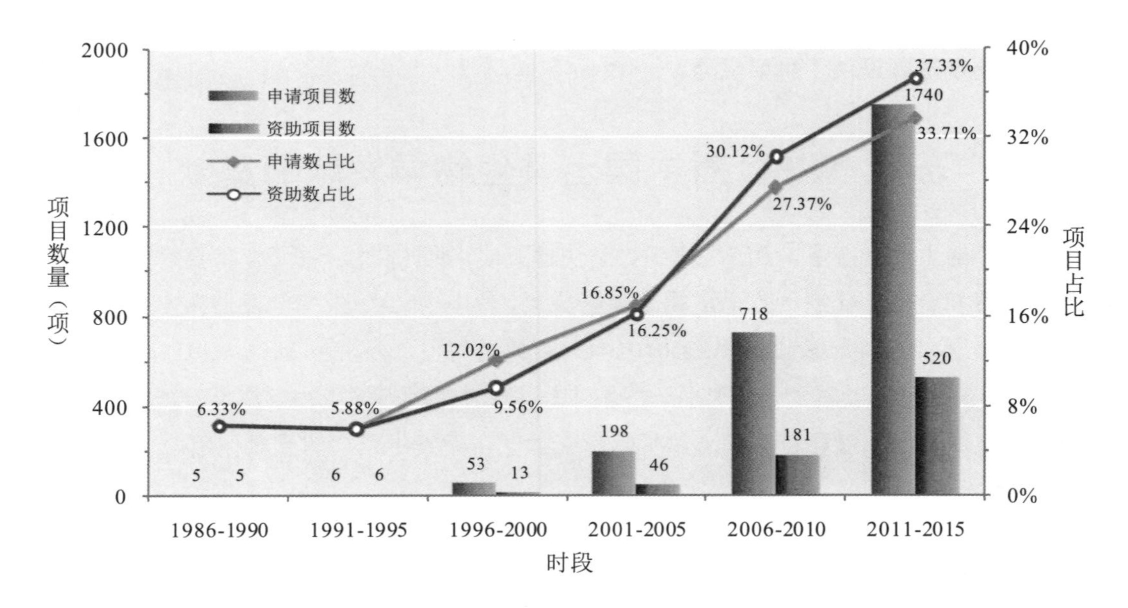

图 6-16 1986～2015 年 NSFC 受理和资助土壤生物学项目数及其在土壤学项目中的占比

注：由于 1986～1995 年缺失申请项目数的准确信息，无法得到此期间申请项目数占比，为了便于分析，以资助项目数代替申请项目数。

6.4.2 NSFC 对土壤生物学典型领域的资助

针对 1986～2015 年 NSFC 地球科学部一处资助的 771 个土壤生物学及其相关项目，通过关键词频次分析并结合专家判断，确定了 3 个土壤生物学典型领域进行分析，包括土壤生物方法学、土壤功能微生物、土壤生物与环境相互作用。具体分析策略如下：①首先确定典型领域的代表性核心词汇，然后结合资助项目的标题及摘要筛查，最后确定与典型领域密切相关的项目；②通过这一策略，从 771 个项目中筛选得到土壤生物方法学相关的项目 234 个、土壤功能微生物相关的项目 327 个、土壤生物与环境相互作用相关的项目 135 个；③最后针对每一个典型领域的所有相关项目，汇总项目关键词，同时合并同义和近义的关键词后计算关键词词频，根据词频总数由高到低筛选得到 TOP20 关键词，分析 NSFC 对土壤生物学典型领域的资助和推动作用。

土壤生物学的发展始终依赖于研究方法的突破和改进。近 30 年来，技术和方法的快速发展是土壤生物学爆发式增长的重要推动力。图 6-17 显示了 1986～2015 年的 30 年土壤生物学研究方法相关的项目资助情况。NSFC 资助的土壤生物方法学典型领域研究项目占土壤生物学资助项目总数的 30.4%，30 年间土壤生物方法学相关的资助项目数一直呈稳步增长趋势，由 2000 年前的 1 项逐步增至 2011～2015 年的 160 项，而在 NSFC 土壤生物学资助项目中的占比则稳定在 30%以上，说明先进物理、化学和分子技术在土壤生物学中的应用一直是重要的研究领域，得到了土壤生物学研究者的高度关注。

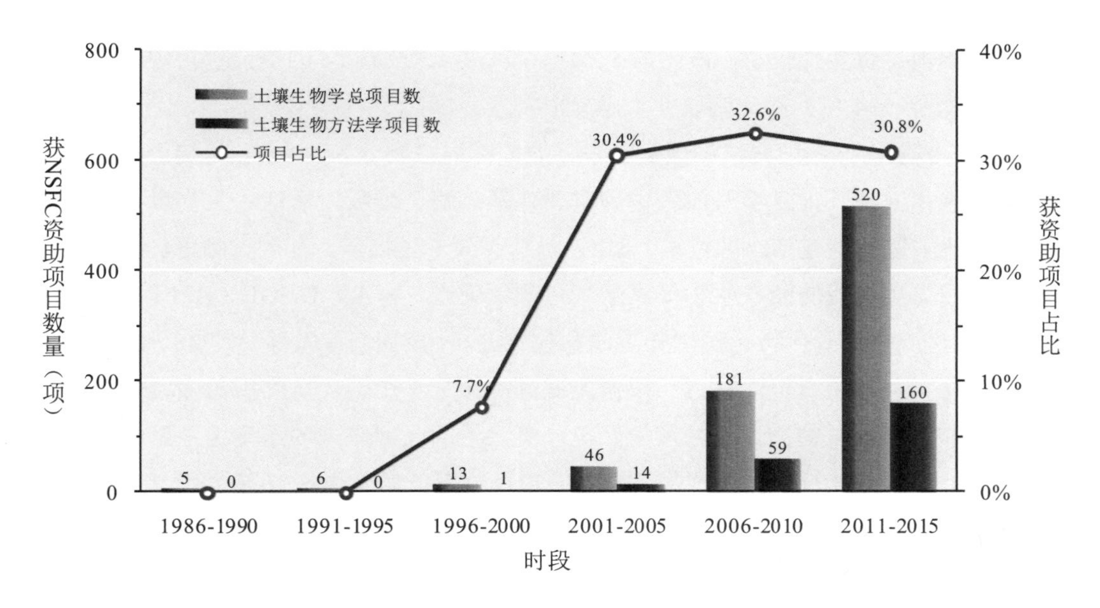

图 6-17 1986～2015 年土壤生物方法学领域获 NSFC 资助项目数及其在土壤生物学获资助项目中的占比

NSFC 土壤生物方法学相关的项目受资助单位主要分布在华东地区，该区域的研究机构承担了 33.7%的土壤生物方法学相关的项目（图 6-18）。30 年间这些单位共获得土壤生物方法学相关的资助项目 90 项，获得项目较多的单位分别为：中国科学院南京土壤研究所（33 项）、南京农业大学（15 项）和浙江大学（8 项）。其他地区的科研单位和高等院校也承担了相当数量的土壤生物方法学相关项目，如华北地区占比 18.0%，主要包括中国科学院生态环境研究中心（18 项）、中国农业大学（10 项）；东北地区占比 10.9%，主要包括中国科学院东北地理与农业生态研究所（9 项）和中国科学院沈阳应用生态研究所（9 项）。此外，华南、华中、西北及西南

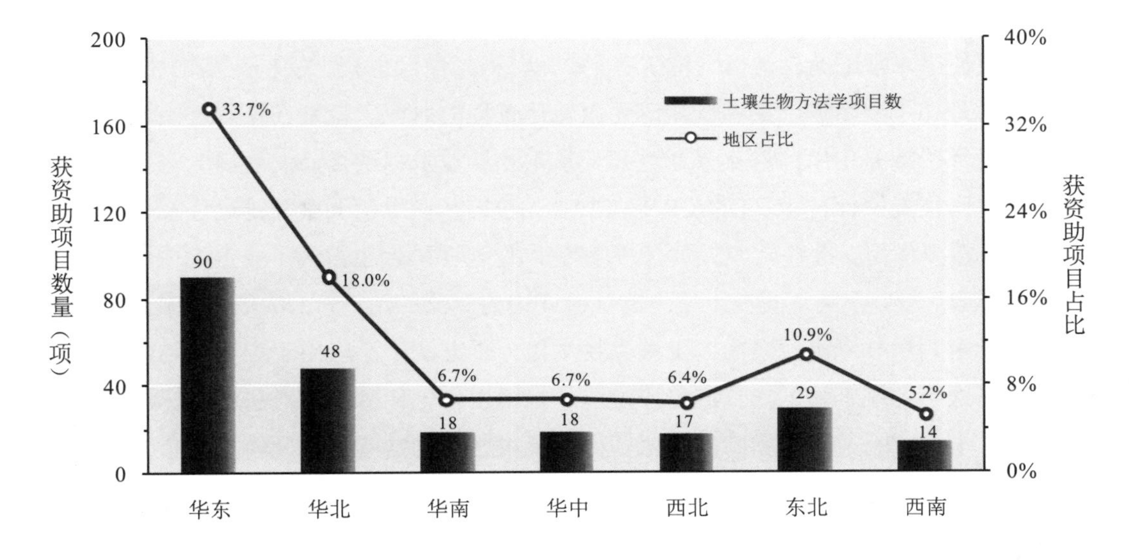

图 6-18 1986～2015 年土壤生物方法学领域获 NSFC 资助项目的地区分布

地区的单位获得项目数差别较小，占比在 5.2%～6.7%。获资助较多的单位包括中国科学院亚热带农业生态研究所（14 项）和华南农业大学（6 项）。

NSFC 对土壤生物方法学典型领域资助项目的关键词主要分为两大类：传统土壤生物学和现代分子生物学技术方法。前者涉及的关键词主要包括：酶、呼吸、活性、生物量、分类和分离等；后者涉及的关键词则包括：同位素、SIP、示踪、分子生物学、基因、测序、系统发育、芯片、代谢、蛋白、磷脂脂肪酸、生物信息学、定量、荧光、PCR、DGGE、RFLP、指纹图谱和凝胶电泳等。为进一步深入分析土壤生物方法和技术的作用，我们首先针对 1986～2015 年 NSFC 土壤生物学方法相关的所有资助项目，根据关键词制作了一个词表，然后对多种表达形式的同义词及含义不够清晰的关键词进行处理与聚类，消除了同义词带来的不确定性影响，开展了关键词词频统计；同时，计算了包含这些关键词的项目数量。如表 6-5 所示，土壤生物学研究方法相关的关键词可分为 8 大类，囊括了传统的土壤微生物研究方法、现代分子技术以及先进的物理化学技术手段，基本反映了土壤生物学发展不同阶段所采用的主流方法和技术特征。

根据关键词出现的频率进行排序，结合不同类型方法的资助项目数，数据分析表明现代分子生物学技术和传统微生物方法的资助项目数分别为 85 项和 3 项，分别位于金字塔的顶端和底端，表明先进的分子技术根本改变了传统土壤生物学研究的策略，是过去 30 年土壤生物学蓬勃发展的重要推动力。结合关键词词频，如表 6-5 数据所示，资助项目中不同的技术和方法可概述如下。①现代分子生物学技术（85 项）。主要包括分子指纹图谱（DGGE/RFLP）、实时荧光定量 PCR 技术、荧光原位杂交技术、Sanger 测序技术（基于基因克隆文库）等现代分子生物学技术。这些先进的技术大多始于 20 世纪 80 年代，一经引入就极大地推动了土壤生物学的发展，在所有涉及方法学的项目中占比高达 1/3 以上，至今仍具有强大的生命力。②稳定性同位素技术（62 项）。稳定性同位素技术近 10 年来异军突起，被广泛应用于土壤生物的分子标记物示踪，如核酸 DNA/RNA 和磷脂脂肪酸 PLFA 等，在研究土壤元素生物地球化学过程的微生物机制方面发挥了重要作用。常用的稳定性同位素有 ^{13}C 和 ^{15}N，最近也有 ^{18}O 同位素的相关研究报道。这些示踪技术最初主要用于土壤中碳氮等元素转化过程的研究，特别在植物—土壤系统营养元素转化方面发挥了重要作用，近年来通过和分子生物学技术相结合，发展出一些新兴的交叉技术，如稳定性同位素探针技术（DNA/RNA/PLFA-SIP），在揭示土壤关键过程及其微生物驱动者方面发挥了重要作用。此外，^{14}C 和 ^{32}P 放射性同位素在早期也得到了一定的关注，但由于潜在的环境与健康风险，限制了其在土壤生物学研究中的广泛应用。③土壤生物生化分析方法（50 项）。在分子生物学技术出现之前，土壤生物生化分析方法广泛应用于土壤生物学研究，其重要程度可能仅次于传统土壤生物分离培养方法。土壤生物生化分析的对象或指标涉及土壤酶、土壤生物量、土壤呼吸、磷脂脂肪酸、氨基糖、土壤微生物量碳、氮及磷等多个方面，是表征土壤生物过程的重要方法。④各种新兴的组学技术（37 项）。2007 年后高通量测序技术的出现，包括基因组、转录组、蛋白组、代谢组等各种组学技术迅速发展并在土壤生物学研究中得到了广泛应用。研究对象从传统的纯培养微生物个体拓展到了复杂的土壤微生物区系，产生了以土壤微生物区系为核心的组学研究，包括宏基因组、宏转录组、宏蛋白组和宏代谢组等。与组学技术相关的 37 个资助项目中，最早始于 2008 年，而 2011 年后的资助项目共计 35 项，在所有组学相关项目中占比高达 94.6%，这表明各种组学技术已成为土壤生物学研究的一种强大的新兴手段，土壤生物学研究无论从广度还是深度都进入了一个前所未有的新时期。⑤高通量测序多样性技术（12 项）。2005 年罗氏公司推出高通量测序 16S rRNA 基因技术并于 2007 年应用于土壤生物学研究后，以其强大的测序深度及相对廉价的测序费用，迅速成为主流的微生物多样性分子指纹图谱技术，根本改变了传统 DGGE 和 TRFLP 为代表的微生物群落结构与多样性的研究，目前已经在一定程度上取代了传统的 Sanger 测序方法，成为土壤生物多样性研究的一种常规分析技术。值得注意的是，2014 年以来，454 焦磷酸测序技术平台逐渐被 Illumina 公司的各种高通量测序平台所取代，如 MiSeq 及 HiSeq 等。其他的一些技术也被一些项目所采用。如基

表 6-5　1986～2015 年土壤生物方法学领域获 NSFC 资助项目 TOP20 关键词

序号	关键词	频次
1	稳定性同位素技术[稳定性同位素技术、稳定性同位素探针技术、稳定性同位素示踪核酸（DNA/RNA）技术、同位素技术、同位素水文学、同位素双标记技术、SIP、RNA-SIP、同位素标记、稳定性碳同位素、同位素分馏系数、同位素标记秸秆、示踪、^{15}N 示踪、^{15}N、^{32}P 示踪、^{13}C、^{14}C]	62
2	基因序列分析技术[基因、基因表达、基因多样性、微生物功能基因、固氮基因、反硝化细菌基因（*nirK* 和 *nosZ*）、基因调控、微生物基因丰度、功能基因、土壤微生物碳循环基因、基因克隆与表达、NPS6 基因、CPS1 基因、基因克隆、亚硝化基因、基因标记、基因文库、微生物基因文库、*amoA*、*hao*、*nifH*、*LuxS*、*hex1*]	46
3	基因组学技术（基因组、元基因组学、微生物基因组、环境基因组学、靶位宏基因组测序、基因组进化）	24
4	分子生物学技术（分子生物学、土壤分子生物学）	22
5	土壤酶活分析（土壤酶、漆酶、果胶裂解酶、磷酸单酯酶）	20
6	土壤呼吸	12
7	高通量测序技术（454 测序、Illumina Miseq 高通量测序、454 焦磷酸测序、高通量测序、454 高通量测序）	12
8	土壤生物量分析方法（土壤生物量、微生物生物量周转、土壤微生物量氮、土壤微生物量碳、土壤微生物磷、真菌/细菌生物量比）	9
9	系统发育分析方法（系统发育树、系统发育）	8
10	代谢组学技术（代谢组学、代谢网络、代谢途径）	8
11	指纹图谱技术（PCR-DGGE、DNA 指纹图谱、指纹特征、RFLP、指纹分子）	6
12	定量 PCR 技术（RT-PCR、荧光定量 RT-PCR、定量分析、定量、实时荧光定量）	6
13	蛋白组学技术（元蛋白质组技术、蛋白组学、差异蛋白组）	6
14	基因芯片技术（基因芯片、GeoChip）	6
15	转录组学技术（转录组学、元转录组学、转录组测序）	5
16	微生物活性分析（细菌活性、土壤微生物活性）	4
17	磷脂脂肪酸	4
18	传统分离培养方法（分离培养、近自然分离法、分离鉴定、分类鉴定）	4
19	生物信息学	3
20	荧光标记技术（荧光原位杂交、荧光原位标记）	2

注：提取出 1986～2015 年 NSFC 资助土壤生物学中与土壤生物方法学相关项目的全部关键词，对多种表达形式的同义和近义的关键词进行归类，得出与土壤生物方法学研究相关的 TOP20 关键词。

因芯片相关的项目 5 项、蛋白电泳等技术相关的项目 5 项，这些技术总体而言仍然处于前期探索阶段，或者后续数据分析的生物信息平台要求较高，尚未成为常规的土壤生物学研究技术。在所有土壤生物学方法相关的资助项目中，过去 30 年传统分离培养方法相关的项目仅 3 项，这些数据充分说明，先进技术在快速发展和应用，是土壤生物学近 30 年蓬勃发展的重要推动力。

土壤功能微生物是土壤生物学研究的典型领域，也是过去 30 年基金资助的重要内容，土壤功能微生物研究的深度和广度在很大程度上能够反映土壤生物学的发展水平。因此，过去 30 年 NSFC 针对土壤生物在地球表层系统中的功能，面向国际科学前沿，围绕国家重大需求，在土壤营养元素循环、土壤温室气体减排、土壤污染环境修复和土壤肥力保育等方面，持续支持了土壤功能生物相关的研究方向。图 6-19 显示 1986～2015 年 NSFC 土壤功能微生物研究的资助情况。30 年间 NSFC 土壤生物学共资助 327 项土壤功能微生物相关项目，占 NSFC 土壤生物学资助项目数的 42.4%。30 年间资助项目数一直呈稳步增长趋势，由 1986～1990 年的 0 项、1991～1995 年的 1 项，指数式增至 2011～2015 年的 237 项。近 20 年来在 NSFC 土壤生物学资助项目中的占比稳定在 40%左右，**说明土壤功能微生物的研究一直受到学术界密切关注，是土壤生物学的重要研究领域。**

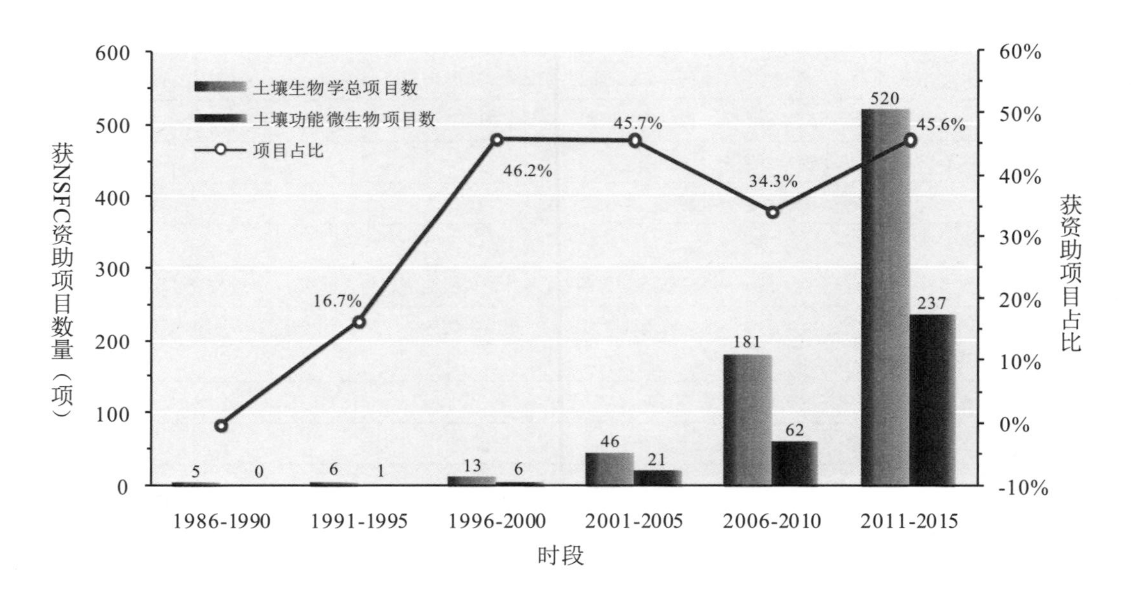

图 6-19 1986～2015 年土壤功能微生物领域获 NSFC 资助项目数及其在土壤生物学获资助项目中的占比

获 NSFC 资助的土壤功能微生物相关项目主要分布在华东地区，该区域的研究机构承担了近一半（46.8%）的项目（图 6-20），30 年间这些单位共获得土壤功能微生物资助项目 153 项，获得项目较多的单位包括中国科学院南京土壤研究所（30 项）、南京农业大学（21 项）、浙江大学（14 项）和中国科学院城市环境研究所（10 项）；其次是华北地区的单位（17.4%），承担项目较多的研究机构包括中国科学院生态环境研究中心（17 项）、中国农业大学（16 项）；华南、华中、西北、东北及西南地区相关机构获得项目数差别较小，占比在 5.8%～8.3%。华南地区获资助较多的单位包括华南农业大学（10 项）、广东省生态环境与土壤研究所（7 项）；华中地区受资助最多的单位为中国科学院亚热带农业生态研究所（18 项）；西北地区的西北农林科技大学和新疆农业科学院获资助数量位列前茅，分别获得 8 项和 6 项；东北地区的中国科学院沈阳应用生态研究所和中国科学院东北地理与农业生态研究所各获得 7 项和 6 项资助；西南地区的 11 个单位分享了 19 个土壤功能微生物相关的项目，每个单位的受资助项目数均在 3 项以下。

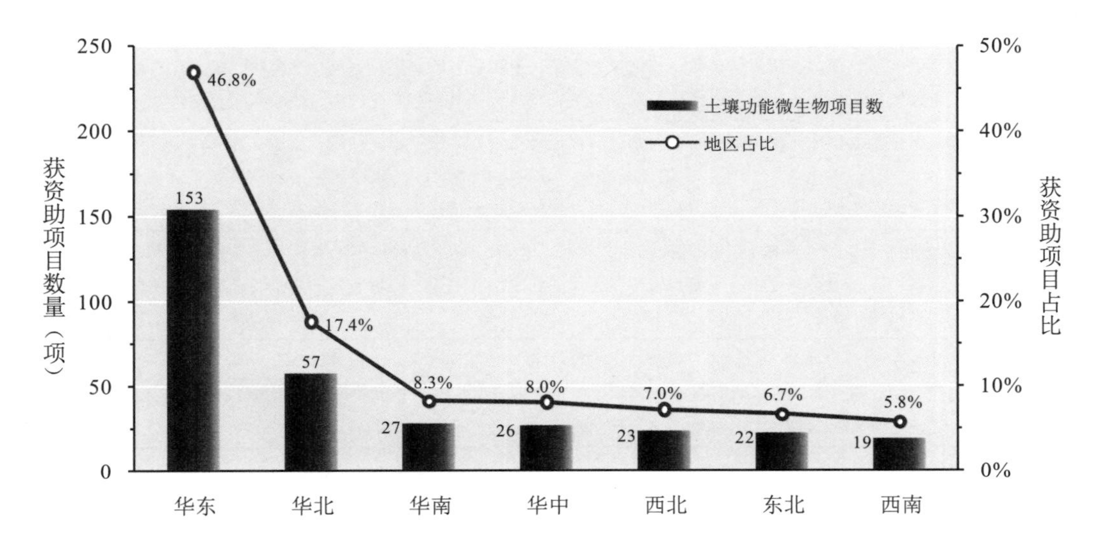

图 6-20　1986～2015 年土壤功能微生物领域获 NSFC 资助项目的地区分布

为了进一步深入分析土壤生物学中功能微生物的研究主题和热点，更加全面而准确地反映资助项目的关键内容，我们首先汇总了 1986～2015 年所有土壤生物的资助项目，然后根据项目名称、项目摘要和项目关键词，遴选土壤功能微生物为核心的资助项目 327 项并统计获得了土壤功能微生物的特征性关键词词频。根据功能微生物涉及的主要科学问题或应用目标，结合关键词词频将其分为三大类。①生物地球化学循环相关的关键词，如氮、氨氧化、硝化、反硝化、氧化亚氮、根瘤、碳、有机物、有机质、甲烷、同化、固定、分解、磷、硫、铁、铝、矿化、矿物和菌根等；②污染物降解相关的关键词，如降解、污染、多环芳烃、多氯联苯、莠去津、农药、有机氯、DDT、六六六、金属、砷、镉和汞等；③植物促生及病害相关的关键词，如病原菌、防病、病害、促生等。表 6-6 则根据词频对这些关键词进一步细分为 20 个不同类型。结合资助项目数量统计，数据分析结果表明，过去 30 年对土壤功能微生物的研究主要集中在以下 9 个领域。①土壤有机污染物降解微生物（61 项），涉及的污染物有多环芳烃、多氯联苯、有机氯和有机磷等农药及石油污染物等多个种类，主要研究污染物降解的微生物调控机制。②土壤氮循环相关微生物（47 项），涉及固氮、硝化、反硝化、氮肥转化、有机氮利用、氮沉降和厌氧脱氮等方面。③氨氧化微生物研究（44 项）。虽然氨氧化微生物也是参与氮循环的一类功

表 6-6 1986～2015 年土壤功能微生物领域获 NSFC 资助项目的 TOP20 关键词

序号	关键词	频次
1	有机污染物降解微生物（有机污染、复合污染生物修复、有机废弃物、持久性有机污染物、多环芳烃、PAHs 降解菌、石油污染、石油污染土壤、石油污染物、石油降解菌、烃、莠去津、莠去津降解菌、阿特拉津、邻苯二甲酸酯、溴代阻燃剂、二苯砷酸、磺酰脲类、壬基酚聚氧乙烯醚、多氯联苯、PCBs、Cd-DDTs 复合污染土壤、二氯喹啉酸降解、六六六污染土壤、有机氯农药、有机氯、氯嘧磺隆、氯代有机污染物、有机磷农药、农药残留、农药污染、三氯吡啶）	65
2	氨氧化微生物（氨氧化菌、厌氧氨氧化、厌氧氨氧化菌、氨单加氧酶基因、氨氧化微生物、氨氧化古菌、氨氧化细菌、土壤氨氧化活性、厌氧铁氨氧化反应、氨氧化反应、厌氧铁氨氧化细菌、土壤氨氧化活性）	50
3	氮循环相关微生物（硝化、硝化细菌、硝化古菌、氮循环微生物、厌氧脱氮作用、土壤氮循环、氮保持、脱氮特征、有机氮组分、异养硝化作用、土壤氮素转化、硝酸异化还原、硝酸慢化还原成铵、氮素固持与释放、硝化—反硝化、土壤硝化微生物、氮沉降、氮转化、亚硝化基因、羟胺氧化还原酶基因）	47
4	有机质转化相关微生物（纤维素、纤维分解菌、秸秆、秸秆分解、秸秆还田、有机物、有机物降解、木质素降解、土壤有机碳、根系分泌物、土壤有机质转化循环、土壤有机质、土壤有机质质量、土壤有机质分解、有机碳转化、有机碳矿化）	46
5	重金属污染修复相关微生物[重金属、重金属抗性微生物、土壤重金属、镉、镉污染、莠去津一镉复合污染、异化金属还原菌、重金属解吸、农产品重金属积累、铅、多金属抗性植物促生细菌、金属还原运移、铜（Cu）、锌（Zn）、重金属耐性（超富集）植物、金属矿区废弃地、汞、金属尾矿]	36
6	反硝化微生物[反硝化作用、反硝化过程、反硝化功能基因（*nirK* & *nosZ*）、反硝化细菌、共同反硝化]	28
7	磷代谢相关微生物（土壤微生物磷、土壤磷循环、溶磷微生物、磷酸单酯酶、土壤磷有效性、低磷胁迫、溶磷、磷素活化、磷素运移、菌根吸磷途径、吸磷效率、根际解磷菌、无机磷细菌、土壤磷素转化）	21
8	甲烷氧化微生物（甲烷氧化、好氧甲烷氧化菌、甲烷氧化能力、大气甲烷氧化菌、甲烷氧化菌、厌氧甲烷氧化、厌氧甲烷氧化作用、厌氧甲烷氧化古菌、反硝化型甲烷厌氧氧化）	20
9	氧化亚氮排放相关微生物（氧化亚氮、氧化亚氮还原菌、土壤 N_2O 排放）	19
10	铁代谢微生物（铁循环细菌、异化铁还原、铁还原、土壤铁循环）	17
11	丛枝菌根真菌（VA 菌根菌、丛枝菌根、丛枝菌根真菌、AM 真菌）	15
12	矿化微生物（生物矿化、纳米磁铁矿、矿物风化、钾矿物、矿物生物风化、土壤矿物、土壤纳米矿物、黑云母）	15
13	砷污染修复相关微生物[砷（As）、二苯砷酸]	13
14	固氮微生物[根瘤、耐低温根瘤菌、联合固氮、共生固氮、低温共生固氮、共生固氮作用、固氮菌、固氮基因（*nifH*）、根瘤菌]	10
15	植物病害相关微生物（病原菌、土传植物病原菌、棉花黄萎病、防病机理、尖孢镰刀菌、土传病害、枯萎病、香蕉枯萎病、防病效果）	10
16	产甲烷微生物（甲烷产生、产甲烷古菌、产甲烷菌）	9
17	促生微生物（多金属抗性植物促生细菌、植物促生根际细菌、促生机制、促生、植物根际促生菌、根际促生菌）	9
18	硫代谢微生物（硫酸盐还原菌、硫、硫酸盐还原）	4
19	耐铝微生物（铝、耐铝机制）	3
20	二氧化碳固定相关微生物（土壤微生物 CO_2 同化、二氧化碳固定、CO_2 同化作用）	3

注：提取出 1986～2015 年 NSFC 资助土壤生物学中与土壤功能微生物相关项目的全部关键词，对多种表达形式的同义和近义的关键词进行归类，得出与土壤功能微生物研究相关的 TOP20 关键词。

能微生物，但铵态氮肥施用是一种重要的农业管理方式，在世界范围内具有重要的农业实践意义。因此，长期以来铵态氮肥转化的氨氧化微生物受到土壤学、植物营养学和农业科学相关领域的密切关注，已经从氮循环功能微生物中脱颖而出，成为一个独立的热点方向。该研究方向涉及氨氧化细菌及氨氧化古菌的数量、物种类群、生态分布、古菌和细菌对氨氧化的相对贡献等方面。此外，厌氧氨氧化微生物多样性及其生理生态特征也受到了较多的关注。④有机质降解及碳循环相关微生物（41 项）。涉及秸秆、纤维素、木质素、根系分泌物及土壤多糖的降解以及 CO_2 固定、碳转化、碳固持和碳矿化等过程。⑤重金属污染修复相关微生物（38 项）。项目直接涉及的重金属包括镉（Cd）、铜（Cu）、锌（Zn）、铅（Pb）、砷（As）、汞（Hg）等，涉及的微生物修复过程包括重金属解吸、重金属积累和金属还原运移等。⑥温室气体排放相关微生物，其中甲烷和氧化亚氮排放相关的功能微生物项目分别为 29 项和 27 项。尽管甲烷与氧化亚氮排放是碳氮循环的一部分，但两种温室气体与全球气候变化密切相关，已经成为土壤碳氮循环研究的热点内容。甲烷代谢相关的微生物包括产甲烷古菌、好氧甲烷氧化菌、厌氧甲烷氧化菌、大气甲烷氧化菌、反硝化型甲烷厌氧氧化菌等类群。氧化亚氮排放相关微生物则涉及多个生物过程及其分子标靶，其关键词主要包括硝化作用、反硝化过程、*nirK* 和 *nosZ* 基因、氧化亚氮还原菌、异养反硝化等。⑦磷代谢及铁代谢相关功能微生物的资助项目分别为 19 项和 15 项，特别在水稻土研究中得到了较多的关注。⑧丛枝菌根真菌相关的项目 8 项，这些项目主要与土壤营养元素转化相关。⑨土传病害相关微生物的项目（7 项），主要针对经济作物连作障碍引发的土传病害，如棉花黄萎病、香蕉枯萎病等分离拮抗菌株，并开展土传病害生物防治的相关机理研究。此外，功能微生物相关的一些资助项目也得到了其他学科的高度关注，表现出鲜明的学科交叉特点，如地球化学与土壤微生物学交叉（地质微生物 7 项），主要涉及矿物生物风化及矿物—微生物相互作用；植物科学与土壤微生物学交叉（6 项），主要涉及植物根际促生菌的分离和应用、协同促生机制研究等。

土壤生物与环境相互作用是土壤生物学的另一个重要研究领域，土壤生物常被认为是地球生态系统最重要的分解者。因此，土壤生物与环境相互作用及其适应机制是土壤生物学基础研究的重要内容，特别在人为活动干扰或自然环境分异下土壤生物群落的演替规律及其反馈机制，是土壤生物学的理论前沿。过去 30 年，NSFC 持续资助了相关领域的研究，促进了土壤生物学的快速发展。图 6-21 显示 1986～2015 年 NSFC 资助土壤生物与环境相互作用领域的项目数量及其在土壤生物学获资助项目中占比。过去 30 年 NSFC 共资助了 135 项土壤生物与环境相互作用的相关项目，占 NSFC 土壤生物学资助项目数的 17.5%。值得注意的是，1986～2000 年未有相关项目资助，2001 年以来资助项目数快速增加，2001～2005 年、2006～2010 年、2011～2015 年 3 个时间段分别为 9 项、32 项、94 项，每 5 年增加幅度在 2 倍左右，并且在土壤生物学总项目中的占比一直稳定在 18%上下，**说明土壤生物与环境相互作用得到较高的关注，已经成为土壤生物学基础研究和应用基础研究的热点之一**。

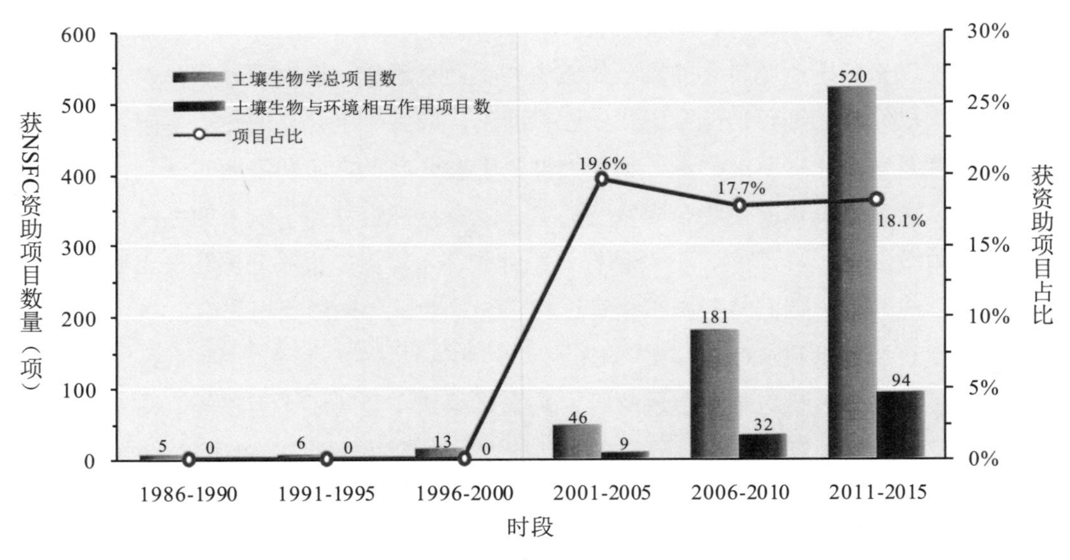

图 6-21　1986～2015 年土壤生物与环境相互作用领域获 NSFC 资助项目数及其在土壤生物学获资助项目中的占比

受 NSFC 资助土壤生物与环境相互作用的相关研究项目主要分布在华东地区，如图 6-22 所示，过去 30 年这一地区的高校及研究机构承担的相关项目数为 44 项，占比为 32.6%；其次是华北、东北及西北地区，占比分别为 20.0%、17.8%、14.8%；西南地区单位获资助项目数为 10 项；华南和华中地区偏少，分别为 7 项和 3 项。所有项目涉及 60 个单位，获得项目较多的科研单位和高等院校包括中国科学院南京土壤研究所（13 项）、中国科学院生态环境研究中心（10 项）、中国科学院东北地理与农业生态研究所（10 项）、中国农业大学（7 项）、南京农业大学（7 项）、中国科学院沈阳应用生态研究所（6 项）。

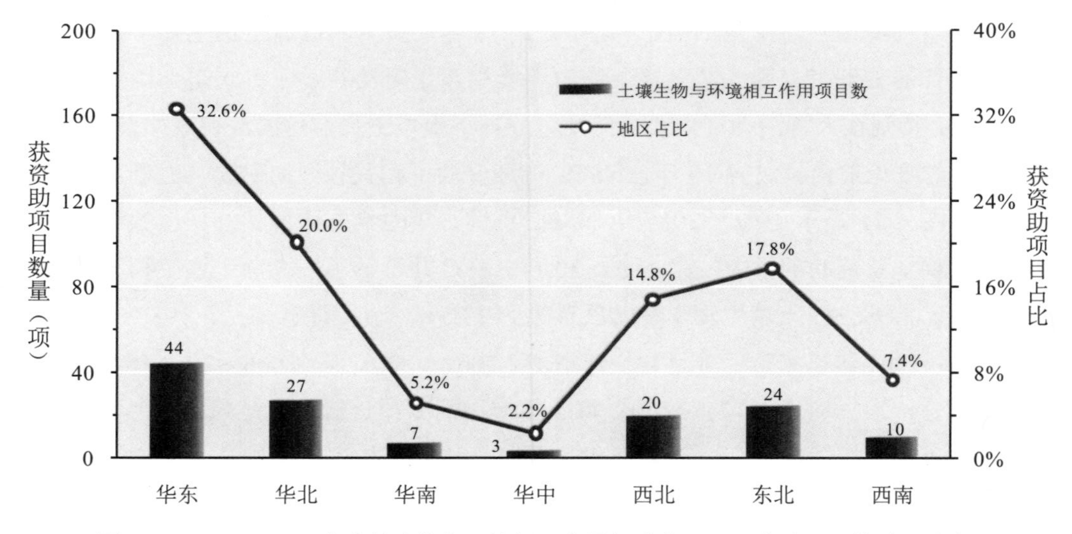

图 6-22　1986～2015 年土壤生物与环境相互作用领域获 NSFC 资助项目的地区分布

针对土壤生物与环境相互作用相关的 NSFC 资助项目，我们汇总了所有的项目关键词并作词频统计（表 6-7）。总体而言，这些关键词可分为两大类：①**人为干扰因素下的土壤生物与环境相互作用关键词**，如施肥、化肥、氮肥、堆肥、肥力、连作、轮作、稻田、水稻土、黑土、人类活动、放牧、土地利用、改良、种植模式、干湿交替、耕作方式、种植、还田、修复和恢复等；②**自然因素干扰下的土壤生物与环境相互作用关键词**，如土壤微生物区系、群落结构、多样性、演替、生物地理、地理分异、生态系统、干旱、辐射、磁场、胁迫、环境、气候变化、温室效应、温室气体、增温、升温、极端天气、大气、化感、互作、自毒、病害、菌根、病毒和线虫等。进一步根据项目的主要科学问题及研究目标对这些关键词做了分类，力图全面而准确地反映资助项目的研究主题和热点。如表 6-7 所示，1986～2015 年 NSFC 资助的土壤生物与环境相互作用的相关项目可分为 7 个类别，主要研究自然地理因素和人类活动干扰对土壤生物的影响，特别是土壤微生物的响应与适应机制及其环境效应。研究领域聚焦于以下 7 个方面。①土壤管理及利用方式对土壤生物的影响（48 项），主要针对农田生态系统，包括连作、轮作、灌溉方式、秸秆还田、杀虫剂使用等管理方式对土壤微生物和动物的影响。此外，森林和草地及荒漠等方面的研究则包括过度放牧、森林皆伐、石漠化土壤及盐碱地利用等土地利用方式对土壤微生物和土壤动物的影响。②施肥对土壤微生物的影响（26 项），包括肥料类型及施肥方式两个方面的影响，肥料类型包括污泥竹炭堆肥、养殖场废弃物、生物有机肥、化肥、绿肥、铵态氮肥等，施肥方式则包括长期施肥、长期定位施肥、棉秆炭化还田、减施化肥等，肥料的使用效果如氮素营养、肥料利用率、土壤肥力、生物肥力、磷素营养等对土壤生物群落和功能的影响规律研究也受到了一定的关注。③土壤微生物的地理分布规律研究（25 项），即历史地理气候因素或者当代环境条件对土壤微生物多样性的影响，涉及的环境类型包括苔原、极地、水稻土、黑土、湿地、根际、草原、青藏高原、苏打盐渍土和毛乌素沙地等，所涉及的研究内容包括土壤微生物群落结构、土壤微生物多样性、病毒、根瘤菌、噬菌体和土壤细菌等。④自然环境因素对土壤微生物的影响（22 项），包括土壤物理化学属性，如 UV-B 辐射、水盐胁迫、pH（酸性土壤）、海拔、水热条件、磁场、冻融作用和土壤干旱化条件下，土壤微生物群落的演替规律及其适应机制研究。此外，这些项目中也涉及土壤生物与生物相互作用，如线虫捕食和食物网等对土壤微生物多样性的影响规律研究。⑤全球变化对土壤微生物的影响（15 项），包括大气 CO_2 浓度升高、臭氧浓度升高、土壤增温、全球升温、全球气候变化和模拟极端气候对土壤生物多样性及功能的影响。⑥植物—微生物相互作用（7 项），这些项目主要针对根鞘、丛枝菌根、群体感应、化感、自毒、导病土和抑病土等开展土壤—微生物—植物之间的相互作用研究。⑦生态恢复对土壤生物的影响（6 项）。这一部分的资助项目主要针对退化生态环境或者污染环境修复过程，研究生物多样性演替规律及其环境效应，主要关键词包括金属尾矿、植被恢复与重建、植被演替、生态恢复、植物修复和强化修复等。**土壤生物与环境相互作用典型领域的资助项目关键词分析表明，NSFC 高度重视国家需求下的土壤生物学基础研究，准确把握了国际土壤生物学热点，将土壤生物学基础前沿与国家实际问题紧密结合，有力促进了我国土壤生物学发展。总体而言，近 30 年来在 NSFC 的持续资助下，土壤生物学以土壤生物研究方**

法和技术手段为牵引，围绕土壤生物多样性的资源发掘，以土壤功能微生物研究为核心，以土壤生物与环境相互作用为导向，面向国际科学前沿，针对国家粮食安全、污染土壤修复和全球变化履约等重大需求，形成了具有鲜明特征的中国土壤生物学研究格局。

表 6-7　1986～2015 年土壤生物与环境相互作用领域获 NSFC 资助项目 TOP20 关键词

序号	关键词	频次
1	土地管理及利用方式（草场退化、放牧强度、放牧和割草、过度放牧、干湿交替、机械压实、耕作方式、咸水滴灌、秸秆还田、人类活动、不同年限、土地利用、草莓种植土壤、杀线虫剂、森林皆伐、石漠化、不同土地利用方式、盐碱地、改良、累积污染、土壤熏蒸、种植模式）	25
2	施肥（施肥、长期施肥、长期定位施肥、有机肥、生物有机肥、绿肥、化肥、减施化肥、氮肥、铵态氮肥、污泥竹炭堆肥、棉秆炭化还田）	21
3	微生物与土壤生态类型（生态脆弱区、极地、高山苔原、苔原、草原生态系统、青藏高原、西藏草地生态系统、环境演变、草地生态系统、苏打盐渍土、时空变化、毛乌素沙地、崇西湿地/湿地、长江）	21
4	土壤微生物区系（土壤微生物区系、土壤微生物群落结构、土壤微生物多样性、土壤微生物生物地理、生物地理、生物地理分布格局、地理分异、垂直分布）	21
5	气候变化[气候变化、全球气候变化、全球变化、大气环境、臭氧（O_3）、自由大气二氧化碳浓度升高（FACE）、近地层臭氧浓度升高、温室气体、温室效应、土壤增温、大气 CO_2 浓度升高、升温、极端天气]	14
6	环境胁迫[土壤干旱化、紫外辐射（UV-B）、水盐胁迫、胁迫响应机制、干旱胁迫、适度干旱、缺铁]	10
7	植物—微生物相互作用（根鞘、羽毛针禾、群体感应信号分子拟态物质、化感水稻、自毒物质、互作、导病土、抑病土、青枯病、土传病害）	10
8	菌根（菌根、丛枝菌根）	9
9	连作（连作、连作大豆、连作障碍）	9
10	生态恢复（金属尾矿、植被恢复与重建、植被演替、生态恢复、岩溶生态系统恢复、植物修复、反硝化自修复、强化修复）	9
11	水稻土（水稻土、稻田土壤）	8
12	根际	7
13	轮作（轮作、长期稻—稻—绿肥轮作）	5
14	黑土	5
15	环境响应与适应	5
16	病毒	5
17	土壤质量	4
18	土壤肥力（生物肥力、土壤肥力）	4
19	线虫	4
20	磁场	4

注：提取出 1986～2015 年 NSFC 资助土壤生物学中与土壤生物与环境相互作用相关项目的全部关键词，对多种表达形式的同义和近义的关键词进行归类，得出土壤生物与环境相互作用研究相关的 TOP20 关键词。

6.4.3　NSFC 与土壤生物学人才队伍建设

长期以来，NSFC 通过设立各种类型的项目，动态优化学科发展方向，稳定和支持了传统土壤生物学研究，前瞻部署了土壤分子生态等新兴学科增长点，促进了中国土壤生物学相关机构的成果产出，培养了一大批土壤生物学中青年优秀人才，并在国际上产生了一定的影响力。根据每 5 年一个时段进行分析，图 6-23 显示了 1986～2015 年 NSFC 资助的土壤生物学机构数量以及土壤生物学 SCI 主流期刊发文机构（发表 SCI 论文的所有中国研究机构）数量，图中折线为 NSFC 资助的土壤生物学机构 SCI 主流期刊发文数量占比。由图可看出以下 3 点。①近 30 年，NSFC 的资助范围发生了根本性的变化，1986～2000 年的 3 个时段，NSFC 资助的研究机构分别为 4 个、6 个、8 个；然而，2001 年以来的 3 个 5 年时间段，NSFC 的资助机构迅速扩大至 19 个、77 个、168 个，后者规模约为前者的 15 倍，表明近 15 年在 NSFC 资助下，我国从事土壤生物学基础研究的机构迅速增加。②中国土壤生物学相关的研究机构国际化水平逐步提高，SCI 主流期刊发文机构数量均呈明显的增加态势。由于经费渠道、机构申请条件以及研究人员专业背景等原因，土壤生物学 SCI 主流期刊发文机构数量超过 NSFC 资助的土壤生物学机构数量，但是，两者差距日益减小，特别是最近 5 年，NSFC 资助的土壤生物学研究机构占 SCI 发文所有机构的比例高达 88.9%，而 NSFC 资助机构发文量占所有机构 SCI 发文量达 77.2%之高，表明近年来中国土壤生物学相关研究机构国际化进程中，NSFC 的资助发挥了非常重要的作用，涵括了我国主要的土壤生物学研究机构。③NSFC 已经成为中国土壤生物学发展的主要推动力。SCI 主流期刊发文量是衡量学科发展的一个重要指标，除 1986～1990 年中国土壤生物学仅有 1 篇 SCI 论文未计入分析外，近 30 年来，NSFC 资助的土壤生物学 SCI 主流期刊发文数量占比持续增加，从最初的 4.0%猛增至 77.2%，**充分说明在 NSFC 资助不断增强的背景下，土壤生物学受资助机构的整体研究水平得到不断提升，NSFC 已经成为我国土壤生物学持续发展的重要推动力量，并在我国土壤生物学国际化进程中发挥了重要作用。**

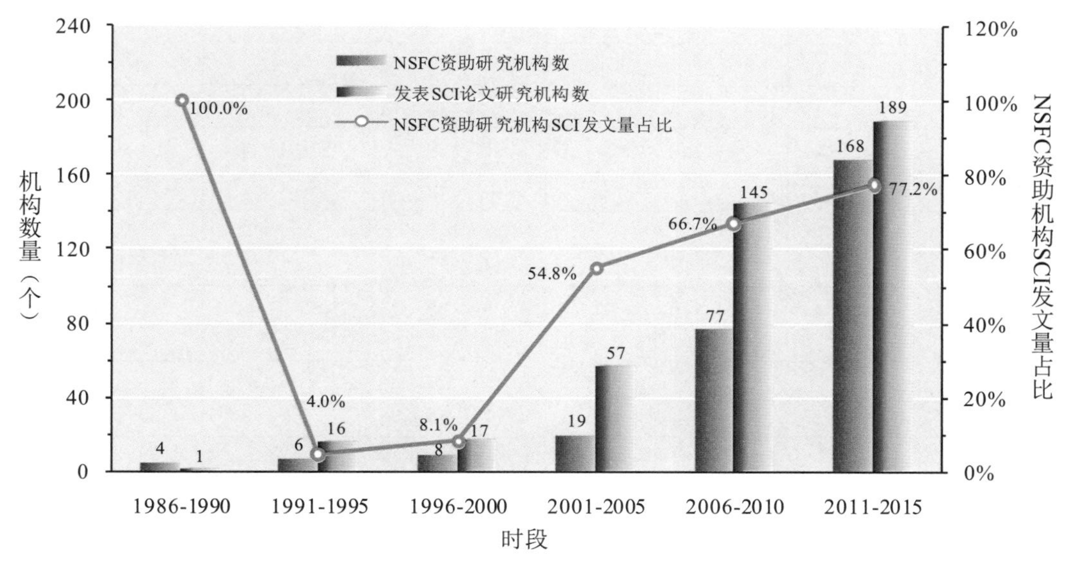

图 6-23　1986～2015 年土壤生物学获 NSFC 资助机构数、SCI 发文机构数及其占比

注：①SCI 发文机构数是指发表 SCI 论文的所有中国研究机构，包括未获 NSFC 资助的机构，统计的数据均为第一或通讯发文机构；②占比指 NSFC 资助下发表了 SCI 论文的机构占所有发表 SCI 论文机构的百分比。

表 6-8 显示了 1986～2015 年每 5 年一个时段获得 NSFC 土壤生物学各类资助项目总经费排名 TOP5 的机构名称、资助人数、人均论文数量及经费占比。30 年间共有 15 个机构进入 NSFC 土壤生物学资助项目总经费排名 TOP5 的行列，其中 8 个为高等院校、7 个为科研机构。中国农业大学 5 次进入 TOP5，中国科学院南京土壤研究所、中国科学院亚热带农业生态研究所 4 次进

表 6-8　1986～2015 年土壤生物学获 NSFC 资助经费 TOP5 研究机构、经费占比及人均 SCI 发文情况

1986～1990 年				1991～1995 年			
TOP5 机构	经费占比（%）	资助人数（人）	人均文章（篇）	TOP5 机构	经费占比（%）	资助人数（人）	人均文章（篇）
中国科学院南京土壤研究所	48.0	2	0.50	浙江大学	28.3	1	0.00
西北农林科技大学	20.0	1	0.00	东北师范大学	21.5	1	0.00
东北师范大学	16.0	1	0.00	中国农业大学	15.9	1	1.00
中国林业科学研究院	16.0	1	0.00	中国科学院南京土壤研究所	13.6	1	0.00
				新疆农业科学院	10.4	1	0.00
1996～2000 年				2001～2005 年			
TOP5 机构	经费占比（%）	资助人数（人）	人均文章（篇）	TOP5 机构	经费占比（%）	资助人数（人）	人均文章（篇）
中国科学院亚热带农业生态研究所	31.6	1	0.00	中国农业大学	15.8	5	3.80
中国农业大学	19.4	3	0.67	南京农业大学	12.8	6	2.33
浙江大学	15.0	3	0.33	中国科学院亚热带农业生态研究所	11.4	2	0.00
扬州大学	11.1	1	0.00	浙江大学	10.7	5	5.00
福建农林大学	6.3	1	0.00	华东师范大学	8.2	1	0.00
2006～2010 年				2011～2015 年			
TOP5 机构	经费占比（%）	资助人数（人）	人均文章（篇）	TOP5 机构	经费占比（%）	资助人数（人）	人均文章（篇）
中国科学院南京土壤研究所	13.9	22	3.09	中国科学院南京土壤研究所	11.4	43	3.65
中国科学院生态环境研究中心	9.6	9	6.78	南京农业大学	5.6	27	4.56
中国农业大学	8.5	8	9.63	中国科学院东北地理与农业生态研究所	5.0	19	2.84
中国科学院亚热带农业生态研究所	7.8	9	0.78	中国科学院亚热带农业生态研究所	4.4	16	1.88
中国科学院沈阳应用生态研究所	6.3	9	5.78	中国农业大学	3.9	10	11.10

注：①发文机构仅统计署名论文的第一单位；②人均发文量是指同一时段发文量除以资助人数，同一时段多次受到资助的学者只统计一人次。

入 TOP5，而中国科学院南京土壤研究所 3 次排名第一，近 10 年呈现出较好的发展态势，在土壤生物学研究方面具有一定的优势。值得注意的是，南京农业大学和中国科学院东北地理与农业生态研究所近 5 年来获得的经费资助猛增，表明这两个单位在土壤生物学研究方面实力增长迅速。从 TOP5 机构获得经费所占比例看，2000 年以前 TOP5 机构获得的经费之和占 NSFC 土壤生物学资助总经费的比例相对稳定，所占比例一直保持在 80%以上；而 2001～2005 年该比例降为 58.9%，2006～2010 年持续下降至 46.1%，2011～2015 年所占比例进一步降低至 30.3%。**在经费资助强度持续增加的背景下，土壤生物学主要研究机构所占经费比例持续下降，在一定程度上反映了我国土壤生物学研究队伍发展迅速，土壤生物学研究主体渐趋多元化，涌现出了一批具有相当实力的科研机构。**同时，30 年来，NSFC 土壤生物学资助经费 TOP5 机构的受资助总人数不断增加，说明土壤生物学受资助面不断扩大，学科在不断壮大，但根据表中机构的经费占比和资助人数计算，从 TOP5 机构人均经费占比看，呈减少态势。1995 年以前，由于受资助人数很少，TOP5 机构的平均人均经费占比一直高达 17.9%以上；1996～2000 年，该比例尚维持在 9.3%左右；到了 2001～2005 年，该比例逐步减少为 3.1%；到 2006～2010 年、2011～2015 年，该比例迅速降至 0.81%、0.26%。上述现象充分说明，近年来，**随着我国土壤生物学整体水平快速上升，NSFC 项目的资助策略逐渐转变，从集中资助少数传统优势土壤生物学机构，到广泛资助各类高等院校及研究机构的土壤生物学优势方向和交叉前沿。**

从 NSFC 土壤生物学资助经费 TOP5 机构的人均发文数量看，总体上处于增长态势，2000 年以前，人均发文量最高仅为 1 篇；2000 年后，TOP5 机构平均发文量迅速增加，2006～2010 年 TOP5 机构人均发文量的平均值为 5.21 篇，最近 5 年则稳定在 4.81 篇/人左右。上述结果充分表明，**在 NSFC 强化资助的背景下，科研经费助推土壤生物学快速发展的效应日益凸显，我国土壤生物学机构国际化研究水平日益提升。**

NSFC 在学科发展、队伍建设和人才培养方面也发挥了重要作用。NSFC 通过设立特殊的项目类型培养了大批优秀的青年人才。如图 6-24 所示，通过分析 NSFC 在 1987～2015 年对土壤生物学青年基金申请与资助项目及资助金额，结果表明，过去 30 年，NSFC 土壤生物学青年基金年申请项目数、年资助项目数及资助金额呈现出持续的增长态势。在土壤生物学获得青年基金资助的最初 10 年内，土壤生物学青年基金的申请处于时有时无的状态，10 年间申请总数仅为 11 项，资助项目仅 5 项。2001～2005 年，是土壤生物学青年基金申请数稳步发展的 5 年，申请项目总数达到 31 项，较之前 10 年申请量增加 1.8 倍，共资助 8 项，资助率为 25.8%。表明在前期 NSFC 培育下，土壤生物学稳定发展，研究队伍中的青年科研人员不断增加。2006 年开始，NSFC 土壤生物学青年基金年申请项目数开始迅速增加，从 17 项猛增至 2012 年的 142 项，之后除了 2014 年出现一个 170 项的峰值外，其余年份一直维持在 140～150 项。资助项目的增长也保持同步发展态势，从 2006 年的 5 项增加至 2012 年的 45 项，而 2015 年则达 55 项，受资助率也从 2006 年的 29.4%增加至目前的 38.7%左右。在 2006～2015 年的 10 年时段，每年平均受理申请 94.6 项，远高于 1991～2005 年 15 年申请项目的总和，平均每年资助 31.7 个项目，平均资助率 33.5%，均达到历史最高水平。从资助金额来看，1991～2000 年的资助总经费 49.5 万，单项平均资助金额从 4.5 万缓慢增加到 14 万；2001～2005 年资助总经费达到 201 万，平均资助强度约为 25 万；2006～2015 年，青年基金资助总经费高达 7 771 万，年资助金额从 2006 年（140 万）后迅速增加，在 2014 年和 2015 年分别达到 1 553 万和 1 336 万，10 年间增幅达 8.5 倍之多，项目资助强度稳定在 24 万元/项左右。将土壤生物学青年基金申请数/资助数与土壤学申请总数/资助总数相比（图 6-16），可以看出 30 年间青年基金从无到有，从少到多，呈现出明显的上升趋势，特别是近 10 年，土壤生物学青年基金申请数和资助数已分别占到土壤生物学基金申请总数和资助总数的 38.5%和 45.2%，一方面反映出土壤生物学研究人员组成年轻化的趋势，另一方面则反映出国家对于土壤生物学青年科研人才的投入力度不断增加。总体而言，在 NSFC 的资助下，土壤生物学得到长足发展，研究队伍迅速壮大。2012 年以后，NSFC 土壤生物学青年基金年申请项目数基本稳定，而年资助项目数仍在缓慢增加，说明土壤生物学研究已经稳定在一个较高水平，特别是 NSFC 青年基金项目的资助强度仍然呈现稳中有升的趋势，说明 NSFC 对青年基金项目的资助已成为培养青年人才、推动学科发展的主要力量。

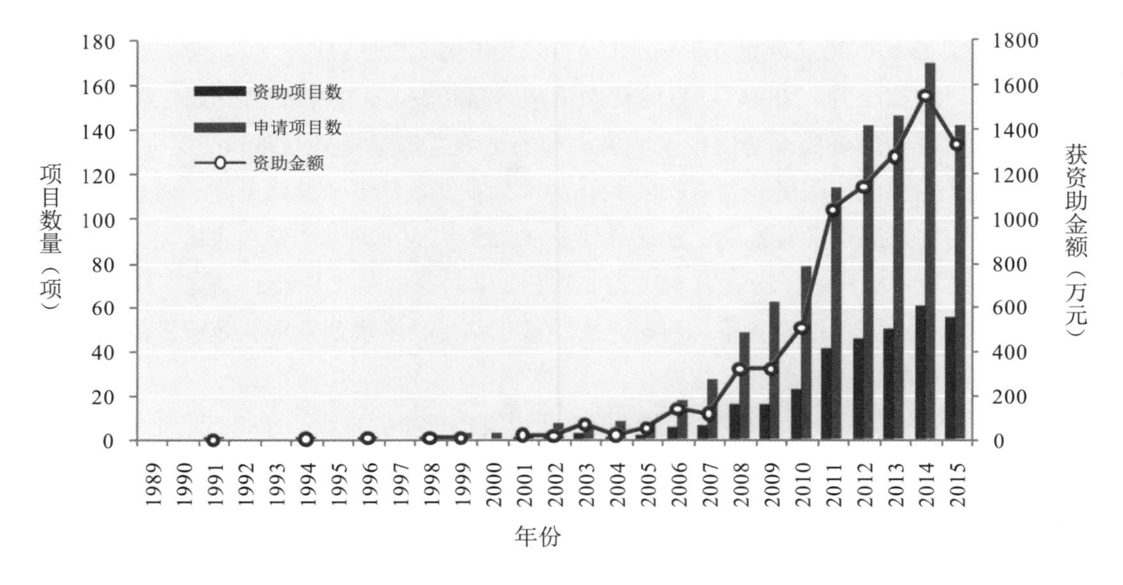

图 6-24　近 30 年来土壤生物学获 NSFC 青年基金项目资助情况

注：青年基金设立于 1987 年，土壤生物学最早获得资助始于 1991 年。

过去 30 年，NSFC 通过长期稳定的支持，形成了联系紧密、高效合作的跨单位、跨部门、跨学科的土壤生物学研究集群。根据中文核心期刊论文作者聚类图分析（图 6-25），中国土壤生物学研究具有明显的部门合作网络架构，在土壤微生物学、土壤环境生物学、土壤动物学、土壤生物化学和土壤生物地球化学等方面的网络集聚效应较为明显。

①土壤微生物学研究作者合作网络主要包括 6 个部分。第一，传统土壤微生物区系调查和资源分布的研究，相关方面的研究人员主要包括中国农业大学生命科学学院陈文新等，中国科学院南京土壤研究所林先贵和李振高等，沈阳应用生态研究所张慧文和徐慧等，这一部分的主

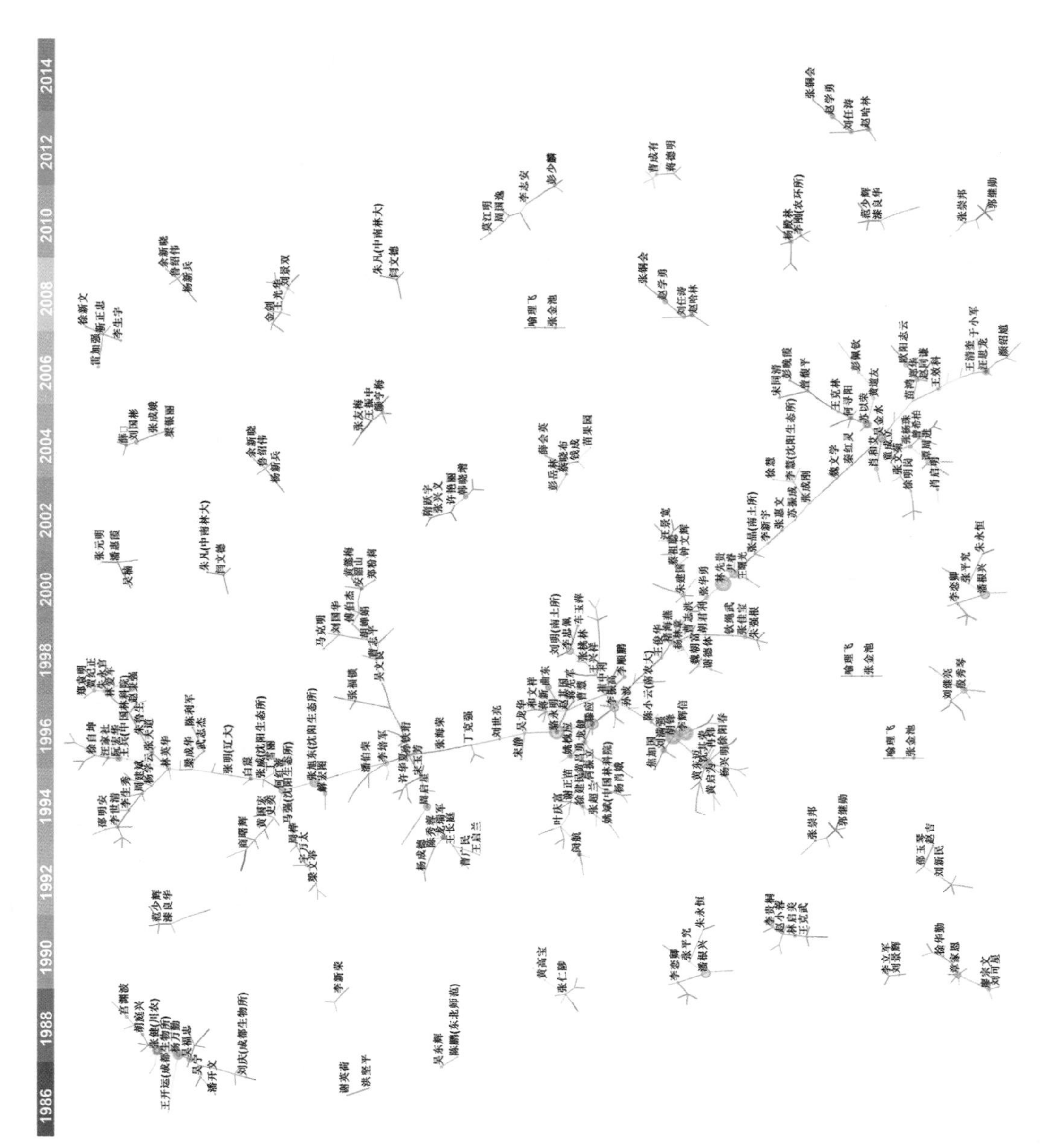

图 6-25　1986～2015 年土壤生物学 CSCD 中文论文作者合作网络

题包括不同土壤类型中土壤微生物资源的分离、培养、接种和田间应用示范，研究内容则包括传统微生物区系生理生化特征分析、微生物生态过程及其环境效应。第二，环境微生物功能研究。南京农业大学李顺鹏、崔中利和曹慧等主要开展了农药污染物降解过程的土壤微生物筛选、关键代谢过程的功能基因鉴定和微生物制剂研究等方面的工作。第三，污染环境的土壤生物修复。中国科学院南京土壤研究所骆永明、吴龙华和滕应等，南开大学环境科学与工程学院周启星等以及浙江大学杨肖娥等共同参与构建作者合作网络，研究主题包括重金属、有机污染物及其复合污染环境的生态毒理学评价，污染物生物修复，植物—微生物联合修复及其农业环境效应等。第四，土壤微生物生态。该部分作者网络主要以中国科学院生态环境研究中心贺纪正等，中国科学院亚热带农业生态研究所魏文学等，中国科学院南京土壤研究所尹睿和褚海燕等，中国科学院东北地理与农业生态所王光华等为节点形成。研究主题包括土壤微生物地理分布规律及其环境驱动机制，土壤元素转化过程的生物驱动机制，如硝化过程，反硝化过程和土壤有机质降解的环境过程等。第五，根际生物学研究。包括中国农业大学李晓林和林启美等，中国科学院生态环境研究中心陈保东等，青岛农业大学刘润进和郭绍霞，该部分的研究主要围绕菌根真菌，研究微生物—植物—根系相互作用关系及其农业与环境效应。第六，土传病原微生物研究。这一部分的作者网络以南京农业大学资源与环境学院沈其荣和黄启为主要节点，重点开展了单一作物连续种植条件下的病原微生物爆发生长及其拮抗机理研究。

②土壤动物学研究作者合作网络主要包括：南京农业大学胡锋和刘满强等，中国科学院华南植物园傅声雷等，中国科学院东北地理与农业生态所吴东辉等、中国科学院寒区与旱区研究所刘继亮等。研究主题主要包括土壤动物群落及演变动态，研究对象以森林、草地等自然和半自然生态系统为主，研究内容则包括不同生态系统土壤动物群落的结构组成、多样性特征、时空动态及演变/演替规律等。以中国科学院沈阳应用生态研究所梁文举和史奕等、中国科学院东北地理与农业生态研究所许艳丽、中国科学院上海植物生理与生态研究所柯欣和广东省昆虫研究所廖崇惠等为主要节点的作者网络，重点针对土壤动物对土壤有机质降解过程的影响、土壤动物在生态恢复过程中的作用以及土壤动物—微生物—植物相互作用开展了相关的研究。

③土壤生物化学研究作者合作网络。中国科学院亚热带农业生态研究所吴金水和童成立等，中国科学院沈阳应用生态研究所张旭东、何红波和解宏图等，中国科学院南京土壤研究所李忠佩等，中国科学院东北地理与农业生态所宋长春等，这些作者的研究主要以土壤微生物量碳氮磷的评价为基础，利用土壤生物的特征分子标靶物质如氨基糖和磷脂脂肪酸等，围绕土壤生物的生理代谢过程，如酶促反应过程，研究土壤生物维系体内新陈代谢的过程及对土壤物质转化的影响。

④土壤生物地球化学研究作者合作网络。该部分研究具有明显的学科交叉特点和区域分布特征并以野外台站的研究为主。主要包括农田和自然生态系统，如中国科学院南京土壤研究所张佳宝、孙波和王兴祥等，中国科学院东北地理与农业生态研究所韩晓增和张兴义等，中国科学院西北水土保持研究所刘国斌和梁银丽等，中国科学院新疆生态地理研究所张元明和雷加强等，中国农业科学院徐明岗、梁永超和赵秉强等。土壤生物地球化学研究与传统的土壤学和生

态学形成了明显的学科交叉特点，研究主题包括土壤质量演变和全球变化生物学等。这一部分的作者网络节点包括中国科学院生态环境研究中心傅伯杰等，中国科学院华南植物园莫江明和周国逸等，南京师范大学蔡祖聪和钟文辉等，南京农业大学资源与环境学院潘根兴和李恋卿等，四川农业大学张健和杨万勤等，中国科学院南京土壤研究所丁维新和颜晓元等。

进一步的数据分析结果表明，1986～2015 年，49.3%的中文论文作者得到 NSFC 土壤学项目资助。同时，受 NSFC 资助项目数、论文发表周期、学科发展特征及土壤生物学研究国际化程度的影响，中文发文数量排名靠前的作者绝大部分出生于20世纪50年代末期和60年代早期，并且中文发文量排名靠前的作者与 SCI 发文靠前的作者明显不同，例如贺纪正、朱永官 SCI 发文分别排名第二和第三，但均未进入中文发文排名 TOP20 之列。中文发文量 TOP100 的作者中有 25 人同时排在 SCI 主流期刊发文量的 TOP100 作者中，是一批在 NSFC 资助下成长起来的中青年学者，成为推动土壤生物学发展的中坚力量。发文数量排在中文TOP100的作者得到了NSFC土壤科学项目持续和稳定资助，其中国家自然科学基金委重大项目 1 人，杰出青年科学基金项目获得者 3 人，优秀青年科学基金项目获得者 2 人，发文量排名靠前的作者同时获得了一批重点项目和国际（地区）合作与交流项目以及面上项目等。总体而言，NSFC 资助为土壤生物学的人才培养做出了重要贡献。

围绕土壤生物学的国际前沿，NSFC 提供了长期而稳定的项目支持，培养了一批具有国际水平，体现中国研究特色的研究集体。图 6-26 显示的是 1986～2015 年土壤生物学 SCI 主流期刊中国作者发表论文的合作网络，可以发现过去 30 年中国土壤生物学在 SCI 主流期刊的发文活跃在以下 4 个领域：土壤微生物生态学，土壤环境生物学，土壤动物学，土壤生物地球化学。作者合作网络分析表明，特色研究机构及重要学科带头人是关键节点，而中青年学术骨干构成了作者网络的主要分支节点。

①土壤微生物生态学。土壤微生物生态学是土壤学、微生物学和生态学等的交叉科学之一，主要研究栖息于土壤中的微生物与环境、生物与生物之间的相互作用及其生态效应，研究对象主要是各种人为和自然生态系统，包括农田、草地、森林和湿地等环境中的生物功能。这一部分的作者合作网络节点主要包括 He Jizheng 和 Zhang Limei（中国科学院生态环境研究中心），Lu Yahai（北京大学），Wei Wenxue （中国科学院亚热带农业生态所），Lin Xiangui、Chu Haiyan 和 Jia Zhongjun（中国科学院南京土壤研究所），Zhang Huiwen（中国科学院沈阳应用生态研究所），Shen Qirong（南京农业大学资源与环境学院）。一些节点作者还包括 Yao Huaiying （浙江大学、中国科学院城市环境研究所），Ge Tida（中国科学院亚热带农业生态所），Wang Guanghua、Jin Jian 和 Zhang Jin（中国科学院东北地理与农业生态研究所），Sun Bo 和 Feng Youzhi（中国科学院南京土壤研究所），Shi Yi 和 Xu Hui（中国科学院沈阳应用生态研究所）等，相关论文主要发表在 *Soil Biology & Biochemistry*，*Biology and Fertility of Soil*，*The ISME Journal*，*Environmental Microbiology*，*Applied and Environmental Microbiology* 和 *Applied Soil Ecology* 等期刊。

②土壤环境生物学。主要研究污染物在土壤环境中的生物降解过程，以及促进农药、重金属和有机污染物降解和转化的生物资源与功能发掘。作者合作网络的节点包括 Li Shunpeng（南

京农业大学生命科学学院）、Zhu Yongguan（中国科学院生态环境研究中心、中国科学院城市环境研究所）、Luo Yongming（中国科学院南京土壤研究所、中国科学院烟台海岸带研究所）、Xu Jianming（浙江大学）；节点作者还包括 Zhang Shuzhen 和 Sun Guoxin（中国科学院生态环境研究中心），Lin Xiangui、Cao Zhihong、Teng Ying（中国科学院南京土壤研究所）。相关论文主要发表在 *Environmental Science & Technology*，*Fungal Ecology*，*Environmental Science and Pollution Research* 和 *Applied and Environmental Microbiology* 等期刊。

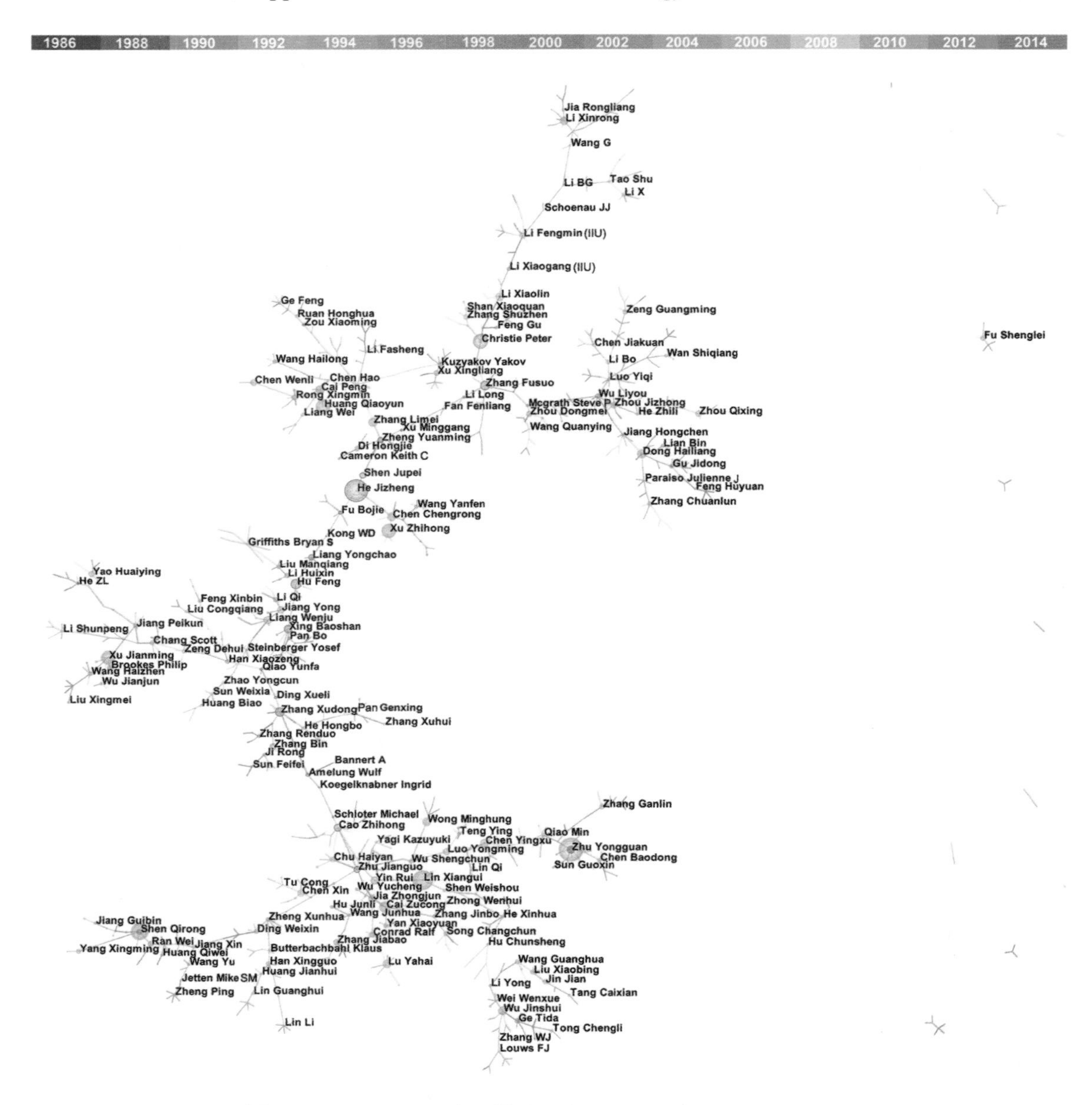

图 6-26　1986～2015 年土壤生物学 SCI 论文中国作者合作网络

③土壤动物学。我国土壤动物学相关的作者网络尚未形成主要的节点，大多以分支节点的形式共存。节点作者包括 Fu Shenglei（中国科学院华南植物园），Hu Feng 和 Liu Manqiang（南

京农业大学资源与环境学院），Liang Wenju 和 Li Qi（中国科学院沈阳应用生态研究所）。研究主题大多聚焦在农田和森林生态系统中动物群落多样性及其对土壤食物网的影响规律研究，相关论文大多发表在 *Soil Biology & Biochemistry* 和 *Applied and Soil Ecology* 等期刊。

④土壤生物地球化学。土壤生物地球化学在中国得到了不同领域学者的高度重视，主要的作者网络节点包括 Wu Jinshui（中国科学院亚热带农业生态研究所），Song Changchun 、Han Xiaozeng 和 Liu Xiaobin（中国科学院东北地理与生态研究所），Zhang Xudong 和 He Hongbo（中国科学院沈阳应用生态研究所），Huang Qiaoyun、Cai Peng 和 Chen Wenli（华中农业大学），Xu Minggang、Liang Yongchao 和 Fang Fengliang（中国农业科学院）。分支节点的作者则主要包括 Chen Jiakuang 和 Li Bo（复旦大学），Jiang Hongcheng 和 Dong Hailiang(中国地质大学)，Feng Xinbin 和 Liu Congqiang（中国科学院地球化学研究所），Han Xingguo（中国科学院植物研究所），Zheng Xunhua （中国科学院大气物理研究所），Cai Zucong 和 Zhang Jinbo（南京师范大学），Ding Weixin（中国科学院南京土壤研究所），Zou Xiaoming 和 Ruan Honghua（中国科学院西双版纳热带植物园）等。相关论文主要发表在 *Soil Biology&Biochemistry*，*Biogeochemistry*，*Plant and Soil*，*Applied Soil Ecology*，*Global Change Biology*，*Biogeosciences* 和 *Applied Clay Science* 等期刊。

从土壤生物学 SCI 主流期刊论文作者合作网络特点看，特色学科方向和优势研究单位的重要学科带头人对合作网络构建起到了重要连接作用，核心节点和重要节点多为国家自然科学基金委土壤生物学杰出青年科学基金项目或重点项目负责人。此外，21 世纪以来，在 NSFC 国际合作项目的大力资助下，海外华人学者和国外知名学者与中国开展广泛深入的合作研究，对促进我国土壤生物学研究成果尽快融入国际行列也起到了重要的推动作用。SCI 主流期刊中约 64.7% 的论文作者得到 NSFC 项目资助，特别是 NSFC 土壤生物学资助的重大、重点和国际合作类项目以及各种人才计划对推动具有国际影响的中国土壤生物学成果产出发挥了重要作用。

NSFC 资助极大地提高了中国土壤生物学研究成果的国际影响力。图 6-27 显示了近 30 年 SCI 高被引 TOP100 论文中国作者获 NSFC 资助情况。从图中可明显看出，2001 年是中国土壤生物学发展的重要节点。1986～2000 年的 15 年，中国土壤生物学 TOP100 论文总计仅为 10 篇，并且这些论文均未标注 NSFC 资助。而 2001～2015 年的 15 年，我国土壤生物学 TOP100 论文高达 97 篇，与上个 15 年相比，增幅高达 8.7 倍，由 2001～2003 年的 3 篇逐步增长至 2013～2015 年的 45 篇。5 个 3 年时段 SCI 高被引 TOP100 论文中，受 NSFC 资助数分别为 1 篇、3 篇、11 篇、15 篇和 31 篇，亦呈快速增长之势，资助占比由 2001～2003 年的 25.0%增长至 2013～2015 年的 68.9%。这些数据分析充分说明，1986～2015 年的近 30 年，**NSFC 土壤生物学资助对中国土壤生物学发展发挥了重要的推动作用，部分成果得到了国际同行的高度关注并呈现出良好的发展态势**。

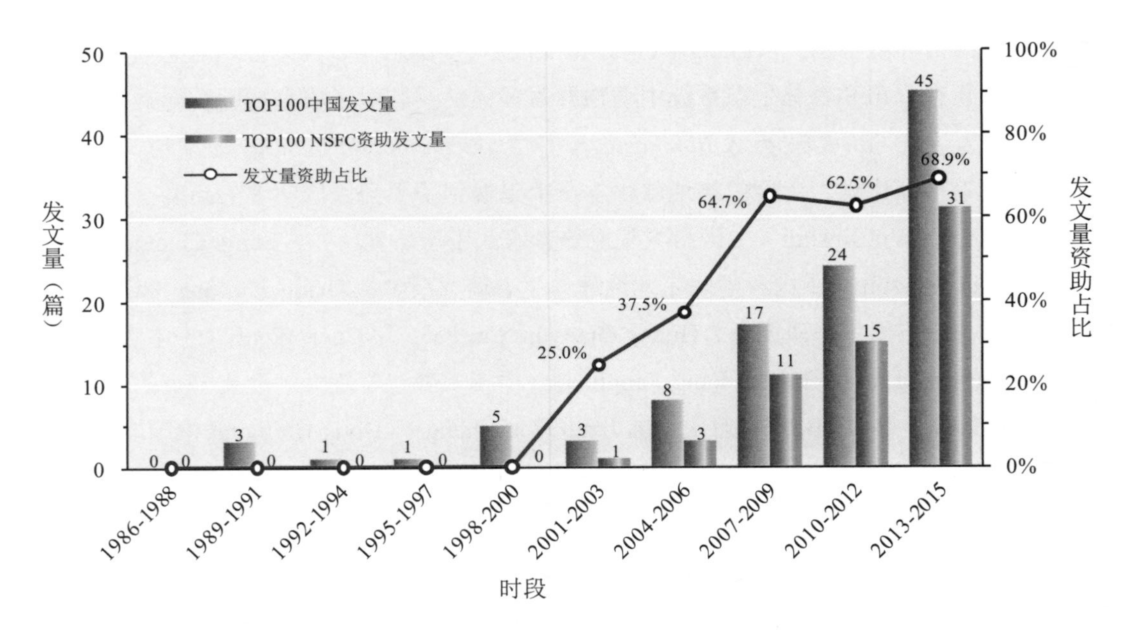

图 6-27　1986～2015 年 SCI 高被引 TOP100 论文中国作者获 NSFC 资助情况

注：TOP100 是指每年 100 篇 SCI 高被引论文，不足 100 篇的年份统计所有的论文。

6.5　中国土壤生物学发展面临的挑战

土壤生物在维持陆地生态系统物质循环和能量流动方面具有重要的作用，是目前土壤学的热点研究方向，在土壤学知识积累和理论体系构建中起着支柱作用。现代土壤生物学面对农业持续发展、土壤环境健康和全球变化履约的重要问题，研究土壤生物多样性与功能、土壤生物与生物之间以及土壤生物与环境之间的相互作用，是土壤学、生物学、环境科学和生态学等学科的交叉前沿，是陆地表层系统关键过程研究的重要内涵，发展多学科交叉的土壤生物学研究、提升解决国家农业生产实践和生态环境建设重大问题的能力，是我国土壤生物学发展面临的主要挑战。

土壤生物学是从 19 世纪中叶发展起来的一个生命科学和地球科学交叉的分支学科。当时，欧洲科学技术进步使微生物研究手段产生了突破性进展。显微镜技术、灭菌技术、培养和分离技术等关键研究手段均在 19 世纪后期形成并完善。基础化学和微生物学的发展推动了土壤微生物学的迅速发展，并在 20 世纪初发展成为一门独立的学科。但直到 20 世纪 90 年代美国科学家 Carl Woese 提出了生命三域理论，人类才开始渐渐理解土壤中巨大的生物多样性和功能，认识到过去所了解的生物种类可能只是实际存在的冰山一角，自然界存在一个巨大的微生物“暗物质”，是物质转化的“黑匣子”。21 世纪以来，以 DNA 测序为代表的先进技术在土壤生物学研究中得到广泛应用，由此引发了一场探索土壤生物多样性与功能的研究热潮，为土壤生物学的发展带来前所未有的机遇，也对我国土壤生物学发展形成了新的挑战。

中国经济社会发展水平和科技环境强烈影响土壤生物学的发展。中国土壤生物学的发展起始于 20 世纪 30 年代张宪武、陈华癸和樊庆笙等前辈的开拓性工作，受当时中国经济发展水平所限，土壤生物学研究队伍集聚在少数单位，但中国学者围绕农业生产的实际需要，20 世纪 50～60 年代在土壤固氮微生物应用、土壤微生物区系调查、根际微生物和土壤肥力保育方面开展了大量的基础性与应用基础性研究，并在若干研究方向接近或达到了当时的国际先进水平。但在 60～70 年代，由于历史原因，中国土壤生物学研究几乎处于停滞状态。20 世纪 80 年代，中国土壤生物教学和科研工作复苏，在生物固氮和菌根等方面开展了较多研究，并在固氮菌种质资源挖掘及其生物地理分布方面取得了重要成果。21 世纪初，国际土壤生物学理论和技术的突破为我国相关研究带来了新的契机和挑战，国家自然科学基金委员会地球科学部一处在前期充分调研的基础上，结合我国土壤生物学研究的特点，2005 年组织召开了“土壤生物与土壤过程”研讨会，引导国内土壤学基础研究队伍，把握国际最前沿的研究方向和技术，强调生物过程在土壤研究中的作用，改变以往土壤学研究以宏观过程为主的状况，促进土壤宏观与微观过程研究的紧密结合，加强土壤过程研究及土壤质量变化的机理研究。这次会议明确了我国土壤生物学研究所面临的挑战和机遇以及未来 5～10 年应关注的重要科学问题，在我国土壤生物学发展过程中起到了重要的指导作用。同时，国家自然科学基金委持续资助了一系列重大和重点研究项目，支持和培养了一大批优秀中青年骨干人才，形成了一批具有战略眼光和国际研究水平的中青年学科带头人。经过 20 世纪 80 年代的低谷徘徊、90 年代的蓄势待发，NSFC 在 21 世纪我国土壤生物学爆发性发展过程中发挥了重要作用，推动中国土壤生物学研究逐步形成了自己的研究特色与优势，在国际上产生了一定的影响力，国际地位显著提升。

总体而言，随着中国经济快速发展和科研投入的增加，特别是最近 10 年，在国家自然科学基金委等科技主管部门的支持和科学家群体努力下，中国土壤生物学蓬勃发展并持续向国际先进水平靠拢，从国际 SCI 发文量和 TOP100 论文的角度看，已经成为国际土壤生物学发展不可或缺的重要力量。尽管如此，中国土壤生物学的发展仍然存在一些瓶颈，与主要发达国家相比仍有明显差距，主要体现在整体研究力量薄弱，缺乏高水准研究平台；目前许多工作以跟进研究为主，源头创新并能引领国际土壤生物学的工作匮乏；大多数情况下科研人员尚难以在某一特定领域开展持续深入研究，对一些重大基础科学问题缺乏足够研究积累。未来如何创新体制和机制管理制度，克服上述瓶颈，迎接新的挑战，提升我国土壤生物学持续创新能力，是我国土壤生物学国际化进程中面临的重大挑战。

6.5.1　中国土壤生物学研究的优势

（1）社会发展与国家需求导向是中国土壤生物学研究的特点和优势

由于历史和社会发展的原因，国际土壤生物学更加注重纯粹理论探索和机理探究，而中国土壤生物学研究更加关注农业生产、粮食安全、环境保护和国际履约等方面的实际问题，这在一定程度反映了中国作为人口大国，关注农业及粮食安全问题属于国家的重大战略并引领了土壤生物学的研究方向，同时也说明中国的土壤生态问题较为突出，提升土壤肥力、改善环境质量的压力较大。这些问题既是中国土壤生物学研究的挑战，也为中国土壤生物学理论创新提供了重要机遇，特别是中国高强度人为干扰下土壤质量与土壤生物组成、群落特征的关系，土壤生物多样性对土壤生态功能实现的影响，土壤生物多样性在退化环境生态恢复中的作用等。中国在相关方面的研究不仅体现了土壤生物组成与群落研究服务于农业生产、养分高效利用、退化与污染生态环境恢复以及生物多样性保护等多重目标的国家重大需求，也体现了中国土壤生物多样性研究的国际前沿性。此外，全球变化土壤生物学也在中国得到了高度关注，具有鲜明的时代特色，国际全球变化研究热点大约形成于 20 世纪 70 年代末期，中国在 20 世纪 80 年代即开展了相关研究，近 15 年来中国学者在本领域研究中迅速崛起，取得一系列具有国际影响的研究成果，研究水平已从早期的跟踪国际热点发展到与部分领域的国际前沿并行阶段。同时，得益于中国近年来科研经费投入迅速增加以及科研环境不断国际化的大背景，中国学者在生物固氮、水稻土碳氮循环、红壤物质循环过程和生物调控机理等方面也形成了鲜明的区域特色。

（2）丰富的土壤资源是我国土壤生物学研究的独特优势

中国幅员辽阔，土壤类型丰富多样，种植制度有据可查，管理方式独具特色，生态环境梯度明显，为开展土壤生物学研究提供了重要的研究对象和载体。同时，经济快速发展带来较为突出的生态环境退化问题，农业生产力提升与环境保护之间的矛盾以及逐步凸显的气候变化、生物入侵、转基因作物生态风险等问题，也为土壤生物学研究带来了更多的挑战和机遇。此外，和世界上大部分国家相比，中国土壤生物学研究具有很强的先天优势，特别是中国主要科技主管部门从 20 世纪 80 年代起逐步建立起遍布全国的野外长期定位试验平台，这些都为中国土壤生物学研究提供了重要的支撑。

（3）研究队伍不断优化和壮大为中国土壤生物学发展提供了重要的智力资源和知识积累

近年来中国科研机构和高等教育事业进入了一个快速发展的新时期，从事土壤生物学研究的机构快速增加，国际交流强度前所未有，实验条件和硬件设施及科研人员视野已逐步接近或达到国际先进水平。过去 30 年，NSFC 土壤生物学申请项目数量一直处于稳步增长状态，由 1986～1990 年的 5 项指数式增长至 2011～2015 年的 1 740 项，增幅高达 347 倍，侧面反映了中国土壤生物学研究队伍的快速壮大态势。此外，中国发表土壤生物学 SCI 论文的机构数量从 1986～1990 年的 1 个增加到 1996～2000 年的 17 个，2006～2010 年更猛增至 145 个，2011～2015 年仍然保持了向上的增长趋势并达到 189 个，表明中国从事土壤生物学研究的相关高校及科研院所在不断增加，人才队伍不断壮大，为中国土壤生物学研究发展提供了关键人才支撑。土壤生物学研究也取得了一些具有国际影响的成果，在研究方法方面，形成了土壤微生物数量、组成与功能研究的基本技术体系；在研究内容方面以前所未有的广度和深度拓展，超越了传统细菌、真菌和放线菌的表观认识，围绕土壤生态系统的关键过程，在土壤动物和微生物区系研究，土壤有机质分解转化，土壤微生物的群落结构及其功能，土壤元素生物地球化学循环的微生物驱动机制，微生物与矿物、土壤—植物根系—微生物之间的相互作用，全球变化与污染环境修复等方面取得了重要进展，为未来中国土壤生物学的发展奠定了坚实的基础。

6.5.2　中国土壤生物学发展面临的“瓶颈”问题及产生“瓶颈”的原因

（1）中国土壤生物学各领域发展不平衡

在土壤微生物多样性、土壤养分转化生态过程、土壤退化与生态恢复等领域的研究基础较好、进展较快，但其他方向较为滞后，特别是对土壤生物相互作用及食物网关系等核心科学问题缺乏足够的重视；学科交叉和合作不足，整体基础较为薄弱，学科理论体系有待完善，不少工作尚停留在一般性的效应研究或跟踪研究层面，原创性不强。这些可能与中国目前的科研管理模式有关。目前中国的科研管理模式多样，条块分割严重，缺乏统一规划和顶层设计，导致土壤生物学研究明显落后于发达国家，具体表现在科研重点较为分散、优势团队难以集聚、系统集成能力薄弱，与国家农业经济和生态发展的经济目标结合不够密切。同时，与国际同领域相比，长期以来我国在土壤生物方面经费投入少，基础领域研究薄弱，跟踪研究工作较多，例如中国学者发表的 SCI 论文热点关键词中，硝化过程相关的研究比重较高，尽管在一定程度说明我国土壤生物学研究与国际热点逐渐靠拢，但较高的热点关键词频率也说明原始创新能力偏弱，土壤生物学研究群体容易被个别国际热点问题影响。未来需要更好地开展顶层设计，建立相关的土壤生物学重点实验室，持续集中孵育我国土壤生物学建制化的研究能力，减少同质化竞争，促进资源的高效利用。

（2）土壤生物学研究方法的集成需要加强

土壤生物学研究始终依赖于技术的进步和方法的创新，目前中国土壤生物学研究大多借用国外已经成熟的技术，现代分析技术和研究手段发展滞后已成为制约中国土壤生物学发展的重要瓶颈。分子生物学、物理学、信息科学等学科的先进技术在土壤生物学研究中的应用与开发，是中国土壤生物学发展面临的重要挑战。在引进新方法和新技术的同时，仍需强调不同方法之间的联合及其与传统研究方法的有机结合。中国土壤生物学研究对象和面临的问题更为复杂，现有方法和技术难以满足土壤空间和时间的高度异质性研究需求，包括从土壤微生物和动物群落组成调查和鉴定方法，到研究土壤生物相互作用以及系统观测土壤生态过程演变的实验技术和装备，均需针对性开发和创新先进的技术手段，特别是针对野外监测、试验与情景模拟，尤其是针对人类活动和全球变化影响下土壤生物多样性开展的相关研究，目前尚缺少原位土壤生物长期监测方法、海量数据分析与土壤生态系统建模平台等。此外，中国土壤生物信息平台与国际同行相比具有明显的差距，高通量土壤生物数据分析方法几乎全部来自于国外同行，亟须加强在土壤生物信息方面的研究。随着土壤组学技术的快速发展，新的统计算法和分析策略层出不穷，如何针对主要的瓶颈问题实现重点突破，是中国土壤生物信息学面临的挑战。特别值得注意的是，2010 年以来，先进的单细胞分析技术、同位素示踪技术、原位观测技术、新培养技术、遥感技术和生物信息学技术快速发展并在土壤生物学领域得到了更多的关注，这些新技术的出现同样对中国土壤生物学发展形成了新的机遇和挑战。

（3）土壤生物学野外长期试验平台建设需要加强

土壤生物学是面向农业生产实践和生态环境持续发展的应用基础性科学。然而，中国尚缺乏土壤生物学为核心的野外长期试验平台，特别是土壤生物野外原位监测、室内动态模拟、区域模式整合三位一体的多尺度多要素的土壤生物综合研究平台。在不同区域建立我国土壤生物学长期定位试验体系，或者在已有野外台站基础上强化补充土壤生物监测网络，可收集长期、稳定、直接、综合的土壤原始资料和基础数据，显著促进土壤生物学的基础和应用研究。目前，农业部和中科院均建立了国家级的野外科学观测试验站，未来通过顶层设计，建立国家层面上土壤生物学多学科交叉中心，构建土壤生物多样性的监测网络和评价体系，有利于凝聚土壤学、植物学、微生物学、生态学和动物学等学科的优势科研力量，发挥不同学科专业特长，集中攻关土壤生物学基础理论和应用实践的重大问题，有利于实现中国土壤生物学及相关学科的重点突破与跨越发展，也为制定合理的土壤生物多样性保护策略提供重要依据。

（4）土壤动物研究仍需加强

土壤生物由土壤微生物和土壤动物两大部分组成。然而，中国在土壤动物研究方面较为薄弱，长期发展缓慢，特别是远远滞后于土壤微生物的研究。中国土壤动物学的研究始于 20 世纪 70 年代末 80 年代初，在随后的 30 多年中，尽管研究力量得到显著加强，并在部分领域取得了具有国际影响的成果，但整体研究系统性仍待加强，特别是绝大多数工作均在野外调查的基础上进行，而且以定性研究为主，在室内或室外控制条件下所开展的定量研究和机理性探索研究较少，目前尚未有模型模拟开展土壤生物学理论研究的报道。在研究对象方面，土壤动物的研究大多局限于蚯蚓，其他土壤动物如线虫、跳虫、螨类、线蚓等研究较少。因此，土壤动物收集、分类、鉴定工作还很不完善，已有的研究大多低估了土壤动物物种多样性，导致对土壤生物多样性估计远远低于真实的水平。例如，由于采样方法和提取效率等产生的误差，据估算目前仅有 10%的土壤有足类动物被人类所认识。未来高度重视分子技术的同时，也应耦合传统土壤动物研究方法的优势，力争在不同水平全面刻画土壤动物的物种多样性。土壤动物群落包含了丰富的营养级，尤其是占据了土壤食物网的各个位置，体现出高度的功能多样性。土壤动物通过取食或者化学作用影响着土壤微生物群落，但是，土壤动物与微生物在土壤食物网中的生态位差异较大，土壤动物研究不足限制了对我国土壤生物多样性发生和演变规律的全面认识。同时，利用土壤生物群落之间的互作关系或者土壤食物网的整体作用，发展先进技术手段修复污染环境也是近年来土壤生物学研究的重要方向。此外，土壤动物、微生物与根和凋落物之间形成了复杂的土壤食物网结构，如何根据土壤动物种类、个体大小、体型、生境及功能群特征，发展适合于复杂环境的土壤生物全要素观测和评价技术体系，也是中国土壤生物学发展面临的挑战。

（5）土壤生物学重大理论创新能力仍需加强

土壤生物多样性维持机制的研究是理解土壤生物多样性与生态系统功能、土壤生物多样性空间分布格局及其驱动机制等诸多问题的基础。目前虽然存在一些假说，但缺乏普适性的理论，仍需开展更多的实验研究。例如，资源的多样性和土壤环境的极端异质性也可能导致土壤生物的生态位分化，影响生物之间的相互作用，进而改变土壤物理环境并对土壤生物之间相互作用造成长期的影响。目前对于土壤微生物和动物多样性共存与维持的机制，尚未有被广泛认可的理论体系。土壤生物多样性与生态系统功能之间的关系仍然存在诸多争论，例如复杂土壤生物群落中某个土壤功能群的变化如何影响生态系统功能，特定功能群丰度的变化如何影响其他土壤生物的活动，土壤生物在食物网各生物类群之间的相互作用，特别是它们之间的正、负反馈作用机制仍不清楚，定量研究这些功能群的重要作用是土壤生物学面临的重要挑战。此外，对植物和地上部分大型动物物种多样性的全球分布格局已有较为明确的认识。但是，目前对土壤生物全球分布格局及其驱动机制的认识非常有限。一般认为，体积较小的土壤微生物和动物具有较强的环境适应性，较大空间和时间尺度下土壤生物的地理分布格局似乎与动植物全球地理分布格局的影响因素不同，而土壤生物的地理分布格局与土壤物理化学属性的关系可能更为密切。目前相关的研究大多针对特定的土壤生物功能群展开，也有研究尝试综合尽可能多的环境要素，提出关于土壤生物群落全球分布格局普适性的规律，但目前相关研究仍处在初级阶段，特别是模型模拟技术远远滞后于海量数据的产出，先进研究理念的凝练以及信息分析和计算技术的应用仍然是土壤生物学实现重大理论突破的重要限制因子。

6.6 小　结

过去 30 年来，中国土壤生物学研究取得了长足进步，研究领域不断扩大，研究深度不断拓展，从早期的跟踪国际热点发展到部分领域与国际前沿并行阶段，中国土壤生物学已经成为国际相关领域不可忽视的重要力量。然而，土壤生物多样性的描述性研究已臻成熟，我国土壤生物学研究面临着从数量向质量转变的历史机遇和挑战。地球表层系统的几乎每一个过程都是物理、化学和生物相互作用的集中体现，并以土壤的内部过程最为典型。每一克土壤中凝聚了从纳米级别的化学元素，到微米级别的微小生物，再到毫米和厘米级别的团聚体物理结构，是地球生态系统中物理、化学和生物相互作用最复杂、最典型的研究体系（宋长青等，2013：1087～1105）。在新技术发展日新月异的国际环境下，通过整合不同学科优势力量，强化不同学科交叉研究，发挥建制化的集成攻关优势，创新土壤生物学研究方法体系，破译土壤生物、物理和化学的相互作用机制及其对土壤过程的影响，积极参与重大国际合作项目或政府间行动计划，在夯实学术实力的同时增强国际话语权和影响力，将能更好地提升我国土壤生物学的知识积累和理论突破，在新的起点上再次实现我国土壤生物学的跨越式发展。

参考文献

Anderson, I. C., J. W. Cairney. 2004. Diversity and ecology of soil fungal communities: increased understanding through the application of molecular techniques. *Environmental Microbiology*, Vol. 6, No. 8.

Cai, Z., Xing, G., Yan, X., et al. 1997. Methane and nitrous oxide emissions from rice paddy fields as affected by nitrogen fertilisers and water management. *Plant and Soil*, Vol. 196, No. 1.

Cheng, L., Booker, F. L., C. Tu, et al. 2012. Arbuscular mycorrhizal fungi increase organic carbon decomposition under elevated CO_2. *Science*, Vol. 337, No. 6098.

Di, H. J., Cameron, K. C., J. P. Shen, et al. 2009. Nitrification driven by bacteria and not archaea in nitrogen-rich grassland soils. *Nature Geoscience*, Vol. 2.

Fierer, N., Strickland, M. S., D. Liptzin, et al. 2009. Global patterns in belowground communities. *Ecology Letters*, Vol. 12, No. 11.

Handelsman, J. 2004. Metagenomics: application of genomics to uncultured microorganisms. *Microbiology and Molecular Biology Reviews*, Vol. 68, No. 4.

Jing, X., Sanders, N. J., Y. Shi, et al. 2015. The links between ecosystem multifunctionality and above- and belowground biodiversity are mediated by climate. *Nature Communications*, Vol. 6, No. 8159.

Kent, A., E. Triplett. 2002. Microbial communities and their interactions in soil and rhizosphere ecosystems. *Annual Review of Microbiology*, Vol. 56.

Li, H. Y., Li, D. W., C. M. He, et al. 2012. Diversity and heavy metal tolerance of endophytic fungi from six dominant plant species in a Pb-Zn mine wasteland in China. *Fungal Ecology*, Vol. 5, No. 3.

Li, X. L., George, E., H. Marschner. 1991. Phosphorus depletion and pH decrease at the root soil and hyphae soil interfaces of va mycorrhizal white clover fertilized with ammonium. *New Phytologist*, Vol. 119, No. 3.

Lin, X., Yin, R., H. Zhang, et al. 2004. Changes of soil microbiological properties caused by land use changing from rice-wheat rotation to vegetable cultivation. *Environmental Geochemistry and Health*, Vol. 26, No. 2.

Lu, L., Z. Jia. 2013. Urease gene-containing Archaea dominate autotrophic ammonia oxidation in two acid soils. *Environmental Microbiology*, Vol. 15, No. 6.

Maharning, A. R., Mills, A. A. S., S. M. Adl. 2009. Soil community changes during secondary succession to naturalized grasslands. *Applied Soil Ecology*, Vol. 41, No. 2.

Nakatsu, C. H. 2007. Soil microbial community analysis using denaturing gradient gel electrophoresis. *Soil Science Society of America Journal*, Vol. 71, No. 2.

Nielsen, U. N., Ayres, E., D. H. Wall, et al. 2011. Soil biodiversity and carbon cycling: a review and synthesis of studies examining diversity-function relationships. *European Journal of Soil Science*, Vol. 62, No. 1.

Pan, Y., Cassman, N., M. de Hollander, et al. 2014. Impact of long-term N, P, K, and NPK fertilization on the composition and potential functions of the bacterial community in grassland soil. *FEMS Microbiology Ecology*,

Vol. 90, No. 1.

Roesch, L. F. W., Fulthorpe, R. R., A. Riva, et al. 2007. Pyrosequencing enumerates and contrasts soil microbial diversity. *The ISME Journal*, Vol. 1, No. 4.

Samanta, S., Singh, O., R. Jain. 2002. Polycyclic aromatic hydrocarbons: environmental pollution and bioremediation. *Trends in Biotechnology*, Vol. 20, No. 6.

Steinbeiss, S., Gleixner, G., M. Antonietti. 2009. Effect of biochar amendment on soil carbon balance and soil microbial activity. *Soil Biology and Biochemistry*, Vol. 41, No. 6.

Van Der Heijden, M. G. A., R. D. Bardgett, et al. 2008. The unseen majority: soil microbes as drivers of plant diversity and productivity in terrestrial ecosystems. *Ecology Letters*, Vol. 11, No. 3.

Walder, F., Niemann, H., M. Natarajan, et al. 2012. Mycorrhizal networks: common goods of plants shared under unequal terms of trade. *Plant Physiology*, Vol. 159, No. 2.

Watanabe, K. 2001. Microorganisms relevant to bioremediation. *Current Opinion in Biotechnology*, Vol. 12, No. 3.

Xia, W., Zhang, C., X. Zeng, et al. 2011. Autotrophic growth of nitrifying community in an agricultural soil. *The ISME Journal*, Vol. 5, No. 4.

Yang, Y., Song, Y., H. V. Scheller, et al. 2015. Community structure of arbuscular mycorrhizal fungi associated with Robinia pseudoacacia in uncontaminated and heavy metal contaminated soils. *Soil Biology and Biochemistry*, Vol. 86.

Yang, Y., Wu, L., Q. Lin, et al. 2013. Responses of the functional structure of soil microbial community to livestock grazing in the Tibetan alpine grassland. *Global Change Biology*, Vol. 19, No. 2.

曹慧、孙辉、杨浩等："土壤酶活性及其对土壤质量的指示研究进展"，《应用与环境生物学报》，2003 年第 1 期。

韩兴国、王智平："土壤生物多样性与微量气体（CO_2、CH_4、N_2O）代谢"，《生物多样性》，2003 年第 4 期。

黄铭洪、骆永明："矿区土地修复与生态恢复"，《土壤学报》，2003 年第 2 期。

蒋先军、骆永明、赵其国："重金属污染土壤的微生物学评价"，《土壤》，2000 年第 3 期。

李阜棣："当代土壤微生物学的活跃研究领域"，《土壤学报》，1993 年第 30 期。

李娟、赵秉强、李秀英等："长期有机无机肥料配施对土壤微生物学特性及土壤肥力的影响"，《中国农业科学》，2008 年第 1 期。

林藤、林继雄、李家康："长期施肥的作物产量和土壤肥力变化"，《植物营养与肥料学报》，1994 年第 1 期。

刘乃生、孙维忠："水稻不同施氮方式对产量的影响"，《黑龙江农业科学》，1994 年第 6 期。

罗巧玉、王晓娟、林双双等："AM 真菌对重金属污染土壤生物修复的应用与机理"，《生态学报》，2013 年第 13 期。

史长青："重金属污染对水稻土酶活性的影响"，《土壤通报》，1995 年第 26 期。

宋长青、吴金水、陆雅海等："中国土壤微生物学研究 10 年回顾"，《地球科学进展》，2013 年第 10 期。

孙波、张桃林、赵其国："我国东南丘陵山区土壤肥力的综合评价"，《土壤学报》，1995 年第 32 期。

孙羲、章永松："有机肥料和土壤中的有机磷对水稻的营养效果"，《土壤学报》，1992 年第 29 期。

王伟霞、李福后、王文锋："微生物在土壤污染中的生物修复作用"，《北方园艺》，2010 年第 4 期。

吴敬民、许文元、董百舒等：“秸秆还田效果及其在土壤培肥中的地位”，《土壤通报》，1991 年第 22 期。
夏围围、贾仲君：“高通量测序和 DGGE 分析土壤微生物群落的技术评价”，《微生物学报》，2014 年第 12 期。
徐阳春、沈其荣、冉炜：“长期免耕与施用有机肥对土壤微生物生物量碳氮磷的影响”，《土壤学报》，2002 年第 1 期。
杨宁、张荣标、张永春等：“基于微生物生态效益的土壤肥力综合评价模型”，《农业机械学报》，2013 年第 5 期。
张久根、蔡士悦：“国内土壤污染研究状况”，《环境科学研究》，1990 年第 3 期。
张秋芳、刘波、林营志等：“土壤微生物群落磷脂脂肪酸 PLFA 生物标记多样性”，《生态学报》，2009 年第 8 期。
周立祥、胡霭堂：“城市生活污泥农田利用对土壤肥力性状的影响”，《土壤通报》，1994 年第 25 期。